La Vérité sur
l'Affaire Harry Quebert

OUVRAGES DE JOËL DICKER

Les Derniers Jours de nos pères, roman, Éditions de Fallois/L'Âge d'Homme, 2012, Prix des écrivains genevois 2010, Mention spéciale du Prix Erwan Bergot 2012 ; *Éditions de Fallois/Poche, 2015*.

La Vérité sur l'Affaire Harry Quebert, roman, Éditions de Fallois/L'Âge d'Homme, 2012, Prix de la Vocation Bleustein-Blanchet, Grand Prix du Roman de l'Académie française, 25ᵉ Prix Goncourt des Lycéens 2012 ; *Éditions de Fallois/Poche, 2014 et 2018*.

Le Livre des Baltimore, roman, Éditions de Fallois, 2015 ; *Éditions de Fallois/Poche, 2017*.

La Disparition de Stephanie Mailer, roman, Éditions de Fallois, 2018 ; *Éditions de Fallois/Poche, 2019*.

Le Tigre, conte, Éditions de Fallois, 2019.

www.joeldicker.com

JOËL DICKER

La Vérité sur l'Affaire Harry Quebert

– ROMAN –

Éditions de Fallois
L'Âge d'Homme

© Éditions de Fallois/L'Âge d'Homme, 2012

© Éditions de Fallois/Poche, 2014, et 2018 pour la Postface
22, rue La Boétie, 75008 Paris
ISBN 979-10-321-0211-4
ISSN 2273-7561 – *N° 1*

À mes parents

Le jour de la disparition

(samedi 30 août 1975)

— Centrale de la police, quelle est votre urgence ?
— Allô ? Mon nom est Deborah Cooper, j'habite à Side Creek Lane. Je crois que je viens de voir une jeune fille poursuivie par un homme dans la forêt.
— Que s'est-il passé exactement ?
— Je ne sais pas ! J'étais à la fenêtre, je regardais en direction des bois et là, j'ai vu cette jeune fille qui courait entre les arbres... Il y avait un homme derrière elle... Je crois qu'elle essayait de lui échapper.
— Où sont-ils à présent ?
— Je... je ne les vois plus. Ils sont dans la forêt.
— Je vous envoie immédiatement une patrouille, Madame.

C'est par cet appel que débuta le fait divers qui secoua la ville d'Aurora, dans le New Hampshire. Ce jour-là, Nola Kellergan, quinze ans, une jeune fille de la région, disparut. On ne retrouva plus jamais sa trace.

PROLOGUE

Octobre 2008
(33 ans après la disparition)

Tout le monde parlait du livre. Je ne pouvais plus déambuler en paix dans Manhattan, je ne pouvais plus faire mon jogging sans que des promeneurs me reconnaissent et s'exclament: «Hé, c'est Goldman! C'est l'écrivain!» Il arrivait même que certains entament quelques pas de course pour me suivre et me poser les questions qui les taraudaient: «Ce que vous y dites, dans votre bouquin, c'est la vérité? Harry Quebert a vraiment fait ça?» Dans le café de West Village où j'avais mes habitudes, certains clients n'hésitaient plus à s'asseoir à ma table pour me parler: «Je suis en train de lire votre livre, Monsieur Goldman: je ne peux pas m'arrêter! Le premier était déjà bon, mais alors celui-là! On vous a vraiment filé un million de dollars pour l'écrire? Vous avez quel âge? Trente ans à peine? Même pas trente ans? Et vous avez déjà amassé tellement de pognon!» Le portier de mon immeuble, que je voyais avancer dans sa lecture entre deux ouvertures de portes, avait fini par me coincer longuement devant l'ascenseur, une fois le livre terminé, pour me confier ce qu'il avait sur le cœur: «Alors, voilà ce qui est arrivé à Nola Kellergan? Quelle horreur! Mais comment en arrive-t-on là ? Hein, Monsieur Goldman, comment est-ce possible ? »

Le Tout-New York se passionnait pour mon livre ; il y avait deux semaines qu'il était paru et il promettait déjà d'être la meilleure vente de l'année sur le continent américain. Tout le monde voulait savoir ce qui s'était passé à Aurora en 1975. On en parlait partout : à la télévision, à la radio, dans les journaux. Je n'avais même pas trente ans et avec ce livre, qui était seulement le deuxième de ma carrière, j'étais devenu l'écrivain le plus en vue du pays.

L'affaire qui agitait l'Amérique, et dont j'avais tiré l'essence de mon récit, avait éclaté quelques mois plus tôt, au début de l'été, lorsqu'on avait retrouvé les restes d'une jeune fille disparue depuis trente-trois ans. C'est ainsi que débutèrent les événements du New Hampshire qui vont être rapportés ici, et sans lesquels la petite ville d'Aurora serait certainement demeurée inconnue du reste de l'Amérique.

PREMIÈRE PARTIE

La maladie des écrivains

(8 mois avant la sortie du livre)

31.

Dans les abîmes de la mémoire

"Le premier chapitre, Marcus, est essentiel. Si les lecteurs ne l'aiment pas, ils ne liront pas le reste de votre livre. Par quoi comptez-vous commencer le vôtre?
– Je ne sais pas, Harry. Vous pensez qu'un jour j'y arriverai?
– À quoi?
– À écrire un livre.
– J'en suis certain."

Au début de l'année 2008, soit environ un an et demi après être devenu, grâce à mon premier roman, la nouvelle coqueluche des lettres américaines, je fus frappé d'une terrible crise de page blanche, syndrome qui, paraît-il, n'est pas rare chez les écrivains ayant connu un succès immédiat et fracassant. La maladie n'était pas venue d'un coup : elle s'était installée en moi lentement. C'était comme si mon cerveau, atteint, s'était figé peu à peu. À l'apparition des premiers symptômes, je n'avais pas voulu y prêter attention : je m'étais dit que l'inspiration reviendrait le lendemain, ou le jour d'après, ou le suivant peut-être. Mais les jours, les semaines et les mois avaient passé et l'inspiration n'était jamais revenue.

Ma descente aux enfers s'était décomposée en trois phases. La première, indispensable à toute bonne chute vertigineuse, avait été une ascension fulgurante : mon premier roman s'était vendu à deux millions d'exemplaires, me propulsant au rang d'écrivain à succès. C'était l'automne 2006 et en quelques semaines mon nom devint un nom : on me vit partout, à la télévision, dans les journaux, en couverture des magazines. Mon visage s'affichait sur d'immenses panneaux publicitaires dans les stations de métro. Les critiques les plus sévères des grands quotidiens de la côte Est étaient unanimes : le jeune Marcus Goldman allait devenir un très grand écrivain.

Un livre, un seul, et je me voyais désormais ouvrir les portes d'une nouvelle vie : celle des jeunes vedettes millionnaires. Je déménageai de chez mes parents à Montclair, New Jersey, pour m'installer dans un appartement cossu du Village, je troquai ma Ford de troisième main pour une Range Rover noire flambant neuve aux vitres teintées, je me mis à fréquenter les restaurants huppés, je m'attachai les services d'un agent littéraire qui gérait mon emploi du temps et venait regarder le base-ball sur un écran géant dans mon nouveau chez-moi. Je louai, à deux pas de Central Park, un bureau dans lequel une secrétaire un peu amoureuse et prénommée Denise triait mon courrier, préparait mon café et classait mes documents importants.

Durant les six premiers mois qui suivirent la sortie du livre, je m'étais contenté de profiter de la douceur de ma nouvelle existence. Le matin, je passais à mon bureau pour parcourir les éventuels articles à mon sujet et lire les dizaines de lettres d'admirateurs que je recevais quotidiennement et que Denise rangeait ensuite dans des grands classeurs. Puis, content de moi-même et jugeant que j'avais assez travaillé, je m'en allais flâner dans les rues de Manhattan, où les passants bruissaient à mon passage. Je consacrais le reste de mes journées à profiter des nouveaux droits que la célébrité m'octroyait : droit de m'acheter tout ce dont j'avais envie, droit aux loges VIP du Madison Square Garden pour suivre les matchs des Rangers, droit de marcher sur des tapis rouges avec des stars de la musique dont j'avais, plus jeune, acheté tous les disques, droit de sortir avec Lydia Gloor, l'actrice principale de la série télé du moment et que tout le monde s'arrachait. J'étais un écrivain célèbre; j'avais l'impression d'exercer le plus beau métier au monde. Et, certain que mon succès durerait toujours, je ne m'étais pas soucié des premiers avertissements de mon agent et de mon éditeur qui me pressaient de me remettre au travail et de commencer à écrire mon second roman.

C'est au cours des six mois suivants que je réalisai que le vent était en train de tourner : les lettres d'admirateurs se firent plus rares et dans les rues on m'abordait moins. Bientôt, ceux des passants qui me reconnaissaient encore se mirent à me demander : « Monsieur Goldman, quel sera le sujet de votre prochain livre? Et quand sortira-t-il? » Je compris qu'il fallait m'y mettre et je m'y étais mis : j'avais noté des idées sur des feuilles volantes et esquissé des synopsis sur mon ordinateur. Mais rien de bon. J'avais alors pensé à d'autres idées et esquissé d'autres synopsis. Mais sans succès non plus. Je m'étais finalement acheté un nouvel ordinateur, dans l'espoir qu'il serait vendu avec de bonnes idées et d'excellents synopsis. Mais en vain. J'avais ensuite essayé de changer de méthode : j'avais réquisitionné Denise jusque tard dans la nuit pour qu'elle prenne en dictée ce que je pensais être de grandes phrases, de bons mots et des attaques de roman exceptionnelles. Mais le lendemain, les mots me paraissaient fades, les phrases bancales et mes attaques, des défaites. J'entrais dans la seconde phase de ma maladie.

À l'automne 2007, il y avait une année que mon

premier livre était paru et je n'avais pas encore écrit la moindre ligne du suivant. Lorsqu'il n'y eut plus de lettres à classer, que dans les lieux publics on ne me reconnaissait plus et que, dans les grandes librairies de Broadway, les affiches à mon effigie avaient disparu, je compris que la gloire était éphémère. Elle était une gorgone affamée et ceux qui ne la nourrissaient pas se voyaient rapidement remplacés : les hommes politiques du moment, la starlette de la dernière émission de téléréalité, le groupe de rock qui venait de percer avaient repris pour eux ma part d'attention. Il ne s'était pourtant écoulé que douze petits mois depuis mon livre : un laps de temps ridiculement court à mes yeux mais qui, à l'échelle de l'humanité, correspondait à une éternité. Durant cette même année, pour la seule Amérique, un million d'enfants étaient nés, un million de personnes étaient mortes, une bonne dizaine de milliers s'étaient fait tirer dessus, un demi-million avaient plongé dans la drogue, un million étaient devenues millionnaires, dix-sept millions avaient changé de téléphone portable, cinquante mille étaient décédées dans un accident de voiture et, dans les mêmes circonstances, deux millions avaient été blessées plus ou moins gravement. Quant à moi, je n'avais écrit qu'un seul livre.

Schmid & Hanson, la puissante maison d'édition new-yorkaise qui m'avait offert une coquette somme d'argent pour publier mon premier roman et avait placé beaucoup d'espoir en moi, harcelait mon agent, Douglas Claren, qui, lui, me traquait en retour. Il me disait que le temps pressait, qu'il fallait absolument que je présente un nouveau manuscrit, et moi, je m'efforçais de le rassurer pour me rassurer moi-même, lui affirmant que mon second roman avançait bon train et qu'il n'avait aucun souci à se faire. Mais malgré les heures passées enfermé dans mon bureau, mes pages restaient blanches : l'inspiration s'en était allée sans crier gare et voilà qu'elle ne revenait plus. Et le soir, dans mon lit, incapable de trouver le sommeil, je songeais que bientôt, et avant ses trente ans, le grand Marcus Goldman n'existerait déjà plus. Cette pensée m'effraya tellement que je décidai de partir en vacances pour me changer les idées : je m'offris un mois dans un palace de Miami, soi-disant pour me ressourcer, intimement persuadé que la détente sous les palmiers me permettrait de retrouver le plein usage de mon génie créateur. Mais la Floride n'était évidemment qu'une magnifique tentative de fuite et, deux mille ans avant moi, le philosophe Sénèque avait déjà expérimenté cette pénible situation : où que vous fuyiez, vos problèmes s'invitent dans vos bagages et vous suivent partout. C'était comme si, à peine arrivé à Miami, un gentil bagagiste cubain m'avait couru après à la sortie de l'aéroport et m'avait dit :

— Êtes-vous Monsieur Goldman ?
— Oui.
— Alors ceci vous appartient.

Il m'aurait tendu une enveloppe contenant un paquet de feuilles.

— Ce sont mes pages blanches ?
— Oui, Monsieur Goldman. Vous n'alliez tout de même pas quitter New York sans les prendre avec vous ?

Ainsi passai-je ce mois en Floride seul, enfermé dans une suite avec mes démons, misérable et dépité. Sur mon ordinateur, allumé jour et nuit, le document que j'avais intitulé *nouveau roman.doc* restait désespérément vierge. Je compris que j'avais contracté une maladie très répandue dans le milieu artistique le soir où j'offris une margarita au pianiste du bar de l'hôtel. Installé au comptoir, il me raconta que, de toute sa vie, il n'avait écrit qu'une seule chanson, mais que cette chanson avait été un tube du tonnerre. Il avait connu un tel succès qu'il n'avait plus jamais rien pu écrire d'autre et à présent, ruiné et malheureux, il survivait en pianotant les succès des autres pour les clients des hôtels. « À l'époque, j'ai fait des tournées d'enfer dans les plus grandes salles du pays, me dit-il en s'accrochant à mon col de chemise. Dix mille personnes qui hurlaient mon nom, avec des nanas qui tombaient dans les pommes et d'autres qui me lançaient leur petite culotte. C'était quelque chose. » Et après avoir léché comme un petit chien le sel autour de son verre, il ajouta : « Je te promets que c'est la vérité. » Le pire justement, c'est que je savais que c'était vrai.

La troisième phase de mes malheurs débuta dès mon retour à New York. Dans l'avion qui me ramenait de Miami, je lus un article sur un jeune auteur qui venait de sortir un roman encensé par la critique, et à mon arrivée à l'aéroport de LaGuardia, je vis son visage sur de grandes affiches dans le hall de récupération des bagages. La vie me narguait : non seulement on m'oubliait, mais pire encore, on était en train de me remplacer. Douglas, qui vint me chercher à l'aéroport, était dans tous ses états : Schmid & Hanson, à bout de patience, voulait une preuve que j'avançais et que je serais bientôt en mesure de leur apporter un nouveau manuscrit achevé.

— On est mal, me dit-il dans la voiture en me ramenant à Manhattan. Dis-moi que la Floride t'a revigoré et que tu as un bouquin déjà bien avancé ! Il y a ce type dont tout le monde parle… Son livre va être le grand succès de Noël. Et toi, Marcus ? Qu'est-ce que t'as pour Noël ?

— Je vais m'y mettre ! m'écriai-je, paniqué. Je vais y arriver ! On fera une grande campagne de publicité et ça marchera ! Les gens ont aimé le premier livre, ils aimeront le suivant !

— Marc, tu ne comprends pas : on aurait pu faire ça il y a quelques mois encore. C'était la stratégie : surfer sur ton succès, alimenter le public, lui donner ce qu'il demandait. Le public voulait Marcus Goldman, mais comme Marcus Goldman est allé se la couler douce en Floride, les lecteurs sont allés acheter le livre de quelqu'un d'autre. Tu as étudié un peu l'économie, Marc ? Les livres sont devenus un produit interchangeable : les gens veulent un bouquin qui leur plaît, qui les détend, qui les divertit. Et si c'est pas toi qui le leur donnes, ce sera ton voisin, et toi tu seras bon pour la poubelle.

Épouvanté par les oracles de Douglas, je me mis au travail comme jamais : je commençais à écrire à six heures du matin, je n'arrêtais jamais avant neuf ou dix heures du soir. Des journées entières passées dans mon bureau à écrire sans discontinuer, emporté par la frénésie du désespoir, à ébaucher des mots, emmancher des phrases et multiplier les idées de roman. Mais à mon grand dam, je ne produisais rien de valable. Denise, elle, passait ses journées à s'inquiéter de mon état. Comme elle n'avait plus rien d'autre à faire, plus de dictée à prendre, plus de courrier à classer, plus de café à préparer, elle faisait les cent pas dans le couloir. Et lorsqu'elle n'y tenait plus, elle tambourinait contre ma porte.

— Je vous en supplie, Marcus, ouvrez-moi ! gémissait-elle. Sortez de ce bureau, allez vous promener un peu au parc. Vous n'avez rien mangé aujourd'hui !

Je lui répondais en hurlant :

— Pas faim ! Pas faim ! Pas de bouquin, pas de repas !

Elle en sanglotait presque.

— Ne dites pas d'horreurs, Marcus. Je vais aller au *deli* de l'angle de la rue vous chercher des sandwichs au roast-beef, vos préférés. Je me dépêche ! Je me dépêche !

Je l'entendais attraper son sac et courir jusqu'à la porte d'entrée avant de se jeter dans les escaliers, comme si sa précipitation allait changer quelque chose à ma situation. Car j'avais enfin pris la mesure du mal qui me frappait : écrire un livre en partant de rien m'avait semblé très facile, mais à présent que j'étais au sommet, à présent qu'il me fallait assumer mon talent et répéter la marche épuisante vers le succès qu'est l'écriture d'un bon roman, je ne m'en sentais plus capable. J'étais terrassé par la maladie des écrivains et il n'y avait personne pour m'aider : ceux à qui j'en parlais me disaient que c'était trois fois rien, que c'était sûrement très commun et que si je n'écrivais pas mon livre aujourd'hui, je le ferais demain. J'essayai, deux jours durant, d'aller travailler dans mon ancienne chambre, chez mes parents, à Montclair, là même où j'avais trouvé l'inspiration pour mon premier roman. Mais cette tentative se solda par un échec lamentable, auquel ma mère ne fut peut-être pas étrangère, notamment pour avoir passé ces deux journées assise à côté de moi, à scruter l'écran de mon ordinateur portable et à me répéter : « C'est très bien, Markie. »

— Maman, je n'ai pas écrit une ligne, finis-je par dire.

— Mais je sens que ça va être très bon.

— Maman, si tu me laissais seul…

— Pourquoi seul ? As-tu mal au ventre ? As-tu besoin de péter ? Tu peux péter devant moi, mon chéri. Je suis ta mère.

— Non, je n'ai pas besoin de péter, Maman.

— As-tu faim alors ? Veux-tu des pancakes ? Des gaufres ? Quelque chose de salé ? Des œufs peut-être ?

— Non, je n'ai pas faim.

— Alors pourquoi veux-tu que je te laisse ? Es-tu en train d'essayer de dire que la présence de la femme qui t'a donné la vie te dérange ?

— Non, tu ne me déranges pas, mais…

— *Mais* quoi ?

— Rien, Maman.

— Il te faudrait une petite copine, Markie. Crois-tu que je ne sais pas que tu as rompu avec cette actrice télévisuelle ? Comment s'appelle-t-elle déjà ?

— Lydia Gloor. De toute façon, on n'était pas vraiment ensemble, Maman. Je veux dire : c'était juste une histoire comme ça.

— *Une histoire comme ça, une histoire comme ça* ! Voilà ce que font les jeunes maintenant : ils font des *histoires comme ça* et ils se retrouvent à cinquante ans chauves et sans famille !

— Quel est le rapport avec être chauve, Maman ?

— Il n'y en a pas. Mais trouves-tu normal que j'apprenne que tu es avec cette fille en lisant un magazine ? Quel fils fait ça à sa mère, hein ? Figure-toi que, juste avant ton départ en Floride, j'arrive chez Scheingetz – le coiffeur, pas le boucher – et là tout le monde me regarde avec un drôle d'air. Je demande ce qui se passe, et voilà que Madame Berg, son casque de permanente sur la tête, me montre le magazine qu'elle lit : il y a une photo de toi et de cette Lydia Gloor, dans la rue, ensemble, et le titre de l'article qui dit que vous vous êtes séparés. Tout le salon de coiffure savait que vous aviez rompu et moi je ne savais même pas que tu fréquentais cette fille ! Bien sûr, je ne voulais pas passer pour une imbécile : j'ai dit que c'était une femme charmante et qu'elle était souvent venue dîner à la maison.

— Maman, je ne t'en ai pas parlé parce que ce n'était pas sérieux. Ce n'était pas la bonne, tu comprends.

— Mais ce n'est jamais la bonne ! Tu ne rencontres personne de correct, Markie ! Voilà le problème. Crois-tu que des actrices télévisuelles puissent tenir un ménage ? Figure-toi que j'ai rencontré Madame Levey hier au supermarché : sa fille est célibataire aussi. Elle serait parfaite pour toi. En plus, elle a de très belles dents. Veux-tu que je lui dise de passer maintenant ?

— Non, Maman. J'essaie de travailler.

À cet instant, on sonna à la porte.

— Je crois que ce sont elles, dit ma mère.

— Comment ça, *ce sont elles* ?

— Madame Levey et sa fille. Je leur ai dit de venir prendre le thé à seize heures. Il est seize heures pile. Une bonne femme est une femme à l'heure. Ne l'aimes-tu pas déjà ?

— Tu les as invitées à prendre le thé ? Fous-les dehors, Maman ! Je ne veux pas les voir ! J'ai un livre à écrire, bon sang ! Je ne suis pas là pour jouer à la dînette, je dois écrire un roman !

— Oh, Markie, il te faudrait vraiment une petite copine. Une petite copine avec qui tu te fiances et avec qui tu te maries. Tu penses trop aux livres et pas assez au mariage…

Personne ne saisissait l'enjeu de la situation : il me fallait impérativement un nouveau livre, ne serait-ce que pour respecter les clauses du contrat qui me liait à ma maison d'édition. Dans le courant du mois de janvier 2008, Roy Barnaski, puissant directeur de Schmid & Hanson, me convoqua dans son bureau du 51e étage d'une tour de Lexington Avenue pour un sérieux rappel à l'ordre : « Alors, Goldman, quand est-ce que j'aurai votre nouveau manuscrit ? aboya-t-il. Notre contrat porte sur cinq livres : il faut vous mettre au boulot, et vite ! Il faut du résultat, il faut faire du chiffre ! Vous êtes en retard sur les délais ! Vous êtes en retard sur tout ! Vous avez vu ce type qui a sorti son bouquin avant Noël ? Il vous a remplacé auprès du public ! Son agent dit que son prochain roman est déjà presque terminé. Et vous ? Vous, vous nous faites perdre de l'argent ! Alors secouez-vous et redressez la situation. Frappez un grand coup, écrivez-moi un bon bouquin, et sauvez votre peau. Je vous laisse six mois, je vous laisse jusqu'à la fin juin. » Six mois pour écrire un livre alors que j'étais bloqué depuis presque une année et demie. C'était impossible. Pire encore, Barnaski, en m'imposant son délai, ne m'avait pas informé des conséquences auxquelles je m'exposais si je ne m'exécutais pas. C'est Douglas qui s'en chargea, deux semaines plus tard, au cours d'une énième conversation dans mon appartement. Il me dit : « Il va falloir écrire, mon vieux, tu peux plus te débiner. Tu as signé pour cinq livres ! Cinq livres ! Barnaski est furax, il ne veut plus patienter… Il m'a dit qu'il te laissait jusqu'à juin. Et tu sais ce qui va se passer si tu te plantes ? Ils vont rompre ton contrat, ils vont te poursuivre en justice et te sucer jusqu'à la moelle. Ils vont te prendre tout ton pognon et tu pourras tirer un trait sur ta belle vie, ton bel appartement, tes pompes italiennes, ta grosse bagnole : tu n'auras plus rien. Ils te saigneront. » Voilà que moi qui, une année plus tôt, étais considéré comme la nouvelle étoile de la littérature de ce pays, j'étais désormais devenu le grand désespoir, la grande limace de l'édition nord-américaine. Leçon numéro deux : en dehors d'être éphémère, la gloire n'était pas sans conséquence. Le soir qui suivit la mise en garde de Douglas, je décrochai mon téléphone et je composai le numéro de la seule personne dont je considérais qu'elle pouvait me tirer de ce mauvais pas : Harry Quebert, mon ancien professeur d'université et surtout l'un des auteurs les plus lus et les plus respectés d'Amérique, avec qui j'étais étroitement lié depuis une dizaine d'années, depuis que j'avais été son étudiant à l'université de Burrows, dans le Massachusetts.

À ce moment-là, il y avait plus d'une année que je ne l'avais pas vu et presque autant de temps que je ne lui avais pas téléphoné. Je l'appelai chez lui, à Aurora, dans le New Hampshire. En entendant ma voix, il me dit d'un ton narquois :

— Oh, Marcus ! C'est bien vous qui me téléphonez ? Incroyable. Depuis que vous êtes une vedette, vous ne donnez plus de nouvelles. J'ai essayé de vous appeler il y a un mois, je suis tombé sur votre secrétaire qui m'a dit que vous n'étiez là pour personne.

Je répondis de but en blanc :

— Ça va mal, Harry. Je crois que je ne suis plus écrivain.

Il redevint aussitôt sérieux :

— Qu'est-ce que vous me chantez là, Marcus ?

— Je ne sais plus quoi écrire, je suis fini. Page blanche. Ça fait des mois. Peut-être une année.

Il éclata d'un rire rassurant et chaleureux.

— Blocage mental, Marcus, voilà ce que c'est! Les pages blanches sont aussi stupides que les pannes sexuelles liées à la performance: c'est la panique du génie, celle-là même qui rend votre petite queue toute molle lorsque vous vous apprêtez à jouer à la brouette avec une de vos admiratrices et que vous ne pensez qu'à lui procurer un orgasme tel qu'il sera mesurable sur l'échelle de Richter. Ne vous souciez pas du génie, contentez-vous d'aligner les mots ensemble. Le génie vient naturellement.

— Vous pensez?

— J'en suis sûr. Mais vous devriez laisser un peu de côté vos soirées mondaines et vos petits fours. Écrire, c'est sérieux. Je pensais vous l'avoir inculqué.

— Mais je travaille dur! Je ne fais que ça! Et malgré tout, je n'arrive à rien.

— Alors, c'est qu'il vous manque un cadre propice. New York, c'est très joli, mais c'est surtout beaucoup trop bruyant. Pourquoi ne viendriez-vous pas ici, chez moi, comme du temps où vous étiez mon étudiant?

M'éloigner de New York et changer d'air. Jamais une invitation à l'exil ne m'avait paru plus sensée. Partir retrouver l'inspiration d'un nouveau livre dans l'arrière-campagne américaine en compagnie de mon vieux maître: c'était exactement ce qu'il me fallait. C'est ainsi qu'une semaine plus tard, à la mi-février 2008, j'allai m'installer à Aurora, dans le New Hampshire. C'était quelques mois avant les événements dramatiques que je m'apprête à vous raconter ici.

*

Avant l'affaire qui agita l'Amérique durant l'été 2008, personne n'avait entendu parler d'Aurora. C'est une petite ville du bord de l'océan, à un quart d'heure de la frontière avec le Massachusetts. La rue principale compte un cinéma – dont la programmation est continuellement en retard par rapport au reste du pays –, quelques magasins, un bureau de poste, un poste de police et une poignée de restaurants, dont le Clark's, le *diner* historique de la ville. Tout autour, ce ne sont que des quartiers paisibles de maisons de planches colorées aux marquises conviviales, surmontées de toits en ardoises et bordées de jardins aux gazons impeccablement entretenus. C'est une Amérique dans l'Amérique, où les habitants ne ferment pas leur porte à clé ; un de ces endroits comme il n'en existe qu'en Nouvelle-Angleterre, si calme qu'on le pense à l'abri de tout.

Je connaissais bien Aurora pour y être souvent venu rendre visite à Harry lorsque j'étais son étudiant. Il habitait une magnifique maison en pierre et en pin massif, située en dehors de la ville, sur la route 1 en direction du Maine, et posée au bord d'un bras de mer répertorié sur les cartes sous le nom de Goose Cove. C'était une maison d'écrivain, dominant l'océan, avec une terrasse pour les beaux jours, d'où un escalier menait directement à la plage. Les alentours n'étaient que quiétude sauvage : la forêt côtière, les bandes de galets et de pierres géantes, les bosquets humides de fougères et de mousses, quelques sentiers de promenade qui longeaient la grève. On aurait pu parfois se croire à l'extrémité du monde si on ne se savait pas à quelques miles seulement de la civilisation. Et l'on imaginait facilement le vieil écrivain produisant ses chefs-d'œuvre sur sa terrasse, inspiré par les marées et les soleils couchants.

Le 10 février 2008, je quittai New York au summum de ma crise de page blanche. Le pays, lui, bouillonnait déjà des prémices de l'élection présidentielle : quelques jours auparavant, le Super Tuesday (qui s'était exceptionnellement tenu au mois de février au lieu du mois de mars, preuve que ç'allait être une année hors du commun) avait offert le ticket républicain au sénateur John McCain, tandis que chez les démocrates la bataille entre Hillary Clinton et Barack Obama faisait encore rage. Je fis le trajet en voiture jusqu'à Aurora d'une seule traite. L'hiver avait été neigeux et les paysages qui défilaient autour de moi étaient chargés de blanc. J'aimais le New Hampshire : j'aimais sa tranquillité, j'aimais ses immenses forêts, j'aimais ses étangs couverts de nénuphars où l'on pouvait nager l'été et faire du patin l'hiver, j'aimais l'idée que l'on n'y payait ni taxe, ni impôt sur le revenu. Je trouvais que c'était un État libertaire et sa devise *VIVRE LIBRE OU MOURIR* frappée sur les plaques des voitures qui me dépassaient sur l'autoroute résumait bien ce puissant sentiment de liberté qui m'avait saisi à chacun de mes séjours à Aurora. Je me souviens d'ailleurs qu'en arrivant chez Harry ce jour-là, au milieu d'un après-midi aussi froid que brumeux, je ressentis immédiatement une sensation d'apaisement intérieur. Il m'attendait sous le porche de sa maison, emmitouflé dans une énorme veste d'hiver. Je descendis de voiture, il vint à ma rencontre, posa ses mains sur mes épaules et m'offrit un large sourire réconfortant.

— Que vous arrive-t-il, Marcus ?
— Je ne sais pas, Harry…
— Allons, allons. Vous avez toujours été un jeune homme beaucoup trop sensible.

Avant même que je ne défasse mes bagages, nous

nous installâmes dans son salon pour discuter un peu. Il nous servit du café. Dans l'âtre, un feu crépitait ; il faisait bon à l'intérieur alors que, par l'immense baie vitrée, je voyais l'océan tourmenté par les vents glacés et la neige humide qui tombait sur les rochers.

— J'avais oublié à quel point c'était beau ici, murmurai-je.

Il acquiesça.

— Vous allez voir, mon petit Marcus, je vais bien m'occuper de vous. Vous allez nous pondre un roman du tonnerre. Ne vous faites pas de bile, tous les bons écrivains passent par ce genre de moments difficiles.

Il avait cet air serein et confiant que je lui avais toujours connu. C'était un homme que je n'avais jamais vu douter : charismatique, sûr de lui, il se dégageait de sa seule présence une autorité naturelle. Il allait sur ses soixante-sept ans et il avait belle allure, avec sa grande tignasse argentée toujours bien en place, des épaules larges et un corps puissant qui témoignait de sa longue pratique de la boxe. C'était un boxeur, et c'est justement au travers de ce sport que je pratiquais moi-même assidûment que nous avions sympathisé à l'université de Burrows.

Les liens qui m'unissaient à Harry, et sur lesquels je reviendrai un peu plus loin dans ce récit, étaient très forts. Il était entré dans ma vie au cours de l'année 1998, lorsque j'intégrai l'université de Burrows, Massachusetts. À cette époque, il avait cinquante-sept ans. Il y avait alors une quinzaine d'années qu'il faisait les beaux jours du département de littérature de cette modeste université de campagne à l'atmosphère paisible et peuplée d'étudiants sympathiques et polis. Avant cela, je connaissais Harry-Quebert-le-grand-écrivain de nom, comme tout le monde : à Burrows je fis la rencontre de Harry-tout-court, celui qui allait devenir l'un de mes plus proches amis malgré notre différence d'âge et qui allait m'apprendre à devenir écrivain. Lui-même avait connu la consécration au milieu des années 1970, lorsque son second livre, *Les Origines du mal*, s'était vendu à quinze millions d'exemplaires, lui valant le National Book Critics Circle Award et le National Book Award, les deux prix littéraires les plus prestigieux du pays. Depuis, il publiait à un rythme régulier et tenait une chronique mensuelle très suivie dans le *Boston Globe*. C'était l'une des grandes figures de l'intelligentsia américaine : il donnait de nombreuses conférences, il était souvent sollicité pour des événements culturels majeurs ; son avis sur les questions politiques comptait. C'était un homme très respecté, l'une des fiertés du pays, ce que l'Amérique pouvait produire de mieux. En allant passer quelques semaines chez lui, j'espérais qu'il parviendrait à me transformer en écrivain à nouveau et à m'apprendre comment traverser le gouffre de la page blanche. Je dus cependant constater que, si Harry trouvait ma situation certes difficile, il ne la considérait pas pour autant comme anormale. « Les écrivains ont des trous parfois, ça fait partie des risques du métier, m'expliqua-t-il. Mettez-vous au travail, vous verrez, ça va se débloquer tout seul. » Il m'installa dans son bureau du rez-de-chaussée, là où lui-même avait écrit tous ses livres, dont *Les Origines du mal*. J'y passai de longues heures à essayer d'écrire à mon tour, mais je restais surtout absorbé par l'océan et la neige de l'autre côté de la fenêtre. Lorsqu'il venait m'apporter du café ou quelque chose à manger, il regardait ma mine désespérée et essayait de me remonter le moral. Un matin, il finit par me dire :

— Ne faites pas cette tête, Marcus, on dirait que vous allez mourir.

— C'est assez proche…

— Allons, soyez tracassé par la marche du monde, par la guerre en Irak, mais pas par de misérables bouquins… c'est encore trop tôt. Vous êtes navrant, vous savez: vous faites toute une histoire parce que vous avez de la peine à vous remettre à écrire trois lignes. Voyez plutôt les choses en face: vous avez écrit un livre formidable, vous êtes devenu riche et célèbre, et votre deuxième livre a un peu de peine à sortir de votre tête. Il n'y a rien d'étrange ni d'inquiétant à cette situation…

— Mais vous… vous n'avez jamais eu ce problème?

Il éclata d'un rire sonore.

— La page blanche? Vous plaisantez? Mon pauvre ami, bien plus que vous ne pouvez l'imaginer!

— Mon éditeur dit que si je n'écris pas un nouveau livre maintenant, je suis fini.

— Vous savez ce qu'est un éditeur? C'est un écrivain raté dont le papa avait suffisamment de fric pour qu'il puisse s'approprier le talent des autres. Vous verrez, Marcus, tout va très vite rentrer dans l'ordre. Vous avez une sacrée carrière devant vous. Votre premier livre était remarquable, le second sera encore meilleur. Ne vous en faites pas, je vais vous aider à retrouver l'inspiration.

Je ne peux pas dire que ma retraite à Aurora me rendit mon inspiration, mais elle me fit indéniablement du bien. À Harry aussi, qui, je le savais, se sentait souvent seul: c'était un homme sans famille et sans beaucoup de distractions. Ce furent des jours heureux. Ce furent, en fait, nos derniers jours heureux ensemble. Nous les passâmes à faire de longues

balades au bord de l'océan, à réécouter les grands classiques de l'opéra, à arpenter les pistes de ski de fond, à écumer les événements culturels locaux et à organiser des expéditions dans les supermarchés de la région, à la recherche de petites saucisses cocktail vendues au profit des vétérans de l'armée américaine et dont Harry raffolait, considérant qu'elles justifiaient à elles seules l'intervention militaire en Irak. Nous allions aussi fréquemment déjeuner au Clark's, y boire des cafés pendant des après-midi entières et disserter de la vie comme nous le faisions à l'époque où j'étais son étudiant. Tout le monde à Aurora connaissait et respectait Harry, et depuis le temps, tout le monde me connaissait également. Les deux personnes avec qui j'avais le plus d'affinités étaient Jenny Dawn, la patronne du Clark's, et Ernie Pinkas, le bibliothécaire municipal bénévole, très proche de Harry, et qui venait parfois à Goose Cove en fin de journée pour boire un verre de scotch. Je me rendais moi-même tous les matins à la bibliothèque pour lire le *New York Times*. Le premier jour, j'avais remarqué qu'Ernie Pinkas avait mis un exemplaire de mon livre sur un présentoir bien en évidence. Il me l'avait montré fièrement en me disant : « Tu vois, Marcus, ton bouquin est à la première place. C'est le livre le plus emprunté depuis une année. À quand le prochain ?
— À vrai dire, j'ai un peu de peine à le commencer. C'est pour ça que je suis ici. — Ne t'en fais pas. Tu vas trouver une idée géniale, j'en suis sûr. Quelque chose de très accrocheur. — Comme quoi ? — J'en sais trop rien, c'est toi l'écrivain. Mais il faut trouver un thème qui passionne les foules. »

Au Clark's, Harry occupait la même table depuis trente-trois ans, la numéro 17, sur laquelle Jenny avait fait visser une plaque en métal avec l'inscription suivante :

> *C'est à cette table que durant l'été 1975 l'écrivain Harry Quebert a rédigé son célèbre roman* Les Origines du mal.

Je connaissais cette plaque depuis toujours, mais je n'y avais jamais vraiment prêté attention. Ce n'est que lors de ce séjour que je me mis à m'y intéresser de plus près, la contemplant longuement. Cette suite de mots gravés dans le métal m'obséda bientôt : assis à cette misérable table de bois collante de graisse et de sirop d'érable, dans ce *diner* d'une petite ville du New Hampshire, Harry avait écrit son immense chef-d'œuvre, celui qui avait fait de lui une légende de la littérature. Comment lui était venue une telle inspiration ? Moi aussi je voulais me mettre à cette table, écrire et être frappé par le génie. Je m'y installai d'ailleurs, avec papiers et stylos, pendant deux après-midi consécutives. Mais sans succès. Je finis par demander à Jenny :

— Alors quoi, il s'asseyait à cette table et il écrivait ?

Elle hocha la tête :

— Toute la journée, Marcus. Toute la sainte journée. Il ne s'arrêtait jamais. C'était l'été 1975, je me rappelle bien.

Je sentais une espèce de fureur bouillonner à l'intérieur de moi : moi aussi je voulais écrire un chef-d'œuvre, moi aussi je voulais écrire un livre qui deviendrait une référence. Harry s'en rendit compte lorsque, après quasiment un mois de séjour à Aurora, il réalisa que je n'avais toujours pas écrit la moindre ligne. La scène se déroula début mars, dans le bureau de Goose Cove où j'attendais l'Illumination divine et où il entra, ceint d'un tablier de femme, pour m'apporter des beignets qu'il venait de frire.

— Ça avance ? me demanda-t-il.

— J'écris un truc grandiose, répondis-je en lui tendant le paquet de feuilles que le bagagiste cubain m'avait refilé trois mois plus tôt.

Il posa son plateau et s'empressa de les regarder avant de comprendre que ce n'était que des pages blanches.

— Vous n'avez rien écrit ? Depuis trois semaines que vous êtes là, vous n'avez rien écrit ?

Je m'emportai :

— Rien ! Rien ! Rien de valable ! Que des idées de mauvais roman !

— Mais bon Dieu, Marcus, qu'est-ce que vous voulez écrire si ce n'est pas un roman ?

Je répondis sans même réfléchir :

— Un chef-d'œuvre ! Je veux écrire un chef-d'œuvre !

— Un chef-d'œuvre ?

— Oui. Je veux écrire un grand roman, avec de grandes idées ! Je veux écrire un livre qui marquera les esprits.

Harry me contempla un instant et éclata de rire :

— Votre ambition démesurée m'emmerde, Marcus, ça fait longtemps que je vous le dis. Vous allez devenir un très grand écrivain, je le sais, j'en suis persuadé depuis que je vous connais. Mais vous voulez savoir quel est votre problème : vous êtes beaucoup trop pressé ! Quel âge avez-vous exactement ?

— Bientôt trente ans…

— Vous n'avez même pas encore trente ans et vous

voulez déjà être une espèce de croisement entre Saul Bellow et Arthur Miller ? La gloire viendra, ne soyez pas trop pressé. Moi-même, j'ai soixante-sept ans et je suis terrifié : le temps passe vite, vous savez, et chaque année qui s'écoule est une année de moins que je ne peux plus rattraper. Que croyiez-vous, Marcus ? Que vous alliez pondre comme ça un second bouquin ? Une carrière, ça se construit, mon vieux. Quant à écrire un grand roman, pas besoin de grandes idées : contentez-vous d'être vous-même et vous y arriverez certainement, je ne me fais pas de souci pour vous. J'enseigne la littérature depuis plus de vingt ans, vingt longues années, et vous êtes la personne la plus brillante que j'aie rencontrée.

— Merci.

— Ne me remerciez pas, c'est la simple vérité. Mais ne venez pas geindre ici comme une mauviette parce que vous n'avez pas encore reçu le Nobel, nom de Dieu... Tsss, je vous en foutrai, moi, des grands romans... Prix Nobel de la Connerie, voilà ce que vous méritez.

— Mais comment avez-vous fait, Harry ? Votre livre, en 1976, *Les Origines du mal*. C'est un chef-d'œuvre ! C'était votre deuxième livre seulement... Comment avez-vous fait ? Comment écrit-on un chef-d'œuvre ?

Il sourit tristement :

— Marcus : les chefs-d'œuvre ne s'écrivent pas. Ils existent par eux-mêmes. Et puis vous savez, aux yeux de beaucoup, c'est finalement le seul livre que j'ai écrit... Je veux dire, aucun des autres qui ont suivi n'a connu le même succès. Quand on parle de moi, on pense aussitôt et presque uniquement aux *Origines du mal*. Et ça, c'est triste, parce que je crois que si à trente-cinq ans on m'avait dit que j'avais atteint le sommet de ma carrière, je me serais certainement jeté dans l'océan. Ne soyez pas trop pressé.

— Vous regrettez ce livre?

— Peut-être... Un peu... Je ne sais pas... Les regrets sont un concept que je n'aime pas: ils signifient que nous n'assumons pas ce que nous avons été.

— Mais qu'est-ce que je dois faire alors?

— Ce que vous avez toujours fait de mieux: écrire. Et si je peux vous donner un conseil, Marcus, c'est de ne pas faire comme moi. Nous nous ressemblons énormément, vous savez, alors je vous en conjure, ne répétez pas les erreurs que j'ai commises.

— Quelles erreurs?

— Moi aussi, l'été où je suis arrivé ici, en 1975, je voulais absolument écrire un grand roman, j'étais obsédé par l'idée et l'envie de devenir un grand écrivain.

— Et vous y êtes arrivé...

— Vous ne comprenez pas: aujourd'hui je suis certes un *grand écrivain* comme vous dites, mais je vis seul dans cette immense maison. Ma vie est vide, Marcus. Ne faites pas comme moi... Ne vous laissez pas bouffer par votre ambition. Sinon votre cœur sera seul et votre plume sera triste. Pourquoi n'avez-vous pas de petite amie?

— Je n'ai pas de petite amie parce que je ne trouve personne qui me plaise vraiment.

— Je crois surtout que vous baisez comme vous écrivez: soit c'est l'extase, soit c'est le néant. Trouvez-vous quelqu'un de bien, et laissez-lui une chance. Faites pareil avec votre livre: donnez-vous une chance à vous aussi. Donnez une chance à votre vie! Vous savez quelle est mon occupation principale? Nourrir les mouettes. Je collecte du pain sec, dans cette boîte en fer qui se trouve dans la cuisine avec l'inscription *Souvenir de Rockland, Maine,* et je vais le lancer aux mouettes. Vous ne devriez pas toujours écrire…

Malgré les conseils qu'essayait de me prodiguer Harry, je restai obnubilé par cette idée : comment lui-même, à mon âge, avait-il eu le déclic, ce moment de génie qui lui avait permis d'écrire *Les Origines du mal*? Cette question m'obséda de plus en plus, et comme Harry m'avait installé dans son bureau, je m'autorisai à y fouiner un peu. J'étais loin d'imaginer ce que j'allais découvrir. Tout commença lorsque j'ouvris un tiroir à la recherche d'un stylo et que je tombai sur un cahier manuscrit et quelques feuillets épars : des originaux de Harry. J'en fus très excité : c'était là l'occasion inespérée de comprendre comment Harry travaillait, de savoir si ses cahiers étaient couverts de ratures ou si le génie lui venait naturellement. Insatiable, je me mis à explorer sa bibliothèque en quête d'autres carnets. Pour avoir le champ libre, il me fallait attendre que Harry s'absente de la maison ; or, il se trouvait que le jeudi était le jour où il enseignait à Burrows, partant tôt le matin et ne revenant en général qu'en toute fin de journée. C'est ainsi que l'après-midi du jeudi 6 mars 2008 se produisit un événement que je décidai d'oublier immédiatement : je découvris que Harry avait entretenu une liaison avec une fille de quinze ans alors que lui-même en avait trente-quatre. Cela s'était passé au milieu des années 1970.

Je perçai son secret lorsque, fouillant frénétiquement et sans gêne les rayonnages de son bureau, je trouvai, dissimulée derrière des livres, une grande boîte en bois laqué, fermée par un couvercle à charnières. Je pressentis le gros lot, le manuscrit des

Origines du mal peut-être. Je me saisis de la boîte et l'ouvris, mais à mon grand désarroi, il n'y avait pas de manuscrit à l'intérieur: juste une série de photos et des articles de journaux. Les photographies représentaient Harry dans ses jeunes années, la trentaine superbe, élégant, fier, et, à ses côtés, une jeune fille. Il y avait quatre ou cinq clichés et elle apparaissait sur tous. Sur l'un d'eux, on voyait Harry sur une plage, torse nu, bronzé et musclé, serrant contre lui cette jeune fille souriante, avec des lunettes de soleil fixées dans ses longs cheveux blonds pour les tenir en place et qui l'embrassait sur la joue. Le verso de la photo portait une annotation: *Nola et moi, Martha's Vineyard, fin juillet 1975.* À cet instant, trop passionné par ma découverte, je n'entendis pas Harry qui revenait très en avance de l'université: je ne perçus ni les crissements des pneus de sa Corvette sur le gravier du chemin de Goose Cove, ni le son de sa voix lorsqu'il entra dans la maison. Je n'entendis rien parce que dans la boîte, à la suite des photos, je trouvai une lettre, sans date. Une écriture d'enfant sur du joli papier qui disait:

> *Ne vous en faites pas, Harry, ne vous en faites pas pour moi, je me débrouillerai pour vous retrouver là-bas. Attendez-moi dans la chambre 8, j'aime ce chiffre, c'est mon chiffre préféré. Attendez-moi dans cette chambre à 19 heures. Ensuite nous partirons pour toujours.*
>
>   *Je vous aime tant.*
>   *Très tendrement.*
>
> *Nola*

Qui était donc cette Nola ? Le cœur battant, je me mis à parcourir les coupures de journaux : les articles mentionnaient tous la disparition énigmatique d'une certaine Nola Kellergan, un soir d'août 1975 ; et la Nola des photos des journaux correspondait à la Nola des photos de Harry. C'est à ce moment que Harry entra dans le bureau, avec, dans les mains, un plateau chargé de tasses de café et d'une assiette de biscuits qu'il lâcha lorsque, ayant poussé la porte du pied, il me trouva accroupi sur son tapis, le contenu de sa boîte secrète éparpillée devant moi.

— Mais... qu'est-ce que vous faites ? s'écria-t-il. Vous... vous fouillez, Marcus ? Je vous invite chez moi et vous fouillez dans mes affaires ? Mais quel genre d'ami êtes-vous ?

Je bredouillai de mauvaises explications :

— Je suis tombé dessus, Harry. J'ai trouvé cette boîte par hasard. Je n'aurais pas dû l'ouvrir... Je suis désolé.

— Vous n'auriez effectivement pas dû ! De quel droit ! De quel droit, bon sang ?

Il m'arracha les photos des mains, ramassa les articles à la hâte et remit le tout pêle-mêle dans la boîte qu'il emporta avec lui jusque dans sa chambre où il s'enferma. Je ne l'avais jamais vu comme ça, je ne pouvais pas dire s'il s'agissait de panique ou de rage. À travers la porte, je me confondis en excuses, lui expliquant que je n'avais pas voulu le blesser, que j'étais tombé sur la boîte par hasard, mais rien n'y fit. Il ne sortit de sa chambre que deux heures plus tard et descendit directement au salon pour s'enfiler quelques whiskys. Lorsqu'il me sembla un peu calmé, je vins le trouver.

— Harry... qui est cette fille ? demandai-je doucement.

Il baissa les yeux.

— Nola.

— Qui est Nola ?

— Ne demandez pas qui est Nola. S'il vous plaît.

— Harry, qui est Nola ? répétai-je.

Il hocha la tête :

— Je l'ai aimée, Marcus. Tellement aimée.

— Mais pourquoi ne m'en avez-vous jamais parlé ?

— C'est compliqué…

— Rien n'est compliqué pour les amis.

Il haussa les épaules.

— Puisque vous avez trouvé ces photos, autant que je vous le dise… En 1975, en arrivant à Aurora, je suis tombé amoureux de cette fille qui n'avait que quinze ans. Elle s'appelait Nola et elle a été la femme de ma vie.

Il y eut un bref silence au terme duquel je demandai, remué :

— Qu'est-il arrivé à Nola ?

— Sordide histoire, Marcus. Elle a disparu. Un soir de la fin août 1975, elle a disparu, après avoir été vue en sang par une habitante des environs. Si vous avez ouvert la boîte, vous avez sûrement vu les articles. On ne l'a jamais retrouvée, personne ne sait ce qui lui est arrivé.

— Quelle horreur, soufflai-je.

Il hocha la tête longuement.

— Vous savez, dit-il, Nola avait changé ma vie. Et peu m'aurait importé de devenir le grand Harry Quebert, l'immense écrivain. Peu m'auraient importé ma gloire, l'argent et mon grand destin si j'avais pu garder Nola. Rien de ce que j'ai pu faire depuis elle n'a donné autant de sens à ma vie que l'été que j'ai passé avec elle.

Ce fut la première fois depuis que je le connaissais que je vis Harry pareillement ébranlé. Après m'avoir dévisagé un instant, il ajouta :

— Marcus, personne n'a jamais été au courant de cette histoire. Vous êtes désormais le seul à savoir. Et vous devez garder le secret.

— Bien sûr.

— Promettez-moi !

— Je vous le promets, Harry. Ce sera notre secret.

— Si quelqu'un à Aurora apprend que j'ai vécu une histoire d'amour avec Nola Kellergan, ça pourrait causer ma perte...

— Vous pouvez avoir confiance en moi, Harry.

Ce fut tout ce que je sus de Nola Kellergan. Nous ne parlâmes plus d'elle, ni de la boîte, et je décidai d'enterrer à jamais cet épisode dans les abîmes de ma mémoire, loin de me douter que, par un concours de circonstances, le spectre de Nola allait resurgir dans nos vies quelques mois plus tard.

Je rentrai à New York à la fin du mois de mars, après six semaines à Aurora qui ne me permirent pas de donner naissance à mon prochain grand roman. J'étais à trois mois du délai imparti par Barnaski et je savais que je n'arriverais pas à sauver ma carrière. Je m'étais brûlé les ailes, j'étais officiellement sur le déclin, j'étais le plus malheureux et le plus improductif des écrivains phares new-yorkais. Les semaines défilèrent : je consacrai le plus clair de mon temps à préparer ardemment ma défaite. Je trouvai un nouvel emploi pour Denise, je pris contact avec des avocats qui pourraient m'être utiles au moment où Schmid & Hanson déciderait de me traîner en justice, et je fis la liste des objets auxquels je tenais le plus et qu'il me faudrait cacher chez mes parents avant que les huissiers ne viennent frapper à ma porte. Lorsque débuta le mois de juin, mois fatidique, mois de l'échafaud, je me mis à compter les jours jusqu'à ma mort artistique : trente petits jours encore, puis une convocation dans le bureau de Barnaski et ce serait l'exécution. Le compte à rebours avait commencé. Je ne me doutais pas qu'un événement dramatique allait changer la donne.

30.

Le Formidable

"Votre chapitre 2 est très important, Marcus. Il doit être incisif, percutant.

— Comme quoi, Harry ?

— Comme à la boxe. Vous êtes droitier, mais en position de garde c'est toujours votre poing gauche qui est en avant : le premier direct sonne votre adversaire, suivi d'un puissant enchaînement du droit qui l'assomme. C'est ce que devrait être votre chapitre 2 : une droite dans la mâchoire de vos lecteurs."

Cela se produisit le jeudi 12 juin 2008. J'avais passé la matinée chez moi, à lire dans le salon. Dehors, il faisait chaud mais il pleuvait : il y avait trois jours que New York était arrosé par une bruine tiédasse. Aux environs de treize heures, je reçus un coup de téléphone. Je répondis, mais il me sembla d'abord qu'il n'y avait personne au bout du fil. Puis, je distinguai un sanglot étouffé.

— Allô ? Allô ? Qui est là ? demandai-je.
— Elle... elle est morte.

Sa voix était à peine audible, mais je le reconnus immédiatement.

— Harry ? Harry, c'est vous ?
— Elle est morte, Marcus.
— Morte ? Qui est morte ?
— Nola.
— Quoi ? Comment ça ?
— Elle est morte, et tout est ma faute. Marcus... qu'ai-je fait ? Bon sang, qu'ai-je fait ?

Il pleurait.

— Harry, de quoi me parlez-vous ? Qu'essayez-vous de me dire ?

Il raccrocha. Je rappelai aussitôt chez lui, aucune

réponse. Sur son portable; sans succès. Je réessayai à de nombreuses reprises, laissant plusieurs messages sur son répondeur. Mais plus aucune nouvelle. J'étais très inquiet. J'ignorais à cet instant précis que Harry m'avait appelé depuis le quartier général de la police d'État à Concord. Je ne compris rien à ce qui était en train de se passer jusqu'à ce que, vers seize heures, Douglas me téléphone.

— Marc, nom de Dieu, t'es au courant? s'égosilla-t-il.

— Au courant de quoi?

— Bon sang, va allumer ta télévision! C'est à propos de Harry Quebert! C'est Quebert!

— Quebert? Quoi Quebert?

— Allume ta télévision, bon sang!

Je me branchai immédiatement sur une chaîne d'information. À l'écran, je découvris, stupéfait, des images de la maison de Goose Cove et j'entendis le présentateur qui expliquait: *C'est ici, dans sa maison d'Aurora, dans le New Hampshire, que l'écrivain Harry Quebert a été arrêté aujourd'hui après que la police a déterré des restes humains dans sa propriété. D'après les premiers éléments de l'enquête, il pourrait s'agir du corps de Nola Kellergan, une jeune fille de la région qui avait disparu de son domicile en août 1975 à l'âge de quinze ans, sans que l'on ait jamais su ce qu'il en était advenu...* Soudain tout tourna autour de moi; je me laissai tomber sur le canapé, complètement hébété. Je n'entendais plus rien: ni la télévision, ni Douglas, à l'autre bout du fil, qui beuglait des «Marcus? T'es là? Allô? Il a tué une gamine? Il a tué une gamine?» Dans ma tête tout se mélangeait, comme dans un mauvais rêve.

C'est ainsi que j'appris, en même temps que toute

l'Amérique médusée, ce qui s'était produit quelques heures plus tôt : en début de matinée, une entreprise de jardinage était venue à Goose Cove à la demande de Harry, pour planter des massifs d'hortensias à proximité de la maison. En retournant la terre, les jardiniers avaient trouvé des ossements humains à un mètre de profondeur et ils avaient immédiatement prévenu la police. Un squelette entier avait rapidement été mis au jour et Harry avait été arrêté.

À la télévision, tout se passait très vite. On alternait les directs entre Aurora, sur la scène de crime, et Concord, la capitale du New Hampshire, située soixante miles au nord-ouest, où Harry se trouvait désormais en détention dans les locaux de la brigade criminelle de la police d'État. Des équipes de journalistes dépêchées sur place suivaient déjà les investigations de près. Apparemment, un indice trouvé avec le corps permettait de penser sérieusement qu'il s'agissait des restes de Nola Kellergan ; un responsable de la police avait d'ores et déjà indiqué que si cette information devait être confirmée, cela désignerait également Harry Quebert comme suspect du meurtre d'une certaine Deborah Cooper, la dernière personne à avoir vu Nola en vie le 30 août 1975, qui avait été retrouvée assassinée le même jour, après avoir appelé la police. C'était complètement ahurissant. La rumeur enflait de façon exponentielle ; les informations traversaient le pays en temps réel, relayées par la télévision, la radio, Internet et les réseaux sociaux : Harry Quebert, soixante-sept ans, l'un des auteurs majeurs de la seconde moitié du siècle, était un sordide tueur de gamine.

Il me fallut longtemps pour réaliser ce qui était en train de se passer : plusieurs heures peut-être. À vingt heures, lorsque Douglas, inquiet, débarqua chez moi pour s'assurer que je tenais le coup, j'étais toujours persuadé qu'il s'agissait d'une erreur. Je lui dis :

— Enfin, comment peuvent-ils l'accuser de deux meurtres alors qu'on n'est même pas certain qu'il s'agisse du corps de cette Nola !

— En tous les cas, il y avait un cadavre enterré dans son jardin.

— Mais pourquoi aurait-il fait creuser à l'endroit où il aurait soi-disant enterré un corps ? Ça n'a aucun sens ! Il faut que j'y aille.

— Que tu ailles où ?

— Dans le New Hampshire. Je dois aller défendre Harry.

Douglas répondit avec ce bon sens très terre à terre qui caractérise les natifs du Midwest :

— Surtout pas, Marc. Ne va pas là-bas. Ne va pas te fourrer dans ce merdier.

— Harry m'a téléphoné…

— Quand ? Aujourd'hui ?

— Vers une heure cet après-midi. J'imagine que j'étais le coup de fil auquel il avait droit. Je dois aller le soutenir ! C'est très important.

— Important ? Ce qui est important, c'est ton second bouquin. J'espère que tu ne m'as pas mené en bateau et que tu auras bien un manuscrit pour la fin du mois. Barnaski est sur le point de te lâcher. Est-ce que tu te rends compte de ce qui va arriver à Harry ? Ne te fous pas dans ce merdier, Marc, t'es trop jeune ! Ne bousille pas ta carrière.

Je ne répondis rien. À la télévision, l'assistant du procureur de l'État venait de se présenter devant un parterre de journalistes. Il énuméra les charges qui pesaient sur Harry : enlèvement et double meurtre.

Harry était officiellement accusé d'avoir assassiné Deborah Cooper et Nola Kellergan. Et pour l'enlèvement et les meurtres, cumulés ensemble, il encourait la peine de mort.

La chute de Harry ne faisait que commencer. Les images de l'audience préliminaire qui se tint le lendemain firent le tour du pays. Sous l'œil de dizaines de caméras de télévision et les rafales des flashs de photographes, on le vit arriver dans la salle du tribunal, menotté et encadré par des policiers. Il avait l'air très éprouvé : la mine sombre, pas rasé, les cheveux ébouriffés, la chemise déboutonnée, les yeux gonflés. Benjamin Roth, son avocat, était à ses côtés. Roth était un praticien réputé de Concord, qui l'avait souvent conseillé par le passé et que je connaissais un peu pour l'avoir croisé quelquefois à Goose Cove.

Le miracle de la télévision permit à toute l'Amérique de suivre en direct cette audience qui vit Harry plaider non coupable des crimes dont on l'accusait, et le juge prononcer sa mise en détention provisoire dans la prison d'État pour hommes du New Hampshire. Ce n'était que le début de la tempête : à cet instant, j'avais encore l'espoir naïf d'une issue rapide, mais une heure après l'audience, je reçus un appel de Benjamin Roth.

— Harry m'a donné votre numéro, me dit-il. Il a insisté pour que je vous téléphone, il veut vous dire qu'il est innocent et qu'il n'a tué personne.

— Je sais qu'il est innocent ! répondis-je. J'en suis persuadé. Comment va-t-il ?

— Mal, comme vous pouvez l'imaginer. Les flics lui ont mis la pression. Il a reconnu avoir eu une histoire avec Nola, l'été qui a précédé sa disparition.

— J'étais au courant pour Nola. Mais pour le reste ?

Roth hésita une seconde avant de répondre :

— Il nie. Mais…

Il s'interrompit.

— *Mais* quoi ? demandai-je, inquiet.

— Marcus, je ne vous cache pas que ça va être difficile. Ils ont du lourd.

— Qu'est-ce que vous entendez par *du lourd* ? Parlez, bon sang ! Je dois savoir !

— Ça doit rester entre nous. Personne ne doit l'apprendre.

— Je ne dirai rien. Vous pouvez avoir confiance.

— Avec les restes de la gamine, les enquêteurs ont retrouvé le manuscrit des *Origines du mal*.

— Quoi ?

— Comme je vous dis : le manuscrit de ce foutu bouquin était enterré avec elle. Harry est dans un sacré pétrin.

— S'en est-il expliqué ?

— Oui. Il dit qu'il a écrit ce livre pour elle. Qu'elle était toujours fourrée chez lui, à Goose Cove, et qu'il arrivait qu'elle emprunte ses feuillets pour les lire. Il dit que, quelques jours avant de disparaître, elle avait pris le manuscrit avec elle.

— Quoi ? m'écriai-je. Il a écrit ce bouquin pour elle ?

— Oui. Il ne faut à aucun prix que cela s'ébruite. Je vous laisse imaginer le scandale si les médias apprenaient que l'un des livres les plus vendus de ces cinquante dernières années en Amérique n'est pas le simple récit d'une histoire d'amour, comme tout le monde se l'imagine, mais le fruit d'une relation amoureuse illégale entre un type de trente-quatre ans et une fille de quinze…

— Pensez-vous pouvoir le faire libérer sous caution ?

— Sous caution ? Vous n'avez pas compris la gravité de la situation, Marcus : il n'y a pas de liberté sous caution lorsqu'on parle de crime capital. Harry risque une injection létale. D'ici une dizaine de jours, il sera présenté à un Grand Jury qui décidera de la poursuite des charges et de la tenue d'un procès. Ce n'est souvent qu'une formalité, il n'y a aucun doute qu'il y aura un procès.

— Et entre-temps ?

— Il devra rester en prison.

— Mais s'il est innocent ?

— C'est la loi. Je vous le répète, la situation est très grave. On l'accuse d'avoir assassiné deux personnes.

Je m'effondrai dans mon canapé. Il fallait que je parle à Harry.

— Dites-lui de m'appeler ! insistai-je auprès de Roth. C'est très important.

— Je lui ferai le message…

— Dites-lui que je dois impérativement lui parler et que j'attends son appel !

Immédiatement après avoir raccroché, je ressortis *Les Origines du mal* de ma bibliothèque. En première page, il y avait la dédicace du Maître :

À Marcus, mon plus brillant élève.
Avec toutes mes amitiés
H. L. Quebert, mai 1999

Je me replongeai dans ce livre que je n'avais plus rouvert depuis des années. C'était une histoire d'amour, mêlant récit et passages épistolaires ; l'histoire d'un homme et d'une femme qui s'aimaient sans avoir vraiment le droit de s'aimer. Ainsi avait-il écrit ce livre pour cette mystérieuse fille dont je ne savais encore rien. Lorsque, au cœur de la nuit, j'eus terminé de le relire, je m'arrêtai longuement sur le titre. Et pour la première fois je m'interrogeai sur sa signification : pourquoi *Les Origines du mal* ? De quel mal Harry parlait-il ?

*

Il s'écoula deux jours, pendant lesquels les analyses ADN et les empreintes dentaires confirmèrent que le squelette découvert à Goose Cove était bien celui de Nola Kellergan. L'examen des ossements permit d'établir qu'il s'agissait d'un enfant d'une quinzaine d'années, ce qui indiquait que Nola était morte plus ou moins au moment de sa disparition. Mais surtout, une fracture de l'arrière de son crâne permettait d'affirmer avec certitude, même plus de trente ans après les faits, que la victime était morte d'au moins un coup qu'elle avait reçu : Nola Kellergan avait été battue à mort.

Je n'avais aucune nouvelle de Harry. J'essayai pourtant d'entrer en contact avec lui via la police d'État, la prison ou encore Roth, mais sans succès. Je tournais en rond dans mon appartement, j'étais taraudé par des milliers de questions, j'étais tracassé par son mystérieux appel. À la fin du week-end, n'y tenant plus, je considérai que je n'avais guère d'autre choix que d'aller voir ce qui se passait dans le New Hampshire.

À la première heure du lundi 16 juin 2008, je mis mes valises dans le coffre de ma Range Rover et je quittai Manhattan par la Franklin Roosevelt Drive qui longe l'East River. Je vis défiler New York : Harlem, le Bronx, avant de prendre la route I-95 en direction du Nord. Ce n'est que lorsque je fus assez enfoncé dans l'État de New York pour ne pas risquer de me laisser convaincre de renoncer et de rentrer bien sagement chez moi, que je prévins mes parents que j'étais en route pour le New Hampshire. Ma mère me dit que j'étais fou :

— Mais qu'est-ce que tu fabriques, Markie ? Tu vas aller défendre ce criminel barbare ?

— Ce n'est pas un criminel, Maman. C'est un ami.

— Eh bien, tes amis sont des criminels ! Papa est à côté de moi, il dit que tu t'enfuis de New York à cause des livres.

— Je ne m'enfuis pas.

— Tu t'enfuis à cause d'une femme, alors ?

— Je t'ai dit que je ne m'enfuyais pas. Je n'ai pas de petite amie en ce moment.

— Quand auras-tu une petite amie ? J'ai repensé à cette Natalia que tu nous avais présentée l'an dernier. C'était une gentille *shikse*. Pourquoi ne la rappellerais-tu pas ?

— Tu la détestais.

— Et pourquoi n'écris-tu plus de livres ? Tout le monde t'aimait quand tu étais un grand écrivain.

— Je suis toujours un écrivain.

— Rentre à la maison. Je te ferai des bons hot-dogs et de la tarte aux pommes chaude avec une boule de glace vanille que tu pourras laisser fondre dessus.

— Maman, je peux me faire des hot-dogs tout seul si je veux.

— Ton père n'a plus droit aux hot-dogs, figure-toi. C'est le docteur qui l'a dit. (J'entendis mon père gémir en arrière-fond qu'il y avait quand même droit de temps en temps, et ma mère qui lui répétait : « C'est fini les hot-dogs et toutes ces cochonneries. Le docteur dit que ça te bouche tout ! ») Markie chéri ? Papa dit que tu devrais faire un livre sur Quebert. Ça relancerait ta carrière. Puisque tout le monde parle de Quebert, tout le monde parlera de ton livre. Pourquoi ne viens-tu plus dîner chez nous, Markie ? Ça fait si longtemps. Miam miam, de la bonne tarte aux pommes.

J'achevais de traverser le Connecticut lorsque, ayant la mauvaise idée de couper mon disque d'opéra pour écouter les nouvelles à la radio, je découvris qu'il y avait eu une fuite au sein de la police : les médias avaient été informés de la découverte du manuscrit des *Origines du mal* avec les restes de Nola Kellergan, et que Harry avait reconnu s'être inspiré de sa relation avec elle pour l'écrire. En une matinée, ces nouveaux rebondissements avaient déjà eu le temps de faire le tour du pays. Dans l'échoppe d'une station-service où je fis le plein, peu après Tolland, je retrouvai le pompiste scotché devant un écran de télévision relatant en boucle ces informations. Je me plantai à côté de lui et comme je le pressais de monter le son il me demanda, en voyant mon air atterré :

— Z'étiez pas au courant ? Ça fait des heures que tout le monde en parle. Vous étiez où ? Sur Mars ?

— Dans ma voiture.

— Ha. Z'avez pas la radio ?

— J'écoutais de l'opéra. L'opéra me change les idées.

Il me dévisagea un instant.

— Je vous connais, non ?

— Non, répondis-je.

— Il me semble que je vous connais...

— J'ai un visage très commun.

— Non, je suis sûr de vous avoir déjà vu... Z'êtes un type de la télévision, c'est ça ? Un acteur ?
— Non.
— Qu'est-ce que vous faites dans la vie ?
— Je suis écrivain.
— Ah ouais, mince alors ! On a vendu votre bouquin ici, l'année passée. Je me rappelle bien, il y avait votre tronche sur la couverture.

Il serpenta entre les rayons pour trouver le livre qui n'y était évidemment plus. Finalement, il en dégota un dans la réserve et il revint à son comptoir, triomphant :
— Voilà, c'est vous ! Regardez, c'est votre livre. Marcus Goldman, c'est votre nom, c'est écrit dessus.
— Si vous le dites.
— Alors ? Quoi de neuf, Monsieur Goldman ?
— Pas grand-chose à vrai dire.
— Et où allez-vous comme ça, si je peux me permettre ?
— Dans le New Hampshire.
— Chouette endroit. Surtout l'été. Vous allez y faire quoi ? De la pêche ?
— Oui.
— Pêche à quoi ? Y a des coins à black-bass du tonnerre par là-bas.
— Pêche aux emmerdes, je crois. Je vais rejoindre un ami qui a des ennuis. De très graves ennuis.
— Oh, ça peut pas être des ennuis aussi graves que ceux de Harry Quebert !

Il éclata de rire et me serra la main chaleureusement parce qu'« on voyait pas souvent des célébrités par ici », puis il m'offrit un café pour la route.

L'opinion publique était bouleversée : non seulement la présence du manuscrit parmi les ossements de Nola incriminait définitivement Harry, mais surtout la révélation que ce livre avait été inspiré par une histoire d'amour avec une fille de quinze ans suscitait un profond malaise. Que devait-on penser de ce livre désormais ? L'Amérique avait-elle plébiscité un maniaque en élevant Harry au rang d'écrivain-vedette ? Sur fond de scandale, les journalistes, eux, s'interrogeaient sur les différentes hypothèses qui auraient pu conduire Harry à assassiner Nola Kellergan. Menaçait-elle de dévoiler leur relation ? Avait-elle voulu rompre et en avait-il perdu la tête ? Je ne pus m'empêcher de ressasser ces questions durant tout le trajet jusque dans le New Hampshire. J'essayai bien de me changer les idées en coupant la radio pour repasser à l'opéra, mais il n'y avait pas un air qui ne me fasse penser à Harry, et dès que je pensais à lui, je repensais à cette gamine qui gisait sous terre depuis plus de trente ans, à côté de cette maison où je considérais avoir passé parmi les plus belles années de ma vie.

Après cinq heures de trajet, j'arrivai finalement à Goose Cove. J'avais roulé sans réfléchir : pourquoi venir ici plutôt qu'à Concord, trouver Harry et Roth ? Des camionnettes de transmission satellite étaient garées sur le bas-côté le long de la route 1, tandis qu'au croisement avec le petit chemin de gravier qui menait à la maison, des journalistes faisaient le pied de grue, intervenant en direct sur des chaînes de télévision. Au moment où je voulus bifurquer, tous se ruèrent autour de ma voiture, bloquant le passage pour voir qui arrivait. L'un d'eux me reconnut et s'exclama : « Hé, c'est cet écrivain, c'est Marcus Goldman ! » La nuée redoubla d'agitation, des objectifs de caméras et d'appareils photo se collèrent à mes vitres et j'entendis qu'on me hurlait toutes sortes de questions :

« Pensez-vous que Harry Quebert ait tué cette fille ? » « Saviez-vous qu'il avait écrit *Les Origines du mal* pour elle ? » « Ce livre doit-il être retiré de la vente ? » Je ne voulais faire aucune déclaration, je gardai mes fenêtres fermées et mes lunettes de soleil sur les yeux. Des agents de la police d'Aurora, présents sur les lieux pour canaliser le flot de journalistes et de curieux, parvinrent à me frayer un passage et je pus disparaître sur le chemin, à l'abri des bosquets de mûres et des grands pins. J'entendis encore quelques journalistes me crier : « Monsieur Goldman, pourquoi venez-vous à Aurora ? Que faites-vous chez Harry Quebert ? Monsieur Goldman, pourquoi êtes-vous là ? »

Pourquoi j'étais là ? Parce que c'était Harry. Et qu'il était probablement mon meilleur ami. Car aussi étonnant que cela pût paraître – et je ne le réalisai moi-même qu'à ce moment-là – Harry était l'ami le plus précieux que j'avais. Durant mes années de lycée et d'université, j'avais été incapable de nouer des relations étroites avec des amis de mon âge, de ceux qu'on garde pour toujours. Dans ma vie, je n'avais que Harry, et étrangement, il n'était pas question pour moi de savoir s'il était coupable ou non de ce dont on l'accusait : la réponse ne changeait rien à l'amitié profonde que je lui portais. C'était un sentiment étrange : je crois que j'aurais aimé le haïr et lui cracher au visage avec toute la nation ; ç'aurait été plus simple. Mais cette affaire n'affectait en rien les sentiments que je lui portais. Au pire, me disais-je simplement, il est un homme, et les hommes ont des démons. Tout le monde a des démons. La question est simplement de savoir jusqu'où ces démons restent tolérables.

Je me garai sur le parking de gravier, à côté de la marquise. Sa Corvette rouge était là, devant la petite annexe qui servait de garage, comme il la laissait toujours. Comme si le maître était chez lui et que tout allait bien. Je voulus entrer dans la maison, mais elle était fermée à clé. C'était la première fois, autant que je m'en souvienne, que la porte me résistait. Je fis le tour ; il n'y avait plus aucun policier mais l'accès à la partie arrière de la propriété était empêché par des banderoles. Je me contentai d'observer de loin le large périmètre qui avait été établi, empiétant jusqu'à la lisière de la forêt. On devinait le cratère béant qui témoignait de l'intensité des fouilles de la police, et juste à côté les plants d'hortensias oubliés qui étaient en train de sécher.

Je dus rester une bonne heure ainsi, parce que j'entendis bientôt une voiture derrière moi. C'était Roth, qui arrivait de Concord. Il m'avait vu à la télévision et il s'était aussitôt mis en route. Ses premiers mots furent :

— Alors, vous êtes venu ?
— Oui. Pourquoi ?
— Harry m'a dit que vous viendriez. Il m'a dit que vous étiez une foutue tête de mule et que vous alliez venir ici fourrer votre nez dans le dossier.
— Harry me connaît bien.

Roth fouilla dans la poche de son veston et en ressortit un morceau de papier.

— C'est de sa part, me dit-il.

Je dépliai la feuille. C'était un mot écrit à la main.

Mon cher Marcus,

Si vous lisez ces lignes, c'est que vous êtes venu dans le New Hampshire prendre des nouvelles de votre vieil ami.

> *Vous êtes un type courageux. Je n'en ai jamais douté. Je jure ici que je suis innocent des crimes dont on m'accuse. Néanmoins, je pense que je vais passer quelque temps en prison et vous avez mieux à faire que de vous occuper de moi. Occupez-vous de votre carrière, occupez-vous de votre roman que vous devez rendre à la fin du mois à votre éditeur. Votre carrière est le plus important à mes yeux. Ne perdez pas votre temps avec moi.*
>
> *Bien à vous.*
>
> *Harry*
>
> *PS: Si d'aventure vous souhaitiez malgré tout rester un peu dans le New Hampshire, ou venir de temps en temps par ici, vous savez que vous êtes chez vous à Goose Cove. Vous pouvez y rester tant que vous voulez. Je ne vous demande qu'une faveur: nourrissez les mouettes. Mettez du pain sur la terrasse. Nourrissez les mouettes, c'est important.*

— Ne le laissez pas tomber, me dit Roth. Quebert a besoin de vous.

Je hochai la tête.

— Comment ça se présente pour lui ?

— Mal. Vous avez vu les infos ? Tout le monde est au courant pour le bouquin. C'est une catastrophe. Plus j'en apprends et plus je me demande comment je vais le défendre.

— D'où vient la fuite ?

— À mon avis, directement du bureau du procureur. Ils veulent augmenter la pression sur Harry en l'accablant auprès de l'opinion publique. Ils veulent des aveux complets, ils savent que dans une affaire vieille de plus de trente ans, rien ne vaut les aveux.

— Quand pourrai-je le voir ?

— Dès demain matin. La prison d'État se trouve à la sortie de Concord. Où allez-vous séjourner ?

— Ici, si c'est possible.

Il eut une moue.

— J'en doute, dit-il. La police a perquisitionné la maison. C'est une scène de crime.

— La scène de crime n'est pas là où il y a le trou ? demandai-je.

Roth s'en alla inspecter la porte d'entrée, puis il fit rapidement le tour de la maison avant de revenir vers moi en souriant.

— Vous feriez un bon avocat, Goldman. Il n'y a pas de scellés sur la maison.

— Ça veut dire que j'ai le droit de m'y installer ?

— Ça veut dire que vous n'avez pas l'interdiction de vous y installer.

— Je ne suis pas sûr de comprendre.

— C'est la beauté du droit en Amérique, Goldman : lorsqu'il n'y a pas de loi, vous l'inventez. Et si on ose vous chercher des poux, vous allez jusqu'à la Cour suprême qui vous donne raison et publie un arrêt à votre nom : Goldman contre État du New Hampshire. Savez-vous pourquoi on doit vous lire vos droits quand on vous arrête dans ce pays ? Parce que dans les années 1960, un certain Ernesto Miranda a été condamné pour viol sur la base de ses propres aveux. Eh bien, figurez-vous que son avocat a décrété que c'était injuste parce que ce brave Miranda n'était pas allé bien longtemps à l'école et qu'il ne savait pas que le Bill of Rights l'autorisait à ne rien avouer. L'avocat en question a fait tout un foin, saisi la Cour suprême et tout le tralala, et figurez-vous qu'il gagne, ce con ! Aveux invalidés, arrêt Miranda contre État de l'Arizona célèbre, et désormais le flic qui vous coffre doit ânonner : « Vous avez le droit de garder le silence et le droit à un avocat, et si vous n'avez pas les moyens, un avocat vous sera commis d'office. » Bref, ce bla-bla idiot qu'on entend tout le temps au cinéma, on le doit à l'ami Ernesto ! Moralité, la justice en Amérique, Goldman, c'est un travail d'équipe : tout le monde peut y participer. Donc prenez possession de cet endroit, rien ne vous en empêche, et si la police a le culot de venir vous enquiquiner, dites qu'il y a un vide juridique, mentionnez la Cour suprême et puis menacez-les aussi de dommages et intérêts colossaux. Ça effraie toujours. Par contre, je n'ai pas les clés de la maison.

Je sortis un jeu de ma poche.

— Harry me l'avait confié à l'époque, dis-je.

— Goldman, vous êtes un magicien ! Mais de grâce, ne franchissez pas les bandes de police : nous aurions des ennuis.

— Promis. Au fait, Benjamin, qu'est-ce que la perquisition de la maison a donné ?

— Rien. La police n'a rien trouvé. C'est la raison pour laquelle la maison est libre d'accès.

Roth repartit et je pénétrai dans cette immense maison déserte. Je verrouillai la porte derrière moi et je me rendis directement dans le bureau, à la recherche de la fameuse boîte. Mais elle n'y était plus. Qu'est-ce que Harry pouvait bien en avoir fait ? Je voulais absolument mettre la main dessus et je me mis à fouiller les bibliothèques du bureau et du salon ; en vain. Je décidai alors d'inspecter chaque pièce de la maison, à la recherche du moindre élément qui pourrait m'aider à comprendre ce qui s'était passé ici en 1975. Était-ce dans l'une de ces pièces que Nola Kellergan avait été assassinée ?

Je finis par trouver quelques albums de photos que je n'avais jamais vus ou jamais remarqués. J'en ouvris un au hasard, et je découvris à l'intérieur des clichés de Harry et moi à l'époque de l'université. Dans les salles de cours, dans la salle de boxe, sur le campus, dans ce *diner* où nous nous retrouvions souvent. Il y avait même des images de la remise de mon diplôme. L'album suivant était rempli de coupures de presse à propos de moi et de mon livre. Certains passages étaient entourés en rouge, ou surlignés ; je réalisai à cet instant que Harry avait depuis toujours suivi mon parcours avec beaucoup d'attention, conservant religieusement tout ce qui pouvait s'y rapporter. Je trouvai même un extrait d'un journal de Montclair qui remontait à un an et demi et qui retraçait la cérémonie organisée en mon honneur au lycée de Felton. Comment s'était-il procuré cet article ? Je me souvenais bien de ce jour. C'était peu avant Noël 2006 : mon premier roman avait dépassé le million d'exemplaires vendus et le proviseur du lycée de Felton, où j'avais fait mes études secondaires, emporté par l'effervescence de mon succès, avait décidé de me rendre un hommage qu'il jugeait mérité.

L'inauguration avait eu lieu en grande pompe un samedi après-midi dans le hall principal du lycée, devant un parterre choisi d'élèves, d'anciens élèves et de quelques journalistes locaux. Tout ce beau monde avait été entassé sur des chaises pliables face à un grand drap que le proviseur avait fait tomber après un discours triomphal, dévoilant une grande armoire en verre, ornée de l'inscription *En hommage à Marcus P. Goldman, dit « le Formidable », élève de ce lycée de 1994 à 1998*, et à l'intérieur de laquelle avaient été disposés un exemplaire de mon roman, mes anciens bulletins de notes, quelques photographies, mon maillot de joueur de crosse et celui de l'équipe de course à pied.

Je souris en relisant l'article. Mon passage au lycée de Felton High, petit établissement très tranquille du nord de Montclair et peuplé d'adolescents calmes, avait marqué les mémoires au point que mes camarades et mes professeurs m'avaient surnommé *le Formidable*. Mais en ce jour de décembre 2006, ce que tous ignoraient au moment d'applaudir cette vitrine à ma gloire, c'est que je ne devais qu'à une suite de quiproquos, d'abord fortuits puis savamment orchestrés, le fait d'être devenu la vedette incontestée de Felton durant quatre longues et belles années.

L'épopée du *Formidable* commença en même temps que ma première année de lycée, lorsqu'il me fallut choisir une discipline sportive pour mon cursus. J'avais décidé que ce serait du football ou du basketball, mais le nombre de places au sein de ces deux équipes était limité et, malheureusement pour moi, le jour des inscriptions, j'arrivai très en retard au bureau des enregistrements. « Je suis fermée, m'avait dit la grosse femme qui en était la responsable. Revenez l'année prochaine. — S'il vous plaît, M'dame, l'avais-je suppliée, je dois absolument être inscrit dans une discipline sportive, sinon je serai recalé. — Ton nom ? avait-elle soupiré. — Goldman. Marcus Goldman, M'dame. — Quel sport ? — Football. Ou basket. — Complet les deux. Il me reste soit l'équipe de danse acrobatique soit celle de crosse. »

La crosse ou la danse acrobatique. Autant dire la peste ou le choléra. Je savais que rejoindre l'équipe de danse me vaudrait les railleries de mes camarades et j'optai donc pour la crosse. Mais Felton n'avait pas eu de bonne équipe de crosse depuis deux décennies, au point que plus aucun élève ne voulait en faire partie : ceux qui la composaient désormais étaient les recalés de toutes les autres disciplines, ou ceux qui arrivaient en retard le jour des inscriptions. Et voilà comment j'intégrai une équipe décimée, peu vaillante et maladroite, mais qui allait faire ma gloire. Espérant être repêché en cours de saison par l'équipe de football, je voulus faire des prouesses sportives pour que l'on me remarquât : je m'entraînai avec une motivation sans précédent et, au bout de deux semaines, notre coach vit en moi l'étoile qu'il attendait depuis toujours. Je fus immédiatement promu capitaine de l'équipe et il ne me fallut pas fournir d'immenses efforts pour qu'on me considérât comme le meilleur joueur de crosse de l'histoire du lycée. Je battis sans difficulté le record de buts des vingt années précédentes – qui était absolument exécrable – et pour cette prouesse, je fus inscrit au tableau des mérites du lycée, ce qui n'était encore jamais arrivé à un élève de première année. Cela ne manqua pas d'impressionner mes camarades et d'attirer l'attention de mes professeurs : par cette expérience, je compris que pour être formidable il suffisait de biaiser les rapports aux autres ; tout n'était finalement qu'une question de faux-semblants.

Je me pris rapidement au jeu. Il ne fut évidemment plus question pour moi de quitter l'équipe de crosse car ma seule obsession était désormais de devenir le meilleur, par tous les moyens, d'être dans la lumière, à tout prix. Il y eut ainsi ce concours général de projets individuels de sciences, remporté par une petite peste surdouée qui s'appelait Sally, et où je terminai, moi, à la seizième place. Lors de la remise du prix, dans l'auditorium du lycée, je m'arrangeai pour prendre la parole et je m'inventai des week-ends entiers de bénévolat avec des handicapés mentaux qui avaient considérablement empiété sur l'avancement de mon projet, avant de conclure, les yeux brillants de larmes : « Peu m'importent les premiers prix, si je peux apporter une étincelle de bonheur à mes amis les enfants trisomiques. » Tout le monde fut évidemment bouleversé, et cela me valut d'éclipser Sally aux yeux des professeurs, de mes camarades, et de Sally elle-même qui, ayant un petit frère lourdement handicapé – ce que j'ignorais –, refusa son prix et exigea qu'il me soit remis. Cet épisode me valut de voir mon nom s'afficher sous les catégories *sport*, *sciences* et *prix de camaraderie* du tableau des mérites, que j'avais secrètement rebaptisé *le tableau démérite*, pleinement conscient de mes impostures. Mais je ne pouvais pas m'arrêter ; j'étais comme possédé. Une semaine plus tard, je battis le record de vente de billets de tombola en me les achetant à moi-même avec l'argent de deux étés passés à nettoyer les pelouses de la piscine municipale. Il n'en fallut pas plus pour qu'une rumeur parcourût bientôt le lycée : Marcus Goldman était un être d'une exceptionnelle qualité. C'est cette constatation qui poussa élèves et professeurs à m'appeler *le Formidable*, comme une marque de fabrique, une garantie de réussite absolue ; et ma petite notoriété s'étendit bientôt jusqu'à l'ensemble de notre quartier de Montclair, emplissant mes parents d'une immense fierté.

Cette réputation galvaudée m'incita à pratiquer le noble art de la boxe. J'avais toujours eu un faible pour la boxe, et j'avais toujours été un assez bon cogneur, mais ce que je recherchais en allant m'entraîner en secret dans un club de Brooklyn, à une heure de train de chez moi, là où personne ne me connaissait, là où *le Formidable* n'existait pas, c'était de pouvoir être faillible : je venais revendiquer le droit d'être battu par plus fort que moi, le droit de perdre la face. C'était la seule façon de m'évader loin du monstre de perfection que j'avais créé : dans cette salle de boxe, *le Formidable* pouvait perdre, il pouvait être mauvais. Et Marcus pouvait exister. Car peu à peu, mon obsession d'être le numéro un absolu dépassa l'imaginable : plus je gagnais, plus j'avais peur de perdre.

Au cours de ma troisième année, pour cause de restriction budgétaire, le principal dut se résoudre à démanteler l'équipe de crosse qui coûtait trop cher au lycée par rapport à ce qu'elle lui rapportait. À mon grand dam, il me fallut donc choisir une nouvelle discipline sportive : les équipes de football et de basket-ball me faisaient évidemment les yeux doux, mais je savais qu'en rejoignant l'une d'elles, je serais confronté à des joueurs autrement plus doués et déterminés que mes compagnons de crosse. Je risquais d'être éclipsé, de retomber dans l'anonymat, ou pire, de régresser : que dirait-on lorsque Marcus Goldman dit «*le Formidable*», ancien capitaine de l'équipe de crosse et recordman du nombre de buts marqués ces vingt dernières années, se retrouverait *waterboy* de l'équipe de football ? Je vécus deux semaines d'angoisse ; jusqu'à ce que j'entende parler de la très inconnue équipe de course à pied du lycée, qui se composait de deux obèses courts sur pattes et d'un maigrichon sans force. Il s'avéra de surcroît qu'il s'agissait là de la seule discipline au sein de laquelle Felton ne participait à aucune compétition inter-lycées : ceci m'assurait de ne jamais devoir me mesurer à qui que ce fût de dangereux pour moi. C'est donc soulagé et sans la moindre hésitation que je rejoignis l'équipe de course de Felton, au sein de laquelle, et dès le premier entraînement, je battis sans difficulté le record de vitesse de mes placides coéquipiers, sous les regards amoureux de quelques groupies et du principal.

Tout aurait pu très bien se passer si le principal justement, séduit par mes résultats, n'avait pas eu l'idée saugrenue d'organiser une grande compétition de course entre les établissements de la région afin de redorer le blason de son lycée, certain que *le Formidable* allait gagner haut la main. À l'annonce de cette nouvelle, pris de panique, je m'entraînai sans relâche durant un mois tout entier ; mais je savais que je ne pouvais rien face aux coureurs des autres lycées, rompus aux compétitions. Moi, je n'étais qu'une façade, du contre-plaqué : j'allais me faire ridiculiser, et sur mes propres terres de surcroît.

Le jour de la course, tout Felton ainsi que la moitié de mon quartier étaient là pour m'acclamer. Le départ fut donné et, comme je le craignais, je me fis immédiatement distancer par tous les autres coureurs. Le moment était crucial : ma réputation était en jeu. C'était une course de six miles, soit vingt-cinq tours de stade. Vingt-cinq humiliations. J'allais finir dernier, battu et déshonoré. Peut-être même doublé par le premier. Je devais sauver *le Formidable* à tout prix. Je réunis alors toutes mes forces, toute mon énergie, et dans un élan désespéré, je me lançai dans un sprint fou : sous les vivats de la foule acquise à ma cause, je pris la tête de la course. C'est à ce moment que je recourus au plan machiavélique que j'avais échafaudé : étant provisoirement premier de la compétition et sentant que j'avais atteint mes limites, je fis mine de me prendre les pieds dans le sol et je me jetai par terre, avec roulés-boulés spectaculaires, hurlements, cris de la foule et au final, pour moi, une jambe cassée, ce qui n'était certes pas prévu mais qui, au prix d'une opération et de deux semaines d'hôpital, sauva la grandeur de mon nom. Et la semaine suivant cet incident, le journal du lycée écrivit à mon sujet :

> *Durant cette course d'anthologie, Marcus Goldman dit « le Formidable », alors qu'il dominait largement ses adversaires et qu'il était promis à une écrasante victoire, a été victime de la mauvaise qualité de la piste : il a lourdement chuté et s'est cassé une jambe.*

Ce fut la fin de ma carrière de coureur et de ma carrière de sportif : pour cause de blessure grave, je fus dispensé de sport jusqu'à la fin du lycée. Pour mon engagement et mon sacrifice, j'eus droit à une plaque à mon nom dans la vitrine des honneurs, où trônait déjà mon maillot de crosse. Quant au principal, maudissant la mauvaise qualité des installations de Felton, il fit refaire à grands frais tout le revêtement de la piste du stade, finançant les travaux en puisant dans le budget des sorties du lycée, privant ainsi les élèves de toutes les classes de la moindre activité durant l'année qui suivit.

Au terme de mes années de lycée, bardé de bonnes notes, de diplômes de mérite et de lettres de recommandation, il me fallut faire le choix fatidique de l'université. Et lorsque, une après-midi, je me retrouvai dans ma chambre, allongé sur mon lit, avec devant moi trois lettres d'acceptation, l'une de Harvard, l'autre de Yale et la troisième de Burrows, petite université inconnue du Massachusetts, je n'hésitai pas : je voulais Burrows. Aller dans une grande université, c'était risquer de perdre mon étiquette de «*Formidable*». Harvard ou Yale, c'était mettre la barre trop haut : je n'avais aucune envie d'affronter les élites insatiables venues des quatre coins du pays et qui parasiteraient les tableaux d'honneur. Les tableaux d'honneur de Burrows me semblaient beaucoup plus accessibles. *Le Formidable* ne voulait pas se brûler les ailes. *Le Formidable* voulait rester *le Formidable*. Burrows, c'était parfait : un campus modeste où j'aurais la certitude de briller. Je n'eus pas de peine à convaincre mes parents que le département de lettres de Burrows était en tous points supérieur à celui de Harvard et de Yale, et voici comment, à l'automne 1998, je débarquai de Montclair dans cette petite ville industrielle du Massachusetts où j'allais faire la rencontre de Harry Quebert.

En début de soirée, alors que j'étais toujours sur la terrasse à regarder les albums et à ressasser les souvenirs, je reçus un appel de Douglas, catastrophé.

— Marcus, nom de Dieu ! Je peux pas croire que tu sois allé dans le New Hampshire sans m'en avertir ! J'ai reçu des appels de journalistes me demandant ce que tu faisais là-bas, et je n'étais même pas au courant. J'ai dû allumer ma télévision pour l'apprendre. Rentre à New York. Rentre pendant qu'il en est temps. Cette histoire va te dépasser complètement ! Tire-toi de ce bled à la première heure demain et rentre à New York. Quebert a un excellent avocat. Laisse-le faire son travail et concentre-toi sur ton livre. Tu dois rendre ton manuscrit à Barnaski dans quinze jours.

— Harry a besoin d'un ami à ses côtés, dis-je.

Il y eut un silence et Douglas murmura, comme s'il ne réalisait que maintenant ce qui lui échappait depuis des mois :

— Tu n'as pas de livre, hein ? On est à deux semaines du délai de Barnaski et tu n'as pas été foutu d'écrire ce putain de livre ! C'est ça, Marc ? Est-ce que tu vas aider un ami ou est-ce que tu fuis New York ?

— La ferme, Doug.

Il y eut un autre long silence.

— Marc, dis-moi que tu as une idée en tête. Dis-moi que tu as un plan et qu'il y a une bonne raison pour que tu ailles dans le New Hampshire.

— Une bonne raison ? L'amitié, n'est-ce pas suffisant ?

— Mais bon sang, qu'est-ce que tu lui dois, à Harry, pour aller là-bas ?

— Tout, absolument tout.

— Comment ça, *tout* ?

— C'est compliqué, Douglas.

— Marcus, qu'est-ce que tu essaies de me dire, bon sang ?

— Doug, il y a un épisode de ma vie que je ne t'ai jamais raconté… Au sortir de mes années de lycée, j'aurais certainement pu mal tourner. Et puis j'ai rencontré Harry… Il m'a en quelque sorte sauvé la vie. J'ai une dette envers lui… Sans lui, je ne serais jamais devenu l'écrivain que je suis devenu. Ça s'est passé à Burrows, Massachusetts, en 1998. Je lui dois tout.

29.

Peut-on tomber amoureux d'une fille de quinze ans ?

"J'aimerais vous apprendre l'écriture, Marcus, non pas pour que vous sachiez écrire, mais pour que vous deveniez écrivain. Parce qu'écrire des livres, ce n'est pas rien : tout le monde sait écrire, mais tout le monde n'est pas écrivain.

– Et comment sait-on que l'on est écrivain, Harry ?

– Personne ne sait qu'il est écrivain. Ce sont les autres qui le lui disent."

Tous ceux qui se souviennent de Nola diront qu'elle était une jeune fille merveilleuse. De celles qui marquent les esprits : douce et attentionnée, douée pour tout et rayonnante. Il paraît qu'elle avait cette joie de vivre sans pareille qui pouvait illuminer les pires jours de pluie. Les samedis, elle servait au Clark's ; elle virevoltait entre les tables, légère, faisant danser dans les airs ses cheveux blonds et ondulés. Elle avait toujours un mot gentil pour chaque client. On ne voyait qu'elle. Nola, c'était un monde en soi.

Elle était la fille unique de David et Louisa Kellergan, des évangélistes du Sud originaires de Jackson, Alabama, où elle-même était née le 12 avril 1960. Les Kellergan s'étaient installés à Aurora, à l'automne 1969, après que le père avait été engagé comme pasteur par la paroisse St James, la principale communauté d'Aurora, qui connaissait une remarquable affluence à l'époque. Le temple de St James, situé à l'entrée sud de la ville, était un imposant édifice en planches dont il ne subsiste plus rien aujourd'hui, depuis que les communautés d'Aurora et de Montburry ont dû fusionner pour des raisons d'économies budgétaires et de manque de fidèles. À la place, on y trouve désormais un restaurant McDonald's. Dès leur arrivée, les Kellergan avaient emménagé dans une jolie maison, propriété de la paroisse, située au 245 Terrace Avenue, bâtie sur un seul niveau : c'est vraisemblablement par la fenêtre de sa chambre que, six ans plus tard, Nola allait s'évaporer dans la nature, le samedi 30 août 1975.

Ces descriptions furent parmi les premières que me firent les habitués du Clark's, où je me rendis le lendemain matin de mon arrivée à Aurora. Je m'étais réveillé spontanément à l'aube, tourmenté par cette sensation désagréable de ne pas être vraiment certain de ce que je faisais ici. Après être allé faire mon jogging sur la plage, j'avais nourri les mouettes, et je m'étais alors posé la question de savoir si j'étais vraiment venu jusque dans le New Hampshire uniquement pour donner du pain à des oiseaux de mer. Je n'avais rendez-vous à Concord qu'à onze heures avec Benjamin Roth pour aller rendre visite à Harry ; dans l'intervalle, comme je ne voulais pas rester seul, j'étais allé manger des pancakes au Clark's. Lorsque j'étais étudiant et que je séjournais chez lui, Harry avait pour coutume de m'y traîner aux premières heures du jour : il me réveillait avant l'aube, me secouant sans ménagement et m'expliquant qu'il était temps d'enfiler mes vêtements de sport. Puis nous descendions au bord de l'océan, pour courir et boxer. S'il faiblissait un peu, il jouait les entraîneurs : il interrompait son effort soi-disant pour venir corriger mes gestes et mes positions, mais je sais qu'il avait surtout besoin de reprendre son souffle. Au fil des exercices et des foulées, nous parcourions les quelques miles de plage qui reliaient Goose Cove à Aurora. Nous remontions ensuite par les roches de Grand Beach et nous traversions la ville qui dormait encore. Dans la rue principale, plongée dans l'obscurité, on apercevait de loin la lumière crue qui jaillissait par la baie vitrée du *diner*, qui était le seul établissement à ouvrir de si bonne heure. À l'intérieur, régnait un calme absolu ; les rares clients avalaient leur petit-déjeuner en silence. En arrière-fond sonore, on entendait la radio, toujours branchée sur une chaîne d'information et dont le volume, trop bas, empêchait de comprendre tous les mots du speaker. Les matins de grandes chaleurs, le ventilateur suspendu battait l'air dans un grincement métallique, faisant danser la poussière autour des lampes. Nous nous installions à la table 17, et Jenny arrivait aussitôt pour nous servir du café. Elle avait toujours pour moi un sourire d'une douceur presque maternelle. Elle me disait : « Mon pauvre Marcus, il te force à te lever à l'aube, hein ? Depuis que je le connais, il fait ça. » Et nous riions.

Mais ce 17 juin 2008, malgré l'heure matinale, le Clark's était déjà en proie à une grande agitation. Tout le monde ne parlait que de l'affaire et, à mon entrée, ceux des habitués que je connaissais s'agglutinèrent autour de moi pour me demander *si c'était vrai,* si Harry avait eu une relation avec Nola et s'il l'avait tuée, elle, et Deborah Cooper. J'éludai les questions et m'installai à la table 17, restée libre. Je découvris alors que la plaque à la gloire de Harry avait été retirée : à la place, il n'y avait que les deux trous des vis dans le bois de la table et la marque du métal qui avait décoloré le vernis.

Jenny vint me servir du café et me salua gentiment. Elle avait l'air triste.

— T'es venu t'installer chez Harry ? me demanda-t-elle.

— Je crois bien. T'as enlevé la plaque ?

— Oui.
— Pourquoi ?
— Il a écrit ce livre pour cette môme, Marcus. Pour une môme de quinze ans. Je ne peux pas laisser cette plaque. C'est de l'amour dégueulasse.
— Je pense que c'est plus compliqué que ça, dis-je.
— Et moi je pense que tu ne devrais pas te mêler de cette affaire, Marcus. Tu devrais rentrer à New York et rester loin de tout ça.

Je lui commandai des pancakes et des saucisses. Un exemplaire taché de gras de l'*Aurora Star* traînait sur la table. En première page, il y avait cette immense photo de Harry du temps de sa superbe, avec cet air respectable et ce regard profond et sûr de lui. Juste en dessous, une image de son entrée dans la salle d'audience du palais de justice de Concord, menotté, déchu, les cheveux en bataille, les traits tirés, la mine défaite. En médaillon, un portrait de Nola et un de Deborah Cooper. Et ce titre : *QU'A FAIT HARRY QUEBERT ?*

Ernie Pinkas arriva peu après moi et vint s'asseoir à ma table avec sa tasse de café.
— Je t'ai vu à la télévision hier soir, me dit-il. Tu viens t'installer ici ?
— Oui, peut-être.
— Pour quoi faire ?
— Je n'en sais rien. Pour Harry.
— Il est innocent, hein ? Je peux pas croire qu'il ait fait une chose pareille... C'est insensé.
— Je ne sais plus, Ernie.

À ma demande, Pinkas me raconta comment, quelques jours plus tôt, la police avait déterré les restes de Nola à Goose Cove, par un mètre de profondeur. Ce jeudi-là, tout le monde à Aurora avait été alerté par les sirènes des voitures de police qui avaient afflué de tout le comté, des patrouilles de l'autoroute aux véhicules banalisés de la criminelle, et même un fourgon de la police scientifique.

— Quand on a appris que c'était probablement les restes de Nola Kellergan, m'expliqua Pinkas, ça a été un choc pour tout le monde ! Personne ne pouvait le croire : depuis tout ce temps, la petite était juste là, sous nos yeux. Je veux dire, combien de fois je suis venu chez Harry, sur cette terrasse, boire un scotch... Quasiment à côté d'elle... Dis, Marcus, il a vraiment écrit ce livre pour elle ? Je peux pas croire qu'ils aient vécu une histoire ensemble... Tu en savais quelque chose, toi ?

Pour ne pas avoir à répondre, je fis tourner ma cuillère à l'intérieur de ma tasse jusqu'à créer un tourbillon. Je dis simplement :

— C'est un gros bordel, Ernie.

Peu après, Travis Dawn, le chef de la police d'Aurora et par ailleurs le mari de Jenny, s'installa à son tour à ma table. Il faisait partie de ceux que je connaissais depuis toujours à Aurora : c'était un homme de caractère doux, la soixantaine blanchissante, le genre de flic de campagne bonne pâte qui n'effrayait plus personne depuis longtemps.

— Désolé, fiston, me dit-il en me saluant.

— De quoi ?

— De cette histoire qui t'explose en pleine figure. Je sais que tu es très proche de Harry. Ça ne doit pas être facile pour toi.

Travis était la première personne à se soucier de ce que je pouvais ressentir. Je hochai de la tête et je demandai :

— Pourquoi est-ce que, depuis le temps que je viens ici, je n'ai jamais entendu parler de Nola Kellergan ?

— Parce que, jusqu'à ce qu'on retrouve son corps

à Goose Cove, c'était de l'histoire ancienne. Le genre d'histoire qu'on n'aime pas trop se rappeler.

— Travis, que s'est-il passé ce 30 août 1975 ? Et qu'est-il arrivé à cette Deborah Cooper ?

— Sale affaire, Marcus. Très sale affaire. Que j'ai vécue au premier plan parce que j'étais de service ce jour-là. À l'époque, je n'étais qu'un simple agent. C'est moi qui ai reçu l'appel de la centrale… Deborah Cooper était une gentille petite vieille qui habitait seule depuis la mort de son mari dans une maison isolée à Side Creek Lane. Tu vois où est Side Creek ? C'est là où commence cette immense forêt, deux miles après Goose Cove. Je me souviens bien de la mère Cooper : à cette époque, je n'étais pas dans la police depuis longtemps, mais elle appelait régulièrement. Surtout la nuit, pour signaler des bruits suspects autour de chez elle. Elle avait la pétoche dans cette grande baraque aux abords de la forêt, et elle avait besoin que quelqu'un vienne la rassurer de temps en temps. Chaque fois, elle s'excusait du dérangement et proposait aux agents qui s'étaient déplacés des gâteaux et du café. Et le lendemain elle venait au poste pour nous apporter un petit quelque chose. Une gentille petite vieille, quoi. Le genre à qui tu rends toujours volontiers service. Bref, ce 30 août 1975, la mère Cooper compose le numéro d'urgence de la police et explique avoir aperçu une fille poursuivie par un homme dans la forêt. J'étais le seul agent en patrouille à Aurora et je me suis immédiatement rendu chez elle. C'était la première fois qu'elle appelait en plein jour. Quand je suis arrivé, elle attendait devant sa maison. Elle m'a dit : « Travis, vous allez croire que je suis folle, mais là j'ai vraiment vu quelque chose d'étrange. » Je suis allé inspecter l'orée de la forêt, là où elle avait vu la jeune fille : j'ai trouvé un morceau de tissu rouge. J'ai immédiatement jugé qu'il fallait prendre l'affaire au sérieux et j'ai alors prévenu le Chef Pratt, le chef de la police d'Aurora à cette époque. Il était en congé, mais il est venu aussitôt. La forêt est immense, nous n'étions pas trop de deux pour aller y jeter un œil. Nous nous sommes enfoncés dans les bois : au bout d'un bon mile, nous avons trouvé des traces de sang, des cheveux blonds, d'autres lambeaux de tissu rouge. Nous n'avons pas eu le temps de nous poser plus de questions, parce qu'à cet instant, un coup de feu a retenti depuis la maison de Deborah Cooper... Nous nous sommes précipités là-bas : nous avons retrouvé la mère Cooper dans sa cuisine, qui gisait dans son sang. On a appris ensuite qu'elle venait de rappeler la centrale pour prévenir que la gamine qu'elle avait vue un peu plus tôt venait de se réfugier chez elle.

— La fille était revenue dans la maison ?

— Oui. Pendant qu'on était dans la forêt, elle était réapparue, en sang, cherchant de l'aide. Mais à notre arrivée, hormis le cadavre de la mère Cooper, il n'y avait plus personne dans la maison. C'était complètement fou.

— Et cette fille, c'était Nola ? demandai-je.

— Oui. On l'a rapidement compris. D'abord quand son père a appelé, un peu plus tard, pour signaler sa disparition. Et ensuite en réalisant que Deborah Cooper l'avait identifiée en appelant la centrale.

— Que s'est-il passé après ?

— Suite au deuxième appel de la mère Cooper, des unités de la région étaient déjà en route. En arrivant à la lisière de la forêt de Side Creek, un adjoint du shérif a repéré une Chevrolet Monte Carlo noire qui prenait la fuite en direction du Nord. Une poursuite s'en est ensuivie, mais la voiture nous a échappé malgré les barrages. On a passé les semaines suivantes à rechercher Nola : on a retourné toute la région. Qui aurait pu penser qu'elle était à Goose Cove, chez Harry Quebert ? Tous les indices indiquaient qu'elle se trouvait probablement quelque part dans cette forêt. On a organisé des battues interminables. On n'a jamais retrouvé la voiture et on n'a jamais retrouvé la gamine. Si on avait pu, on aurait labouré le pays tout entier, mais on a dû interrompre les recherches après trois semaines, la mort dans l'âme, les grosses légumes de la police d'État ayant décrété que les recherches étaient trop coûteuses et le résultat trop incertain.

— Vous aviez un suspect à l'époque ?

Il hésita un instant, puis il me dit :

— Ça n'a jamais été officiel, mais... il y avait Harry. On avait nos raisons. Je veux dire : trois mois après son arrivée à Aurora, la petite Kellergan disparaissait. Étrange coïncidence, non ? Et surtout quelle voiture conduisait-il à cette époque ? Une Chevrolet Monte Carlo noire. Mais les éléments contre lui n'étaient pas suffisants. Au fond, ce manuscrit est la preuve que nous recherchions il y a trente-trois ans.

— Je n'y crois pas, pas Harry. Et puis, pourquoi aurait-il laissé une preuve aussi compromettante avec le corps ? Et pourquoi aurait-il envoyé des jardiniers creuser là où il aurait enterré un cadavre ? Ça ne tient pas la route.

Travis haussa les épaules :

— Crois-en mon expérience de flic : on ne sait jamais de quoi les gens sont capables. Surtout ceux qu'on croit bien connaître.

À ces mots, il se leva et me salua gentiment. «Si je peux faire quoi que ce soit pour toi, n'hésite pas», me dit-il avant de s'en aller. Pinkas, qui avait suivi la conversation sans intervenir, répéta, incrédule : « Ça alors… J'avais jamais su que la police avait soupçonné Harry… » Je ne répondis rien. Je me contentai d'arracher la première page du journal pour l'emporter avec moi et, bien qu'il fût encore tôt, je partis pour Concord.

*

La prison d'État pour hommes du New Hampshire se trouve au 281 North State Street, au nord de la ville de Concord. Pour s'y rendre depuis Aurora, il suffit de sortir de l'autoroute 93 après le centre commercial Capitol, de prendre North Street à l'angle du Holiday Inn et de continuer tout droit pendant une dizaine de minutes. Après avoir passé le cimetière de Blossom Hill et un petit lac en forme de fer à cheval près du fleuve, on longe des rangées de grillages et de barbelés qui ne laissent pas de doute sur l'endroit ; un panneau officiel annonce la prison peu après, et l'on aperçoit alors des bâtiments austères en briques rouges protégés par un épais mur d'enceinte, puis les grilles de l'entrée principale. Juste en face, de l'autre côté de la route, on trouve un concessionnaire automobile.

Roth m'attendait sur le parking, fumant un cigare bon marché. Il avait l'air serein. Pour toute salutation, il me gratifia d'une tape sur l'épaule comme si nous étions de vieux amis.

— Première fois en prison ? me demanda-t-il.
— Oui.
— Tâchez d'être relax.
— Qui vous dit que je ne le suis pas ?

Il avisa une meute de journalistes qui faisaient le pied de grue à proximité.

— Ils sont partout, me dit-il. Surtout, ne répondez pas à leurs sollicitations. Ce sont des charognards, Goldman. Ils vont vous harceler jusqu'à ce que vous leur lâchiez quelques infos bien croustillantes. Vous devez être solide et rester muet. Le moindre de vos propos, mal interprété, pourrait se retourner contre nous et mettre à mal ma stratégie de défense.

— Quelle est votre stratégie ?

Il me regarda avec un air très sérieux :

— Tout nier.

— Tout nier ? répétai-je.

— Tout. Leur relation, le kidnapping, les meurtres. On va plaider non coupable, je vais faire acquitter Harry et je compte bien réclamer des millions en dommages et intérêts à l'État du New Hampshire.

— Que faites-vous du manuscrit que la police a retrouvé avec le corps ? Et des aveux de Harry à propos de sa relation avec Nola ?

— Ce manuscrit ne prouve rien ! Écrire n'est pas tuer. Et puis, Harry l'a dit et son explication tient la route : Nola avait emporté le manuscrit avant sa disparition. Quant à leur amourette, c'était un peu de passion. Rien de bien méchant. Rien de criminel. Vous verrez, le procureur ne pourra rien prouver.

— J'ai parlé au chef adjoint de la police d'Aurora, Travis Dawn. Il dit que Harry avait été suspecté à l'époque.

— Connerie ! me dit Roth qui devenait facilement grossier lorsqu'il était contrarié.

— Apparemment, à l'époque, le suspect conduisait une Chevrolet Monte Carlo noire. Travis dit que c'est justement le modèle que possédait Harry.

— Double connerie ! surenchérit Roth. Mais utile de le savoir. Bon boulot, Goldman, voilà le genre d'info dont j'ai besoin. D'ailleurs, vous qui connaissez tous les péquenauds qui peuplent Aurora, interrogez-les un peu afin de savoir déjà quelles salades ils comptent servir aux jurés s'ils sont cités comme témoins pendant le procès. Et tâchez de découvrir aussi qui boit trop et qui tape sa femme : un témoin qui boit ou qui tape sa femme n'est pas un témoin crédible.

— C'est assez dégueulasse comme technique, non ?

— La guerre, c'est la guerre, Goldman. Bush a menti à la nation pour attaquer l'Irak, mais c'était nécessaire : regardez, on a botté le cul de Saddam, on a libéré les Irakiens et depuis, le monde se porte beaucoup mieux.

— La majorité des Américains est opposée à cette guerre. Elle n'a été qu'un désastre.

Il eut un air déçu :

— Oh non, dit-il, j'en étais sûr...

— Quoi ?

— Vous allez voter démocrate, Goldman ?

— Évidemment que je vais voter démocrate.

— Vous allez voir, ils vont coller des impôts mirobolants aux richards dans votre genre. Et après ça, il sera trop tard pour pleurer. Pour gouverner l'Amérique, il faut des couilles. Et les éléphants ont des plus grosses couilles que les ânes, c'est comme ça, c'est génétique.

— Vous êtes édifiant, Roth. De toute façon, les démocrates ont déjà gagné la présidentielle. Votre merveilleuse guerre a été suffisamment impopulaire pour faire pencher la balance.

Il eut un sourire narquois, presque incrédule :

— Enfin, ne me dites pas que vous y croyez ! Une femme et un Noir, Goldman ! Une femme et un Noir ! Allons, vous êtes un garçon intelligent, soyons un peu sérieux : qui élira une femme ou un Noir à la tête du pays ? Faites-en un bouquin. Un beau roman de science-fiction. Ce sera quoi la prochaine fois ? Une lesbienne portoricaine et un chef indien ?

À ma demande, après les formalités d'usage, Roth me laissa seul à seul un petit moment avec Harry dans la salle où il nous attendait. Il était assis devant une table en plastique, vêtu d'un uniforme de prisonnier, la mine défaite. Au moment où j'entrai dans la pièce, son visage s'illumina. Il se dressa et nous eûmes une longue accolade, avant de prendre place de part et d'autre de la table, muets. Finalement, il me dit :
— J'ai peur, Marcus.
— On va vous tirer de là, Harry.
— J'ai la télévision, vous savez. Je vois tout ce qui se dit. Je suis fini. Ma carrière est terminée. Ma vie est terminée. Ceci marque le début de ma chute : je crois que je suis en train de tomber.
— Il ne faut jamais avoir peur de tomber, Harry.
Il esquissa un sourire triste.
— Merci d'être venu.
— C'est ce que font les amis. Je me suis installé à Goose Cove, j'ai nourri les mouettes.
— Vous savez, si vous voulez rentrer à New York, je comprendrai très bien.
— Je ne vais nulle part. Roth est un drôle d'oiseau mais il a l'air de savoir ce qu'il fait : il dit que vous serez acquitté. Je vais rester ici, je vais l'aider. Je ferai ce qu'il faut pour découvrir la vérité et je laverai votre honneur.
— Et votre nouveau roman ? Votre éditeur l'attend pour la fin du mois, non ?
Je baissai la tête.
— Il n'y a pas de roman. Je n'ai plus d'idées.
— Comment ça, *plus d'idées* ?
Je ne répondis pas et changeai de sujet de conver-

sation en sortant de ma poche la page de journal ramassée au Clark's quelques heures plus tôt.

— Harry, dis-je, j'ai besoin de comprendre. J'ai besoin de savoir la vérité. Je ne peux pas m'empêcher de penser à ce coup de téléphone que vous m'avez passé, l'autre jour. Vous vous demandiez ce que vous aviez fait à Nola…

— C'était le coup de l'émotion, Marcus. Je venais d'être arrêté par la police, j'ai eu droit à un coup de fil, et l'unique personne que j'ai eu envie de prévenir, c'était vous. Pas de vous prévenir que j'avais été arrêté mais qu'elle était morte. Parce que vous étiez le seul à savoir pour Nola et que j'avais besoin de partager mon chagrin avec quelqu'un… Pendant toutes ces années, j'ai espéré qu'elle était vivante, quelque part. Mais elle était morte depuis toujours… Elle était morte et je m'en sentais responsable, pour toutes sortes de raisons. Responsable de ne pas avoir su la protéger peut-être. Mais je ne lui ai jamais fait de mal, je vous jure que je suis innocent de tout ce dont on m'accuse.

— Je vous crois. Qu'avez-vous dit aux policiers ?

— La vérité. Que j'étais innocent. Pourquoi aurais-je fait planter des fleurs à cet endroit, hein ? C'est complètement grotesque ! Je leur ai dit aussi que je ne savais pas comment ce manuscrit s'était retrouvé là, mais qu'ils devaient savoir que j'avais écrit ce roman pour et à propos de Nola, avant sa disparition. Que Nola et moi, nous nous aimions. Que nous avions vécu une histoire l'été qui avait précédé sa disparition et que j'en avais tiré un roman, dont je possédais, à l'époque, deux manuscrits : un original, écrit à la main, et une version dactylographiée. Nola s'intéressait beaucoup à ce que j'écrivais, elle m'aidait même à retranscrire au propre. Et la version dactylographiée du manuscrit, un jour, je ne l'ai plus retrouvée. C'était fin août, juste avant sa disparition... Je pensais que Nola l'avait prise pour la lire, elle faisait ça parfois. Elle lisait mes textes et me donnait son avis ensuite. Elle les prenait sans me demander la permission... Mais cette fois-ci, je n'ai jamais pu lui demander si elle avait pris mon manuscrit, parce qu'elle a disparu ensuite. Il me restait l'exemplaire écrit à la main. Ce roman, c'était *Les Origines du mal*, qui a eu le succès que vous savez quelques mois plus tard.

— Alors vous avez vraiment écrit ce livre pour Nola ?

— Oui. J'ai vu à la télévision qu'on parle de le retirer de la vente.

— Mais que s'est-il passé entre Nola et vous ?

— Une histoire d'amour, Marcus. Je suis tombé fou amoureux d'elle. Et je crois que ça m'a perdu.

— Qu'est-ce que la police a d'autre contre vous ?

— Je l'ignore.

— Et la boîte ? Où est votre fameuse boîte avec la lettre et les photos ? Je ne l'ai pas retrouvée chez vous.

Il n'eut pas le temps de répondre : la porte de la salle s'ouvrit et il me fit signe de me taire. C'était Roth. Il nous rejoignit autour de la table et, pendant qu'il s'installait, Harry se saisit discrètement du carnet de notes que j'avais déposé devant moi et y inscrivit quelques mots que je ne pus pas lire sur le moment.

Roth commença par donner de longues explications sur le déroulement de l'affaire et sur les procédures. Puis, après une demi-heure de soliloque, il demanda à Harry :

— Y aurait-il un détail que vous auriez omis de me confier à propos de Nola ? Je dois tout savoir, c'est très important.

Il y eut un silence. Harry nous fixa longuement puis il dit :

— Il y a effectivement quelque chose que vous devez savoir. C'est à propos du 30 août 1975. Ce soir-là, ce fameux soir où Nola a disparu, elle devait me rejoindre…

— Vous rejoindre ? répéta Roth.

— La police m'a demandé ce que je faisais le soir du 30 août 1975, et j'ai dit que j'étais en déplacement hors de la ville. J'ai menti. C'est le seul point à propos duquel je n'ai pas dit la vérité. Cette nuit-là, je me trouvais à proximité d'Aurora, dans la chambre d'un motel situé au bord de la route 1, en direction du Maine. Le Sea Side Motel. Il existe toujours. J'étais dans la chambre 8, assis sur le lit, à attendre, parfumé comme un adolescent, avec une brassée d'hortensias bleus, ses fleurs préférées. Nous avions rendez-vous à dix-neuf heures, et je me souviens que j'attendais et qu'elle ne venait pas. À vingt et une heures, elle avait deux heures de retard. Elle n'avait jamais été en retard. Jamais. Je mis les hortensias à tremper dans le lavabo, j'allumai la radio pour me distraire. C'était une nuit lourde, orageuse, j'avais trop chaud, j'étouffais dans mon costume. Je sortis le billet de ma poche et le relus dix fois, peut-être cent. Ce billet qu'elle m'avait écrit quelques jours plus tôt, ce petit mot d'amour que je ne pourrai jamais oublier et qui disait : *Ne vous en faites pas, Harry, ne vous en faites pas pour moi, je me débrouillerai pour vous retrouver là-bas. Attendez-moi dans la chambre 8, j'aime ce chiffre, c'est mon chiffre préféré. Attendez-moi dans cette chambre à 19 heures. Ensuite nous partirons pour toujours. Je vous aime tant. Très tendrement. Nola.*

« Je me souviens que le speaker de la radio

annonça vingt-deux heures. Vingt-deux heures, et toujours pas de Nola. Et je finis par m'endormir, tout habillé, étendu sur le lit. Lorsque je rouvris les yeux, la nuit avait passé. La radio marchait toujours, c'était le bulletin de sept heures du matin : ... *Alerte générale dans la région d'Aurora après la disparition d'une adolescente de quinze ans, Nola Kellergan, hier soir, aux environs de dix-neuf heures. La police recherche toute personne susceptible de lui fournir des informations... Au moment de sa disparition, Nola Kellergan portait une robe rouge...* Je me levai d'un bond, paniqué. Je m'empressai de me débarrasser des fleurs et je partis aussitôt pour Aurora, débraillé et les cheveux en bataille. La chambre était payée d'avance.

« Je n'avais jamais vu autant de policiers à Aurora. Il y avait des véhicules de tous les comtés. Sur la route 1, un grand barrage contrôlait les voitures qui entraient et sortaient de la ville. Je vis le chef de la police, Gareth Pratt, un fusil à pompe à la main :

« — Chef, je viens d'entendre à la radio pour Nola, dis-je. Que se passe-t-il ?

« — Saloperie, saloperie, répondit-il.

« — Mais que s'est-il passé ?

« — Personne ne le sait : elle a disparu de chez elle. Elle a été aperçue près de Side Creek Lane hier soir et depuis, plus la moindre trace d'elle. Toute la région est bouclée, la forêt est fouillée.

« À la radio, on donnait en boucle sa description : *Jeune fille, blanche, 5,2 pieds de haut, cent livres, cheveux longs blonds, yeux verts, vêtue d'une robe rouge. Elle porte un collier en or avec le prénom NOLA inscrit dessus.* Robe rouge, robe rouge, robe rouge, répétait la radio. La robe rouge était sa préférée. Elle l'avait mise pour moi. Voilà. Voilà ce que je faisais la nuit du 30 août 1975.

Roth et moi restâmes interdits.

— Vous deviez vous enfuir ensemble ? dis-je. Le jour de sa disparition, vous deviez fuir ensemble ?

— Oui.

— C'est pour ça que vous avez dit que c'était de votre faute, lorsque vous m'avez téléphoné, l'autre jour ? Vous aviez fixé un rendez-vous ensemble et elle a disparu en s'y rendant...

Il hocha la tête, consterné :

— Je pense que, sans ce rendez-vous, elle serait peut-être encore en vie...

Lorsque nous sortîmes de la salle, Roth me dit que cette histoire de fuite organisée était une catastrophe et qu'elle ne devait filtrer sous aucun prétexte. Si l'accusation l'apprenait, Harry était foutu. Nous nous séparâmes sur le parking et j'attendis d'être dans ma voiture pour ouvrir mon carnet et lire ce que Harry y avait écrit :

> *Marcus – Sur mon bureau, il y a un pot en porcelaine. Tout au fond, vous trouverez une clé. C'est la clé de mon vestiaire au fitness de Montburry. Casier 201. Tout est là. Brûlez tout. Je suis en danger.*

Montburry était une ville voisine d'Aurora, située à une dizaine de miles plus à l'intérieur des terres. Je m'y rendis l'après-midi même, après être passé par Goose Cove et avoir trouvé la clé dans le pot, dissimulée parmi des trombones. Il n'y avait qu'un seul fitness à Montburry, installé dans un bâtiment moderne tout en vitres sur l'artère principale de la ville. Dans le vestiaire désert, je trouvai le casier 201, que la clé ouvrit. À l'intérieur, il y avait un survêtement, des barres protéinées, des gants pour les haltères et la fameuse boîte en bois découverte quelques mois auparavant dans le bureau de Harry. Tout y était: les photos, les articles, le mot écrit de la main de Nola. J'y trouvai également un paquet de feuilles jaunies et reliées ensemble. La page de couverture était blanche, sans titre. Je parcourus les suivantes: c'était un texte écrit à la main, dont il me suffit de lire les premières lignes pour comprendre qu'il s'agissait du manuscrit des *Origines du mal*. Ce manuscrit que j'avais tant cherché, quelques mois plus tôt, dormait dans le vestiaire d'un fitness. Je m'assis sur un banc et je pris un moment pour en parcourir chaque page, émerveillé, fébrile: l'écriture était parfaite, sans ratures. Des hommes entrèrent pour se changer, je n'y pris même pas garde: je ne pouvais pas détacher mes yeux du texte. Le chef-d'œuvre que j'aurais tant voulu pouvoir écrire, Harry l'avait fait. Il s'était assis à la table d'un café et il avait écrit ces mots absolument géniaux, ces phrases sublimes, qui avaient touché l'Amérique entière, prenant le soin de cacher à l'intérieur son histoire d'amour avec Nola Kellergan.

De retour à Goose Cove, j'obéis scrupuleusement à Harry. J'allumai un feu dans l'âtre du salon et j'y jetai le contenu de la boîte: la lettre, les photos, les coupures de presse et enfin le manuscrit. *Je suis en danger*, m'avait-il écrit. Mais de quel danger parlait-il? Les flammes redoublèrent: la lettre de Nola ne devint plus que poussière, les photos se trouèrent en leur centre jusqu'à disparaître complètement sous l'effet de la chaleur. Le manuscrit s'embrasa en une immense flamme orange et les pages se décomposèrent en scories. Assis devant la cheminée, je regardais disparaître l'histoire de Harry et Nola.

*

Mardi 3 juin 1975

C'était un jour de mauvais temps. L'après-midi touchait à sa fin et la plage était déserte. Jamais depuis son arrivée à Aurora, le ciel n'avait été aussi noir et menaçant. La tourmente déchaînait l'océan, gonflé d'écume et de colère : il n'allait pas tarder à pleuvoir. C'était le mauvais temps qui l'avait encouragé à sortir : il avait descendu l'escalier en bois qui menait de la terrasse de la maison à la plage et il s'était assis sur le sable. Son carnet sur les genoux, il laissait son stylo glisser sur le papier : la tempête imminente l'inspirait, il avait des idées de grand roman. Ces dernières semaines, il avait déjà eu plusieurs bonnes idées pour son nouveau livre, mais aucune n'avait abouti ; il les avait mal commencées ou mal terminées.

Les premières gouttes tombèrent du ciel. Sporadiquement d'abord, puis soudain ce fut une averse. Il voulut s'enfuir pour aller se mettre à l'abri mais c'est alors qu'il la vit : elle marchait pieds nus, ses sandales à la main, au bord de l'océan, dansant sous la pluie et jouant avec les vagues. Il resta stupéfait et la contempla, émerveillé : elle suivait le dessin des remous, veillant à ne pas mouiller les pans de sa robe. Inattentive un bref instant, elle laissa l'eau lui monter jusqu'aux chevilles ; surprise, elle éclata de rire. Elle s'enfonça encore un peu plus dans l'océan gris, tournoyant sur elle-même et s'offrant à l'immensité. C'était comme si le monde lui appartenait. Dans ses cheveux blonds emportés par le vent, une barrette jaune en forme de fleurs empêchait les mèches de lui battre le visage. Le ciel déversait des torrents d'eau à présent.

Lorsqu'elle se rendit compte de sa présence à une dizaine de mètres d'elle, elle s'arrêta net. Gênée qu'on l'ait vue, elle s'écria :

— Désolée... Je ne vous avais pas remarqué.

Il sentit son cœur battre.

— Surtout, ne vous excusez pas, répondit-il. Continuez. Je vous en prie, continuez ! C'est la première fois que je vois quelqu'un apprécier à ce point la pluie.

Elle rayonnait.

— Vous l'aimez aussi ? demanda-t-elle, enthousiaste.
— Quoi donc ?
— La pluie.
— Non... Je... je la déteste, en fait.

Elle eut un sourire merveilleux.

— Comment peut-on détester la pluie ? Je n'ai jamais rien vu d'aussi beau. Regardez ! Regardez !

Il leva la tête : l'eau lui perla sur le visage. Il regarda ces millions de traits qui striaient le paysage et il tourna sur lui-même. Elle fit de même. Ils rirent, ils étaient trempés. Ils finirent par aller s'abriter sous les piliers de la terrasse. Il sortit de sa poche un paquet de cigarettes en partie épargné par le déluge et en alluma une.

— Je peux en avoir une ? demanda-t-elle.

Il lui tendit son paquet et elle se servit. Il était subjugué.

— Vous êtes l'écrivain, c'est ça ? demanda-t-elle.
— Oui.
— Vous venez de New York...
— Oui.
— J'ai une question pour vous : pourquoi avoir quitté New York pour venir dans ce trou perdu ?

Il sourit :

— J'avais envie de changer d'air.
— J'aimerais tellement visiter New York ! dit-elle.

J'y marcherais pendant des heures, et je verrais tous les spectacles de Broadway. Je me verrais bien vedette. Vedette à New York…

— Pardonnez-moi, l'interrompit Harry, mais est-ce qu'on se connaît ?

Elle rit encore, de ce rire délicieux.

— Non. Mais tout le monde sait qui vous êtes. Vous êtes l'écrivain. Bienvenue à Aurora, Monsieur. Je m'appelle Nola. Nola Kellergan.

— Harry Quebert.

— Je sais. Tout le monde le sait, je vous l'ai dit.

Il lui tendit la main pour la saluer, mais elle prit appui sur son bras et, se dressant sur la pointe des pieds, elle l'embrassa sur la joue.

— Il faut que j'y aille. Vous ne direz pas que je fume, hein ?

— Non, c'est promis.

— Au revoir, Monsieur l'Écrivain. J'espère que nous nous reverrons.

Et elle disparut à travers la pluie battante.

Il était complètement remué. Qui était cette fille ? Son cœur battait fort. Il resta longtemps, immobile, sous sa terrasse ; jusqu'à ce que tombe l'obscurité du soir. Il ne sentait plus ni la pluie, ni la nuit. Il se demandait quel âge elle pouvait avoir. Elle était trop jeune, il le savait. Mais il était conquis. Elle avait mis le feu à son âme.

*

C'est un appel de Douglas qui me ramena à la réalité. Deux heures s'étaient écoulées, le soir tombait. Dans la cheminée, il ne restait plus que des braises.

— Tout le monde parle de toi, me dit Douglas.

Personne ne comprend ce que tu viens faire dans le New Hampshire… Tout le monde dit que t'es en train de faire la plus grosse connerie de ta vie.

— Tout le monde sait que Harry et moi, nous sommes amis. Je ne peux pas ne rien faire.

— Mais là c'est différent, Marc. Il y a ces histoires de meurtres, ce bouquin. Je crois que tu ne réalises pas l'ampleur du scandale. Barnaski est furieux, il se doute que tu n'as pas de nouveau roman à lui présenter. Il dit que t'es allé te planquer dans le New Hamsphire. Et il n'a pas tort… On est le 17 juin, Marc. Dans treize jours, le délai arrive à échéance. Dans treize jours, tu es fini.

— Mais nom de Dieu, tu crois que je ne le sais pas ? C'est pour ça que tu m'appelles ? Pour me rappeler dans quelle situation je me trouve ?

— Non, je t'appelle parce que je crois que j'ai eu une idée.

— Une idée ? Je t'écoute.

— Écris un livre sur l'affaire Harry Quebert.

— Quoi ? Non, hors de question, je ne vais pas relancer ma carrière sur le dos de Harry.

— Pourquoi *sur le dos* ? Tu m'as dit que tu voulais aller le défendre. Prouve son innocence et écris un livre sur tout ça. Tu imagines le succès que ça aurait ?

— Tout ça en deux semaines ?

— J'en ai parlé à Barnaski, pour le calmer…

— Quoi ? Tu…

— Écoute-moi, Marc, avant de monter sur tes grands chevaux. Barnaski pense que c'est une occasion en or ! Il dit que Marcus Goldman qui raconte l'affaire Harry Quebert, c'est une affaire avec des chiffres à sept zéros ! Ça pourrait être le bouquin de l'année. Il est prêt à renégocier ton contrat. Il te propose de faire table rase : un nouveau contrat avec lui, qui résilie le précédent, avec en plus une avance d'un demi-million de dollars. Tu sais ce que ça veut dire ?

Ce que ça voulait dire : qu'écrire ce livre relancerait ma carrière. Ce serait un best-seller assuré, un succès garanti, et une montagne d'argent à la clé.

— Pourquoi Barnaski ferait ça pour moi ?

— Il ne le fait pas pour toi, il le fait pour lui. Marc, tu ne te rends pas compte, tout le monde parle de cette affaire ici. Un livre de ce genre, c'est le coup du siècle !

— Je crois que je n'en suis pas capable. Je ne sais plus écrire. Je ne sais même pas si j'ai su écrire un jour. Et enquêter... La police est là pour ça. Je ne sais pas comment on enquête.

Douglas insista encore :

— Marc, c'est l'occasion de ta vie.

— J'y réfléchirai.

— Quand tu dis ça, ça veut dire que tu n'y réfléchiras pas.

Cette dernière phrase eut pour effet de nous faire rire tous les deux : il me connaissait bien.

— Doug... est-ce qu'on peut tomber amoureux d'une fille de quinze ans ?

— Non.

— Comment peux-tu en être si sûr ?

— Je ne suis sûr de rien.

— Et qu'est-ce que c'est que l'amour ?

— Marc, pitié, pas de conversation philosophique maintenant...

— Mais, Douglas, il l'a aimée ! Harry est tombé amoureux fou de cette fille. Il me l'a raconté à la prison aujourd'hui : il était sur la plage, devant chez lui, il l'a vue et il est tombé amoureux. Pourquoi elle et pas une autre ?

— Je ne sais pas, Marc. Mais je serais curieux de savoir ce qui t'unit pareillement à Quebert.

— *Le Formidable*, répondis-je.

— Qui ?

— *Le Formidable*. Un jeune homme qui n'arrivait pas à avancer dans la vie. Jusqu'à ce qu'il rencontre Harry. C'est Harry qui m'a appris à devenir écrivain. C'est lui qui m'a appris l'importance de savoir tomber.

— Qu'est-ce que tu racontes, Marc ? T'as bu ? T'es écrivain parce que t'es doué.

— Non, justement. On ne naît pas écrivain, on le devient.

— C'est ça qui s'est passé à Burrows en 1998 ?

— Oui. Il m'a transmis tout son savoir… Je lui dois tout.

— Tu veux m'en parler ?

— Si tu veux.

Ce soir-là, je racontai à Douglas l'histoire qui me liait à Harry. Après notre conversation, je descendis sur la plage. J'avais besoin de prendre l'air. À travers l'obscurité, on devinait d'épais nuages : il faisait lourd, un orage allait éclater. Le vent se leva soudain : les arbres se mirent à se balancer furieusement, comme si le monde lui-même annonçait la fin du grand Harry Quebert.

Je ne retournai à la maison que bien plus tard. C'est en arrivant à la porte d'entrée principale que je trouvai le mot qu'une main anonyme avait déposé pendant mon absence. Une enveloppe toute simple, sans aucune indication, à l'intérieur de laquelle je trouvai un message tapé à l'ordinateur et qui disait :

Rentre chez toi, Goldman.

28.

L'importance de savoir tomber
(Université de Burrows, Massachusetts, 1998-2002)

"Harry, s'il devait ne rester qu'une seule de toutes vos leçons, laquelle serait-ce ?
– Je vous retourne la question.
– Pour moi, ce serait *l'importance de savoir tomber*.
– Je suis bien d'accord avec vous. La vie est une longue chute, Marcus. Le plus important est de savoir tomber."

L'année 1998, en dehors d'avoir été celle des grands verglas qui paralysèrent le nord des États-Unis et une partie du Canada, laissant des millions de malheureux dans l'obscurité pendant plusieurs jours, fut celle de ma rencontre avec Harry. Cet automne-là, au sortir de Felton, j'intégrai le campus de l'université de Burrows, mélange de préfabriqués et de bâtiments victoriens, entourés de vastes pelouses magnifiquement entretenues. On m'attribua une jolie chambre dans l'aile Est des dortoirs, que je partageais avec un sympathique maigrichon du Minnesota prénommé Jared, un gentil Noir à lunettes qui quittait une famille envahissante, et qui, visiblement très effrayé par sa nouvelle liberté, demandait toujours si on avait *le droit*. «J'ai le droit de sortir m'acheter un Coca? J'ai le droit de rentrer au campus après vingt-deux heures? J'ai le droit de garder de la nourriture dans la chambre? J'ai le droit de ne pas aller en cours si je suis malade?» Moi, je lui répondais que depuis le 13ᵉ amendement, qui avait aboli l'esclavage, il avait le droit de faire tout ce qu'il voulait, et il irradiait de bonheur.

Jared avait deux obsessions: réviser et téléphoner à

sa mère pour lui dire que tout allait bien. Pour ma part, je n'en avais qu'une: devenir un écrivain célèbre. Je passais mon temps à écrire des nouvelles pour la revue de l'université, mais celle-ci ne les publiait qu'une fois sur deux, et dans les plus mauvaises pages du journal, celles des encarts publicitaires pour les entreprises locales qui n'intéressaient personne: *Imprimerie Lukas, Forster Vidanges, François Coiffure,* ou encore *Julie Hu Fleurs.* Je trouvais cette situation tout à fait scandaleuse et injuste. À vrai dire, depuis mon arrivée sur le campus, je devais affronter un concurrent sévère en la personne de Dominic Reinhartz, un étudiant de troisième année, doté d'un talent d'écriture exceptionnel et à côté de qui je faisais pâle figure. Lui, avait droit à tous les honneurs de la revue, et chaque fois qu'un numéro paraissait, je surprenais à la bibliothèque les commentaires d'étudiants admiratifs à son sujet. Le seul à me soutenir de manière indéfectible était Jared: il lisait mes nouvelles avec passion au sortir de mon imprimante et les relisait ensuite lorsqu'elles paraissaient dans la revue. Je lui en offrais toujours un exemplaire, mais il insistait pour aller verser au bureau de la revue les deux dollars qu'il en coûtait et que lui-même gagnait si chèrement en travaillant dans l'équipe de nettoyage de l'université durant les week-ends. Je crois qu'il éprouvait pour moi une admiration sans borne. Il me disait souvent: «Toi, t'es un sacré type, Marcus... Qu'est-ce que tu fous dans un trou comme Burrows, Massachusetts? Hein?» Un soir de l'été indien, nous étions allés nous étendre sur la pelouse du campus pour boire des bières et scruter le ciel. Jared avait commencé par demander si on avait le droit de consommer de la bière dans l'enceinte du campus, puis il avait demandé si on avait le droit d'aller sur les pelouses la nuit, puis il avait aperçu une étoile filante et il s'était écrié :

— Fais un vœu, Marcus ! Fais un vœu !

— Je fais le vœu que l'on réussisse dans la vie, avais-je répondu. Qu'est-ce que t'aimerais faire dans la vie, Jared ?

— J'aimerais juste être quelqu'un de bien, Marc. Et toi ?

— J'aimerais devenir un immense écrivain. Vendre des millions et des millions de bouquins.

Il avait ouvert grands les yeux et j'avais vu ses orbites briller dans la nuit comme deux lunes.

— Sûr que t'y arriveras, Marc. T'es un sacré bonhomme !

Et je m'étais dit qu'une étoile filante, c'était une étoile qui pouvait être belle mais qui avait peur de briller et s'enfuyait le plus loin possible. Un peu comme moi.

Les jeudis, Jared et moi ne manquions jamais le cours de l'un des personnages centraux de l'université : l'écrivain Harry Quebert. C'était un homme très impressionnant, par son charisme et sa personnalité, un enseignant hors normes, adulé par ses élèves et respecté par ses pairs. Il faisait la pluie et le beau temps à Burrows, tout le monde l'écoutait et se ralliait à ses avis, non seulement parce qu'il était Harry Quebert, le Harry Quebert, la plume de l'Amérique, mais parce qu'il en imposait, par sa large stature, son élégance naturelle et sa voix à la fois chaude et tonnante. Dans les couloirs de l'université et dans les allées du campus, tout le monde se retournait sur son passage pour le saluer. Sa popularité était immense : les étudiants lui étaient tous reconnaissants de donner de son temps à une si petite université, conscients qu'il lui suffisait d'un simple coup de fil pour rejoindre les chaires les plus prestigieuses du pays. Il était d'ailleurs le seul parmi tout le corps professoral à ne donner ses leçons que dans le grand amphithéâtre qui, d'ordinaire, servait aux cérémonies de remise de diplômes ou aux représentations de théâtre.

Cette année 1998 fut également celle de l'affaire Lewinsky. Année de pipe présidentielle, au cours de laquelle l'Amérique découvrit avec horreur l'infiltration de la gâterie dans les plus hautes sphères du pays, et qui vit notre respectable Président Clinton contraint à une séance de contrition devant toute la nation pour s'être fait lécher les parties spéciales par une stagiaire dévouée. En bonne bagatelle, l'affaire était sur toutes les lèvres : sur le campus, tout le monde ne parlait que de ça et nous nous demandions, la bouche en cœur, ce qui allait advenir de notre bon Président.

Un jeudi matin de la fin octobre, Harry Quebert introduisit son cours de la façon suivante : « Mesdames et Messieurs, nous sommes tous très excités par ce qui se passe en ce moment à Washington, non ? L'affaire Lewinsky... Figurez-vous que depuis George Washington, dans toute l'histoire des États-Unis d'Amérique, deux raisons ont été répertoriées pour mettre un terme à un mandat présidentiel : être une crapule notoire, comme Richard Nixon, ou mourir. Et jusqu'à ce jour, neuf Présidents ont vu leur mandat interrompu pour l'une de ces deux causes : Nixon a démissionné et les huit autres sont morts, dont la moitié assassinés. Mais voilà qu'une troisième cause pourrait s'ajouter à cette liste : la fellation. Le rapport buccal, la pipe, la slurp slurp, la sucette. Et chacun de se demander si notre puissant Président, lorsqu'il a le pantalon sur les genoux, reste notre puissant Président. Car voici pour quoi l'Amérique se passionne : les histoires sexuelles, les histoires de morale. L'Amérique est le paradis de la quéquette. Et vous verrez, d'ici quelques années, personne ne se souviendra plus que Monsieur Clinton a redressé notre économie désastreuse, gouverné de façon experte avec une majorité républicaine au Sénat ou fait se serrer la main à Rabin et Arafat. Par contre, tout le monde se souviendra de l'affaire Lewinsky, car les pipes, Mesdames et Messieurs, restent gravées dans les mémoires. Alors quoi, notre Président aime se faire pomper le nœud de temps en temps. Et alors ? Il n'est sûrement pas le seul. Qui, dans cette salle, aime aussi ça ? »

À ces mots, Harry s'interrompit et scruta l'auditoire. Il y eut un long silence : la plupart des étudiants contemplèrent leurs chaussures. Jared, assis à côté de moi, ferma même les yeux pour ne pas croiser son regard. Et moi, je levai la main. J'étais assis dans les derniers rangs, et Harry, me pointant du doigt, déclara à mon intention :

— Levez-vous, mon jeune ami. Levez-vous pour que l'on vous voie bien et dites-nous ce que vous avez sur le cœur.

Je montai fièrement sur ma chaise.

— J'aime beaucoup les pipes, professeur. Je m'appelle Marcus Goldman et j'aime me faire sucer. Comme notre bon Président.

Harry baissa ses lunettes de lecture et me regarda d'un air amusé. Plus tard, il me confiera : « Ce jour-là, lorsque je vous ai vu, Marcus, lorsque j'ai vu ce jeune homme fier, au corps solide, debout sur sa chaise, je me suis dit : nom de Dieu, voici un sacré bonhomme. » Sur le moment, il me demanda simplement :

— Dites-nous, jeune homme : aimez-vous vous faire sucer par les garçons ou par les filles ?

— Par les filles, professeur Quebert. Je suis un bon hétérosexuel et un bon Américain. Dieu bénisse notre Président, le sexe et l'Amérique.

L'auditoire, médusé, éclata de rire et applaudit. Harry était enchanté. Il expliqua à l'intention de mes camarades :

— Vous voyez, désormais plus personne ne regardera ce pauvre garçon de la même manière. Tout le monde se dira : celui-ci, c'est le gros dégueulasse qui aime les gâteries. Et peu importent ses talents, peu importent ses qualités, il sera à jamais « *Monsieur Pipe* ». (Il se tourna à nouveau dans ma direction.) Monsieur Pipe, pouvez-vous nous indiquer maintenant pourquoi vous nous avez fait de telles confidences alors que vos autres camarades ont eu le bon goût de se taire ?

— Parce qu'au paradis de la quéquette, professeur Quebert, le sexe peut vous perdre mais il peut vous propulser au sommet. Et à présent que tout l'auditoire a les yeux rivés sur moi, j'ai le plaisir de vous informer que j'écris de très bonnes nouvelles qui paraissent dans la revue de l'université, dont des exemplaires seront en vente pour cinq petits dollars à l'issue de ce cours.

À la fin du cours, Harry vint me trouver à la sortie de l'amphithéâtre. Mes camarades avaient dévalisé mon stock d'exemplaires de la revue. Il m'en acheta le dernier.

— Combien en avez-vous vendu ? me demanda-t-il.

— Tout ce que j'avais, soit cinquante exemplaires. Et on m'en a commandé une centaine, payés d'avance. Je les ai payés deux dollars pièce et les ai revendus à cinq. Je viens donc de me faire quatre cent cinquante dollars. Sans compter qu'un des membres du bureau directeur de la revue vient de me proposer d'en devenir rédacteur en chef. Il dit que je viens de faire un coup de pub énorme pour le journal et qu'il n'a jamais vu une chose pareille. Ah oui, j'allais oublier : une dizaine de filles m'ont laissé leur numéro de téléphone. Vous aviez raison, nous sommes au paradis de la quéquette. Et il appartient à chacun de nous de l'utiliser à bon escient.

Il sourit et me tendit la main.

— Harry Quebert, se présenta-t-il.

— Je sais qui vous êtes, Monsieur. Je suis Marcus Goldman. Je rêve de devenir un grand écrivain, comme vous. J'espère que ma nouvelle vous plaira.

Nous échangeâmes une solide poignée de main et il me dit :

— Cher Marcus, il ne fait aucun doute que vous irez loin.

À vrai dire, ce jour-là, je n'allai pas beaucoup plus loin que le bureau du doyen du département de lettres, Dustin Pergal, qui me convoqua, très en colère.

— Jeune homme, me dit-il de sa voix excitée et nasillarde tout en se cramponnant aux accoudoirs de son fauteuil, avez-vous tenu aujourd'hui, en plein amphithéâtre, des propos à caractère pornographique ?

— Pornographique, non.

— N'avez-vous pas, devant trois cents de vos camarades, fait l'apologie du rapport buccal ?

— J'ai parlé de pipe, Monsieur. Effectivement.

Il poussa un long soupir.

— Monsieur Goldman, reconnaissez-vous avoir

utilisé les mots *Dieu*, *bénir*, *sexe*, *hétérosexuel*, *homosexuel* et *Amérique* dans la même phrase ?

— Je ne me rappelle plus la teneur exacte de mes propos, mais oui, il y avait de ça.

Il essaya de rester calme et articula lentement :

— Monsieur Goldman, pouvez-vous m'expliquer quel genre de phrase obscène peut contenir tous ces mots à la fois ?

— Oh, rassurez-vous, Monsieur le doyen, ce n'était pas obscène. C'était simplement une bénédiction à l'intention de Dieu, de l'Amérique, du sexe et de toutes les pratiques qui peuvent en découler. Par-devant, par-derrière, à gauche, à droite et dans toutes les directions, si vous voyez ce que je veux dire. Vous savez, nous les Américains, nous sommes un peuple qui aimons bénir. C'est culturel. Chaque fois que nous sommes contents, nous bénissons.

Il leva les yeux au ciel.

— Avez-vous ensuite tenu un stand de vente sauvage de la revue de l'université à la sortie de l'amphithéâtre ?

— Absolument, Monsieur. Mais c'était un cas de force majeure dont je m'explique volontiers ici. Voyez-vous, je me donne beaucoup de peine pour écrire des nouvelles pour la revue, mais la rédaction se borne à me publier dans les mauvaises pages. J'avais donc besoin d'un peu de publicité, personne ne me lit, sinon. Pourquoi écrire si personne ne vous lit ?

— Est-ce une nouvelle à caractère pornographique ?

— Non, Monsieur.

— J'aimerais y jeter un œil.

— Volontiers. C'est cinq dollars par exemplaire.

Pergal explosa.

— Monsieur Goldman ! Je crois que vous ne

saisissez pas la gravité de la situation ! Vos propos ont choqué ! Des élèves se sont plaints ! C'est une situation ennuyeuse pour vous, pour moi, pour tout le monde. Apparemment vous auriez déclaré (il lut une feuille devant lui) : « J'aime les pipes... Je suis un bon hétérosexuel et un bon Américain. Dieu bénisse notre Président, le sexe et l'Amérique. » Mais qu'est-ce que c'est que ce cirque, au nom du Ciel ?

— Ce n'est que la vérité, Monsieur le doyen : je suis un bon hétérosexuel et un bon Américain.

— Ça, je ne veux pas le savoir ! Votre orientation sexuelle n'intéresse personne, Monsieur Goldman ! Quant aux pratiques dégoûtantes qui se jouent au niveau de votre entrejambe, elles ne concernent en rien vos camarades !

— Mais je n'ai fait que répondre aux questions du professeur Quebert.

En entendant cette dernière phrase, Pergal manqua de s'étrangler.

— Que... que dites-vous ? Les questions du professeur Quebert ?

— Oui, il a demandé qui aimait se faire sucer, et comme j'ai levé la main parce que je juge que ce n'est pas poli de ne pas répondre lorsqu'on vous pose une question, il m'a demandé si je préférais me faire sucer par les garçons ou par les filles. C'est tout.

— Le professeur Quebert vous a demandé si vous aimez vous faire... ?

— C'est cela même. Vous comprenez, Monsieur le doyen, c'est la faute du Président Clinton. Ce que le Président fait, tout le monde veut le faire.

Pergal se leva pour aller chercher une chemise parmi ses dossiers suspendus. Il se rassit à son bureau et me regarda droit dans les yeux.

— Qui êtes-vous, Monsieur Goldman ? Parlez-moi un peu de vous. Je suis curieux de savoir d'où vous venez.

J'expliquai que j'étais né à Montclair, New Jersey, d'une mère employée dans un grand magasin et d'un père ingénieur. Une famille de la classe moyenne, de bons Américains. Fils unique. Enfance et adolescence heureuses malgré une intelligence supérieure à la moyenne. Lycée de Felton. *Le Formidable*. Supporter des Giants. Appareil dentaire à quatorze ans. Grands-parents en Floride, pour le soleil et les oranges. Rien que du très normal. Aucune allergie, aucune maladie notoire à signaler. Intoxication alimentaire avec du poulet lors d'un camp de vacances avec les scouts à l'âge de huit ans. Aime les chiens mais pas les chats. Pratique sportive : crosse, course à pied et boxe. Ambition : devenir un écrivain célèbre. Ne fume pas parce que ça donne le cancer du poumon et qu'on sent mauvais le matin au réveil. Boit raisonnablement. Plat préféré : steak et macaroni au fromage. Consommation occasionnelle de fruits de mer, surtout chez Joe's Stone Crab, en Floride, même si ma mère dit que ça porte malheur en raison de notre *appartenance*.

Pergal écouta ma biographie sans broncher. Lorsque j'en eus terminé il me dit simplement :

— Monsieur Goldman : cessez vos histoires, voulez-vous ? Je viens de prendre connaissance de votre dossier. J'ai donné quelques coups de téléphone, j'ai parlé au principal du lycée de Felton. Il m'a dit que vous étiez un élève hors du commun et que vous auriez pu faire les plus grandes universités. Alors dites-moi : qu'est-ce que vous faites ici ?

— Je vous demande pardon, Monsieur le doyen ?

— Monsieur Goldman : qui choisit Burrows plutôt que Harvard ou Yale ?

Mon coup d'éclat dans l'amphithéâtre allait changer ma vie du tout au tout, même s'il faillit me coûter ma place à Burrows. Sur le moment, Pergal avait conclu notre entrevue en me disant qu'il devait réfléchir à mon sort, et finalement, l'affaire resta sans conséquence pour moi. J'apprendrai des années plus tard que Pergal, qui considérait qu'un étudiant qui posait problème un jour poserait problème toujours, avait voulu me renvoyer et que c'est Harry qui avait insisté pour que je puisse rester à Burrows.

Le lendemain de cet épisode mémorable, je fus plébiscité pour reprendre les rênes de la revue de l'université et lui donner une nouvelle dynamique. En bon *Formidable*, je décidai que cette nouvelle dynamique serait de cesser de publier les œuvres de Reinhartz et de m'octroyer la couverture à chaque numéro. Puis, le lundi suivant, je retrouvai par hasard Harry à la salle de boxe du campus, que je fréquentais assidûment depuis mon arrivée. C'était, en revanche, la première fois que je l'y voyais. L'endroit était d'ordinaire très peu fréquenté ; à Burrows les gens ne boxaient pas et en dehors de moi, la seule personne à venir régulièrement était Jared, que j'étais parvenu à convaincre de faire quelques rounds de boxe contre moi un lundi sur deux, car il me fallait un partenaire, très faible de préférence, pour être certain de le battre. Et une fois par quinzaine, je le dérouillais avec un certain plaisir : celui d'être, pour toujours, *le Formidable*.

Le lundi où Harry vint à la salle, j'étais occupé à travailler ma position de garde face à un miroir. Il portait sa tenue de sport avec autant d'élégance que ses complets croisés. En entrant, il me salua de loin et me dit simplement : « J'ignorais que vous aimiez aussi la boxe, Monsieur Goldman. » Puis il s'entraîna contre un sac, dans un coin de la salle. Il avait de très bons gestes, il était vif et rapide. Je brûlais d'aller lui parler, de lui raconter comment, après son cours, j'avais été convoqué par Pergal, de lui parler de pipes et de liberté d'expression, de lui dire que j'étais le nouveau rédacteur en chef de la revue de l'université et combien je l'admirais. Mais j'étais trop impressionné pour oser l'aborder.

Il revint à la salle le lundi suivant où il assista à la dérouillée bimensuelle de Jared. Au bord du ring, il m'observa avec intérêt donner une correction en règle et sans pitié à mon camarade, et après le combat il me dit qu'il me trouvait bon boxeur, que lui-même avait envie de s'y remettre sérieusement, histoire de garder la forme, et que mes conseils seraient les bienvenus. Il avait cinquante et quelques années mais on devinait sous son t-shirt ample un corps large et vigoureux : il tapait dans les poires avec adresse, il avait une bonne assise, son jeu de jambes était un peu ralenti mais stable, sa garde et ses réflexes intacts. Je lui proposai alors de travailler un peu au sac pour commencer et nous y passâmes la soirée.

Et il revint le lundi d'après, et les suivants. Et je devins, en quelque sorte, son entraîneur particulier. C'est ainsi, au fil des exercices, que Harry et moi commençâmes à nous lier. Souvent, après l'entraînement, nous bavardions un moment, assis côte à côte sur les bancs en bois du vestiaire, en faisant sécher notre sueur. Au bout de quelques semaines, arriva l'instant redouté où Harry voulut monter sur le ring pour un trois rounds contre moi. Évidemment, je n'osai pas le frapper, mais lui ne se fit pas prier pour me décocher quelques droites bien sonnantes dans le menton, m'envoyant à plusieurs reprises au tapis. Il riait, il disait qu'il y avait des années qu'il n'avait plus fait ça et qu'il avait oublié combien c'était amusant. Après m'avoir littéralement passé à tabac et traité de mauviette, il me proposa d'aller dîner. Je le conduisis dans un boui-boui pour étudiants d'une artère animée de Burrows et, en mangeant des hamburgers suintant de graisse, nous parlâmes livres et écriture.

— Vous êtes un bon étudiant, me dit-il, vous en connaissez un rayon.

— Merci. Avez-vous lu ma nouvelle ?

— Pas encore.

— J'aimerais bien savoir ce que vous en pensez.

— Eh bien, l'ami, si cela suffit à votre bonheur, je vous promets d'y jeter un œil et de vous dire ce que j'en pense.

— Surtout, soyez sévère, dis-je.

— C'est promis.

Il m'avait appelé *l'ami*, et j'en fus bouleversé d'excitation. Le soir même j'appelai mes parents pour les mettre au courant : après quelques mois d'université seulement, je dînais déjà avec le grand Harry Quebert. Ma mère, folle de bonheur, téléphona ensuite à la moitié du New Jersey pour annoncer que le prodigieux Marcus, son Marcus, *le Formidable*, avait déjà noué des contacts dans les plus hautes sphères de la littérature. Marcus allait devenir un grand écrivain, c'était sûr et certain.

Les dîners d'après la boxe firent bientôt partie du rituel du lundi soir, moments qu'aucune circonstance n'aurait pu empêcher et qui galvanisèrent ma sensation d'être *le Formidable*. Je vivais une relation privilégiée avec Harry Quebert ; désormais, les jeudis, lorsque j'intervenais pendant son cours, alors que les autres étudiants devaient se contenter d'un banal *Madame* ou *Monsieur*, lui me donnait du *Marcus*.

Quelques mois plus tard – ce devait être janvier ou février, peu après les vacances de Noël –, au cours de l'un de nos dîners du lundi, j'insistai auprès de Harry pour savoir ce qu'il avait pensé de ma nouvelle car il ne m'en avait encore jamais parlé. Après une hésitation, il me demanda :

— Vous voulez vraiment savoir, Marcus ?

— Absolument. Et montrez-vous critique. Je suis là pour apprendre.

— Vous écrivez bien. Vous avez énormément de talent.

Je rougis de plaisir.

— Quoi d'autre ? m'écriai-je, impatient.

— Vous êtes doué, c'est indéniable.

J'étais au comble du bonheur.

— Y a-t-il un aspect que je doive améliorer, selon vous ?

— Oh, bien sûr. Vous savez, vous avez beaucoup de potentiel, mais au fond, ce que j'ai lu, c'est mauvais. Très mauvais, à vrai dire. Ça ne vaut rien. C'est d'ailleurs le cas pour tous les autres textes de vous que j'ai pu lire dans la revue de l'université. Couper des arbres pour imprimer des torchons pareils, c'est criminel. Il n'y a proportionnellement pas assez de forêts pour le nombre de mauvais écrivains qui peuplent ce pays. Il faut faire un effort.

Mon sang ne fit qu'un tour. Comme si j'avais reçu un énorme coup de massue. Il s'avérait donc que Harry Quebert, roi de la littérature, était surtout le roi des salauds.

— Vous êtes toujours comme ça ? lui demandai-je d'un ton cinglant.

Il sourit, amusé, me dévisageant avec son air de pacha, comme s'il savourait l'instant.

— Comment suis-je ? demanda-t-il.

— Imbuvable.

Il éclata de rire.

— Vous savez, Marcus, je sais exactement quel genre de type vous êtes : un petit prétentieux de première qui pense que Montclair est le centre du monde. Un peu comme les Européens pensaient l'être au Moyen Âge, avant de prendre un bateau et de découvrir que la plupart des civilisations au-delà des océans étaient plus développées que la leur, ce qu'ils essayèrent de dissimuler à grands coups de massacres. Ce que je veux dire, Marcus, c'est que vous êtes un type sensationnel, mais que vous risquez bien de vous éteindre si vous ne vous secouez pas un peu les fesses. Vos textes sont bons. Mais il faut tout revoir : le style, les phrases, les concepts, les idées. Il faut vous remettre en question et travailler beaucoup plus. Votre problème, c'est que vous ne travaillez pas assez. Vous vous contentez de très peu, vous alignez les mots sans bien les choisir et ça se ressent. Vous pensez être un génie, hein ? Vous avez tort. Votre travail est bâclé et par conséquent il ne vaut rien. Tout reste à faire. Vous me suivez ?

— Pas vraiment...

J'étais en colère : comment osait-il, tout Quebert qu'il était ? Comment osait-il s'adresser ainsi à quelqu'un qu'on surnommait *le Formidable* ? Il reprit :

— Je vais vous donner un exemple très simple. Vous êtes un bon boxeur. C'est un fait. Vous savez vous battre. Mais regardez-vous, vous ne vous mesurez qu'à ce pauvre type, ce maigrelet que vous cognez comme un sourd avec cette espèce de contentement de vous-même qui me donne envie de vomir. Vous ne vous mesurez qu'à lui car vous êtes certain de le dominer. Ceci fait de vous un faible, Marcus. Un trouillard. Une couille molle. Un nada, un rien du tout, un bluffeur, un donneur de bonsoirs. Vous êtes de la poudre aux yeux. Et le pire, c'est que vous vous en contentez parfaitement. Mesurez-vous à un véritable adversaire ! Ayez ce courage ! La boxe ne ment jamais, monter sur un ring est un moyen très fiable de savoir ce que l'on vaut : soit l'on terrasse, soit l'on est terrassé, mais on ne peut pas se mentir, ni à soi-même, ni aux autres. Mais vous, vous vous arrangez toujours pour vous défiler. Vous êtes ce qu'on appelle un imposteur. Vous savez pourquoi la revue mettait vos textes en fin de journal ? Parce qu'ils étaient mauvais. Tout simplement. Et pourquoi ceux de Reinhartz récoltaient tous les honneurs ? Parce qu'ils étaient très bons. Cela aurait pu vous donner envie de vous surpasser, de travailler comme un fou et de produire un texte magnifique, mais c'était tellement plus simple de faire votre petit coup d'État, d'effacer Reinhartz et de vous publier vous-même plutôt que de vous remettre en question. Laissez-moi deviner, Marcus, vous avez fonctionné comme ça toute votre vie. Est-ce que je me trompe ?

J'étais fou de rage. Je m'écriai :

— Vous ne savez rien, Harry ! J'étais très apprécié au lycée ! J'étais *le Formidable* !

— Mais regardez-vous, Marcus, vous ne savez pas tomber ! Vous avez peur de la chute. Et c'est pour cette raison, si vous n'y changez rien, que vous allez devenir un être vide et inintéressant. Comment peut-on vivre si l'on ne sait pas tomber ? Regardez-vous en face, bon sang, et demandez-vous ce que vous foutez à Burrows ! J'ai lu votre dossier ! J'ai parlé à Pergal ! Il était à deux doigts de vous foutre à la porte, petit génie ! Vous auriez pu faire Harvard, Yale, toute la *Poison Ivy League* si vous l'aviez voulu, mais non, il a fallu que vous veniez ici, parce que le Seigneur Jésus vous a doté d'une paire de couilles tellement petites que vous n'avez pas le cran de vous mesurer à de véritables adversaires. J'ai aussi appelé à Felton, j'ai parlé au principal, ce pauvre homme complètement dupe, qui m'a parlé du *Formidable* avec des larmes dans la voix. En venant ici, Marcus, vous saviez que vous seriez ce personnage invincible que vous avez créé de toutes pièces, ce personnage qui n'est pas réellement armé pour affronter la vraie vie. Ici, vous saviez d'avance que vous ne risquiez pas de chuter. Car je crois que c'est ça votre problème : vous n'avez pas encore saisi l'importance de savoir tomber. Et c'est ce qui causera votre perte si vous ne vous ressaisissez pas.

À ces mots, il inscrivit, sur sa serviette, une adresse à Lowell, Massachusetts, qui se trouvait à un quart d'heure. Il me dit que c'était un club de boxe et qu'on y organisait tous les jeudis soir des combats ouverts à tous. Et il s'en alla en me laissant payer l'addition.

Le lundi d'après, il n'y eut pas de Quebert à la salle de boxe, ni le lundi suivant. Dans l'amphithéâtre, il me donna du *Monsieur* et se montra dédaigneux. Finalement, je me décidai à aller le trouver à l'issue de l'un de ses cours.

— Vous ne venez plus à la salle ? lui demandai-je.

— Je vous aime bien, Marcus, mais comme je vous l'ai déjà dit, je crois que vous êtes un petit pleurnichard doublé d'un prétentieux, et mon temps est trop précieux pour le gaspiller avec vous. Vous n'êtes pas à votre place à Burrows et je n'ai rien à faire en votre compagnie.

C'est ainsi que le jeudi suivant, furieux, j'empruntai la voiture de Jared et me rendis à la salle de boxe que Harry m'avait indiquée. C'était un vaste hangar, en pleine zone industrielle. Un endroit effrayant, avec beaucoup de monde à l'intérieur, l'air empestait la sueur et le sang. Sur le ring central, un combat d'une rare violence faisait rage, et les nombreux spectateurs agglutinés jusque contre les cordes poussaient des hurlements de bêtes. J'avais peur, j'avais envie de fuir, de m'avouer vaincu, mais je n'en eus même pas l'occasion : un Noir colossal, dont j'appris qu'il était le propriétaire de la salle, se pointa devant moi. « C'est pour boxer, *whitey* ? » me demanda-t-il. Je répondis que oui et il m'envoya me changer dans le vestiaire. Un quart d'heure plus tard, j'étais sur le ring, face à lui, pour un combat en deux rounds.

Je me souviendrai toute ma vie de la dérouillée qu'il m'infligea ce soir-là, tant je crus que j'allais mourir. Je me fis littéralement massacrer, sous les vivats sauvages de la salle enchantée de voir le gentil petit étudiant blanc-bec venu de Montclair se faire briser les pommettes. Malgré mon état, je mis un point d'honneur à tenir jusqu'au terme du temps réglementaire, question de fierté, attendant le coup de gong final pour m'écrouler au sol, K.-O. Lorsque je rouvris les yeux, complètement sonné mais remerciant le Ciel de ne pas être mort, je vis Harry penché au-dessus de moi, avec une éponge et de l'eau.

— Harry ? Qu'est-ce que vous faites ici ?

Il me tamponna délicatement le visage. Il souriait.

— Mon petit Marcus, vous avez une paire de couilles qui dépasse l'entendement : ce type doit faire soixante livres de plus que vous... Vous avez livré un combat magnifique. Je suis très fier de vous...

J'essayai de me relever, il m'en dissuada.

— Ne bougez pas comme ça, je crois que vous avez le nez cassé. Vous êtes un type bien, Marcus. Je m'en doutais mais vous venez de me le prouver. En livrant ce combat, vous venez de me prouver que les espoirs que je fonde en vous depuis le jour de notre rencontre ne sont pas vains. Vous venez de démontrer que vous êtes capable de vous affronter vous-même et de vous dépasser. Désormais, nous allons pouvoir devenir amis. Je voulais vous dire : vous êtes la personne la plus brillante que j'ai rencontrée ces dernières années et il ne fait aucun doute que vous deviendrez un grand écrivain. Je vous y aiderai.

*

C'est donc après l'épisode de la raclée monumentale de Lowell que notre amitié débuta véritablement et que Harry Quebert, mon professeur de littérature la journée, devint Harry-tout-court, mon partenaire de boxe le lundi soir, et mon ami et mon maître certains après-midi de congé où il m'apprenait à devenir un écrivain. Cette dernière activité avait lieu en règle générale les samedis. Nous nous retrouvions dans un *diner* proche du campus, et, installés à une grande table où nous pouvions étaler livres et feuillets, il relisait mes textes et me donnait des conseils, m'incitant à toujours recommencer, à ne jamais cesser de repenser mes phrases. « Un texte n'est jamais bon, me disait-il. Il y a simplement un moment où il est moins mauvais qu'avant.» Entre nos rendez-vous, je passais des heures, dans ma chambre, à travailler et retravailler encore mes textes. Et c'est ainsi que moi qui avais toujours survolé la vie avec une certaine aisance, moi qui avais toujours su tromper le monde, je tombai sur un os, mais quel os! Harry Quebert en personne, qui fut la première et la seule personne à me confronter à moi-même.

Harry ne se contenta pas de m'apprendre à écrire: il m'apprit à m'ouvrir l'esprit. Il m'emmena au théâtre, à des expositions, au cinéma. Au Symphony Hall, à Boston, aussi; il disait qu'un opéra bien chanté pouvait le faire pleurer. Il considérait que lui et moi, nous nous ressemblions beaucoup, et il me racontait souvent sa vie passée d'écrivain. Il disait que l'écriture avait changé sa vie et que cela s'était passé dans le milieu des années 1970. Je me rappelle qu'un jour où nous nous rendions près de Teenethridge pour écouter une chorale de retraités, il m'avait ouvert les tréfonds de sa mémoire. Il était né en 1941 à Benton, dans le New Jersey, d'une mère secrétaire et d'un père médecin dont il avait été le fils unique. Je crois qu'il avait été un enfant tout à fait heureux et qu'il n'y a pas grand-chose à raconter à propos de ses jeunes années. À mes yeux, son histoire commençait véritablement à la fin des années 1960 lorsque, après avoir terminé des études de lettres à l'université de New York, il trouva un emploi de prof de littérature dans un lycée du Queens. Mais il se sentit rapidement à l'étroit dans les salles de classe; il n'avait qu'un seul rêve, qui l'habitait depuis toujours: celui d'écrire. En 1972, il publia un premier roman, dont il avait espéré beaucoup, mais qui n'avait rencontré qu'un succès très confidentiel. Il avait alors décidé de franchir une nouvelle étape.

« Un jour, m'avait-il expliqué, j'ai sorti mes économies de la banque et je me suis lancé : je me suis dit qu'il était temps d'écrire un fichtrement bon bouquin, et je me suis mis à la recherche d'une maison sur la côte pour pouvoir passer quelques mois tranquilles et travailler en paix. J'ai trouvé une maison à Aurora : j'ai immédiatement su que c'était la bonne. J'ai quitté New York à la fin mai 1975 et je me suis installé dans le New Hampshire, pour ne plus jamais en repartir. Car le livre que j'écrivis cet été-là m'ouvrit les portes de la gloire : eh oui, Marcus, c'est cette année-là, en m'installant à Aurora, que j'écrivis *Les Origines du mal*. Avec les droits j'ai racheté la maison, et j'y vis toujours. C'est un endroit sensationnel, vous verrez, il faudra que vous veniez à l'occasion... »

Je me rendis pour la première fois à Aurora au début janvier 2000, pendant les vacances universitaires de Noël. À ce moment-là, il y avait environ un an et demi que Harry et moi nous connaissions. Je me souviens que j'étais venu avec du vin pour lui et des fleurs pour sa femme. Harry, en voyant l'immense bouquet, me regarda avec un drôle d'air et me dit :

— Des fleurs ? Voilà qui est intéressant, Marcus. Avez-vous des confidences à me faire ?

— C'est pour votre femme.

— Ma femme ? Mais je ne suis pas marié.

Je réalisai alors que depuis tout ce temps que nous nous fréquentions, nous n'avions jamais parlé de sa vie intime : il n'y avait pas de Madame Harry Quebert. Il n'y avait pas de famille Harry Quebert. Il n'y avait que Quebert. Quebert tout seul. Quebert qui s'emmerdait chez lui au point de se lier d'amitié avec l'un de ses étudiants. Je compris cela surtout à cause de son frigidaire : peu après mon arrivée, alors que nous étions installés dans le salon, une pièce magnifique aux murs tapissés de boiseries et de bibliothèques, Harry me demanda si je voulais quelque chose à boire.

— Limonade ? me proposa-t-il.

— Volontiers.

— Il y en a un pichet dans le frigo, fait tout exprès pour vous. Allez donc vous servir, et apportez-m'en un grand verre également, merci.

Je m'exécutai. En ouvrant le frigo, je constatai qu'il était vide : il n'y avait à l'intérieur qu'un misérable pichet de limonade préparé avec soin, avec des glaçons en forme d'étoiles, des écorces de citron et des feuilles de menthe. C'était un frigo d'homme seul.

— Votre frigo est vide, Harry, dis-je en revenant dans le salon.

— Oh, j'irai faire des courses tout à l'heure. Veuillez-m'en excuser, je n'ai pas l'habitude de recevoir.

— Vous vivez seul ici ?

— Bien entendu. Avec qui voulez-vous que je vive ?

— Je veux dire : vous n'avez pas de famille ?

— Non.

— Pas de femme, ni d'enfants ?

— Rien.

— Une petite copine ?

Il sourit tristement :

— Pas de petite copine. Rien.

Ce premier séjour à Aurora me fit réaliser que l'image que j'avais de Harry était tronquée : sa maison du bord de mer était immense mais complètement vide. Harry L. Quebert, vedette de la littérature américaine, professeur respecté, adulé par ses étudiants, charmeur, charismatique, élégant, boxeur, intouchable, devenait Harry-tout-court lorsqu'il rentrait chez lui, dans sa petite ville du New Hampshire. Un homme acculé, parfois un peu triste, qui aimait les longues promenades sur la plage, en bas de chez lui, et qui avait très à cœur de distribuer aux mouettes du pain sec qu'il gardait dans une boîte en fer-blanc frappée de l'inscription SOUVENIR DE ROCKLAND, MAINE. Et je me demandais ce qui avait bien pu se passer dans la vie de cet homme pour qu'il termine ainsi.

La solitude de Harry ne m'aurait pas tourmenté si notre amitié ne s'était pas mise à faire courir d'inévitables bruits. Les autres étudiants, ayant remarqué que j'entretenais une relation privilégiée avec lui, insinuèrent qu'entre Harry et moi, c'était de l'amour pédé. Un samedi matin, tracassé par les remarques de mes camarades, je finis par le lui demander de but en blanc :

— Harry, pourquoi êtes-vous toujours si seul?

Il hocha la tête; je vis briller ses yeux.

— Vous essayez de me parler d'amour, Marcus, mais l'amour, c'est compliqué. L'amour, c'est très compliqué. C'est à la fois la plus extraordinaire et la pire chose qui puisse arriver. Vous le découvrirez un jour. L'amour, ça peut faire très mal. Vous ne devez pas pour autant avoir peur de tomber, et surtout pas de tomber amoureux, car l'amour, c'est aussi très beau, mais comme tout ce qui est beau, ça vous éblouit et ça vous fait mal aux yeux. C'est pour ça que, souvent, on pleure après.

À partir de ce jour, je me mis à rendre régulièrement visite à Harry à Aurora. Parfois, je venais de Burrows juste pour la journée, parfois j'y passais la nuit. Harry m'apprenait à devenir écrivain, et moi je faisais en sorte qu'il se sente moins seul. Et c'est ainsi que, pendant les années qui suivirent et qui menèrent jusqu'au terme de mon cursus universitaire, je croisais à Burrows Harry Quebert, l'écrivain-vedette, et je côtoyais à Aurora Harry-tout-court, l'homme seul.

À l'été 2002, après quatre années passées à Burrows, j'obtins mon diplôme de littérature. Le jour de la remise des diplômes, après la cérémonie dans le grand amphithéâtre où je prononçai mon discours de major de promotion, où ma famille et des amis venus de Montclair vinrent constater avec émotion que j'étais toujours *le Formidable*, je fis quelques pas avec Harry à travers le campus. Nous flânâmes sous les grands platanes, et le hasard de notre promenade nous mena jusqu'à la salle de boxe. Le soleil était radieux, c'était une journée magnifique. Nous fîmes un dernier pèlerinage à travers les sacs et les rings.

— C'est là que tout a commencé, dit Harry. Qu'allez-vous faire désormais ?

— Rentrer dans le New Jersey. Écrire un livre. Devenir un écrivain. Tel que vous me l'avez appris. Écrire un grand roman.

Il sourit :

— Un grand roman ? Patience, Marcus, vous avez toute la vie pour cela. Vous reviendrez de temps en temps par ici, hein ?

— Bien sûr.

— Il y a toujours de la place pour vous à Aurora.

— Je sais, Harry. Merci.

Il me regarda et m'attrapa par les épaules.

— Les années ont passé depuis notre rencontre. Vous avez bien changé, vous êtes devenu un homme. J'ai hâte de lire votre premier roman.

Nous nous fixâmes longuement et il ajouta :

— Au fond, pourquoi voulez-vous écrire, Marcus ?

— Je n'en sais rien.

— Ce n'est pas une réponse. Pourquoi écrivez-vous ?

— Parce que j'ai ça dans le sang... Et que lorsque je me lève le matin, c'est la première chose qui me vient à l'esprit. C'est tout ce que je peux dire. Et vous, pourquoi êtes-vous devenu écrivain, Harry ?

— Parce qu'écrire a donné du sens à ma vie. Au cas où vous ne l'auriez pas encore remarqué, la vie, d'une manière générale, n'a pas de sens. Sauf si vous vous efforcez de lui en donner un et que vous vous battez chaque jour que Dieu fait pour atteindre ce but. Vous avez du talent, Marcus : donnez du sens à votre vie, faites souffler le vent de la victoire sur votre nom. Être écrivain, c'est être vivant.

— Et si je n'y arrive pas ?

— Vous y arriverez. Ce sera difficile, mais vous y arriverez. Le jour où écrire donnera un sens à votre vie, vous serez un véritable écrivain. D'ici là, surtout, n'ayez pas peur de tomber.

C'est le roman que j'écrivis durant les deux années qui suivirent qui me propulsa au sommet. Plusieurs maisons d'édition proposèrent de m'en acheter le manuscrit, et, finalement, dans le courant de l'année 2005, je signai un contrat pour une jolie somme d'argent avec la prestigieuse maison d'édition new-yorkaise Schmid & Hanson, dont le puissant directeur Roy Barnaski, en homme d'affaires avisé, me fit signer un contrat global pour cinq ouvrages. Dès sa parution, à l'automne 2006, le livre connut un immense succès. *Le Formidable* du lycée de Felton devint un romancier célèbre et ma vie s'en trouva bouleversée : j'étais à peine sorti de l'université et j'étais désormais riche, connu et talentueux. J'étais loin de me douter que la leçon de Harry ne faisait que débuter.

27.

Là où l'on avait planté des hortensias

"Harry, j'ai comme un doute sur ce que je suis en train d'écrire. Je ne sais pas si c'est bon. Si ça vaut la peine…
– Enfilez votre short, Marcus. Et allez courir.
– Maintenant ? Mais il pleut des cordes.
– Épargnez-moi vos jérémiades, petite mauviette. La pluie n'a jamais tué personne. Si vous n'avez pas le courage d'aller courir sous la pluie, vous n'aurez pas le courage d'écrire un livre.
– C'est encore un de vos fameux conseils ?
– Oui. Et celui-ci est un conseil qui s'applique à tous les personnages qui vivent en vous : l'homme, le boxeur et l'écrivain. Si un jour vous avez des doutes sur ce que vous êtes en train d'entreprendre, allez-y, courez. Courez jusqu'à en perdre la tête : vous sentirez naître en vous cette rage de vaincre. Vous savez, Marcus, moi aussi, je détestais la pluie avant…

– Qu'est-ce qui vous a fait changer d'avis ?
– Quelqu'un.
– Qui ?
– En route. Partez maintenant. Ne revenez que lorsque vous serez épuisé.
– Comment voulez-vous que j'apprenne si vous ne me racontez jamais rien ?
– Vous posez trop de questions, Marcus. Bonne course."

C'était un homme massif à l'air peu commode ; un Afro-Américain avec des mains comme des battoirs, dont le blazer trop étroit trahissait un physique puissant et trapu. La première fois que je le vis, il pointa sur moi un revolver. Ce fut d'ailleurs la première personne à m'avoir jamais menacé avec une arme. Il entra dans ma vie le mercredi 18 juin 2008, jour où débuta véritablement mon enquête sur les assassinats de Nola Kellergan et Deborah Cooper. Ce matin-là, après presque quarante-huit heures à Goose Cove, je décidai qu'il était temps pour moi d'affronter le trou béant qui avait été creusé à vingt mètres de la maison et que je m'étais contenté d'observer de loin jusqu'ici. Après m'être faufilé sous les banderoles de police, j'inspectai longuement ce terrain que je connaissais bien. Goose Cove était entouré par la plage et la forêt côtière et il n'y avait ni barrière, ni interdiction de passage pour délimiter la propriété. N'importe qui pouvait aller et venir et il n'était d'ailleurs pas rare d'apercevoir des promeneurs longeant la plage ou traversant les bois proches. Le trou se situait sur une parcelle herbeuse dominant l'océan, entre la terrasse et la forêt. En arrivant devant, des milliers de questions se mirent à bouillonner dans ma tête, et notamment celle de savoir combien d'heures j'avais passé sur cette terrasse, dans le bureau de Harry, alors que le cadavre de cette fille dormait sous terre. Je pris des photos et même quelques vidéos avec mon téléphone portable, essayant d'imaginer le corps décomposé, tel que la police avait dû le trouver. Obnubilé par la scène de crime, je ne sentis pas la présence menaçante derrière moi. C'est en me retournant pour filmer la distance avec la terrasse que je vis qu'il y avait un homme, à quelques mètres de moi, qui me visait avec un revolver. Je hurlai :

— Ne tirez pas ! Ne tirez pas, bon sang ! Je suis Marcus Goldman ! Écrivain !

Il abaissa aussitôt son arme.

— C'est vous Marcus Goldman ?

Il rangea son pistolet dans un étui accroché à sa ceinture, et je remarquai qu'il portait un badge.

— Vous êtes flic ? demandai-je.

— Sergent Perry Gahalowood. Brigade criminelle de la police d'État. Qu'est-ce que vous fabriquez ici ? C'est une scène de crime.

— Vous faites ça souvent, braquer les gens avec votre pétoire ? Et si j'étais de la police fédérale ? Vous auriez eu l'air malin, ha ! Je vous aurais fait virer sur-le-champ.

Il éclata de rire.

— Vous ? Un flic ? Ça fait dix minutes que je vous observe, à marcher sur la pointe des pieds pour ne pas salir vos mocassins. Et les fédéraux ne poussent pas de cris lorsqu'ils voient une arme. Ils sortent la leur et tirent sur tout ce qui bouge.

— J'ai cru que vous étiez un bandit.

— Parce que je suis noir ?

— Non, parce que vous avez une tête de bandit. C'est une cravate indienne que vous portez ?

— Oui.

— Complètement démodé.

— Allez-vous me dire ce que vous foutez ici ?

— J'habite ici.

— Comment ça, *vous habitez ici* ?

— Je suis un ami de Harry Quebert. Il m'a demandé de m'occuper de la maison pendant son absence.

— Vous êtes complètement fou ! Harry Quebert est accusé d'un double meurtre, sa maison a été perquisitionnée et est interdite d'accès ! Je vous embarque, mon vieux.

— Vous n'avez pas mis de scellés sur la maison.

Il resta perplexe un instant, puis il répondit :

— J'ai pas pensé qu'un écrivain du dimanche viendrait squatter.

— Il fallait penser. Même si c'est un exercice difficile pour un policier.

— Je vous embarque quand même.

— Vide juridique ! m'écriai-je. Pas de scellés, pas d'interdiction ! Je reste ici. Sinon, je vous traîne devant la Cour suprême et je vous poursuis pour m'avoir menacé avec votre pétoire. Je vais demander des millions de dommages et intérêts. J'ai tout filmé.

— C'est un coup de Roth, hein ? soupira Gahalowood.

— Oui.

— Pffff. Quel diable. Il enverrait sa propre mère sur la chaise électrique si ça pouvait disculper un de ses clients.

— Vide juridique, sergent. Vide juridique. J'espère que vous ne m'en voulez pas.

— Si. Mais de toute façon la maison ne nous

intéresse plus. Par contre, je vous interdis de remettre les pieds au-delà des banderoles de police. Vous ne savez pas lire? Il est écrit SCÈNE DE CRIME – NE PAS FRANCHIR.

Ayant retrouvé de ma superbe, j'époussetai ma chemise et fis quelques pas en direction du trou.

— Figurez-vous, sergent, que j'enquête moi aussi, expliquai-je très sérieusement. Dites-moi plutôt ce que vous savez sur l'affaire.

Il pouffa encore.

— Non mais je rêve: vous enquêtez? En voilà une nouvelle. Vous me devez quinze dollars, d'ailleurs.

— Quinze dollars? Et pourquoi ça?

— C'est ce que m'a coûté votre bouquin. Je l'ai lu l'année passée. Très mauvais bouquin. Sans doute le plus mauvais que j'aie lu de toute ma vie. J'aimerais être remboursé.

Je le regardai droit dans les yeux et lui dis:

— Allez vous faire voir, sergent.

Et comme j'avançais encore sans regarder où j'allais, je tombai dans le trou. Et je me mis à hurler de nouveau parce que j'étais là où Nola était morte.

— Mais vous êtes pas possible! cria Gahalowood depuis le haut du talus de terre.

Il me tendit la main et m'aida à remonter. Nous allâmes nous asseoir sur la terrasse et je lui donnai son argent. Je n'avais qu'un billet de cinquante.

— Vous avez la monnaie? demandai-je.

— Non.

— Gardez tout.

— Merci, l'écrivain.

— Je ne suis plus écrivain.

J'allais vite comprendre que le sergent Gahalowood était un homme bourru doublé d'une tête de mule.

Néanmoins, après quelques supplications, il me raconta que le jour de la découverte, il était de permanence et qu'il avait été l'un des premiers autour du trou.

— Il y avait des restes humains, et un sac en cuir. Un sac frappé à l'intérieur du nom de *Nola Kellergan*. Je l'ai ouvert, il y avait un manuscrit, en relativement bon état. J'imagine que le cuir a conservé le papier.

— Comment avez-vous su que ce manuscrit était celui de Harry Quebert ?

— Sur le moment, je l'ignorais. Je le lui ai montré en salle d'interrogatoire et il l'a aussitôt reconnu. J'ai contrôlé le texte ensuite, évidemment. Il correspond mot pour mot à son bouquin, *Les Origines du mal*, publié en 1976, moins d'une année après le drame. Drôle de coïncidence, non ?

— Le fait qu'il ait écrit un livre sur Nola ne prouve pas qu'il l'ait tuée. Il dit que ce manuscrit avait disparu, et qu'il arrivait que Nola s'en empare.

— On a retrouvé le cadavre de la gamine dans son jardin. Avec le manuscrit de son bouquin. Apportez-moi la preuve de son innocence, l'écrivain, et peut-être que je changerai d'avis.

— J'aimerais voir ce manuscrit.

— Impossible. Pièce à conviction.

— Mais je vous ai dit que j'enquêtais aussi, insistai-je.

— Votre enquête ne m'intéresse pas, l'écrivain. Vous aurez accès au dossier aussitôt que Quebert sera passé devant le Grand Jury.

Je voulus montrer que je n'étais pas un amateur et que moi aussi, j'avais une certaine connaissance de l'affaire.

— J'ai parlé avec Travis Dawn, l'actuel chef de la police d'Aurora. Apparemment, au moment de la disparition de Nola, ils avaient une piste : le conducteur d'une Chevrolet Monte Carlo noire.

— Je suis au courant, répliqua Gahalowood. Et devinez quoi, Sherlock Holmes : Harry Quebert avait une Chevrolet Monte Carlo noire.

— Comment savez-vous pour la Chevrolet ?

— J'ai lu le rapport de l'époque.

Je réfléchis une seconde et je dis :

— Une minute, sergent. Si vous êtes si malin, expliquez-moi pourquoi Harry aurait fait planter des fleurs là où il aurait enterré Nola ?

— Il s'imaginait que les jardiniers creuseraient moins profondément.

— Ça n'a aucun sens et vous le savez. Harry n'a pas tué Nola Kellergan.

— Comment pouvez-vous en être aussi certain ?

— Il l'aimait.

— Ils disent tous ça pendant leur procès : « Je l'aimais trop, alors je l'ai tuée. » Quand on aime, on ne tue pas.

Sur ces paroles, Gahalowood se leva de sa chaise pour me signifier qu'il en avait terminé avec moi.

— Vous partez déjà, sergent ? Mais notre enquête commence à peine.

— *Notre* ? La mienne, vous voulez dire.

— On se revoit quand ?

— Jamais, l'écrivain. Jamais.

Il partit sans autre forme de salutation.

Si ce Gahalowood ne me prenait pas au sérieux, il en était en revanche tout autrement de Travis Dawn, que j'allai trouver peu après au poste de police d'Aurora, pour lui apporter le message anonyme découvert la veille au soir.

— Je viens te voir parce que j'ai trouvé ça à Goose Cove, lui dis-je en posant le morceau de papier sur son bureau.

Il le lut.

— *Rentre chez toi, Goldman* ? Ça date de quand ?

— Hier soir. Je suis parti me promener sur la plage. En revenant, ce message était coincé dans l'embrasure de la porte d'entrée.

— Et j'imagine que tu n'as rien vu...

— Rien.

— C'est la première fois ?

— Oui. En même temps, ça ne fait que deux jours que je suis là...

— Je vais enregistrer une plainte pour ouvrir un dossier. Il va falloir être prudent, Marcus.

— Je croirais entendre ma mère.

— Non, c'est sérieux. Ne sous-estime pas l'impact émotionnel de cette histoire. Je peux garder cette lettre ?

— Elle est à toi.

— Merci. Et qu'est-ce que je peux faire d'autre pour toi ? Je suppose que tu n'es pas venu ici uniquement pour me parler de ce bout de papier.

— J'aimerais que tu m'accompagnes à Side Creek, si tu as le temps. Je voudrais voir l'endroit où tout s'est passé.

Non seulement Travis accepta de m'emmener à Side Creek, mais il me fit également faire un voyage dans le temps de trente-trois ans en arrière. À bord de sa voiture de patrouille, nous parcourûmes l'itinéraire qu'il avait lui-même emprunté lorsqu'il avait répondu au premier appel de Deborah Cooper. Depuis Aurora, en suivant la route 1 en direction du Maine qui longe la côte, nous passâmes devant Goose Cove, puis, quelques miles plus loin, nous arrivâmes à l'orée de la forêt de Side Creek et à l'intersection avec Side Creek Lane, le chemin au bout duquel habitait Deborah Cooper. Travis y bifurqua et nous arrivâmes bientôt devant la maison, une jolie bâtisse de planches, faisant face à l'océan et cernée par les bois. C'était un endroit magnifique mais complètement perdu.

— Ça n'a pas changé, me dit Travis pendant que nous faisions le tour de la maison. La peinture a été refaite, c'est un peu plus clair qu'avant. Le reste est exactement comme c'était à l'époque.

— Qui habite ici à présent ?

— Un couple de Boston, qui vient passer les mois d'été. Ils ne viennent qu'en juillet et partent à la fin août. Le reste du temps, il n'y a personne.

Il me montra la porte arrière, qui donnait sur la cuisine et reprit :

— La dernière fois que j'ai vu Deborah Cooper en vie, elle était devant cette porte. Le Chef Pratt venait d'arriver : il lui a dit de rester bien sagement chez elle et de ne pas s'en faire, et nous sommes partis fouiller les bois. Qui aurait pu imaginer que vingt minutes plus tard, elle serait tuée d'une balle dans la poitrine ?

Tout en parlant, Travis prit la direction de la forêt. Je compris qu'il retournait sur le sentier qu'il avait emprunté avec le Chef Pratt, trente-trois ans plus tôt.

— Qu'est devenu le Chef Pratt ? demandai-je en le suivant.

— Il est à la retraite. Il habite toujours à Aurora, sur Mountain Drive. Tu l'as certainement déjà croisé. Un type plutôt costaud qui porte des pantalons de golf en toutes circonstances.

Nous nous enfonçâmes parmi les rangées d'arbres. À travers la végétation dense, on pouvait voir la plage, légèrement en contrebas. Après un bon quart d'heure de marche, Travis s'arrêta net devant trois pins bien droits.

— C'était là, me dit-il.
— *Là* quoi ?
— Là que nous avons trouvé tout ce sang, des touffes de cheveux blonds, un morceau de tissu rouge. C'était atroce. Je reconnaîtrai toujours cet endroit : il y a plus de mousse sur les pierres, les arbres ont grandi, mais pour moi, rien n'a changé.
— Qu'avez-vous fait ensuite ?
— Nous avons compris qu'il se passait quelque chose de grave, mais nous n'avons pas eu le temps de nous attarder plus ici car le fameux coup de feu a retenti. C'est fou, nous n'avons rien vu venir... Je veux dire, on a forcément croisé la gamine ou son meurtrier, à un moment donné... Je sais pas comment on a pu passer à côté de ça... Je pense qu'ils étaient cachés dans les bosquets et qu'il l'empêchait de crier. La forêt est immense, ce n'est pas difficile d'y passer inaperçu. J'imagine qu'elle a fini par profiter d'un moment d'inattention de son agresseur pour se défaire de son étreinte et qu'elle a couru jusqu'à la maison pour chercher du secours. Il est venu la chercher dans la maison et s'est débarrassé de la mère Cooper.
— Donc, quand vous entendez le coup, vous revenez immédiatement à la maison...
— Oui.

Nous refîmes le chemin en sens inverse et retournâmes à la maison.

— Tout s'est passé à la cuisine, me dit Travis. Nola arrive de la forêt en appelant à l'aide ; la mère Cooper la recueille puis va au salon pour rappeler la police et prévenir que la gamine est là. Je sais que le téléphone est dans le salon parce que je l'avais moi-même utilisé une demi-heure plus tôt pour appeler le Chef Pratt. Pendant qu'elle téléphone, l'agresseur pénètre dans la cuisine pour récupérer Nola, mais à ce moment-là Cooper réapparaît et il l'abat. Puis il emmène Nola et la traîne jusqu'à sa voiture.

— Où était cette voiture ?

— Sur le bord de la route 1, là où elle longe cette maudite forêt. Viens, je vais te montrer.

De la maison, Travis m'emmena à nouveau dans la forêt mais dans une tout autre direction cette fois, me guidant d'un pas sûr à travers les arbres. Nous débouchâmes rapidement sur la route 1.

— La Chevrolet noire était là. À l'époque, les abords directs de la route étaient moins dégagés et elle était dissimulée par les buissons.

— Comment sait-on que c'est le chemin qu'il a pris ?

— Il y avait des traces de sang de la maison jusqu'ici.

— Et la voiture ?

— Évaporée. Comme je te le disais, un adjoint du shérif qui arrivait en renfort par cette route est tombé dessus par hasard. Une poursuite s'est engagée, on a dressé des barrages dans toute la région, mais il nous a semés.

— Comment le meurtrier a-t-il fait pour passer entre les mailles du filet ?

— Ça, je voudrais bien le savoir, et je dois dire qu'il y a beaucoup de questions que je me pose depuis trente-trois ans à propos de cette affaire. Tu sais, il n'y a pas un jour qui passe sans qu'en montant dans ma voiture de police, je me demande ce qui se serait passé si on avait rattrapé cette saloperie de Chevrolet. Peut-être qu'on aurait pu sauver la petite...

— Alors tu penses qu'elle était à bord ?

— Maintenant qu'on a retrouvé son corps à deux miles d'ici, je dirais que c'est certain.

— Et tu penses aussi que c'était Harry qui conduisait cette Chevrolet noire, hein ?

Il haussa les épaules.

— Disons simplement qu'au vu des récents événements, je ne vois pas qui ça pourrait être d'autre.

L'ancien chef de la police Gareth Pratt, que j'allai trouver le même jour, semblait être du même avis que son adjoint de l'époque quant à la culpabilité de Harry. Il me reçut sous son porche, en pantalons de golf. Sa femme, Amy, après nous avoir servi à boire, fit semblant de s'occuper des bacs de plantes ornant sa marquise pour écouter notre conversation, ce dont elle ne se cachait pas puisqu'elle commentait ce que disait son mari.

— Je vous ai déjà vu, non ? me demanda Pratt.

— Oui, je viens souvent à Aurora.

— C'est ce gentil jeune homme qui a écrit ce livre, lui indiqua sa femme.

— Vous êtes pas ce type qui a écrit un livre ? répéta-t-il.

— Si, répondis-je. Entre autres.

— Gareth, je viens de te le dire, coupa Amy.

— Ma chérie, ne nous interromps pas, s'il te plaît : c'est moi qui reçois du monde, merci beaucoup. Alors, Monsieur Goldman, qu'est-ce qui me vaut le plaisir de votre visite ?

— À vrai dire, j'essaie de répondre à quelques questions que je me pose à propos de l'assassinat de Nola Kellergan. J'ai parlé avec Travis Dawn qui m'a indiqué que vous aviez déjà des soupçons sur Harry à l'époque.

— C'est vrai.

— Sur quelle base ?

— Quelques éléments nous avaient mis la puce à l'oreille. Notamment la tournure de la poursuite : elle impliquait que le meurtrier soit un type du coin. Il fallait connaître parfaitement la région pour parvenir à disparaître comme ça alors que toutes les polices du comté étaient sur les dents. Et puis il y avait cette Monte Carlo noire. Vous vous en doutez, on a fait la liste de tous les propriétaires de ce modèle habitant dans la région : le seul parmi eux à ne pas avoir d'alibi était Quebert.

— Pourtant, vous n'avez finalement pas suivi la piste Harry Quebert...

— Non, parce que hormis cette histoire de voiture, nous n'avions aucun véritable élément à charge contre lui. On l'a d'ailleurs très rapidement écarté de notre liste de suspects. La découverte du corps de cette pauvre petite dans son jardin prouve que nous avons eu tort. C'est fou, j'ai toujours eu tellement de sympathie pour ce type... Au fond, peut-être que ça a faussé mon jugement. Il a toujours été tellement charmant, amical, convaincant... Je veux dire, vous-même, Monsieur Goldman, qui, si j'ai bien compris, le connaissez bien : maintenant que vous savez pour la gamine dans le jardin, vous ne repensez pas à quelque chose qu'il aurait fait ou dit un jour et qui aurait pu éveiller en vous le moindre soupçon ?

— Non, Chef. Rien dont je me souvienne.

De retour à Goose Cove, je vis, au-delà des banderoles de police, les plants d'hortensias qui se mouraient au bord du trou, toutes racines dehors. Je me rendis alors dans la petite annexe qui servait de garage et j'y dénichai une bêche. Puis, pénétrant dans la zone interdite, je creusai dans un carré de terre molle, face à l'océan, et j'y plantai les fleurs.

*

30 août 2002

— Harry ?

Il était six heures du matin. Il était sur la terrasse de Goose Cove, une tasse de café à la main. Il se retourna.

— Marcus ? Vous en sueur... Ne me dites pas que vous êtes déjà allé courir ?

— Si. J'ai fait mes huit miles.

— À quelle heure vous êtes-vous levé ?

— Tôt. Vous vous souvenez, il y a deux ans, quand j'ai commencé à venir ici et que vous me forciez à me lever à l'aube ? J'ai pris le pli désormais. Je me lève tôt, pour que le monde m'appartienne. Et vous, que faites-vous dehors ?

— J'observe, Marcus.

— Qu'observez-vous ?

— Vous voyez ce petit coin d'herbe coincé entre les pins et qui domine la plage ? Il y a longtemps que je veux en faire quelque chose. C'est la seule parcelle de la propriété qui soit plane et utilisable pour aménager un petit jardin. Je voudrais me créer un joli petit endroit, avec deux bancs, une table en fer et tout autour des hortensias. Beaucoup d'hortensias.

— Pourquoi les hortensias ?

— J'ai connu quelqu'un qui aimait ça. Je voudrais avoir des massifs d'hortensias pour me souvenir d'elle toujours.

— C'est quelqu'un que vous avez aimé ?
— Oui.
— Vous avez l'air triste, Harry.
— N'y prêtez pas attention.
— Harry, pourquoi ne me parlez-vous jamais de votre vie amoureuse ?
— Parce qu'il n'y a rien à en dire. Regardez plutôt, regardez bien. Ou plutôt fermez les yeux ! Oui, fermez-les bien pour qu'aucune lumière ne traverse vos paupières. Vous voyez ? Il y a ce chemin pavé qui part de la terrasse et conduit jusqu'aux hortensias. Et il y a ces deux petits bancs, desquels on peut voir à la fois l'océan et les fleurs magnifiques. Que peut-il y avoir de mieux que de voir l'océan et les hortensias ? Il y a même un petit bassin, avec une fontaine en forme de statue au milieu. Et s'il est assez grand, je mettrai des carpes japonaises multicolores dedans.
— Des poissons ? Ils ne tiendront pas une heure, les mouettes les boufferont.

Il sourit.

— Les mouettes ont le droit de faire ce qu'elles veulent ici, Marcus. Mais vous avez raison : je ne mettrai pas de carpes dans le bassin. Allez prendre une bonne douche chaude, voulez-vous. Avant que vous n'attrapiez la mort ou je ne sais pas quelle autre saloperie qui fera penser à vos parents que je m'occupe mal de vous. Moi, je vais préparer le petit-déjeuner. Marcus...
— Oui, Harry ?
— Si j'avais eu un fils...
— Je sais, Harry. Je sais.

*

Le matin du jeudi 19 juin 2008, je me rendis au Sea Side Motel. Sa localisation était très simple : depuis Side Creek Lane, on continuait tout droit sur la route 1 pendant quatre miles, en direction du nord, et on ne pouvait pas alors rater cet immense panneau en bois qui indiquait :

SEA SIDE MOTEL & RESTAURANT
depuis 1960

Le lieu où Harry avait attendu Nola existait depuis toujours ; j'étais certainement passé devant des centaines de fois mais je n'y avais jamais prêté la moindre attention – et d'ailleurs quelles raisons aurais-je eues de le faire jusqu'à ce jour ? C'était un bâtiment en bois, surmonté d'un toit rouge et entouré par une roseraie ; la forêt se dressait juste derrière. Toutes les chambres du rez-de-chaussée donnaient directement sur le parking ; on accédait à celles de l'étage par un escalier extérieur.

D'après l'employé de la réception que j'interrogeai, l'établissement n'avait guère changé depuis sa construction, si ce n'est que les chambres avaient été modernisées et qu'un restaurant avait été accolé au corps du bâtiment. Pour preuve de ce qu'il avançait, il me ressortit le livre souvenir des quarante ans du motel, confirmant ses dires en me montrant des photos d'époque.

— Pourquoi vous intéressez-vous tant à cet endroit ? finit-il par me demander.

— Parce que je suis à la recherche d'un renseignement très important, lui dis-je.

— Je vous écoute.

— Je voudrais savoir si quelqu'un a dormi ici, dans

la chambre 8, la nuit du samedi 30 août au dimanche 31 août 1975.

Il éclata de rire.

— 1975 ? Vous êtes sérieux ? Depuis qu'on garde les registres sur informatique, on peut remonter à deux ans, maximum. Je peux vous dire qui dormait là le 30 août 2006, si vous voulez. Enfin, techniquement, parce que ce sont des informations que je n'ai pas le droit de vous révéler, évidemment.

— Donc il n'y a aucun moyen de savoir ?

— Hormis le registre, les seuls éléments que nous conservons sont les adresses e-mails de notre newsletter. Seriez-vous intéressé à recevoir notre newsletter ?

— Non merci. Mais j'aimerais visiter la chambre 8 si c'est possible.

— Vous ne pouvez pas visiter. Mais elle est libre. Voulez-vous la louer pour la nuit ? C'est cent dollars.

— Votre panneau indique que toutes les chambres sont à soixante-quinze dollars. Vous savez quoi, je vais vous filer vingt dollars, vous allez me montrer cette chambre et tout le monde sera content.

— Vous êtes dur en affaires. Mais j'accepte.

La chambre 8 se situait au premier étage. C'était une chambre tout ce qu'il y a de plus commun, avec un lit, un minibar, une télévision, un petit bureau et une salle de bains.

— Pourquoi cette chambre vous intéresse-t-elle tant ? demanda l'employé.

— C'est compliqué. Un ami me dit qu'il y a passé une nuit, en 1975. Si c'est vrai, ça veut dire qu'il est innocent de ce dont on l'accuse.

— Et de quoi l'accuse-t-on ?

Je ne répondis pas à la question et interrogeai encore :

— Pourquoi appeler cet endroit le Sea Side Motel ? Il n'y a même pas de vue sur la mer.

— Non, mais un sentier va jusqu'à la plage, à travers la forêt. C'est écrit dans le prospectus. Mais les clients s'en moquent pas mal : ceux qui s'arrêtent ici ne vont pas à la plage.

— Vous voulez dire que, par exemple, on pourrait longer le bord de mer depuis Aurora, traverser la forêt et arriver ici.

— Techniquement, oui.

Je passai le reste de ma journée à la bibliothèque municipale, à consulter les archives et essayer de reconstituer le fil du passé. À cet exercice, Ernie Pinkas me fut d'un grand secours : il ne compta pas son temps pour m'aider dans mes recherches.

D'après les journaux d'époque, personne n'avait rien vu d'étrange le jour de la disparition : ni Nola qui s'enfuyait, ni un rôdeur à proximité de la maison. Aux yeux de tous, cette disparition restait un grand mystère, que le meurtre de Deborah Cooper épaississait encore un peu plus. Néanmoins, certains témoins – des voisins pour l'essentiel – avaient fait état de bruits et de cris dans la maison des Kellergan ce jour-là, tandis que d'autres avaient rapporté qu'en fait de bruits il s'agissait de la musique que le révérend écoutait particulièrement fort, comme il le faisait souvent. Les investigations de l'*Aurora Star* indiquaient que le père Kellergan bricolait dans son garage et qu'il écoutait toujours de la musique en travaillant. Il élevait suffisamment le volume pour couvrir le bruit de ses outils, estimant que de la bonne musique, même jouée trop forte, était toujours préférable au son des marteaux. Mais si sa fille avait appelé au secours, il aurait pu ne rien entendre. D'après Pinkas, le père Kellergan s'en voulait toujours d'avoir mis cette musique aussi fort : il n'avait jamais quitté la maison familiale de Terrace Avenue, dans laquelle il vivait reclus, se repassant en boucle ce même disque, à en devenir sourd, comme pour se punir. Des deux parents Kellergan, il ne restait aujourd'hui plus que lui. La mère, Louisa, était morte il y a longtemps. Apparemment, le soir où l'on avait appris que c'était bien le corps de la petite Nola qui avait été déterré, des journalistes étaient venus assaillir le vieux David Kellergan chez lui. « C'était une scène d'une telle tristesse, me dit Pinkas. Il a dit quelque chose de ce genre : *Alors elle est morte... J'avais économisé depuis tout ce temps pour qu'elle puisse aller à l'université.* Et figure-toi que le lendemain, cinq fausses Nola se sont présentées à sa porte. Pour le pognon. Le pauvre en était complètement déboussolé. On vit vraiment à une époque dingue : l'humanité a le cœur plein de merde, Marcus. Voilà mon avis. »

— Et le père, il faisait souvent ça, mettre la musique à fond ? demandai-je.

— Oui, tout le temps. Tu sais, à propos de Harry... J'ai croisé la mère Quinn hier, en ville...

— La mère Quinn ?

— Oui, c'est l'ancienne propriétaire du Clark's. Elle raconte à qui veut l'entendre qu'elle savait depuis toujours que Harry avait des vues sur Nola... Elle dit qu'elle avait une preuve irréfutable à l'époque.

— Quel genre de preuve ? demandai-je.

— J'en sais rien. T'as des nouvelles de Harry ?

— Je vais aller le voir demain.

— Salue-le de ma part.

— Rends-lui visite, si tu veux... Ça lui fera plaisir.

— Je suis pas trop sûr de le vouloir.

Je savais que Pinkas, soixante-quinze ans, retraité d'une usine de textile de Concord, qui n'avait pas fait d'études et regrettait de n'avoir jamais pu assouvir sa passion pour les livres en dehors de sa fonction de bibliothécaire bénévole, vouait une gratitude éternelle à Harry depuis que celui-ci lui avait permis de suivre librement des cours de littérature à l'université de Burrows. Je l'avais donc toujours considéré comme l'un de ses plus fidèles soutiens, mais voilà que même lui préférait désormais prendre ses distances avec Harry.

— Tu sais, me dit-il, Nola était une fille tellement spéciale, douce, gentille avec tout le monde. Tout le monde l'aimait ici ! C'était comme notre fille à nous tous. Alors comment Harry a-t-il pu... Je veux dire, même s'il ne l'a pas tuée, il lui a écrit ce livre ! Enfin, merde ! Elle avait quinze ans ! C'était une gosse ! L'aimer au point de lui faire un livre ? Un livre d'amour ! Moi j'ai été marié avec ma femme pendant cinquante ans et j'ai jamais eu besoin de lui écrire un livre.

— Mais ce livre est un chef-d'œuvre.

— Ce livre, c'est le Diable. C'est un livre de perversion. D'ailleurs j'ai jeté les exemplaires qu'on avait ici. Les gens sont trop bouleversés.

Je soupirai mais ne répondis rien. Je ne voulais pas me disputer avec lui. Je demandai simplement :

— Ernie, est-ce que je peux faire envoyer un paquet ici, à la bibliothèque ?

— Un paquet ? Bien sûr. Pourquoi ?

— J'ai demandé à ma femme de ménage de récupérer un objet important chez moi et de me l'envoyer par FedEx. Mais j'aime mieux qu'il soit livré ici : je ne suis pas souvent à Goose Cove et la boîte aux lettres déborde de courriers infects que je ne relève même plus... Au moins, ici, je suis sûr qu'il arrivera.

La boîte aux lettres de Goose Cove résumait bien l'état de la réputation de Harry : l'Amérique tout entière, après l'avoir admiré, le conspuait et le couvrait de lettres d'insultes. Le plus grand scandale de l'histoire de l'édition était en marche : *Les Origines du mal* avaient d'ores et déjà disparu des rayons des librairies et des programmes scolaires, le *Boston Globe* avait unilatéralement mis un terme à leur collaboration ; quant au conseil d'administration de l'université de Burrows, il avait décidé de le démettre de ses fonctions avec effet immédiat. Désormais les journaux ne se gênaient plus pour le décrire comme un prédateur sexuel ; il était l'objet de tous les débats et de toutes les conversations. Roy Barnaski, flairant là une opportunité commerciale à ne manquer sous aucun prétexte, voulait absolument sortir un livre sur cette affaire. Et comme Douglas n'arrivait pas à me convaincre, il finit par me téléphoner en personne pour me donner une petite leçon d'économie de marché :

— Le public veut ce livre, m'expliqua-t-il. Écoutez-moi ça, il y a même des fans en bas de notre building qui scandent votre nom.

Il brancha le haut-parleur et fit un signe à ses assistantes qui s'époumonèrent : *Gold-man ! Gold-man ! Gold-man !*

— Ce ne sont pas des fans, Roy, ce sont vos assistantes. Bonjour, Marisa.

— Bonjour, Monsieur Marcus, répondit Marisa.

Barnaski reprit le combiné.

— Enfin, réfléchissez un peu, Goldman : on sort le livre pour l'automne. Succès assuré ! Un mois et demi pour écrire ce bouquin, ça vous semble correct ?

— Un mois et demi ? Il m'a fallu deux ans pour écrire mon premier livre. D'ailleurs, je ne sais même pas ce que je pourrais y raconter, on ignore encore ce qui s'est passé.

— Vous savez, je peux vous fournir des écrivains fantômes[1] pour aller plus vite. Et puis, pas besoin de grande littérature : les gens veulent surtout savoir ce que Quebert a fait avec la petite. Contentez-vous de raconter les faits, avec du suspense, du sordide et un peu de sexe évidemment.

— Du sexe ?

— Allons, Goldman, je ne vais pas vous apprendre votre boulot : qui voudrait acheter ce livre s'il n'y a pas des scènes indécentes entre le vieillard et la fillette de sept ans ? C'est ça que les gens veulent. Même si le livre n'est pas bon, on en vendra des tonnes. C'est ce qui compte, non ?

— Harry avait trente-quatre ans et Nola quinze !

— Ne pinaillez pas... Si vous faites ce livre, j'annule votre précédent contrat et je vous offre en plus un demi-million de dollars d'avance pour vous remercier de votre coopération.

Je refusai net et Barnaski s'énerva :

— Eh bien, puisque vous voulez jouer les mauvais bougres, Goldman, je vais m'y mettre aussi : j'attends

---

[1] Le terme d'« écrivain fantôme », repris de l'anglais *ghost writer*, désigne ce que l'on appelle en littérature un « nègre », soit un écrivain qui écrit au nom d'un autre. En inventant le mot *ghost writer*, les Anglo-Saxons ont su rendre compte de la cruauté de cette fonction pour celui qui s'y emploie. (Note de l'auteur.)

un manuscrit dans exactement onze jours, sinon c'est le procès et la ruine !

Il me raccrocha au nez. Peu après, alors que je faisais quelques courses au magasin général de la rue principale, je reçus un appel de Douglas, certainement alerté par Barnaski lui-même, qui s'efforça de me convaincre encore :

— Marc, tu peux pas faire le difficile sur ce coup-là, me dit-il. Je te rappelle que Barnaski te tient par les couilles ! Ton précédent contrat est toujours valable et ton seul moyen de l'annuler est d'accepter sa proposition. Et puis, ce bouquin va faire exploser ta carrière. Une avance d'un demi-million, tu me diras qu'il y a pire dans la vie, non ?

— Barnaski veut me faire écrire une espèce de brûlot ! C'est hors de question. Je ne veux pas d'un livre comme ça, je ne veux pas un livre-poubelle écrit en quelques semaines. Pour les bons livres, il faut du temps.

— Mais ce sont les méthodes modernes pour faire du chiffre ! Les écrivains qui rêvassent et attendent que la neige tombe en quête d'inspiration, c'est fini ! Ton livre, sans qu'il n'en existe encore la moindre ligne, s'arrache déjà parce que tout le monde veut tout savoir. Et tout de suite. La fenêtre de marché est limitée : cet automne, il y a l'élection présidentielle et...

— Mais justement, l'interrompis-je, pourquoi diable un éditeur prendrait-il le risque de faire paraître, à ce moment-là, un livre qui n'a rien à voir avec les élections ?

— Parce que c'est Barnaski tout craché ! C'est un foutu connard mais il sait exactement ce qu'il fait. Tu vas voir, ça va être énorme. Crois-moi.

Je ne croyais plus à rien. Je payai mes achats et

retournai à ma voiture, garée dans la rue. C'est alors que je trouvai, glissé derrière l'un des essuie-glaces, un morceau de papier. De nouveau ce même message :

Rentre chez toi, Goldman.

Je regardai autour de moi : personne. Quelques personnes attablées à une terrasse proche, des clients qui sortaient du magasin général. Qui me suivait ? Qui n'avait pas envie de me voir enquêter sur la mort de Nola Kellergan ?

Le lendemain de ce nouvel incident, le vendredi 20 juin, je retournai voir Harry à la prison. Avant de quitter Aurora, je fis un arrêt à la bibliothèque où mon paquet venait d'être livré.
— Qu'est-ce que c'est ? demanda Pinkas, curieux, en espérant que je l'ouvrirais devant lui.
— Un outil dont j'ai besoin.
— Un outil de quoi ?
— Un outil de travail. Merci de l'avoir réceptionné, Ernie.
— Attends, tu veux pas boire un café ? Je viens d'en faire. Tu veux des ciseaux pour ouvrir le paquet ?
— Merci, Ernie. Volontiers une prochaine fois pour le café. Je dois y aller.

En arrivant à Concord, je décidai de faire un crochet par le quartier général de la police d'État pour aller trouver le sergent Gahalowood et lui soumettre les quelques hypothèses que j'avais pu échafauder depuis notre brève rencontre.

Le quartier général de la police d'État du New Hampshire, où la brigade criminelle avait ses bureaux, était un grand bâtiment en briques rouges situé au numéro 33 de Hazen Drive, au centre de Concord. Il était presque treize heures ; on m'informa que Gahalowood était parti déjeuner et on me pria d'attendre dans un couloir, sur un banc, à côté d'une table où il y avait du café payant et des magazines. Lorsqu'il arriva, une heure plus tard, il avait, imprimé sur son visage, son air mauvais.

— C'est vous ? explosa-t-il en me voyant. On m'appelle, on me dit : *Perry, grouille-toi, y a un type qui t'attend depuis une heure*, et moi j'interromps la fin de mon repas pour venir voir ce qui se passe parce que c'est peut-être important et je tombe sur l'écrivain !

— Ne m'en voulez pas... Je me disais que nous étions partis sur de mauvaises bases et que peut-être...

— Je vous déteste, l'écrivain, tenez-vous-le pour dit. Ma femme a lu votre bouquin : elle vous trouve beau et intelligent. Votre tête, à l'arrière de votre livre, a trôné sur sa table de nuit pendant des semaines. Vous avez habité dans notre chambre à coucher ! Vous avez dormi avec nous ! Vous avez dîné avec nous ! Vous êtes parti en vacances avec nous ! Vous avez pris des bains avec ma femme ! Vous avez fait glousser toutes ses amies ! Vous avez pourri ma vie !

— Vous êtes marié, sergent ? C'est fou, vous êtes si désagréable que j'aurais juré que vous n'aviez pas de famille.

Il enfonça furieusement sa tête dans son double menton :

— Au nom du Ciel, qu'est-ce que vous voulez ? aboya-t-il.

— Comprendre.

— C'est très ambitieux pour un type de votre espèce.

— Je sais.

— Laissez faire la police, voulez-vous ?

— J'ai besoin d'informations, sergent. J'aime tout savoir, c'est maladif. Je suis un grand anxieux, j'ai besoin de tout contrôler.

— Eh bien, contrôlez-vous, vous !

— Pourrait-on aller dans votre bureau ?

— Non.

— Dites-moi juste si Nola est bien morte à l'âge de quinze ans ?

— Oui. L'analyse des os l'a confirmé.

— Donc elle a été enlevée et tuée au même moment ?

— Oui.

— Mais ce sac... Pourquoi a-t-elle été enterrée avec son sac ?

— Je n'en sais rien.

— Et si elle avait un sac, cela pourrait-il nous amener à penser qu'elle a fugué ?

— Si vous préparez un sac pour vous enfuir, vous le remplissez de vêtements, non ?

— Exact.

— Or là, il n'y avait que ce bouquin.

— Un point pour vous, dis-je. Votre sagacité m'éblouit. Mais ce sac...

Il m'interrompit :

— Je n'aurais jamais dû vous parler de ce sac, l'autre jour. Je ne sais pas ce qui m'a pris...

— Je n'en sais rien non plus.

— La pitié, j'imagine. Oui, c'est ça : vous m'avez fait pitié, avec votre air perdu et vos chaussures couvertes de boue.

— Merci. Si je peux me permettre encore : que pouvez-vous me dire de l'autopsie ? D'ailleurs, dit-on *autopsie* pour un squelette ?

— Je n'en sais rien.
— Est-ce que *examens médico-légaux* serait un terme plus adéquat ?
— Je me contrefous du terme précis ! Ce que je peux vous dire, c'est qu'on lui a brisé le crâne ! Brisé ! Bam ! Bam !

Comme il accompagnait ses mots de gestes et mimait des coups de batte, je demandai :
— Alors c'était avec une batte ?
— Mais je n'en sais rien, bougre d'emmerdeur !
— Une femme ? Un homme ?
— Quoi ?
— Est-ce qu'une femme aurait pu porter ces coups ? Pourquoi forcément un homme ?
— Parce que le témoin visuel de l'époque, Deborah Cooper, a formellement identifié un homme. Bon, cette conversation est terminée, l'écrivain. Vous m'agacez beaucoup trop.
— Mais vous, qu'est-ce que vous pensez de cette affaire ?

Il sortit de son porte-monnaie une photo de famille.
— J'ai deux filles, l'écrivain. Quatorze et dix-sept ans. Je ne peux pas imaginer vivre ce que le père Kellergan a vécu. Je veux la vérité. Je veux la justice. La justice, ce n'est pas la somme de simples faits : c'est un travail bien plus complexe. Alors je vais poursuivre mon enquête. Si je découvre la preuve de l'innocence de Quebert, croyez-moi, il sera libéré. Mais s'il est coupable, soyez certain que je ne laisserai pas Roth faire au jury un de ses tours d'esbroufe dont il a le secret pour libérer les criminels. Parce que ça non plus, ce n'est pas de la justice.

Gahalowood, sous ses airs de bison agressif, avait une philosophie qui me plaisait.

— Au fond, vous êtes un chic type, sergent. Je vous paie des beignets et on continue de papoter ?

— Je ne veux pas de beignets, je veux que vous foutiez le camp. J'ai du travail.

— Mais il faut que vous m'expliquiez comment on enquête. Je ne sais pas enquêter. Comment dois-je faire ?

— Au revoir, l'écrivain. Je vous ai assez vu pour le reste de la semaine. Peut-être même le reste de ma vie.

J'étais déçu de ne pas être pris au sérieux et je n'insistai pas. Je lui tendis la main pour le saluer, il me broya les phalanges de sa grosse poigne et je m'en allai. Mais sur le parking extérieur, je l'entendis qui me hélait : « L'écrivain ! » Je me retournai et je le vis qui faisait trotter sa grosse masse dans ma direction.

— L'écrivain, me dit-il lorsqu'il m'eut rejoint, le souffle court, les bons flics ne s'intéressent pas au tueur… Mais à la victime. C'est à propos de la victime que vous devez vous interroger. Il faut commencer par le début, par avant le meurtre. Pas par la fin. Vous faites fausse route en vous concentrant sur le meurtre. Vous devez vous demander qui était la victime… Demandez-vous qui était Nola Kellergan…

— Et Deborah Cooper ?

— Si vous voulez mon avis, tout est lié à Nola. Deborah Cooper n'a été qu'une victime collatérale. Trouvez qui était Nola : vous trouverez son meurtrier et celui de la mère Cooper par la même occasion.

Qui était Nola Kellergan ? C'est la question que je comptais bien poser à Harry en me rendant à la prison d'État. Il avait mauvaise mine. Il semblait très préoccupé par le contenu de son casier de fitness.

— Vous avez tout trouvé ? me demanda-t-il avant même de me saluer.
— Oui.
— Et vous avez tout brûlé ?
— Oui.
— Le manuscrit aussi ?
— Le manuscrit aussi.
— Pourquoi ne m'avez-vous pas confirmé que c'était fait ? J'étais mort d'inquiétude ! Et où étiez-vous pendant ces deux jours ?
— Je menais mon enquête. Harry, pourquoi est-ce que cette boîte se trouvait dans un casier de fitness ?
— Je sais que ça va vous paraître bizarre... Après votre visite à Aurora, en mars, j'ai eu peur que quelqu'un d'autre trouve la boîte. Je me suis dit que n'importe qui pouvait tomber dessus : un visiteur sans gêne, la femme de ménage. J'ai jugé qu'il était plus prudent de cacher mes souvenirs ailleurs.
— Vous les avez cachés ? Mais ça fait de vous un coupable. Et ce manuscrit... C'était celui des *Origines du mal* ?
— Oui. La toute première version.
— J'ai reconnu le texte. Il n'y avait pas de titre sur la couverture...
— Le titre m'est venu après coup.
— Après la disparition de Nola, vous voulez dire ?
— Oui. Mais ne parlons pas de ce manuscrit, Marcus. Il est maudit, il n'a attiré que le mal autour de moi, la preuve : Nola est morte et je suis en prison.

Nous nous dévisageâmes un instant. Je déposai sur la table un sac en plastique dans lequel était le contenu de mon paquet.

— Qu'est-ce que c'est ? demanda Harry.

Sans répondre, j'en sortis un appareil à minidisque

auquel était branché un micro, permettant d'effectuer des enregistrements. Je l'installai devant Harry.

— Marcus, nom d'un chien, qu'est-ce que vous fabriquez ? Ne me dites pas que vous avez conservé cette satanée machine...

— Bien sûr, Harry. Je l'ai gardée précieusement.

— Rangez-moi ça, voulez-vous ?

— Ne faites pas votre mauvaise tête, Harry...

— Mais que diable voulez-vous faire de cet engin ?

— Je veux que vous me parliez de Nola, d'Aurora, de tout. De l'été 1975, de votre livre. J'ai besoin de savoir. La vérité, Harry, doit figurer quelque part.

Il sourit tristement. J'enclenchai l'enregistreur et je le laissai parler. C'était une jolie scène : dans ce parloir de prison, où, parmi les tables en plastique, des maris retrouvaient leur femme, des pères retrouvaient leurs enfants, je retrouvais mon vieux maître qui me racontait son histoire.

Ce soir-là, je dînai de bonne heure, sur la route du retour vers Aurora. Après quoi, comme je n'avais pas envie de retourner tout de suite à Goose Cove et me retrouver seul dans cette immense maison, je longeai longuement la côte en voiture. Le jour déclinait, l'océan scintillait : tout était magnifique. Je passai le Sea Side Motel, la forêt de Side Creek, Side Creek Lane, Goose Cove, je traversai Aurora et je me rendis jusqu'à la plage de Grand Beach. Je marchai jusqu'au bord de l'eau, puis je m'assis sur les galets pour contempler la nuit naissante. Les lumières d'Aurora dansaient au loin dans le miroir des vagues ; les oiseaux d'eau poussaient des cris stridents, des moqueurs polyglottes chantaient dans les buissons alentour, j'entendais les cornes de brume des phares.

Je mis en marche l'enregistreur, et la voix de Harry retentit dans l'obscurité :

> *Vous connaissez la plage de Grand Beach, Marcus ? C'est la première d'Aurora lorsqu'on arrive depuis le Massachusetts. Parfois je m'y rends à la tombée de la nuit et je regarde les lumières de la ville. Et je repense à tout ce qui s'y est passé depuis trente-trois ans. Cette plage est celle sur laquelle je m'arrêtai, le jour de mon arrivée à Aurora. C'était le 20 mai 1975. J'avais trente-quatre ans. J'arrivais de New York où je venais de décider de prendre mon destin en main : j'avais tout plaqué, j'avais quitté mon poste d'enseignant en littérature, j'avais rassemblé mes économies et j'avais décidé de tenter une aventure d'écrivain : m'isoler en Nouvelle-Angleterre et y écrire le roman dont je rêvais.*
>
> *J'avais d'abord pensé louer une maison dans le Maine, mais un agent immobilier de Boston m'avait convaincu de porter mon choix sur Aurora. Il m'avait parlé d'une maison de rêve qui correspondait exactement à ce que je cherchais : c'était Goose Cove. À l'instant où je suis arrivé devant cette maison, j'en suis tombé amoureux. C'était l'endroit qu'il me fallait : une retraite calme et sauvage, sans être complètement isolée non plus, car à quelques miles seulement d'Aurora. La ville me plaisait beaucoup également. La vie y semblait douce, les enfants jouaient dans les rues en toute insouciance, le taux de criminalité était inexis-*

tant; c'était un endroit de carte postale. La maison de Goose Cove était bien au-dessus de mes moyens mais l'agence de location accepta que je paie en deux fois, et je fis mes calculs : si je ne dépensais pas trop d'argent, je pourrais joindre les deux bouts. Et puis j'avais un pressentiment : celui que je faisais le bon choix. Je ne m'y trompai pas, puisque cette décision transforma ma vie : le livre que j'écrivis cet été-là allait faire de moi un homme riche et célèbre.

Je crois que ce qui me plaisait tant à Aurora, ce fut le statut particulier dont j'y jouis rapidement : à New York, je n'étais qu'un prof de lycée doublé d'un écrivain anonyme, mais à Aurora, j'étais Harry Quebert, un écrivain venu de New York pour y écrire son prochain roman. Vous savez, Marcus, cette histoire de « Formidable », lorsque vous étiez au lycée et que vous vous êtes contenté de biaiser le rapport aux autres pour briller : c'est exactement ce qui m'est arrivé en débarquant ici. J'étais un jeune homme sûr de moi, élégant, beau garçon, athlétique et cultivé, résidant de surcroît dans la magnifique propriété de Goose Cove. Les habitants de la ville, bien que ne me connaissant pas de nom, jugèrent de ma réussite à mon attitude et à la maison que j'occupais. Il n'en fallut pas plus pour que la population s'imagine que j'étais une grande vedette new-yorkaise : et du jour au lendemain, je devins quelqu'un. L'écrivain respecté que je ne pouvais pas être à New York, je l'étais à Aurora. J'avais procuré à la biblio-

thèque municipale quelques exemplaires de mon premier livre emportés avec moi, et figurez-vous que ce misérable tas de feuilles boudé par New York suscita l'enthousiasme ici à Aurora. C'était l'année 1975, dans une toute petite ville du New Hampshire qui se cherchait une raison d'exister, bien avant Internet et toute cette technologie, et qui trouva en moi la vedette locale dont elle avait toujours rêvé.

*

Il était environ vingt-trois heures lorsque je rentrai à Goose Cove. En m'engageant dans le petit chemin de gravier qui menait à la maison, je vis apparaître, dans le faisceau de mes phares, une silhouette masquée qui prit la fuite dans la forêt. Je freinai brusquement et bondis hors de la voiture en hurlant, m'apprêtant à me lancer à la poursuite de l'intrus. C'est alors que mon regard fut attiré par une intense lueur : quelque chose brûlait près de la maison. Je courus pour aller voir ce qui se passait : la Corvette de Harry était en feu. Les flammes étaient déjà immenses, et une colonne de fumée âcre s'élevait dans le ciel. J'appelai à l'aide, mais il n'y avait personne. Il n'y avait que la forêt tout autour de moi. Les vitres de la Corvette explosèrent sous l'effet de la chaleur, le capot se mit à fondre et les flammes redoublèrent, léchant les murs du garage. Je ne pouvais rien faire. Tout allait brûler.

26.

N-O-L-A

(Aurora, New Hampshire, samedi 14 juin 1975)

"Si les écrivains sont des êtres si fragiles, Marcus, c'est parce qu'ils peuvent connaître deux sortes de peines sentimentales, soit deux fois plus que les êtres humains normaux : les chagrins d'amour et les chagrins de livre. Écrire un livre, c'est comme aimer quelqu'un : ça peut devenir très douloureux."

Note de service
à l'attention de tout le personnel

Vous aurez remarqué que depuis une semaine Harry Quebert vient tous les jours déjeuner dans notre établissement. Monsieur Quebert est un grand écrivain new-yorkais, il convient de lui porter une attention particulière. Il faut savoir satisfaire tous ses besoins dans la plus grande discrétion. Ne jamais l'importuner.
La table 17 lui est réservée jusqu'à nouvel ordre. Elle doit toujours être libre pour lui.

Tamara Quinn

C'est le poids de la bouteille de sirop d'érable qui déséquilibra le plateau. Aussitôt qu'elle la posa dessus, il bascula ; voulant le rattraper, elle perdit l'équilibre à son tour, et dans un fracas monumental, le plateau s'écrasa par terre et elle avec.

Harry passa la tête par-dessus le comptoir.

— Nola ? Est-ce que ça va ?

Elle se releva, un peu sonnée.

— Oui, oui, je...

Ils observèrent un instant l'étendue des dégâts, avant d'éclater de rire.

— Ne riez pas, Harry, finit par le réprimander gentiment Nola. Si Madame Quinn apprend que j'ai encore fait tomber un plateau, je vais en prendre pour mon grade.

Il passa derrière le comptoir et s'accroupit pour l'aider à ramasser les débris de verre qui gisaient au milieu d'une mélasse de moutarde, de mayonnaise, de ketchup, de sirop d'érable, de beurre, de sucre et de sel.

— Bon sang, dit-il, est-ce qu'on pourrait m'expliquer pourquoi, depuis une semaine, tout le monde ici se borne à m'apporter tous ces condiments en même temps à chaque fois que je commande quelque chose ?

— C'est à cause de la note, répondit Nola.

— La note ?

Elle désigna du regard l'affichette collée derrière le comptoir ; Harry se releva et s'en empara pour la lire à haute voix.

— Non, Harry ! Qu'est-ce que vous faites ? Vous êtes fou ! Si Madame Quinn l'apprend...

— Ne t'inquiète pas, il n'y a personne.

Il était sept heures du matin ; le Clark's était encore désert.

— Qu'est-ce que c'est que cette note ?

— Madame Quinn a donné des consignes.

— À qui ?

— À tout le personnel.

Des clients entrèrent, interrompant leur conversation ; Harry retourna aussitôt à sa table et Nola s'empressa de vaquer à ses occupations.

— Je vous apporte immédiatement d'autres toasts, Monsieur Quebert, déclara-t-elle d'un ton solennel avant de disparaître en cuisine.

Derrière les portes battantes, elle resta rêveuse un instant et sourit toute seule: elle l'aimait. Depuis qu'elle l'avait rencontré sur la plage, deux semaines plus tôt, depuis ce jour de pluie magnifique où elle était allée par hasard se promener près de Goose Cove, elle l'aimait. Elle le savait. C'était une sensation qui ne trompait pas, il n'y en avait aucune autre pareille: elle se sentait différente, elle se sentait plus heureuse; les journées lui semblaient plus belles. Et surtout, lorsqu'il était là, elle sentait son cœur battre plus fort.

Après l'épisode de la plage, ils s'étaient recroisés deux fois: devant le magasin général de la rue principale, puis au Clark's, où elle assurait le service les samedis. À chacune de leurs rencontres, quelque chose de spécial s'était produit entre eux. Depuis, il avait pris l'habitude de venir tous les jours au Clark's pour écrire, incitant Tamara Quinn, la propriétaire des lieux, à convoquer une réunion urgente de ses «filles» – ainsi qu'elle appelait ses serveuses – trois jours plus tôt, en fin d'après-midi. C'est à cette occasion qu'elle avait présenté la fameuse note de service. «Mesdemoiselles, avait déclaré Tamara Quinn à ses employées qu'elle avait alignées de façon militaire, cette dernière semaine, vous aurez certainement constaté que le grand écrivain new-yorkais Harry Quebert vient tous les jours ici, preuve qu'il a trouvé en ces lieux les critères de raffinement et de qualité des meilleurs établissements de la côte Est. Le Clark's est un établissement de standing: nous devons nous montrer à la hauteur des attentes de nos clients les plus exigeants. Comme certaines d'entre vous n'ont pas la cervelle plus grosse qu'un petit pois, j'ai rédigé une note de service pour vous rappeler comment il convient de traiter Monsieur Quebert. Vous devez la lire, la relire, l'apprendre par cœur! Je vous ferai des interrogations surprises. Elle sera affichée dans la cuisine et derrière le comptoir.» Tamara Quinn avait ensuite martelé ses consignes: surtout ne pas déranger Monsieur Quebert, il avait besoin de calme et de concentration. Se montrer efficace pour qu'il se sente comme chez lui. Les statistiques de ses précédents passages au Clark's indiquaient qu'il ne prenait que du café noir: lui servir du café dès son arrivée et rien d'autre. Et s'il lui fallait autre chose, si Monsieur Quebert avait faim, il le demanderait, lui. Ne pas l'importuner et le pousser à la consommation comme il fallait le faire pour les autres clients. S'il commandait à manger, lui apporter aussitôt tous les condiments et les accompagnements, pour qu'il n'ait pas à les réclamer: moutarde, ketchup, mayonnaise, poivre, sel, beurre, sucre et sirop d'érable. Les grands écrivains ne devaient pas avoir à réclamer quoi que ce soit: ils devaient avoir l'esprit libre pour pouvoir créer en paix. Peut-être que le livre qu'il écrivait, ces notes qu'il prenait pendant des heures, assis à la même place, étaient les prémices d'un immense chef-d'œuvre et qu'on parlerait bientôt du Clark's à travers le pays. Et Tamara Quinn de rêver que le livre offre à son restaurant la notoriété qu'elle lui destinait: avec l'argent, elle ouvrirait un second établissement à Concord, puis à Boston, et New York, et toutes les grandes villes de la côte jusqu'en Floride.

Mindy, l'une des serveuses, avait demandé des explications supplémentaires:

— Mais, M'dame Quinn, comment peut-on être certaines que M'sieur Quebert ne veut que du café noir ?

— Je le sais. Un point c'est tout. Dans les grands restaurants, les clients importants n'ont pas besoin de commander : leurs habitudes sont connues du personnel. Est-on un grand restaurant ?

« Oui, M'dame Quinn », avaient répondu les employées. « Oui, Maman », avait beuglé Jenny, parce qu'elle était sa fille.

— Ne m'appelle plus « Maman » ici, avait alors décrété Tamara. Ça fait trop auberge de campagne.

— Comment dois-je t'appeler alors ? avait demandé Jenny.

— Tu ne m'appelles pas, tu écoutes mes ordres et tu acquiesces servilement en opinant de la tête. Pas besoin de parler. Compris ?

Jenny avait secoué la tête en guise de réponse.

— Compris ou pas compris ? avait répété sa mère.

— Ben oui, j'ai compris, Maman. J'opine, là...

— Ah, très bien, ma chérie. Tu vois comme tu apprends vite. Allons, les filles, je veux voir votre air servile à toutes... Voilà... Très bien... Et maintenant, on opine. Voilà... Comme ça... Du haut vers le bas... C'est très bien ça, on se croirait au Château Marmont.

Toutes les employées s'étaient applaudies mutuellement d'avoir si bien opiné.

— Maintenant, faisons un essai, avait déclaré Tamara au comble de l'excitation. Je vais m'asseoir à la table, comme si j'étais lui.

Elle s'était installée à la table 17 et avait claqué des doigts de façon dédaigneuse pour attirer l'attention. Mindy s'était précipitée vers la table et avait manqué de se flanquer par terre :

— Oui, Monsieur Quaibaaaairt ? s'était-elle époumonée.

— Enfin, Mindy, cesse de pousser des cris d'oiseaux stupides ! Son nom se prononce *Quebert*. Comme en français. Vous savez pourquoi ? Parce que c'est raffiné ! *Que-bert*. Je veux que vous prononciez toutes comme je le fais : *Que-beeeert*. Cela se dit avec grâce et légèreté. *Que-beeeert*. Comme si c'était le roi de France. Allez-y, mes filles, je vous écoute.

La chorale des serveuses coassa comme des grenouilles : *Que-beeeeert, Que-beeeeeert, Que-beeeeeeert*.

Et Tamara, satisfaite, avait félicité son troupeau docile :

— C'est bien, mes filles. Vous voyez, vous n'êtes pas trop bêtes quand vous y mettez du vôtre.

Tamara Quinn n'était pas la seule à être très excitée par la présence de Harry Quebert à Aurora : c'est toute la ville qui était en effervescence. Certains affirmaient que c'était une très grande vedette à New York, ce que d'autres confirmaient pour ne pas être traités d'incultes. Ernie Pinkas, qui avait disposé plusieurs exemplaires de son premier roman à la bibliothèque municipale, disait, lui, n'avoir jamais entendu parler de ce Quebert écrivain, mais au fond, personne ne considérait l'avis d'un ouvrier d'usine qui ne connaissait rien à la haute société new-yorkaise. Surtout, tout le monde s'accordait à dire que c'était pas n'importe qui qui pouvait s'installer dans la magnifique maison de Goose Cove, qui n'avait plus connu de locataires depuis des années.

L'autre sujet de grande excitation concernait les jeunes femmes en âge de se marier et éventuellement leurs parents : Harry Quebert était célibataire. C'était un cœur à prendre, et de par sa notoriété, ses qualités intellectuelles, sa fortune et son physique très agréable, il constituait un futur époux très convoité. Au Clark's, tout le personnel avait vite compris que Jenny Quinn, vingt-quatre ans, jolie blonde sensuelle et ancienne chef des pom-pom girls du lycée d'Aurora, en pinçait pour Harry. Jenny, qui assurait le service tous les jours de semaine, était la seule à ne pas respecter ouvertement la note de service : elle badinait avec Harry, lui parlait sans cesse, l'interrompait dans son travail et ne lui apportait jamais tous les accompagnements en même temps. Jenny ne travaillait pas les week-ends ; le samedi, c'était Nola.

Le cuisinier appuya sur la sonnette de service, arrachant Nola à ses réflexions : les toasts de Harry étaient prêts. Elle déposa l'assiette sur son plateau ; avant de retourner en salle, elle arrangea la barrette dorée qui tenait ses cheveux, puis elle poussa la porte, fière. Depuis deux semaines, elle était amoureuse.

Elle apporta à Harry sa commande. Le Clark's se remplissait peu à peu.

— Bon appétit, Monsieur Quebert, dit-elle.
— Appelle-moi Harry...
— Pas ici, murmura-t-elle, Madame Quinn ne voudrait pas.
— Elle n'est pas là. Personne ne saura...

Elle désigna les autres clients du regard puis se dirigea vers leur table.

Il avala une bouchée de ses toasts et griffonna quelques lignes sur son feuillet. Il écrivit la date : *Samedi 14 juin 1975*. Il noircissait des pages sans savoir vraiment ce qu'il écrivait : depuis trois semaines qu'il était là, il n'avait pas réussi à commencer son roman. Les idées qui lui avaient effleuré l'esprit n'avaient abouti à rien et plus il essayait, moins il y parvenait. Il avait l'impression de sombrer lentement, il se sentait atteint par le plus terrible fléau qui puisse toucher les gens de son espèce : il avait contracté la maladie des écrivains. La panique de la page blanche l'envahissait chaque jour un peu plus, au point de le faire douter du bien-fondé de son projet : il venait de sacrifier l'intégralité de ses économies pour louer cette impressionnante maison du bord de mer jusqu'en septembre, une maison d'écrivain comme il en avait toujours rêvé, mais à quoi bon jouer les écrivains s'il ne savait pas quoi écrire ? Au moment de conclure cette location, son plan lui avait pourtant paru infaillible : écrire un fichtrement bon roman, être suffisamment avancé en septembre pour en soumettre les premiers chapitres à de grandes maisons d'édition de New York qui, séduites, se battraient pour obtenir les droits du manuscrit. On lui offrirait une coquette avance pour qu'il termine ce livre ; son avenir financier serait assuré et il deviendrait la vedette qu'il s'était toujours imaginée. Mais à présent, son rêve avait déjà un goût de cendre : il n'avait pas encore écrit la moindre ligne. À ce rythme-là, il devrait retourner à New York à l'automne, sans argent, sans livre, supplier le principal du lycée où il travaillait de le reprendre et oublier la gloire à jamais. Et s'il le fallait, trouver un emploi de veilleur de nuit pour remettre de l'argent de côté.

Il regarda Nola qui discutait avec les autres clients. Elle était rayonnante. Il l'entendit rire, et il écrivit :

Nola. Nola. Nola. Nola. Nola.
N-O-L-A. N-O-L-A.

N-O-L-A. Quatre lettres qui avaient bouleversé son monde. Nola, petit bout de femme qui lui faisait tourner la tête depuis qu'il l'avait vue. N-O-L-A. Deux jours après la plage, il l'avait recroisée devant le magasin général ; ils avaient descendu ensemble la rue principale jusqu'à la marina.

— Tout le monde raconte que vous êtes venu à Aurora pour écrire un livre, avait-elle dit.

— C'est vrai.

Elle s'en était enthousiasmée :

— Oh, Harry, c'est tellement excitant ! Vous êtes le premier écrivain que je rencontre ! Il y a tellement de questions que j'aimerais vous poser…

— Par exemple ?

— Comment écrit-on ?

— C'est quelque chose qui vient comme ça. Des idées qui tourbillonnent dans votre tête jusqu'à devenir des phrases qui jaillissent sur le papier.

— Ce doit être formidable d'être écrivain !

Il l'avait regardée, il était tombé tout simplement fou amoureux d'elle.

N-O-L-A. Elle lui avait dit qu'elle travaillait au Clark's les samedis, et le samedi qui avait suivi, à la première heure, il était venu. Il avait passé la journée à la contempler, il avait admiré chacun de ses gestes. Puis il s'était rappelé qu'elle n'avait que quinze ans et il en avait eu honte : si quelqu'un dans cette ville venait à se douter de ce qu'il ressentait pour la petite serveuse du Clark's, il aurait des ennuis. Il risquait peut-être même la prison. Alors, pour endormir les soupçons, il s'était mis à venir déjeuner au Clark's tous les jours. Voilà plus d'une semaine qu'il se bornait à jouer les habitués, à venir travailler quotidiennement, indifféremment, à faire semblant de rien : personne ne devait savoir que le samedi, les battements de son cœur s'accéléraient. Et tous les jours, à sa table de travail, sur la terrasse de Goose Cove, au Clark's, il ne pouvait écrire que son nom. N-O-L-A. Des pages entières à la nommer, à la contempler, à la décrire. Des pages qu'il déchirait et qu'il brûlait ensuite dans sa corbeille en fer. Que quelqu'un trouve ces lignes et il était fini.

Vers midi, Nola se fit relever par Mindy en plein coup de feu du déjeuner, ce qui était inhabituel. Elle vint poliment prendre congé de Harry, accompagnée par un homme dont Harry avait compris qu'il s'agissait de son père, le révérend David Kellergan. Il était arrivé en fin de matinée et il avait bu un thé glacé au comptoir.

— Au revoir, Monsieur Quebert, dit Nola. J'ai terminé pour aujourd'hui. Je voulais simplement vous présenter mon père, le révérend Kellergan.

Harry se leva et les deux hommes échangèrent une poignée de main amicale.

— Alors, vous êtes le fameux écrivain, sourit le révérend.

— Et vous devez être le révérend Kellergan dont on parle beaucoup ici, répondit Harry.

David Kellergan eut un air amusé :

— Ne prêtez pas attention à ce que racontent les gens. Ils exagèrent toujours.

Nola sortit de sa poche une affichette et la tendit à Harry.

— C'est le spectacle de fin d'année du lycée aujourd'hui, Monsieur Quebert. C'est pour ça que je dois partir plus tôt aujourd'hui. C'est à dix-sept heures, viendrez-vous ?

— Nola, la réprimanda gentiment son père, laisse

ce pauvre Monsieur Quebert tranquille. Que veux-tu qu'il fasse au spectacle du lycée ?

— Ce sera un beau spectacle ! se justifia-t-elle, enthousiaste.

Harry remercia Nola pour son invitation et la salua. Par la baie vitrée, il la regarda disparaître au coin de la rue, puis il rentra à Goose Cove pour se plonger encore dans ses brouillons.

Ce fut quatorze heures. N-O-L-A. Depuis deux heures qu'il était assis à son bureau, il n'avait rien écrit : il avait les yeux rivés sur sa montre. Il ne devait pas aller au lycée : c'était interdit. Mais ni les murs, ni les prisons ne pouvaient l'empêcher de vouloir être avec elle : son corps était enfermé à Goose Cove mais son esprit dansait sur la plage avec Nola. Ce fut quinze heures. Puis seize heures. Il s'accrochait à son stylo pour ne pas quitter son bureau. Elle avait quinze ans, c'était un amour interdit. N-O-L-A.

À seize heures cinquante, Harry, vêtu d'un élégant costume sombre, entra dans l'auditorium du lycée. La salle débordait de monde ; toute la ville était là. À mesure qu'il avançait dans les rangées, il eut l'impression que tout le monde chuchotait à son passage, que les parents d'élèves dont il croisait le regard lui disaient : *Je sais pourquoi tu es là.* Il se sentit terriblement mal à l'aise et, choisissant une rangée au hasard, il s'enfonça dans un fauteuil pour qu'on ne le voie plus.

Le spectacle débuta ; il entendit une infâme chorale, puis un ensemble de trompettes sans swing. Des danseuses étoiles sans étoiles, un quatre-mains sans âme et des chanteurs sans voix. Puis, l'éclairage s'éteignit complètement, et de l'obscurité, il ne jaillit que le halo d'un projecteur qui dessina un rond de lumière sur la scène. Elle arriva alors, vêtue d'une robe bleue à paillettes qui la faisait scintiller de mille éclats. N-O-L-A. Il y eut un silence spectaculaire ; elle s'assit sur une chaise de bar, arrangea sa barrette et ajusta le pied girafe du micro qu'on venait de placer devant elle. Elle eut ensuite ce sourire rayonnant à l'attention de son auditoire, elle attrapa une guitare et entonna soudain *Can't Help Falling in Love with You,* dans une version qu'elle avait elle-même réarrangée.

Le public resta bouche bée ; et Harry comprit à cet instant qu'en le faisant venir à Aurora, le destin l'avait mis sur la route de Nola Kellergan, l'être le plus extraordinaire qu'il avait jamais rencontré et qu'il ne rencontrerait jamais plus. Peut-être que son destin n'était pas d'être écrivain mais d'être aimé par cette jeune femme hors du commun ; pouvait-il y avoir plus beau destin ? Il en fut tellement bouleversé qu'à la fin du spectacle, il se leva de sa chaise au milieu des applaudissements et s'enfuit. Il rentra précipitamment à Goose Cove, s'installa sur la terrasse de la maison et, tout en avalant de larges rasades de whisky, il se mit à écrire frénétiquement : *N-O-L-A, N-O-L-A, N-O-L-A.* Il ne savait plus ce qu'il devait faire. Quitter Aurora ? Mais pour aller où ? Dans la cacophonie de New York ? Il s'était engagé avec la location de cette maison pour quatre mois et il en avait déjà payé la moitié. Il était venu ici pour écrire un livre, il devait s'y tenir. Il devait se ressaisir et se comporter en écrivain.

Lorsqu'il eut écrit à en avoir mal au poignet et que le whisky lui fit tourner la tête, il descendit sur la plage, malheureux, et s'affala contre un grand rocher pour contempler l'horizon. Il entendit soudain des bruits de pas derrière lui.

— Harry ? Harry, que vous arrive-t-il ?

C'était Nola, dans sa robe bleue. Elle se précipita près de lui et s'agenouilla sur le sable.

— Harry, au nom du Ciel ! Êtes-vous souffrant ?

— Qu'est-ce... qu'est-ce que tu fabriques ici ? demanda-t-il pour toute réponse.

— Je vous ai attendu après le spectacle. Je vous ai vu partir pendant les applaudissements et je ne vous ai plus retrouvé. Je me suis inquiétée... Pourquoi êtes-vous parti si vite ?

— Tu ne devrais pas rester là, Nola.

— Pourquoi ?

— Parce que j'ai bu. Je veux dire : je me suis un peu saoulé. Je le regrette maintenant, si j'avais su que tu viendrais, je serais resté sobre.

— Pourquoi avez-vous bu, Harry ? Vous avez l'air si triste...

— Je me sens seul. Je me sens horriblement seul.

Elle se blottit contre lui et pénétra son regard de ses yeux éclatants.

— Harry, enfin, il y a tellement de gens autour de vous !

— La solitude me tue, Nola.

— Je vais vous tenir compagnie, alors.

— Tu ne devrais pas...

— J'en ai envie. Sauf si je vous dérange.

— Tu ne me déranges jamais.

— Harry, pourquoi les écrivains sont-ils des gens si seuls ? Hemingway, Melville... Ce sont les hommes les plus seuls du monde !

— Je ne sais pas si ce sont les écrivains qui sont seuls ou si c'est la solitude qui pousse à écrire...

— Et pourquoi les écrivains se suicident-ils tous ?
— Tous les écrivains ne se suicident pas. Seulement ceux dont on ne lit pas les livres.
— J'ai lu votre livre. Je l'ai emprunté à la bibliothèque municipale et je l'ai lu en une nuit ! J'ai adoré ! Vous êtes un très grand écrivain, Harry ! Harry... cet après-midi, j'ai chanté pour vous. Cette chanson, je l'ai chantée pour vous !

Il sourit et la regarda ; elle passa sa main dans ses cheveux avec une tendresse infinie avant de répéter :

— Vous êtes un très grand écrivain, Harry. Vous ne devez pas vous sentir seul. Je suis là.

25.

À propos de Nola

"Au fond, Harry, comment devient-on écrivain ?
— En ne renonçant jamais. Vous savez, Marcus, la liberté, l'aspiration à la liberté est une guerre en soi. Nous vivons dans une société d'employés de bureau résignés, et il faut, pour se sortir de ce mauvais pas, se battre à la fois contre soi-même et contre le monde entier. La liberté est un combat de chaque instant dont nous n'avons que peu conscience. Je ne me résignerai jamais."

L'inconvénient des petites villes de l'Amérique profonde est qu'elles ne disposent que de brigades de pompiers volontaires, moins rapides à mobiliser que les professionnels. Le soir du 20 juin 2008, alors que je voyais les flammes s'échapper de la Corvette et se propager à la petite annexe qui servait de garage, il s'écoula ainsi un certain laps de temps entre le moment où je prévins les secours et leur arrivée à Goose Cove. Il relève donc du miracle que la maison elle-même n'ait pas été touchée, même si, aux yeux du capitaine des pompiers d'Aurora, le miracle tint surtout au fait que le garage consistait en un bâtiment séparé et que ceci avait permis de circonscrire l'incendie rapidement.

Tandis que police et pompiers s'activaient à Goose Cove, Travis Dawn, qui avait été alerté également, arriva à son tour.

— T'as pas de mal, Marcus ? me demanda-t-il en se précipitant vers moi.

— Non, moi ça va, à part que la maison tout entière a bien failli brûler...

— Que s'est-il passé ?

— Je rentrais de la plage de Grand Beach et, en

m'engageant dans le chemin, j'ai vu une silhouette qui s'enfuyait à travers la forêt. Puis il y avait ces flammes...

— Tu as eu le temps d'identifier cette personne ?
— Non. Tout est allé tellement vite.

Un policier arrivé sur les lieux en même temps que les pompiers et qui était en train de fouiller les abords de la maison nous héla soudain. Il venait de trouver, coincé dans l'embrasure de la porte, un message sur lequel était écrit :

Rentre chez toi, Goldman.

— Bon sang ! J'en ai reçu un autre hier, dis-je.
— Un autre ? Où ça ? demanda Travis.
— Sur ma voiture. Je me suis arrêté dix minutes au magasin général et, en revenant, il y avait ce même message coincé derrière l'essuie-glace.
— Tu penses que quelqu'un te suit ?
— Je... j'en sais rien. Je n'y ai pas prêté attention jusque-là. Mais qu'est-ce que ça signifie ?
— Cet incendie ressemble furieusement à un avertissement, Marcus.
— Un avertissement ? Pourquoi voudrait-on me lancer un avertissement ?
— Il semblerait que quelqu'un n'apprécie pas ta présence à Aurora. Tout le monde sait que tu poses beaucoup de questions...
— Alors quoi ? Quelqu'un qui craindrait ce que je pourrais découvrir à propos de Nola.
— Peut-être. En tout cas, je n'aime pas ça. Toute cette affaire sent la poudre. Je vais laisser une patrouille ici pour la nuit, c'est plus sûr.
— Pas besoin de patrouille. Si ce type me cherche, qu'il vienne : il me trouvera.

— Du calme, Marcus. Il y aura une patrouille qui restera ici cette nuit, que tu le veuilles ou non. Si, comme je le pense, il s'agit d'un avertissement, cela signifie qu'il y aura d'autres actions à venir. Il va falloir être très prudent.

À la première heure du lendemain, je me rendis à la prison d'État pour rapporter cet incident à Harry.

— *Rentre chez toi, Goldman* ? répéta-t-il lorsque je lui mentionnai la découverte du message.

— Comme je vous dis. Écrit à l'ordinateur.

— Qu'a fait la police ?

— Travis Dawn est venu. Il a pris la lettre, il a dit qu'il la ferait analyser. Selon lui, ce serait un avertissement. Peut-être quelqu'un qui n'a pas envie que je creuse plus avant dans cette affaire. Quelqu'un qui voit en vous le coupable idéal et qui n'a pas envie que je mette mon nez là-dedans.

— Celui qui aurait tué Nola et Deborah Cooper ?

— Par exemple.

Harry avait un air grave.

— Roth m'a dit que je passerai devant le Grand Jury mardi prochain. Une poignée de bons citoyens qui vont étudier mon cas et décider si les accusations sont fondées. Apparemment, le Grand Jury suit toujours le procureur… C'est un cauchemar, Marcus, chaque jour qui passe, j'ai l'impression de m'enfoncer davantage. De perdre pied. D'abord on m'arrête, et je me dis que c'est une erreur, l'affaire de quelques heures, et puis je me retrouve enfermé ici jusqu'au procès, qui aura lieu Dieu sait quand, à risquer la peine de mort. La peine capitale, Marcus ! J'y pense tout le temps. J'ai peur.

Je voyais bien que Harry dépérissait. Il y avait à

peine plus d'une semaine qu'il était en prison, il était évident qu'il ne tiendrait pas un mois.

— On va vous tirer de là, Harry. On va découvrir la vérité. Roth est un très bon avocat, il faut garder confiance. Continuez à me raconter, voulez-vous ? Parlez-moi de Nola, reprenez votre récit. Que s'est-il passé après ?

— Après quoi ?

— Après l'épisode de la plage. Lorsque Nola est venue vous trouver ce samedi, après le spectacle du lycée, et qu'elle vous a dit que vous ne deviez pas vous sentir seul.

Tout en parlant, j'installai mon enregistreur sur la table et l'enclenchai. Harry esquissa un sourire.

— Vous êtes un type bien, Marcus. Parce que c'est ça l'important : Nola qui vient sur la plage et qui me dit de ne pas me sentir seul, qu'elle est là pour moi... Au fond, j'avais toujours été un type assez solitaire, et voilà que c'était soudain différent. Avec Nola je me sentais comme faisant partie d'un tout, d'une entité que nous formions ensemble. Lorsqu'elle n'était pas à mes côtés, il y avait un vide en moi, une sensation de manque que je n'avais jamais ressentie jusqu'alors : comme si, à présent qu'elle était entrée dans ma vie, mon monde ne pouvait plus tourner correctement sans elle. Je savais que mon bonheur passait par elle, mais j'étais également conscient que, elle et moi, ça allait être terriblement compliqué. Ma première réaction fut d'ailleurs de refouler mes sentiments : c'était une histoire impossible. Ce samedi-là, nous sommes restés un moment sur la plage, puis je lui ai dit qu'il était tard, qu'elle devrait rentrer chez elle avant que ses parents ne s'inquiètent, et elle a obéi. Elle est partie, elle a longé la plage, et je l'ai regardée s'éloigner, en espérant qu'elle se retourne, juste une fois, pour me faire un petit signe de la main. N-O-L-A. Il fallait pourtant absolument que je me la sorte de la tête... Alors, durant toute la semaine qui suivit, je m'efforçai de me rapprocher de Jenny pour oublier Nola, cette Jenny qui est devenue l'actuelle patronne du Clark's.

— Attendez... Vous voulez dire que la Jenny dont vous me parlez, la serveuse du Clark's, celle de 1975, c'est Jenny Dawn, la femme de Travis, celle qui tient le Clark's aujourd'hui ?

— Elle-même. Avec trente-trois ans de plus. À l'époque c'était une très jolie femme. C'est resté une belle femme, d'ailleurs. Vous savez, elle aurait pu aller tenter sa chance à Hollywood, comme actrice. Elle en parlait souvent. Quitter Aurora et partir vivre la grande vie en Californie. Mais elle n'a rien fait de tout ça : elle est restée ici, elle a repris le restaurant de sa mère, et au final elle aura vendu des hamburgers toute sa vie. Sa faute : on a la vie qu'on se choisit, Marcus. Et je sais de quoi je parle...

— Pourquoi dites-vous cela ?

— Ça n'a pas d'importance... Je divague et je me perds dans mon récit. Je vous parlais de Jenny. Jenny, vingt-quatre ans, était donc une très belle femme : reine de beauté au lycée, une blonde sensuelle à faire tourner la tête de n'importe quel homme. D'ailleurs tout le monde reluquait Jenny à cette époque. Je passais mes journées au Clark's, en sa compagnie. J'avais un compte au Clark's, et je faisais tout mettre dessus. Je ne faisais guère attention à ce que je dépensais, alors que j'avais sabordé mes économies pour louer la maison et que mon budget était très serré.

*

Mercredi 18 juin 1975

Depuis l'arrivée de Harry à Aurora, il fallait à Jenny Quinn une bonne heure de plus pour se préparer le matin. Elle était tombée amoureuse de lui le premier jour où elle l'avait vu. Jamais auparavant, elle n'avait ressenti en elle pareilles sensations : il était l'homme de sa vie, elle le savait. Il était celui qu'elle attendait depuis toujours. Chaque fois qu'elle le voyait, elle s'imaginait leur vie ensemble : leur mariage triomphal et leur vie new-yorkaise. Goose Cove deviendrait leur maison d'été, là où il pourrait relire ses manuscrits au calme, et elle viendrait visiter ses parents. Il était celui qui l'emmènerait loin d'Aurora ; elle n'aurait plus jamais à nettoyer les tables couvertes de graisse ni les toilettes de ce restaurant de péquenauds. Elle ferait carrière à Broadway, elle irait tourner des films en Californie. On parlerait de leur couple dans les journaux.

Elle n'inventait rien, son imagination ne lui jouait pas de tours : il était évident qu'il se passait quelque chose entre Harry et elle. Il l'aimait, lui aussi, ça ne faisait aucun doute. Sinon pourquoi viendrait-il tous les jours au Clark's ? Tous les jours ! Et leurs conversations au comptoir ! Elle aimait tant qu'il vienne s'asseoir face à elle pour bavarder un peu. Il était différent de tous les hommes qu'elle avait rencontrés jusqu'alors, beaucoup plus évolué. Sa mère, Tamara, avait donné des consignes aux employées du Clark's, elle avait notamment interdit de lui parler et de le distraire, et il était arrivé qu'elle la dispute à la maison parce qu'elle jugeait que son comportement avec lui était inadéquat. Mais sa mère ne comprenait rien, elle ne comprenait pas que Harry l'aimait au point d'écrire un livre sur elle.

Cela faisait plusieurs jours qu'elle se doutait pour le livre : elle en eut la certitude ce matin-là. Harry arriva au Clark's à l'aube, vers les six heures trente, peu après l'ouverture. Il était rare qu'il vienne si tôt ; en principe, seuls les routiers ou les commis voyageurs venaient à cette heure. À peine installé à sa table habituelle, il se mit à écrire, frénétiquement, presque couché sur sa feuille, comme par crainte que l'on puisse voir ses mots. Parfois il s'arrêtait, et il la regardait longuement ; elle faisait semblant de ne rien remarquer mais elle savait qu'il la dévorait des yeux. D'abord elle n'avait pas saisi la raison de ses regards insistants. C'est peu avant midi qu'elle comprit qu'il était en train d'écrire un livre sur elle. Oui, elle, Jenny Quinn, était le sujet central du nouveau chef-d'œuvre de Harry Quebert. Voilà pourquoi il ne voulait pas que l'on puisse voir ses feuillets. Aussitôt qu'elle le réalisa, elle sentit une immense excitation l'envahir. Elle saisit l'occasion de l'heure du déjeuner pour lui apporter le menu et bavarder un peu.

Il avait passé la matinée à écrire les quatre lettres de son prénom : *N-O-L-A*. Il avait son image en tête, son visage envahissait ses pensées. Parfois, il fermait les yeux pour se la représenter, puis, comme pour essayer de se soigner, il s'efforçait de regarder Jenny dans l'espoir de tout oublier d'elle. Jenny était une très belle femme, pourquoi ne pourrait-il pas l'aimer ?

Lorsque, peu avant midi, il vit Jenny venir vers lui avec le menu et du café, il recouvrit sa page d'une feuille blanche, comme il faisait à chaque fois que quelqu'un approchait.

— Il est l'heure de manger quelque chose, Harry, ordonna-t-elle d'un ton trop maternel. Vous n'avez rien avalé de toute la journée hormis un bon litre et demi de café. Vous allez avoir des aigreurs d'estomac si vous restez le ventre vide.

Il se força à sourire poliment et à entamer un brin de conversation. Il sentit que son front était en sueur et l'épongea rapidement du revers de la main.

— Vous avez chaud, Harry. Vous travaillez trop !
— C'est possible.
— Vous êtes inspiré ?
— Oui. On peut dire que ces temps-ci ça va pas mal.
— Vous n'avez pas levé le nez de la matinée.
— Effectivement.

Jenny esquissa un sourire complice pour lui faire comprendre qu'elle savait tout à propos du livre.

— Harry... je sais que c'est osé, mais... pourrais-je lire ? Juste quelques pages ? Je suis si curieuse de voir ce que vous écrivez. Ce doit être des mots merveilleux.
— Ce n'est pas encore assez abouti...
— C'est sûrement déjà formidable.
— Nous verrons plus tard.

Elle sourit encore.

— Laissez-moi vous apporter une limonade pour vous rafraîchir. Voulez-vous manger quelque chose ?
— Je prendrai des œufs et du bacon.

Jenny disparut aussitôt dans la cuisine et hurla au cuisinier : *Œufs et bacon pour le grrrrand écrivain !* Sa mère, qui l'avait vue badiner en salle, la rappela à l'ordre :

— Jenny, je veux que tu cesses d'importuner Monsieur Quebert !

— Importuner ? Oh, Maman, tu n'y es pas : je l'inspire.

Tamara Quinn regarda sa fille d'un air peu convaincu. Sa Jenny était une gentille fille mais beaucoup trop naïve.

— Qui t'a mis ces sornettes dans la tête ?

— Je sais que Harry en pince pour moi, Maman. Et je crois bien que je figure en bonne place dans son livre. Oui, Maman, ta fille ne servira pas du bacon et du café toute sa vie. Ta fille va devenir quelqu'un.

— Que me chantes-tu là ?

Jenny exagéra un peu pour que sa mère comprenne bien.

— Harry et moi, bientôt, ce sera officiel.

Et, triomphante, elle eut un petit rictus narquois et s'en retourna en salle avec une démarche de Première Dame.

Tamara Quinn ne put réprimer un sourire de contentement : si sa fille parvenait à mettre le grappin sur Quebert, on parlerait du Clark's à travers tout le pays. Qui sait, le mariage pourrait même avoir lieu ici, elle trouverait les mots pour convaincre Harry. Quartier bouclé, de grandes tentes blanches sur la rue, invités triés sur le volet ; la moitié du gratin new-yorkais, des journalistes par dizaines pour couvrir l'événement, et le crépitement des flashs à n'en plus finir. Il était l'homme providentiel.

Ce jour-là, Harry quitta le Clark's à seize heures, de façon précipitée, comme s'il s'était laissé surprendre par l'horloge. Il s'engouffra dans sa voiture parquée devant l'établissement et démarra rapidement. Il ne voulait pas être en retard, il ne voulait pas la rater. Peu après son départ, un véhicule de la police d'Aurora se gara dans la place qu'il avait laissée libre.

L'officier de police Travis Dawn scruta discrètement l'intérieur du restaurant, en se cramponnant nerveusement à son volant. Jugeant qu'il y avait encore trop de monde à l'intérieur, il n'osa pas entrer. Il en profita pour répéter la phrase qu'il avait préparée. Une seule phrase, il pouvait le faire ; il ne devait pas être si timide. Une misérable phrase, à peine plus de dix mots. Il se regarda dans le rétroviseur et il déclama à lui-même : *Jonjour, Benny. Je me disais qu'on pourrait alla au cinémer samedi...* Il pesta : ce n'était pas la phrase ! Une seule phrase de rien du tout et il n'arrivait pas à s'en souvenir. Il déplia un morceau de papier et relut les mots qu'il avait écrits :

> *Bonjour, Jenny,*
> *Je me disais que si tu étais libre on pourrait*
> *aller au cinéma à Montburry samedi soir.*

Ce n'était pourtant pas difficile : il devait entrer dans le Clark's, sourire, s'installer au comptoir et demander un café. Pendant qu'elle remplirait sa tasse, il devrait dire la phrase. Il remit ses cheveux en place et fit semblant de parler dans le micro de sa radio de bord pour paraître occupé si quelqu'un le voyait. Il attendit dix minutes : quatre clients quittèrent ensemble le Clark's. La voie était libre. Son cœur battait fort : il le sentait retentir dans sa poitrine, dans ses mains, dans sa tête, même les bouts de ses doigts semblaient réagir à chacune de ses pulsations. Il sortit de sa voiture, serrant dans son poing son morceau de papier. Il l'aimait. Depuis le lycée, il l'aimait. Elle était la plus merveilleuse femme qu'il ait jamais connue. C'était pour elle qu'il était resté à Aurora : à l'académie de police, on avait relevé ses aptitudes, on lui avait suggéré de viser plus haut qu'une police locale. On lui avait parlé de police d'État et même de police fédérale. Un type venu de Washington lui avait dit: «Fiston, perds pas ton temps dans un patelin perdu. Le FBI recrute. C'est quand même quelque chose le FBI.» Le FBI. On lui avait proposé le FBI. Il aurait peut-être même pu demander à rejoindre le très prestigieux Secret Service chargé de la protection du Président et des hautes personnalités du pays. Mais il y avait cette jeune femme qui servait au Clark's, à Aurora, cette fille dont il était amoureux depuis toujours et dont il avait toujours espéré qu'elle pose un jour les yeux sur lui: Jenny Quinn. Alors il avait demandé pour affectation la police d'Aurora. Sans Jenny, sa vie n'avait pas de sens. Arrivé devant la porte du restaurant, il prit une ample respiration et il entra.

Elle pensait à Harry en essuyant des tasses déjà sèches d'un geste mécanique. Ces derniers temps, il partait toujours vers seize heures; elle se demandait où il allait avec une telle régularité. Avait-il rendez-vous? Et avec qui? Un client s'installa au comptoir, l'extirpant de ses rêveries.

— Bonjour, Jenny.

C'était Travis, son gentil copain de lycée devenu policier.

— Salut, Travis. Je te sers un café?

— Volontiers.

Il ferma les yeux un instant pour se concentrer: il devait lui dire la phrase. Elle posa une tasse devant lui et la remplit. C'était le moment de se lancer.

— Jenny... je voulais te dire...

— Oui?

Elle planta ses grands yeux clairs dans les siens et il

en fut complètement déstabilisé. Quelle était la suite de la phrase ? Le cinéma.

— Le cinéma, dit-il.

— Quoi le cinéma ?

— Je... Il y a eu un braquage au cinéma de Manchester.

— Ah bon ? Un braquage dans un cinéma ? Quelle drôle d'histoire.

— Au bureau de poste de Manchester, je veux dire.

Pourquoi diable parlait-il de ce braquage ? Le cinéma ! Il devait parler du cinéma !

— À la poste ou au cinéma ? demanda Jenny.

Le cinéma. Le cinéma. Le cinéma. Le cinéma. Parler du cinéma ! Son cœur allait exploser. Il se lança :

— Jenny... je voulais... Enfin je me disais que peut-être... Enfin, si tu voulais...

À cet instant, Tamara appela sa fille depuis les cuisines et Jenny dut interrompre la récitation.

— Excuse-moi, Travis, je dois y aller. Maman est d'une humeur de chien ces temps-ci.

La jeune femme disparut derrière les portes battantes sans laisser au jeune policier le temps de finir sa phrase. Il soupira et murmura : *Je me disais que si tu étais libre on pourrait aller au cinéma à Montburry samedi soir*. Puis il laissa cinq dollars pour un café à cinquante cents qu'il n'avait même pas bu et il quitta le Clark's, déçu et triste.

*

— Où alliez-vous tous les jours à seize heures, Harry ? demandai-je.

Il ne me répondit pas immédiatement. Il regarda

par la fenêtre proche et il me semble qu'il eut un sourire heureux. Finalement il me dit :
— J'avais tellement besoin de la voir...
— Nola, hein ?
— Oui. Vous savez, Jenny était une fille formidable, mais ce n'était pas Nola. Être avec Nola, c'était vivre vraiment. Je ne saurais pas vous le dire autrement. Chaque seconde passée avec elle était une seconde de vie vécue pleinement. Voilà ce que signifie l'amour, je crois. Ce rire, Marcus, ce rire, je l'entends dans ma tête tous les jours depuis trente-trois ans. Ce regard extraordinaire, ces yeux pétillants de vie, ils sont toujours là, devant moi... De même que ses gestes, sa façon de remettre en place ses cheveux, de se mordiller les lèvres. Sa voix résonne toujours en moi, parfois c'est comme si elle était là. Lorsque je vais au centre-ville, à la marina, au magasin général, je la revois me parler de la vie et des livres. En ce mois de juin 1975, il n'y avait même pas un mois qu'elle était entrée dans ma vie et pourtant j'avais l'impression qu'elle en avait toujours fait partie. Et lorsqu'elle n'était pas là, il me semblait que rien n'avait de sens : un jour sans voir Nola, c'était un jour de perdu. J'avais tellement besoin de la voir que je ne pouvais pas attendre le samedi suivant. Alors je me suis mis à aller l'attendre à la sortie du lycée. Voilà ce que je faisais en partant du Clark's à seize heures. Je prenais ma voiture, et j'allais au lycée d'Aurora. Je me garais sur le parking des enseignants, juste devant l'entrée principale, et j'attendais qu'elle sorte, caché dans ma voiture. Aussitôt qu'elle apparaissait, je me sentais tellement plus vivant, tellement plus fort. Le bonheur de l'apercevoir me suffisait : je la regardais jusqu'à ce qu'elle monte dans le bus scolaire, et je restais là

encore, à attendre que le bus disparaisse sur la route. Étais-je fou, Marcus ?

— Non, je ne crois pas, Harry.

— Tout ce que je sais, c'est que Nola vivait en moi. Littéralement. Puis ce fut de nouveau samedi, et ce samedi fut un jour merveilleux. Ce jour-là, le beau temps avait poussé les gens à profiter de la plage : le Clark's était désert et Nola et moi avons eu de longues conversations. Elle disait qu'elle avait beaucoup pensé à moi, à mon livre, et que ce que j'étais en train d'écrire devait certainement être un grand chef-d'œuvre. À la fin de son service, vers dix-huit heures, je lui ai proposé de la raccompagner en voiture. Je l'ai déposée à un bloc de chez elle, dans une allée déserte, à l'abri des regards. Elle m'a demandé si je voulais faire quelques pas avec elle, mais je lui ai expliqué que c'était compliqué, que la ville jaserait si on nous voyait nous promener ensemble. Je me souviens qu'elle m'a dit : « Se promener n'est pas un crime, Harry… — Je sais, Nola. Mais je pense que les gens se poseraient des questions. » Elle a eu une petite moue. « J'aime tant votre compagnie, Harry. Vous êtes un être exceptionnel. Ce serait bien si nous pouvions être un peu ensemble sans avoir à nous cacher. »

*

Samedi 28 juin 1975

Il était treize heures. Jenny Quinn s'affairait derrière le comptoir du Clark's. Chaque fois que la porte du restaurant s'ouvrait, elle sursautait en espérant que ce serait lui. Mais ce n'était jamais le cas. Elle était nerveuse et très agacée. La porte claqua encore une fois, et encore une fois ce n'était pas Harry. C'était sa mère, Tamara, qui s'étonna de la tenue de sa fille : elle portait un ravissant ensemble couleur crème qu'elle réservait d'ordinaire aux cérémonies.

— Ma chérie, qu'est-ce que tu fais habillée comme ça ? demanda Tamara. Où est ton tablier ?

— Peut-être que je n'ai plus envie de porter tes horribles tabliers qui me rendent laide. J'ai le droit d'être un peu jolie de temps en temps, non ? Tu crois que ça me plaît de servir des hamburgers toute la journée ?

Jenny avait les larmes aux yeux.

— Mais enfin, que se passe-t-il ? interrogea sa mère.

— Il y a que c'est samedi et que je ne devrais pas travailler ! Je ne travaille jamais les week-ends !

— Mais c'est toi qui as insisté pour remplacer Nola lorsqu'elle m'a demandé de prendre un jour de congé aujourd'hui.

— Oui. Peut-être. Je ne sais plus. Oh, Maman, je suis si malheureuse !

Jenny, qui faisait jouer une bouteille de ketchup entre ses mains, la laissa maladroitement tomber par terre : la bouteille se brisa et ses tennis blanches immaculées se couvrirent d'éclaboussures rouges. Elle éclata en sanglots.

— Ma chérie, mais qu'est-ce qui t'arrive ? s'inquiéta sa mère.

— J'attends Harry, Maman ! Il vient toujours le samedi... Alors pourquoi n'est-il pas là aujourd'hui ? Oh, Maman, je ne suis qu'une idiote ! Comment ai-je pu penser qu'il m'aimait ? Un homme comme Harry ne voudra jamais d'une vulgaire petite serveuse de hamburgers comme moi ! Je ne suis qu'une imbécile !

— Allons, ne dis pas ça, la consola Tamara en l'enlaçant. Va t'amuser, prends ta journée. Je vais te remplacer. Je ne veux pas que tu pleures. Tu es une fille merveilleuse et je suis sûre que Harry en pince pour toi.

— Mais alors pourquoi n'est-il pas là ?

La mère Quinn réfléchit un instant :

— Savait-il que tu travaillais aujourd'hui ? Tu ne travailles jamais le samedi, pourquoi viendrait-il si tu n'es pas là ? Tu sais ce que je pense, ma chérie : Harry doit être très malheureux le samedi, parce que c'est le jour où il ne te voit pas.

Le visage de Jenny s'illumina.

— Oh, Maman, pourquoi n'y avais-je pas songé !

— Tu devrais aller le trouver chez lui. Je suis sûre qu'il sera très heureux de te voir.

Jenny irradiait à présent : quelle idée merveilleuse venait d'avoir sa mère ! Aller trouver Harry à Goose Cove, lui apporter un bon pique-nique : le pauvre devait être en train de travailler dur, il avait sûrement oublié de déjeuner. Et elle se précipita en cuisine pour aller chercher des provisions.

Au même moment, à cent trente miles de là, dans la petite ville de Rockland, Maine, Harry et Nola pique-niquaient sur une promenade du bord de l'océan. Nola jetait des morceaux de pain à d'énormes mouettes qui poussaient des cris rauques.

— J'aime les mouettes ! s'écria Nola. Ce sont mes oiseaux préférés. Peut-être parce que j'aime l'océan, et que là où il y a des mouettes, il y a l'océan. C'est vrai : même lorsque l'horizon est bouché par des arbres, les vols de mouettes dans le ciel nous rappellent que l'océan est juste derrière. Parlerez-vous des mouettes dans votre livre, Harry ?

— Si tu veux. Je mettrai tout ce que tu veux dans ce livre.

— De quoi parle-t-il ?

— J'aimerais te le dire mais je ne le peux pas.

— C'est une histoire d'amour ?

— En quelque sorte.

Il la regardait, amusé. Il avait un carnet en main et il essaya de dessiner la scène au crayon.

— Qu'est-ce que vous faites ? demanda-t-elle.

— Un croquis.

— Vous dessinez aussi ? Décidément, vous avez tous les dons. Montrez-moi, je veux voir !

Elle s'approcha et s'enthousiasma à la vue du dessin.

— C'est si beau, Harry ! Vous avez tellement de talent !

Dans un élan de tendresse, elle se blottit contre lui, mais il la repoussa, presque par réflexe, et regarda autour de lui comme pour s'assurer qu'on ne les avait pas vus.

— Pourquoi faites-vous ça ? se fâcha Nola. Vous avez honte de moi ?

— Nola, tu as quinze ans... J'en ai trente-quatre. Les gens désapprouveraient.

— Les gens sont des imbéciles !

Il rit et il esquissa son air furieux en quelques traits. Elle vint se remettre contre lui et il la laissa faire. Ils regardèrent ensemble les mouettes se disputer les morceaux de pain.

Ils avaient décidé de cette escapade quelques jours plus tôt. Il l'avait attendue près de chez elle, après l'école. Près de l'arrêt du bus scolaire. Elle avait été tout heureuse et étonnée à la fois de le voir.

— Harry ? Qu'est-ce que vous faites là ? avait-elle demandé.

— En fait, je n'en sais rien. Mais j'avais envie de te voir. Je… Tu sais, Nola, j'ai repensé à ton idée…

— Être rien que tous les deux ?

— Oui. Je me suis dit qu'on pourrait partir ce week-end. Pas loin. À Rockland, par exemple. Là où personne ne nous connaît. Pour nous sentir plus libres. Si tu en as envie, bien sûr.

— Oh, Harry, ce serait formidable ! Mais il faudrait que ce soit samedi, je ne peux pas manquer l'office du dimanche.

— Alors ce sera samedi. Peux-tu t'arranger pour être libre ?

— Bien sûr ! Je prendrai congé auprès de Madame Quinn. Et je saurai quoi dire à mes parents. Ne vous inquiétez pas.

Elle saurait quoi dire à ses parents. Lorsqu'elle avait prononcé ces mots, il s'était demandé ce qui lui prenait de vouloir s'amouracher d'une adolescente. Et sur cette plage de Rockland, il songea à eux.

— À quoi pensez-vous, Harry ? demanda Nola, toujours blottie contre lui.

— À ce que nous sommes en train de faire.

— Qu'y a-t-il de mal à ce que nous sommes en train de faire ?

— Tu le sais très bien. Ou peut-être pas. Qu'as-tu dit à tes parents ?

— Ils pensent que je suis avec mon amie Nancy Hattaway et que nous sommes parties très tôt ce matin pour aller passer une longue journée sur le bateau du père de Teddy Bapst, son petit copain.

— Et où est Nancy ?

— Sur le bateau avec Teddy. Seuls. Elle a dit que j'étais avec elle pour que les parents de Teddy les laissent aller naviguer seuls.

— Donc sa mère la croit avec toi, la tienne avec Nancy, et donc si elles se téléphonent, elles confirmeront.

— Absolument. C'est un plan infaillible. Je dois être rentrée pour vingt heures, aurons-nous le temps de danser ? J'ai tellement envie que nous dansions ensemble.

Il était quinze heures lorsque Jenny arriva à Goose Cove. En garant sa voiture devant la maison, elle constata que la Chevrolet noire n'était pas là. Harry était probablement sorti. Elle sonna à la porte malgré tout : comme elle s'y attendait, il n'y eut pas de réponse. Elle fit le tour pour aller vérifier s'il n'était pas sur la terrasse, mais il n'y avait personne non plus. Elle décida finalement d'entrer. Sans doute Harry était-il parti s'aérer l'esprit. Il travaillait beaucoup ces derniers temps, il avait besoin de faire des pauses. Il serait certainement très heureux de trouver un bel en-cas sur la table à son retour : des sandwichs à la viande, des œufs, du fromage, des crudités à tremper dans une sauce aux herbes dont elle avait le secret, une part de tarte et quelques fruits bien juteux.

Jenny n'avait encore jamais vu l'intérieur de la maison de Goose Cove. Elle trouva que tout était magnifique. L'endroit était vaste, décoré avec goût, il y avait des poutres apparentes aux plafonds, de grandes bibliothèques contre les murs, des parquets en bois laqué et de larges baies vitrées qui offraient une vue imprenable sur l'océan. Elle ne put s'empêcher de s'imaginer vivant ici avec Harry : les petits-déjeuners d'été sur la terrasse, les hivers bien au chaud, où ils se calfeutreraient près de la cheminée du salon pour qu'il lui lise des passages de son nouveau roman. Pourquoi vouloir New York ? Même ici, ensemble, ils seraient tellement heureux. Ils n'auraient besoin de rien d'autre que d'eux-mêmes. Elle installa son repas sur la table de la salle à manger, disposa de la vaisselle qu'elle trouva dans un placard, puis, lorsqu'elle eut terminé, elle s'assit dans un fauteuil et attendit. Pour lui faire une surprise.

Elle patienta une heure. Que pouvait-il bien faire ? Comme elle s'ennuyait, elle décida de visiter le reste de la maison. La première pièce dans laquelle elle entra fut le bureau du rez-de-chaussée. L'endroit était plutôt exigu mais bien aménagé, avec une armoire, un secrétaire en ébène, une bibliothèque murale et un large pupitre en bois, jonché de feuillets et de stylos. C'était là que Harry travaillait. Elle s'approcha du pupitre, juste comme ça, pour y jeter un œil. Elle ne voulait pas violer son œuvre, elle ne voulait pas trahir sa confiance, elle voulait simplement voir ce qu'il écrivait sur elle à longueur de journée. Et puis, personne n'en saurait jamais rien. Convaincue de son bon droit, elle prit le premier feuillet sur le dessus de la pile, et elle lut, le cœur battant. Les premières lignes étaient barrées et tracées de feutre noir au point qu'elle ne pouvait rien y lire. Mais ensuite, elle lut distinctement :

> *Je ne vais au Clark's que pour la voir. Je ne vais là-bas que pour être près d'elle. Elle est tout ce dont j'ai toujours rêvé. Je suis*

habité. Je suis hanté. Je n'ai pas le droit. Je ne devrais pas. Je ne devrais pas aller là-bas, je ne devrais même pas rester dans cette ville de malheur: je devrais partir, m'enfuir, ne jamais revenir. Je n'ai pas le droit de l'aimer, c'est interdit. Suis-je fou?

Rayonnante de bonheur, Jenny se mit à embrasser la feuille et la serra contre elle. Puis elle esquissa un pas de danse et s'écria à haute voix: «Harry, mon amour, vous n'êtes pas fou! Moi aussi je vous aime et vous avez tous les droits du monde sur moi. Ne fuyez pas, mon chéri! Je vous aime tant!» Excitée par sa découverte, elle s'empressa de reposer le feuillet sur le pupitre, craignant d'être surprise, et retourna aussitôt au salon. Elle s'allongea sur le canapé, releva sa jupe pour que l'on voie ses cuisses et dégrafa sa boutonnière pour faire ressortir ses seins. Personne ne lui avait jamais rien écrit d'aussi beau. Dès qu'il reviendrait, elle se donnerait à lui. Elle lui offrirait sa virginité.

Au même instant, David Kellergan entra au Clark's et s'installa au comptoir où il commanda, comme toujours, un thé glacé.

— Votre fille n'est pas là aujourd'hui, révérend, lui dit Tamara Quinn en le servant. Elle a pris congé.

— Je le sais bien, Madame Quinn. Elle est en mer, avec des amis. Elle est partie à l'aube. J'ai bien proposé de la conduire, mais elle a refusé, elle m'a dit de me reposer, de rester au lit. C'est une si gentille petite.

— Vous avez bien raison, révérend. Elle me donne beaucoup de satisfaction.

David Kellergan sourit, et Tamara considéra un instant ce petit homme jovial, au visage doux et cerclé de lunettes. Il devait avoir cinquante ans, il était mince, plutôt frêle d'apparence, mais il se dégageait de lui une grande force. Il avait une voix calme et posée, il ne prononçait jamais un mot plus haut que l'autre. Elle l'appréciait beaucoup, comme tout le monde en ville d'ailleurs. Elle aimait ses prêches, bien qu'il parlât avec cet accent haché du Sud. Sa fille lui ressemblait : douce, aimable, serviable, affable. David et Nola Kellergan étaient de bonnes gens ; des bons Américains et de bons chrétiens. Ils étaient très aimés à Aurora.

— Depuis combien de temps déjà vivez-vous à Aurora, révérend ? demanda Tamara Quinn. J'ai l'impression que vous êtes là depuis toujours.

— Ça va faire six ans, Madame Quinn. Six belles années.

Le révérend scruta un instant les autres clients, et en bon habitué, il remarqua que la table 17 était libre.

— Tiens, fit-il, l'écrivain n'est pas là ? C'est plutôt rare, non ?

— Pas aujourd'hui. C'est un homme charmant, vous savez.

— Il m'est très sympathique aussi. Je l'ai rencontré ici. Il est gentiment venu voir le spectacle de fin d'année du lycée. J'aimerais bien le faire devenir membre de la paroisse. On a besoin de personnalités pour faire avancer cette ville.

Tamara pensa alors à sa fille et, esquissant un sourire, elle ne put s'empêcher de partager la grande nouvelle :

— Ne le dites à personne, révérend, mais il se passe quelque chose entre lui et ma Jenny.

David Kellergan sourit et avala une longue gorgée de son thé glacé.

Dix-huit heures à Rockland. Sur une terrasse baignée par le soleil, Harry et Nola sirotaient des jus de fruit. Nola voulait que Harry lui parle de sa vie new-yorkaise. Elle voulait tout savoir. « Racontez-moi tout, demanda-t-elle, racontez-moi ce que c'est que d'être une vedette là-bas. » Il savait qu'elle s'imaginait une vie de cocktails et de petits fours, alors que pouvait-il lui dire ? Qu'il n'était rien de tout ce qu'on imaginait à Aurora ? Que personne ne le connaissait à New York ? Que son premier livre était passé inaperçu et que, jusque-là, il était un prof de lycée assez inintéressant ? Qu'il n'avait presque plus d'argent parce que toutes ses économies étaient parties dans la location de Goose Cove ? Qu'il n'arrivait à rien écrire ? Qu'il était une imposture ? Que le superbe Harry Quebert, écrivain de renom, installé dans une luxueuse maison du bord de mer et qui passait ses journées à écrire dans les cafés n'existerait que le temps d'un été ? Il ne pouvait pas décemment lui dire la vérité : c'était risquer de la perdre. Il décida d'inventer, de jouer le rôle de sa vie jusqu'au bout : celui d'un artiste doué et respecté, las des tapis rouges et de l'agitation new-yorkaise, venu trouver le répit nécessaire à son génie dans une petite ville du New Hampshire.

— Vous avez tellement de chance, Harry, s'émerveilla-t-elle en entendant son récit. Quelle vie excitante vous menez ! Parfois j'aimerais m'envoler et partir loin d'ici, loin d'Aurora. Vous savez, j'étouffe ici. Mes parents sont des gens difficiles. Mon père est un brave homme, mais c'est un homme d'Église : il a des idées bien à lui. Ma mère, elle, est une femme si dure avec moi ! On dirait qu'elle n'a jamais été jeune. Et puis le temple, tous les dimanches matin, ça me barbe ! Je ne sais pas si je crois en Dieu. Est-ce que vous croyez en Dieu, Harry ? Si vous y croyez, alors j'y croirai moi aussi.

— Je ne sais pas, Nola. Je ne sais plus.

— Ma mère dit qu'on est obligé de croire en Dieu, sinon il nous punira très sévèrement. Des fois, je me dis que, dans le doute, il vaut mieux filer droit.

— Au fond, rétorqua Harry, le seul à savoir si Dieu existe ou n'existe pas, c'est Dieu lui-même.

Elle éclata de rire. Un rire naïf et innocent. Elle lui prit la main avec tendresse et elle demanda :

— Est-ce qu'on a le droit de ne pas aimer sa mère ?

— Je pense. L'amour n'est pas une obligation.

— Mais c'est dans les dix commandements. Aime tes parents. Le quatre, ou le cinq. Je ne sais plus. Cela dit, le premier commandement est de croire en Dieu. Alors, si je ne crois pas en Dieu, je ne suis pas obligée d'aimer ma mère, non ? Ma mère est sévère. Parfois elle m'enferme dans ma chambre, elle dit que je suis dévergondée. Je ne suis pas une dévergondée, j'aimerais juste être libre. J'aimerais avoir le droit de rêver un peu. Mon Dieu, il est déjà dix-huit heures ! J'aimerais que le temps s'arrête. Il faut rentrer, nous n'avons même pas eu le temps de danser.

— Nous danserons, Nola. Nous danserons. Nous avons toute la vie pour danser.

À vingt heures, Jenny se réveilla en sursaut. À force d'attendre sur le canapé, elle s'était assoupie. Le soleil déclinait à présent, c'était le soir. Elle était vautrée sur le divan, un filet de bave au coin de la bouche, l'haleine lourde. Elle remonta sa culotte, rangea ses seins, s'empressa de remballer son pique-nique et elle s'enfuit de la maison de Goose Cove, honteuse.

Quelques minutes plus tard, ils arrivèrent à Aurora. Harry s'arrêta dans une ruelle, près de la marina, pour que Nola rejoigne son amie Nancy et qu'elles rentrent ensemble. Ils restèrent un moment dans la voiture. La rue était déserte, le jour tombait. Nola sortit un paquet de son sac.

— Qu'est-ce que c'est? demanda Harry.
— Ouvrez-le. C'est un cadeau pour vous. Je l'ai trouvé dans cette petite boutique du centre-ville, là où nous avons bu ces jus de fruit. C'est un souvenir pour que vous n'oubliiez jamais cette merveilleuse journée.

Il défit l'emballage: c'était une boîte en fer, peinte en bleu et avec l'inscription *SOUVENIR DE ROCKLAND, MAINE*.

— C'est pour mettre du pain sec, dit Nola. Pour que vous nourrissiez les mouettes chez vous. Il faut nourrir les mouettes, c'est important.
— Merci. Je te promets de toujours nourrir les mouettes.
— Maintenant dites-moi des mots doux, Harry chéri. Dites-moi que je suis votre Nola chérie.
— Nola chérie...

Elle sourit, et approcha son visage du sien pour l'embrasser. Il recula soudain.

— Nola, dit-il brusquement, ce n'est pas possible.
— Hein? Mais pourquoi?
— Toi et moi, c'est trop compliqué.
— Qu'est-ce qui est trop compliqué?
— Tout, Nola, tout. Il faut que tu ailles rejoindre ton amie maintenant, il se fait tard. Je... je crois que nous devrions cesser de nous voir.

Il descendit précipitamment de voiture pour aller lui ouvrir la portière. Il fallait qu'elle parte vite ; c'était si difficile de ne pas lui dire combien il l'aimait.

*

— Alors votre boîte à pain, dans la cuisine, c'est un souvenir de votre journée à Rockland ? dis-je.
— Eh oui, Marcus. Je nourris les mouettes parce que Nola m'a demandé de le faire.
— Que s'est-il passé après Rockland ?
— Cette journée fut tellement merveilleuse que je pris peur. C'était merveilleux mais trop compliqué. Alors je décidai que je devais m'éloigner de Nola et me rabattre sur une autre fille. Une fille que j'avais le droit d'aimer. Vous devinez qui ?
— Jenny.
— Dans le mille.
— Et ?
— Je vous raconterai une autre fois, Marcus. Nous avons beaucoup parlé, je suis fatigué.
— Bien sûr, je comprends.

J'éteignis l'enregistreur.

24.

Souvenirs de fête nationale

"Mettez-vous en position de garde, Marcus.
– En position de garde ?
– Oui. Allez-y ! Levez les poings, placez vos jambes, préparez-vous au combat. Que ressentez-vous ?
– Je… je me sens prêt à tout.
– C'est bien. Vous voyez, écrire ou boxer, c'est tellement proche. On se met en position de garde, on décide de se lancer dans la bataille, on lève les poings et on se rue sur son adversaire. Un livre, c'est plus ou moins pareil. Un livre, c'est une bataille."

— Il faut que tu arrêtes cette enquête, Marcus.

Ce furent les premiers mots de Jenny à mon attention lorsque je vins la trouver au Clark's pour qu'elle me parle de sa relation avec Harry en 1975. On avait parlé de l'incendie à la télévision locale et la nouvelle était en train de se propager peu à peu.

— Quelles raisons aurais-je d'arrêter ? demandai-je.

— Parce que je suis très inquiète pour toi. Je n'aime pas ce genre d'histoires... (Elle avait dans la voix une tendresse de mère.) Ça commence par un incendie et on ne sait pas comment ça finit.

— Je ne quitterai pas cette ville tant que je n'aurai pas compris ce qui s'y est passé il y a trente-trois ans.

— T'es pas possible, Marcus ! T'es une vraie tête de mule, exactement comme Harry !

— Je prends ça comme un compliment.

Elle sourit.

— Bon, qu'est-ce que je peux faire pour toi ?

— J'ai envie de parler un peu. On pourrait aller faire quelques pas dehors si tu le veux bien.

Elle laissa le Clark's à son employée et nous descendîmes jusqu'à la marina. Nous nous assîmes sur un banc, face à l'océan, et je contemplai cette femme qui devait avoir cinquante-sept ans selon mes calculs. Elle était usée par la vie, le corps trop maigre, le visage marqué et les yeux cernés. J'essayai de l'imaginer telle que Harry me l'avait décrite, une jolie jeune femme blonde, pulpeuse, reine de beauté durant ses années de lycée. Soudain, elle me demanda :

— Marcus… qu'est-ce que ça fait ?
— Quoi donc ?
— La gloire.
— Ça fait mal. C'est agréable, mais ça fait souvent mal.

— Je me souviens quand t'étais étudiant et que tu venais au Clark's avec Harry pour travailler sur tes textes. Il te faisait bosser comme un chien. Vous passiez des heures là, à sa table, à relire, à gribouiller, à recommencer. Je me souviens de tes séjours ici, quand on vous croisait, Harry et toi, en train de faire votre jogging à l'aube avec cette discipline de fer. Tu sais, quand tu venais, il rayonnait. Il n'était pas le même. Et on savait que t'allais venir, parce qu'il l'annonçait à tout le monde des jours avant. Il répétait : « Vous ai-je dit que Marcus allait venir me rendre visite la semaine prochaine ? Quel type extraordinaire, celui-là. Il ira loin, je le sais. » Tes visites lui changeaient la vie. Ta présence lui changeait la vie. Parce que personne n'était dupe : on savait tous combien Harry était seul dans sa grande maison. Le jour où t'as débarqué dans son existence, tout a changé. La renaissance. Comme si le vieux solitaire avait réussi à se faire aimer par quelqu'un. Tes séjours ici lui faisaient énormément de bien. Après tes départs, il nous bassinait : Marcus par-ci, et Marcus par-là. Il était tellement fier de toi. Fier comme un père l'est de son fils. Tu étais le fils qu'il n'avait jamais eu. Il parlait de toi tout le temps : tu n'as jamais quitté Aurora, Marcus. Et puis un jour, on t'a vu dans le journal. Le phénomène Marcus Goldman. Un grand écrivain était né. Harry a acheté tous les journaux du magasin général, il a offert des tournées de champagne au Clark's. Pour Marcus, hip hip hip hourra ! Et on t'a vu à la télévision, on t'a entendu à la radio, tout ce foutu pays n'a plus parlé que de toi et de ton bouquin. Il en a acheté des dizaines d'exemplaires, il en distribuait partout. Et nous, on demandait comment t'allais, quand est-ce qu'on te verrait de nouveau. Et lui répondait que ça devait aller sûrement très bien mais qu'il n'avait plus beaucoup de nouvelles. Que tu devais être très occupé. Du jour au lendemain, t'as cessé de l'appeler, Marc. T'étais tellement occupé à faire ton important, à te montrer dans les journaux et à parader à la télévision, que tu l'as laissé tomber. T'es plus jamais revenu ici. Lui qui était tellement fier de toi, qui espérait un petit signe de ta part qui n'arrivait jamais. T'avais réussi, t'avais obtenu la gloire, donc t'avais plus besoin de lui.

— C'est faux ! m'écriai-je. Je me suis laissé emporter par le succès, mais je pensais à lui. Tous les jours. Je n'ai plus eu une seconde pour moi.

— Même pas une seconde pour l'appeler ?

— Bien sûr que je l'ai appelé !

— Tu l'as appelé quand t'étais dans la merde jusqu'au cou, oui. Parce qu'après avoir vendu je-ne-sais-pas-combien de millions de bouquins, Monsieur le grand écrivain a eu la trouille et ne savait plus quoi écrire. Ça aussi, on a eu droit à l'épisode en direct, voilà comment je sais tout ça. Harry, au comptoir du Clark's, très inquiet, parce qu'il vient de recevoir un téléphone de toi, que tu es très déprimé, que tu n'as plus d'idée de livre, que ton éditeur va te prendre tout ton petit pognon chéri. Et soudain te revoilà à Aurora, avec des yeux de chien triste, et Harry qui fait tout pour te remonter le moral. Pauvre petit écrivain malheureux, que vas-tu pouvoir bien écrire ? Jusqu'à ce beau miracle, voici deux semaines : le scandale éclate, et qui débarque ici ? Le gentil Marcus. Qu'est-ce que tu viens foutre à Aurora, Marcus ? Chercher de l'inspiration pour ton prochain livre ?

— Qu'est-ce qui te fait penser ça ?
— Mon intuition.

Je ne répondis d'abord rien, un peu sonné. Puis je dis :

— Mon éditeur m'a proposé d'écrire un livre. Mais je ne le ferai pas.

— Mais justement : tu ne peux pas ne pas le faire, Marc ! Parce qu'un livre est probablement la seule façon de prouver à l'Amérique que Harry n'est pas un monstre. Il n'a rien fait, j'en suis certaine. Je le sais au fond de moi. Tu ne peux pas le laisser tomber, il n'a personne d'autre que toi. Tu es célèbre, les gens t'écouteront. Tu dois faire un livre sur Harry, sur vos années ensemble. Raconter combien c'est un homme exceptionnel.

Je murmurai :
— Tu l'aimes, hein ?
Elle baissa les yeux :
— Je crois que je ne sais pas ce que signifie *aimer*.
— Je crois au contraire que si. Il n'y a qu'à voir comment tu parles de lui, malgré tous les efforts que tu fais pour le haïr.

Elle eut un sourire triste et des larmes dans la voix :
— Cela fait plus de trente ans que je pense à lui tous les jours. Que je le vois seul, alors que j'aurais tellement voulu le rendre heureux. Et moi, regarde-moi,

Marcus… Je rêvais d'être une vedette de cinéma, mais je ne suis que la vedette de l'huile à frire. Je n'ai pas eu la vie que je voulais.

Je sentis qu'elle était prête à se confier et je lui demandai :

— Jenny, parle-moi de Nola. S'il te plaît…

Elle sourit tristement.

— C'était une très gentille fille. Ma mère l'aimait beaucoup, elle en disait beaucoup de bien et moi, ça m'énervait. Parce que jusqu'à Nola, c'était moi la jolie petite princesse de cette ville. Celle que tout le monde regardait. Elle avait neuf ans lorsqu'elle a débarqué ici. À ce moment-là, tout le monde s'en foutait, évidemment. Et puis un été, comme cela arrive souvent aux filles à la puberté, ce même tout le monde a remarqué que la petite Nola était devenue une jolie jeune femme, avec des ravissantes jambes, des seins généreux et un visage d'ange. Et la nouvelle Nola, en maillot de bain, a suscité beaucoup d'envie.

— Tu étais jalouse d'elle ?

Elle réfléchit un instant avant de répondre.

— Bah, aujourd'hui je peux te le dire, ça n'a plus beaucoup d'importance : oui, j'étais un peu jalouse. Les hommes la regardaient et une femme remarque ça.

— Mais elle n'avait que quinze ans…

— Elle n'avait pas l'air d'une petite fille, crois-moi. C'était une femme. Et une jolie femme.

— Tu te doutais pour elle et Harry ?

— Pas le moins du monde ! Personne, ici, ne s'est imaginé une chose pareille. Ni avec Harry, ni avec personne. Elle était une très belle fille, soit. Mais elle avait quinze ans, tout le monde le savait. Et elle était la fille du révérend Kellergan.

— Donc pas de rivalité entre vous pour Harry ?
— Non, mon Dieu !
— Et entre Harry et toi, il y a eu une histoire ?
— À peine. Nous nous sommes un peu fréquentés. Il avait beaucoup de succès auprès des femmes ici. Je veux dire, une grande vedette de New York qui débarque dans ce bled...
— Jenny, j'ai une question qui va peut-être te surprendre mais... savais-tu qu'en arrivant ici, Harry n'était personne ? Juste un petit enseignant de lycée qui avait dépensé toutes ses économies pour louer la maison de Goose Cove.
— Quoi ? Il était pourtant déjà écrivain...
— Il avait publié un roman, mais à compte d'auteur et qui n'avait eu aucun succès. Je crois qu'il y a eu un quiproquo sur sa notoriété et qu'il en a beaucoup joué, pour être à Aurora ce qu'il aurait voulu être à New York. Et comme il a ensuite publié *Les Origines du mal* qui l'ont rendu célèbre, l'illusion a été parfaite.

Elle en rit, presque amusée.

— Ça alors ! Je ne savais pas. Sacré Harry... Je me souviens de notre premier vrai rendez-vous. J'étais tellement excitée, ce jour-là. Je me rappelle la date parce que c'était la fête nationale. Le 4 juillet 1975.

Je fis rapidement le calcul dans ma tête : le 4 juillet était quelques jours après l'escapade de Rockland. C'était le moment où Harry avait décidé de se sortir Nola de la tête. J'encourageai Jenny à poursuivre son récit :

— Parle-moi de ce 4 juillet.

Elle ferma les yeux, comme si elle y était de nouveau.

— C'était une belle journée. Harry était venu au Clark's le jour même et il m'avait proposé d'aller ensemble voir le feu d'artifice à Concord. Il avait dit qu'il viendrait me chercher chez moi à dix-huit heures. Je finissais mon service à dix-huit heures trente en principe, mais j'avais dit que ça me convenait très bien. Et Maman m'avait laissé partir plus tôt pour aller me préparer.

*

Vendredi 4 juillet 1975

La maison de la famille Quinn, sur Norfolk Avenue, était en proie à une grande agitation. Il était dix-sept heures quarante-cinq, et Jenny n'était pas prête. Elle montait et descendait les escaliers comme une furie, en sous-vêtements, avec, à chaque fois, une robe différente à la main.

— Et celle-là, Maman, qu'est-ce que tu penses de celle-là ? demanda-t-elle en entrant pour la septième fois dans le salon où se tenait sa mère.

— Non, pas celle-là, jugea sévèrement Tamara, elle te fait des grosses fesses. Tu ne voudrais pas que Harry Quebert pense que tu t'empiffres ? Essaies-en une autre !

Jenny s'empressa de remonter dans sa chambre, sanglotant qu'elle était une horrible fille, qu'elle n'avait rien à se mettre et qu'elle allait rester seule et laide jusqu'à la fin de sa vie.

Tamara était très nerveuse : il fallait que sa fille soit à la hauteur. Harry Quebert, c'était une tout autre catégorie que les jeunes gens d'Aurora, elle n'avait pas droit à l'erreur. Aussitôt que sa fille l'avait avertie de son rendez-vous du soir, elle lui avait intimé l'ordre de quitter le Clark's : c'était le coup de feu de midi, le restaurant était plein, mais elle ne voulait pas que sa Jenny reste une seconde de plus dans les odeurs de graillon qui pourraient s'incruster dans sa peau et ses cheveux. Elle devait être parfaite pour Harry. Elle l'avait envoyée chez le coiffeur, faire une manucure aussi, et elle avait nettoyé la maison de fond en comble et préparé un apéritif qu'elle considérait *délicat*, des fois que Harry Quebert voudrait grignoter quelque chose au passage. Sa Jenny ne s'était donc pas trompée : Harry la courtisait. Elle était très excitée, elle ne pouvait s'empêcher de penser au mariage : sa fille allait enfin être casée. Elle entendit la porte d'entrée claquer : son mari, Robert Quinn, qui travaillait comme ingénieur dans une ganterie de Concord et avait été appelé à l'usine pour une urgence, venait de rentrer à la maison. Elle écarquilla les yeux, horrifiée.

Robert remarqua immédiatement que le rez-de-chaussée avait été nettoyé et rangé de fond en comble. Il y avait un joli bouquet d'iris dans l'entrée et des napperons qu'il n'avait jamais vus.

— Qu'est-ce qui se passe ici, Bibichette ? demanda-t-il en entrant dans le salon où une petite table avait été dressée, avec des mignardises, des bouchées salées, une bouteille de champagne et des flûtes.

— Oh, Bobby, mon Bobbo, lui répondit Tamara agacée mais s'efforçant de rester gentille, tu tombes très mal, je n'ai pas besoin de t'avoir dans les pattes. J'avais laissé un message à la ganterie.

— Je ne l'ai pas eu. Que disait-il ?

— De ne surtout pas rentrer à la maison avant dix-neuf heures.

— Ah. Et pourquoi ça ?

— Parce que figure-toi que Harry Quebert a invité Jenny à aller voir le feu d'artifice à Concord ce soir.

— Qui est Harry Quebert ?

— Oh, Bobbo, tu dois te tenir au courant de la vie mondaine un peu ! C'est le grand écrivain qui est arrivé à la fin mai.

— Ah. Et pourquoi est-ce que je ne devais pas rentrer à la maison ?

— *Ah* ? Il dit « *ah* », celui-là. Un grand écrivain courtise notre fille et toi tu dis « *ah* ». Eh bien justement : je ne voulais pas que tu rentres parce que tu ne sais pas avoir des conversations chic. Figure-toi que Harry Quebert n'est pas une petite personne : il s'est installé dans la maison de Goose Cove.

— La maison de Goose Cove ? Mazette.

— Pour toi ça fait peut-être une somme, mais louer la maison de Goose Cove, pour un type comme lui, c'est un crachat dans l'eau. C'est une vedette à New York !

— Un crachat dans l'eau ? Je ne connaissais pas cette expression.

— Oh, Bobbo, tu ne connais vraiment rien.

Robert eut une petite moue et s'approcha du petit buffet qu'avait préparé sa femme.

— Surtout, ne touche à rien, Bobbo !

— C'est quoi ces trucs ?

— Ce ne sont pas des trucs. C'est un apéritif délicat. C'est très chic.

— Mais tu m'avais dit qu'on était invités à un barbecue chez les voisins ce soir ! On va toujours chez les voisins le 4 juillet !

— Oui, nous irons. Mais plus tard ! Et surtout ne te mets pas à raconter à Harry Quebert que nous mangeons des hamburgers comme des gens simples !

— Mais nous sommes des gens simples. J'aime les hamburgers. Toi-même tu tiens un restaurant de hamburgers.

— Tu ne comprends vraiment rien, Bobbo! Ce n'est pas pareil. Et moi, j'ai de grands projets.

— Je ne savais pas. Tu ne m'as rien dit.

— Je ne te dis pas tout.

— Pourquoi ne me dis-tu pas tout? Moi, je te dis tout. D'ailleurs j'ai eu mal au ventre tout l'après-midi. J'avais des gaz terribles. J'ai même dû m'enfermer dans mon bureau et me mettre à quatre pattes pour péter tant ça me faisait mal. Tu vois que je te dis tout.

— Ça suffit, Bobbo! Tu me déconcentres!

Jenny réapparut avec une autre robe.

— Trop habillée! aboya Tamara. Tu dois être chic mais décontractée!

Robert Quinn profita que l'attention de sa femme fût détournée pour s'installer dans son fauteuil préféré et se servir un verre de scotch.

— Interdiction de t'asseoir! cria Tamara. Tu vas tout salir. Tu sais combien d'heures j'ai passé à tout nettoyer? File te changer, plutôt.

— Me changer?

— Va mettre un costume, on ne reçoit pas Harry Quebert en pantoufles!

— Tu as sorti la bouteille de champagne que nous gardions pour une grande occasion?

— C'est une grande occasion! Tu ne veux pas que notre fille fasse un bon mariage? Va vite te changer, au lieu d'ergoter. Il va bientôt arriver.

Tamara escorta son mari jusqu'aux escaliers pour être sûre qu'il obéisse. À cet instant, Jenny redescendit en larmes, en petite culotte et seins nus, expliquant entre deux sanglots qu'elle allait tout annuler parce que c'était trop pour elle. Robert en profita pour gémir à son tour qu'il voulait lire son journal et pas devoir faire des grandes discussions avec ce grand écrivain et que, de toute façon, il ne lisait jamais de livre parce que ça l'endormait et qu'il ne saurait pas quoi lui dire. Il était dix-sept heures cinquante, soit dix minutes avant l'heure du rendez-vous. Ils étaient tous les trois dans le hall d'entrée, en train de se disputer, lorsque soudain la sonnette retentit. Tamara crut avoir une crise cardiaque. Il était là. Le grand écrivain était en avance.

On venait de sonner. Harry se dirigea vers la porte. Il portait un costume en lin et un chapeau léger : il s'apprêtait à partir pour aller chercher Jenny. Il ouvrit ; c'était Nola.

— Nola ? Qu'est-ce que tu fais ici ?

— On dit *bonjour*. Les gens polis se disent bonjour lorsqu'ils se voient, et non pas *que fais-tu ici* ?

Il sourit :

— Bonjour, Nola. Excuse-moi, je ne m'attendais simplement pas à te voir.

— Que se passe-t-il, Harry ? Je n'ai plus de vos nouvelles depuis notre journée à Rockland. Pas de nouvelles de toute la semaine ! Ai-je été méchante ? Ou désagréable ? Oh, Harry, j'ai tellement aimé notre journée à Rockland. C'était magique !

— Je ne suis pas du tout fâché, Nola. Et moi aussi j'ai beaucoup aimé notre journée à Rockland.

— Mais alors pourquoi ne m'avez-vous pas donné signe de vie ?

C'est à cause de mon livre. J'ai eu beaucoup de travail.

— J'aimerais être tous les jours avec vous, Harry. Toute la vie.

— Tu es un ange, Nola.

— Nous le pouvons désormais. Je n'ai plus école.

— Comment ça, *tu n'as plus école* ?

— L'école est terminée, Harry. Ce sont les vacances. Vous ne le saviez pas ?

— Non.

Elle eut une mine enjouée :

— Ce serait formidable, non ? J'ai réfléchi et je me suis dit que je pourrais m'occuper de vous, ici. Vous seriez mieux pour travailler dans cette maison plutôt que dans l'agitation du Clark's. Vous pourriez écrire sur votre terrasse. Je trouve que l'océan est tellement beau, je suis sûre qu'il vous inspirerait ! Et moi, je veillerais à votre confort. Je promets de bien m'occuper de vous, d'y mettre tout mon cœur, de faire de vous un homme heureux ! S'il vous plaît, laissez-moi faire de vous un homme heureux, Harry.

Il remarqua qu'elle avait apporté un panier avec elle.

— C'est un pique-nique, dit-elle. Pour nous, ce soir. J'ai même une bouteille de vin. Je me disais que nous pourrions faire un pique-nique sur la plage, ce serait si romantique.

Il ne voulait pas de pique-nique romantique, il ne voulait pas être près d'elle, il ne voulait pas d'elle : il devait l'oublier. Il regrettait leur samedi à Rockland : il était parti dans un autre État avec une fille de quinze ans, à l'insu de ses parents. Si la police les avait arrêtés, on aurait même pu penser qu'il l'avait enlevée. Cette fille allait le perdre, il devait l'écarter de sa vie.

— Je ne peux pas, Nola, dit-il simplement.

Elle eut un air très déçu.

— Pourquoi ?

Il devait lui dire qu'il avait rendez-vous avec une autre femme. Ce serait difficile à entendre, mais elle devait comprendre que leur histoire était une histoire impossible. Pourtant, il ne put s'y résoudre et mentit, encore une fois :

— Je dois aller à Concord. Voir mon éditeur qui s'y trouve pour la fête du 4 juillet. Ça va être très ennuyeux. J'aurais préféré faire quelque chose avec toi.

— Je peux venir avec vous ?

— Non. Je veux dire : tu t'y ennuierais.

— Je vous trouve très beau avec cette chemise, Harry.

— Merci.

— Harry... je suis amoureuse de vous. Depuis ce jour de pluie où je vous ai vu sur la plage, je suis folle amoureuse de vous. J'aimerais être avec vous jusqu'à la fin de ma vie !

— Arrête, Nola. Ne dis pas ça.

— Pourquoi ? C'est la vérité ! Je ne supporte pas de ne pas passer ne serait-ce qu'un jour sans être à vos côtés ! Chaque fois que je vous vois, j'ai l'impression que ma vie est plus belle ! Mais vous, vous me détestez, hein ?

— Mais non ! Bien sûr que non !

— Je le sais bien que vous me trouvez laide. Et qu'à Rockland, vous m'avez certainement trouvée ennuyeuse. C'est pour ça que vous ne m'avez pas donné de vos nouvelles. Vous pensez que je suis une petite laideronne sotte et ennuyeuse.

— Ne dis pas de bêtises. Allez, viens, je te ramène chez toi.

— Dites-moi *Nola chérie*... Dites-le moi encore.

— Je ne peux pas, Nola.
— S'il vous plaît!
— Je ne peux pas. Ces mots sont interdits!
— Mais pourquoi? Pourquoi, au nom du Ciel? Pourquoi ne pourrions-nous pas nous aimer si nous nous aimons?

Il répéta:
— Viens, Nola. Je vais te reconduire chez toi.
— Mais, Harry, pourquoi vivre si nous n'avons pas le droit d'aimer?

Il ne répondit rien et l'entraîna vers la Chevrolet noire. Elle pleurait.

Ce n'était pas Harry Quebert qui avait sonné, mais Amy Pratt, la femme du chef de la police d'Aurora. Elle faisait du porte-à-porte en sa qualité d'organisatrice du bal de l'été, l'un des événements les plus importants de la ville, qui se tenait, cette année, le samedi 19 juillet. Au moment où la sonnette avait retenti, Tamara avait expédié sa fille à moitié nue et son mari à l'étage, avant de constater avec soulagement que ce n'était pas leur célèbre visiteur qui se tenait derrière la porte, mais Amy Pratt, venue vendre des tickets pour la tombola du soir du bal. Cette année, le premier prix était une semaine de vacances dans un magnifique hôtel de l'île de Martha's Vineyard, dans le Massachusetts, là où de nombreuses vedettes passaient leurs vacances. À l'annonce du premier prix, Tamara eut les yeux qui brillèrent: elle acheta deux carnets de tickets puis, bien que la bienséance eût voulu qu'elle offrît une orangeade à sa visiteuse – qui était par ailleurs une femme qu'elle appréciait –, elle la mit à la porte sans état d'âme parce qu'il était à présent dix-sept heures cinquante-cinq. Jenny, qui s'était calmée, redescendit dans une petite robe d'été verte qui lui allait à ravir, suivie de son père qui avait mis un costume trois pièces.

— Ce n'était pas Harry mais Amy Pratt, déclara Tamara d'un ton blasé. Je savais bien que ce n'était pas lui. Si vous vous étiez vus détaler comme des lapins. Ha! Moi je savais bien que ce n'était pas lui, parce qu'il est quelqu'un de chic et que les gens chic ne sont pas en avance. C'est encore plus impoli que d'être en retard. Retiens ça, Bobbo, toi qui as toujours peur d'être en retard à tes rendez-vous.

L'horloge du salon sonna six coups et la famille Quinn se mit en rang derrière la porte d'entrée.

— Surtout, soyez naturels! implora Jenny.

— Nous sommes très naturels, répondit sa mère. Hein, Bobbo, que nous sommes naturels?

— Oui, Bibichette. Mais je crois que j'ai de nouveau des gaz: je me sens comme une cocotte-minute sur le point d'exploser.

Quelques minutes plus tard, Harry sonna à la porte de la maison des Quinn. Il venait de déposer Nola à une rue de chez elle, pour qu'on ne les voie pas ensemble. Il l'avait laissée en pleurs.

*

Jenny me raconta que cette soirée du 4 juillet fut un moment merveilleux pour elle. Elle me décrivit, émue, la fête foraine, leur dîner, le feu d'artifice au-dessus de Concord.

Je compris à sa façon de parler de Harry que, toute sa vie durant, elle n'avait jamais cessé de l'aimer, et que l'aversion qu'elle éprouvait aujourd'hui à son égard était surtout l'expression de la douleur d'avoir été délaissée pour Nola, la petite serveuse du samedi, qui était celle pour laquelle il avait écrit un chef-d'œuvre. Avant de la quitter, je lui demandai encore :

— Jenny, selon toi, qui est la personne qui pourrait m'en apprendre le plus à propos de Nola ?

— À propos de Nola ? Son père, évidemment.

Son père. Évidemment.

23.

Ceux qui l'avaient bien connue

"Et les personnages ? De qui vous inspirez-vous pour vos personnages ?
– De tout le monde. Un ami, la femme de ménage, l'employé au guichet de la banque. Mais attention : ce ne sont pas ces personnes elles-mêmes qui vous inspirent, ce sont leurs actions. Leur façon d'agir vous fait penser à ce que pourrait faire l'un des personnages de votre roman. Les écrivains qui disent qu'ils ne s'inspirent de personne mentent, mais ils ont bien raison de le faire : ils s'épargnent ainsi quantité d'ennuis.
– Comment ça ?
– Le privilège des écrivains, Marcus, c'est que vous pouvez régler vos comptes avec vos semblables par l'intermédiaire de votre bouquin. La seule règle est de ne pas les citer nommément. Jamais de nom propre : c'est la porte ouverte aux procès et aux

tourments. À combien sommes-nous dans la liste ?
— 23.
— Alors ce sera le 23ᵉ, Marcus : n'écrivez que des fictions. Le reste ne vous attirera que des ennuis."

Le dimanche 22 juin 2008, je rencontrai pour la première fois le révérend David Kellergan. C'était un de ces jours d'été grisâtres comme il ne peut y en avoir qu'en Nouvelle-Angleterre, où la brume de l'océan est si épaisse qu'elle reste accrochée à la cime des arbres et aux toits. La maison des Kellergan se trouvait au 245 Terrace Avenue, au cœur d'un joli quartier résidentiel. Elle n'avait, paraît-il, pas changé depuis leur arrivée à Aurora. La même couleur sur les murs et les mêmes buissons tout autour. Les rosiers fraîchement plantés étaient devenus des massifs et le cerisier de devant la maison avait été remplacé par un arbre de la même essence lorsqu'il était mort, dix ans plus tôt.

À mon arrivée, une musique assourdissante retentissait depuis la maison. Je sonnai à plusieurs reprises, mais aucune réponse. Finalement, un voisin me cria : «Si c'est le père Kellergan que vous cherchez, ça sert à rien de sonner. Il est dans le garage.» J'allai frapper à la porte du garage, d'où provenait effectivement la musique. Il me fallut insister longuement pour que la porte s'ouvrît enfin : je trouvai devant moi un tout petit vieillard, d'apparence fragile, gris de cheveux et de peau, en blouse de travail et avec des lunettes de protection sur les yeux. C'était David Kellergan, quatre-vingt-cinq ans.

— C'est pour quoi ? hurla-t-il gentiment à cause de la musique dont le volume était à peine supportable.

Je dus mettre mes mains en porte-voix pour me faire entendre.

— Je m'appelle Marcus Goldman. Vous ne me connaissez pas mais j'enquête sur la mort de Nola.

— Vous êtes de la police ?

— Non, je suis écrivain. Pourriez-vous couper la musique ou baisser un peu le volume ?

— Impossible. Je n'éteins pas la musique. Mais nous pouvons aller au salon si vous voulez.

Il me fit entrer par le garage : la pièce avait été entièrement transformée en atelier au milieu duquel trônait un modèle de collection de Harley-Davidson. Dans un coin, un vieux pick-up relié à une chaîne stéréo faisait résonner des standards de jazz.

Je m'étais attendu à être mal reçu. J'avais pensé que le père Kellergan, après avoir été harcelé par les journalistes, aspirait à un peu de tranquillité ; il se montra au contraire très aimable. Malgré mes nombreux séjours à Aurora, je ne l'avais jamais vu de ma vie. Il ignorait visiblement mes liens avec Harry et je me gardai bien de les mentionner. Il nous prépara deux verres de thé glacé et nous nous installâmes dans le salon. Il avait gardé ses lunettes de protection vissées sur ses yeux, comme s'il devait être prêt à retourner à sa moto à tout moment, et on entendait toujours cette musique assourdissante en arrière-fond. J'essayai de me représenter cet homme trente-trois ans plus tôt, lorsqu'il était le dynamique pasteur de la paroisse St James.

— Qu'est-ce qui vous amène ici, Monsieur Goldman ? me demanda-t-il après m'avoir dévisagé avec curiosité. Un livre ?

— Je n'en sais trop rien, révérend. Je cherche surtout à savoir ce qui est arrivé à Nola.

— Ne m'appelez pas révérend, je ne suis plus révérend.

— Je suis désolé pour votre fille, Monsieur.

Il sourit de façon étonnamment chaleureuse.

— Merci. Vous êtes la première personne à me présenter vos condoléances, Monsieur Goldman. Toute la ville parle de ma fille depuis deux semaines : tous se précipitent sur les journaux pour connaître les derniers développements mais il n'y en a pas un seul qui vienne ici pour savoir comment je vais. Les seules gens qui sonnent à ma porte, à part des journalistes, sont des voisins qui se plaignent du bruit. Les pères en deuil ont bien le droit d'écouter de la musique, non ?

— Parfaitement, Monsieur.

— Alors, vous écrivez un livre ?

— Je ne sais plus si je suis capable d'écrire. Écrire bien, c'est si difficile. Mon éditeur m'a proposé d'écrire un livre à propos de cette affaire. Il dit que ça relancerait ma carrière. Seriez-vous opposé à l'idée d'un livre à propos de Nola ?

Il haussa les épaules.

— Non. Si ça peut aider les parents à être plus prudents. Vous savez, le jour où ma fille a disparu, elle était dans sa chambre. Moi, je travaillais dans le garage, avec de la musique. Je n'ai rien entendu. Lorsque j'ai voulu aller la voir, elle n'était plus dans la maison. La fenêtre de sa chambre était ouverte. C'était comme si elle s'était évaporée. Je n'ai pas su veiller sur ma fille. Écrivez un livre pour les parents, Monsieur Goldman. Les parents doivent prendre grand soin de leurs enfants.

— Que faisiez-vous dans le garage, ce jour-là ?

— Je retapais cette moto. La Harley que vous avez vue.

— Jolie machine.

— Merci. Je l'avais ramassée à l'époque chez un carrossier de Montburry. Il disait qu'il ne pourrait plus rien en tirer et il me l'a cédée pour cinq dollars symboliques. Voilà ce que je faisais lorsque ma fille a disparu : je m'occupais de cette foutue moto.

— Vous vivez seul ici ?

— Oui. Ma femme est morte il y a longtemps…

Il se leva et m'apporta un album de photographies. Il me montra Nola petite, et sa femme, Louisa. Ils avaient l'air heureux. Je fus étonné de la facilité avec laquelle il se confia, alors qu'au fond il ne me connaissait pas. Je crois qu'il avait surtout envie de faire revivre un peu sa fille. Il me raconta qu'ils étaient arrivés à Aurora à l'automne 1969 en provenance de Jackson, Alabama, où, malgré une congrégation en pleine expansion, l'appel du large avait été plus fort : la communauté d'Aurora se cherchait un nouveau révérend, et il avait été engagé. La principale raison du départ pour le New Hampshire avait été la volonté de trouver un endroit calme pour élever Nola. À cette époque, le pays brûlait de l'intérieur, entre dissensions politiques, ségrégation et guerre du Vietnam. Les événements des années 1960 dans le Sud – la brutalité policière, le Klan, les incendies des églises noires et les émeutes consécutives aux assassinats de Martin Luther King et Bobby Kennedy – les avaient poussés à se mettre à la recherche d'un lieu préservé, à l'abri de toute cette agitation. Alors, lorsque sa petite voiture poussive épuisée par le poids de la caravane était parvenue aux abords des grands étangs couverts de nénuphars de Montburry, avant d'aborder la descente vers Aurora, et qu'il avait vu au loin cette magnifique petite ville tranquille, David Kellergan s'était félicité de son choix. Comment pouvait-il imaginer que c'était là que, six ans plus tard, sa fille unique allait disparaître ?

— Je suis passé devant votre ancienne paroisse, dis-je. C'est devenu un McDonald's.

— Le monde entier est en train de devenir un McDonald's, Monsieur Goldman.

— Mais qu'est-il arrivé à la paroisse ?

— Pendant des années, elle se portait à merveille. Puis il y a eu la disparition de ma Nola, et tout a changé. Enfin une seule chose a changé : j'ai cessé de croire en Dieu. Si Dieu existait vraiment, les enfants ne pourraient pas disparaître. Je me suis mis à faire n'importe quoi, mais personne n'a osé me mettre à la porte. Peu à peu, la communauté s'est de nouveau dispersée. Il y a quinze ans, la paroisse d'Aurora a fusionné avec celle de Montburry, pour des raisons économiques. Ils ont vendu le bâtiment. Les fidèles vont à Montburry maintenant le dimanche. Après la disparition, je n'ai plus jamais été en mesure de reprendre mes fonctions, même si je n'ai officiellement démissionné que six ans plus tard. La paroisse me verse toujours une pension. Et elle m'a cédé la maison pour une bouchée de pain.

David Kellergan me décrivit ensuite les années de vie heureuse et insouciante à Aurora. Les plus belles de sa vie selon lui. Il se rappelait ces soirs d'été où il autorisait Nola à veiller pour lire sous la marquise ;

il aurait voulu que les étés ne finissent jamais. Il me raconta également que sa fille mettait consciencieusement de côté l'argent qu'elle gagnait au Clark's tous les samedis; elle disait qu'avec cette somme, elle irait en Californie pour devenir une actrice. Lui-même était si fier d'aller au Clark's et d'entendre combien les clients et la mère Quinn étaient satisfaits d'elle. Pendant longtemps, après sa disparition, il s'était demandé si elle était partie en Californie.

— Pourquoi partie ? demandai-je. Vous voulez dire qu'elle aurait fugué ?

— Fugué ? Pourquoi aurait-elle fugué ? s'indigna-t-il.

— Et Harry Quebert ? Vous le connaissez bien ?

— Non. À peine. Je l'ai croisé quelques fois.

— À peine ? m'étonnai-je. Pourtant vous habitez la même ville depuis plus de trente ans.

— Je ne connais pas tout le monde, Monsieur Goldman. Et puis, vous savez, je vis plutôt reclus. Est-ce que tout ceci est la vérité ? Harry Quebert et Nola ? A-t-il écrit ce livre pour elle ? Qu'est-ce que ce livre signifie, Monsieur Goldman ?

— Pour être très franc avec vous, je crois que votre fille aimait Harry et que c'était réciproque. Ce livre raconte l'histoire d'un amour impossible entre deux personnes qui ne sont pas issues de la même classe sociale.

— Je sais, s'écria-t-il. Je sais ! Mais alors quoi, Quebert a remplacé *perversion* par *classe sociale* pour se donner une dignité, et il a vendu des millions de bouquins ? Un bouquin qui raconte des histoires obscènes avec ma fille, avec ma petite Nola, que toute l'Amérique a lu et magnifié !

Le révérend Kellergan s'était emporté, ses derniers mots avaient été prononcés dans un accès de violence que je n'aurais jamais pu soupçonner de la part d'un homme d'apparence si frêle. Il se tut un instant et tourna en rond dans la pièce comme s'il avait besoin d'évacuer sa colère. La musique hurlait toujours en arrière-fond sonore. Je lui dis :

— Harry Quebert n'a pas tué Nola.

— Comment pouvez-vous en être si sûr ?

— On n'est jamais sûr de rien, Monsieur Kellergan. C'est pour ça que l'existence est parfois si compliquée.

Il eut une moue.

— Que voulez-vous savoir, Monsieur Goldman ? Si vous êtes ici, c'est que vous devez avoir des questions à me poser ?

— J'essaie de comprendre ce qui a pu se passer. Le soir où votre fille a disparu, vous n'avez rien entendu ?

— Rien.

— Certains voisins ont déclaré à l'époque avoir entendu des cris.

— Des cris ? Il n'y a pas eu de cris. Il n'y avait jamais de cris dans cette maison. Pourquoi y en aurait-il eu d'ailleurs ? Ce jour-là, j'étais occupé dans le garage. Toute l'après-midi. Sur le coup de dix-neuf heures, j'ai commencé à préparer le repas. Je suis allé la chercher dans sa chambre pour qu'elle m'aide, mais elle n'y était plus. Je me suis d'abord dit qu'elle était peut-être partie faire un tour, bien que ce ne fût pas dans ses habitudes. J'ai attendu un peu et puis, comme je m'inquiétais, je suis allé faire le tour du quartier. Je n'ai pas fait cent mètres sur le trottoir que je suis tombé sur un attroupement : les voisins venaient se prévenir mutuellement qu'une jeune femme avait été vue à Side Creek en sang, et que des véhicules de police affluaient de toute la région et bouclaient les environs. Je me suis rué dans la première maison pour téléphoner à la police, pour les prévenir que c'était peut-être Nola... Sa chambre était au rez-de-chaussée, Monsieur Goldman. J'ai passé plus de trente ans à me demander ce que ma fille était devenue. Et je me suis longtemps dit que si j'avais eu d'autres enfants, je les aurais fait dormir dans le grenier. Mais il n'y a pas eu d'autres enfants.

— Avez-vous remarqué un comportement étrange chez votre fille, l'été de sa disparition ?

— Non. Je ne sais plus. Je ne crois pas. Voilà une autre question que je me pose souvent et à laquelle je ne peux pas répondre.

Il se souvenait néanmoins que cet été-là, alors que les vacances scolaires venaient de débuter, Nola lui avait parfois semblé très mélancolique. Il avait mis ça sur le compte de l'adolescence. Je demandai ensuite à pouvoir visiter la chambre de sa fille ; il m'y escorta en gardien de musée, m'ordonnant : « Surtout, ne touchez à rien. » Depuis la disparition, il avait laissé la pièce intacte. Tout était là : le lit, l'étagère remplie de poupées, la petite bibliothèque, le pupitre sur lequel étaient étalés pêle-mêle des stylos, une longue règle en fer et des feuilles de papier jauni. C'était du papier de correspondance, le même que celui sur lequel avait été écrit le mot à Harry.

— Elle trouvait ce papier dans une papeterie de Montburry, m'expliqua le père lorsqu'il vit que je m'y intéressais. Elle l'adorait. Elle en avait toujours sur elle, elle l'utilisait pour ses notes, pour laisser un mot. Ce papier, c'était elle. Elle en avait toujours plusieurs blocs de réserve.

Il y avait également, rangée dans un coin de la chambre, une Remington portable.

— C'était la sienne ? demandai-je.

— La mienne. Mais elle s'en servait aussi. L'été de la disparition, elle l'utilisait très souvent. Elle disait qu'elle avait des documents importants à taper. Il lui arrivait même régulièrement de l'emporter hors de la maison. Je lui proposais de l'emmener, mais elle ne voulait jamais. Elle partait à pied, la traînant à bout de bras.

— La chambre était donc telle quelle au moment de la disparition de votre fille ?

— Tout était exactement dans cette disposition. Cette pièce vide, c'est celle que j'ai vue en venant la chercher. La fenêtre était grande ouverte et un vent léger faisait s'agiter les rideaux.

— Vous pensez que quelqu'un s'est introduit dans sa chambre, ce soir-là, et l'a emmenée de force ?

— Je ne saurais pas vous dire. Je n'ai rien entendu. Mais comme vous pouvez le voir, il n'y avait aucune trace de lutte.

— La police a retrouvé un sac avec elle. Un sac avec son nom frappé à l'intérieur.

— Oui, on m'a même demandé de l'identifier. C'était mon cadeau pour son quinzième anniversaire. Elle avait vu ce sac à Montburry, un jour où nous y étions ensemble. Je me rappelle encore la boutique, dans la rue principale. J'y étais retourné le lendemain pour l'acheter. Et j'avais fait frapper son nom à l'intérieur, chez un sellier.

J'essayai d'étayer une hypothèse :

— Mais alors, si c'était son sac, c'est qu'elle l'a pris avec elle. Et si elle l'a pris, c'est qu'elle partait quelque part, non ? Monsieur Kellergan, je sais que c'est dur à imaginer, mais pensez-vous que Nola ait pu s'enfuir ?

— Je ne sais plus, Monsieur Goldman. La police

m'a déjà posé la question il y a trente-trois ans, et de nouveau il y a quelques jours. Mais il ne manque aucun objet ici. Ni vêtements, ni argent, rien. Regardez, sa tirelire est là, sur son étagère, toujours pleine. (Il se saisit d'un pot à biscuits sur un rayonnage supérieur.) Regardez, il y a cent vingt dollars ! Cent vingt dollars ! Pourquoi les aurait-elle laissés ici si elle avait fugué ? La police dit qu'il y avait ce maudit bouquin dans son sac. Est-ce que c'est vrai ?

— Oui.

Les questions continuaient à danser dans ma tête : pourquoi Nola aurait-elle fui sans emporter ni vêtements, ni argent ? Pourquoi n'aurait-elle emporté que ce manuscrit ?

Dans le garage, le disque termina de jouer sa dernière plage et le père se précipita pour le remettre au début. Je ne voulus pas le déranger plus longtemps : je le saluai et m'en allai, prenant au passage une photographie de la Harley-Davidson.

De retour à Goose Cove, j'allai boxer sur la plage. À ma grande surprise, je fus bientôt rejoint par le sergent Gahalowood qui arriva de la maison. J'avais mes écouteurs dans les oreilles et je ne le remarquai que lorsqu'il me tapota les épaules.

— Vous êtes en forme, me dit-il en contemplant mon torse nu, essuyant sa main pleine de ma sueur sur son pantalon.

— J'essaie de me maintenir.

Je sortis mon enregistreur de ma poche pour l'éteindre.

— Un lecteur de minidisques ? fit-il de son ton désagréable. Savez-vous qu'Apple a révolutionné le monde et qu'on peut désormais stocker la musique de façon quasi illimitée sur un disque dur portable qu'on appelle iPod ?

— Je n'écoute pas de la musique, sergent.

— Qu'est-ce que vous écoutez en faisant votre sport, alors ?

— Peu importe. Dites-moi plutôt ce qui me vaut l'honneur de votre visite. Un dimanche de surcroît.

— J'ai reçu un appel du Chef Dawn : il m'a raconté l'incendie de vendredi soir. Il est inquiet et je dois avouer que je ne lui donne pas tort : je n'aime pas quand les affaires prennent ce genre de tournure.

— Êtes-vous en train de dire que vous vous inquiétez pour ma sécurité ?

— Pas le moins du monde. Je veux simplement éviter que tout ceci dégénère. On sait bien que les crimes d'enfants créent toujours énormément de remous au sein de la population. Je peux vous assurer que chaque fois qu'on parle de la gamine morte à la télé, il y a, à n'en pas douter, des tas de pères de famille parfaitement civilisés qui se disent prêts à aller couper les couilles de Quebert.

— Sauf que là, c'est moi qui étais visé.

— C'est justement pour ça que je suis là. Pourquoi ne pas m'avoir dit que vous aviez reçu une lettre anonyme ?

— Parce que vous m'avez foutu hors de votre bureau.

— Ce n'est pas faux.

— Je vous offre une bière, sergent ?

Il eut une brève hésitation puis il accepta. Nous remontâmes à la maison et j'allai chercher deux bouteilles que nous bûmes sur la terrasse. Je racontai comment ce vendredi-là, en rentrant de Grand Beach, j'avais croisé l'incendiaire.

— Impossible de le décrire, dis-je. Il était masqué. C'était une silhouette. Et de nouveau ce même message : *Goldman, rentre chez toi*. Ça fait le troisième.

— Le Chef Dawn m'en a parlé. Qui sait que vous menez votre propre enquête ?

— Tout le monde. Je veux dire : je passe ma journée à poser des questions à tous ceux que je rencontre. Ça pourrait être n'importe qui. Vous pensez à quoi ? Quelqu'un qui ne voudrait pas que je creuse cette histoire ?

— Quelqu'un qui ne voudrait pas que vous découvriez la vérité à propos de Nola. Comment avance votre enquête d'ailleurs ?

— Mon enquête ? Parce que vous vous y intéressez à présent ?

— Peut-être. Disons que votre cote de crédibilité est montée en flèche depuis qu'on vous menace pour vous faire taire.

— J'ai parlé au père Kellergan. C'est un brave type. Il m'a montré la chambre de Nola. Je me doute que vous l'avez visitée aussi...

— Oui.

— Alors, si c'est une fugue, comment expliquez-vous qu'elle n'ait rien emporté avec elle ? Ni vêtements, ni argent, ni rien.

— Parce que ce n'était pas une fugue, me dit Gahalowood.

— Mais alors, si c'était un enlèvement, pourquoi n'y aurait-il pas de traces de lutte ? Et pourquoi aurait-elle emporté ce sac avec ce manuscrit ?

— Il aurait suffi qu'elle connaisse son meurtrier. Peut-être même vivaient-ils une relation ensemble. Il sera alors apparu à sa fenêtre, comme il le faisait peut-être parfois, et il l'aura convaincue de le suivre. Peut-être juste pour faire quelques pas dehors.

— Vous parlez de Harry, là.

— Oui.

— Donc quoi ? Elle prend le manuscrit et sort par la fenêtre ?

— Qui vous dit qu'elle a emporté ce manuscrit ? Qui vous dit qu'elle a jamais eu ce manuscrit entre les mains ? Ça, c'est l'explication de Quebert, sa façon de justifier la présence de son manuscrit avec le cadavre de Nola.

Durant une fraction de seconde, j'hésitai à raconter ce que je savais à propos de Harry et Nola, qu'ils devaient se retrouver au Sea Side Motel et s'enfuir. Mais je préférai ne rien dire pour le moment, pour ne pas nuire à Harry. Je demandai simplement à Gahalowood :

— Alors quelle est votre hypothèse ?

— Quebert a tué la gamine et a enterré le manuscrit avec elle. Peut-être à cause des remords. C'était un livre sur leur amour, et leur amour l'avait tuée.

— Qu'est-ce qui vous fait dire ça ?

— Il y a une inscription sur le manuscrit.

— Une inscription ? Quelle inscription ?

— Je ne peux pas vous dire. Confidentiel.

— Oh, arrêtez vos conneries, sergent ! Vous m'en avez trop dit ou pas assez : vous ne pouvez pas vous cacher derrière le secret de l'enquête quand ça vous arrange.

Il soupira, résigné.

— Il est écrit : *Adieu, Nola chérie*.

Je restai sans voix. *Nola chérie*. N'était-ce pas comme cela que Nola avait demandé à Harry de l'appeler à Rockland ? J'essayai de rester calme.

— Qu'allez-vous faire de ce mot ? demandai-je.

— Nous allons procéder à une expertise graphologique. En espérant qu'on puisse encore en tirer quelque chose.

J'étais complètement troublé par cette révélation. *Nola chérie.* C'étaient exactement les mots prononcés par Harry lui-même, les mots que j'avais enregistrés.

Je passai une partie de ma soirée à cogiter, sans savoir que faire. Sur le coup de vingt et une heures, je reçus un appel de ma mère. Apparemment, on avait mentionné l'incendie à la télévision. Elle me dit :

— Au nom du Ciel, Markie, vas-tu mourir pour la cause de ce Diable criminel ?

— Du calme, Maman. Du calme.

— On ne parle que de toi ici, et pas en très bons termes si tu vois ce que je veux dire. Dans le quartier les gens se posent des questions... Ils demandent pourquoi tu t'entêtes à rester avec ce Harry.

— Sans Harry, je ne serais jamais devenu le Grand Goldman, Maman.

— Tu as raison : sans ce type, tu serais devenu le Très Grand Goldman. Depuis que tu as commencé à fréquenter ce type, à l'université, tu as changé. Tu es *le Formidable*, Markie. Tu te souviens ? Même la petite Madame Lang, la caissière du supermarché, me demande encore toujours : *Comment va le Formidable ?*

— Maman... il n'y a jamais eu de *Formidable*.

— Jamais de *Formidable* ? Jamais de *Formidable* ? (Elle appela mon père.) Nathan, viens ici, veux-tu ! Markie dit qu'il n'a jamais été *le Formidable*. (J'entendis mon père marmonner indistinctement en arrière-fond.) Tu vois, ton père dit pareil : au lycée tu étais *le Formidable*. J'ai rencontré ton ancien proviseur hier. Il m'a dit qu'il gardait un tel souvenir de toi... J'ai bien cru qu'il allait pleurer, tant il était ému. Et après il m'a dit : « Ah, Madame Goldman, je ne sais pas dans quelle galère votre fils s'est embarqué à présent. » Tu vois comme c'est triste : même ton ancien proviseur se pose des questions. Et nous, alors ? Pourquoi tu cours t'occuper d'un vieux professeur au lieu de te chercher une femme ? Tu vas avoir trente ans, et tu n'as marié personne encore ! Tu veux qu'on meure sans t'avoir vu marié ?

— Tu as cinquante-deux ans, Maman. On a encore un peu de temps.

— Cesse d'ergoter ! T'a-t-on appris à ergoter, hein ? Encore des choses que tu tiens de ce maudit Quebert. Pourquoi ne t'occupes-tu pas de nous ramener une belle jeune femme ? Hein ? Hein ? Alors, tu ne réponds plus ?

— Je n'ai rencontré personne qui m'ait plu ces derniers temps, Maman. Entre mon livre, ma tournée, le prochain livre...

— Des excuses, voilà ce que c'est ! Et le prochain livre ? Ça sera un livre de quoi ? Des histoires de sexe pervers ? Je ne te reconnais plus, Markie... Markie chéri, écoute, je dois te demander : es-tu amoureux de ce Harry ? Fais-tu de l'homosexualité avec lui ?

— Non ! Pas du tout !

Je l'entendis dire à mon père : « Il dit que non. Ça veut dire que c'est oui. » Puis elle me demanda en chuchotant :

— As-tu la Maladie ? Ta Mama t'aimera même si tu es malade.

— Quoi ? Quelle maladie ?

— Celle des hommes qui sont allergiques aux femmes.

— Tu me demandes si je suis homosexuel ? Non ! Et même si c'était le cas, il n'y aurait rien de mal à ça. Mais j'aime les femmes, Maman.

— Les femmes ? Comment ça, *les femmes* ? Contente-toi d'en aimer une seule et de l'épouser, veux-tu ! Les femmes ! Tu n'es pas capable d'être fidèle, c'est ça que tu essaies de me dire ? Es-tu un obsédé sexuel, Markie ? Veux-tu aller chez un docteur psychiatre pour te faire faire des soins mentaux ?

Je finis par raccrocher, dépité. Je me sentais très seul. Je me suis installé dans le bureau de Harry, je mis en marche mon enregistreur et je réécoutai sa voix. J'avais besoin d'un élément nouveau, une preuve tangible qui change le cours de l'enquête, quelque chose qui puisse éclaircir ce puzzle abrutissant que j'essayais de résoudre et qui se limitait jusqu'à présent à Harry, un manuscrit et une gamine morte. À mesure que je réfléchissais, je fus envahi par une sensation étrange que je ne connaissais plus depuis longtemps : j'avais envie d'écrire. Écrire ce que je vivais, ce que je ressentais. Bientôt, des idées se bousculèrent dans ma tête. Plus qu'envie, j'avais besoin d'écrire. Cela ne m'était plus arrivé depuis un an et demi. Comme un volcan qui se réveillait soudain et s'apprêtait à entrer en éruption. Je me précipitai sur mon ordinateur portable, et après m'être demandé un instant comment je devais commencer cette histoire, je me mis à taper les premières lignes de ce qui allait devenir mon prochain livre :

> Au printemps 2008, environ une année après que je fus devenu la nouvelle vedette de la littérature américaine, il se passa un événement que je décidai d'enfouir profondément dans

ma mémoire : je découvris que mon professeur d'université, Harry Quebert, soixante-sept ans, l'un des écrivains les plus respectés du pays, avait entretenu une liaison avec une fille de quinze ans alors que lui-même en avait trente-quatre. Cela s'était passé durant l'été 1975.

*

Le mardi 24 juin 2008, un Grand Jury populaire confirma le bien-fondé des accusations portées par le bureau du procureur et inculpa formellement Harry d'enlèvement et de double meurtre. Lorsque Roth me communiqua la décision du jury, j'explosai au téléphone : « Vous qui avez apparemment étudié le droit, pouvez-vous m'expliquer sur la base de quoi ils fondent leurs âneries ? » La réponse était simple : sur le dossier de police. Et en notre qualité de défendeur, l'inculpation de Harry nous y donnait désormais accès. La matinée passée avec Roth à en étudier les pièces fut tendue, notamment parce qu'à mesure qu'il en égrenait les documents, il répétait : « Hou là là, c'est pas bon. C'est même pas bon du tout. » Je rétorquais : « C'est pas bon, ça veut rien dire : c'est vous qui devez être bon, non ? » Et lui me répondait par des mimiques perplexes qui amenuisaient ma confiance en ses talents d'avocat.

Le dossier regroupait des photographies, des témoignages, des rapports, des expertises, des comptes rendus d'interrogatoires. Une partie des clichés datait de 1975 : des photos de la maison de Deborah Cooper, puis son corps allongé sur le sol de la cuisine, baignant dans une mare de sang, et enfin l'endroit dans la forêt où avaient été retrouvés les traces de sang, les cheveux et les lambeaux de vêtement. On faisait ensuite un voyage dans le temps de trente-trois ans pour se retrouver à Goose Cove, où l'on pouvait voir, gisant au fond du trou creusé par la police, un squelette en position fœtale. Par endroits, des lambeaux de chair encore accrochés aux os et quelques cheveux clairsemés sur le haut du crâne ; il était vêtu d'une robe à moitié décomposée et à côté se trouvait le fameux sac en cuir. J'eus un haut-le-cœur.

— C'est Nola ? demandai-je.

— C'est elle. Et c'est dans ce sac qu'était le manuscrit de Quebert. Il y avait le manuscrit et rien d'autre. Le procureur dit qu'une gamine qui fugue ne s'enfuit pas sans rien.

Le rapport d'autopsie, lui, révélait une importante fracture au niveau du crâne. Nola avait reçu un coup d'une violence inouïe, qui avait fracassé l'os occipital. Le médecin légiste estimait que le meurtrier avait utilisé un bâton très lourd, ou un objet similaire, comme une batte ou une matraque.

Nous prîmes connaissance ensuite de diverses dépositions, celles des jardiniers, de Harry et surtout d'une, signée de la main de Tamara Quinn, qui y affirmait au sergent Gahalowood avoir découvert à l'époque que Harry s'était entiché de Nola mais que la preuve qu'elle détenait s'était volatilisée ensuite et que, par conséquent, personne ne l'avait jamais crue.

— Son témoignage est crédible ? m'inquiétai-je.

— Face à des jurés, oui, estima Roth. Et nous n'avons rien pour contre-attaquer, Harry lui-même a reconnu pendant son interrogatoire avoir eu une relation avec Nola.

— Bon alors, qu'est-ce qu'on a dans ce dossier qui ne l'accable pas ?

Là-dessus, Roth avait son idée : il fouilla parmi les documents et me tendit un épais paquet de feuilles reliées entre elles par un morceau de bande adhésive.

— Une copie du fameux manuscrit, me dit-il.

La page de couverture était vierge, sans titre ; apparemment Harry n'avait eu l'idée du titre que plus tard. Mais il y avait, au centre de celle-ci, trois mots qu'on pouvait lire distinctement, écrits à la main :

Adieu, Nola chérie

Roth s'embarqua dans une longue explication. Il estimait qu'utiliser ce manuscrit comme principale preuve à charge contre Harry était une erreur grossière de la part du bureau du procureur : une expertise graphologique allait avoir lieu et aussitôt que les résultats seraient connus – il était convaincu qu'ils innocenteraient Harry – le dossier s'effondrerait comme un château de cartes.

— C'est la pièce maîtresse de ma défense, me dit-il triomphant. Avec un peu de chance, on n'aura même pas besoin d'aller jusqu'au procès.

— Mais que se passerait-il si l'écriture était authentifiée comme étant celle de Harry ? demandai-je.

Roth me dévisagea avec un drôle d'air :

— Pourquoi diable le serait-elle ?

— Je dois vous informer de quelque chose de grave : Harry m'a raconté qu'il était parti une journée à Rockland avec Nola, et qu'elle lui avait demandé de l'appeler *Nola chérie*.

Roth devint blême. Il me dit : « Vous comprenez que si, d'une façon ou d'une autre, il est l'auteur de ce mot... » et avant même de terminer sa phrase, il rassembla ses affaires et m'entraîna sur la route de la prison d'État. Il était hors de lui.

À peine entré dans la salle de visite, Roth brandit le manuscrit sous le nez de Harry et s'écria :
— Elle vous a dit de l'appeler *Nola chérie* ?
— Oui, répondit Harry en baissant la tête.
— Mais vous voyez ce qui est écrit là ? Sur la première page de votre foutu manuscrit ! Quand comptiez-vous me le dire, bordel de merde ?
— Je vous assure que ce n'est pas mon écriture. Je ne l'ai pas tuée ! Je n'ai pas tué Nola ! Nom de Dieu, vous le savez, non ? Vous le savez que je ne suis pas un tueur de gamine !

Roth se calma et s'assit.
— Nous le savons, Harry, dit-il. Mais toutes ces coïncidences sont troublantes. La fugue, ce mot... Et moi je dois défendre vos fesses face à un jury de bons citoyens qui auront envie de vous condamner à mort avant même l'ouverture du procès.

Harry avait très mauvaise mine. Il se leva et tourna en rond dans la petite salle en béton.
— Le pays est en train de se lever contre moi. Bientôt, tout le monde voudra ma peau. Si ce n'est pas déjà le cas... Les gens emploient à mon égard des mots dont ils ne saisissent pas la portée : pédophile, pervers, détraqué. Ils salissent mon nom et brûlent mes livres. Mais vous devez savoir, et je vous le répète pour la dernière fois : je ne suis pas une espèce de maniaque. Nola a été la seule femme que j'aie jamais aimée et, pour mon malheur, elle n'avait que quinze ans. L'amour, merde, ça ne se commande pas !
— Mais on parle d'une fille de quinze ans ! s'emporta Roth.

Harry eut une mine dépitée. Il se tourna vers moi.

— Vous pensez la même chose, Marcus ?

— Harry, ce qui me trouble, c'est que vous ne m'aviez jamais parlé de tout ça... Depuis dix ans que nous sommes amis, vous n'avez jamais mentionné Nola. Je pensais que nous étions proches.

— Mais au nom du Ciel, qu'aurais-je dû vous dire ? « Ah, mon cher Marcus, au fait, je ne vous ai jamais dit, mais en 1975, en débarquant à Aurora, je suis tombé amoureux d'une fille de quinze ans, une gamine qui a changé ma vie mais qui a disparu trois mois plus tard, un soir de la fin de l'été, et je ne m'en suis jamais vraiment remis... » ?

Il donna un coup de pied dans une des chaises en plastique et l'envoya valser contre un mur.

— Harry, dit Roth, si ce n'est pas vous qui avez écrit ce mot – et je vous crois quand vous le dites –, avez-vous une idée de qui cela peut être ?

— Non.

— Qui savait pour vous et Nola ? Tamara Quinn affirme qu'elle s'en doutait depuis toujours.

— Je ne sais pas ! Peut-être que Nola a parlé de nous à certaines de ses amies...

— Mais estimez-vous probable que quelqu'un ait été au courant ? poursuivit Roth.

Il y eut un silence. Harry avait un air triste et brisé qui me déchirait le cœur.

— Allons, insista Roth pour le pousser à parler, je sens bien que vous ne me dites pas tout. Comment voulez-vous que je vous défende si vous me cachez certaines informations.

— Il... il y a eu ces lettres anonymes.

— Quelles lettres anonymes ?

— Juste après la disparition de Nola, j'ai commencé

à recevoir des lettres anonymes. Je les trouvais à chaque fois dans l'encadrement de ma porte d'entrée, de retour d'une absence. À l'époque, ça m'a foutu une sacrée trouille. Ça voulait dire que quelqu'un m'espionnait, qu'on guettait mes absences. À un moment donné, j'avais tellement peur, que j'appelais systématiquement la police lorsque j'en trouvais une. Je disais qu'il me semblait avoir vu un rôdeur, une patrouille venait, et ça me rassurait. Bien sûr, je ne pouvais pas mentionner le véritable motif de mon inquiétude.

— Mais qui a pu vous envoyer ces lettres ? demanda Roth. Qui savait pour vous et Nola ?

— Je n'en ai pas la moindre idée. Ça a duré en tout cas au moins quatre mois. Ensuite, plus rien.

— Vous les avez conservées ?

— Oui. Chez moi. Entre les pages d'une grande encyclopédie, dans mon bureau. J'imagine que la police ne les a pas trouvées car personne ne m'en a parlé.

De retour à Goose Cove, je mis immédiatement la main sur l'encyclopédie à laquelle il faisait référence. Dissimulée entre les pages, je trouvai une enveloppe en kraft contenant une dizaine de petites feuilles. Des lettres, sur du papier jauni. Un message identique et tapé à la machine à écrire figurait sur chacune d'entre elles :

Je sais ce que vous avez fait à cette gamine de 15 ans.
Et bientôt toute la ville saura.

Quelqu'un était donc au courant pour Harry et Nola. Quelqu'un qui avait gardé le silence pendant trente-trois ans.

*

Durant les deux jours qui suivirent, je m'efforçai d'interroger toutes les personnes qui, d'une façon ou d'une autre, auraient pu connaître Nola. Ernie Pinkas, une fois de plus, me fut d'une aide précieuse dans cette entreprise : ayant retrouvé, dans les archives de la bibliothèque, le *yearbook* du lycée d'Aurora, année 1975, il parvint à me dresser, grâce à l'annuaire et à Internet, une liste des coordonnées actuelles d'une grande partie de ceux des anciens camarades de classe qui vivaient encore dans la région. Malheureusement, cette démarche ne fut guère fructueuse : tous ces gens avaient certes aujourd'hui la cinquantaine, mais ils n'avaient à me raconter que des souvenirs d'enfants, sans grand intérêt pour l'avancée de l'enquête. Jusqu'à ce que je réalise que l'un des noms de la liste ne m'était pas inconnu : Nancy Hattaway. Celle dont Harry m'avait dit qu'elle avait servi d'alibi à Nola lors de leur escapade à Rockland.

D'après les informations fournies par Pinkas, Nancy Hattaway tenait un magasin de couture et de patchworks, situé dans un complexe industriel un peu en dehors de la ville, sur la route 1, en direction du Massachusetts. Je m'y rendis pour la première fois le jeudi 26 juin 2008. C'était une jolie boutique à la devanture pleine de couleurs, coincée entre un snack et une quincaillerie. La seule personne que je trouvai à l'intérieur fut une dame dans le début de la cinquantaine, les cheveux grisonnants et courts. Elle était assise à un bureau, des lunettes de lecture sur les yeux, et après qu'elle m'eut salué courtoisement, je lui demandai :

— Êtes-vous Nancy Hattaway ?

— C'est moi-même, répondit-elle en se levant. Est-ce qu'on se connaît ? Votre visage me dit quelque chose.

— Je m'appelle Marcus Goldman. Je suis...

— Écrivain, me coupa-t-elle. Ça me revient, maintenant. On dit que vous posez beaucoup de questions sur Nola.

Elle semblait sur la défensive. D'ailleurs, elle ajouta immédiatement :

— J'imagine que vous n'êtes pas là pour mes patchworks.

— Effectivement. Et il est également exact que je m'intéresse à la mort de Nola Kellergan.

— En quoi cela me concerne ?

— Si vous êtes bien celle que je crois, vous avez très bien connu Nola. Quand vous aviez quinze ans.

— Qui vous a dit ça ?

— Harry Quebert.

Elle se leva de sa chaise et se dirigea d'un pas décidé vers la porte. Je pensais qu'elle allait me demander de partir, mais elle apposa le panneau *FERMÉ* contre la vitrine et poussa le loquet de l'entrée. Puis elle se tourna vers moi et me demanda :

— Votre café, Monsieur Goldman, vous l'aimez comment ?

Nous passâmes plus d'une heure dans son arrière-boutique. Elle était bien la Nancy dont m'avait parlé Harry, l'amie de Nola à l'époque. Elle ne s'était jamais mariée et elle avait conservé son nom.

— Vous n'avez jamais quitté Aurora ? lui demandai-je.

— Jamais. Je suis beaucoup trop attachée à cette ville. Comment m'avez-vous trouvée ?

— Internet, je crois. Internet fait des miracles.

Elle acquiesça.

— Alors? me demanda-t-elle. Qu'est-ce que vous voulez savoir au juste, Monsieur Goldman?

— Appelez-moi Marcus. J'ai besoin que quelqu'un me parle de Nola.

Elle sourit.

— Nola et moi étions dans la même classe à l'école. Nous nous étions liées dès son arrivée à Aurora. Nous habitions presque à côté, sur Terrace Avenue, et elle venait souvent chez moi. Elle disait qu'elle aimait venir à la maison parce que j'avais une famille *normale*.

— Normale? Que voulez-vous dire?

— J'imagine que vous avez rencontré le père Kellergan...

— Oui.

— C'était quelqu'un de très strict. Difficile d'imaginer qu'il ait eu une fille comme Nola: intelligente, douce, gentille, souriante.

— C'est étrange ce que vous me dites à propos du révérend Kellergan, Madame Hattaway. Je l'ai rencontré il y a quelques jours et il m'a donné l'impression d'un homme plutôt doux.

— Il peut donner cette impression. Du moins en public. Il avait été appelé à la rescousse pour remonter la paroisse St James qui tombait à l'abandon, après avoir, paraît-il, fait des miracles en Alabama. Effectivement, rapidement après sa reprise, le temple de St James était plein tous les dimanches. Mais en dehors de ça, difficile de dire ce qui se passait vraiment chez les Kellergan...

— Que voulez-vous dire?

— Nola était battue.

— Quoi?

L'épisode à ce sujet que me rapporta Nancy Hattaway s'était déroulé, d'après mes calculs, le lundi 7 juillet 1975, soit durant la période pendant laquelle Harry avait repoussé Nola.

*

Lundi 7 juillet 1975

C'était les vacances. Il faisait un temps absolument magnifique et Nancy était venue chercher Nola chez elle pour aller à la plage. Alors qu'elles longeaient Terrace Avenue, Nola demanda soudain :

— Dis, Nancy, tu penses que je suis une méchante fille ?

— Une méchante fille ? Non, quelle horreur ! Pourquoi tu me demandes ça ?

— Parce qu'à la maison, on me dit que je suis méchante fille.

— Quoi ? Pourquoi te dit-on des mots pareils ?

— Ça n'a pas d'importance. Où est-ce qu'on va se baigner ?

— Sur Grand Beach. Réponds-moi, Nola : pourquoi te dit-on ça ?

— Peut-être que c'est la vérité, reprit Nola. C'est peut-être à cause de ce qui s'est passé quand on était en Alabama.

— En Alabama ? Qu'est-ce qui s'est passé là-bas ?

— Ce n'est pas important.

— T'as l'air triste, Nola.

— Je suis triste.

— Triste ? C'est les vacances ! Comment peut-on être triste lorsque c'est les vacances ?

— C'est compliqué, Nancy.

— As-tu des ennuis ? Si tu as des ennuis, il faut me le dire !

— Je suis amoureuse de quelqu'un qui ne m'aime pas.

— Qui ça ?

— J'ai pas envie d'en parler.

— C'est Cody, le gars de seconde qui te faisait du gringue ? J'en étais sûre que tu en pinçais pour lui ! Qu'est-ce que ça fait de fréquenter un type de seconde ? Mais c'est un con, non ? C'est un super-con ! Tu sais, c'est pas parce qu'il est dans l'équipe de basket-ball que c'est un chic type. C'est avec lui que t'es partie samedi passé ?

— Non.

— Qui est-ce alors ? Oh, allez, dis-moi. Vous avez couché ensemble ? T'as déjà couché avec un garçon ?

— Non ! Ça va pas la tête ! Je me garde pour l'homme de ma vie.

— Mais avec qui étais-tu samedi ?

— C'est quelqu'un de plus âgé. Mais ça n'a pas d'importance. De toute façon, il ne m'aimera jamais. Personne ne m'aimera jamais.

Elles arrivèrent à Grand Beach. La plage n'était pas très belle mais il n'y avait jamais personne. Surtout, les marées, qui vidaient trois mètres d'océan à chaque fois, laissaient des piscines naturelles dans les grands rochers creux que chauffait le soleil. Elles aimaient s'y prélasser, la température de l'eau y était beaucoup plus agréable que celle de l'océan. Comme la plage était déserte, elles n'eurent pas à se cacher pour mettre leurs maillots de bain et Nancy remarqua que Nola avait des hématomes sur les seins.

— Nola ! C'est affreux ! Qu'est-ce que tu as là ?

Nola cacha sa poitrine.

— Ne regarde pas !
— Mais j'ai vu ! Tu as des marques...
— C'est rien.
— Ce n'est pas rien ! Qu'est-ce que c'est ?
— Maman m'a frappée samedi.
— Quoi ? Ne dis pas de sottises...
— C'est la vérité, non ! C'est elle qui me dit que je suis une méchante fille.
— Mais enfin qu'est-ce que tu me racontes ?
— C'est la vérité ! Pourquoi personne ne veut me croire !

Nancy n'osa plus poser de questions et changea de sujet. Après leur baignade, elles allèrent chez les Hattaway. Nancy s'empara du baume de pharmacie dans la salle de bains de sa mère et en appliqua sur les seins meurtris de son amie.

— Nola, dit-elle, pour ta mère... je crois que tu devrais aller parler avec quelqu'un. Au lycée, peut-être que Madame Sanders, l'infirmière...
— On oublie ça, Nancy. S'il te plaît...

*

En repensant à son dernier été avec Nola, Nancy eut les larmes aux yeux.

— Que s'était-il passé en Alabama ? demandai-je.
— Je n'en sais rien. Je ne l'ai jamais su. Nola ne me l'a jamais dit.
— Est-ce lié à leur départ ?
— Je ne sais pas. J'aimerais pouvoir vous aider, mais je ne sais pas.
— Et ce chagrin d'amour, saviez-vous de qui il s'agissait ?
— Non, répondit Nancy.

Je me doutais qu'il était lié à Harry; j'avais cependant besoin de savoir si elle-même le savait.

— Mais vous étiez au courant qu'elle voyait quelqu'un, dis-je. Si je ne me trompe pas, c'était l'époque où vous vous serviez d'alibi mutuel pour aller voir des garçons.

Elle esquissa un sourire.

— Je vois que vous êtes bien renseigné… Les premières fois où nous l'avons fait, c'était pour aller passer une journée à Concord. Pour nous, Concord, c'était la grande aventure, il y avait toujours quelque chose à y faire. Nous avions l'impression d'être des grandes dames. Ensuite nous avons remis ça, moi pour aller seule sur le bateau de mon petit ami de l'époque, et elle pour… Vous savez, à l'époque je me doutais déjà que Nola voyait un homme plus âgé. Elle m'en parlait à demi-mot.

— Donc vous saviez, pour elle et Harry Quebert…

Elle répondit spontanément:

— Mon Dieu, non!

— Comment ça, *non*? Vous venez de me dire que Nola voyait un homme plus âgé.

Il y eut un silence gênant. Je compris alors que Nancy avait connaissance d'une information qu'elle n'avait aucune envie de partager.

— Qui était cet homme? demandai-je. Ce n'était pas Harry Quebert, hein? Madame Hattaway, je sais que vous ne me connaissez pas, que je débarque comme ça et que je vous force à fouiller dans votre mémoire. Si j'avais plus de temps devant moi, je ferais les choses mieux. Mais le temps presse: Harry Quebert croupit en prison alors que j'ai la conviction qu'il n'a pas tué Nola. Donc, si vous savez quelque chose qui peut m'aider, vous devez me le dire.

— J'ignorais tout pour Harry, confia-t-elle. Nola ne me l'a jamais dit. Je l'ai appris par la télévision il y a dix jours, comme tout le monde... Mais elle m'a parlé d'un homme. Oui, je savais qu'elle avait eu une liaison avec un homme beaucoup plus âgé. Mais cet homme n'était pas Harry Quebert.

Je restai complètement abasourdi.

— Mais quand était-ce ? demandai-je.

— Je ne me rappelle plus toute l'histoire en détail, cela fait trop longtemps, mais je peux vous assurer qu'à l'été 1975, l'été où Harry Quebert a débarqué ici, Nola a entretenu une relation avec un homme d'une quarantaine d'années.

— Quarante ans ? Est-ce que vous vous souvenez de son nom ?

— Ça, je ne risque pas de l'oublier. C'était Elijah Stern, probablement un des hommes les plus riches du New Hampshire.

— Elijah Stern ?

— Oui. Elle me racontait qu'elle devait se mettre nue pour lui, lui obéir, se laisser faire. Elle devait aller chez lui, à Concord. Stern envoyait son homme de main pour venir la chercher, un type étrange, Luther Caleb, qu'il s'appelait. Il venait la chercher à Aurora et il l'emmenait chez Stern. Je le sais parce que je l'ai vu de mes propres yeux.

22.

Enquête de police

"Harry, comment être sûr d'avoir toujours la force d'écrire des livres ?
– Certains l'ont, d'autres pas. Vous, vous l'aurez, Marcus. Je sais que vous l'aurez.
– Comment pouvez-vous en être aussi certain ?
– Parce que c'est en vous. Un peu comme une maladie. Car la maladie des écrivains, Marcus, ce n'est pas de ne plus pouvoir écrire : c'est de ne plus vouloir écrire mais d'être incapable de s'en empêcher."

Extrait de *L'Affaire Harry Quebert*

Vendredi 27 juin 2008. 7 heures 30. J'attends le sergent Perry Gahalowood. Il n'y a qu'une dizaine de jours que cette affaire a débuté mais j'ai l'impression que cela fait des mois. Je crois que la petite ville d'Aurora cache de drôles de secrets, que les gens en disent beaucoup moins que ce qu'ils savent vraiment. La question est de savoir pourquoi tout le monde se tait… Hier soir, j'ai de nouveau trouvé ce message : *Goldman, rentre chez toi.* Quelqu'un joue avec mes nerfs.

Je me demande ce que Gahalowood va dire à propos de ma découverte sur Elijah Stern. Je me suis renseigné à son sujet via Internet : il est le dernier héritier d'un empire financier qu'il gère avec succès. Il est né en 1933, à Concord où il vit toujours. Il a aujourd'hui soixante-quinze ans.

J'écrivis ces lignes en attendant Gahalowood, devant son bureau, dans un couloir du quartier général de la police d'État à Concord. La voix creuse du sergent m'interrompit soudain :

— L'écrivain, qu'est-ce que vous fabriquez ici ?

— J'ai fait des découvertes surprenantes, sergent. Je dois vous en parler.

Il ouvrit la porte de son bureau, posa son gobelet de café sur une table d'appoint, jeta sa veste sur une chaise et remonta les stores. Puis il me dit, tout en continuant de vaquer à ses occupations :

— Vous savez, vous pourriez téléphoner. C'est ce que font les gens civilisés. Nous prendrions rendez-vous et vous viendriez ici à une heure qui nous conviendrait à tous les deux. Faire les choses bien, quoi.

Je récitai d'une traite :

— Nola avait un amant, un certain Elijah Stern. Harry a reçu des lettres anonymes à l'époque de sa relation avec Nola, donc quelqu'un était au courant.

Il me dévisagea, stupéfait :

— Comment diable savez-vous tout ça ?

— Je mène mes propres recherches, je vous l'avais dit.

Il reprit immédiatement sa moue bougonne.

— Vous m'emmerdez, l'écrivain. Vous foutez le bordel dans mon enquête.

— Vous êtes de mauvaise humeur, sergent ?

— Oui. Parce qu'il est sept heures du matin et que vous êtes déjà en train de gesticuler dans mon bureau.

Je demandai s'il y avait un support sur lequel je puisse écrire. Il prit un air résigné et me conduisit dans une pièce adjacente. Des photos de Side Creek et d'Aurora avaient été punaisées sur un panneau mural en liège. Il me désigna un tableau blanc juste à côté et me tendit un feutre.

— Allez-y, soupira-t-il, je vous écoute.

J'inscrivis sur le tableau le nom de Nola, et je dessinai des flèches pour y rattacher les noms des personnes concernées par cette affaire. Le premier fut Elijah Stern, puis Nancy Hattaway.

— Et si Nola Kellergan n'était pas la petite fille modèle que tout le monde nous a décrite ? dis-je. On sait qu'elle a eu une relation avec Harry. Je sais désormais qu'elle a eu une autre relation, durant la même période, avec un certain Elijah Stern.

— Elijah Stern, l'homme d'affaires ?

— Lui-même.

— Qui vous a raconté ces sornettes ?

— La meilleure amie de Nola à l'époque. Nancy Hattaway.

— Comment l'avez-vous retrouvée ?

— *Yearbook* du lycée d'Aurora, année 1975.

— Bon. Et qu'est-ce que vous essayez de me dire, l'écrivain ?

— Que Nola était une gamine malheureuse. Au début de l'été 1975, son histoire avec Harry est compliquée : il la rejette et elle déprime. Quant à sa mère, elle la bat comme plâtre. Sergent : plus j'y pense et plus je crois que sa disparition est la conséquence d'étranges événements qui se sont produits cet été-là, contrairement à ce que tout le monde veut faire croire.

— Poursuivez.

— Eh bien, j'ai la conviction que d'autres personnes savaient pour Harry et Nola. Cette Nancy Hattaway, peut-être, mais je n'en suis pas sûr : elle dit qu'elle ignorait tout et elle semble sincère. En tout cas, quelqu'un écrivait des lettres anonymes à Harry...

— À propos de Nola ?

— Oui, regardez. Trouvées chez lui, dis-je en lui montrant l'une des lettres que j'avais prise avec moi.

— Chez lui ? Nous avons pourtant mené une perquisition.

— Peu importe. Mais ça veut dire que quelqu'un est au courant depuis toujours.

Il lut le texte à haute voix :

— *Je sais ce que vous avez fait à cette gamine de 15 ans. Et bientôt toute la ville saura.* Quand Quebert a-t-il reçu ces lettres ?

— Juste après la disparition de Nola.

— A-t-il une idée de qui pourrait en être l'auteur ?

— Aucune, malheureusement.

Je me tournai vers le panneau en liège piqué de photographies et de notes.

— C'est votre enquête, sergent ?

— Absolument. Et reprenons depuis le début, si vous le voulez bien. Nola Kellergan disparaît le soir du 30 août 1975. Le rapport de la police d'Aurora à l'époque indique qu'il n'est pas possible d'établir si elle a été enlevée ou s'il s'agit d'une fugue qui a mal tourné : aucune trace de lutte, aucun témoin. Néanmoins, aujourd'hui, nous penchons sérieusement pour la piste de l'enlèvement. Notamment parce qu'elle n'avait emporté ni argent, ni bagage.

— Je pense qu'elle a fugué, dis-je.

— Allons bon. Partons de cette hypothèse alors, suggéra Gahalowood. Elle enjambe la fenêtre de sa chambre et elle s'enfuit. Où va-t-elle ?

Il était temps que je révèle ce que je savais.

— Elle allait rejoindre Harry, répondis-je.

— Vous pensez ?

— Je le sais. Il me l'a dit. Je ne vous en ai pas parlé jusqu'ici parce que je craignais que ça le compromette, mais je pense qu'il est temps de jouer cartes sur table : le soir de la disparition, Nola devait rejoindre Harry dans un motel de la route 1. Ils devaient s'enfuir ensemble.

— S'enfuir ? Mais pourquoi ? Comment ? Où ?

— Ça, je l'ignore. Mais je compte bien l'apprendre. En tout cas, ce fameux soir, Harry attendait Nola dans une chambre de ce motel. Elle lui avait laissé une lettre pour lui dire qu'elle l'y rejoindrait. Il l'a attendue toute la nuit. Elle n'est jamais venue.

— Quel motel ? Et où est cette lettre ?

— Le Sea Side Motel. Quelques miles au nord de Side Creek. J'y suis passé, il existe toujours. Quant à la lettre… je l'ai brûlée. Pour protéger Harry…

— Vous l'avez brûlée ? Mais vous êtes complètement fou, l'écrivain ? Qu'est-ce qui vous a pris ? Vous voulez être condamné pour destruction de preuves ?

— Je n'aurais pas dû. Je regrette, sergent.

Gahalowood, tout en pestant, attrapa une carte de la région d'Aurora et la déroula sur une table. Il me montra le centre-ville, pointa la route 1 qui longeait la côte, Goose Cove, puis la forêt de Side Creek. Il réfléchit à haute voix :

— Si j'étais une gamine qui voulait fuguer sans être vue, je serais allée sur la plage la plus proche de chez moi et j'aurais longé le bord de mer jusqu'à pouvoir rejoindre la route 1. C'est-à-dire soit vers Goose Cove, soit vers…

— Side Creek, dis-je. Un sentier à travers la forêt relie le bord de mer et le motel.

— Bingo! s'exclama Gahalowood. Donc on pourrait imaginer sans trop extrapoler que la gamine a foutu le camp de chez elle. Terrace Avenue est là... et la plage la plus proche est... Grand Beach! Donc elle passe par la plage et marche le long de l'océan jusqu'à la forêt. Mais qu'a-t-il bien pu se passer ensuite dans cette maudite forêt?

— On pourrait imaginer qu'en traversant la forêt, elle ait fait une mauvaise rencontre. Un détraqué, qui tente d'abuser d'elle, puis attrape une branche solide et l'assassine.

— On pourrait, l'écrivain, mais vous omettez un détail qui pose de sacrées questions: le manuscrit. Et ce mot, écrit à la main. *Adieu, Nola chérie.* Cela veut dire que celui qui a tué et enterré Nola la connaissait, et qu'il éprouvait des sentiments pour elle. Et à supposer que cette personne ne soit pas Harry, il faudra m'expliquer comment elle s'est retrouvée en possession de son manuscrit?

— Nola l'avait avec elle. C'est certain. Bien qu'elle s'enfuie, elle ne veut pas emporter de bagages avec elle: cela risquerait d'attirer l'attention, surtout si ses parents la surprennent au moment où elle s'en va. Et puis elle n'a besoin de rien: elle imagine que Harry est riche, qu'ils achèteront tout ce qu'il leur faudra pour leur nouvelle vie. Alors quel est le seul objet qu'elle emporte? Celui qu'on ne peut pas remplacer: le manuscrit du livre que Harry vient d'écrire et qu'elle avait pris avec elle pour le lire, comme elle le faisait fréquemment. Elle sait que ce manuscrit est important pour Harry. Elle le met dans son sac et s'enfuit de chez elle.

Gahalowood considéra un instant ma théorie.

— Donc selon vous, me dit-il, le meurtrier enterre

le sac et le manuscrit avec elle pour se débarrasser des preuves.

— Exact.

— Mais ceci ne nous explique pas pourquoi il y a ce mot d'amour écrit à même le texte.

— C'est une bonne question, concédai-je. Peut-être la preuve que le meurtrier de Nola l'aimait. Devrait-on envisager la piste d'un crime passionnel ? Un accès de folie qui, une fois passé, pousse le meurtrier à écrire ce mot pour ne pas laisser le tombeau anonyme ? Quelqu'un qui aimait Nola et n'a pas supporté sa relation avec Harry ? Quelqu'un au courant de sa fuite et qui, incapable de l'en dissuader, a préféré la tuer plutôt que la perdre ? C'est une hypothèse qui tient la route, non ?

— Ça tient la route, l'écrivain. Mais comme vous dites, ce n'est qu'une hypothèse et il va maintenant falloir la vérifier. Comme toutes les autres. Bienvenue dans le difficile et méticuleux travail de flic.

— Que proposez-vous, sergent ?

— Nous avons procédé aux examens graphologiques sur Quebert mais il faudra attendre un peu avant d'obtenir les résultats. Il reste un autre point à éclaircir : pourquoi enterrer Nola à Goose Cove ? C'est à côté de Side Creek : pourquoi prendre la peine de transporter un corps pour l'enterrer à deux miles de là ?

— Pas de corps, pas de meurtre, suggérai-je.

— C'est également ce que je me suis dit. Le meurtrier s'est peut-être senti cerné par la police. Il a dû se contenter d'un endroit proche...

Nous contemplâmes le tableau blanc sur lequel j'avais fini d'inscrire ma liste de noms :

Harry QUEBERT		Tamara QUINN
Nancy HATTAWAY	**NOLA**	David et Louisa KELLERGAN
Elijah STERN		Luther CALEB

— Tous ces gens ont un lien probable avec Nola ou avec l'affaire, dis-je. Ça pourrait même être une liste de coupables potentiels.

— C'est surtout une liste qui nous embrouille la tête, jugea Gahalowood.

Je passai outre à ses récriminations et essayai d'étayer ma liste.

— Nancy n'avait que quinze ans en 1975 et aucun mobile, je pense qu'on peut l'éliminer. Tamara Quinn, elle, répète à qui veut l'entendre qu'elle était au courant pour Harry et Nola... elle est peut-être l'auteur des lettres anonymes à Harry.

— Des femmes, m'interrompit Gahalowood, je n'en sais rien. Il faut énormément de force pour briser un crâne de cette façon. Je pencherais plutôt pour un homme. Surtout que Deborah Cooper a clairement identifié le poursuivant de Nola comme étant un homme.

— Et les parents Kellergan ? La mère battait sa fille...

— Battre sa fille, c'est pas glorieux, mais c'est très loin de l'agression sauvage qu'a subie Nola.

— J'ai lu sur Internet que lors de disparitions d'enfants, le coupable est souvent un membre du cercle familial.

Gahalowood leva les yeux au ciel :

— J'ai lu sur Internet que vous étiez un grand écrivain. Voyez comme Internet n'est que mensonges.

— N'oublions pas Elijah Stern. Je pense qu'on

devrait l'interroger sans tarder. Nancy Hattaway dit qu'il envoyait son chauffeur, Luther Caleb, chercher Nola pour l'amener dans sa propriété de Concord.

— Du calme, l'écrivain: Elijah Stern est un homme d'influence issu d'une immense famille. Il est très puissant. Le genre de personnes auxquelles le procureur n'ira pas se frotter s'il n'a pas des preuves accablantes sur lesquelles s'appuyer. Qu'avez-vous contre lui, à part votre témoin qui était une fillette à l'époque des faits? Aujourd'hui, son témoignage ne vaut plus rien. Il faut des éléments solides, des preuves. J'ai épluché les rapports de la police d'Aurora: il n'y est fait mention ni de Harry, ni de Stern, ni de ce Luther Caleb.

— Nancy Hattaway m'a pourtant l'air d'être quelqu'un de fiable…

— Je ne dis pas le contraire, mais je me méfie simplement des souvenirs qui resurgissent trente ans plus tard, l'écrivain. Je vais essayer de me renseigner sur cette histoire, mais il me faut plus de preuves pour prendre la piste Stern au sérieux. Je ne vais pas jouer mes fesses en allant interroger un type qui joue au golf avec le gouverneur sans avoir un minimum d'éléments à charge.

— À cela s'ajoute le fait que les Kellergan sont venus d'Alabama à Aurora pour une raison bien précise mais que tout le monde ignore. Le père dit qu'ils venaient chercher le bon air mais Nancy Hattaway m'a indiqué que Nola avait mentionné un événement qui s'était produit lorsqu'elle et sa famille vivaient à Jackson.

— Hum. Il faut donc creuser tout ça, l'écrivain.

*

Je décidai de ne rien dire à Harry à propos d'Elijah Stern tant que je n'avais pas plus d'éléments solides. En revanche, j'en informai Roth car il me semblait que cet élément pourrait s'avérer primordial pour la défense de Harry.

— Nola Kellergan a eu une relation avec Elijah Stern ? s'étrangla-t-il au téléphone.

— Comme je vous dis. Je tiens ça de source sûre.

— Bon boulot, Marcus. On fera comparaître Stern à la barre, on l'accablera, on renversera la situation. Imaginez la tête des jurés lorsque Stern, après avoir prêté serment sur la sainte Bible, leur racontera les croustillants détails de ses coucheries avec la petite Kellergan.

— Ne dites rien à Harry, s'il vous plaît. Pas tant que je n'en sais pas plus à propos de Stern.

Je me rendis l'après-midi de ce même jour à la prison, où Harry corrobora les propos de Nancy Hattaway.

— Nancy Hattaway m'a parlé de coups que Nola recevait, dis-je.

— Oh Marcus, ces coups c'était une histoire terrible...

— Elle m'a aussi raconté qu'au début de l'été Nola paraissait très triste et mélancolique.

Harry hocha la tête tristement :

— Lorsque j'ai essayé de repousser Nola, je l'ai rendue très malheureuse, et il en a résulté des catastrophes épouvantables. Après ma sortie avec Jenny à Concord le week-end de la fête nationale, j'étais complètement bouleversé par mes sentiments pour Nola. Je devais impérativement m'éloigner d'elle. Alors, le lendemain, le samedi, je décidai de ne pas aller au Clark's.

Et tandis que j'enregistrais Harry qui me racontait le désastreux week-end du 5 et 6 juillet 1975, je compris que *Les Origines du mal* retraçaient avec précision son histoire avec Nola, mêlant récit et véritables extraits de correspondance. Harry n'avait donc jamais rien caché à propos d'eux: depuis toujours, il avait avoué son impossible histoire d'amour à toute l'Amérique. Je finis d'ailleurs par l'interrompre pour lui dire:

— Mais Harry, tout est dans votre livre!

— Tout, Marcus, tout. Mais personne n'a jamais cherché à comprendre. Tout le monde a fait de grandes analyses de textes, en parlant d'allégories, de symboles et de figures de style dont je ne maîtrise même pas la portée. Alors que tout ce que j'avais fait, c'était écrire un livre sur Nola et moi.

*

Samedi 5 juillet 1975

Il était quatre heures trente du matin. Les rues de la ville étaient désertes, seule résonnait la cadence de ses pas. Il ne pensait qu'à elle. Depuis qu'il avait décidé qu'il ne pouvait plus la fréquenter, il n'arrivait plus à dormir. Il se réveillait spontanément avant l'aube et ne parvenait plus à retrouver le sommeil ensuite. Il enfilait alors ses vêtements de sport et partait courir. Il courait sur la plage, il poursuivait les mouettes, il imitait leur vol, et il galopait encore, jusqu'à rejoindre Aurora. Il y avait bien six miles depuis Goose Cove; il les parcourait comme une flèche. En principe, après avoir traversé la ville de part en part, il faisait mine de prendre la route du Massachusetts, comme s'il s'enfuyait, avant de s'arrêter à Grand Beach, où il regardait le lever de soleil. Mais ce matin-là, lorsqu'il arriva dans le quartier de Terrace Avenue, il s'arrêta pour reprendre son souffle et marcha un moment entre les rangées de maisons, trempé de sueur, les tempes battantes.

Il passa devant la maison des Quinn. La soirée de la veille avec Jenny était certainement la plus ennuyeuse qu'il ait jamais passée. Jenny était une fille formidable, mais elle ne le faisait ni rire, ni rêver. La seule qui le faisait rêver, c'était Nola. Il marcha encore et descendit la rue, jusqu'à arriver devant la maison interdite : celle des Kellergan, là où, la veille, il avait déposé Nola en pleurs. Il s'était efforcé de se montrer froid, pour qu'elle comprenne, mais elle n'avait rien compris. Elle avait dit : « Pourquoi me faites-vous ça, Harry ? Pourquoi êtes-vous si méchant ? » Il avait pensé à elle toute la soirée. À Concord, pendant le dîner, il s'était même absenté un instant pour aller téléphoner d'une cabine. Il avait demandé à l'opératrice d'être raccordé aux Kellergan à Aurora, New Hampshire, et aussitôt que la tonalité s'était fait entendre, il avait raccroché. Quand il était retourné à table, Jenny lui avait demandé s'il se sentait bien.

Immobile sur le trottoir, il scrutait les fenêtres. Il essayait d'imaginer dans quelle chambre elle dormait. N-O-L-A. Nola chérie. Il resta ainsi un long moment. Soudain, il lui sembla entendre du bruit ; il voulut s'éloigner mais il buta contre des poubelles en métal qui se renversèrent dans un grand fracas. Une lumière s'alluma dans la maison et Harry s'enfuit à toutes jambes : il rentra à Goose Cove et s'installa à son bureau pour essayer d'écrire. C'était le début du mois de juillet et il n'avait toujours pas commencé son grand roman. Qu'allait-il devenir ? Qu'allait-il se passer s'il ne parvenait pas à écrire ? Il retournerait à sa vie de malheur. Il ne serait jamais écrivain. Il ne serait jamais rien. Pour la première fois, il songea à se tuer. Vers sept heures du matin, il s'endormit sur son bureau, la tête posée sur ses brouillons déchirés et couverts de ratures.

À midi et demi, dans les toilettes des employés du Clark's, Nola se passa de l'eau sur le visage en espérant faire disparaître les rougeurs qui marquaient ses yeux. Elle avait pleuré toute la matinée. C'était samedi et Harry n'était pas venu. Il ne voulait plus la voir. Les samedis au Clark's, c'était leur rendez-vous : pour la première fois, il y avait renoncé. À son réveil pourtant, elle était encore pleine d'espoir : elle s'était dit qu'il viendrait lui demander pardon d'avoir été méchant et qu'elle lui pardonnerait évidemment. L'idée de le revoir l'avait emplie de bonne humeur, au moment de se préparer elle avait même mis un peu de rose sur ses joues, pour lui plaire. Mais à la table du petit-déjeuner, sa mère lui avait fait de sévères réprimandes :

— Nola, je veux savoir ce que tu me caches.

— Je ne te cache rien, Maman.

— Ne mens pas à ta mère ! Tu crois que je ne remarque pas ? Tu penses que je suis une imbécile ?

— Oh non, Maman ! Je ne penserai jamais une chose pareille !

— Tu crois que je ne remarque pas que tu es sans cesse dehors, que tu es d'humeur joyeuse, que tu te mets des couleurs sur le visage.

— Je ne fais rien de mal, Maman. Je le promets.

— Tu crois que je ne sais pas que tu es allée à

Concord avec cette petite dévergondée de Nancy Hattaway ? Tu es une méchante fille, Nola ! Tu me fais honte !

Le révérend Kellergan avait quitté la cuisine pour aller s'enfermer dans le garage. Il faisait toujours ça lors des disputes, il ne voulait rien savoir. Et il avait enclenché son pick-up pour ne pas entendre les coups.

— Maman, je te promets que je ne fais rien de mal, avait répété Nola.

Louisa Kellergan avait dévisagé sa fille avec un mélange de dégoût et de mépris. Puis elle avait ricané :

— Rien de mal ? Tu sais pourquoi nous sommes partis de l'Alabama... Tu sais pourquoi, hein ? Tu veux que je te rafraîchisse la mémoire ? Viens par là !

Elle l'avait attrapée par le bras et l'avait traînée jusque dans sa chambre. Elle l'avait fait se déshabiller devant elle puis l'avait regardée trembler de peur dans ses sous-vêtements.

— Pourquoi portes-tu des soutiens-gorge ? avait demandé Louisa Kellergan.

— Parce que j'ai des seins, Maman.

— Tu ne devrais pas avoir de seins ! Tu es trop jeune ! Enlève ton soutien-gorge et viens ici !

Nola s'était mise nue et s'était approchée de sa mère, qui s'était saisie d'une règle en fer sur le pupitre de sa fille. Elle l'avait d'abord regardée de haut en bas, puis, levant la règle en l'air, elle lui avait frappé les tétons. Elle avait tapé très fort, à de nombreuses reprises, et lorsque sa fille se recroquevillait de douleur, elle lui ordonnait de se tenir tranquille, faute de quoi elle en aurait davantage. Et pendant qu'elle battait sa fille, Louisa lui répétait : « Il ne faut pas mentir à sa mère. Il ne faut pas être une méchante fille, tu comprends ? Arrête de me prendre pour une imbécile ! » Depuis le garage, on entendait jouer du jazz à plein régime.

Nola n'avait eu la force d'aller prendre son service au Clark's que parce qu'elle savait qu'elle y retrouverait Harry. Il était le seul à lui donner la force de vivre, et elle voulait vivre pour lui. Mais il n'était pas venu. Accablée de désarroi, elle avait passé la matinée à pleurer, cachée dans les toilettes. Elle se regardait dans le miroir, soulevant son chemisier et contemplant ses seins meurtris : elle était couverte de bleus. Elle se disait que sa mère avait raison : elle était méchante et laide, et c'était la raison pour laquelle Harry ne voulait plus d'elle.

On frappa soudain à la porte. C'était Jenny :

— Nola, qu'est-ce que tu fabriques ! Le restaurant est bondé ! Il faut aller servir !

Nola ouvrit la porte, paniquée : Jenny avait-elle été appelée par les autres employés qui s'étaient plaints qu'elle avait passé la matinée aux toilettes ? Mais Jenny était venue au Clark's par hasard. Ou plutôt dans l'espoir d'y trouver Harry. En arrivant, elle avait constaté que le service en salle ne suivait pas.

— Tu as pleuré ? demanda Jenny en voyant le visage malheureux de Nola.

— Je... je ne me sens pas bien.

— Passe-toi de l'eau sur le visage et rejoins-moi en salle. Je vais t'aider pour le coup de feu. C'est la panique en cuisine.

Après le service de midi, lorsque le calme revint, Jenny servit une limonade à Nola pour la réconforter.

— Bois ça, dit-elle gentiment, tu te sentiras mieux.

— Merci. Tu vas dire à ta mère que j'ai mal travaillé aujourd'hui ?

— Ne t'inquiète pas, je ne dirai rien. Tout le monde

peut avoir un petit moment de déprime. Qu'est-ce qui t'arrive ?

— Chagrin d'amour.

Jenny sourit :

— Allons, tu es encore si jeune ! Un jour, tu rencontreras quelqu'un de bien.

— Je n'en sais rien...

— Allons, allons. Souris à la vie ! Tu verras, tout arrive. Figure-toi qu'il y a peu, j'étais dans la même situation que toi. Je me sentais seule et malheureuse. Et puis, Harry est arrivé en ville...

— Harry ? Harry Quebert ?

— Oui ! Il est merveilleux ! Écoute... Ce n'est pas encore officiel et je ne devrais rien te dire, mais au fond, nous sommes un peu amies, non ? Et je suis si heureuse de pouvoir le dire à quelqu'un : Harry m'aime. Il m'aime ! Il écrit des textes d'amour sur moi. Hier soir, il m'a emmenée à Concord pour la fête nationale. C'était si romantique.

— Hier soir ? N'était-il pas avec son éditeur ?

— Il était avec moi, je te dis ! Nous avons regardé le feu d'artifice au-dessus du fleuve, c'était merveilleux !

— Alors Harry et toi... vous... vous êtes ensemble ?

— Oui ! Oh, Nola, n'es-tu pas heureuse pour moi ? Surtout ne dis rien à personne. Je ne veux pas que tout le monde sache. Tu sais comment sont les gens : ils sont si vite jaloux.

Nola sentit son cœur se serrer et elle eut soudain si mal qu'elle eut envie de mourir : Harry en aimait donc une autre. Il aimait cette Jenny Quinn. Tout était fini, il ne voulait plus d'elle. Il l'avait même remplacée. Dans sa tête, tout tournait.

À dix-huit heures, lorsqu'elle eut terminé son

service, elle fit un rapide détour par chez elle, puis elle se rendit à Goose Cove. La voiture de Harry n'était pas là. Où pouvait-il être ? Avec Jenny ? Cette seule pensée lui fit plus mal encore ; elle s'efforça de retenir ses larmes. Elle gravit les quelques marches qui menaient jusque sous la marquise, sortit de sa poche l'enveloppe qu'elle lui destinait et la cala dans l'encadrement de la porte. À l'intérieur, il y avait deux photos, prises à Rockland. L'une représentait la nuée de mouettes du bord de mer. La seconde était un cliché d'eux pendant leur pique-nique. Il y avait aussi une courte lettre, quelques lignes écrites sur son papier préféré :

Harry chéri,

Je sais que vous ne m'aimez pas. Mais moi, je vous aimerai toujours.

Je vous adresse ici une photo des oiseaux que vous dessinez si bien, et une photo de nous pour que vous ne m'oubliiez jamais.

Je sais que vous ne voulez plus me voir. Mais écrivez-moi, au moins. Juste une fois. Juste quelques mots pour que j'aie un souvenir de vous.

Je ne vous oublierai jamais. Vous êtes la personne la plus extraordinaire que j'aie jamais rencontrée.

Je vous aime pour toujours.

Et elle s'enfuit à toutes jambes. Elle descendit sur la plage, elle enleva ses sandales et courut dans l'eau, comme elle avait couru ce jour où elle l'avait rencontré.

Extraits de : *Les Origines du mal*,
par Harry L. Quebert

Les lettres avaient commencé lorsqu'elle avait laissé un mot sur la porte de la maison. Une lettre d'amour pour lui dire tout ce qu'elle ressentait pour lui.

Mon chéri,

Je sais que vous ne m'aimez pas. Mais moi, je vous aimerai toujours.

Je vous adresse ici une photo des oiseaux que vous dessinez si bien, et une photo de nous pour que vous ne m'oubliiez jamais.

Je sais que vous ne voulez plus me voir. Mais écrivez-moi, au moins. Juste une fois. Juste quelques mots pour que j'aie un souvenir de vous.

Je ne vous oublierai jamais. Vous êtes la personne la plus extraordinaire que j'aie jamais rencontrée.

Je vous aime pour toujours.

Il lui avait répondu quelques jours plus tard, lorsqu'il avait trouvé le courage de lui écrire. Écrire, ce n'était rien. Lui écrire, c'était une épopée.

Ma chérie,

Comment pouvez-vous dire que je ne vous aime pas ? Voici pour vous des mots d'amour, des mots éternels qui viennent du plus profond de mon cœur. Des mots pour vous dire que je pense à vous tous les matins quand je me lève, et tous les soirs quand je me couche. Votre visage est imprimé en moi, lorsque je ferme les yeux, vous êtes juste là.

Aujourd'hui encore, je suis venu à l'aube devant chez vous. Je dois vous l'avouer : je le fais souvent. J'ai guetté votre fenêtre, tout était éteint. Je vous ai imaginée, dormant comme un ange. Plus tard, je vous ai vue, je vous ai admirée dans votre jolie robe. Une robe à fleurs qui vous allait si bien. Vous aviez l'air un peu triste. Pourquoi êtes-vous triste ? Dites-le-moi et je serai triste avec vous.

PS : Écrivez-moi par la poste, c'est plus sûr.

Je vous aime tant. Tous les jours, et toutes les nuits.

Mon chéri,

Je réponds aussitôt que je viens de lire votre lettre. À vrai dire, je l'ai lue dix fois, peut-être cent ! Vous écrivez si bien. Chacun de vos mots est une merveille. Vous avez tellement de talent.

Pourquoi ne voulez-vous pas venir me trouver ? Pourquoi vous contentez-vous de rester caché ? Pourquoi ne voulez-vous pas me parler ? Pourquoi venir jusque sous ma fenêtre si c'est pour ne pas venir me trouver ?

Montrez-vous, je vous en supplie. Je suis triste depuis que vous ne me parlez plus.

Écrivez-moi vite. J'attends vos lettres avec impatience.

Ils savaient qu'écrire, ce serait désormais s'aimer car ils n'avaient pas le droit de se côtoyer. Ils embrasseraient le papier comme ils brûlaient de s'embrasser, ils attendraient la distribution du courrier comme ils s'attendraient sur le quai d'une gare.

Parfois, dans le plus grand secret, il allait se cacher au coin de sa rue et il attendait le passage du facteur. Il la regardait sortir de chez elle précipitamment, et se jeter sur la boîte aux lettres pour récupérer le précieux courrier. Elle ne vivait que pour ces mots d'amour. C'était une scène merveilleuse et tragique à la fois : l'amour était leur plus grand trésor, mais ils en étaient privés.

> *Ma très tendre chérie,*
>
> *Je ne peux pas me montrer à vous parce que cela nous ferait trop de mal. Nous ne sommes pas du même monde, les gens ne comprendraient pas.*
>
> *Comme je souffre d'être mal né ! Pourquoi faut-il vivre selon les coutumes des autres ? Pourquoi ne pouvons-nous pas simplement nous aimer malgré toutes nos différences ? Voici le monde d'aujourd'hui : un monde où deux êtres qui s'aiment ne peuvent se tenir la main. Voici le monde d'aujourd'hui : plein de codes et plein de*

règles, mais ce sont des règles noires qui enferment et ternissent les cœurs de gens. Nous, nos cœurs sont purs, ils ne peuvent être enfermés.

Je vous aime d'un amour infini et éternel. Depuis le premier jour.

Mon amour,

Merci pour votre dernière lettre. N'arrêtez jamais d'écrire, c'est si beau.

Ma mère se demande qui m'écrit tant. Elle veut savoir pourquoi je vais sans cesse fouiner dans la boîte aux lettres. Pour l'apaiser, je réponds que c'est une amie rencontrée lors d'une colonie de vacances l'été dernier. Je n'aime pas mentir, mais c'est plus simple ainsi. Nous ne pouvons rien dire, je sais que vous avez raison : les gens vous feraient du mal. Même si ça me fait tant de peine de vous envoyer des lettres par la poste alors que nous sommes si proches.

21.

De la difficulté de l'amour

"Marcus, savez-vous quel est le seul moyen de mesurer combien vous aimez quelqu'un ?
– Non.
– C'est de le perdre."

Il y a, sur la route de Montburry, un petit lac connu de toute la région et qui, pendant les beaux jours d'été, est pris d'assaut par les familles et les camps de vacances pour enfants. L'endroit est envahi dès le matin : les berges se recouvrent de serviettes de plage et de parasols sous lesquels les parents s'avachissent tandis que leurs enfants s'ébrouent bruyamment dans une eau verte et tiédasse, mousseuse dans les endroits où les déchets des pique-niques, portés par le courant, s'amoncellent. Depuis qu'un enfant a marché sur une seringue usagée laissée sur la berge – c'était deux ans plus tôt – la municipalité de Montburry s'est efforcée d'aménager les abords du lac. Des tables de pique-nique et des barbecues ont été disposés pour éviter la multiplication des feux sauvages qui donnaient à la pelouse des airs de paysage lunaire, le nombre de poubelles a été considérablement augmenté, des toilettes en préfabriqué ont été installées, le parking, qui jouxte le bord du lac, vient d'être agrandi et bétonné et, de juin à août, une équipe d'entretien vient quotidiennement nettoyer les berges des déchets, des préservatifs et des crottes de chien.

Le jour où je me rendis au lac pour les besoins du livre, des enfants avaient attrapé une grenouille – probablement le dernier être vivant de ce plan d'eau – et essayaient de la démembrer en tirant simultanément sur ses deux pattes arrière.

Ernie Pinkas dit que ce lac est une bonne illustration de la décadence humaine qui frappe l'Amérique comme le reste du monde. Trente-trois ans plus tôt, le lac était très peu fréquenté. Son accès était difficile : il fallait laisser sa voiture le long de la route, passer une bande de forêt, puis marcher pendant un bon demi-mile à travers des herbes hautes et des rosiers sauvages. Mais l'effort en valait la peine : le lac était magnifique, couvert de nénuphars roses et bordé par d'immenses saules pleureurs. À travers l'eau transparente, on pouvait voir le sillon des bancs de perchettes dorées que des hérons cendrés venaient pêcher en se postant dans les roseaux. À l'une de ses extrémités, il y avait même une petite plage de sable gris.

C'est au bord de ce lac que Harry était venu se cacher de Nola. C'est là qu'il se trouvait le samedi 5 juillet, lorsqu'elle déposa sa première lettre contre la porte de sa maison.

*

Samedi 5 juillet 1975

C'était la fin de la matinée lorsqu'il arriva aux abords du lac. Ernie Pinkas s'y trouvait déjà, se prélassant sur la berge.

— Alors vous êtes finalement venu, s'amusa

Pinkas en le voyant. Quel choc de vous rencontrer ailleurs qu'au Clark's.

Harry sourit.

— Vous m'avez tellement parlé de ce lac que je ne pouvais pas ne pas venir.

— C'est beau, hein ?

— Magnifique.

— C'est ça la Nouvelle-Angleterre, Harry. C'est un paradis protégé et c'est ça qui me plaît. Partout dans le reste du pays, ils construisent et bétonnent à tour de bras. Mais ici c'est différent : je peux vous garantir que, dans trente ans, cet endroit sera resté intact.

Après être allés se rafraîchir dans l'eau, ils allèrent sécher au soleil et ils parlèrent littérature.

— À propos de bouquins, demanda Pinkas, comment avance le vôtre ?

— Bof, se contenta de répondre Harry.

— Ne faites pas cette tête, je suis sûr que c'est très bon.

— Non, je crois que c'est très mauvais.

— Faites-moi lire, je vous donnerai un avis objectif, promis. Qu'est-ce que vous n'aimez pas ?

— Tout. Je n'ai pas d'inspiration. Je ne sais pas comment commencer. Je crois que je ne sais même pas de quoi je parle.

— Qu'est-ce que c'est comme histoire ?

— Une histoire d'amour

— Ah, l'amour… soupira Pinkas. Vous êtes amoureux ?

— Oui.

— C'est un bon début. Dites, Harry, est-ce que la grande vie ne vous manque pas trop ?

— Non. Je suis bien ici. J'avais besoin de calme.

— Mais que faites-vous à New York exactement ?

— Je... je suis écrivain.

Pinkas hésita avant de le contredire.

— Harry... ne le prenez pas mal, mais j'ai parlé à un de mes amis qui habite New York...

— Et?

— Il dit qu'il n'a jamais entendu parler de vous.

— Tout le monde ne me connaît pas... Savez-vous combien de personnes vivent à New York?

Pinkas sourit pour montrer qu'il n'avait pas de mauvaises intentions.

— Je crois que personne ne vous connaît, Harry. J'ai contacté la maison qui a édité votre livre... Je voulais en commander plus... Je ne connaissais pas cet éditeur, je pensais que c'était moi qui étais ignorant... Jusqu'à ce que je découvre qu'il s'agit d'une imprimerie à Brooklyn... Je leur ai téléphoné, Harry... Vous avez payé une imprimerie pour qu'ils tirent votre livre...

Harry baissa la tête, couvert de honte.

— Alors vous savez tout, murmura-t-il.

— Je sais tout quoi?

— Que je suis un imposteur.

Pinkas posa une main amicale sur son épaule.

— Un imposteur? Allons! Ne dites pas de bêtises! J'ai lu votre bouquin, et je l'ai adoré! C'est bien pour ça que je voulais en commander plus. C'est un livre magnifique, Harry! Pourquoi faudrait-il être un écrivain célèbre pour être un bon écrivain? Vous avez énormément de talent, et je suis certain que vous serez bientôt très connu. Qui sait: peut-être que ce livre que vous êtes en train d'écrire sera un chef-d'œuvre.

— Et si je n'y arrive pas?

— Vous y arriverez. Je le sais.

— Merci, Ernie.

— Ne me remerciez pas, ce n'est que la vérité. Et ne vous inquiétez pas, je ne dirai rien à personne. Tout ceci restera entre nous.

*

Dimanche 6 juillet 1975

À quinze heures précises, Tamara Quinn posta son mari en costume sous le porche de leur maison avec une coupe de champagne dans la main et un cigare dans la bouche.

— Surtout ne bouge pas, lui intima-t-elle.

— Mais ma chemise me gratte, Bibichette.

— Tais-toi, Bobbo! Ces chemises ont coûté très cher, ce qui est cher ne gratte pas.

Bibichette avait acheté les nouvelles chemises dans un magasin très en vue de Concord.

— Pourquoi je peux plus mettre mes autres chemises? demanda Bobbo.

— Je te l'ai dit: je ne veux pas que tu mettes tes vieilles fripes dégoûtantes lorsqu'un grand écrivain vient chez nous!

— Et je n'aime pas le goût du cigare...

— Dans l'autre sens, andouille! Tu l'as mis à l'envers dans ta bouche. Ne vois-tu pas que la bague marque l'embouchure?

— Je pensais que c'était un capuchon.

— Tu ne connais rien à la chiqueté?

— La *chiqueté*?

— Ce sont les choses chic.

— Je ne savais pas qu'on disait *chiqueté*.

— C'est parce que tu ne sais rien, mon pauvre

Bobo. Harry doit arriver dans quinze minutes : tâche de te montrer digne. Et essaie de l'impressionner.

— Comment dois-je faire ?

— Fume ton cigare d'un air pensif. Comme un grand entrepreneur. Et lorsqu'il te parle, prends un air supérieur.

— Comment fait-on pour avoir un air supérieur ?

— Excellente question : comme tu es bête et que tu ne connais rien à rien, il faudra te montrer évasif. Il faut répondre aux questions par des questions. S'il te demande : « Étiez-vous pour ou contre la guerre du Vietnam ? », tu réponds : « Vous-même, si vous posez la question, c'est que vous devez avoir un avis très précis à ce sujet. » Et là-dessus, paf ! Tu le sers de champagne ! On appelle ça « faire diversion ».

— Oui, Bibichette.

— Et ne me déçois pas.

— Oui, Bibichette.

Tamara rentra dans la maison et Robert s'assit dans un fauteuil en osier, dépité. Il détestait ce Harry Quebert, soi-disant roi des écrivains, mais qui était surtout visiblement le roi des chichis. Et il détestait voir sa femme faire ses grandes danses nuptiales pour lui. Il ne s'y pliait que parce qu'elle lui avait promis qu'il pourrait être son Robert Cochonou ce soir et qu'il pourrait même venir dormir dans sa chambre – les époux Quinn faisaient chambre à part. En général, une fois tous les trois ou quatre mois, elle acceptait un coït, la plupart du temps après de longues supplications, mais il y avait longtemps qu'il n'avait pas eu le droit de rester dormir avec elle.

Dans la maison, à l'étage, Jenny était prête : elle portait une grande robe de soirée, ample, avec épaulettes bouffantes, parure en toc, trop de rouge sur les lèvres et des bagues supplémentaires aux doigts. Tamara arrangea la robe de sa fille et lui sourit.

— Tu es magnifique, ma chérie. Le Quebert va tomber raide dingue lorsqu'il va te voir !

— Merci, Maman. Mais n'est-ce pas trop ?

— Trop ? Non, c'est parfait.

— Mais nous n'allons qu'au cinéma !

— Et après ? Si vous allez faire un dîner chic après ? Y as-tu pensé ?

— Il n'y a pas de restaurant chic à Aurora.

— Et peut-être que Harry a réservé dans un très grand restaurant de Concord pour sa fiancée.

— Maman, nous ne sommes pas encore fiancés.

— Oh, chérie, bientôt, j'en suis sûre. Vous êtes-vous embrassés ?

— Pas encore.

— En tout cas, s'il te tripote, pour l'amour de Dieu, laisse-toi faire !

— Oui, Maman.

— Et quelle charmante idée il a eue de te proposer d'aller au cinéma !

— En fait, c'était ma proposition. J'ai pris mon courage à deux mains, je lui ai téléphoné et je lui ai dit : « Mon Harry, vous travaillez trop ! Allons au cinéma cet après-midi. »

— Et il a dit oui...

— Tout de suite ! Sans hésiter une seconde !

— Tu vois, c'est comme si c'était son idée.

— J'ai toujours des remords de le déranger pendant qu'il écrit... Parce qu'il écrit des textes sur moi. Je le sais, j'en ai vu un. Il y disait qu'il ne venait au Clark's que pour me voir.

— Oh, chérie ! C'est si excitant.

Tamara attrapa une boîte de fard et peinturlura le visage de sa fille, tout en rêvassant. Il écrivait un livre pour elle : bientôt, à New York, tout le monde parlerait du Clark's et de Jenny. Il y aurait sans doute un film aussi. Quelle merveilleuse perspective ! Ce Quebert était l'exaucement de toutes ses prières : comme ils avaient bien fait d'être des bons chrétiens, les voilà récompensés. Elle réfléchissait à toute allure : il fallait absolument organiser une garden-party dimanche prochain pour officialiser la chose. Le délai était court mais le temps pressait : le samedi d'après, ce serait déjà le bal de l'été et toute la ville, médusée et envieuse, verrait sa Jenny au bras du grand écrivain. Il fallait donc que ses amies à elle voient sa fille et Harry ensemble avant le bal, pour que la rumeur fasse le tour d'Aurora et que, le soir du bal, ils soient l'attraction de la soirée. Ah, quel bonheur ! Elle s'était fait tellement de souci pour sa fille : elle aurait pu finir au bras d'un routier de passage. Pire : d'un socialiste. Pire : d'un nègre ! Elle frémit à cette pensée : sa Jenny et un affreux nègre. Soudain, une angoisse la saisit : beaucoup de grands écrivains étaient des Juifs. Et si Quebert était un Juif ? Quelle horreur ! Peut-être même un Juif socialiste ! Elle regretta que les Juifs puissent être blancs de peau parce que cela les rendait invisibles. Au moins, les Noirs avaient l'honnêteté d'être noirs, pour qu'on puisse les identifier clairement. Mais les Juifs étaient sournois. Elle ressentit des crampes dans son ventre : son estomac se nouait. Depuis l'Affaire Rosenberg, elle avait une grande peur des Juifs. Ils avaient tout de même livré la bombe atomique aux Soviets. Comment savoir si Quebert était juif ? Elle eut soudain une idée. Elle regarda sa montre : elle avait juste le temps d'aller au magasin général avant qu'il n'arrive. Et elle s'empressa de faire l'aller-retour.

À quinze heures vingt, une Chevrolet Monte Carlo noire se gara devant la maison des Quinn. Robert Quinn fut surpris de voir Harry Quebert en sortir : c'était un modèle de voiture qu'il appréciait en particulier. Il nota également que le Grand Écrivain était en tenue très décontractée. Il lui adressa malgré tout un salut d'une grande solennité et lui offrit immédiatement de boire quelque chose plein de *chiqueté*, ainsi que le lui avait enseigné sa femme.

— Champagne ? hurla-t-il.

— Heu, à vrai dire, je ne suis pas très champagne, répondit Harry. Peut-être juste une bière, si vous avez...

— Bien sûr ! s'enthousiasma soudain familièrement Robert.

La bière, il connaissait bien. Il avait même un livre sur toutes les bières qu'on fabriquait en Amérique. Il s'empressa d'aller chercher deux bouteilles fraîches dans le frigo et annonça au passage à ses dames à l'étage que le pas-si-grand-que-ça Harry Quebert était arrivé. Assis sous la marquise, les bras de chemise remontés, les deux hommes trinquèrent en entrechoquant leurs bouteilles et parlèrent voitures.

— Pourquoi la Monte Carlo ? demanda Robert. Je veux dire, vu votre situation, vous pourriez choisir n'importe quel modèle, et vous prenez la Monte Carlo...

— C'est un modèle sportif et pratique à la fois. Et puis j'aime sa coupe.

— Moi aussi ! J'étais à deux doigts de craquer l'an passé !

— Vous auriez dû.

— Ma femme ne voulait pas.

— Il fallait acheter la voiture d'abord et lui demander son avis après.

Robert éclata de rire; ce Quebert était en fait quelqu'un de très simple, d'affable et surtout de très sympathique. À cet instant déboula Tamara, avec, dans les mains, ce qu'elle était allée chercher au magasin général: un plateau débordant de petits sandwichs au jambon. Elle s'époumona: «Bonjour, Monsieur Quebert! Bienvenue! Voulez-vous un sandwich au jambon?» Harry la salua et se servit. Tamara sentit une douce sensation de soulagement l'envahir en voyant son invité manger du cochon. C'était l'homme parfait: il n'était ni nègre, ni juif.

Recouvrant ses esprits, elle remarqua que Robert avait enlevé sa cravate et que les deux hommes buvaient de la bière à même la bouteille.

— Mais qu'est-ce que vous fabriquez? Vous ne buvez pas de champagne? Et toi, Robert, pourquoi es-tu à moitié débraillé?

— J'ai chaud! se plaignit Bobbo.

— Moi, je préfère la bière, expliqua Harry.

Arriva alors Jenny, trop habillée mais magnifique dans sa robe de soirée.

Au même moment, au 245 Terrace Avenue, le révérend Kellergan trouva sa fille en pleurs dans sa chambre.

— Que se passe-t-il, ma chérie?

— Oh, Papa, je suis si triste…

— Pourquoi?

— C'est à cause de Maman…

— Ne dis pas ça…

Nola était assise par terre, les yeux pleins de larmes. Le révérend eut beaucoup de peine pour elle.

— Et si nous allions au cinéma ? proposa-t-il pour la consoler. Toi, moi et un énorme sachet de pop-corn ! La séance est à seize heures, nous avons encore le temps.

— Ma Jenny est une fille très spéciale, expliqua Tamara pendant que Robert, profitant que sa femme ne le regardait pas, s'empiffrait de sandwichs. Figurez-vous qu'à dix ans seulement elle était déjà la reine de tous les concours de beauté régionaux. Tu te rappelles, Jenny chérie ?

— Oui, Maman, soupira Jenny, mal à l'aise.

— Et si on regardait les anciens albums de photos ? suggéra Robert, la bouche pleine, répétant la pièce de théâtre que lui avait fait apprendre sa femme.

— Oh oui ! s'enthousiasma Tamara, les albums de photos !

Elle s'empressa d'aller chercher une pile d'albums qui retraçaient les vingt-quatre premières années d'existence de Jenny. Et, tout en tournant les pages, elle s'écriait : « Mais qui est cette magnifique jeune fille ? » Et elle et Robert répondaient en chœur : « C'est Jenny ! »

Après les photos, Tamara ordonna à son mari de remplir les coupes de champagne, puis elle se décida à parler de la garden-party qu'elle comptait organiser le dimanche suivant.

— Si vous êtes libre, venez déjeuner dimanche prochain, Monsieur Quebert.

— Volontiers, répondit-il.

— Ne vous inquiétez pas, ce sera rien de très compliqué. Je veux dire, je sais que vous êtes venu ici pour être loin de l'agitation mondaine new-yorkaise. Ce sera juste un déjeuner champêtre entre gens bien.

Dix minutes avant seize heures, Nola et son père entraient dans le cinéma lorsque la Chevrolet Monte Carlo noire se parqua devant.

— Va déjà nous prendre des places, suggéra David Kellergan à sa fille, je m'occupe du pop-corn.

Nola pénétra dans la salle à l'instant où Harry et Jenny entraient dans le cinéma.

— Va déjà prendre des places, suggéra Jenny à Harry, je passe rapidement aux toilettes.

Harry pénétra dans la salle et, dans la cohue des spectateurs, tomba nez à nez avec Nola.

Lorsqu'il la vit, il sentit son cœur exploser. Elle lui manquait tellement.

Lorsqu'elle le vit, elle sentit son cœur exploser. Elle devait lui parler : s'il était avec cette Jenny, il devait lui dire. Elle avait besoin de l'entendre.

— Harry, dit-elle, je…

— Nola…

À cet instant, Jenny surgit d'entre la foule. Nola, en la voyant, comprit qu'elle était venue avec Harry et s'enfuit hors de la salle.

— Tout va bien, Harry ? demanda Jenny qui n'avait pas eu le temps de voir Nola. Tu as l'air étrange.

— Oui… Je… je reviens. Prends-nous des places. Je vais acheter du pop-corn.

— Oui ! Du pop-corn ! Demandes-en avec beaucoup de beurre.

Harry passa les portes battantes de la salle : il vit Nola traverser le hall principal et monter à la galerie du premier étage, fermée au public. Il grimpa les marches des escaliers quatre à quatre pour la rattraper.

L'étage était désert; il la rattrapa, lui saisit la main et la coinça contre un mur.

— Lâchez-moi, dit-elle, lâchez-moi ou je crie!

— Nola! Nola, ne sois pas fâchée contre moi.

— Pourquoi m'évitez-vous? Pourquoi ne venez-vous plus au Clark's?

— Je suis désolé...

— Vous ne me trouvez pas jolie, c'est ça? Pourquoi ne m'aviez-vous pas dit que vous étiez fiancé à Jenny Quinn?

— Quoi? Je ne suis pas fiancé. Qui t'a dit ça?

Elle eut un immense sourire de soulagement.

— Jenny et vous, vous n'êtes pas ensemble.

— Non! Je te dis que non.

— Alors vous ne me trouvez pas laide?

— Laide? Mais enfin, Nola, tu es tellement belle.

— C'est vrai? J'ai été si triste... Je pensais que vous ne vouliez pas de moi. J'ai même eu envie de me jeter par la fenêtre.

— Tu ne dois pas dire de choses pareilles.

— Alors dites-moi encore que je suis jolie...

— Je te trouve très jolie. Je regrette de t'avoir causé du chagrin.

Elle sourit encore. Toute cette histoire n'était qu'un quiproquo! Il l'aimait. Ils s'aimaient! Elle murmura :

— N'en parlons plus. Serrez-moi contre vous... Je vous trouve tellement brillant, si beau, si élégant.

— Je ne peux pas, Nola...

— Pourquoi? Si vous me trouviez vraiment belle, vous ne me rejetteriez pas!

— Je te trouve très belle. Mais tu es une enfant.

— Je ne suis pas une enfant!

— Nola... toi et moi, c'est impossible.

— Pourquoi êtes-vous si méchant avec moi ? Je ne veux plus jamais vous parler !

— Nola, je…

— Laissez-moi maintenant. Laissez-moi, ne me parlez plus. Ne me parlez plus ou je dirai à tout le monde que vous êtes un pervers. Allez rejoindre votre petite chérie ! C'est elle qui m'a dit que vous étiez ensemble. Je sais tout ! Je sais tout et je vous déteste, Harry ! Partez ! Partez !

Elle le repoussa, dévala les marches et s'enfuit hors du cinéma. Harry, dépité, retourna dans la salle. En poussant la porte, il tomba sur le père Kellergan.

— Bonjour, Harry.

— Révérend !

— Je cherche ma fille, l'avez-vous vue ? Je l'avais chargée de nous prendre des places mais elle a comme disparu.

— Je… je crois qu'elle vient de partir.

— Partir ? Comment ça ? Mais le film va commencer.

Après le film, ils allèrent manger une pizza à Montburry. Sur la route du retour à Aurora, Jenny rayonnait : ç'avait été une merveilleuse soirée. Elle voulait passer toutes ses soirées et toute sa vie avec cet homme.

— Harry, ne me ramène pas tout de suite, supplia-t-elle. Tout a été si parfait… Je voudrais prolonger encore cette soirée. Nous pourrions aller sur la plage.

— La plage ? Pourquoi la plage ? demanda-t-il.

— Parce que c'est si romantique ! Gare-toi près de Grand Beach, il n'y a jamais personne. Nous pourrions flirter comme des étudiants, couchés sur le capot de la voiture. Regarder les étoiles et profiter de la nuit. S'il te plaît…

Il voulut refuser mais elle insista. Il proposa alors la forêt plutôt que la plage ; la plage, c'était réservé à Nola. Il se gara près de Side Creek Lane, et dès qu'il eut coupé le moteur, Jenny se jeta sur lui pour l'embrasser à toutes lèvres. Elle lui tint la tête et l'étouffa avec sa langue sans lui en demander la permission. Ses mains le touchaient partout, elle poussait des gémissements détestables. Dans l'habitacle étroit de la voiture, elle monta sur lui : il sentit ses tétons durs contre son torse. Elle était une femme magnifique, elle aurait fait une épouse modèle, et elle ne demandait que ça. Il l'aurait épousée le lendemain sans hésiter : une femme comme Jenny était le rêve de beaucoup d'hommes. Mais dans son cœur, il y avait déjà quatre lettres qui prenaient toute la place : N-O-L-A.

— Harry, dit Jenny, tu es l'homme que j'attendais depuis toujours.

— Merci.

— Es-tu heureux avec moi ?

Il ne répondit pas et se contenta de la repousser gentiment.

— Nous devrions rentrer, Jenny. Je n'avais pas vu qu'il était déjà si tard.

La voiture démarra et prit la direction d'Aurora.

Lorsqu'il la déposa devant chez elle, il ne remarqua pas qu'elle pleurait. Pourquoi ne lui avait-il pas répondu ? Ne l'aimait-il pas ? Pourquoi se sentait-elle si seule ? Elle ne demandait pourtant pas grand-chose : tout ce dont elle rêvait, c'était d'un homme gentil, qui l'aime et qui la protège, qui lui offre des fleurs de temps en temps et qui l'emmène dîner. Même des hot-dogs, s'il n'avait pas beaucoup de moyens. Juste pour le plaisir de sortir ensemble. Au fond, qu'importait Hollywood du moment qu'elle trouvait quelqu'un qu'elle aime et qui l'aime en retour. Depuis la marquise, elle regarda la Chevrolet noire s'éloigner dans la nuit et elle éclata en sanglots. Elle cacha son visage entre ses mains pour que ses parents ne l'entendent pas: surtout sa mère, elle ne voulait pas devoir lui rendre de comptes. Elle attendrait que les lumières s'éteignent à l'étage pour rentrer chez elle. Elle entendit soudain un bruit de moteur et releva la tête, pleine d'espoir que ce soit Harry qui revenait pour la prendre contre lui et la consoler. Mais c'était une voiture de police qui venait de s'arrêter devant la maison. Elle reconnut Travis Dawn, que le hasard de sa patrouille avait conduit devant chez les Quinn.

— Jenny? Tout va bien? demanda-t-il par la fenêtre ouverte de la voiture.

Elle haussa les épaules. Il coupa le moteur et ouvrit sa portière. Avant de sortir du véhicule, il déplia un morceau de papier précieusement rangé dans sa poche et relut rapidement les mots:

> Moi: Salut, Jenny, ça va?
> Elle: Salut, Travis! Quoi de neuf?
> Moi: Je passais par là par hasard. ~~Tu es magnifique. Tu es en forme.~~ Tu as l'air en forme. Je me demandais si tu avais un cavalier pour le bal de l'été. Je me disais qu'on pourrait aller ensemble.
> --- IMPROVISER ---
> *Lui proposer une balade et/ou un milk-shake.*

Il la rejoignit sous la marquise et s'assit à côté d'elle.
— Qu'est-ce qui se passe? s'inquiéta-t-il.

— Rien, dit Jenny en s'essuyant les yeux.
— C'est pas rien. Je vois bien que tu pleures.
— Quelqu'un me fait du mal.
— Quoi ? Qui ? Dis-moi qui ! Tu peux tout me dire... Je vais lui régler son compte, tu verras !

Elle sourit tristement et posa la tête sur son épaule.

— Ce n'est pas important. Mais merci, Travis, t'es un chouette type. Je suis contente que tu sois là.

Il osa passer un bras réconfortant autour de ses épaules.

— Tu sais, reprit Jenny, j'ai reçu une lettre d'Emily Cunningham, celle qui était avec nous au lycée. Elle vit à New York maintenant. Elle a trouvé un bon emploi, elle est enceinte de son premier enfant. Parfois, je réalise que tout le monde est parti d'ici. Tout le monde sauf moi. Et toi. Au fond, pourquoi on est restés à Aurora, Travis ?

— Je sais pas. Ça dépend...
— Mais toi, par exemple, pourquoi t'es resté ?
— Je voulais rester près de quelqu'un que j'aime bien.
— Qui ça ? Je la connais ?
— Eh bien, justement. Tu sais, Jenny, je voulais... Je voulais te demander... Enfin, si tu... À propos...

Il serra sa feuille dans sa poche et essaya de rester calme : lui proposer d'être sa cavalière pour le bal. Ce n'était pas sorcier. Mais à cet instant, la porte de la maison s'ouvrit à grand fracas. C'était Tamara, en robe de chambre et bigoudis.

— Jenny chérie ? Mais qu'est-ce que tu fais dehors ? Il me semblait bien avoir entendu des voix... Oh, mais c'est ce gentil Travis. Comment vas-tu, mon garçon ?
— Bonsoir, M'dame Quinn.

— Jenny, tu tombes bien. Rentre m'aider, veux-tu ? Je dois enlever ces machins de ma tête et ton père est complètement incapable. À croire que le Seigneur lui a collé des pieds à la place des mains.

Jenny se leva et salua Travis d'un signe de la main ; elle disparut dans la maison et il resta un long moment assis seul sous la marquise.

À minuit ce même soir, Nola passa par la fenêtre de sa chambre et s'enfuit de chez elle pour aller retrouver Harry. Elle devait savoir pourquoi il ne voulait plus d'elle. Pourquoi n'avait-il même pas répondu à sa lettre ? Pourquoi ne lui écrivait-il pas ? Il lui fallut une bonne demi-heure de marche pour arriver à Goose Cove. Elle vit de la lumière sur la terrasse : Harry était installé devant sa grande table en bois, à regarder l'océan. Il sursauta lorsqu'elle l'appela par son prénom.

— Bon sang, Nola ! Tu m'as fait une de ces peurs !
— Voilà donc ce que je vous inspire ? De la peur ?
— Tu sais que ce n'est pas vrai... Qu'est-ce que tu fais là ?

Elle se mit à pleurer.

— Je n'en sais rien... Je vous aime tellement. Je n'ai jamais ressenti ça...
— Tu t'es enfuie de chez toi ?
— Oui. Je vous aime, Harry. M'entendez-vous ? Je vous aime comme je n'ai jamais aimé et comme je n'aimerai plus jamais.
— Ne dis pas ça, Nola...
— Pourquoi ?

Il avait des nœuds dans le ventre. Devant lui, la feuille qu'il cachait était le premier chapitre de son roman. Il avait enfin réussi à le commencer. C'était un livre à propos d'elle. Il lui écrivait un livre. Il l'aimait tellement qu'il lui écrivait un livre. Pourtant il n'osa pas le lui dire. Il avait trop peur de ce qui pourrait se passer s'il l'aimait.

— Je ne peux pas t'aimer, dit-il d'un ton faussement détaché.

Elle laissa les larmes déborder de ses yeux :

— Vous mentez ! Vous êtes un salaud et vous mentez ! Pourquoi Rockland, alors ? Pourquoi tout ça ?

Il se força à être méchant.

— C'était une erreur.

— Non ! Non ! Je pensais que vous et moi, c'était spécial ! C'est à cause de Jenny ? Vous l'aimez, hein ? Qu'est-ce qu'elle a que je n'ai pas, hein ?

Et Harry, incapable de dire quoi que ce soit, regarda Nola, en pleurs, qui s'enfuyait à toutes jambes dans la nuit.

*

« Ce fut une nuit atroce, me raconta Harry dans la salle de visite de la prison d'État. Nola et moi, c'était très fort. Très fort, vous comprenez ? C'était complètement fou ! De l'amour comme on n'en a qu'une fois dans une vie ! Je la vois encore partir en courant, cette nuit-là, sur la plage. Et moi qui me demande ce que je devais faire : dois-je lui courir après ? Ou dois-je rester terré chez moi ? Dois-je avoir le courage de quitter cette ville ? Je passai les jours suivants au lac de Montburry, juste pour ne pas être à Goose Cove, pour qu'elle ne vienne pas me trouver. Quant à mon livre, la raison de ma venue à Aurora, ce pour quoi j'avais sacrifié mes économies, il n'avançait pas. Ou plus. J'avais écrit les premières pages mais j'étais de nouveau bloqué. C'était un livre sur Nola, mais comment écrire sans elle ? Comment écrire une histoire d'amour qui était vouée à l'échec ? Je restais des heures entières devant mes feuilles, des heures pour quelques mots, trois lignes. Trois lignes mauvaises, des banalités insipides. Ce stade navrant où vous vous mettez à haïr tout ce qui est livre et écriture parce que tout est mieux que vous, au point que même le menu d'un restaurant vous semble avoir été rédigé avec un talent démesuré, *T-bone steak : 8 dollars*, quelle maestria, il fallait y penser ! C'était l'horreur absolue, Marcus : j'étais malheureux, et à cause de moi, Nola était malheureuse aussi. Pendant presque toute une semaine, je l'ai évitée autant que possible. Elle revint pourtant plusieurs fois à Goose Cove, le soir. Elle venait avec des fleurs sauvages qu'elle avait cueillies pour moi. Elle tapait à la porte, elle suppliait : "Harry, Harry chéri, j'ai besoin de vous. Laissez-moi entrer, s'il vous plaît. Laissez-moi au moins vous parler." Et moi je faisais le mort. Je l'entendais s'effondrer contre la porte et taper encore, en sanglotant. Et moi je restais de l'autre côté, sans bouger. J'attendais. Parfois elle restait ainsi plus d'une heure. Puis, je l'entendais déposer ses fleurs contre la porte et s'en aller : je me précipitais à la fenêtre de la cuisine et je la regardais qui repartait sur le chemin en gravier. J'avais envie de m'arracher le cœur tant je l'aimais. Mais elle avait quinze ans. Celle qui me rendait fou d'amour avait quinze ans ! Alors j'allais ramasser les fleurs, et comme tous les autres bouquets qu'elle m'avait apportés, je les mettais dans un vase, dans le salon. Et je contemplais ces fleurs pendant des heures. J'étais tellement seul, et tellement triste. Et puis, le dimanche 13 juillet 1975, il y eut cet événement terrible. »

*

Dimanche 13 juillet 1975

Une foule compacte se tenait devant le 245 Terrace Avenue. La nouvelle avait déjà fait le tour de la ville. Elle était partie du Chef Pratt, ou plutôt de sa femme, Amy, après que son mari avait été appelé en urgence chez les Kellergan. Amy Pratt avait aussitôt prévenu sa voisine qui avait téléphoné à une amie qui avait appelé sa sœur dont les enfants, enfourchant leurs vélos, étaient allés sonner aux portes des maisons de leurs camarades : il s'était passé quelque chose de grave. Devant la maison des Kellergan, il y avait deux voitures de police et une ambulance ; l'agent Travis Dawn contenait les curieux sur le trottoir. Depuis le garage, on entendait de la musique hurler.

Ce fut Ernie Pinkas qui prévint Harry sur le coup de dix heures du matin. Il tambourina à sa porte et comprit qu'il l'avait réveillé en le trouvant en robe de chambre, les cheveux en bataille.

— Je suis venu parce que je pensais bien que personne ne vous préviendrait, dit-il.

— Me préviendrait de quoi ?

— C'est Nola.

— Quoi, Nola ?

— Elle a essayé de se foutre en l'air. Elle a essayé de se suicider.

20.

Le jour de la garden-party

"Harry, est-ce qu'il y a un ordre à tout ce que vous me racontez ?
– Oui, absolument…
– Lequel ?
– Eh bien, maintenant que vous posez la question… Peut-être qu'il n'y en a pas en fait.
– Harry ! C'est important ! Je ne vais pas y arriver, si vous ne m'aidez pas !
– Allons, peu importe mon ordre. C'est le vôtre qui compte au final. Alors à combien sommes-nous, là ? 19 ?
– Au 20.
– Alors 20 : la victoire est en vous, Marcus. Il vous suffit de bien vouloir la laisser sortir."

Roy Barnaski me téléphona dans la matinée du samedi 28 juin.

— Cher Goldman, me dit-il, vous savez quelle date nous serons lundi ?

— Le 30 juin.

— Le 30 juin. Ça alors ! C'est fou comme le temps galope. *Il tempo è passato*, Goldman. Et que se passe-t-il le 30 juin ?

— C'est la journée nationale des météores, répondis-je. Je viens de lire un article à ce sujet.

— Le 30 juin, votre délai expire, Goldman ! Voilà ce qui se passe ce jour-là. Je viens de parler avec Douglas Claren, votre agent. Il est dans tous ses états. Il dit qu'il ne vous appelle plus parce que vous êtes devenu incontrôlable. « Goldman est un cheval fou », c'est ce qu'il m'a dit. On essaie de vous tendre une main secourable, de trouver un arrangement, mais vous, vous préférez galoper sans but et foncer droit dans le mur.

— Une main secourable ? Vous voulez que j'invente une espèce de récit érotique à propos de Nola Kellergan.

— Tout de suite les grands mots, Marcus. Je veux

divertir le public. Lui donner envie d'acheter des livres. Les gens achètent de moins en moins de livres, sauf lorsqu'on y trouve des histoires épouvantables qui les relient à leurs propres infâmes pulsions.

— Je ne ferai pas un livre-poubelle juste pour sauver ma carrière.

— Comme vous voudrez. Alors voilà ce qui se passera le 30 juin : Marisa, ma secrétaire que vous connaissez bien, viendra dans mon bureau pour la réunion de dix heures trente. Tous les lundis, à dix heures trente, nous passons en revue les principales échéances de la semaine. Elle me dira : « Marcus Goldman avait jusqu'à aujourd'hui pour vous déposer son manuscrit. Nous n'avons rien reçu. » J'acquiescerai d'un air grave, je laisserai probablement s'écouler la journée, repoussant mon horrible devoir, puis vers dix-sept heures trente, la mort dans l'âme, j'appellerai Richardson, le chef du service juridique, pour l'informer de la situation. Je lui dirai que nous entamons des poursuites immédiates à votre encontre pour non-respect de clauses contractuelles et que nous réclamons des dommages et intérêts à hauteur de dix millions de dollars.

— Dix millions de dollars ? Vous êtes ridicule, Barnaski.

— Vous avez raison. Quinze millions !

— Vous êtes un con, Barnaski.

— Eh bien justement, c'est là où vous faites erreur, Goldman : le con, c'est vous ! Vous voulez jouer dans la cour des grands, mais vous ne voulez pas respecter les règles. Vous voulez jouer en NHL, mais vous refusez de participer aux matchs de playoffs et ce n'est pas comme ça que ça se passe. Et vous savez quoi ? Avec l'argent de votre procès, je payerai grassement un jeune écrivain débordant d'ambition pour raconter l'histoire de Marcus Goldman, ou comment un type prometteur mais plein de bons sentiments a saboté sa carrière et son avenir. Il viendra vous interviewer dans le cabanon minable en Floride où vous vivrez reclus et cuité au whisky dès dix heures du matin pour vous empêcher de ressasser le passé. À bientôt, Goldman. Rendez-vous devant le juge.

Il raccrocha.

Peu après cet édifiant coup de téléphone, je me rendis au Clark's pour y déjeuner. J'y croisai fortuitement les Quinn, version 2008. Tamara était au comptoir, à houspiller sa fille parce qu'elle ne faisait pas assez comme ci ou pas assez comme ça. Robert, lui, était caché dans un coin, installé sur une banquette, à manger des œufs brouillés et à lire le cahier des sports du *Concord Herald*. Je m'assis à côté de Tamara, ouvris un journal au hasard et feignis de me plonger dedans pour mieux l'écouter renâcler et se plaindre que la cuisine avait l'air sale, que le service n'était pas assez rapide, que le café était froid, que les bouteilles de sirop d'érable étaient collantes, que les sucriers étaient vides, que les tables étaient tachées de gras, qu'il faisait trop chaud à l'intérieur, que ses toasts n'étaient pas bons et qu'elle ne paierait pas un cent pour son plat, que deux dollars pour du café c'était du vol, qu'elle ne lui aurait jamais cédé ce restaurant si elle avait su qu'elle en ferait un boui-boui de seconde zone, elle qui avait eu tellement d'ambition pour cet établissement et que d'ailleurs, à son époque, les gens accouraient de tout l'État pour ses hamburgers dont on disait qu'ils étaient les meilleurs de la région. Comme elle remarqua que je l'écoutais, elle me regarda d'un air méprisant et m'invectiva :

— Vous, le jeune type, là, pourquoi vous écoutez ?

Je pris un air de sainte nitouche et je me tournai vers elle.

— Moi ? Mais je ne vous écoute pas, Madame.

— Bien sûr que vous écoutez, puisque vous me répondez ! Z'êtes d'où ?

— New York, Madame.

Elle s'adoucit immédiatement, comme si le mot New York avait eu pour effet de l'apaiser, et elle me demanda d'une voix mielleuse :

— Qu'est-ce qu'un jeune New-Yorkais de si bonne allure vient faire à Aurora ?

— J'écris un livre.

Elle s'assombrit aussitôt et se mit à beugler :

— Un livre ? Vous êtes écrivain ? Je déteste les écrivains ! C'est une race d'oisifs, de bons à rien et de menteurs. Vous vivez de quoi ? Des subventions de l'État ? C'est ma fille qui tient ce restaurant, et je vous préviens, elle ne vous fera pas crédit ! Alors si vous ne pouvez pas payer, foutez le camp. Foutez le camp avant que j'appelle les flics. Le chef de la police est mon beau-fils.

Jenny, derrière son comptoir, eut un air navré.

— Ma', c'est Marcus Goldman. C'est un écrivain connu.

La mère Quinn s'étouffa avec son café :

— Nom de Dieu, vous êtes ce petit fils de pute qui traînait dans les jupes de Quebert ?

— Oui, Madame.

— Vous avez bien grandi depuis le temps... Z'êtes même devenu pas mal. Voulez-vous savoir ce que je pense de Quebert ?

— Non, merci, Madame.

— Je vais vous le dire quand même : je pense que

c'est un fieffé enfant de putain et qu'il mérite de finir sur la chaise électrique !

— Ma' ! protesta Jenny.

— C'est la vérité !

— Ma', arrête !

— Ta gueule, ma fille. C'est moi que je cause. Prenez note, Monsieur l'écrivain à la con. Si vous avez une once d'honnêteté, écrivez la vérité sur Harry Quebert : c'est le dernier des salopards, c'est un pervers, une crevure et un meurtrier. Il a tué la petite Nola, la mère Cooper et, d'une certaine façon, il a aussi tué ma Jenny.

Jenny s'enfuit dans la cuisine. Je crois qu'elle pleurait. Assise sur sa chaise de bar, droite comme un « i », l'œil brillant de rage et le doigt pointé en l'air, Tamara Quinn me raconta la raison de son courroux et comment Harry Quebert avait déshonoré son nom. L'incident dont elle me fit part s'était produit le dimanche 13 juillet 1975, journée qui aurait dû être mémorable pour la famille Quinn qui organisait ce jour-là, sur la pelouse fraîchement tondue de son jardin et dès midi (comme l'indiquait le carton d'invitation envoyé à la petite dizaine d'invités), une garden-party.

*

13 juillet 1975

C'était un grand événement et Tamara Quinn avait vu les choses en grand : tente dressée dans le jardin, argenterie et nappe blanche sur la table, déjeuner sous forme de buffet commandé chez un traiteur de

Concord et composé de délicieux amuse-bouches, de homard, de coquilles Saint-Jacques, de palourdes et de salade russe. Un serveur avec référence avait été prévu pour assurer le service des boissons fraîches et du vin italien. Tout devait être parfait. Ce déjeuner allait être un rendez-vous mondain de première importance : Jenny s'apprêtait à présenter officiellement son nouveau petit ami à quelques membres éminents de la bonne société d'Aurora.

Il était dix minutes avant midi. Tamara contemplait avec fierté l'arrangement de son jardin : tout était prêt. Elle attendrait la dernière minute pour sortir les plats, à cause de la chaleur. Ah, comme tout le monde se délecterait des coquilles Saint-Jacques, des palourdes et des queues de homard, tout en écoutant la brillante conversation de Harry Quebert, avec, à son bras, sa Jenny, magnifique. On frôlait le grandiose, et Tamara frémit de plaisir en imaginant la scène. Elle admira encore ses préparatifs, puis elle révisa une dernière fois le plan de table qu'elle avait noté sur une feuille de papier et qu'elle s'efforçait d'apprendre par cœur. Tout était parfait. Il ne manquait plus que les invités.

Tamara avait convié quatre de ses amies et leurs maris. Elle avait longuement réfléchi au nombre d'invités. C'était un choix difficile : trop peu de convives pourraient laisser penser que c'était une garden-party ratée et trop de personnes présentes pourraient facilement donner à son exquis déjeuner champêtre des allures de kermesse. Elle avait finalement décidé de piocher parmi celles qui alimenteraient la ville des plus folles rumeurs, celles grâce à qui on dirait bientôt que Tamara Quinn organisait des événements chic très sélectifs depuis que son futur gendre était l'étoile des lettres américaines. Elle avait donc invité Amy Pratt, parce qu'elle était l'organisatrice du bal de l'été, Belle Carlton, qui se considérait comme la prêtresse du bon goût parce que son mari changeait de voiture chaque année, Cindy Tirsten, qui était à la tête de nombreux clubs féminins, et Donna Mitchell, une peste qui parlait trop et passait son temps à se vanter de la réussite de ses enfants. Tamara s'apprêtait à leur en mettre plein la vue. Dès réception du carton, elles lui avaient d'ailleurs toutes téléphoné pour savoir quelle était l'occasion de cette festivité. Mais elle avait su prolonger le suspense en restant savamment évasive : « Je dois vous annoncer une grande nouvelle. » Elle avait hâte de voir la tête qu'elles feraient toutes lorsqu'elles verraient sa Jenny et le grand Quebert ensemble, pour la vie. Bientôt la famille Quinn serait l'objet de toutes les discussions et toutes les envies.

Tamara, trop occupée par son déjeuner, était l'une des rares habitantes de la ville à ne pas être en train de s'agiter devant le domicile des Kellergan. En début de matinée, elle avait appris la nouvelle, comme tout le monde, et elle avait eu peur pour sa garden-party : Nola avait essayé de se tuer. Mais grâce à Dieu, la petite avait lamentablement raté son suicide, et elle s'était sentie doublement chanceuse : d'abord, parce que si Nola était morte, il aurait fallu annuler la fête ; ce n'aurait pas été correct de célébrer un événement en pareilles circonstances. Ensuite, c'était une bénédiction que l'on fût dimanche et non samedi, parce que si Nola avait essayé de se tuer un samedi, il aurait fallu la faire remplacer au Clark's et cela aurait été très compliqué. Nola était décidément une brave petite d'avoir fait son affaire un dimanche matin et d'avoir échoué de surcroît.

Satisfaite de l'arrangement extérieur, Tamara s'en alla contrôler ce qui se passait à l'intérieur de la maison. Elle trouva Jenny à son poste, dans l'entrée, prête à accueillir les invités. Il fallut cependant houspiller avec vigueur ce pauvre Bobbo qui était en chemise-cravate mais n'avait pas encore mis son pantalon, parce que le dimanche il avait le droit de lire son journal en caleçon dans le living-room, et qu'il aimait quand les courants d'air venaient danser dans son caleçon parce que ça rafraîchissait à l'intérieur, surtout les parties velues, et que c'était très agréable.

— C'est fini ces histoires de se montrer tout nu ! le gronda sa femme. Alors quoi ? Quand le grand Harry Quebert sera notre gendre, tu te promèneras aussi en caleçon ?

— Tu sais, répondit Bobbo, je crois qu'il n'est pas comme on pense qu'il est. Au fond, c'est un garçon très simple. Il aime les moteurs de voiture, la bière bien fraîche, et je pense qu'il ne s'offusquerait pas de me voir en tenue du dimanche. D'ailleurs je le lui demanderai…

— Tu ne vas rien demander du tout ! Tu ne dois pas prononcer une seule sornette durant ce repas ! D'ailleurs, c'est bien simple : je ne veux pas t'entendre. Ah, mon pauvre Bobbo, si c'était légal, je te coudrais les lèvres ensemble pour que tu ne puisses plus parler : chaque fois que tu ouvres la bouche, c'est pour dire des imbécillités. Le dimanche, désormais, c'est pantalon-chemise. Point final. Plus question de te voir traîner en petite culotte dans la maison. Nous sommes désormais des gens très importants.

Tandis qu'elle parlait, elle remarqua que son mari avait griffonné quelques lignes sur une carte posée devant lui, sur la table basse du salon.

— Qu'est-ce que c'est ? aboya-t-elle.
— C'est quelque chose.
— Montre-moi !
— Non, se rebiffa Bobbo en attrapant la carte.
— Bobbo, je veux voir !
— C'est du courrier personnel.
— Oh, *Monsieur* écrit du courrier personnel maintenant. Montre-moi, je te dis ! C'est quand même moi qui décide dans cette maison, oui ou crotte ?

Elle arracha des mains de son mari la carte qu'il essayait de dissimuler sous son journal. L'image représentait un chiot. Elle lut à voix haute sur un ton moqueur :

Bien chère Nola,

Nous te souhaitons un bon rétablissement et nous espérons te retrouver très vite au Clark's.

Voici des bonbons pour mettre de la douceur dans ta vie.

Bien à toi.
Famille Quinn

— Qu'est-ce que c'est que cette nullité ? s'écria Tamara.
— Une carte pour Nola. Je vais aller acheter des douceurs et lui mettre avec. Ça lui fera plaisir, tu ne penses pas ?
— Tu es ridicule, Bobbo ! Cette carte avec ce petit chien est ridicule, ton texte est ridicule ! *Nous espérons te retrouver très vite au Clark's ?* Elle vient d'essayer de se foutre en l'air : tu penses vraiment qu'elle a envie de

retourner servir le café? Et des bonbons? Qu'est-ce que tu veux qu'elle fasse avec des bonbons?

— Elle les mangera, je pense que ça lui fera plaisir. Tu vois, tu saccages tout. C'est pour ça que je ne voulais pas te montrer.

— Oh, arrête de pleurnicher, Bobbo, s'agaça Tamara en déchirant la carte en quatre morceaux. Je vais envoyer des fleurs, des fleurs chic d'un bon magasin de Montburry, pas tes bonbons de supermarché. Et je ferai le mot moi-même, sur une carte blanche. J'écrirai, d'une belle écriture: *Meilleur rétablissement. De la part de la famille Quinn et de Harry Quebert.* Enfile ton pantalon maintenant, mes invités ne vont plus tarder.

Donna Mitchell et son mari sonnèrent à la porte à midi pile, rapidement suivis par Amy et le Chef Pratt. Tamara ordonna au serveur d'apporter les cocktails de bienvenue, qu'ils burent dans le jardin. Le Chef Pratt raconta alors comment il avait été tiré du lit par le téléphone:

— La petite Kellergan a essayé d'avaler des tas de cachets. Je crois qu'elle a avalé tout et n'importe quoi, dont quelques somnifères. Mais rien de bien grave. Elle a été conduite à l'hôpital de Montburry pour un lavage d'estomac. C'est le révérend qui l'a trouvée dans la salle de bains. Il assure qu'elle était fiévreuse et qu'elle s'est trompée de médicament. Moi, ce que j'en dis... L'important c'est que la petite aille bien.

— Une chance que ça se soit passé le matin et pas à midi, dit Tamara. Ç'aurait été dommage que vous ne puissiez pas venir ici.

— Justement, qu'as-tu de si important à nous annoncer? demanda Donna qui n'y tenait plus.

Tamara eut un large sourire et répondit qu'elle préférait attendre que tous les invités soient présents pour faire son annonce. Les Tirsten arrivèrent peu après, et le couple Carlton à midi vingt, justifiant son retard par un problème dans la direction de leur nouvelle voiture. Tout le monde était là désormais. Tout le monde, sauf Harry Quebert. Tamara proposa de prendre un second cocktail de bienvenue.

— Qui attend-on ? demanda Donna.
— Vous allez voir, répondit Tamara.

Jenny sourit ; ç'allait être une journée magnifique.

À midi quarante, Harry n'était toujours pas là. On servit un troisième cocktail de bienvenue. Puis un quatrième, à midi cinquante-huit.

— Encore un cocktail de bienvenue ? se plaignit Amy Pratt.
— C'est parce que vous êtes tous très bienvenus ! déclara Tamara qui commençait à s'inquiéter sérieusement du retard de son invité vedette.

Le soleil tapait fort. Les têtes se mirent à tourner un peu. *J'ai faim,* finit par dire Bobbo, qui reçut une claque magistrale sur la nuque. Puis ce fut treize heures quinze, et toujours pas de Harry. Tamara sentit son ventre se nouer.

*

— On a poireauté, me confia Tamara au comptoir du Clark's. Nom de Dieu ce qu'on a poireauté ! Et il faisait une chaleur à crever. Tout le monde suait à grosses gouttes…
— La soif de ma vie, hurla Robert qui essayait de participer à notre conversation.
— La ferme, toi ! C'est moi qu'on interroge, à ce

que je sache. Les grands écrivains comme Monsieur Goldman ne s'intéressent pas à des ânes dans ton genre.

Elle lança une fourchette dans sa direction puis se retourna vers moi et me dit :

— Bref, on a attendu jusqu'à une heure trente de l'après-midi.

*

Tamara avait espéré qu'il avait eu une panne de voiture, ou même un accident. N'importe quoi, pourvu qu'il ne soit pas en train de lui poser un lapin. Prétextant avoir à faire en cuisine, elle était allée à plusieurs reprises téléphoner à la maison de Goose Cove, mais aucune réponse. Elle avait alors écouté les informations à la radio, mais il n'y avait aucun accident à signaler, et aucun écrivain célèbre n'était mort dans le New Hampshire ce jour-là. Par deux fois, elle entendit des bruits de voiture devant la maison et chaque fois son cœur bondit : c'était lui ! Mais non : c'était ses imbéciles de voisins.

Les invités n'en pouvaient plus : accablés par la chaleur, ils avaient finalement pris place sous la tente pour y trouver un peu de fraîcheur. Assis à leurs places, ils s'ennuyaient dans un silence de mort. « J'espère que c'est une très grande nouvelle », finit par dire Donna. « Si je bois un autre de ces cocktails, je pense que je vais vomir », déclara Amy. Finalement, Tamara pria le serveur de disposer les plats sur le buffet et proposa à ses invités de commencer le déjeuner.

À quatorze heures, le repas était bien entamé et toujours aucune nouvelle de Harry. Jenny, le ventre serré, ne pouvait rien avaler. Elle s'efforçait de ne pas éclater en sanglots devant tout le monde. Tamara, elle, tremblait de rage : deux heures de retard, il ne viendrait plus. Comment diable avait-il pu lui faire un coup pareil ? Quel genre de gentleman se comportait ainsi ? Et comme si cela ne suffisait pas, Donna se mit à demander avec insistance quelle était donc cette nouvelle si importante qu'elle avait à leur annoncer. Tamara resta muette. Le malheureux Bobbo, voulant alors sauver la situation et l'honneur de sa femme, se leva, solennel, prit son verre en main pour trinquer et déclara fièrement à l'intention de ses invités : « Mes chers amis, nous voulions vous annoncer que nous avons une nouvelle télévision. » Il y eut un long silence d'incompréhension. Tamara, qui ne put supporter l'idée d'être ridiculisée ainsi, se leva à son tour et annonça : « Robert a un cancer. Il va mourir. » Et tous les invités s'émurent aussitôt, y compris Bobbo lui-même qui ne se savait pas mourant et qui se demanda quand le docteur avait téléphoné à la maison et pourquoi sa femme ne lui avait rien dit. Et Robert, soudain, pleura, parce que la vie lui manquerait. Sa famille, sa fille, sa petite ville : tout ceci lui manquerait. Et tous l'enlacèrent, promettant qu'ils viendraient le visiter à l'hôpital jusqu'à son dernier souffle et qu'ils ne l'oublieraient jamais.

Si Harry ne s'était pas rendu à la garden-party organisée par Tamara Quinn, c'est parce qu'il était au chevet de Nola. Aussitôt après que Pinkas lui avait annoncé la nouvelle, il s'était rendu à l'hôpital de Montburry où Nola avait été admise. Il était resté plusieurs heures sur le parking, au volant de sa voiture, à ne pas savoir que faire. Il se sentait coupable : si elle avait voulu mourir, c'était à cause de lui. Cette pensée lui avait donné envie de se tuer lui aussi. Il s'était laissé envahir par les émotions : il était en train de réaliser l'ampleur des sentiments qu'il éprouvait pour elle. Et il maudissait l'amour ; lorsqu'elle était là, tout près de lui, il était capable de se convaincre qu'il n'y avait pas de sentiments profonds entre eux et qu'il fallait qu'il l'écarte de sa vie, mais à présent qu'il avait risqué de la perdre, il ne s'imaginait plus vivre sans elle. Nola, Nola chérie. N-O-L-A. Il l'aimait tellement.

Il était dix-sept heures lorsqu'il osa finalement entrer dans l'hôpital. Il espéra n'y croiser personne, mais dans le hall principal, il tomba sur David Kellergan, les yeux rougis par les larmes.

— Révérend... j'ai appris pour Nola. Je suis vraiment désolé.

— Merci d'être venu témoigner de votre sympathie, Harry. Vous entendrez certainement dire que Nola a essayé de se suicider : ce n'est qu'un malheureux mensonge. Elle avait mal au crâne et s'est trompée de médicament. Elle est souvent distraite, comme tous les enfants.

— Bien sûr, répondit Harry. Saletés de médicaments. Dans quelle chambre se trouve Nola ? Je voudrais aller lui dire bonjour.

— C'est très aimable à vous, mais vous savez, il est préférable qu'elle évite les visites pour le moment. Il ne faut pas qu'elle se fatigue, vous comprenez.

Le révérend Kellergan avait néanmoins un petit livret avec lui que les visiteurs pouvaient signer. Après y avoir inscrit *Prompt rétablissement. H. L. Quebert*, Harry fit mine de partir et s'en alla se terrer dans la Chevrolet. Il attendit encore une heure, et lorsqu'il vit le révérend Kellergan traverser le parking pour regagner sa voiture, il retourna discrètement dans le bâtiment central de l'hôpital et se fit indiquer la chambre de Nola. Chambre 26, deuxième étage. Il frappa à la porte, le cœur battant. Aucune réponse. Il ouvrit la porte doucement : Nola était seule, assise sur le rebord du lit. Elle tourna la tête et le vit ; ses yeux s'illuminèrent d'abord, puis elle eut un air triste.

— Laissez-moi, Harry... Laissez-moi ou j'appelle les infirmières.

— Nola, je ne peux pas te laisser...

— Vous avez été si méchant, Harry. Je ne veux pas vous voir. Vous voir me cause du chagrin. À cause de vous, j'ai voulu mourir.

— Pardonne-moi, Nola...

— Je ne vous pardonnerai que si vous voulez de moi. Sinon, laissez-moi tranquille.

Elle le fixa dans les yeux ; il eut un air triste et coupable et elle ne put s'empêcher de lui sourire.

— Oh, Harry chéri, ne faites pas cette tête de chien malheureux. Promettez-vous de n'être plus jamais méchant ?

— Je le promets.

— Demandez-moi pardon pour tous ces jours où vous m'avez laissée seule devant votre porte sans jamais m'ouvrir.

— Je te demande pardon, Nola.

— Demandez-moi pardon mieux. Mettez-vous à genoux. À genoux et demandez-moi pardon.

Il s'agenouilla, sans plus réfléchir, et posa la tête sur ses genoux nus. Elle se pencha et lui caressa le visage.

— Relevez-vous, Harry. Et venez contre moi, mon chéri. Je vous aime. Je vous aime depuis le jour où je vous ai vu. Je veux être votre femme pour toujours.

Pendant que dans la petite chambre d'hôpital, Harry et Nola se retrouvaient, à Aurora, où la garden-party était terminée depuis plusieurs heures, Jenny, enfermée dans sa chambre, pleurait sa honte et son chagrin. Robert avait essayé de venir la réconforter, mais elle refusait d'ouvrir la porte. Tamara, elle, emportée par une colère noire, venait de quitter la maison pour aller chez Harry et obtenir des explications. Elle rata de peu le visiteur qui sonna à la porte moins de dix minutes après son départ. C'est Robert qui ouvrit la porte, découvrant Travis Dawn, les yeux clos, en uniforme de parade, lui présentant une brassée de roses et qui récita d'une traite :

— Jenny-veux-tu-m'accompagner-au-bal-de-l'été-s'il-te-plaît-merci.

Robert éclata de rire.

— Bonjour, Travis, tu veux parler à Jenny peut-être ?

Travis ouvrit grands les yeux et étouffa un cri.

— M'sieur Quinn ? Je... je suis désolé. Je suis tellement nul ! C'est juste que je voulais... Enfin, accepteriez-vous que j'emmène votre fille au bal de l'été ? Si elle est d'accord, évidemment. Enfin, peut-être bien qu'elle a déjà quelqu'un. Elle voit déjà quelqu'un, c'est ça, hein ? J'en étais sûr ! Quel imbécile je fais.

Robert donna une tape amicale sur l'épaule de Travis.

— Allons, mon garçon, tu ne pouvais pas tomber mieux. Entre.

Il conduisit le jeune officier à la cuisine et sortit une bière du frigo.

— Merci, dit Travis en posant ses fleurs sur le comptoir.

— Non, ça c'est pour moi. Toi, il te faut quelque chose de beaucoup plus fort.

Robert se saisit d'une bouteille de whisky et en servit un double sur quelques glaçons.

— Bois ça d'une traite, veux-tu.

Travis obéit. Robert reprit :

— Mon garçon, tu m'as l'air très nerveux. Tu dois te relaxer. Les filles n'aiment pas les garçons nerveux. Crois-moi, j'en sais quelque chose.

— Pourtant, je ne suis pas timide mais quand je vois Jenny, je suis comme bloqué. Je ne sais pas ce que c'est…

— C'est l'amour, fiston.

— Vous pensez ?

— Pour sûr.

— C'est vrai que votre fille, elle est formidable, M'sieur Quinn. Tellement douce, et intelligente, et si belle ! Je sais pas trop si je dois vous dire ça, mais parfois je passe devant le Clark's juste pour la voir à travers la baie vitrée. Je la regarde… Je la regarde et je sens mon cœur exploser dans ma poitrine, comme si j'allais étouffer dans mon uniforme. C'est l'amour, hein ?

— Pour sûr.

— Et vous voyez, à ce moment-là, je veux sortir de voiture, entrer dans le Clark's et lui demander comment elle va et si elle aurait pas par hasard envie d'aller au cinéma après son service. Mais j'ose jamais entrer. C'est l'amour aussi ?

— Nan, ça c'est la connerie. C'est comme ça qu'on passe à côté des filles qu'on aime. Faut pas être timide, mon garçon. T'es jeune, beau, t'as toutes les qualités.

— Qu'est-ce que je dois faire alors, M'sieur Quinn ?

Robert lui resservit un whisky.

— J'aurais bien fait descendre Jenny mais elle a eu une après-midi difficile. Si tu veux un conseil, avale ça et rentre chez toi : enlève cet uniforme et mets simplement une chemise. Ensuite, tu téléphones ici et tu proposes à Jenny de sortir dîner dehors. Tu lui dis que t'as envie d'aller manger un hamburger à Montburry. Il y a un restaurant qu'elle adore là-bas, je vais te donner l'adresse. Tu verras, tu pourras pas tomber mieux. Et pendant la soirée, quand tu vois que l'atmosphère est détendue, tu lui proposes une balade. Vous vous asseyez sur un banc, vous regardez les étoiles. Tu lui montres les constellations...

— Les constellations ? l'interrompit Travis, désespéré. Mais j'en connais aucune !

— Contente-toi de lui montrer la Grande Ourse.

— La Grande Ourse ? Je sais pas reconnaître la Grande Ourse ! Bon sang, je suis foutu !

— Bon, montre-lui n'importe quel point lumineux dans le ciel et donne-lui un nom au hasard. Les femmes trouvent toujours romantique qu'un garçon connaisse l'astronomie. Essaie juste de ne pas confondre une étoile filante avec un avion. Après ça, tu lui demandes si elle veut bien être ta cavalière pour le bal de l'été.

— Vous pensez qu'elle acceptera ?

— J'en suis sûr.

— Merci, M'sieur Quinn ! Merci beaucoup !

Après avoir renvoyé Travis chez lui, Robert s'employa à faire sortir Jenny de sa chambre. Ils mangèrent de la glace à la cuisine.

— Avec qui vais-je aller au bal maintenant, Pa' ? demanda Jenny, malheureuse. Je vais être seule et tout le monde se moquera de moi.

— Ne dis pas des horreurs pareilles. Je suis certain qu'il y a des tas de garçons qui rêvent de t'y accompagner.

Jenny avala une énorme cuillerée de glace.

— J'aimerais bien savoir qui! gémit-elle la bouche pleine. Parce que moi, je n'en connais aucun!

À cet instant, le téléphone sonna. Robert laissa sa fille répondre et l'entendit dire: «Ah, salut, Travis», «Oui?», «Oui, avec plaisir», «Dans une demi-heure, c'est parfait. À tout de suite». Elle raccrocha et s'empressa de venir raconter à son père que c'était son ami Travis qui venait d'appeler pour lui proposer d'aller dîner à Montburry. Robert s'efforça de prendre un air surpris:

— Tu vois, lui dit-il, je t'avais bien dit que tu n'irais pas toute seule au bal.

Au même instant, à Goose Cove, Tamara fouinait dans la maison déserte. Elle avait longuement tambouriné contre la porte, sans réponse: si Harry se cachait, elle allait venir le trouver. Mais il n'y avait personne et elle décida de procéder à une petite inspection. Elle commença par le salon, puis les chambres et enfin le bureau de Harry. Elle fouilla parmi les feuillets épars sur sa table de travail, jusqu'à trouver celui qu'il venait d'écrire:

Ma Nola, Nola chérie, Nola d'amour. Qu'as-tu fait? Pourquoi vouloir mourir? Est-ce à cause de moi? Je t'aime, je t'aime plus que tout. Ne me quitte pas. Si tu meurs, je meurs. Tout ce qui importe dans ma vie, Nola, c'est toi. Quatre lettres: N-O-L-A.

Et Tamara, effarée, empocha le feuillet, bien décidée à détruire Harry Quebert.

19.

L'Affaire Harry Quebert

"Les écrivains qui passent leur nuit à écrire, sont malades de caféine et fument des cigarettes roulées, sont un mythe, Marcus. Vous devez être discipliné, exactement comme pour les entraînements de boxe. Il y a des horaires à respecter, des exercices à répéter : gardez le rythme, soyez tenace et respectez un ordre impeccable dans vos affaires. Ce sont ces trois Cerbères qui vous protégeront du pire ennemi des écrivains.

– Qui est cet ennemi ?

– Le délai. Savez-vous ce que signifie un délai ?

– Non.

– Ça veut dire que votre cervelle, qui est capricieuse par essence, doit produire en un laps de temps délimité par un autre. Exactement comme si vous êtes livreur et que votre patron exige de vous que vous soyez à tel endroit à telle heure très précise : vous devez vous débrouiller, et peu importe qu'il y ait du trafic ou que vous soyez victime d'une crevaison. Vous ne pouvez pas être en retard, sinon vous êtes foutu. C'est exactement la même chose avec les délais que vous imposera votre éditeur. Votre éditeur, c'est à la fois votre femme et votre patron : sans lui vous n'êtes rien, mais vous ne pouvez pas vous empêcher de le haïr. Surtout, respectez les délais, Marcus. Mais si vous pouvez vous payer ce luxe, jouez avec. C'est tellement plus amusant."

C'est Tamara Quinn elle-même qui me raconta avoir volé le feuillet chez Harry. Elle me fit cette confidence le lendemain de notre discussion au Clark's. Son récit ayant piqué ma curiosité, je pris la liberté d'aller la trouver chez elle pour qu'elle parle encore. Elle me reçut dans son salon, très excitée de l'intérêt que je lui portais. Citant sa déclaration faite à la police deux semaines plus tôt, je lui demandai comment elle avait été au courant de la relation entre Harry et Nola. C'est à ce moment qu'elle me parla de sa visite à Goose Cove le dimanche soir après la garden-party.

— Ce mot que j'ai trouvé sur son bureau, c'était à vomir, me dit-elle. Des horreurs sur la petite Nola !

Je compris à la façon dont elle en parlait qu'elle n'avait jamais envisagé l'hypothèse d'une histoire d'amour entre Harry et Nola.

— À aucun moment vous n'avez imaginé qu'ils aient pu s'aimer ? demandai-je.

— S'aimer ? Allons, ne dites pas de sottises. Quebert est un pervers notoire, un point c'est tout. Je ne peux pas imaginer une seule seconde que Nola ait pu répondre à ses avances. Dieu sait ce qu'il lui a fait subir... Pauvre petite.

— Et ensuite ? Qu'avez-vous fait de ce feuillet ?
— Je l'ai emporté avec moi.
— Dans quel but ?
— Nuire à Quebert. Je voulais qu'il aille en prison.
— Et vous avez parlé de ce feuillet à quelqu'un ?
— Évidemment !
— À qui ?
— Au Chef Pratt. Dans les jours qui ont suivi cette découverte.
— Uniquement à lui ?
— J'en ai parlé plus largement au moment de la disparition de Nola. Quebert était une piste que la police ne devait pas négliger.
— Donc, si je comprends bien, vous découvrez que Harry Quebert en pince pour Nola, et vous n'en parlez à personne, sauf lorsque la gamine en question disparaît, environ deux mois plus tard.
— C'est ça.
— Madame Quinn, dis-je, du peu que je vous connais, je vois mal pourquoi au moment de votre découverte, vous ne vous en servez pas pour faire du tort à Harry, qui s'est somme toute mal comporté à votre égard en ne venant pas à votre garden-party... Je veux dire, sauf votre respect, vous êtes plutôt du genre à placarder ce feuillet sur les murs de la ville ou à le distribuer dans les boîtes aux lettres de vos voisins.

Elle baissa les yeux :

— Vous ne comprenez donc pas ? J'en avais affreusement honte. Tellement honte ! Harry Quebert, le grand écrivain venu de New York, répudiait ma fille pour une gamine de quinze ans. Ma fille ! Vous pensez que je me sentais comment ? J'étais tellement humiliée. Tellement humiliée ! J'avais fait courir le bruit que Harry et Jenny, c'était du solide, alors imaginez la tête des gens… Et puis, Jenny était tellement amoureuse. Elle en serait morte, si elle avait su. Alors j'ai décidé de garder ça pour moi. Il fallait voir ma Jenny, le soir du bal de l'été qui eut lieu la semaine suivante. Elle avait l'air si triste, même au bras de Travis.

— Et le Chef Pratt ? Que vous a-t-il dit lorsque vous lui en avez parlé ?

— Qu'il allait mener son enquête. Je lui en ai reparlé quand la petite a disparu : il a dit que ça pouvait être une piste. Le problème c'est qu'entre-temps, ce feuillet a disparu.

— Comment ça, *disparu* ?

— Je le gardais dans le coffre du Clark's. J'étais la seule à y avoir accès. Et puis un jour du tout début du mois d'août 1975, ce feuillet a mystérieusement disparu. Plus de feuillet, plus de preuve contre Harry.

— Qui l'aurait pris ?

— Aucune idée ! Ça reste un vrai mystère. Un coffre énorme, en fonte, dont j'étais la seule à posséder la clé. À l'intérieur, il y avait toute la comptabilité du Clark's, l'argent des salaires et quelques liquidités pour les commandes. Un matin, j'ai réalisé que le feuillet n'était plus là. Il n'y avait aucun signe d'effraction. Tout était là, sauf ce maudit bout de papier. Je n'ai pas la moindre idée de ce qui a pu se passer.

Je pris note de ce qu'elle me disait : tout ceci devenait de plus en plus intéressant. Je demandai encore :

— De vous à moi, Madame Quinn, lorsque vous avez découvert les sentiments de Harry pour Nola, qu'avez-vous ressenti ?

— De la colère, du dégoût.

— N'auriez-vous pas essayé de vous venger en envoyant quelques lettres anonymes à Harry ?
— Des lettres anonymes ? Est-ce que j'ai une tête à faire ce genre de saloperie ?

Je n'insistai pas et poursuivis mes questions :
— Pensez-vous que Nola aurait pu avoir des relations avec d'autres hommes à Aurora ?

Elle manqua de s'étouffer avec son thé glacé.
— Mais vous n'y êtes pas du tout ! Pas-du-tout ! C'était une gentille petite, toute mignonne, toujours prête à rendre service, travailleuse, intelligente. Qu'est-ce que vous allez imaginer avec vos histoires de coucheries intempestives ?
— Juste une simple question, comme ça. Connaissez-vous un certain Elijah Stern ?
— Bien sûr, répondit-elle comme si c'était l'évidence même, avant d'ajouter : c'était le propriétaire avant Harry.
— Le propriétaire de quoi ? demandai-je.
— De la maison de Goose Cove, pardi. Elle appartenait à Elijah Stern, et il y venait régulièrement avant. C'était une maison de famille, je crois. Il y a une époque où on le croisait souvent à Aurora. Lorsqu'il a repris les affaires de son père à Concord, il n'a plus eu le temps de venir ici, alors il a mis Goose Cove en location, avant de finalement la vendre à Harry.

Je n'en revenais pas :
— Goose Cove appartenait à Elijah Stern ?
— Ben oui. Qu'est-ce qui vous arrive, le New-Yorkais ? Vous êtes tout blême...

*

À New York, le lundi 30 juin 2008 à dix heures trente, au 51ᵉ étage de la tour de Schmid & Hanson sur Lexington Avenue, Roy Barnaski commença sa réunion hebdomadaire avec Marisa, sa secrétaire.

— Marcus Goldman avait jusqu'à aujourd'hui pour vous envoyer son manuscrit, rappela Marisa.

— J'imagine qu'il ne vous a rien fait parvenir…

— Rien, Monsieur Barnaski.

— Je m'en doutais, je lui ai parlé samedi. C'est une vraie tête de mule. Quel gâchis.

— Que dois-je faire ?

— Informez Richardson de la situation. Dites-lui que nous entamons des poursuites.

À cet instant, l'assistante de Marisa se permit d'interrompre la réunion en frappant à la porte du bureau. Elle tenait une feuille de papier dans les mains.

— Je sais que vous êtes en réunion, Monsieur Barnaski, s'excusa-t-elle, mais vous venez de recevoir un e-mail et je crois que c'est très important.

— De qui est-ce ? demanda Barnaski, agacé.

— Marcus Goldman.

— Goldman ? Apportez-moi ça immédiatement !

> De : m.goldman@nobooks.com
> Date : lundi 30 juin 2008 – 10:24
>
> Cher Roy,
> Ce n'est pas un livre-poubelle qui profite de l'agitation générale pour se trouver un public.
> Ce n'est pas un livre parce que vous l'exigez.
> Ce n'est pas un livre pour sauver ma peau.
> C'est un livre parce que je suis écrivain.
> C'est un livre qui raconte quelque chose.

C'est un livre qui revient sur l'histoire de l'un des hommes à qui je dois tout.
Veuillez trouver ci-joint les premières pages.
Si vous aimez : téléphonez-moi.
Si vous n'aimez pas, appelez directement Richardson et rendez-vous au tribunal.
Bonne réunion avec Marisa, transmettez-lui mes amitiés.
Marcus Goldman

— Vous avez imprimé le document joint ?
— Non, Monsieur Barnaski.
— Allez me l'imprimer immédiatement !
— Oui, Monsieur Barnaski.

L'Affaire Harry Quebert
(titre provisoire)
par Marcus Goldman

Au printemps 2008, environ une année après que je fus devenu la nouvelle vedette de la littérature américaine, il se passa un événement que je décidai d'enfouir profondément dans ma mémoire : je découvris que mon professeur d'université, Harry Quebert, soixante-sept ans, l'un des écrivains les plus respectés du pays, avait entretenu une liaison avec une fille de quinze ans alors que lui-même en avait trente-quatre. Cela s'était passé durant l'été 1975.

Je fis cette découverte un jour de mars alors que je séjournais dans sa maison d'Aurora, New Hamsphire. En parcourant sa bibliothèque, je tombai sur une lettre et quelques photos. J'étais loin de me douter que je vivais là le prélude de ce qui allait devenir l'un des plus gros scandales de l'année 2008.

[...]

La piste Elijah Stern m'a été suggérée par une ancienne camarade de classe de Nola, une certaine Nancy Hattaway, qui vit toujours à Aurora. À l'époque Nola lui aurait confié entretenir une liaison avec un homme d'affaires de Concord, Elijah Stern. Celui-ci envoyait son chauffeur, un certain Luther Caleb, à Aurora pour la chercher et la faire conduire chez lui.

Je n'ai aucune information sur Luther Caleb. Quant à Stern, le sergent Gahalowood refuse de l'interroger pour le moment. Il estime qu'à ce stade, rien ne justifie de le mêler à l'enquête. Je vais donc aller lui rendre une petite visite tout seul. J'ai appris via Internet qu'il a étudié à Harvard et qu'il est toujours impliqué dans les sociétés d'anciens étudiants. Il semble passionné par l'art et il est apparemment un mécène reconnu. C'est visiblement un homme bien sous tous rapports. Coïncidence particulièrement troublante : la maison de Goose Cove, où vit Harry, a d'abord été sa propriété.

Ces paragraphes furent les premiers que j'écrivis à propos d'Elijah Stern. Je venais de les terminer lorsque je les avais joints au reste du document envoyé à Roy Barnaski en ce matin du 30 juin 2008. J'étais ensuite directement parti pour Concord, bien décidé à rencontrer ce Stern et à comprendre ce qui le reliait à Nola. Il y avait une demi-heure que j'étais sur la route lorsque mon téléphone sonna.

— Allô ?

— Marcus ? C'est Roy Barnaski.
— Roy ! Tiens donc. Avez-vous reçu mon e-mail ?
— Votre bouquin, Goldman, c'est formidable ! On le fait !
— Vraiment ?
— Absolument ! J'ai aimé ! J'ai aimé, nom d'une pipe ! On veut absolument connaître la fin.
— Je serais moi-même assez intéressé de connaître la fin de cette histoire.
— Écoutez, Goldman, vous écrivez ce livre et on annule le précédent contrat.
— Je fais ce livre, mais à ma façon. Je ne veux pas entendre vos suggestions sordides. Je ne veux pas de vos idées et je ne veux aucune censure.
— Faites ce que bon vous semble, Goldman. Je n'ai qu'une seule condition : que ce livre paraisse en automne. Depuis qu'Obama est devenu le candidat démocrate, ses deux livres se vendent comme des petits pains. Il faut donc sortir un livre sur cette affaire très rapidement, avant d'être noyés par la folie de l'élection présidentielle. Il me faut votre manuscrit pour la fin août.
— Fin août ? Ça me laisse à peine deux mois.
— Exactement.
— C'est très court.
— Démerdez-vous. Je veux faire de vous l'attraction de l'automne. Quebert est au courant ?
— Non. Pas encore.
— Informez-le, conseil d'ami. Et informez-moi de vos avancées.

Je m'apprêtais à raccrocher lorsqu'il me demanda :
— Goldman, attendez !
— Quoi ?
— Qu'est-ce qui vous a fait changer d'idée ?

— J'ai reçu des menaces. À plusieurs reprises. Quelqu'un semble très inquiet de ce que je pourrais découvrir. Je me suis donc dit que la vérité méritait peut-être un livre. Pour Harry, pour Nola. C'est une part du métier d'écrivain, non ?

Barnaski ne m'écoutait plus. Il en était resté aux menaces.

— Des menaces ? dit-il. Mais c'est formidable ! Ça va faire une publicité d'enfer. Imaginez même que vous soyez victime d'une tentative d'assassinat, vous pouvez directement rajouter un zéro au chiffre des ventes. Et carrément deux si vous mourez !

— À condition que je meure après avoir fini le livre.

— Ça va de soi. Où êtes-vous ? La communication n'est pas très bonne.

— Je suis sur l'autoroute. Je me rends chez Elijah Stern.

— Alors vous pensez vraiment qu'il est impliqué dans cette histoire ?

— C'est ce que je compte bien découvrir.

— Vous êtes complètement fou, Goldman. C'est ça que j'aime chez vous.

Elijah Stern habitait un manoir sur les hauteurs de Concord. Le portail d'entrée de la propriété était ouvert et je pénétrai à l'intérieur en voiture. Un chemin pavé menait jusqu'à une maison de maître en pierre, bordée de massifs de fleurs spectaculaires et devant laquelle, sur une place ornée d'une fontaine représentant un lion en bronze, un chauffeur en tenue astiquait la banquette d'une berline de luxe.

Je laissai ma voiture au milieu de la place, saluai le chauffeur de loin comme si je le connaissais bien et m'en allai sonner à la porte principale, plein d'allant. Une employée de maison m'ouvrit. Je donnai mon nom et demandai à voir Monsieur Stern.

— Vous avez rendez-vous ?
— Non.
— Alors ce ne sera pas possible. Monsieur Stern ne reçoit pas à l'improviste. Qui vous a laissé venir jusqu'ici ?
— Le portail était ouvert. Comment prend-on rendez-vous avec votre patron ?
— C'est Monsieur Stern qui prend rendez-vous.
— Laissez-moi le voir quelques minutes. Ce ne sera pas long.
— C'est impossible.
— Dites-lui que je viens de la part de Nola Kellergan. Je pense que ce nom lui dira quelque chose.

L'employée me fit attendre dehors avant de revenir rapidement. « Monsieur Stern va vous recevoir, me dit-elle. Vous devez vraiment être quelqu'un d'important. » Elle me conduisit à travers le rez-de-chaussée jusque dans un bureau tapissé de boiseries et de tentures dans lequel, assis dans un fauteuil, un homme très élégant me toisait du regard d'un air sévère. C'était Elijah Stern.

— Je m'appelle Marcus Goldman, lui dis-je. Merci de me recevoir.
— Goldman, l'écrivain ?
— Oui.
— Qu'est-ce qui me vaut cette visite impromptue ?
— J'enquête sur l'affaire Kellergan.
— J'ignorais qu'il y avait une affaire Kellergan.
— Disons qu'il y a des mystères non élucidés.
— N'est-ce pas le travail de la police ?
— Je suis un ami de Harry Quebert.

— Et en quoi cela me concerne-t-il ?

— On m'a dit que vous aviez vécu à Aurora. Que la maison de Goose Cove où vit aujourd'hui Harry Quebert était à vous avant. Je voulais m'assurer que c'était exact.

Il me fit signe de m'asseoir.

— Vos renseignements sont exacts, me dit-il. Je la lui ai vendue en 1976, juste après qu'il a connu le succès.

— Vous connaissez Harry Quebert, alors ?

— Très peu. Je l'ai rencontré quelques fois à l'époque où il s'est installé à Aurora. Nous n'avons jamais gardé contact.

— Puis-je vous demander quels sont vos liens avec Aurora ?

Il me regarda d'un air peu commode.

— C'est un interrogatoire, Monsieur Goldman ?

— Pas le moins du monde. J'étais simplement curieux de savoir pourquoi quelqu'un comme vous possédait une maison dans une petite ville comme Aurora.

— Quelqu'un comme moi ? Vous voulez dire très riche ?

— Oui. Comparée à d'autres villes de la côte, Aurora n'est pas particulièrement excitante.

— C'est mon père qui a fait construire cette maison. Il voulait un endroit au bord de l'océan mais proche de Concord. Et puis Aurora est une jolie ville. Entre Concord et Boston, qui plus est. Enfant, j'y ai passé beaucoup de beaux étés.

— Pourquoi l'avez-vous vendue ?

— Lorsque mon père est mort, j'ai hérité d'un patrimoine considérable. Je n'avais plus le temps d'en jouir et j'ai cessé d'utiliser la maison de Goose Cove.

J'ai décidé alors de la mettre en location, pendant près de dix ans. Mais les locataires se faisaient rares. Cette maison était trop souvent vide. Alors, lorsque Harry Quebert m'a proposé de la racheter, j'ai aussitôt accepté. Je la lui ai vendue à bon prix d'ailleurs, je ne l'ai pas fait pour l'argent : j'étais heureux que cette maison continue à vivre. De façon générale, j'ai toujours bien aimé Aurora. Du temps où je faisais beaucoup d'affaires à Boston, je m'y arrêtais souvent. J'ai longtemps financé leur bal de l'été. Et le Clark's fait les meilleurs hamburgers de la région. Du moins, les faisait-il à l'époque.

— Et Nola Kellergan ? L'avez-vous connue ?

— Vaguement. Disons que tout le monde a entendu parler d'elle à travers l'État au moment de sa disparition. Une histoire épouvantable, et maintenant voilà qu'on trouve son corps à Goose Cove... Et ce bouquin écrit pour elle par Quebert... C'est vraiment sordide. Est-ce que je regrette de lui avoir vendu Goose Cove ? Oui, bien entendu. Mais comment aurais-je pu savoir ?

— Mais techniquement, lorsque Nola a disparu, vous étiez encore propriétaire de Goose Cove...

— Qu'essayez-vous d'insinuer ? Que je serais mêlé à sa mort ? Vous savez, cela fait dix jours que je me demande si Harry Quebert ne m'a pas racheté cette maison uniquement pour être certain que personne ne découvrirait le corps enterré dans le jardin.

Stern disait connaître vaguement Nola ; devais-je lui révéler que j'avais un témoin qui affirmait qu'ils avaient entretenu une liaison ? Je décidai de garder cette carte dans ma manche pour l'instant ; néanmoins, dans le but de le piquer un peu, je mentionnai le nom de Caleb.

— Et Luther Caleb ? demandai-je.
— Quoi, *Luther Caleb* ?
— Connaissez-vous un certain Luther Caleb ?
— Si vous me posez la question, c'est que vous devez savoir qu'il a été mon chauffeur pendant de longues années. À quoi jouez-vous, Monsieur Goldman ?
— Un témoin aurait vu Nola monter dans sa voiture à plusieurs reprises l'été précédant sa disparition.

Il pointa vers moi un doigt menaçant.

— N'allez pas réveiller les morts, Monsieur Goldman. Luther était un homme honorable, courageux, droit. Je ne tolérerai pas qu'on vienne salir son nom alors qu'il n'est plus là pour se défendre.
— Il est mort ?
— Oui. Depuis longtemps. On vous dira certainement qu'il était souvent à Aurora et c'est la vérité : il s'occupait de ma maison du temps où je la louais. Il veillait à son bon état. C'était un être généreux et je ne vous permets pas de venir ici pour insulter sa mémoire. Certains petits pisseux d'Aurora vous affirmeront également qu'il était étrange : c'est vrai qu'il était différent du commun des mortels. À tous égards. Il avait mauvaise apparence : son visage était terriblement défiguré, ses mâchoires étaient mal soudées et lui donnaient une élocution difficilement compréhensible. Mais il avait bon cœur, et il était doté d'une grande sensibilité.
— Et vous ne pensez pas qu'il puisse être mêlé à la disparition de Nola ?
— Non. Et je suis catégorique. Je pensais que Harry Quebert était coupable. Il me semble qu'il est en prison à l'heure qu'il est...
— Je ne suis pas convaincu de sa culpabilité. C'est pourquoi je suis ici.

— Allons, on a retrouvé cette gamine dans son jardin et le manuscrit d'un de ses livres à côté du corps. Un livre qu'il a écrit pour elle... Que vous faut-il de plus ?

— Écrire n'est pas tuer, Monsieur.

— Votre enquête doit sacrément piétiner pour que vous en arriviez à venir ici pour me parler de mon passé et de ce bon Luther. Cet entretien est terminé, Monsieur Goldman.

Il appela l'employée de maison pour me raccompagner vers la sortie.

Je quittai le bureau de Stern avec la désagréable impression que cette entrevue n'avait servi à rien. Je regrettais de ne pas pouvoir le confronter aux accusations de Nancy Hattaway, mais je n'avais pas assez d'éléments pour pouvoir l'accuser. Gahalowood m'avait averti : ce seul témoignage ne suffirait pas, c'était sa parole contre celle de Stern. Il me fallait une preuve concrète. Et je songeai alors qu'il faudrait peut-être visiter un peu cette maison.

En arrivant dans l'immense hall d'entrée, je demandai à l'employée si je pouvais passer aux toilettes avant de partir. Elle me guida jusqu'aux toilettes des invités, au rez-de-chaussée, et m'indiqua, discrétion oblige, qu'elle m'attendrait à la porte d'entrée. Dès qu'elle disparut, je me précipitai dans le couloir pour aller explorer l'aile de la maison dans laquelle je me trouvais. Je ne savais pas ce que je cherchais, mais je savais que je devais faire vite. C'était ma seule chance de trouver un élément qui relie Stern à Nola. Le cœur battant, j'ouvris quelques portes au hasard, priant pour que les pièces ne soient pas occupées. Mais toutes étaient désertes : il n'y avait que des salons en enfilade, richement décorés. Par les baies vitrées, je pouvais voir le parc magnifique. Guettant le moindre bruit, je poursuivis ma fouille. Une autre porte déboucha sur un petit bureau. J'y pénétrai rapidement, et ouvris les armoires : il y avait des classeurs, des piles de documents. Ceux que je parcourus n'avaient pas d'intérêt pour moi. Je cherchais quelque chose : mais quoi ? Qu'est-ce qui, dans cette maison, trente-trois ans après, allait me jaillir soudain au visage et m'aider ? Le temps pressait : l'employée n'allait pas tarder à venir me chercher aux toilettes si je ne revenais pas rapidement. Je finis par arriver à un second couloir dans lequel je m'engageai. Il menait à une porte unique que je me hasardai à ouvrir : elle donnait sur une vaste véranda entourée d'une jungle de plantes grimpantes qui la protégeait des regards indiscrets. Il y avait là des chevalets, quelques toiles inachevées, des pinceaux étalés sur un pupitre. C'était un atelier de peinture. Accrochés au mur, une série de tableaux, tous très réussis. L'un d'eux attira mon regard : je reconnus aussitôt le pont suspendu qui se trouvait juste avant Aurora, sur le bord de mer. Je réalisai alors que toutes les toiles étaient des représentations d'Aurora. Il y avait Grand Beach, la rue principale, même le Clark's. Les toiles étaient frappantes d'authenticité. Elles étaient toutes signées *L.C.* et les dates n'allaient pas au-delà de 1975. C'est alors que je remarquai un autre tableau, plus grand que les autres, accroché dans un angle ; il y avait un fauteuil installé devant et il était le seul à disposer d'un éclairage. C'était le portrait d'une jeune femme. On ne voyait que jusqu'au haut de ses seins mais on comprenait qu'elle était nue. Je m'approchai ; ce visage ne m'était pas complètement inconnu. J'observai encore un instant avant de comprendre soudain et d'en rester complètement stupéfié : c'était un portrait de Nola. C'était elle, il n'y avait aucun doute. Je pris quelques photos avec mon téléphone portable et je m'enfuis aussitôt de cette pièce. L'employée de maison trépignait devant la porte d'entrée. Je la saluai poliment et je partis sans demander mon reste, tremblant et en sueur.

*

Une demi-heure après ma découverte, je débarquai de toute urgence dans le bureau de Gahalowood, au quartier général de la police d'État. Il était évidemment furieux que je sois allé voir Stern sans le consulter au préalable.

— Vous êtes intenable, l'écrivain ! Intenable !

— Je n'ai fait que lui rendre visite, expliquai-je. J'ai sonné, j'ai demandé à le voir et il m'a reçu. Je ne vois pas le mal.

— Je vous avais dit d'attendre !

— Mais attendre quoi, sergent ? Votre sainte bénédiction ? Que des preuves tombent du ciel ? Vous avez gémi que vous ne vouliez pas vous frotter à lui, alors j'ai agi. Vous gémissez, moi j'agis ! Et regardez ce que j'ai trouvé chez lui !

Je lui montrai les photos sur mon téléphone.

— Un tableau ? me dit Gahalowood d'un air dédaigneux.

— Regardez bien.

— Nom de Dieu... On dirait...

— Nola ! Il y a un tableau de Nola Kellergan chez Elijah Stern.

J'envoyai par e-mail les photos à Gahalowood qui les imprima en grand format.

— C'est bien elle, c'est Nola, constata-t-il en comparant avec des photos d'époque qu'il avait dans son dossier.

La qualité de l'image n'était pas bonne mais il n'y avait pas de doute possible.

— Donc, il y a bien un lien entre Stern et Nola, dis-je. Nancy Hattaway affirme que Nola entretenait une relation avec Stern et voilà que je trouve un portrait de Nola dans son atelier. Et je ne vous ai pas tout dit : la maison de Harry appartenait à Elijah Stern jusqu'en 1976. Techniquement, lorsque Nola disparaît, c'est Stern qui est le propriétaire de Goose Cove. Merveilleuses coïncidences, non ? Bref, demandez un mandat et appelez la cavalerie : on va faire une perquisition en règle chez Stern et on le boucle.

— Un mandat de perquisition ? Mais mon pauvre ami, vous êtes complètement fou ! Et sur la base de quoi ? De vos photos ? Elles sont illégales ! Ces preuves n'ont aucune validité : vous avez fouillé une maison sans autorisation. Je suis coincé. Il faut autre chose pour nous attaquer à Stern, et d'ici là, il se sera certainement débarrassé du tableau.

— Sauf qu'il ne sait pas que j'ai vu le tableau. Je lui ai parlé de Luther Caleb, et il s'est énervé. Quant à Nola, il a prétendu la connaître très vaguement alors qu'il possède un tableau d'elle à moitié nue. Je ne sais pas qui a peint ce tableau, mais il y en a d'autres dans l'atelier signés *L.C.* Luther Caleb peut-être ?

— Cette histoire prend une tournure que je n'aime pas, l'écrivain. Si je m'en prends à Stern et que je me plante, je suis très mal barré.

— Je sais, sergent.

— Allez parler de Stern à Harry. Essayez d'en

savoir plus. Moi je vais creuser la vie de ce Luther Caleb. On a besoin d'éléments solides.

Dans la voiture, entre le quartier général de la police et la prison, j'appris par la radio que l'ensemble des livres de Harry était désormais retiré des programmes scolaires de la quasi-totalité des États du pays. C'était le fond du fond : en moins de deux semaines, Harry avait tout perdu. Il était désormais un auteur interdit, un professeur répudié, un être haï par toute une nation. Quelle que soit l'issue de l'enquête et du procès, son nom était à jamais sali ; on ne pourrait désormais plus parler de son œuvre sans mentionner l'immense controverse de cet été passé avec Nola, et pour éviter les esclandres, les célébrations culturelles ne se hasarderaient certainement plus à associer Harry Quebert à leur programme. C'était la chaise électrique intellectuelle. Le pire était que Harry avait pleinement conscience de cette situation ; en arrivant dans la salle de visite, sa première parole à mon intention fut :

— Et s'ils me tuent ?
— Personne ne vous tuera, Harry.
— Mais ne suis-je pas déjà mort ?
— Non. Vous n'êtes pas mort ! Vous êtes le grand Harry Quebert ! L'importance de savoir tomber, vous vous rappelez ? L'important, ce n'est pas la chute, parce que la chute, elle, est inévitable, l'important c'est de savoir se relever. Et nous nous relèverons.
— Vous êtes un chic type, Marcus. Mais les œillères de l'amitié vous empêchent de voir la vérité. Au fond, la question n'est pas tant de savoir si j'ai tué Nola, ou Deborah Cooper, ou même le Président Kennedy. Le problème est que j'ai eu cette relation avec cette

gamine et que c'était un acte impardonnable. Et ce bouquin ? Qu'est-ce qui m'a pris d'écrire ce bouquin !

Je répétai :

— Nous nous relèverons, vous verrez. Vous vous rappelez cette raclée que je me suis prise à Lowell, dans ce hangar transformé en salle de boxe clandestine ? Je ne me suis jamais aussi bien relevé.

Il se força à sourire, puis il demanda :

— Et vous ? Avez-vous reçu de nouvelles menaces ?

— Disons que chaque fois que je rentre à Goose Cove je me demande ce qui m'y attend.

— Trouvez celui qui fait ça, Marcus. Trouvez-le et foutez-lui une trempe du tonnerre. Je ne supporte pas l'idée que quelqu'un vous menace.

— Ne vous en faites pas.

— Et votre enquête ?

— Ça avance... Harry, j'ai commencé à écrire un livre.

— C'est formidable !

— C'est un livre sur vous. J'y parle de nous, de Burrows. Et je parle de votre histoire avec Nola. C'est un livre d'amour. Je crois en votre histoire d'amour.

— C'est un bel hommage.

— Alors vous me donnez votre bénédiction ?

— Bien entendu, Marcus. Vous savez, vous avez probablement été l'un de mes plus proches amis. Vous êtes un magnifique écrivain. Je suis très flatté d'être le sujet de votre prochain livre.

— Pourquoi utilisez-vous le passé ? Pourquoi dites-vous que *j'ai été* l'un de vos plus proches amis ? Nous le sommes toujours, non ?

Il eut un regard triste :

— J'ai dit ça comme ça.

Je lui attrapai les épaules.

— Nous serons toujours amis, Harry! Je ne vous laisserai jamais tomber. Ce livre, c'est la preuve de mon indéfectible amitié.

— Merci, Marcus. Je suis touché. Mais l'amitié ne doit pas être le motif de ce livre.

— Comment ça?

— Vous souvenez-vous de notre conversation, le jour où vous avez obtenu votre diplôme à Burrows?

— Oui, nous avons fait une longue marche ensemble à travers le campus. Nous sommes allés jusqu'à la salle de boxe. Vous m'avez demandé ce que je comptais faire à présent, j'ai répondu que j'allais écrire un livre. Et là, vous m'avez demandé pourquoi j'écrivais. Je vous ai répondu que j'écrivais parce que j'aimais ça et vous m'avez répondu...

— Oui, que vous ai-je répondu?

— Que la vie n'avait que peu de sens. Et qu'écrire donnait du sens à la vie.

— C'est cela, Marcus. Et c'est l'erreur que vous avez commise il y a quelques mois, lorsque Barnaski vous a réclamé un nouveau manuscrit. Vous vous êtes mis à écrire parce que vous deviez écrire un livre et non pas pour donner du sens à votre vie. Faire pour faire n'a jamais eu de sens: il n'y avait donc rien d'étonnant à ce que vous ayez été incapable d'écrire la moindre ligne. Le don de l'écriture est un don non pas parce que vous écrivez correctement, mais parce que vous pouvez donner du sens à votre vie. Tous les jours, des gens naissent, d'autres meurent. Tous les jours, des cohortes de travailleurs anonymes vont et viennent dans de grands buildings gris. Et puis il y a les écrivains. Les écrivains vivent la vie plus intensément que les autres, je crois. N'écrivez pas au nom de notre amitié, Marcus. Écrivez parce que c'est le seul moyen pour vous de faire de cette minuscule chose insignifiante qu'on appelle *vie* une expérience valable et gratifiante.

Je le fixai longuement. J'avais l'impression d'assister à la dernière leçon du Maître. C'était une sensation insupportable. Il finit par dire :

— Elle aimait l'opéra, Marcus. Mettez-le dans le livre. Son préféré était *Madama Butterfly*. Elle disait que les plus beaux opéras sont les histoires d'amour tristes.

— Qui ? Nola ?

— Oui. Cette petite gamine de quinze ans aimait l'opéra à en crever. Après sa tentative de suicide, elle est allée passer une dizaine de jours à Charlotte's Hill, un établissement de repos. Ce qu'on appellerait aujourd'hui une clinique psychiatrique. J'allais lui rendre visite en cachette. Je lui apportais des disques d'opéra que nous faisions jouer sur un petit pick-up portable. Elle était émue aux larmes, elle disait que si elle ne devenait pas actrice à Hollywood, elle serait chanteuse à Broadway. Et je lui disais qu'elle serait la plus grande chanteuse de l'histoire de l'Amérique. Vous savez, Marcus, je pense que Nola Kellergan aurait pu marquer ce pays de son empreinte...

— Pensez-vous que ses parents aient pu s'en prendre à elle ? demandai-je.

— Non, ça me paraît peu probable. Et puis le manuscrit, et puis ce mot... De toute façon, j'imagine mal David Kellergan en meurtrier de sa fille.

— Pourtant, il y avait ces coups qu'elle recevait...

— Ces coups... C'était une drôle d'histoire...

— Et l'Alabama ? Nola vous a-t-elle parlé de l'Alabama ?

— L'Alabama ? Les Kellergan venaient d'Alabama, oui.

— Non, il y a autre chose, Harry. Je crois qu'il s'est passé un événement en Alabama et que cet événement a probablement un lien avec leur départ. Mais je ne sais pas quoi... Je ne sais pas qui pourrait me renseigner.

— Mon pauvre Marcus, j'ai l'impression que plus vous creusez cette affaire, plus vous soulevez d'énigmes...

— Ce n'est pas qu'une impression, Harry. D'ailleurs, j'ai découvert que Tamara Quinn savait pour vous et Nola. Elle me l'a dit. Le jour de la tentative de suicide de Nola, elle est venue chez vous, furieuse, parce que vous lui aviez fait faux bond lors d'une garden-party qu'elle avait organisée. Mais vous n'étiez pas chez vous, et elle a fouillé dans votre bureau. Elle a trouvé un feuillet que vous veniez d'écrire sur Nola.

— Maintenant que vous m'en parlez, je me souviens qu'il me manquait un de mes feuillets. Je l'ai longuement cherché, en vain. Je pensais l'avoir perdu, ce qui m'avait considérablement étonné à l'époque parce que j'ai toujours été très ordonné. Qu'en a-t-elle fait ?

— Elle dit l'avoir égaré...

— Les lettres anonymes, c'était elle ?

— J'en doute. Elle n'avait même jamais imaginé qu'il ait pu se passer quoi que ce soit entre Nola et vous. Elle pensait simplement que vous fantasmiez sur elle. À ce propos, est-ce que le Chef Pratt vous a interrogé lors de l'enquête sur la disparition de Nola ?

— Le Chef Pratt ? Non, jamais.

C'était étrange : pourquoi le Chef Pratt n'avait-il jamais questionné Harry dans le cadre de son enquête alors que Tamara affirmait l'avoir informé de ce qu'elle savait ? Sans mentionner ni Nola, ni le tableau, je me hasardai ensuite à évoquer le nom de Stern.

— Stern ? me dit Harry. Oui, je le connais. C'était le propriétaire de la maison de Goose Cove. Je la lui ai rachetée après le succès des *Origines du mal*.

— Vous le connaissez bien ?

— Bien, non. Je l'ai rencontré une ou deux fois lors de cet été 1975. La première fut au bal de l'été. Nous étions assis à la même table. C'était un homme sympathique. Je l'ai revu quelques fois après. Il était généreux, il croyait en moi. Il a beaucoup fait pour la culture, c'est un homme profondément bon.

— Quand l'avez-vous vu pour la dernière fois ?

— La dernière fois ? Ce devait être pour la vente de la maison. Ça remonte à fin 1976. Mais pourquoi diable me parlez-vous de lui tout d'un coup ?

— Juste comme ça. Dites-moi, Harry, le bal de l'été dont vous parlez, c'est celui où Tamara Quinn espérait que vous emmèneriez sa fille ?

— Celui-là même. Je m'y suis rendu seul finalement. Quelle soirée... Figurez-vous que j'y ai gagné le premier prix de la tombola : une semaine de vacances à Martha's Vineyard.

— Et vous y êtes allé ?

— Bien entendu.

Ce soir-là, en rentrant à Goose Cove, je trouvai un e-mail de Roy Barnaski qui me faisait une offre qu'aucun écrivain ne pouvait refuser.

> De : r.barnaski@schmidandhanson.com
> Date : lundi 30 juin 2008 – 19:54
>
> Cher Marcus,
> J'aime votre bouquin. Pour faire suite à
> notre téléphone de ce matin, vous trouverez,
> ci-joint, une proposition de contrat que vous
> ne refuserez pas, je pense.
> Envoyez-moi de nouvelles pages au plus vite.
> Comme je vous l'ai dit, je vise une publication
> pour l'automne. Je pense que ce sera un grand
> succès. J'en suis certain, en fait. La Warner
> Brothers s'est déjà dite intéressée à l'adapter
> en film. Avec droits cinématographiques à
> renégocier pour vous, bien entendu.

En document attaché, un projet de contrat dans lequel il me promettait une avance d'un million de dollars.

Cette nuit-là, je veillai longuement, envahi par toutes sortes de pensées. Sur le coup de vingt-deux heures trente, je reçus un appel de ma mère. Il y avait du bruit derrière et elle chuchotait.

— Maman ?

— Markie ! Markie, tu ne devineras jamais avec qui je suis.

— Avec Papa ?

— Oui. Mais non ! Figure-toi que ton père et moi avons décidé d'aller passer la soirée à New York et nous sommes allés dîner chez cet Italien, près de Colombus Circle. Et sur qui est-ce que nous tombons, devant l'entrée ? Denise ! Ta secrétaire !

— Ça alors !

— Ne joue pas les innocents ! Crois-tu que je ne sais pas ce que tu as fait ? Elle m'a tout dit ! Tout dit !

— Dit quoi ?
— Que tu l'as mise à la porte !
— Je ne l'ai pas mise à la porte, Maman. Je lui ai trouvé un bon emploi chez Schmid & Hanson. Je n'avais plus rien à lui proposer, plus de livre, plus de projet, plus rien ! Il fallait bien que je lui assure un peu son avenir, non ? Je lui ai trouvé un poste en or au département marketing.
— Oh, Markie, nous sommes tombées dans les bras l'une de l'autre. Elle dit que tu lui manques.
— Pitié, Maman.
Elle chuchota plus encore. Je l'entendais à peine.
— J'ai eu une idée, Markie.
— Quoi ?
— Connais-tu le grand Soljenitsyne ?
— L'écrivain ? Oui. Quel rapport ?
— J'ai vu un documentaire sur lui, hier soir. Quel hasard du ciel d'avoir vu cette émission ! Figure-toi qu'il s'est marié avec sa secrétaire. Sa secrétaire ! Et sur qui je tombe aujourd'hui ? Ta secrétaire ! C'est un signe, Markie ! Elle n'est pas vilaine et surtout elle déborde d'œstrogènes ! Je le sais, les femmes sentent ça. Elle est fertile, docile, elle te fera un enfant tous les neuf mois ! Je lui apprendrai comment élever les enfants, et comme ça ils seront tout comme je veux ! N'est-ce pas merveilleux ?
— C'est hors de question. Elle ne me plaît pas, elle est trop âgée pour moi et de toute façon elle a déjà un ami. Et puis, on ne se marie pas avec sa secrétaire.
— Mais si le grand Soljenitsyne l'a fait, ça veut dire que c'est autorisé ! Elle est accompagnée par un type, oui, mais c'est une lavette ! Il sent l'eau de Cologne de supermarché. Toi tu es un grand écrivain, Markie. Tu es *le Formidable* !

— *Le Formidable* a été battu par Marcus Goldman, Maman. Et c'est à ce moment-là que j'ai pu commencer à vivre.

— Que veux-tu dire ?

— Rien, Maman. Mais laisse Denise dîner tranquillement, s'il te plaît.

Une heure plus tard, une patrouille de police passa pour s'assurer que tout allait bien. C'étaient deux jeunes officiers de mon âge, très sympathiques. Je leur offris du café et ils me dirent qu'ils allaient rester un moment devant la maison. La nuit était douce et par la fenêtre ouverte, je les entendis bavarder et plaisanter, assis sur le capot de leur voiture, à fumer une cigarette. En les écoutant, je me sentis soudain très seul et très loin du monde. On venait de me proposer une somme d'argent colossale pour la publication d'un livre qui me replacerait immanquablement sur le devant de la scène, je menais une existence qui faisait rêver des millions d'Américains, il me manquait pourtant quelque chose : une véritable vie. J'avais passé la première partie de mon existence à assouvir mes ambitions, j'entamai la suivante en essayant de maintenir ces ambitions à flot et à bien y réfléchir, je me demandais à quel moment je déciderais de vivre, tout simplement. Sur mon compte Facebook, je passai en revue la liste de mes milliers d'amis virtuels ; il n'y en avait pas un que je puisse appeler pour aller boire une bière. Je voulais un groupe de bons copains avec qui suivre le championnat de hockey et partir faire du camping le week-end ; je voulais une fiancée, gentille et douce, qui me fasse rire et un peu rêver. Je ne voulais plus être seul.

Dans le bureau de Harry, je contemplai longuement les photographies de la peinture que j'avais prises et dont Gahalowood m'avait donné un agrandissement. Qui était le peintre ? Caleb ? Stern ? C'était, en tous les cas, un très beau tableau. J'enclenchai mon lecteur de minidisques et je réécoutai la conversation de ce jour avec Harry.

> — *Merci, Marcus. Je suis touché. Mais l'amitié ne doit pas être le motif de ce livre.*
> — *Comment ça ?*
> — *Vous souvenez-vous de notre conversation, le jour où vous avez obtenu votre diplôme à Burrows ?*
> — *Oui, nous avons fait une longue marche ensemble à travers le campus. Nous sommes allés jusqu'à la salle de boxe. Vous m'avez demandé ce que je comptais faire à présent, j'ai répondu que j'allais écrire un livre. Et là, vous m'avez demandé pourquoi j'écrivais. Je vous ai répondu que j'écrivais parce que j'aimais ça et vous m'avez répondu...*
> — *Oui, que vous ai-je répondu ?*
> — *Que la vie n'avait que peu de sens. Et qu'écrire donnait du sens à la vie.*

Suivant le conseil de Harry, je me remis à mon ordinateur pour continuer à écrire.

> Goose Cove, minuit. Par la fenêtre ouverte du bureau, le vent léger de l'océan pénètre dans la pièce. Il y a une odeur agréable de vacances. La lune brillante illumine tout au-dehors.
> L'enquête avance. Ou du moins le sergent Gahalowood et moi-même découvrons peu à peu l'ampleur de l'affaire. Je crois que ça va

beaucoup plus loin qu'une histoire d'amour interdite ou qu'un sordide fait divers qui voudrait qu'un soir d'été, une fillette en fugue soit la victime d'un rôdeur. Il y a encore trop de questions en suspens :

— En 1969, les Kellergan quittent Jackson, Alabama, alors que David, le père, dirige une paroisse florissante. Pourquoi ?

— Été 1975, Nola vit une histoire d'amour avec Harry Quebert, dont il va s'inspirer pour écrire *Les Origines du mal*. Mais Nola vit également une relation avec Elijah Stern, qui la fait peindre nue. Qui est-elle vraiment ? Une sorte de muse ?

— Quel est le rôle de Luther Caleb, dont Nancy Hattaway m'a confié qu'il venait chercher Nola à Aurora pour la conduire à Concord ?

— Qui, hormis Tamara Quinn, savait pour Nola et Harry ? Qui a pu envoyer ces lettres anonymes à Harry ?

— Pourquoi le Chef Pratt, qui dirige l'enquête sur sa disparition, n'interroge-t-il pas Harry après les révélations de Tamara Quinn ? A-t-il interrogé Stern ?

— Qui diable a tué Deborah Cooper et Nola Kellergan ?

— Et qui est cette ombre insaisissable qui veut m'empêcher de raconter cette histoire ?

Extraits de : *Les Origines du mal*, par Harry L. Quebert

Le drame avait eu lieu un dimanche. Elle était malheureuse et elle avait essayé de mourir.

Son cœur n'avait plus la force de battre s'il ne battait pas pour lui. Elle avait besoin de lui pour vivre. Et depuis qu'il l'avait compris, il venait tous les jours à l'hôpital pour la regarder en secret. Comment une aussi jolie personne avait-elle pu vouloir se tuer ? Il s'en voulait. C'était comme si c'était lui qui lui avait fait du mal.

Tous les jours, il s'asseyait en secret sur un banc du grand parc public qui entourait la clinique, et il attendait le moment où elle sortait profiter du soleil. Il la regardait vivre. Vivre était si important. Puis, il profitait qu'elle soit hors de sa chambre pour aller déposer une lettre sous son oreiller.

Ma tendre chérie,

Vous ne devez jamais mourir. Vous êtes un ange. Les anges ne meurent jamais.

Voyez comme je ne suis jamais loin de vous. Séchez vos larmes, je vous en supplie. Je ne supporte pas de vous savoir triste.

Je vous embrasse pour que s'atténue votre peine.

Cher amour,

Quelle surprise de trouver votre mot au moment de me coucher ! Je vous écris en cachette : le soir, nous n'avons pas le droit de veiller après le couvre-feu et les infirmières sont de vraies peaux de vache. Mais je ne pouvais pas résister : à peine ai-je lu vos lignes que je devais y répondre. Juste pour vous dire que je vous aime.

Je rêve de danser avec vous. Je suis certaine que vous dansez comme personne. J'aimerais vous demander de m'emmener au bal de l'été, mais je sais que vous ne voudrez pas. Vous direz que si l'on nous voit ensemble, nous serons perdus. Je pense que je ne serai pas encore sortie d'ici de toute façon. Mais pourquoi vivre, si on ne peut aimer ? C'est la question que je me suis posée lorsque j'ai fait ce que j'ai fait.

Je suis éternellement vôtre.

> *Mon merveilleux ange,*
>
> *Un jour, nous danserons. Je vous le promets. Un jour viendra où l'amour vaincra et où nous pourrons nous aimer au grand jour. Et nous danserons, nous danserons sur les plages. La plage, comme au premier jour. Vous êtes tellement belle lorsque vous êtes sur la plage.*
>
> *Guérissez vite ! Un jour nous danserons, sur les plages.*

Cher amour,

Danser sur les plages. Je ne rêve que de ça.

Dites-moi qu'un jour vous m'emmènerez danser sur les plages, juste vous et moi...

18.

Martha's Vineyard

(Massachusetts, fin juillet 1975)

"Dans notre société, Marcus, les hommes que l'on admire le plus sont ceux qui bâtissent des ponts, des gratte-ciel et des empires. Mais en réalité, les plus fiers et les plus admirables sont ceux qui arrivent à bâtir l'amour. Car il n'est pas de plus grande et de plus difficile entreprise."

Elle dansait sur la plage. Elle jouait avec les vagues et courait sur le sable, les cheveux au vent ; elle riait, elle était tellement heureuse de vivre. De la terrasse de l'hôtel, Harry la contempla un instant, puis il se replongea dans les feuillets qui recouvraient la table où il était installé. Il écrivait vite, et bien. Depuis qu'ils étaient arrivés ici, il avait déjà écrit plusieurs dizaines de pages, il avançait à un rythme frénétique. C'était grâce à elle. Nola, Nola chérie, sa vie, son inspiration. N-O-L-A. Il écrivait son grand roman enfin. Un roman d'amour.

« Harry, cria-t-elle, faites une pause ! Venez vous baigner ! » Il s'autorisa à interrompre son travail et monta dans leur chambre, rangea les feuillets dans sa mallette et passa son maillot de bain. Il la rejoignit sur la plage, et ils marchèrent le long de l'océan, s'éloignant de l'hôtel, de la terrasse, des autres clients et des baigneurs. Ils passèrent une barrière de rochers et arrivèrent à une crique isolée. Là, ils pouvaient s'aimer.

— Prenez-moi dans vos bras, Harry chéri, lui dit-elle lorsqu'ils furent protégés des regards.

Il l'enlaça et elle s'accrocha à son cou, fort. Puis ils

plongèrent dans l'océan et s'éclaboussèrent gaiement, avant d'aller se sécher au soleil, allongés sur les grands linges blancs de l'hôtel. Elle posa sa tête sur son torse.

— Je vous aime, Harry… Je vous aime comme je n'ai jamais aimé.

Ils se sourirent.

— Ce sont les plus belles vacances de ma vie, dit Harry.

Le visage de Nola s'illumina :

— Faisons des photos ! Faisons des photos, comme ça nous n'oublierons jamais ! Avez-vous pris l'appareil ?

Il sortit l'appareil de son sac et le lui donna. Elle se colla contre lui et tint le boîtier à bout de bras, dirigeant l'objectif vers eux, et prit une photo. Juste avant d'appuyer sur le déclencheur, elle tourna la tête et l'embrassa longuement sur la joue. Ils rirent.

— Je pense que cette photo sera très bonne, dit-elle. Surtout, gardez-la toute votre vie.

— Toute ma vie. Cette photo ne me quittera jamais.

Ils étaient là depuis quatre jours.

*

Deux semaines plus tôt

C'était le samedi 19 juillet, jour du traditionnel bal de l'été. Pour la troisième année consécutive, le bal n'avait pas lieu à Aurora mais au country club de Montburry, seul endroit digne d'accueillir pareil événement selon Amy Pratt qui, depuis qu'elle en avait pris les rênes, s'était efforcée d'en faire une soirée de grand standing. Elle avait banni l'utilisation de la salle de gymnastique du lycée d'Aurora, interdit les buffets au profit de dîners assis et placés, décrété le port obligatoire de la cravate pour les hommes et instauré une tombola entre la fin du dîner et le début des danses pour relancer l'ambiance.

Pendant le mois précédant le bal, on voyait ainsi Amy Pratt arpenter la ville pour vendre à prix d'or ses tickets de tombola, que personne ne refusait d'acheter, de crainte d'être mal placé le soir du bal. Selon certains, les bénéfices – juteux – des ventes allaient directement dans sa poche, mais personne n'osait en parler ouvertement: il importait d'être en bons termes avec elle. Il se disait qu'une année, elle avait volontairement oublié d'attribuer une place à table à une femme avec qui elle s'était disputée. Au moment du dîner, la malheureuse s'était retrouvée debout au milieu de la salle.

Harry avait d'abord décidé de ne pas se rendre au bal. Il avait pourtant bien acheté sa place quelques semaines plus tôt, mais à présent il n'était plus d'humeur à sortir: Nola était toujours à la clinique et il était malheureux. Il voulait être seul. Mais le matin même, Amy Pratt était venue tambouriner à sa porte: il y avait des jours qu'elle ne l'avait plus vu en ville, on ne le trouvait plus au Clark's. Elle voulait s'assurer qu'il ne lui ferait pas faux bond, il devait absolument être présent au bal, elle avait dit à tout le monde qu'il serait là. Pour la première fois, une grande vedette new-yorkaise assisterait à sa soirée et, qui sait, l'année suivante, Harry reviendrait peut-être avec tout le gratin du show-business. Et d'ici quelques années le Tout-Hollywood et le Tout-Broadway viendraient jusque dans le New Hampshire pour assister à ce qui serait devenu l'un des événements les plus mondains de la côte Est. « Vous viendrez ce soir, Harry ? Hein, vous serez là ? » avait-elle gémi en se tortillant devant sa porte. Elle l'avait supplié et il avait fini par promettre de venir, surtout parce qu'il ne savait pas dire non, et elle avait même réussi à lui refourguer pour cinquante dollars de tickets de tombola.

Plus tard dans la journée, il était allé voir Nola à la clinique. Sur la route, dans un magasin de Montburry, il avait encore acheté des disques d'opéra. Il n'arrivait pas à s'en empêcher, il savait que la musique la rendait tellement heureuse. Mais il dépensait trop d'argent, il ne pouvait plus se le permettre. Il n'osait pas imaginer l'état de son compte en banque ; il ne voulait même pas en connaître le solde restant. Ses économies partaient en fumée, et à ce train-là, il n'aurait bientôt plus de quoi payer la maison jusqu'à la fin de l'été.

À la clinique, ils s'étaient promenés dans le parc et, dans le secret d'un bosquet, Nola l'avait enlacé.

— Harry, je veux partir...

— Les médecins disent que tu pourras sortir d'ici quelques jours.

— Vous n'avez pas compris : je veux partir d'Aurora. Avec vous. Ici nous ne serons jamais heureux.

Il avait répondu :

— Un jour.

— Quoi *un jour* ?

— Un jour, nous partirons.

Son visage s'était illuminé.

— Vraiment ? Harry, vraiment ? Vous m'emmènerez loin ?

— Très loin. Et nous serons heureux.

— Oui ! Très heureux !

Elle l'avait serré fort contre elle. Chaque fois qu'elle s'approchait de lui, il sentait son corps traversé d'une douce sensation de frisson.

— C'est le bal, ce soir, avait-elle dit.

— Oui.

— Irez-vous ?

— Je n'en sais rien. J'ai promis à Amy Pratt de venir, mais je ne suis pas d'humeur.

— Oh, allez-y, s'il vous plaît ! Je rêve d'y aller. Depuis toujours je rêve qu'un jour quelqu'un m'emmène à ce bal. Mais je n'irai jamais… Maman ne veut pas.

— Qu'est-ce que je ferai là-bas, seul ?

— Vous ne serez pas seul, Harry. Je serai là, dans votre tête. Nous danserons ensemble ! Quoi qu'il arrive, je serai toujours dans votre tête !

En entendant ces mots, il s'était fâché :

— Comment ça, *quoi qu'il arrive* ? Qu'est-ce que ça veut dire, hein ?

— Rien, Harry, Harry chéri, ne vous fâchez pas. Je voulais simplement vous dire que je vous aimerai pour toujours.

Pour l'amour de Nola, il se rendit donc au bal, de mauvaise grâce et seul. À peine arrivé, il regretta déjà sa décision : il se sentait mal à l'aise au contact de la foule. Pour se donner un semblant de contenance, il s'installa au bar et se fit servir quelques martinis tout en regardant les invités qui arrivaient au fur et à mesure. La salle se remplissait rapidement, le brouhaha des conversations s'amplifiait. Il était persuadé que les regards étaient braqués sur lui, comme si tous savaient qu'il aimait une fille de quinze ans. Se sentant vaciller, il se rendit aux toilettes, se passa de l'eau sur le visage, puis s'enferma dans une cabine de WC et s'assit sur la cuvette pour retrouver ses esprits. Il prit une ample respiration : il devait garder son calme. Personne ne pouvait savoir pour lui et Nola. Ils avaient toujours été si prudents et tellement discrets. Il n'y avait aucune raison de s'inquiéter. Surtout rester naturel. Il finit par se rassurer lui-même et sentit son ventre qui se dénouait. Il ouvrit alors la porte de la cabine et c'est à cet instant qu'il découvrit cette inscription faite au rouge à lèvres sur le miroir des toilettes :

Baiseur de gamine

La panique l'envahit. Qui était là ? Il appela, il regarda autour de lui et poussa toutes les portes des cabines : personne. Les toilettes étaient désertes. Il attrapa à la hâte un linge qu'il gorgea d'eau et il effaça l'inscription qui se transforma en une longue traînée grasse et rouge sur le miroir. Puis, il s'enfuit hors des toilettes, craignant d'être surpris. Nauséeux et malade, le front couvert de sueur et les tempes battantes, il rejoignit la soirée comme si rien ne s'était passé. Qui savait pour lui et Nola ?

Dans la salle, le dîner avait été annoncé et les invités se dirigeaient vers les tables. Il avait l'impression de devenir fou. Une main lui attrapa l'épaule. Il sursauta. C'était Amy Pratt. Il transpirait abondamment.

— Tout va bien, Harry ? demanda-t-elle.

— Oui... Oui... Juste un peu chaud.

— Vous êtes à la table d'honneur. Venez, c'est juste là-bas.

Elle le guida jusqu'à une grande table fleurie où était déjà installé un homme d'une quarantaine d'années qui avait l'air de s'ennuyer ferme.

— Harry Quebert, déclara Amy Pratt d'un ton cérémonieux, laissez-moi vous présenter à Elijah Stern, qui finance généreusement ce bal. C'est grâce à lui que les billets sont si bon marché. Il est également le propriétaire de la maison que vous occupez à Goose Cove.

Elijah Stern tendit la main en souriant et Harry éclata de rire :

— Vous êtes mon propriétaire, Monsieur Stern ?

— Appelez-moi Elijah. C'est un plaisir de faire votre connaissance.

Après le plat principal, les deux hommes sortirent fumer une cigarette et faire quelques pas sur la pelouse du Country Club.

— La maison vous plaît ? demanda Stern.

— Énormément. Elle est magnifique.

Faisant rougeoyer son mégot, Elijah Stern raconta, nostalgique, que Goose Cove avait été la maison de vacances de la famille pendant des années : son père l'avait fait construire parce que sa mère avait de terribles crises de migraine et que l'air marin, selon le médecin, lui ferait du bien.

— Lorsque mon père a vu cette parcelle au bord de l'océan, il a aussitôt eu le coup de foudre. Il l'a achetée sans hésiter pour y bâtir une maison. C'est lui qui en a dessiné les plans. J'ai adoré cet endroit. Nous y avons passé tant de bons étés. Et puis, le temps a passé, mon père est mort, ma mère s'est installée en Californie et plus personne n'a occupé Goose Cove. J'aime cette maison, je l'ai même fait rénover il y a quelques années. Mais je ne me suis pas marié, je n'ai pas d'enfants, et je n'ai guère plus l'occasion de profiter de cette maison de toute façon trop grande pour moi. Alors, je l'ai confiée à une agence pour qu'elle soit mise en location. L'idée qu'elle soit inhabitée et laissée à l'abandon m'était insupportable. Je suis heureux que ce soit quelqu'un comme vous qui y vive.

Stern expliqua avoir vécu à Aurora, enfant, ses premiers bals et ses premières amours et que, depuis, il revenait ici une fois par an, pour le bal justement, en souvenir de ces années.

Ils allumèrent une deuxième cigarette et s'assirent un instant sur un banc en pierre.

— Alors, sur quoi travaillez-vous actuellement, Harry ?

— Un roman d'amour... Enfin, j'essaie. Vous savez, tous pensent ici que je suis un grand écrivain, mais c'est une espèce de quiproquo.

Harry savait que Stern n'était pas du genre à se laisser abuser. Celui-ci se contenta de répondre :

— Les gens ici sont très impressionnables. Il n'y a qu'à voir la tournure navrante que prend ce bal. Donc un roman d'amour ?

— Oui.

— Où en êtes-vous ?

— Au début seulement. À vrai dire, je n'arrive pas à écrire.

— Ça c'est embêtant pour un écrivain. Des soucis ?

— Si on veut.

— Vous êtes amoureux ?

— Pourquoi me demandez-vous cela ?

— Par curiosité. Je me demandais s'il fallait être amoureux pour écrire des romans d'amour. En tout cas, je suis très impressionné par les écrivains. Peut-être parce que j'aurais aimé être écrivain moi-même. Ou artiste de manière générale. J'ai un amour inconditionnel pour la peinture. Mais je ne suis malheureusement guère doué pour les arts. Quel est le titre de votre livre ?

— Je l'ignore encore.

— Et quel genre d'histoire d'amour est-ce ?

— L'histoire d'un amour interdit.

— Ça a l'air vraiment très intéressant, s'enthousiasma Stern. Il faudra que nous nous revoyions à l'occasion.

À vingt et une heures trente, après le dessert, Amy Pratt annonça le tirage au sort des lots de la tombola, dont l'animation était assurée, comme chaque année, par son mari. Le Chef Pratt, enfonçant trop le micro dans sa bouche, égrena les lots. Les prix, offerts pour la plupart par les commerces locaux, se situaient dans le bas de gamme, sauf le premier prix dont le tirage suscita beaucoup d'agitation : il s'agissait d'une semaine dans un hôtel de luxe de Martha's Vineyard, tous frais payés pour deux personnes. « Votre attention s'il vous plaît, s'époumona le Chef. Le gagnant du premier prix est... Attention... Le ticket 1385 ! » Il y eut un bref instant de silence : puis soudain, Harry, réalisant qu'il s'agissait de l'un de ses tickets, se leva, tout étonné. Il eut aussitôt droit à un tonnerre d'applaudissements et de nombreux invités l'assaillirent pour le féliciter. Jusqu'à la fin de la soirée, l'assistance n'eut d'yeux que pour lui : il était le centre du monde. Mais lui n'avait d'yeux pour personne, car le centre de son monde à lui dormait dans une petite chambre d'hôpital à quinze miles de là.

Lorsque Harry quitta le bal, vers deux heures du matin, il croisa Elijah Stern dans le vestiaire, lui aussi sur le départ.

— Premier prix de la tombola, sourit Stern. On peut dire que vous êtes d'un naturel plutôt chanceux.

— Oui... Et dire que j'ai failli ne pas acheter de ticket.

— Avez-vous besoin que je vous ramène chez vous ? demanda Stern.

— Merci, Elijah, mais j'ai ma voiture.

Ils marchèrent ensemble jusqu'au parking. Une berline noire attendait Stern, devant laquelle un homme fumait une cigarette. Stern le désigna et dit :

— Harry, je voudrais vous présenter mon homme de confiance. C'est vraiment quelqu'un de formidable. D'ailleurs, si vous n'y voyez pas d'inconvénient, je vais l'envoyer à Goose Cove pour qu'il s'occupe des rosiers. C'est bientôt le moment de les tailler et c'est un jardinier de grand talent, contrairement aux incapables qu'envoie l'agence de location et qui m'ont fait crever toutes les plantes l'été passé.

— Évidemment. Vous êtes chez vous, Elijah.

À mesure qu'il s'approcha de l'homme, Harry remarqua que celui-ci avait une apparence effrayante : son corps était massif et musculeux, son visage balafré et tordu. Ils se saluèrent d'une poignée de main.

— Je suis Harry Quebert, dit Harry.

— Bonfoir, Monfieur Quebert, répondit l'homme qui s'exprimait avec une élocution douloureuse et très irrégulière. Ve m'appelle Luther Caleb.

L'agitation gagna Aurora dès le lendemain du bal : avec qui Harry Quebert allait-il se rendre à Martha's Vineyard ? Personne ne lui avait jamais connu de femme ici. Avait-il une bonne amie à New York ? Peut-être une vedette de cinéma. Ou allait-il emmener avec lui une jeune femme d'Aurora ? Avait-il une conquête ici, lui qui était si discret ? En parlerait-on dans les journaux sur les vedettes ?

Le seul à ne pas se préoccuper de ce voyage était Harry lui-même. Le lundi matin du 21 juillet, il était chez lui, malade d'inquiétude : qui savait pour lui et Nola ? Qui donc l'avait suivi jusque dans les toilettes ? Qui avait eu l'audace de souiller le miroir de ces infâmes inscriptions ? Du rouge à lèvres : c'était très certainement une femme. Mais qui ? Pour s'occuper l'esprit, il s'installa à son pupitre et décida de mettre de l'ordre dans ses feuillets : c'est alors qu'il se rendit compte qu'il en manquait un. Un feuillet sur Nola, écrit le jour de sa tentative de suicide. Il se rappelait bien, il l'avait laissé là. Il y avait en tout cas une semaine qu'il avait laissé s'accumuler les brouillons en vrac sur son bureau, mais il les numérotait toujours, selon un code chronologique bien précis, pour pouvoir les classer ensuite. À présent qu'il avait mis de l'ordre, il constatait qu'il en manquait un. C'était un feuillet important, il s'en souvenait bien. Il recommença son classement à deux reprises, vida son cartable : le feuillet n'était pas là. C'était impossible. Il avait toujours pris soin de vérifier sa table lorsqu'il quittait le Clark's pour être certain de ne rien oublier. À Goose Cove, il ne travaillait que dans son bureau, et si, par hasard, il s'installait sur la terrasse, il déposait ensuite ce qu'il avait écrit sur son pupitre. Il ne pouvait pas avoir perdu ce feuillet, alors où était-il ? Après avoir fouillé la maison en vain, il commença à se demander si quelqu'un était venu ici à la recherche de preuves compromettantes. Était-ce la même personne qui avait fait cette inscription sur le miroir des toilettes le soir du bal ? Il eut tellement mal au ventre à l'évocation de cette pensée qu'il eut envie de vomir.

Ce même jour, Nola put quitter la clinique de Charlotte's Hill. À peine rentrée à Aurora, sa première préoccupation fut d'aller retrouver Harry. Elle se rendit à Goose Cove dans la fin de l'après-midi : il était sur la plage, avec sa boîte en fer-blanc. Aussitôt qu'elle le vit, elle se jeta dans ses bras ; il la souleva en l'air et la fit tournoyer.

— Oh Harry, Harry chéri ! Ça m'a tellement manqué d'être ici avec vous !

Il l'étreignit le plus fort qu'il put.

— Nola ! Nola chérie…

— Comment allez-vous, Harry ? Nancy m'a dit que vous aviez remporté le premier prix de la tombola ?

— Oui ! Tu te rends compte ?

— Des vacances pour deux personnes à Martha's Vineyard ! Et pour quand est-ce ?

— Les dates sont libres. Je n'ai qu'à appeler l'hôtel quand j'en ai envie pour faire la réservation.

— M'emmènerez-vous ? Oh, Harry, emmenez-moi là où nous pourrons être heureux sans nous cacher !

Il ne répondit rien et ils firent quelques pas sur la grève. Ils regardèrent les vagues finir leur course dans le sable.

— D'où viennent les vagues ? demanda Nola.

— De loin, répondit Harry. Elles viennent de loin pour voir le rivage de la grande Amérique et mourir.

Il dévisagea Nola et attrapa soudain son visage dans un élan de fureur.

— Bon sang, Nola ! Pourquoi vouloir mourir ?

— Ce n'est pas qu'on veuille mourir, dit Nola. C'est qu'on ne peut plus vivre.

— Mais te rappelles-tu ce jour, sur la plage, après le spectacle, lorsque tu m'as dit de ne pas m'en faire puisque tu étais là ? Comment veilleras-tu sur moi si tu te tues ?

— Je sais, Harry. Pardon, je vous demande pardon.

Et sur cette plage où ils s'étaient rencontrés et aimés au premier regard, elle se mit à genoux pour qu'il lui pardonne. Elle demanda encore : « Emmenez-moi, Harry. Emmenez-moi avec vous à Martha's Vineyard. Emmenez-moi et aimons-nous pour toujours. » Il promit, dans l'euphorie du moment. Mais lorsque, un peu plus tard, elle s'en retourna chez elle et qu'il la regarda s'éloigner sur le chemin de Goose Cove, il songea qu'il ne pouvait pas l'emmener. C'était impossible. Quelqu'un savait déjà pour eux ; s'ils partaient ensemble, toute la ville saurait. Ce serait la prison garantie. Il ne pouvait pas l'emmener, et si elle le lui demandait encore, il repousserait le voyage interdit. Il le repousserait jusqu'à l'éternité.

Le lendemain, il retourna au Clark's pour la première fois depuis longtemps. Comme d'habitude, Jenny était de service. Lorsqu'elle vit Harry entrer, ses yeux s'illuminèrent : il était revenu. Était-ce à cause du bal ? Avait-il été jaloux de la voir avec Travis ? Voulait-il l'emmener à Martha's Vineyard ? S'il partait sans elle, c'est qu'il ne l'aimait pas. Cette question la travaillait tant qu'elle la lui posa avant même de prendre sa commande :

— Qui vas-tu emmener à Martha's Vineyard, Harry ?

— Je n'en sais rien, répondit-il. Peut-être personne. Peut-être vais-je en profiter pour avancer dans mon livre.

Elle eut une moue :

— Un si beau voyage, seul ? Ce serait du gâchis.

Secrètement, elle espéra qu'il répondrait : « Tu as raison, Jenny, mon amour, partons ensemble nous embrasser sous le soleil couchant. » Mais tout ce qu'il dit fut : « Un café, s'il te plaît. » Et Jenny l'esclave s'exécuta. À ce moment, Tamara Quinn arriva de son bureau de l'arrière-salle où elle faisait sa comptabilité. Voyant Harry assis à sa table habituelle, elle se précipita vers lui et lui dit sans même le saluer, d'un ton plein de rage et d'amertume :

— Je suis en train de revoir la comptabilité. Nous ne vous faisons plus crédit, Monsieur Quebert.

— Je comprends, répondit Harry, qui voulait éviter un esclandre. Je suis désolé pour votre invitation de dimanche dernier... J'ai...

— Vos excuses ne m'intéressent pas. J'ai reçu vos fleurs qui ont fini à la poubelle. Je vous prie de régler votre ardoise d'ici la fin de la semaine.

— Bien entendu. Donnez-moi la facture, je vous payerai sans délai.

Elle lui apporta la note détaillée et il manqua de s'étouffer en la découvrant : il y en avait pour plus de 500 dollars. Il avait dépensé sans compter : 500 dollars de nourriture et de boissons, 500 dollars jetés par la fenêtre, juste pour être avec Nola. À cette note s'ajouta, le lendemain matin, une lettre de l'agence de location de la maison. Il avait déjà payé la moitié de son séjour à Goose Cove, soit jusqu'à la fin juillet. La lettre l'informait qu'il lui restait encore mille dollars à payer pour jouir de la maison jusqu'en septembre. Mais ces mille dollars, il ne les avait pas. Il n'avait quasiment plus d'argent. L'ardoise du Clark's le laissait sur la paille. Il n'avait plus de quoi se payer la location d'une pareille maison. Il ne pouvait plus rester. Que devait-il faire ? Appeler Elijah Stern et lui expliquer la situation ? Mais à quoi bon ? Il n'avait pas écrit le grand roman qu'il espérait, il n'était qu'une imposture.

Après avoir pris le temps de la réflexion, il téléphona à l'hôtel de Martha's Vineyard. Voilà ce qu'il allait faire : renoncer à cette maison. Cesser cette mascarade pour de bon. Il allait partir une semaine avec Nola pour vivre leur amour une dernière fois, et après il disparaîtrait. La réception de l'hôtel lui indiqua qu'il restait une chambre de libre pour la semaine du 28 juillet au 3 août. C'est ce qu'il devait faire : aimer Nola une dernière fois, puis quitter cette ville pour toujours.

La réservation faite, il téléphona à l'agence de location de la maison. Il expliqua que pour des raisons impérieuses il devait rentrer à New York. Il demanda donc la résiliation de la location à compter du 1er août et parvint à convaincre l'employé, arguant de raisons pratiques, de disposer de la maison jusqu'au lundi 4 août, date à laquelle il viendrait directement rendre les clés à la succursale de Boston, sur la route pour rejoindre New York. Au téléphone, il avait des débuts de sanglots dans la voix : ainsi s'achevait l'aventure du soi-disant grand écrivain Harry Quebert, incapable d'écrire trois lignes de l'immense chef-d'œuvre qu'il ambitionnait. Et sur le point de s'effondrer, il raccrocha sur ces paroles : « C'est parfait, Monsieur. Je vous déposerai donc les clés de Goose Cove à votre agence lundi 4 août, en rentrant à New York. » Puis, ayant reposé le combiné, il sursauta lorsqu'il entendit une voix étranglée derrière lui : « Vous partez, Harry ? » C'était Nola. Elle était entrée dans la maison sans s'annoncer et elle avait entendu la conversation. Elle avait des larmes dans les yeux. Elle répéta :

— Vous partez, Harry ? Que se passe-t-il ?

— Nola… j'ai des ennuis.

Elle accourut vers lui.

— Des ennuis ? Mais quels ennuis ? Vous ne pouvez pas partir ! Harry, vous ne pouvez pas partir ! Si vous partez, je vais mourir !

— Non ! Ne dis jamais ça !

Elle tomba à genoux.

— Ne partez pas, Harry ! Au nom du Ciel ! Je ne suis rien sans vous !

Il se laissa tomber au sol à côté d'elle.

— Nola... Il faut que je te dise... J'ai menti depuis le début. Je ne suis pas un écrivain célèbre... J'ai menti ! J'ai menti sur tout ! Sur moi, sur ma carrière ! Je n'ai plus d'argent ! Plus rien ! Je n'ai pas les moyens de rester plus longtemps dans cette maison. Je ne peux plus rester à Aurora.

— Nous trouverons une solution ! Je n'ai aucun doute que vous allez devenir un écrivain très célèbre. Vous allez gagner beaucoup d'argent ! Votre premier livre était formidable, et ce livre que vous écrivez en ce moment avec tant d'ardeur, ce sera un grand succès, j'en suis certaine ! Je ne me trompe jamais !

— Ce livre, Nola, ce ne sont que des horreurs. Ce ne sont que des mots horribles.

— Que sont des mots horribles ?

— Des mots sur toi que je ne devrais pas écrire. Mais c'est à cause de ce que je ressens.

— Et que ressentez-vous, Harry ?

— De l'amour. Tellement d'amour !

— Mais alors ces mots, faites-en de beaux mots ! Mettez-vous au travail ! Écrivez de beaux mots !

Elle le prit par la main, elle l'installa sur la terrasse. Elle lui apporta ses feuillets, ses carnets, ses stylos. Elle fit du café, fit jouer un disque d'opéra et ouvrit les fenêtres du salon pour qu'il l'entende bien. Elle savait que la musique l'aidait à se concentrer. Docilement, il rassembla ses esprits et se mit à tout recommencer ; il se mit à écrire un roman d'amour, comme si Nola et lui, c'était possible. Il écrivit pendant deux bonnes heures, les mots venaient d'eux-mêmes, les phrases se dessinaient parfaitement, naturellement, jaillissant de son stylo qui dansait sur le papier. Pour la première fois depuis qu'il était là, il eut l'impression que son roman était véritablement en train de naître.

Lorsqu'il leva les yeux de sa feuille, il remarqua que Nola, installée sur un fauteuil en osier, en retrait pour ne pas le déranger, s'était endormie. Le soleil était superbe, il faisait très chaud. Et soudain, avec son roman, avec Nola, avec cette maison au bord de l'océan, il lui sembla que sa vie était une vie merveilleuse. Il lui sembla même que quitter Aurora n'était pas une mauvaise chose : il terminerait son roman à New York, il deviendrait un grand écrivain, et il attendrait Nola. Au fond, partir ne signifiait pas la perdre. Au contraire peut-être. Dès la fin de son lycée, elle pourrait venir à l'université à New York. Et ils seraient ensemble. D'ici là, ils s'écriraient, ils se verraient pendant les vacances. Les années s'écouleraient et bientôt, leur amour ne serait plus un amour interdit. Il réveilla Nola, doucement. Elle sourit et s'étira.

— Avez-vous bien écrit ?
— Très.
— Formidable ! Pourrais-je lire ?
— Bientôt. C'est promis.

Un vol de mouettes passa au-dessus de l'eau.

— Mettez des mouettes ! Mettez des mouettes dans votre roman !

— Il y en aura à chaque page, Nola. Et si nous partions quelques jours faire ce voyage à Martha's Vineyard ? Il y a une chambre de libre la semaine prochaine.

Elle rayonna :

— Oui ! Partons ! Partons ensemble.

— Mais que diras-tu à tes parents?
— Ne vous inquiétez pas, Harry chéri. Je m'occupe de mes parents. Souciez-vous d'écrire votre chef-d'œuvre et de m'aimer. Alors vous restez?
— Non, Nola. Je dois partir à la fin du mois parce que je ne peux plus payer cette maison.
— La fin du mois? Mais c'est maintenant.
— Je sais.
Ses yeux se mouillèrent de larmes:
— Ne partez pas, Harry!
— New York, ce n'est pas loin. Tu viendras me rendre visite. Nous nous écrirons. Nous nous téléphonerons. Et pourquoi ne viendrais-tu pas à l'université là-bas? Tu m'as dit que tu rêvais de voir New York.
— L'université? Mais c'est dans trois ans! Trois ans sans vous, je ne peux pas, Harry! Je ne tiendrai pas le coup!
— Ne t'en fais pas, le temps passera vite. Quand on s'aime, le temps vole.
— Ne me quittez pas, Harry. Je ne veux pas que Martha's Vineyard soit notre voyage d'adieu.
— Nola, je n'ai plus d'argent. Je ne peux plus rester ici.
— Non Harry, pitié. Nous trouverons une solution. Est-ce que vous m'aimez?
— Oui.
— Alors si nous nous aimons, nous trouverons une solution. Les gens qui s'aiment trouvent toujours une solution pour s'aimer davantage. Promettez au moins d'y réfléchir.
— Je te le promets.

Ils étaient partis une semaine plus tard, à l'aube du lundi 28 juillet 1975, sans avoir jamais reparlé de ce départ qui était devenu inévitable pour Harry. Il s'en voulait de s'être laissé prendre par ses ambitions et ses rêves de grandeur : comment avait-il pu avoir la naïveté de vouloir écrire un grand roman en l'espace d'un été ?

Ils s'étaient retrouvés à quatre heures du matin, sur le parking de la marina. Aurora dormait. Ils avaient roulé à bonne allure jusqu'à Boston. Ils y avaient pris le petit-déjeuner. Puis ils avaient continué d'une traite jusqu'à Falmouth, d'où ils avaient pris le ferry. Ils étaient arrivés sur l'île de Martha's Vineyard en milieu de matinée. Depuis, ils vivaient comme dans un rêve, dans ce magnifique hôtel du bord de l'océan. Ils se baignaient, ils se promenaient, ils dînaient en tête à tête dans la grande salle à manger de l'hôtel, sans que personne ne les regarde ni pose de questions. À Martha's Vineyard, ils pouvaient vivre.

*

Il y avait désormais quatre jours qu'ils étaient là. Étendus sur le sable chaud, dans leur crique, à l'abri du monde, ils ne pensaient plus qu'à eux et au bonheur d'être ensemble. Elle jouait avec l'appareil photo et lui, pensait à son livre.

Elle avait dit à Harry que ses parents la croyaient chez une amie, mais elle avait menti. Elle s'était enfuie de chez elle, sans prévenir personne : une semaine d'absence à justifier, cela aurait été trop compliqué. Alors, elle était partie sans rien dire. À l'aube, elle était sortie par la fenêtre de sa chambre. Et pendant qu'elle et Harry se prélassaient sur la plage, à Aurora, le révérend Kellergan se rongeait les sangs. Le lundi matin, il avait trouvé la chambre vide. Il n'avait pas prévenu la police. D'abord la tentative de suicide, puis une fugue; s'il prévenait la police, tout le monde saurait. Il s'était donné sept jours pour la trouver. Sept jours comme le Seigneur a fait la semaine. Il passait ses journées en voiture, à arpenter la région, à la recherche de sa fille. Il redoutait le pire. Après sept jours, il s'en remettrait aux autorités.

Harry ne se doutait de rien. Il était aveuglé par l'amour. De même que le matin du départ pour Martha's Vineyard, lorsque Nola l'avait rejoint à l'aube sur le parking de la marina, il n'avait pas vu la silhouette tapie dans l'obscurité, qui les observait.

Ils rentrèrent à Aurora dans l'après-midi du dimanche 3 août 1975. En passant la frontière entre le Massachusetts et le New Hampshire, Nola se mit à pleurer. Elle dit à Harry qu'elle ne pourrait pas vivre sans lui, qu'il n'avait pas le droit de partir, qu'un amour comme le leur, il n'y en avait qu'un seul par vie, et encore. Et elle suppliait: «Ne me quittez pas, Harry. Ne me laissez pas ici.» Elle lui disait qu'il avait tellement bien avancé son livre ces derniers jours qu'il ne pouvait pas courir le risque de perdre son inspiration. Elle l'implorait: «Je m'occuperai de vous, et vous n'aurez qu'à vous concentrer sur l'écriture. Vous êtes en train d'écrire un roman magnifique, vous n'avez pas le droit de tout gâcher.» Et elle avait raison: elle était sa muse, son inspiration, celle grâce à qui il pouvait soudain écrire si bien, si vite. Mais c'était trop tard; il n'avait plus d'argent pour payer la maison. Il devait partir.

Il déposa Nola à quelques blocs de chez elle et ils s'embrassèrent une dernière fois. Ses joues étaient couvertes de larmes, elle s'agrippait à lui pour le retenir.

— Dites-moi que vous serez toujours là demain matin !

— Nola, je...

— Je vous apporterai des brioches chaudes, je ferai le café. Je ferai tout. Je serai votre femme et vous serez un grand écrivain. Dites-moi que vous serez là...

— Je serai là.

Elle s'illumina.

— Vraiment ?

— Je serai là. Je le promets.

— Promettre n'est pas assez, Harry. Jurez, jurez au nom de notre amour que vous ne me laisserez pas.

— Je jure, Nola.

Il avait menti parce que c'était trop difficile. Dès qu'elle disparut au coin de la rue, il se dépêcha de rentrer à Goose Cove. Il devait faire vite : il ne voulait pas risquer qu'elle revienne plus tard et qu'elle le surprenne dans sa fuite. Ce soir déjà, il serait à Boston. Dans la maison, il rassembla ses affaires à la hâte : il entassa ses valises dans le coffre de sa voiture et jeta le reste de ce qui devait encore être emporté sur la banquette arrière. Puis il ferma les volets et coupa le gaz, l'eau et l'électricité. Il fuyait, il fuyait l'amour.

Il voulut laisser un message à son intention. Il griffonna quelques lignes : *Nola chérie, j'ai dû partir. Je t'écrirai. Je t'aime pour toujours,* écrites dans la précipitation sur un morceau de papier qu'il coinça dans l'encadrement de la porte, avant de le retirer, de crainte que ce soit quelqu'un d'autre qui trouve ces mots. Pas de message, c'était plus sûr. Il ferma la porte à clé, monta dans sa voiture et démarra en trombe. Il s'enfuit à toute allure. Adieu Goose Cove, adieu New Hampshire, adieu Nola.

C'était fini pour toujours.

17.

Tentative de fuite

"Vous devez préparer vos textes comme on prépare un match de boxe, Marcus : les jours qui précèdent le combat, il convient de ne s'entraîner qu'à soixante-dix pour cent de son maximum, pour laisser bouillonner et monter en soi cette rage qu'on ne laissera exploser que le soir du match.

– Qu'est-ce que ça veut dire ?

– Que lorsque vous avez une idée, au lieu d'en faire immédiatement l'une de vos illisibles nouvelles que vous publiez ensuite en première page de la revue que vous dirigez, vous devez la garder au fond de vous pour lui permettre de mûrir. Vous devez l'empêcher de sortir, vous devez la laisser grandir en vous jusqu'à ce que vous sentiez que c'est le moment. Ceci sera le numéro... À combien en sommes-nous ?

– À 18.

– Non, nous en sommes à 17.

– Pourquoi me demandez-vous, si vous le savez ?
– Pour voir si vous suivez, Marcus.
– Alors 17, Harry… Faire des idées…
– … des illuminations."

Le mardi 1er juillet 2008, Harry, que j'écoutais avec passion dans la salle de visite de la prison d'État du New Hampshire, me raconta qu'au soir du 3 août 1975, alors qu'il s'apprêtait à quitter Aurora et qu'il venait de s'engager à toute allure sur la route 1, il croisa une voiture qui fit aussitôt demi-tour derrière lui et le prit en chasse.

*

Dimanche soir 3 août 1975

Il crut un instant à une voiture de police, mais elle n'avait ni gyrophare, ni sirène. Une voiture le talonnait et le klaxonnait sans qu'il ne comprenne pourquoi et il eut soudain peur d'être victime d'un brigandage. Il essaya d'accélérer de plus belle, mais son poursuivant parvint à le dépasser et à le forcer à s'arrêter sur le bas-côté en se mettant en travers de sa route. Harry bondit hors de l'habitacle, prêt à en découdre, avant de reconnaître le chauffeur de Stern, Luther Caleb, lorsqu'il sortit de voiture à son tour.

— Mais vous êtes complètement cinglé! hurla Harry.

— Veuillez me pardonner, Monfieur Quebert. Ve ne voulais pas vous faire peur. F'est Monfieur Ftern, il veut vous voir abfolument. Fa fait pluvieurs vours que ve vous ferfe.

— Et que me veut Monsieur Stern?

Harry tremblait, l'adrénaline avait fait exploser son cœur.

— Ve n'en fais rien, Monfieur, dit Luther. Mais il a dit que f'était important. Il vous attend fez lui.

Devant l'insistance de Luther, Harry accepta de mauvaise grâce de le suivre jusqu'à Concord. La nuit tombait. Ils se rendirent jusque dans l'immense propriété de Stern, où Caleb, sans un mot, guida Harry à l'intérieur de la maison jusqu'à une large terrasse. Elijah Stern, installé à une table, y buvait de la limonade, vêtu d'une robe de chambre légère. Aussitôt qu'il vit Harry arriver, il se leva pour venir à sa rencontre, visiblement soulagé de le voir:

— Bon sang, cher Harry, j'ai bien cru que je ne parviendrais jamais à vous faire retrouver! Je vous remercie d'être venu jusqu'ici à une heure pareille. J'ai appelé chez vous, je vous ai écrit une lettre. J'ai envoyé Luther tous les jours. Plus aucune nouvelle de vous. Mais où diable étiez-vous fourré?

— J'étais absent de la ville. Qu'y a-t-il de si important?

— Je sais tout! Tout! Et vous avez voulu me cacher la vérité?

Harry se sentit flancher: Stern savait pour Nola.

— De quoi me parlez-vous? balbutia-t-il pour gagner du temps.

— Mais de la maison de Goose Cove, pardi!

Pourquoi ne pas m'avoir dit que vous étiez sur le point de rendre la maison pour une question d'argent ? C'est l'agence de Boston qui m'en a informé. Ils m'ont dit que vous aviez convenu de rapporter les clés demain, comprenez l'urgence de la situation ! Je devais absolument vous parler ! Je trouve tellement dommage que vous partiez ! Je n'ai pas besoin de l'argent de la location de la maison, et j'ai envie de soutenir votre projet d'écriture. Je veux que vous restiez à Goose Cove, le temps de finir votre roman, qu'en pensez-vous ? Vous m'avez dit que cet endroit vous inspirait, pourquoi partir ? J'ai déjà tout arrangé avec l'agence. Je suis très attaché à l'art et la culture : si vous êtes bien dans cette maison, restez-y quelques mois de plus ! Je serai très fier d'avoir pu contribuer à l'essor d'un grand roman. Ne refusez pas, je ne connais pas beaucoup d'écrivains… J'ai vraiment à cœur de vous aider.

Harry laissa échapper un soupir de soulagement et s'effondra sur une chaise. Il accepta aussitôt l'offre d'Elijah Stern. C'était une opportunité inespérée : pouvoir profiter de la maison de Goose Cove quelques mois encore, pouvoir finir son grand roman grâce à l'inspiration de Nola. S'il vivait modestement, n'ayant plus les frais de la location de la maison à prendre en charge, il parviendrait à subvenir à ses besoins. Il resta un moment avec Stern, sur la terrasse, à parler littérature, surtout pour se montrer poli à l'égard de son bienfaiteur, car sa seule envie était de rentrer immédiatement à Aurora pour retrouver Nola et lui annoncer qu'il avait trouvé une solution. Puis il songea qu'elle était peut-être déjà passée à Goose Cove, à l'improviste. Avait-elle trouvé porte close ? Avait-elle découvert qu'il s'était enfui, qu'il avait été prêt à l'abandonner ? Il sentit son ventre se nouer, et dès qu'il fut convenable de partir, il rentra à toute vitesse jusqu'à Goose Cove. Il s'empressa de rouvrir la maison, les volets, l'eau, le gaz et l'électricité, de ranger toutes ses affaires à leur place et d'effacer toute trace de sa tentative de fuite. Nola ne devrait jamais savoir. Nola, sa muse. Celle sans qui il ne pouvait rien faire.

*

— Voilà, me dit Harry, voilà comment j'ai pu rester à Goose Cove et continuer mon livre. Les semaines qui suivirent, je ne fis d'ailleurs plus que cela: écrire. Écrire comme un fou, écrire fiévreusement, écrire à en perdre la notion de matin et de soir, de faim et de soif. Écrire sans arrêt, écrire à en avoir mal aux yeux, mal aux poignets, mal au crâne, mal partout. Écrire à avoir envie de vomir. Pendant trois semaines, j'ai écrit jour et nuit. Et pendant ce temps, Nola s'occupait de moi. Elle venait me veiller, elle venait me faire manger, elle venait me faire dormir, elle m'emmenait pour une promenade lorsqu'elle voyait que je n'en pouvais plus. Discrète, invisible et omniprésente : grâce à elle, tout était possible. Surtout, elle retapait mes feuillets à la machine, à l'aide d'une petite Remington portable. Et souvent, elle emportait un morceau du manuscrit avec elle pour le lire. Sans me le demander. Le lendemain, elle me faisait part de ses commentaires. Elle était souvent dithyrambique, elle me disait que c'était un texte magnifique, que c'étaient les plus beaux mots qu'elle ait jamais lus, et elle me remplissait, avec ses grands yeux amoureux, d'une confiance exceptionnelle.

— Que lui aviez-vous dit pour la maison? demandai-je.

— Que je l'aimais plus que tout, que je voulais

rester près d'elle et que j'avais pu trouver un arrangement avec mon banquier qui me permettait de poursuivre cette location. C'est grâce à elle que j'ai pu écrire ce livre, Marcus. Je n'allais plus au Clark's, on ne me voyait presque plus en ville. Elle veillait sur moi, elle s'occupait de tout. Elle me disait même que je ne pouvais pas faire les courses tout seul parce que je ne savais pas ce qu'il me fallait, et nous allions faire des courses ensemble dans des supermarchés éloignés, là où nous étions tranquilles. Lorsqu'elle réalisait que j'avais sauté un repas ou dîné de barres chocolatées, elle se mettait en colère. Quelles merveilleuses colères… J'aurais voulu que ces douces colères m'accompagnent dans mon œuvre et dans ma vie pour toujours.

— Alors vous avez vraiment écrit *Les Origines du mal* en quelques semaines ?

— Oui. J'étais habité par une espèce de fièvre créatrice que je n'ai plus jamais eue. Était-elle déclenchée par l'amour ? Sans aucun doute. Je crois que, quand Nola a disparu, une partie de mon talent a disparu avec elle. Vous comprenez maintenant pourquoi je vous supplie de ne pas vous inquiéter lorsque vous peinez à trouver l'inspiration.

Un gardien nous annonça que la visite était sur le point de se terminer et nous invita à conclure.

— Et donc, vous dites que Nola emportait le manuscrit avec elle ? repris-je rapidement pour ne pas perdre le fil de notre discussion.

— Elle emportait les parties qu'elle avait retapées. Elle les lisait et me donnait son avis. Marcus, ce mois d'août 1975, ça a été le paradis. J'ai été tellement heureux. Nous avons été tellement heureux. Mais je restais malgré tout hanté par l'idée que quelqu'un savait pour nous deux. Quelqu'un qui était prêt à saloper un miroir avec des horreurs. Ce même quelqu'un pouvait nous épier de la forêt et tout voir. Ça me rendait malade.

— Est-ce la raison pour laquelle vous avez voulu partir ? Ce départ que vous aviez prévu ensemble, le soir du 30 août, pourquoi ?

— Ça, Marcus, c'était à cause d'une terrible histoire. Vous enregistrez, là ?

— Oui.

— Je vais vous raconter un épisode très grave. Pour que vous compreniez. Mais je ne veux pas que cela s'ébruite.

— Comptez sur moi.

— Vous savez, pendant notre semaine à Martha's Vineyard, en fait de prétendre être avec une amie, Nola avait tout simplement fugué. Elle était partie sans rien dire à personne. Lorsque je l'ai revue, le lendemain de notre retour, elle avait une mine affreusement triste. Elle m'a dit que sa mère l'avait battue. Elle avait le corps marqué. Elle pleurait. Ce jour-là elle m'a dit que sa mère la punissait pour un rien. Qu'elle la frappait à coups de règle en fer, et qu'elle lui faisait aussi une drôle de saloperie : elle remplissait une bassine d'eau, prenait sa fille par les cheveux et lui plongeait la tête dans l'eau. Elle disait que c'était pour la délivrer.

— La délivrer ?

— La délivrer du mal. Une espèce de baptême, j'imagine. Jésus dans le Jourdain ou quelque chose comme ça. Au début, je ne pouvais pas y croire, mais les preuves étaient là. Je lui ai alors demandé : « Mais qui te fait ça ? — Maman. — Et pourquoi ton père ne réagit pas ? — Papa s'enferme dans le garage et il écoute de la musique, très fort. Il fait ça quand

Maman me punit. Il ne veut pas entendre.» Nola n'en pouvait plus, Marcus. Elle n'en pouvait plus. J'ai voulu régler cette histoire, aller voir les Kellergan. Il fallait que cela cesse. Mais Nola m'a supplié de ne rien faire, elle m'a dit qu'elle aurait des ennuis terribles, que ses parents l'éloigneraient certainement de la ville et que nous ne nous verrions jamais plus. Néanmoins cette situation ne pouvait plus durer. Alors vers la fin août, autour du 20, nous avons décidé qu'il fallait partir. Vite. Et en secret, bien sûr. Et nous avons fixé le départ au 30 août. Nous voulions rouler jusqu'au Canada, passer la frontière du Vermont. Aller en Colombie-Britannique peut-être, nous installer dans une cabane en bois. La belle vie au bord d'un lac. Personne n'aurait jamais rien su.

— Alors voilà pourquoi vous aviez prévu de vous enfuir tous les deux ?

— Oui.

— Mais pourquoi ne voulez-vous pas que je parle de cela ?

— Ça, ce n'est que le début de l'histoire, Marcus. Car j'ai ensuite fait une découverte terrible à propos de la mère de Nola...

À cet instant, nous fûmes interrompus par un gardien. La visite était terminée.

— Nous reprendrons cette conversation la prochaine fois, Marcus, me dit Harry en se levant. En attendant, surtout, gardez ça pour vous.

— Promis, Harry. Dites-moi simplement : qu'auriez-vous fait du livre si vous vous étiez enfui ?

— J'aurais été un écrivain en exil. Ou pas écrivain du tout. À ce moment-là, ça n'avait plus d'importance. Seule Nola comptait. Nola, c'était mon monde. Le reste importait peu.

Je restai stupéfait. Voilà donc le plan insensé qu'avait échafaudé Harry trente-trois ans plus tôt : s'enfuir au Canada avec cette fille dont il était tombé éperdument amoureux. Partir avec Nola, et mener une vie cachée au bord d'un lac, sans se douter que la nuit prévue pour la fuite, Nola disparaîtrait et serait assassinée, ni que le livre qu'il avait écrit en un temps record et auquel il était prêt à renoncer, allait être l'un des plus grands succès de librairie du demi-siècle.

Lors d'une seconde entrevue, Nancy Hattaway me donna sa version de la semaine à Martha's Vineyard. Elle me raconta que la semaine qui suivit le retour de Nola de la maison de repos de Charlotte's Hill, elles allèrent se baigner tous les jours à Grand Beach et qu'à plusieurs reprises Nola était ensuite restée dîner chez elle. Mais le lundi suivant, lorsque Nancy vint sonner au 245 Terrace Avenue pour emmener Nola à la plage, comme les jours précédents, elle s'entendit répondre que Nola était très souffrante et qu'elle devait garder le lit.

— Toute la semaine, me dit Nancy, ce fut la même rengaine : « Nola est très malade, elle ne peut même pas recevoir de visite. » Même ma mère qui, intriguée, vint aux nouvelles, ne dépassa pas le seuil de la maison. Ça m'a rendue folle, je savais qu'il se tramait quelque chose. Et c'est là que j'ai compris : Nola avait disparu.

— Qu'est-ce qui vous a fait penser cela ? Elle pouvait être malade et alitée…

— C'est ma mère qui avait noté ce détail à l'époque : il n'y a plus eu de musique. Durant toute la semaine, il n'y a pas eu une seule fois de la musique.

Je jouai l'avocat du diable :

— Si elle était malade, dis-je, on ne voulait peut-être pas la déranger en jouant de la musique.

— C'était la première fois depuis très longtemps qu'il n'y avait plus de musique. C'était tout à fait inhabituel. Alors j'ai voulu en avoir le cœur net, et après m'être entendu dire une énième fois que Nola était souffrante et au lit, je me suis discrètement faufilée derrière la maison et je suis allée regarder par la fenêtre de la chambre de Nola. La pièce était déserte, le lit n'était pas défait. Nola n'était pas là, c'était certain. Et puis le dimanche soir, il y a eu de la musique. De nouveau cette maudite musique qui retentissait depuis le garage, et voilà que le lendemain, Nola réapparaissait. Vous parlez d'une coïncidence ? Elle est venue chez moi en fin de journée, et nous sommes allées au grand square, dans la rue principale. Là, je lui ai tiré les vers du nez. Surtout à cause des marques qu'elle avait sur le dos : je l'ai forcée à soulever sa robe derrière les fourrés, et j'ai vu qu'elle avait été salement battue. J'ai insisté pour savoir ce qui s'était passé, et elle a fini par m'avouer qu'elle avait été corrigée parce qu'elle s'était enfuie pendant toute une semaine. Elle était partie avec un homme, un homme plus âgé. Stern, sans aucun doute. Elle m'a dit que c'était merveilleux et que ça valait bien les coups qu'elle avait reçus à la maison à son retour.

Je me gardai de préciser à Nancy que Nola avait passé la semaine avec Harry à Martha's Vineyard, et non pas avec Elijah Stern. Elle semblait d'ailleurs ne pas en savoir beaucoup plus sur la relation entre Nola et ce dernier.

— Je crois qu'avec Stern, c'était une sale histoire, reprit-elle. Surtout maintenant que j'y repense. Luther

Caleb venait la chercher à Aurora en voiture, dans une Mustang bleue. Je sais qu'il la conduisait à Stern. Tout se faisait en cachette, évidemment, mais j'ai été témoin de cette scène, une fois. Sur le moment Nola m'avait dit: «Surtout, n'en parle jamais! Jure-le, au nom de notre amitié. Nous aurions des ennuis toutes les deux.» Et moi: «Mais Nola, pourquoi est-ce que tu vas chez ce vieux type?» Elle avait répondu: «Par amour.»

— Mais quand est-ce que cela a commencé? demandai-je.

— Je ne saurais pas vous le dire. Je l'ai appris pendant l'été, sans me rappeler quand. Il s'est passé tant de choses, cet été-là. Peut-être bien que cette histoire durait depuis bien plus longtemps, peut-être même depuis des années, qui sait.

— Mais vous en avez parlé à quelqu'un finalement, non? Lorsque Nola a disparu.

— Évidemment! J'en ai parlé au Chef Pratt. Je lui ai dit tout ce que je savais, tout ce que je vous ai dit à vous. Il m'a dit de ne pas m'en faire et qu'il tirerait toute cette affaire au clair.

— Et seriez-vous prête à répéter tout ceci devant un tribunal?

— Bien sûr, s'il le faut.

J'avais assez envie d'avoir une seconde conversation avec le révérend Kellergan en présence de Gahalowood. Je téléphonai à ce dernier pour lui soumettre mon idée.

— Interroger ensemble le père Kellergan? J'imagine que vous avez une idée derrière la tête.

— Oui et non. J'aimerais aborder avec lui les nouveaux éléments de l'enquête: les relations de sa fille et les coups qu'elle recevait.

— Vous voulez quoi ? Que j'aille demander au père si par hasard sa fille n'était pas une traînée ?

— Allons, sergent, vous savez que nous sommes en train de mettre au jour des éléments importants. En une semaine, toutes vos certitudes ont été balayées. Pouvez-vous, aujourd'hui, me dire qui était vraiment Nola Kellergan ?

— D'accord, l'écrivain, vous m'avez convaincu. Je viendrai à Aurora demain. Le Clark's, vous connaissez ?

— Bien sûr. Pourquoi ?

— Rendez-vous à dix heures là-bas. Je vous expliquerai.

Le lendemain matin, je me rendis au Clark's avant l'heure de notre rendez-vous pour pouvoir parler un peu du passé avec Jenny. Je mentionnai le bal de l'été 1975, dont elle me raconta que c'était l'un de ses plus mauvais souvenirs de bal, elle qui s'était imaginée y aller au bras de Harry. Le pire avait été au moment de la tombola, lorsque Harry avait remporté le premier prix. Elle avait secrètement espéré qu'elle serait l'heureuse élue, que Harry viendrait la chercher un matin et qu'il l'emmènerait pour une semaine d'amour au soleil.

— J'ai eu de l'espoir, me dit-elle, j'ai tellement espéré qu'il me choisisse. Je l'ai attendu tous les jours. Puis, à la toute fin du mois de juillet, il a disparu pendant une semaine, et j'ai compris qu'il était probablement parti pour Martha's Vineyard sans moi. J'ignore avec qui il y est allé...

Je mentis pour la protéger un peu :

— Seul, dis-je. Il est parti seul.

Elle sourit, comme si elle était soulagée. Puis elle dit :

— Depuis que je sais pour Harry et Nola, depuis que je sais qu'il lui a écrit ce livre, je ne me sens plus femme. Pourquoi l'a-t-il choisie elle ?

— Ce genre de choses ne se commande pas. Tu ne t'es jamais doutée pour lui et Nola ?

— Harry et Nola ? Mais enfin, qui aurait pu s'imaginer une chose pareille ?

— Ta mère, non ? Elle affirme qu'elle était au courant depuis toujours. Est-ce qu'elle ne t'en avait jamais parlé auparavant ?

— Elle n'a jamais parlé d'une relation entre eux. Mais c'est vrai qu'après la disparition de Nola, elle a dit qu'elle soupçonnait Harry. Je me souviens d'ailleurs que le dimanche, Travis, qui était en train de me courtiser, venait parfois déjeuner à la maison, et que Maman ne cessait de répéter : « Je suis sûre que Harry est lié à la disparition de la petite ! » Et Travis répondait : « Il faut des preuves, Madame Quinn, sinon ça ne tient pas la route. » Et ma mère répétait encore : « J'avais une preuve. Une preuve irréfutable. Mais je l'ai perdue. » Moi je n'y ai jamais cru. Maman lui en voulait surtout à mort à cause de sa garden-party.

Gahalowood me rejoignit au Clark's à dix heures précises. À ce moment, Jenny était de retour en cuisine.

— Vous avez mis le doigt où ça fait mal, l'écrivain, me dit-il en s'installant au comptoir, à côté de moi.

— Pourquoi ça ?

— J'ai fait mes recherches sur ce Luther Caleb. Ça n'a pas été facile, mais voici ce que j'ai trouvé : il est né en 1945, à Portland, dans le Maine. J'ignore ce qui l'amène dans la région, mais entre 1970 et 1975, il a été fiché par les polices de Concord, de Montburry et d'Aurora pour des comportements déplacés envers des femmes. Il traînait dans les rues, il abordait des femmes. Il y a même eu une plainte déposée contre lui par une certaine Jenny Quinn, devenue Dawn. C'est elle qui tient cet établissement. Plainte pour harcèlement, déposée en août 1975. Voilà pourquoi je voulais que nous nous retrouvions ici.

— Jenny a déposé plainte contre Luther Caleb ?
— Vous la connaissez ?
— Bien sûr.
— Faites-la venir ici, voulez-vous.

Je demandai à un des serveurs d'aller chercher Jenny en cuisine. Gahalowood se présenta et lui demanda de parler de Luther. Elle haussa les épaules :

— Pas grand-chose à dire, vous savez. C'était un gentil garçon. Très doux malgré son apparence. Il venait de temps en temps ici, au Clark's. Je lui offrais du café et un sandwich. Je ne le faisais jamais payer, c'était un pauvre bougre. Il me faisait un peu de peine.

— Pourtant vous avez porté plainte contre lui, dit Gahalowood.

Elle eut l'air étonnée :

— Je vois que vous êtes très bien renseigné, sergent. Ça remonte à longtemps en arrière. C'est Travis qui m'a poussée à porter plainte. À l'époque, il disait que Luther était dangereux et qu'il fallait le tenir à l'écart.

— Pourquoi dangereux ?
— Cet été-là, il rôdait beaucoup à Aurora. Il s'est montré parfois agressif avec moi.

— Pour quelle raison Luther Caleb s'est-il montré violent ?

— Violent est un grand mot. Disons agressif. Il insistait pour... Enfin, ça va peut-être vous paraître ridicule...

— Dites-nous tout, Madame. C'est peut-être un détail important.

Je fis un geste de la tête pour encourager Jenny à parler.

— Il insistait pour me peindre, dit-elle.

— Vous peindre ?

— Oui. Il disait que j'étais une belle femme, qu'il me trouvait magnifique et que tout ce qu'il voulait, c'était pouvoir me peindre.

— Qu'est-il devenu ? demandai-je.

— Un jour, on ne l'a plus revu, me répondit Jenny. À ce qu'on dit, il se serait tué en voiture. Faut demander à Travis, il saura sûrement.

Gahalowood me confirma que Luther Caleb était mort dans un accident de la route. Le 26 septembre 1975, soit quatre semaines après la disparition de Nola, sa voiture avait été retrouvée en contrebas d'une falaise, près de Sagamore, dans le Massachusetts, à environ cent vingt miles d'Aurora. En outre, Luther avait suivi une école des beaux-arts à Portland, et selon Gahalowood, on pouvait commencer à croire sérieusement que c'était lui qui avait peint le tableau de Nola.

— Ce Luther a l'air d'être un drôle de type, me dit-il. Aurait-il essayé de s'en prendre à Nola ? L'aurait-il entraînée dans la forêt de Side Creek ? Dans un accès de violence, il la tue, puis il se débarrasse du corps avant de s'enfuir dans le Massachusetts. Rongé par les remords, se sachant traqué, il se jette avec sa voiture du haut d'une falaise. Il a une sœur à Portland, Maine. J'ai tenté de la joindre mais sans succès. Je la recontacterai.

— Pourquoi la police n'a pas fait le lien avec lui à l'époque ?

— Pour faire le lien, il aurait fallu considérer Caleb

comme un suspect. Or, aucun élément du dossier de l'époque ne conduisait à lui.

Je demandai alors :

— Pourrions-nous retourner interroger Stern ? Officiellement. Voire perquisitionner sa maison ?

Gahalowood eut une moue de vaincu :

— Il est très puissant. Pour le moment, on l'a dans l'os. Tant qu'on n'aura rien de plus solide, le procureur ne suivra pas. Il nous faut des éléments plus tangibles. Des preuves, l'écrivain, il nous faut des preuves.

— Il y a le tableau.

— Le tableau est une preuve illégale, combien de fois devrai-je vous le répéter ? À présent, dites-moi plutôt ce que vous comptez faire chez le père Kellergan ?

— J'ai besoin d'éclaircir certains points. Plus j'en apprends sur lui et sa femme, plus je me pose des questions.

Je mentionnai l'escapade de Harry et Nola à Martha's Vineyard, les coups répétés de la mère, le père qui se cachait dans le garage. Il y avait selon moi un épais mystère autour de Nola : une fille lumineuse et éteinte à la fois, qui, de l'avis de tous, rayonnait, mais qui avait tout de même essayé de se suicider. Nous prîmes notre petit-déjeuner puis nous nous mîmes en route pour aller trouver David Kellergan.

La porte de la maison de Terrace Avenue était ouverte, mais il n'était pas là ; aucune musique ne s'échappait du garage. Nous l'attendîmes sous le porche. Il arriva au bout d'une demi-heure sur une moto pétaradante : la Harley-Davidson qu'il avait mis trente-trois ans à réparer. Il la conduisait tête nue avec, dans les oreilles, des écouteurs branchés à un lecteur de CD portable. Il nous salua en hurlant à cause du volume de la musique, qu'il finit par éteindre lorsqu'il enclencha le pick-up dans le garage, assourdissant toute la maison.

— La police a dû intervenir ici à plusieurs reprises, nous expliqua-t-il. À cause du volume de la musique. Tous les voisins se sont plaints. Le Chef Travis Dawn est venu en personne pour essayer de me convaincre de renoncer à ma musique. Je lui ai répondu: «Que voulez-vous: la musique est ma punition.» Alors il est allé m'acheter ce lecteur portable et une version CD du vinyle que j'écoute en boucle. Il m'a dit que comme ça je pourrais faire exploser mes tympans sans faire exploser le standard de la police avec les appels des voisins.

— Et la moto? demandai-je.

— J'ai fini de la réparer. Elle est belle, hein?

Maintenant qu'il savait ce qu'était devenue sa fille, il avait pu finir la moto sur laquelle il travaillait depuis le soir de sa disparition.

David Kellergan nous installa dans sa cuisine et nous servit du thé glacé.

— Quand me rendrez-vous le corps de ma fille, sergent? demanda-t-il à Gahalowood. Il faut l'enterrer maintenant.

— Bientôt, Monsieur. Je sais que c'est difficile.

Le père joua avec son verre.

— Elle aimait le thé glacé, nous dit-il. Les soirs d'été, souvent, nous en prenions une grande bouteille que nous allions boire sur la plage, en regardant les mouettes qui dansaient dans le ciel. Elle aimait les mouettes. Elle les aimait tant. Le saviez-vous?

J'acquiesçai. Puis je dis:

— Monsieur Kellergan, il y a des zones d'ombre

dans le dossier. C'est la raison pour laquelle le sergent Gahalowood et moi-même sommes là.

— Des zones d'ombre ? J'imagine bien... Ma fille a été assassinée et enterrée dans un jardin. Vous avez du nouveau ?

— Monsieur Kellergan, connaissez-vous un certain Elijah Stern ? demanda Gahalowood.

— Pas personnellement. Je l'ai croisé quelques fois à Aurora. Mais c'était il y a longtemps. Un type très riche.

— Et son homme à tout faire ? Un certain Luther Caleb.

— Luther Caleb... Ce nom ne me dit rien. J'ai pu oublier, vous savez. Le temps a passé et a commencé à faire sa grande lessive. Pourquoi ces questions ?

— Tout porte à croire que Nola a été liée à ces deux personnes.

— Liée ? répéta David Kellergan, qui n'était pas stupide. Que signifie *liée* dans votre langage diplomatique de policier ?

— Nous pensons que Nola a eu une relation avec Monsieur Stern. Je suis navré de vous l'annoncer de façon aussi brutale.

Le visage du père prit une teinte pourpre.

— Nola ? Qu'est-ce que vous essayez d'insinuer ? Que ma fille était une putain ? Ma fille a été la victime de cette saloperie de Harry Quebert, pédophile notoire qui devrait bientôt finir dans le couloir de la mort ! Allez vous occuper de lui et ne venez pas ici salir les morts, sergent ! Cette conversation est terminée. Au revoir, Messieurs.

Gahalowood se leva docilement mais il y avait encore certains points que je voulais tirer au clair. Je dis :

— Votre femme la battait, hein ?

— Je vous demande pardon ? s'étrangla Kellergan.

— Votre femme, elle rossait Nola. C'est juste ?

— Mais vous êtes complètement fou !

Je ne le laissai pas continuer :

— Nola a fugué, à la fin du mois de juillet 1975. Elle a fugué et vous n'avez rien dit à personne, je me trompe ? Pourquoi ? Vous aviez honte ? Pourquoi n'avez-vous pas appelé la police lorsqu'elle s'est enfuie de chez vous, à la fin juillet 1975 ?

Il amorça une explication :

— Elle allait revenir... La preuve, une semaine après, elle était là !

— Une semaine ! Vous avez attendu une semaine ! Pourtant, le soir de sa disparition, vous appelez la police une heure seulement après avoir constaté sa disparition. Pourquoi ?

Le père se mit à hurler :

— Mais parce que ce soir-là, en allant à sa recherche dans le quartier, j'ai entendu parler de cette fille qu'on avait vue en sang à Side Creek Lane, et j'ai immédiatement fait le lien ! Enfin, qu'est-ce que vous me voulez, Goldman ? Je n'ai plus de famille, je n'ai plus rien ! Pourquoi vous venez rouvrir mes plaies ? Foutez le camp, maintenant ! Foutez le camp !

Je ne me laissai pas impressionner :

— Que s'est-il passé en Alabama, Monsieur Kellergan ? Pourquoi êtes-vous venus à Aurora ? Et qu'est-ce qui s'est passé ici en 1975 ! Répondez ! Répondez, nom de Dieu ! Vous devez bien ça à votre fille !

Kellergan se leva, comme fou, et se jeta sur moi. Il m'empoigna au col avec une force que je ne lui aurais jamais soupçonnée. « Foutez le camp de chez moi ! » hurla-t-il en me repoussant en arrière. Je serais probablement tombé par terre si Gahalowood ne m'avait pas rattrapé avant de me traîner dehors.

— Vous êtes cinglé, l'écrivain ? m'invectiva-t-il alors que nous retournions à sa voiture. Ou vous êtes juste anormalement con ? Vous voulez vous mettre tous nos témoins à dos ?

— Admettez que ce n'est pas clair...

— Pas clair quoi ? On vient traiter sa fille de traînée et il se fâche, c'est assez normal, non ? Par contre, il a bien failli vous en coller une. Costaud, le vieillard. Je n'aurais jamais imaginé.

— Je suis désolé, sergent. Je ne sais pas ce qui m'a pris.

— Et qu'est-ce que c'est que cette histoire d'Alabama ? demanda-t-il.

— Je vous en avais parlé : les Kellergan ont quitté l'Alabama pour venir ici. Et je reste persuadé qu'il y a une bonne raison à leur départ.

— Je me renseignerai. Si vous me promettez de vous tenir correctement à l'avenir.

— On va y arriver, hein, sergent ? Je veux dire : Harry est en passe d'être disculpé, non ?

Gahalowood me regarda fixement :

— Ce qui me dérange, l'écrivain, c'est vous. Moi, je fais mon boulot. J'enquête sur deux meurtres. Mais vous, vous semblez être avant tout obsédé par le besoin de disculper Quebert de l'assassinat de Nola, comme si vous vouliez dire au reste du pays : vous voyez qu'il est innocent, que reproche-t-on à ce brave écrivain ? Mais ce qu'on lui reproche, Goldman, c'est aussi de s'être entiché d'une fille de quinze ans !

— Je le sais bien ! J'y pense tout le temps, figurez-vous !

— Mais alors, pourquoi est-ce que vous n'en parlez jamais ?
— Je suis venu ici juste après le scandale. Sans réfléchir. J'ai avant tout pensé à mon ami, à mon vieux frère Harry. Dans l'ordre normal des choses, je ne serais resté que deux ou trois jours, histoire de soulager ma conscience, et je serais rentré à New York dare-dare.
— Mais alors pourquoi êtes-vous encore là à m'emmerder ?
— Parce que Harry Quebert est le seul ami que j'ai. Il m'a tout appris, il a été mon seul frère humain durant ces dix dernières années. À part lui, je n'ai personne.

Je pense qu'à cet instant Gahalowood eut pitié de moi parce qu'il m'invita à dîner chez lui. « Venez ce soir, l'écrivain. On fera le point sur l'enquête, on mangera un morceau. Vous rencontrerez ma femme. » Et comme ça l'aurait tué d'être trop gentil, il prit ensuite son ton le plus désagréable et il ajouta : « Enfin, c'est ma femme qui sera contente surtout. Depuis le temps qu'elle me tanne pour que je vous invite à la maison. Elle rêve de vous rencontrer. Drôle de rêve. »

*

La famille Gahalowood habitait une jolie petite maison dans un quartier résidentiel de l'est de Concord. Helen, la femme du sergent, était élégante et très agréable, soit l'exact opposé de son mari. Elle m'accueillit avec beaucoup de gentillesse. « J'ai tellement aimé votre livre, me dit-elle. Vous êtes donc vraiment en train d'enquêter avec Perry ? » Son mari bougonna que je n'enquêtais pas, que le chef, c'était lui et que j'étais juste un envoyé du Ciel venu lui pourrir l'existence. Ses deux filles, des adolescentes visiblement bien dans leur peau, vinrent ensuite me saluer poliment avant de s'éclipser dans leur chambre. Je dis à Gahalowood :

— Au fond, vous êtes le seul dans cette maison à ne pas m'aimer.

Il sourit.

— Fermez-la, l'écrivain. Fermez-la et venez donc dehors boire une bière bien fraîche. Il fait tellement agréable.

Nous passâmes un long moment sur la terrasse, confortablement installés sur des fauteuils en rotin, à vider une glacière en plastique. Gahalowood était en costume, mais il avait chaussé des vieilles pantoufles. Le début de soirée était très chaud, on entendait des enfants jouer dans la rue. L'air sentait bon l'été.

— Vous avez vraiment une chouette famille, lui dis-je.

— Merci. Et vous ? Une femme ? Des enfants ?

— Non, rien.

— Un chien ?

— Non.

— Même pas de chien ? Vous devez effectivement être sacrément seul, l'écrivain... Laissez-moi deviner : vous habitez un appartement beaucoup trop grand pour vous dans un quartier branché de New York. Un grand appartement toujours vide.

Je n'essayai même pas de nier.

— Avant, dis-je, mon agent venait voir le base-ball chez moi. Nous faisions des nachos au fromage. C'était bien. Mais avec cette histoire, je ne sais pas si mon agent voudra revenir chez moi. Je n'ai plus de ses nouvelles depuis deux semaines.

— Vous avez la trouille, hein, l'écrivain ?

— Oui. Mais le pire, c'est que je ne sais pas de quoi j'ai peur. Je suis en train d'écrire mon nouveau bouquin sur cette affaire. Il devrait me rapporter au minimum un million de dollars. Je vais sûrement en vendre énormément. Et au fond de moi, je suis malheureux. Qu'est-ce que je dois faire selon vous ?

Il me regarda presque étonné :

— Vous demandez conseil à un type qui gagne 50 000 dollars par an ?

— Oui.

— Je ne sais pas ce que je dois vous dire, l'écrivain.

— Si j'étais votre fils, que me conseilleriez-vous ?

— Vous, mon fils ? Laissez-moi vomir. Allez vous faire psychanalyser, l'écrivain. Vous savez, j'ai un fils. Plus jeune que vous, il a vingt ans…

— Je l'ignorais.

Il fouilla dans sa poche et en sortit une petite photo qu'il avait collée sur un morceau de carton pour qu'elle ne se déforme pas. Elle représentait un jeune homme en uniforme de parade de l'armée.

— Votre fils est militaire ?

— Deuxième division d'infanterie. Il est déployé en Irak. Je me rappelle le jour de son engagement. Il y avait un bureau itinérant de recrutement de l'US Army qui stationnait sur le parking du centre commercial. C'était une évidence pour lui. Il est rentré à la maison et il m'a dit qu'il avait choisi : il renonçait à l'université, il voulait partir faire la guerre. À cause des images du 11-Septembre qui lui trottaient dans la tête. Alors j'ai sorti une carte du monde et je lui ai dit : « L'Irak, c'est où ? » Il m'a répondu : « L'Irak, c'est là où il faut être. » Qu'en pensez-vous, Marcus (c'était la première fois qu'il m'appelait par mon prénom) ? A-t-il eu raison ou tort ?

— Je n'en sais rien.
— Moi non plus. Tout ce que je sais, c'est que la vie est une succession de choix qu'il faut savoir assumer ensuite.

Ce fut une belle soirée. Il y avait longtemps que je ne m'étais pas senti autant entouré. Après le repas, je restai un moment seul sur la terrasse, pendant que Gahalowood aidait sa femme à ranger. La nuit était tombée, le ciel était couleur d'encre. Je repérai la Grande Ourse qui scintillait. Tout était calme. Les enfants avaient déserté la rue et on n'entendait que le chant apaisant des grillons. Lorsque Gahalowood me rejoignit, nous fîmes le point sur l'enquête. Je lui racontai comment Stern avait laissé Harry occuper gracieusement Goose Cove.

— Ce même Stern qui avait des relations avec Nola? releva-t-il. Tout ceci est très étrange.

— Je ne vous le fais pas dire, sergent. Et je vous confirme que quelqu'un savait, à l'époque, pour Harry et Nola. Harry m'a raconté que, le soir d'un grand bal populaire, il a trouvé le miroir des toilettes maculé d'une inscription le traitant de *baiseur de gamine*. À ce propos, qu'en est-il de l'inscription sur le manuscrit? Quand aurez-vous les résultats des tests graphologiques?

— D'ici la semaine prochaine, en principe.

— Alors bientôt nous saurons.

— J'ai épluché le rapport de police sur la disparition de Nola, m'indiqua ensuite Gahalowood. Celui rédigé par le Chef Pratt. Je vous confirme qu'il n'y a aucune mention ni de Stern, ni de Harry.

— C'est étrange, parce que Nancy Hattaway et Tamara Quinn m'ont confirmé avoir toutes les deux informé le Chef Pratt de leurs soupçons à propos de Harry et Stern au moment de la disparition.

— Pourtant le rapport est signé de Pratt lui-même. Il savait et il n'aurait rien fait ?

— Qu'est-ce que tout cela peut signifier ? demandai-je.

Gahalowood eut un regard sombre :

— Qu'il pourrait bien avoir eu lui aussi une relation avec Nola Kellergan.

— Lui aussi ? Vous pensez que... Au nom du Ciel... Le Chef Pratt et Nola ?

— La première chose que nous ferons demain matin, l'écrivain, ce sera d'aller le lui demander.

*

Le matin du jeudi 3 juillet 2008, Gahalowood vint me chercher à Goose Cove et nous allâmes trouver le Chef Pratt dans sa maison de Mountain Drive. C'est Pratt lui-même qui nous ouvrit la porte. Il ne vit d'abord que moi et m'accueillit sympathiquement.

— Monsieur Goldman, quel bon vent vous amène ? On dit, en ville, que vous menez vos propres investigations...

J'entendis Amy demander qui était là et Pratt répondre : « C'est l'écrivain Goldman. » Puis il remarqua Gahalowood, quelques pas derrière moi, et lâcha :

— Alors c'est une visite officielle...

Gahalowood hocha la tête.

— Juste quelques questions, Chef, expliqua-t-il. L'enquête s'enfonce et il nous manque des éléments. Je suis sûr que vous comprenez.

Nous nous installâmes dans le salon. Amy Pratt

vint nous saluer. Son mari lui ordonna d'aller jardiner dehors, et elle enfila un chapeau et sortit s'occuper de ses gardénias sans demander son reste. La scène aurait pu prêter à rire si, pour une raison que je ne m'expliquais pas encore, l'atmosphère dans le salon des Pratt n'avait été soudain si tendue.

Je laissai Gahalowood mener son interrogatoire. C'était un très bon flic et un bon connaisseur de la psychologie humaine malgré son agressivité latente. Il posa d'abord quelques questions, rien de transcendant ; il demanda à Pratt de lui rappeler brièvement le déroulement des événements qui avaient mené à la disparition de Nola Kellergan. Mais Pratt perdit rapidement patience : il dit qu'il avait déjà fait son rapport en 1975 et que nous n'avions qu'à le lire. C'est là que Gahalowood lui répondit :

— Eh bien, pour être honnête, je l'ai lu votre rapport et je ne suis pas convaincu par ce que j'y ai trouvé. Par exemple, je sais que la mère Quinn vous a parlé de ce qu'elle savait à propos de Harry et Nola, et pourtant cela ne figure nulle part dans le dossier.

Pratt ne se laissa pas démonter :

— La mère Quinn est venue me voir, oui. Elle m'a dit qu'elle savait tout, elle m'a dit que Harry fantasmait sur Nola. Mais elle n'avait aucune preuve, et moi non plus.

— Vous mentez, intervins-je. Elle vous a montré un feuillet écrit de la main de Harry et qui le compromettait clairement.

— Elle me l'a montré une fois. Puis ce feuillet a disparu ! Elle n'avait rien ! Que vouliez-vous que je fasse ?

— Et Elijah Stern ? demanda Gahalowood en faisant mine de se radoucir. Que saviez-vous sur Stern ?

— Stern ? répéta Pratt, Elijah Stern ? Que vient-il faire dans cette histoire ?

Gahalowood avait pris de l'ascendant. Il dit d'une voix très calme mais qui ne permettait aucune tergiversation :

— Arrêtez votre cirque, Pratt, je suis au courant de tout. Je sais que vous n'avez pas mené votre enquête comme vous auriez dû. Je sais qu'au moment de la disparition de la gamine, Tamara Quinn vous a fait part de ses soupçons sur Quebert et que Nancy Hattaway vous a rapporté que Nola avait eu des relations sexuelles avec Elijah Stern. Vous auriez dû embarquer Quebert et Stern, vous auriez dû au moins les interroger, perquisitionner leur maison, éclaircir cette histoire et faire figurer ceci dans votre rapport. C'est la procédure habituelle. Or, vous n'avez rien fait de tout ça ! Pourquoi ? Pourquoi, hein ? Enfin, vous aviez une femme assassinée et une gamine disparue sur les bras !

Je sentais que Pratt était décontenancé. Il haussa la voix pour retrouver de sa superbe :

— J'ai ratissé la région pendant des semaines, beugla-t-il, et même sur mes congés ! Je me suis démené pour retrouver cette gamine ! Alors ne venez pas ici, chez moi, pour m'insulter et remettre en cause mon travail ! Les flics ne font pas ça aux flics !

— Vous avez retourné la terre et fouillé le fond de la mer, rétorqua Gahalowood, mais vous saviez qu'il y avait des personnes à interroger et vous n'avez rien fait ! Pourquoi, nom de Dieu ? Qu'aviez-vous à vous reprocher ?

Il y eut un long silence. Je regardai Gahalowood, il était très impressionnant. Il fixait Pratt avec un calme orageux.

— Qu'avez-vous à vous reprocher ? répéta-t-il.

Parlez! Parlez, au nom du Ciel! Que s'est-il passé avec cette gamine?

Pratt détourna les yeux. Il se leva et se plaça face à la fenêtre pour éviter nos regards. Il fixa un moment sa femme, dehors, qui nettoyait les gardénias de leurs feuilles mortes.

— C'était au tout début août, dit-il d'une voix à peine audible. Au tout début août de cette foutue année 1975. Une après-midi, croyez-moi ou non, la petite est venue me trouver, dans mon bureau, au poste de police. J'ai entendu qu'on frappait à la porte et Nola Kellergan est entrée, sans attendre ma réponse. J'étais assis à mon bureau, en train de lire un dossier. J'ai été surpris de la voir. Je l'ai saluée, je lui ai demandé ce qui se passait. Elle avait un air étrange. Elle ne m'a pas adressé le moindre mot. Elle a refermé la porte, elle a tourné la clé dans la serrure, puis elle m'a regardé fixement, et elle est venue vers moi. Vers le bureau, là...

Pratt s'interrompit. Il était visiblement ému, il ne trouvait plus ses mots. Gahalowood ne lui montra aucune empathie. Il lui demanda sèchement:

— Et *là* quoi, Chef Pratt?

— Croyez-le ou non, sergent. Elle est venue se mettre sous le bureau... Elle... elle a ouvert mon pantalon, elle a pris mon pénis, et elle l'a mis dans sa bouche.

Je bondis:

— Qu'est-ce que c'est que cette histoire?

— La vérité. Elle m'a sucé, et je me suis laissé faire. Elle m'a dit: «Laissez-vous aller, Chef.» Et quand tout a été fini, elle m'a dit, en s'essuyant la bouche: «Maintenant vous êtes un criminel.»

Nous restâmes stupéfaits: voilà pourquoi Pratt

n'avait interrogé ni Stern, ni Harry. Parce que lui aussi, au même titre qu'eux, était directement impliqué dans cette affaire.

À présent qu'il avait commencé à soulager sa conscience, Pratt avait besoin de vider son sac. Il nous indiqua qu'il y avait eu ensuite une autre fellation. Mais si la première avait été à l'initiative de Nola, il l'avait forcée par la suite à recommencer. Il nous raconta cet épisode où, alors qu'il patrouillait seul, il avait trouvé Nola qui rentrait de la plage à pied. C'était près de Goose Cove. Elle transportait sa machine à écrire. Il lui avait proposé de la raccompagner, mais au lieu de prendre la direction d'Aurora, il était allé dans les bois de Side Creek. Il nous dit :

— Quelques semaines avant sa disparition, j'étais à Side Creek avec elle. Je me suis garé à l'orée de la forêt, il n'y avait jamais personne dans ce coin. Et j'ai pris sa main, et je lui ai fait toucher mon sexe gonflé, et je lui ai demandé de me faire encore ce qu'elle m'avait fait. J'ai ouvert mon pantalon, je l'ai attrapée par la nuque et je lui ai demandé de me sucer... Je ne sais pas ce qui m'a pris. Ça fait plus de trente ans que ça me hante ! Je n'en peux plus ! Emmenez-moi, sergent. Je veux être interrogé, je veux être jugé, je veux être pardonné. Pardon, Nola ! Pardon !

Lorsque Amy Pratt vit son mari sortir de la maison menotté, elle se mit à pousser des cris qui alertèrent tout le voisinage. Les curieux sortirent sur les pelouses voir ce qui se passait, et j'entendis une femme appeler son mari pour qu'il ne rate pas le spectacle : « La police emmène Gareth Pratt ! »

Gahalowood embarqua Pratt dans sa voiture et partit, toutes sirènes hurlantes, pour le quartier général de la police d'État de Concord. Je restai sur la pelouse des Pratt: Amy pleurait, agenouillée à côté de ses gardénias, et les voisins, et les voisins des voisins, et toute la rue, et tout le quartier et bientôt la moitié de la ville d'Aurora conflua devant la maison de Mountain Drive.

Sonné par ce que je venais d'apprendre, je m'assis finalement sur une borne à incendie et téléphonai à Roth pour le prévenir de la situation. Je n'avais pas le courage d'affronter Harry: je ne voulais pas être celui qui lui annoncerait la nouvelle. La télévision s'en chargea dans les heures qui suivirent. Les chaînes d'information reprirent toutes la nouvelle, et le grand battage médiatique recommença: Gareth Pratt, ancien chef de la police d'Aurora, venait d'avouer des actes d'ordre sexuel sur Nola Kellergan et devenait un nouveau suspect potentiel dans cette affaire. Harry me téléphona en PCV de la prison en début d'après-midi, il pleurait. Il me demanda de venir le voir. Il ne pouvait pas croire que tout ceci soit vrai.

Dans la salle de visite de la prison, je lui racontai ce qui venait de se passer avec le Chef Pratt. Il était complètement chamboulé, ses yeux n'arrêtaient pas de couler. Je finis par lui dire:

— Ce n'est pas tout... Je crois qu'il est temps que vous sachiez...

— Savoir quoi ? Vous me faites peur, Marcus.

— Si je vous ai parlé de Stern, l'autre jour, c'est parce que je suis allé chez lui.

— Et ?

— J'y ai trouvé un tableau de Nola.

— Un tableau ? Comment ça, *un tableau* ?

— Stern a un tableau représentant Nola nue, chez lui.

J'avais pris avec moi l'agrandissement de la photo et je le lui montrai.

— C'est elle ! hurla Harry. C'est Nola ! C'est Nola ! Qu'est-ce que ça veut dire ? Qu'est-ce que c'est que cette saloperie !

Un gardien le rappela à l'ordre.

— Harry, dis-je, essayez de garder votre calme.

— Mais qu'est-ce que Stern vient faire dans toute cette histoire ?

— Je l'ignore... Nola ne vous a jamais parlé de lui ?

— Jamais ! Jamais !

— Harry, de ce que je sais, Nola aurait entretenu une relation avec Elijah Stern. Durant ce même été 1975.

— Quoi ? Quoi ? Mais qu'est-ce que ça veut dire, Marcus ?

— Je crois... Enfin, de ce que je comprends... Harry, vous devez envisager que vous n'avez peut-être pas été le seul homme dans l'existence de Nola.

Il devint comme fou. Il se dressa d'un bond et envoya sa chaise en plastique contre un mur en hurlant :

— Impossible ! Impossible ! C'est moi qu'elle aimait ! Vous entendez ? Moi qu'elle aimait !

Des gardiens se précipitèrent sur lui pour le maîtriser et l'emmener. Je l'entendis hurler encore : « Pourquoi vous faites ça, Marcus ? Pourquoi vous venez tout saloper ? Soyez maudits, vous, Pratt et Stern ! »

C'est à la suite de cet épisode que je me mis à écrire l'histoire de Nola Kellergan, quinze ans, qui avait fait tourner la tête de toute une petite ville de l'arrière-campagne américaine.

16.

Les Origines du mal

(Aurora, New Hampshire, 11-20 août 1975)

"Harry, combien de temps faut-il pour écrire un livre ?
– Ça dépend.
– Ça dépend de quoi ?
– De tout."

11 août 1975

— Harry! Harry chéri!
Elle entra dans la maison en courant, le manuscrit dans les mains. Il était tôt dans la matinée, même pas neuf heures. Harry était dans son bureau, remuant des brassées de feuillets. Elle se montra à la porte et brandit le cartable contenant le précieux document.

— Où était-il? demanda Harry, agacé. Où diable était ce foutu manuscrit?

— Pardon, Harry. Harry chéri... Ne vous mettez pas en colère contre moi. Je l'ai pris hier soir, vous dormiez et je l'ai pris chez moi pour le lire... Je n'aurais pas dû... Mais c'est tellement beau! C'est extraordinaire! C'est tellement beau!

Elle lui tendit les feuilles, souriante.

— Alors? Tu as aimé?

— Si j'ai aimé? s'exclama-t-elle. Vous me demandez si j'ai aimé? J'ai adoré! C'est la plus belle chose qu'il m'ait jamais été donné de lire. Vous êtes un écrivain exceptionnel! Ce livre va être un très grand livre ! Vous allez devenir célèbre, Harry. M'entendez-vous ? Célèbre !

Sur ces mots, elle dansa ; elle dansa dans le corridor, elle dansa jusque dans le salon, elle dansa sur la terrasse. Elle dansait de bonheur, elle était si heureuse. Elle prépara la table sur la terrasse. Elle essuya la rosée, elle déroula une nappe et arrangea son espace de travail, avec ses stylos, ses cahiers, ses brouillons et des pierres choisies avec soin sur la plage pour servir de presse-papiers. Elle apporta ensuite du café, des gaufres, des biscuits et des fruits, et disposa un coussin sur sa chaise pour qu'il soit confortable. Elle s'assurait que tout soit parfait pour qu'il puisse travailler dans les meilleures conditions. Une fois qu'il était installé, elle vaquait dans la maison. Elle faisait le ménage, elle préparait à manger : elle s'occupait de tout pour qu'il n'ait qu'à se concentrer sur son écriture. Son écriture et rien d'autre. À mesure qu'il avançait dans ses feuillets manuscrits, elle relisait, faisait quelques corrections, puis les retapait au propre sur sa Remington, travaillant avec la passion et la dévotion des plus fidèles secrétaires. Ce n'est que lorsqu'elle s'était acquittée de l'ensemble de ses tâches, qu'elle s'autorisait à s'asseoir près de Harry – pas trop près pour ne pas le déranger – et qu'elle le regardait écrire, heureuse. Elle était la femme de l'écrivain.

Ce jour-là, elle repartit peu après midi. Comme toujours au moment de le laisser, elle donna ses consignes :

— Je vous ai fait des sandwichs. Ils sont à la cuisine. Et il y a du thé glacé dans le frigo. Surtout, mangez bien. Et reposez-vous un peu. Sinon vous aurez mal à la tête ensuite, et vous savez ce qui arrive lorsque vous travaillez trop, Harry chéri : vous avez ces épouvantables migraines qui vous rendent tellement irritable.

Elle l'enlaça.

— Reviendras-tu plus tard ? demanda Harry.

— Non, Harry. Je suis occupée.

— Occupée à quoi ? Pourquoi pars-tu si tôt ?

— Occupée, point final. Les femmes doivent savoir rester mystérieuses. J'ai lu ça dans un magazine.

Il sourit.

— Nola...

— Oui ?

— Merci.

— Pour quoi, Harry ?

— Pour tout. Je... je suis en train d'écrire un livre. Et c'est grâce à toi que j'y arrive enfin.

— Harry chéri, c'est ce que je veux faire de ma vie : m'occuper de vous, être là pour vous, vous assister dans vos livres, fonder une famille avec vous ! Imaginez comme nous serions heureux tous ensemble ! Combien voulez-vous d'enfants, Harry ?

— Au moins trois !

— Oui ! Et même quatre ! Deux garçons et deux filles, pour qu'il n'y ait pas trop de disputes. Je veux devenir Madame Nola Quebert ! La femme la plus fière au monde de son mari !

Elle s'en alla. Longeant le chemin de Goose Cove, elle rejoignit la route 1. Une fois encore, elle ne remarqua pas la silhouette qui l'espionnait, tapie dans les fourrés.

Il lui fallut une heure pour rejoindre Aurora à pied. Elle faisait ce parcours deux fois par jour. Arrivée en ville, elle bifurqua sur la rue principale et continua jusqu'au square où, comme convenu, Nancy Hattaway l'attendait.

— Pourquoi le square et pas la plage ? se plaignit Nancy en la voyant. Il fait si chaud !

— J'ai rendez-vous cet après-midi...

— Quoi ? Non, ne me dis pas que tu vas encore rejoindre Stern !

— Ne prononce pas son nom !

— Tu m'as encore fait venir pour que je te serve d'alibi ?

— Allez, je t'en prie, couvre-moi...

— Mais je te couvre tout le temps !

— Encore une fois. Juste une fois. S'il te plaît.

— N'y va pas ! supplia Nancy. Ne va pas chez ce type, il faut que ça cesse ! J'ai peur pour toi. Que faites-vous ensemble ? Vous faites du sexe, hein ? C'est ça ?

Nola eut un air doux et apaisant :

— Ne t'inquiète pas, Nancy. Surtout, ne t'inquiète pas. Tu me couvres, hein ? Promets-moi de me couvrir : tu sais ce qui se passe si on apprend que je mens. Tu sais ce qu'on me fait à la maison...

Nancy soupira, résignée :

— Très bien. Je vais rester ici jusqu'à ce que tu reviennes. Mais pas après dix-huit heures trente, sinon ma mère va me disputer.

— Entendu. Et si on te pose des questions, qu'avons-nous fait ?

— Nous avons papoté ici toute l'après-midi, répéta comme un pantin Nancy. Mais j'en ai assez de mentir pour toi ! gémit-elle. Pourquoi fais-tu ça ? Hein ?

— Parce que je l'aime ! Je l'aime tellement ! Je ferais n'importe quoi pour lui !

— Beurk, ça me dégoûte. Je ne veux même pas y penser.

Une Mustang bleue arriva dans l'une des rues bordant le square et s'arrêta sur le côté. Nola l'avisa.

— Le voilà, dit-elle. Il faut que je file. À tout à l'heure, Nancy. Merci, tu es une véritable amie.

Elle se dirigea rapidement jusqu'à la voiture et s'y engouffra. «Bonjour, Luther», dit-elle au chauffeur en s'installant sur la banquette arrière. La voiture redémarra aussitôt et disparut, sans que personne, hormis Nancy, n'ait remarqué quoi que ce soit de l'étrange manège qui venait de se tramer.

Une heure plus tard, la Mustang arriva dans la cour du manoir d'Elijah Stern, à Concord. Luther conduisit la jeune fille à l'intérieur. Elle connaissait désormais le chemin jusqu'à la chambre.

— Dévhabille-toi, lui intima gentiment Luther. Ve vais prévenir Monfieur Ftern que tu es arrivée.

*

12 août 1975

Comme tous les matins depuis le séjour à Martha's Vineyard, depuis qu'il avait retrouvé l'inspiration, Harry se levait à l'aube et partait courir avant de se mettre au travail.

Comme tous les matins, il courut jusqu'à Aurora. Et comme tous les matins, il s'arrêta à la marina pour faire des séries d'appuis faciaux. Il n'était même pas six heures. La ville dormait. Il avait évité de passer devant le Clark's: c'était l'heure d'ouverture et il ne voulait pas risquer de croiser Jenny. Elle était une fille formidable, elle ne méritait pas la façon dont il la traitait. Il resta un instant en contemplation face à l'océan baigné des improbables couleurs du lever du jour. Il sursauta lorsqu'elle prononça son prénom:

— Harry ? Alors c'est vrai ? Tu te lèves si tôt pour aller courir ?

Il se retourna : c'était Jenny, en uniforme du Clark's. Elle s'approcha et essaya de l'étreindre, maladroitement.

— J'aime juste voir le lever du soleil, dit-il.

Elle sourit. Elle se dit que s'il venait jusque-là, c'est qu'il l'aimait un peu finalement.

— Veux-tu venir au Clark's boire un café ? proposa-t-elle.

— Merci, mais je ne voudrais pas casser mon rythme...

Elle masqua sa déception.

— Asseyons-nous un instant au moins.

— Je ne veux pas m'arrêter trop longtemps.

Elle eut une moue triste :

— Mais je n'ai pas eu de tes nouvelles ces derniers jours ! Tu ne viens plus au Clark's...

— Désolé. J'étais pris par mon livre.

— Mais il n'y a pas que les livres dans la vie ! Viens me voir de temps en temps, ça me ferait plaisir. Je te promets que Maman ne te disputera pas. Elle n'aurait pas dû te faire payer toute ton ardoise en une fois.

— Ce n'est rien.

— Je dois aller prendre mon service, on ouvre à six heures. Tu es certain de ne pas vouloir un café ?

— Sûr, merci.

— Tu viendras peut-être plus tard ?

— Non, je ne pense pas.

— Si tu viens ici tous les matins, je pourrai t'attendre sur la marina... Enfin, si tu veux. Juste pour te dire bonjour.

— Ne prends pas cette peine.

— D'accord. En tout cas, je travaille jusqu'à quinze

heures aujourd'hui. Si tu veux venir écrire... Je ne te dérangerai pas. Promis. J'espère que tu n'es pas fâché que je sois allée au bal avec Travis... Je ne l'aime pas, tu sais. C'est juste un ami. Je... je voulais te dire, Harry : je t'aime. Je t'aime comme je n'ai jamais aimé personne.

— Ne dis pas ça, Jenny...

Le beffroi de l'hôtel de ville sonna six heures du matin : elle était en retard. Elle l'embrassa sur la joue et s'enfuit. Elle n'aurait pas dû lui dire qu'elle l'aimait, elle s'en voulait déjà. Elle se trouvait sotte. En remontant la rue en direction du Clark's, elle se retourna pour lui faire un signe de la main, mais il avait disparu. Elle se dit que s'il passait au Clark's, ça voudrait dire qu'il l'aimait un peu, que ce n'était pas perdu. Elle pressa le pas, mais juste avant d'atteindre le haut de la montée, une ombre large et tordue surgit de derrière une palissade et lui bloqua le passage. Jenny, surprise, ne put retenir un cri. Puis elle reconnut Luther.

— Luther ! Tu m'as fait peur !

Un lampadaire révéla le visage mal aligné et le corps puissant.

— Qu'est-fe... qu'est-fe qu'il te veut ?

— Rien, Luther...

Il lui attrapa le bras et le serra fort.

— Ne... ne... ne... te moque pas de moi ! Qu'est-fe qu'il te veut ?

— C'est un ami ! Lâche-moi maintenant, Luther ! Tu me fais mal, bon sang ! Lâche-moi ou je le dirai !

Il desserra son étreinte et demanda :

— As-tu réfléfi à ma propovifion ?

— C'est non, Luther ! Je ne veux pas que tu me peignes ! Maintenant laisse-moi passer ! Ou je dirai que tu rôdes et tu auras des ennuis.

Luther ne demanda pas son reste et disparut en

courant dans l'aube, comme un animal fou. Elle avait peur, elle se mit à pleurer. Elle rejoignit le restaurant en toute hâte, et, avant de passer la porte d'entrée, elle s'essuya les yeux pour que sa mère, qui était déjà là, ne remarque rien.

Harry avait repris sa course, traversant la ville de part en part pour rejoindre la route 1 et rentrer à Goose Cove. Il pensait à Jenny, il ne devait pas lui donner de faux espoirs. Cette fille lui faisait beaucoup de peine. Lorsqu'il arriva à l'intersection avec la route 1, ses jambes le lâchèrent ; ses muscles avaient refroidi sur la marina, il sentait venir des crampes et il était seul au bord d'une route déserte. Il regrettait d'être allé jusqu'à Aurora, il ne s'imaginait pas rentrer à Goose Cove en courant. À cet instant, une Mustang bleue qu'il n'avait pas remarquée s'arrêta à sa hauteur. Le conducteur baissa la vitre et Harry reconnut Luther Caleb.

— Bevoin d'aide ?
— J'ai couru trop loin… Je crois que je me suis fait mal.
— Montez. Ve vais vous ramener.
— Une chance que je vous ai croisé, dit Harry en s'installant à l'avant. Que faites-vous à Aurora de si bonne heure ?

Caleb ne répondit pas : il reconduisit son passager à Goose Cove sans qu'ils n'échangent plus la moindre parole. Après avoir déposé Harry chez lui, la Mustang rebroussa chemin, mais au lieu de prendre la route de Concord, elle bifurqua à gauche, en direction d'Aurora, pour aller s'engager sur une petite piste forestière sans issue. Caleb laissa la voiture à l'abri des pins, puis, d'une démarche agile, il traversa les rangées d'arbres et vint se cacher dans les fourrés à proximité de la maison. Il était six heures et quart. Il se cala contre un tronc et il attendit.

Vers neuf heures, Nola arriva à Goose Cove pour s'occuper de son bien-aimé.

*

13 août 1975

— Vous comprenez, docteur Ashcroft, je fais toujours ça, et après je m'en veux.

— Comment est-ce que ça vous vient ?

— Je ne sais pas. C'est comme si ça sortait de moi contre mon gré. Une espèce de pulsion, je ne peux pas m'en empêcher. Pourtant ça me rend malheureuse. Ça me rend si malheureuse ! Mais je ne peux pas m'en empêcher.

Le docteur Ashcroft dévisagea un instant Tamara Quinn, puis il lui demanda :

— Êtes-vous capable de dire aux gens ce que vous ressentez pour eux ?

— Je... Non. Je ne le dis jamais.

— Pourquoi ?

— Parce qu'ils le savent.

— En êtes-vous certaine ?

— Bien sûr !

— Pourquoi le sauraient-ils si vous ne le dites jamais ?

Elle haussa les épaules :

— Je ne sais pas, docteur...

— Est-ce que votre famille sait que vous venez me voir ?

— Non. Non! Je... Ça ne les regarde pas.
Il hocha la tête.
— Vous savez, Madame Quinn, vous devriez écrire ce que vous ressentez. Écrire, parfois, apaise.
— Je le fais, j'écris tout. Depuis que nous en avons parlé ensemble, j'écris dans un cahier que je garde précieusement.
— Et ça vous aide?
— Je ne sais pas. Un peu, oui. Je crois.
— Nous en parlerons la semaine prochaine. Il est l'heure.
Tamara Quinn se leva et salua le médecin d'une poignée de main. Puis elle quitta le cabinet.

*

14 août 1975

Il était aux environs de onze heures. Depuis le début de la matinée, installée sur la terrasse de la maison de Goose Cove, Nola tapait avec application les feuillets manuscrits sur la Remington, tandis que, face à elle, Harry poursuivait son travail d'écriture. «C'est bon! s'enthousiasmait Nola à mesure qu'elle découvrait les mots. C'est vraiment très bon!» En guise de réponse, Harry souriait, se sentant rempli d'une éternelle inspiration.

Il faisait chaud. Nola remarqua que Harry n'avait plus rien à boire, et elle quitta un instant la terrasse pour aller préparer du thé glacé à la cuisine. À peine eut-elle pénétré à l'intérieur de la maison qu'un visiteur surgit sur la terrasse, passant par l'extérieur: Elijah Stern.

— Harry Quebert, vous travaillez trop dur ! s'exclama Stern d'une voix tonnante, faisant sursauter Harry qui ne l'avait pas entendu arriver, et qui fut aussitôt pris d'une violente panique : personne ne devait voir Nola ici.

— Elijah Stern ! hurla Harry du plus fort qu'il put pour que Nola l'entendît et reste dans la maison.

— Harry Quebert ! répéta encore plus fort Stern qui ne comprenait pas pourquoi Harry criait ainsi. J'ai sonné à la porte mais sans succès. Comme j'ai vu votre voiture, je me suis dit que vous étiez peut-être sur la terrasse, et je me suis permis de faire le tour.

— Comme vous avez bien fait ! s'époumona Harry.

Stern remarqua les feuillets, puis la Remington de l'autre côté de la table.

— Vous écrivez et vous tapez en même temps ? demanda-t-il, curieux.

— Oui. Je... j'écris plusieurs pages simultanément.

Stern s'affala sur une chaise. Il était en sueur.

— Plusieurs pages en même temps ? Vous êtes un écrivain de génie, Harry. Figurez-vous que j'étais dans le coin et je me suis dit que j'allais faire un saut à Aurora. Quelle ville magnifique. J'ai laissé ma voiture dans la rue principale et je suis allé me promener. Et voilà que j'ai marché jusqu'ici. L'habitude sans doute.

— Cette maison, Elijah... elle est incroyable. C'est un endroit fabuleux.

— Je suis si heureux que vous ayez pu rester.

— Merci de votre générosité. Je vous dois tout.

— Surtout ne me remerciez pas, vous ne me devez rien.

— Un jour, j'aurai de l'argent et j'achèterai cette maison.

— Tant mieux, Harry, tant mieux. C'est tout le mal

que je vous souhaite. Je serai heureux qu'elle revive avec vous. Veuillez m'excuser, je suis en nage, je meurs de soif.

Harry, nerveux, regardait en direction de la cuisine, espérant que Nola les avait entendus et qu'elle ne se montrerait pas. Il fallait absolument trouver un moyen de se débarrasser de Stern.

— Hormis de l'eau, je n'ai malheureusement rien ici à vous offrir...

Stern éclata de rire :

— Allons, mon ami, ne vous en faites pas... Je me doutais que vous n'aviez ni à manger ni à boire chez vous. Et c'est bien ce qui m'inquiète : écrire, c'est bien, mais veillez à ne pas dépérir ! Il est grand temps de vous marier, d'avoir quelqu'un qui s'occupe de vous. Vous savez quoi : ramenez-moi donc en ville et je vous invite à déjeuner, ça nous donnera l'occasion de bavarder un peu, si le cœur vous en dit, bien entendu.

— Volontiers ! répondit Harry soulagé. Absolument ! Très volontiers. Laissez-moi chercher mes clés de voiture.

Il entra dans la maison. Passant devant la cuisine, il trouva Nola cachée sous la table. Elle lui offrit un sourire magnifique et complice, posant un doigt sur ses lèvres. Il lui sourit en retour et rejoignit Stern dehors.

Ils partirent à bord de la Chevrolet et se rendirent au Clark's. Ils s'installèrent sur la terrasse, où ils se firent servir des œufs, des toasts et des pancakes. Les yeux de Jenny brillèrent en voyant Harry. Il y avait tellement longtemps qu'il n'était pas venu.

— C'est fou, dit Stern. J'étais vraiment parti faire quelques pas, et je me suis soudain retrouvé à

Goose Cove. C'est comme si j'avais été happé par le paysage.

— La côte entre Aurora et Goose Cove est de toute beauté, répondit Harry. Je ne m'en lasse pas.

— Vous la parcourez souvent ?

— Presque tous les matins. Je fais de la course à pied. C'est une belle façon d'entamer la journée. Je me lève à l'aube, je cours avec le soleil qui se lève. C'est une sensation unique.

— Mon cher, vous êtes un athlète. J'aimerais avoir votre discipline.

— Un athlète, ça je n'en sais rien. Avant-hier par exemple, au moment de revenir d'Aurora à Goose Cove, j'ai été pris de crampes terribles. Plus moyen d'avancer. Heureusement, j'ai croisé votre chauffeur. Il m'a très gentiment reconduit à la maison.

Stern eut un sourire crispé.

— Luther était ici avant-hier matin ? demanda-t-il.

Jenny les interrompit pour les resservir de café et s'éclipsa aussitôt.

— Oui, reprit Harry. J'étais moi-même étonné de le voir à Aurora de si bonne heure. Est-ce qu'il vit dans la région ?

Stern semblait embarrassé par ces questions.

— Non, il vit dans ma propriété. J'ai une dépendance pour mes employés. Mais il aime ce coin. Il faut dire qu'Aurora, aux lumières de l'aube, c'est magnifique.

— Ne m'aviez-vous pas dit qu'il s'occupait des rosiers à Goose Cove ? Parce que je ne l'ai jamais vu…

— Mais les plantes sont toujours aussi belles, non ? Donc il est très discret.

— Je suis pourtant très souvent à la maison… Tout le temps presque.

— Luther est quelqu'un de discret.

— Je me demandais : que lui est-il arrivé ? Sa façon de parler est si étrange…

— Un accident. Une vieille histoire. C'est un être de grande qualité, vous savez… Il peut parfois avoir l'air effrayant, mais c'est un bel homme à l'intérieur.

— Je n'en doute pas.

Jenny revint remplir les tasses de café toujours pleines. Elle arrangea le porte-serviettes, remplit la salière, et changea la bouteille de ketchup. Elle sourit à Stern et fit un petit signe à Harry avant de disparaître à l'intérieur.

— Votre livre avance ? demanda Stern.

— Il avance très bien. Merci encore de me laisser disposer de la maison. Je suis très inspiré.

— Très inspiré par cette fille surtout, sourit Stern.

— Je vous demande pardon ? s'étrangla Harry.

— Je suis très fort pour deviner ce genre de choses. Vous la sautez, hein ?

— Je… je vous demande pardon ?

— Allons ne faites pas cette tête, mon ami. Il n'y a rien de mal à cela. Jenny, la serveuse, vous la sautez, n'est-ce pas ? Parce qu'à voir son comportement depuis que nous sommes arrivés, elle se fait forcément sauter par l'un de nous deux. Or, je sais que ce n'est pas moi. J'en déduis donc que c'est vous. Ha, ha ! Vous avez bien raison. Joli brin de fille. Notez comme je suis perspicace.

Quebert se força à rire, soulagé.

— Jenny et moi ne sommes pas ensemble, dit-il. Disons que nous avons juste flirté un peu. C'est une gentille fille, mais pour vous faire une confidence, je m'ennuie un peu avec elle… J'aimerais trouver quelqu'un dont je sois très amoureux, quelqu'un de spécial... De différent...

— Bah, je ne me fais pas de souci pour vous. Vous finirez par trouver la perle rare, celle qui vous rendra heureux.

Pendant que Harry et Stern déjeunaient, sur la route 1 frappée par le soleil, Nola rentrait chez elle, transportant sa machine à écrire. Une voiture arriva derrière elle et s'arrêta à sa hauteur. C'était le Chef Pratt, au volant d'un véhicule de la police d'Aurora.

— Où vas-tu avec cette machine à écrire ? demanda-t-il un peu amusé.

— Je rentre chez moi, Chef.

— À pied ? D'où diable viens-tu ? Peu importe : monte, je vais te conduire.

— Merci, Chef Pratt, mais je préfère marcher.

— Ne sois pas ridicule. Il fait une chaleur à crever.

— Non merci, Chef.

Le Chef Pratt eut soudain un ton de voix agressif.

— Pourquoi ne veux-tu pas que je te ramène ? Monte je te dis ! Monte !

Nola finit par accepter et Pratt la fit s'installer sur le siège du passager, à côté de lui. Mais au lieu de continuer en direction de la ville, il effectua un demi-tour et repartit dans l'autre direction.

— Où allons-nous, Chef ? Aurora est de l'autre côté.

— Ne t'inquiète pas, ma petite. Je veux juste te montrer quelque chose de beau. Tu n'as pas peur, hein ? Je veux te montrer la forêt, c'est un bel endroit. Tu veux voir un bel endroit, non ? Tout le monde aime les beaux endroits.

Nola ne dit plus rien. La voiture roula jusqu'à

Side Creek, s'engouffra sur un chemin forestier et se rangea à l'abri des arbres. Le Chef défit alors sa ceinture, ouvrit sa braguette, et, saisissant Nola par la nuque, lui ordonna de faire ce qu'elle avait su si bien lui faire dans son bureau.

*

15 août 1975

À huit heures du matin, Louisa Kellergan vint chercher sa fille dans sa chambre. Nola l'attendait assise sur son lit, en sous-vêtements. C'était le jour. Elle savait. Louisa eut un sourire plein de tendresse pour sa fille.
— Tu sais pourquoi je fais ça, Nola...
— Oui, Maman.
— C'est pour ton bien. Pour que tu ailles au Paradis. Tu veux être un ange, non ?
— Je ne sais pas si je veux être un ange, Maman.
— Allons, ne dis pas de bêtises. Viens, ma chérie.
Nola se leva et suivit docilement sa mère jusque dans la salle de bains. La grande bassine était prête, posée sur le sol, remplie d'eau. Nola regarda sa mère : c'était une belle femme, avec de magnifiques cheveux blonds et ondulés. Tout le monde disait qu'elles se ressemblaient beaucoup.
— Je t'aime, Maman, dit Nola.
— Moi aussi je t'aime, ma chérie.
— Je regrette d'être une méchante fille.
— Tu n'es pas une méchante fille.
Nola s'agenouilla devant la bassine ; sa mère lui attrapa la tête et la lui plongea dedans, en la tenant

par les cheveux. Elle compta jusqu'à vingt, lentement et sévèrement, puis ressortit de l'eau glacée la tête de Nola, qui laissa échapper un cri de panique. « Allons, ma fille, c'est pour ta pénitence, lui dit Louisa. Encore, encore. » Et elle lui replongea aussitôt la tête sous l'eau glacée.

Enfermé dans le garage, le révérend écoutait sa musique.

Il était épouvanté par ce qu'il venait d'entendre.

— Ta mère te noie? répéta Harry, bouleversé.

Il était midi. Nola venait d'arriver à Goose Cove. Elle avait pleuré toute la matinée, et malgré ses efforts pour sécher ses yeux rougis au moment d'arriver à la grande maison, Harry avait immédiatement remarqué que quelque chose n'allait pas.

— Elle me met la tête dans la grande bassine, expliqua Nola. L'eau est glacée! Elle me met la tête dedans et elle appuie. À chaque fois, j'ai l'impression que je vais mourir... Je n'en peux plus, Harry. Aidez-moi...

Elle se blottit contre lui. Harry proposa de descendre sur la plage; la plage l'égayait toujours. Il se munit de la boîte en fer *Souvenir de Rockland, Maine* et ils allèrent distribuer du pain aux mouettes le long des rochers, puis ils s'assirent sur le sable et contemplèrent l'horizon.

— Je veux partir, Harry! s'écria Nola. Je veux que vous m'emmeniez loin d'ici!

— Partir?

— Vous et moi, loin d'ici. Vous aviez dit qu'un jour, nous partirions. Je veux aller à l'abri du monde. Ne voulez-vous pas être loin du monde avec moi? Partons, je vous en supplie. Partons dès la fin de cet horrible mois. Disons le 30, cela nous laissera exactement quinze jours pour nous préparer.

— Le 30 ? Tu veux que le 30 août, nous quittions la ville toi et moi ? Mais c'est de la folie ?

— De la folie ? Ce qui est de la folie, Harry, c'est de vivre dans cette ville de misère ! Ce qui est de la folie, c'est de nous aimer comme nous nous aimons et de ne pas en avoir le droit ! Ce qui est de la folie, c'est de devoir nous cacher, comme si nous étions des animaux étranges ! Je n'en peux plus, Harry ! Moi, je partirai. La nuit du 30 août, je quitterai cette ville. Je ne peux plus rester ici. Partez avec moi, je vous en supplie. Ne me laissez pas seule.

— Et si on nous arrête ?

— Qui nous arrêtera ? En trois heures nous serons au Canada. Et nous arrêter pour quel motif ? Partir n'est pas un crime. Partir, c'est être libre, et qui peut nous empêcher d'être libres ? La liberté, c'est le fondement de l'Amérique ! C'est inscrit dans notre Constitution. Je partirai, Harry, c'est décidé : dans quinze jours, je partirai. La nuit du 30 août, je quitterai cette ville de malheur. Viendrez-vous ?

Il répondit sans réfléchir :

— Oui ! Bien sûr ! Je ne peux pas imaginer vivre sans toi. Le 30 août, nous partirons ensemble.

— Oh, Harry chéri, je suis si heureuse ! Et votre livre ?

— Mon livre est presque fini.

— Presque fini ? C'est formidable ! Vous avez avancé si vite !

— Le livre ne compte plus, désormais. Si je m'enfuis avec toi, je pense que je ne pourrai plus être écrivain. Et peu importe ! Tout ce qui compte, c'est toi ! Tout ce qui compte, c'est nous ! Tout ce qui compte, c'est être heureux.

— Bien sûr que vous serez toujours écrivain ! Nous enverrons le manuscrit à New York par la poste ! J'adore votre nouveau roman ! C'est probablement le plus beau roman qui m'ait jamais été donné de lire. Vous allez devenir un très grand écrivain. Je crois en vous ! Le 30 alors ? Dans quinze jours. Dans quinze jours, nous nous enfuirons, vous et moi ! En trois heures, nous serons au Canada. Nous serons tellement heureux, vous verrez. L'amour, Harry, l'amour est la seule chose qui puisse rendre une vie vraiment belle. Le reste n'est que superflu.

*

18 août 1975

Assis au volant de sa voiture de patrouille, il la regardait à travers la baie vitrée du Clark's. Ils s'étaient à peine parlé depuis le bal ; elle mettait de la distance entre eux et ça le rendait triste. Depuis quelque temps, elle avait l'air particulièrement malheureuse. Il se demandait s'il y avait un lien avec son attitude, puis il se rappela cette fois où il l'avait trouvée en pleurs sous la marquise de sa maison, et qu'elle lui avait dit qu'un homme lui faisait du mal. Qu'avait-elle voulu dire par *mal* ? Avait-elle des soucis ? Pire : avait-elle été battue ? Par qui ? Que se passait-il ? Il décida de prendre son courage à deux mains et d'aller lui parler. Comme il faisait toujours, il attendit que le *diner* se vide un peu avant d'oser s'y aventurer. Lorsque, finalement, il entra, Jenny était en train de desservir une table.

— Salut, Jenny, dit-il, le cœur battant.

— Salut, Travis.
— Ça va ?
— Ça va.
— On n'a pas eu l'occasion de beaucoup se voir depuis le bal, dit-il.
— J'ai eu beaucoup à faire ici.
— Je voulais te dire que j'ai été très heureux d'avoir été ton cavalier.
— Merci.

Elle avait l'air préoccupée.

— Jenny, tu as l'air distante avec moi ces derniers temps.
— Non. Travis... je... ça n'a rien à voir avec toi.

Elle pensait à Harry ; elle pensait à lui jour et nuit. Pourquoi la rejetait-il ? Quelques jours auparavant, il était venu ici avec Elijah Stern et il lui avait à peine adressé la parole. Elle avait bien vu qu'ils avaient même ricané à son sujet.

— Jenny, si tu as des soucis, tu sais que tu peux tout me raconter.
— Je sais. Tu es si bon avec moi, Travis. Maintenant il faut que je finisse de débarrasser.

Elle se dirigea vers la cuisine.

— Attends, dit Travis.

Il voulut la retenir par le poignet. Son geste fut léger mais Jenny poussa un cri de douleur et lâcha les assiettes qu'elle avait en main, qui se fracassèrent au sol. Il venait d'appuyer sur l'énorme hématome qui marquait son bras droit depuis que Luther le lui avait serré avec tant de force et qu'elle s'efforçait de cacher sous des manches longues malgré la chaleur.

— Je suis vraiment désolé, s'excusa Travis en se précipitant au sol pour ramasser les débris.
— Ce n'est pas toi.

Il l'accompagna dans la cuisine et se saisit d'un balai pour nettoyer la salle. Lorsqu'il revint, elle était en train de se laver les mains et comme elle avait relevé ses manches pour ne pas les mouiller, il remarqua la marque bleuâtre sur son poignet.

— Qu'est-ce que c'est que ça ? demanda-t-il.

— Rien, je me suis cognée contre la porte à battants l'autre jour.

— Cognée ? Ne me raconte pas d'histoires ! explosa Travis. Tu t'es fait battre, oui ! Qui t'a fait ça ?

— Ce n'est pas important.

— Bien sûr que c'est important ! J'exige de savoir qui est cet homme qui te fait tant de mal. Dis-le-moi, je ne partirai pas d'ici tant que je ne le saurai pas.

— C'est... c'est Luther Caleb qui m'a fait ça. Le chauffeur de Stern. Il... C'était l'autre matin, il était en colère. Il m'a attrapé le poignet et m'a fait mal. Mais ce n'était pas volontaire, tu sais. Il n'a pas mesuré sa force.

— C'est grave, Jenny ! C'est très grave ! S'il revient ici, je veux que tu me préviennes immédiatement !

*

20 août 1975

Elle chantait en marchant sur le chemin de Goose Cove. Elle se sentait envahie d'une douce sensation de joie : dans dix jours, ils partiraient ensemble. Dans dix jours, elle commencerait enfin à vivre pour de bon. Elle comptait les nuits avant le grand jour : c'était si proche. Lorsqu'elle aperçut la maison, au bout du chemin de gravier, elle accéléra le pas, si pressée de retrouver Harry. Elle ne remarqua pas la silhouette tapie dans les fourrés qui l'observait. Elle entra dans la maison par la porte principale, sans sonner, comme elle faisait désormais tous les jours.

— Harry chéri! appela-t-elle pour s'annoncer.

Il n'y eut aucune réponse. La maison semblait déserte. Elle appela encore. Silence. Elle traversa la salle à manger et le salon, sans le trouver. Il n'était pas dans son bureau. Ni sur la terrasse. Elle descendit alors les escaliers jusqu'à la plage et cria son nom. Peut-être était-il allé se baigner? Il faisait ça lorsqu'il avait trop travaillé. Mais il n'y avait personne non plus sur la plage. Elle sentit la panique l'envahir: où pouvait-il bien être? Elle retourna dans la maison, appela encore. Personne. Elle passa en revue toutes les pièces du rez-de-chaussée puis monta à l'étage. Ouvrant la porte de la chambre, elle le trouva assis sur son lit, en train de lire un paquet de feuilles.

— Harry? Vous étiez là? Ça va faire dix minutes que je vous cherche partout...

Il sursauta en l'entendant.

— Pardon, Nola, je lisais... Je ne t'ai pas entendue.

Il se leva, rempila les pages qu'il tenait dans ses mains et les glissa dans un tiroir de sa commode.

Elle eut un sourire:

— Et que lisiez-vous de si passionnant que vous ne m'ayez même pas entendue hurler votre nom à travers la maison?

— Rien d'important.

— C'est la suite de votre roman? Montrez-moi!

— Rien d'important, je te montrerai à l'occasion.

Elle le regarda d'un air mutin:

— Vous êtes sûr que ça va, Harry?

Il rit.

— Tout va bien, Nola.

Ils sortirent sur la plage. Elle voulait voir les mouettes. Elle ouvrit grands les bras, comme si elle avait des ailes, et courut en décrivant de grands cercles.

— J'aimerais pouvoir voler, Harry! Plus que dix jours! Dans dix jours nous nous envolerons! Nous partirons de cette ville de malheur pour toujours!

Ils se croyaient seuls sur la plage. Ni Harry, ni Nola ne se doutaient que Luther Caleb les observait, depuis la forêt, au-dessus des rochers. Il attendit qu'ils retournent dans la maison pour sortir de sa cachette: il longea le chemin de Goose Cove en courant et regagna sa Mustang, sur le chemin forestier parallèle. Il se rendit à Aurora et gara sa voiture devant le Clark's. Il se précipita à l'intérieur: il devait absolument parler à Jenny. Il fallait que quelqu'un sache. Il avait un mauvais pressentiment. Mais Jenny n'avait aucune envie de le voir.

— Luther? Tu ne devrais pas être ici, lui dit-elle lorsqu'il se présenta devant le comptoir.

— Venny... ve fuis dévolé pour l'autre matin. Ve n'aurais pas dû t'attraper le bras comme ve l'ai fait.

— J'ai eu un bleu après ça...

— Ve fuis dévolé.

— Il faut que tu partes maintenant.

— Non, attends...

— J'ai porté plainte contre toi, Luther. Travis dit que si tu reviens en ville, je dois l'appeler et que tu auras affaire à lui. Tu ferais bien de partir avant qu'il ne te voie ici.

Le géant eut un air dépité.

— Tu as porté plainte contre moi?

— Oui. Tu m'as fait si peur l'autre matin...

— Mais ve dois te parler de quelque fove d'important.

— Rien n'est important, Luther. Va-t'en...

— F'est à propos de Harry Quebert...

— Harry ?

— Oui, dis-moi fe que tu penfes de Harry Quebert...

— Pourquoi me parles-tu de lui ?

— As-tu confianfe en lui ?

— Confiance ? Oui, bien sûr. Pourquoi me poses-tu cette question ?

— Il faut que ve te dive quelque fove...

— Me dire quelque chose ? Quoi donc ?

Au moment où Luther s'apprêtait à répondre, une voiture de police apparut sur la place qui faisait face au Clark's.

— C'est Travis ! s'écria Jenny. File, Luther, file ! Je ne veux pas que tu aies des ennuis.

Caleb détala aussitôt. Jenny le vit remonter en voiture et démarrer en trombe. Quelques instants après, Travis Dawn se précipita à l'intérieur.

— Est-ce que je viens de voir Luther Caleb ? demanda-t-il.

— Oui, répondit Jenny. Mais il ne me voulait rien. C'est un gentil garçon, je regrette d'avoir porté plainte.

— Je t'avais dit de me prévenir ! Personne n'a le droit de lever la main sur toi ! Personne !

Travis retourna à sa voiture en courant. Jenny se précipita derrière lui et l'arrêta sur le trottoir.

— Je t'en supplie, Travis, ne lui fais pas d'histoires ! S'il te plaît. Je pense qu'il a compris maintenant.

Travis la regarda et réalisa soudain ce qui lui échappait. Voilà pourquoi elle était si distante dernièrement.

— Non, Jenny... ne me dis pas que...

— Que quoi ?

— Tu en pinces pour ce barjot ?
— Hein ? Mais qu'est-ce que tu racontes !
— Bon sang ! Comment ai-je pu être aussi stupide !
— Non, Travis, qu'est-ce que tu racontes...

Il ne l'écoutait plus. Il remonta en voiture et démarra comme un fou, gyrophares enclenchés et sirène hurlante.

Sur la route 1, peu avant Side Creek Lane, Luther vit dans son rétroviseur la voiture de police qui venait de le rattraper. Il s'arrêta sur le bas-côté, il avait peur. Travis sortit de sa voiture, furieux. Des milliers de pensées lui traversaient l'esprit : comment Jenny pouvait-elle être attirée par ce monstre ? Comment pouvait-elle le préférer à lui ? Lui qui faisait tout pour elle, lui qui était resté à Aurora pour être près d'elle, et qui se faisait supplanter par ce type. Il ordonna à Luther de sortir de son véhicule et le dévisagea de haut en bas.

— Espèce de taré, tu fais des misères à Jenny ?
— Non, Travif. Ve te promets que fe n'est pas fe que tu penfes.
— J'ai vu les marques sur son poignet !
— Ve n'ai pas contrôlé ma forfe. Ve regrette vraiment. Ve ne veux pas d'hiftoires.
— Pas d'histoires ? Mais c'est toi qui crées des histoires ! Tu la baises, hein ?
— Quoi ?
— Jenny et toi, vous baisez ensemble ?
— Non ! Non !
— Je... je fais tout pour la rendre heureuse et c'est toi qui la baises ? Mais nom de Dieu, qu'est-ce qui ne tourne pas rond dans ce monde ?
— Travif... f'est pas du tout fe que tu penfes.

— La ferme ! cria Travis en attrapant Luther par le col avant de le projeter au sol.

Il ne savait pas très bien ce qu'il devait faire : il pensa à Jenny qui le repoussait, il se sentait humilié et misérable. Il éprouvait de la colère aussi, il en avait assez de se faire marcher dessus sans cesse, il était temps de se comporter en homme. Alors, il défit sa matraque de sa ceinture, la leva en l'air, et d'un geste fou, il se mit à battre Luther sauvagement.

15.

Avant la tempête

"Qu'est-ce que vous en pensez ?
— C'est pas mal. Mais je crois que vous prêtez trop d'importance aux mots.
— Les mots ? Mais c'est important quand on écrit, non ?
— Oui et non. Le sens du mot est plus important que le mot en lui-même.
— Que voulez-vous dire ?
— Eh bien, un mot est un mot et les mots sont à tout le monde. Il vous suffit d'ouvrir un dictionnaire, d'en choisir un. C'est à ce moment-là que ça devient intéressant : serez-vous capable de donner à ce mot un sens bien particulier ?
— Comment ça ?
— Prenez un mot, et répétez-le dans un de vos livres, à tout bout de champ. Choisissons un mot au hasard : *mouette*. Les gens se mettront à dire, en parlant de vous : 'Tu sais bien, Goldman,

c'est le type qui parle des mouettes.' Et puis, il y aura ce moment où, en voyant des mouettes, ces mêmes gens se mettront soudain à penser à vous. Ils regarderont ces petits oiseaux piailleurs et ils se diront : 'Je me demande ce que Goldman peut bien leur trouver.' Puis ils assimileront bientôt *mouettes* et *Goldman*. Et chaque fois qu'ils verront des mouettes, ils penseront à votre livre et à toute votre œuvre. Ils ne percevront plus ces oiseaux de la même façon. C'est à ce moment-là seulement que vous savez que vous êtes en train d'écrire quelque chose. Les mots sont à tout le monde, jusqu'à ce que vous prouviez que vous êtes capable de vous les approprier. Voilà ce qui définit un écrivain. Et vous verrez, Marcus, certains voudront vous faire croire que le livre est un rapport aux mots, mais c'est faux : il s'agit en fait d'un rapport aux gens."

Lundi 7 juillet 2008, Boston, Massachusetts

Quatre jours après l'arrestation du Chef Pratt, je retrouvai Roy Barnaski dans un salon privé de l'hôtel Park Plaza de Boston pour signer un contrat d'édition à hauteur d'un million de dollars pour mon livre sur l'affaire Harry Quebert. Douglas était également présent ; il était visiblement très soulagé par l'épilogue heureux de ma situation.

— Retournement de situation, me dit Barnaski. Le grand Goldman s'est enfin remis au travail. Que tout le monde applaudisse !

Je ne répondis rien, me contentant de sortir un paquet de feuilles de mon cartable et de les lui tendre. Il eut un large sourire :

— Alors voici vos fameuses cinquante premières pages...

— Oui.

— Vous permettez que je prenne le temps d'y jeter un œil.

— Je vous en prie.

Douglas et moi quittâmes la pièce pour le laisser lire tranquillement et nous descendîmes au bar de l'hôtel, où nous nous fîmes servir des bières brunes à la pression.

— Ça va, Marc ? me demanda Douglas.
— Ça va. Ces quatre derniers jours ont été fous...
Il hocha la tête et renchérit :
— C'est toute cette histoire qui est complètement folle ! Ton bouquin va avoir un succès dont tu n'as pas idée. Barnaski le sait, c'est pour ça qu'il te propose autant de pognon. Un million de dollars, c'est rien par rapport à ce que lui pourra en tirer. Tu devrais voir : à New York tout le monde ne parle que de l'affaire. Les studios de cinéma parlent déjà d'un film, les maisons d'édition veulent toutes sortir des bouquins sur Quebert. Mais on sait que le seul qui puisse vraiment faire un livre, c'est toi. Tu es le seul qui connaisse Harry, tu es le seul à connaître Aurora de l'intérieur. Barnaski veut s'approprier cette histoire avant tout le monde : il dit que si on est les premiers à sortir un livre, Nola Kellergan pourrait devenir la marque déposée de Schmid & Hanson.

— Qu'est-ce que t'en penses, toi ? lui demandai-je.
— Que c'est une belle aventure d'écrivain. Et une belle façon de contrer un peu toutes les ignominies qu'on a pu dire sur Quebert. Le défendre, c'était ton souhait initial, non ?

J'acquiesçai. Puis je jetai un regard au-dessus de nous, en direction des étages, où Barnaski était en train de découvrir une partie de mon récit que les événements des derniers jours avaient permis de considérablement étoffer.

*

3 juillet 2008,
quatre jours avant la signature du contrat

C'était quelques heures après l'arrestation du Chef Pratt. Je rentrais à Goose Cove depuis la prison d'État où Harry venait de perdre les pédales et avait manqué de m'envoyer une chaise en pleine figure après que je lui eus appris l'existence d'un tableau représentant Nola chez Elijah Stern. Je me garai devant la maison et en descendant de voiture je remarquai immédiatement le morceau de papier coincé dans la porte d'entrée : encore une lettre. Et cette fois-ci, le ton changeait.

Dernier avertissement, Goldman.

Je n'y prêtai pas attention : premier ou dernier avertissement, qu'est-ce que cela changeait ? Je jetai la lettre dans la poubelle de la cuisine et j'allumai la télévision. On ne parlait que de l'arrestation du Chef Pratt : certains remettaient même en question l'enquête qu'il avait lui-même dirigée à l'époque, et on se demandait si les recherches n'avaient pas été volontairement négligées par l'ancien chef de la police.

Le jour tombait et la nuit promettait d'être douce et belle ; le genre de soirée d'été qu'il fallait magnifier avec des amis, en mettant des énormes steaks sur le grill tout en sirotant de la bière. Je n'avais pas les amis, mais je pensais avoir les steaks et la bière. J'allai ouvrir le frigo, mais le frigo était vide : j'avais oublié de faire les courses. Je m'étais oublié moi-même. Je réalisai que j'avais le frigo de Harry : un frigo d'homme seul. Je commandai une pizza que je mangeai sur la terrasse. Au moins avais-je déjà la terrasse et l'océan : il ne manquait plus qu'un barbecue, des amis et une petite copine pour que ce fût la soirée parfaite. C'est alors que je reçus un coup de téléphone de l'un de mes seuls amis, mais dont je n'avais plus de nouvelles depuis quelque temps : Douglas.

— Marc, quoi de neuf ?

— *Quoi de neuf* ? Ça fait deux semaines que je n'ai pas eu de tes nouvelles ! T'étais passé où ? T'es mon agent, oui ou merde ?

— Je sais, Marc. Je suis désolé. On a vécu une situation difficile. Je veux dire toi et moi. Mais si tu veux toujours de moi comme agent, je serai honoré de poursuivre notre collaboration.

— Évidemment. Je n'ai qu'une condition : que tu continues à venir suivre le championnat de base-ball chez moi.

Il rit.

— Ça marche. Tu t'occuperas des bières et moi des nachos au fromage.

— Barnaski m'a proposé un gros contrat, dis-je.

— Je sais. Il m'en a parlé. Tu vas accepter ?

— Je crois, oui.

— Barnaski est très excité. Il veut te voir au plus vite.

— Me voir pour quoi ?

— Pour signer le contrat.

— Déjà ?

— Oui. Je pense qu'il veut s'assurer que ton travail est bien entamé. Les délais vont être courts : il va falloir écrire vite. Il est complètement obsédé par la campagne présidentielle. Tu te sens prêt ?

— Ça ira. Je me suis remis à écrire. Mais j'ignore ce que je dois faire : raconter tout ce que je sais ? Raconter que Harry avait prévu de s'enfuir avec la gamine ? Cette histoire, Doug, c'est du délire total. Je crois que tu ne te rends même pas compte.

— La vérité, Marc. Raconte simplement la vérité à propos de Nola Kellergan.

— Et si la vérité nuit à Harry ?

— Dire la vérité, c'est ta responsabilité d'écrivain. Même si la vérité est difficile. Ça, c'est mon conseil en tant qu'ami.

— Et ton conseil en tant qu'agent ?

— Surtout, protège ton cul : évite de finir avec autant de procès qu'il y a d'habitants dans le New Hamsphire. Par exemple, tu me disais que la petite était battue par ses parents ?

— Oui. Par sa mère.

— Alors contente-toi d'écrire que Nola était *une fillette malheureuse et maltraitée*. Tout le monde comprendra que ce sont ses parents qui sont responsables des mauvais traitements, mais ce ne sera pas explicitement précisé... Personne ne pourra te poursuivre.

— Mais la mère joue un rôle important dans cette histoire.

— Conseil d'agent, Marc : il te faut des preuves en béton pour accuser les gens, sinon tu vas crouler sous les procès. Et je crois que t'as eu déjà assez d'emmerdes sur le dos ces derniers mois. Trouve un témoin fiable qui t'affirme que la mère était la dernière des salopes et qu'elle foutait des raclées à la gamine, sinon limite-toi à *fillette malheureuse et maltraitée*. On veut éviter aussi qu'un juge accepte de suspendre la vente du livre pour des problèmes de diffamation. Par contre, pour Pratt, maintenant que tout le monde sait ce qu'il a fait, tu peux y aller dans le détail sordide. Ça fait vendre.

Barnaski proposait de nous retrouver le lundi 7 juillet à Boston, ville qui présentait l'avantage de se situer à une heure d'avion de New York et à une heure de route d'Aurora, ce que j'acceptai. Cela me laissait quatre jours pour écrire d'arrache-pied et avoir quelques chapitres à lui présenter.

— Appelle-moi si t'as besoin de quoi que ce soit, me dit encore Douglas avant de raccrocher.

— Je le ferai, merci. Doug, attends...

— Oui?

— Tu faisais les mojitos. Tu te rappelles?

Je l'entendis sourire.

— Je me rappelle bien.

— C'était une belle période, non?

— C'est toujours une belle période, Marc. On a des vies formidables, même si, parfois, il y a des moments plus difficiles.

*

1er décembre 2006, New York City

— Doug, tu peux faire plus de mojitos?

Derrière le comptoir de ma cuisine, Douglas, ceint d'un tablier représentant un corps de femme nue, poussa un hurlement de loup, attrapa une bouteille de rhum et la vida dans une carafe remplie de glace pilée.

C'était trois mois après la sortie de mon premier livre; ma carrière était à son sommet. Pour la cinquième fois en trois semaines, depuis que j'avais emménagé dans mon appartement du Village, j'organisais une fête chez moi. Des dizaines de personnes s'entassaient dans mon salon, je n'en connaissais pas le quart. Mais j'adorais ça. Douglas s'occupait d'arroser les invités en *mojitos*, et je me chargeais des *white russian*, le seul cocktail que j'avais jamais considéré comme décemment buvable.

— Quelle soirée, me dit Douglas. Est-ce que c'est le portier de l'immeuble qui danse dans ton salon ?

— Oui. Je l'ai invité.

— Et il y a Lydia Gloor, nom d'un chien ! Tu te rends compte ? Lydia Gloor est dans ton appartement !

— Qui est Lydia Gloor ?

— Bon Dieu, Marc, tu dois savoir ça ! C'est l'actrice du moment. Elle joue dans cette série que tout le monde regarde... Enfin, sauf toi visiblement. Comment as-tu fait pour l'inviter ici ?

— Je n'en sais rien. Les gens sonnent et je leur ouvre la porte. *Mi casa es tu casa !*

Je retournai dans le salon avec des petits fours et les shakers. Puis je vis la neige qui tombait par les fenêtres, et j'eus soudain envie de sortir à l'air libre. J'allai sur le balcon en chemise ; il faisait glacial. Je contemplai l'immensité de New York devant moi et ces millions de points de lumière à perte de vue, et je hurlai de toutes mes forces : « Je suis Marcus Goldman ! » À cet instant j'entendis une voix derrière moi : c'était une jolie blonde de mon âge que je n'avais jamais vue de ma vie.

— Marcus Goldman, ton copain Douglas te fait dire que ton téléphone portable sonne, me dit-elle.

Son visage ne m'était pas inconnu.

— Je t'ai déjà vue quelque part, non ? lui demandai-je.

— À la télévision, sans doute.
— Tu es Lydia Gloor...
— Oui.
— Mince alors.

Je la priai de m'attendre sagement sur le balcon et je m'empressai d'aller à la cuisine répondre.

— Allô ?
— Marcus ? C'est Harry qui vous téléphone.
— Harry ! Quel plaisir de vous entendre ! Comment allez-vous ?
— Pas mal. J'avais juste envie de vous dire bonsoir. J'entends énormément de bruit derrière vous... Vous recevez du monde ? Peut-être que je tombe mal...
— Je fais une petite fête. Dans mon nouvel appartement.
— Vous avez quitté Montclair ?
— Oui, j'ai acheté un appartement dans le Village. Je vis à New York désormais ! Il faut absolument que vous veniez voir ça, la vue est à couper le souffle.
— J'en suis sûr. En tout cas, vous avez l'air de bien vous amuser, je suis content pour vous. Vous devez avoir beaucoup d'amis...
— Des tonnes ! Et ce n'est pas tout : figurez-vous qu'il y a une actrice incroyablement belle qui m'attend sur mon balcon. Ha ha, je ne peux pas y croire ! La vie est beaucoup trop belle, Harry. Beaucoup trop belle. Et vous ? Que faites-vous ce soir ?
— Je... je fais une petite soirée chez moi. Des amis, des steaks et de la bière. Que demander de plus ? On s'amuse bien, il ne manque plus que vous. Mais j'entends qu'on sonne à ma porte, Marcus. D'autres invités qui arrivent. Il faut que je vous laisse pour aller ouvrir. Je ne sais pas si nous tiendrons tous dans la maison, et pourtant, Dieu sait qu'elle est grande !

— Passez une bonne soirée, Harry. Amusez-vous bien. Je vous rappelle sans faute.

Je retournai sur mon balcon : c'est ce soir-là que je commençai à fréquenter Lydia Gloor, celle que ma mère allait appeler « l'actrice télévisuelle ». À Goose Cove, Harry alla ouvrir la porte : c'était le livreur de pizza. Il prit sa commande et s'installa devant la télévision pour dîner.

Comme promis, je rappelai Harry après cette soirée. Mais plus d'un an s'écoula entre ces deux coups de téléphone. C'était février 2008.

— Allô ?
— Harry, c'est Marcus.
— Oh, Marcus ! C'est bien vous qui me téléphonez ? Incroyable. Depuis que vous êtes une vedette, vous ne donnez plus de nouvelles. J'ai essayé de vous appeler il y a un mois, je suis tombé sur votre secrétaire qui m'a dit que vous n'étiez là pour personne.

Je répondis de but en blanc :
— Ça va mal, Harry. Je crois que je ne suis plus écrivain.

Il redevint aussitôt sérieux :
— Qu'est-ce que vous me chantez là, Marcus ?
— Je ne sais plus quoi écrire, je suis fini. Page blanche. Ça fait des mois. Peut-être une année.

Il éclata d'un rire rassurant et chaleureux.

— Blocage mental, Marcus, voilà ce que c'est ! Les pages blanches sont aussi stupides que les pannes sexuelles liées à la performance : c'est la panique du génie, celle-là même qui rend votre petite queue toute molle lorsque vous vous apprêtez à jouer à la brouette avec une de vos admiratrices et que vous ne pensez qu'à lui procurer un orgasme tel qu'il sera mesurable sur l'échelle de Richter. Ne vous souciez pas du génie, contentez-vous d'aligner les mots ensemble. Le génie vient naturellement.

— Vous pensez ?

— J'en suis sûr. Mais vous devriez laisser un peu de côté vos soirées mondaines et vos petits fours. Écrire, c'est sérieux. Je pensais vous l'avoir inculqué.

— Mais je travaille dur ! Je ne fais que ça ! Et malgré tout, je n'arrive à rien.

— Alors c'est qu'il vous manque un cadre propice. New York, c'est très joli, mais c'est surtout beaucoup trop bruyant. Pourquoi ne viendriez-vous pas ici, chez moi, comme du temps où vous étiez mon étudiant ?

*

4-6 juillet 2008

Durant les jours qui avaient précédé le rendez-vous de Boston avec Barnaski, l'enquête avait progressé de façon spectaculaire.

Tout d'abord, le Chef Pratt fut inculpé pour des actes d'ordre sexuel sur une mineure de moins de seize ans, et libéré sous caution le lendemain de son arrestation. Il s'installa provisoirement dans un motel de Montburry, tandis qu'Amy quittait la ville pour aller chez sa sœur, qui vivait dans un autre État. L'audition de Pratt par la brigade criminelle de la police d'État confirma que non seulement Tamara Quinn lui avait montré la note trouvée chez Harry à propos de Nola, mais également que Nancy Hattaway lui avait fait part de ce qu'elle savait à propos d'Elijah Stern. La raison pour laquelle Pratt avait consciemment négligé ces deux pistes était qu'il craignait que

Nola se soit confiée à l'un d'eux à propos des épisodes de la voiture de police, et qu'il ne voulait pas par conséquent risquer de se compromettre en les interrogeant. Il jura cependant n'avoir rien à faire avec les morts de Nola et Deborah Cooper, et avoir dirigé les recherches de manière irréprochable.

Sur la base de ces déclarations, Gahalowood parvint à convaincre le bureau du procureur de délivrer un mandat pour une perquisition au domicile d'Elijah Stern, qui eut lieu le matin du vendredi 4 juillet, jour de fête nationale. Le tableau représentant Nola fut trouvé dans l'atelier et saisi. Elijah Stern fut emmené dans les locaux de la police d'État pour y être entendu, mais il ne fut pas inculpé. Néanmoins, ce nouveau rebondissement exacerba plus encore la curiosité de l'opinion publique : après l'arrestation du célèbre écrivain Harry Quebert et celle de l'ancien chef de la police Gareth Pratt, voici que l'homme le plus riche du New Hampshire se retrouvait à son tour mêlé à la mort de la petite Kellergan.

Gahalowood me raconta l'audition de Stern dans les détails. « Un type impressionnant, me dit-il. D'un calme absolu. Il avait même ordonné à son armée d'avocats d'attendre hors de la salle. Cette présence, son regard bleu acier, j'étais presque mal à l'aise face à lui et Dieu sait pourtant que je suis rompu à ce genre d'exercice. Je lui ai montré le tableau et il m'a confirmé que c'était bien Nola. »

— Pourquoi avez-vous ce tableau chez vous ? avait demandé Gahalowood.

Stern avait répondu, comme si c'était évident :

— Parce qu'il est à moi. Y a-t-il une loi dans cet État qui interdise d'accrocher des tableaux à son mur ?

— Non. Mais c'est le tableau d'une jeune fille qui a été assassinée.

— Et si j'avais un tableau de John Lennon, lui aussi mort assassiné, serait-ce grave ?

— Vous voyez très bien ce que je veux dire, Monsieur Stern. D'où sort ce tableau ?

— C'est un de mes employés de l'époque qui l'a peint. Luther Caleb.

— Pourquoi a-t-il peint ce tableau ?

— Parce qu'il aimait peindre.

— Quand ce tableau a-t-il été réalisé ?

— Été 1975. Juillet, août, si mes souvenirs sont bons.

— Juste avant la disparition de la petite.

— Oui.

— Comment l'a-t-il peint ?

— Avec des pinceaux, j'imagine.

— Cessez de jouer à l'imbécile, je vous prie. D'où connaissait-il Nola ?

— Tout le monde connaissait Nola à Aurora. Il s'est inspiré d'elle pour ce tableau.

— Et ça ne vous a pas gêné d'avoir chez vous le tableau d'une gamine disparue ?

— Non. C'est un beau tableau. On appelle ça «*l'art*». Et le véritable art dérange. L'art consensuel n'est que le résultat de la dégénérescence du monde pourri par le politiquement correct.

— Vous êtes conscient que la possession d'une œuvre représentant une jeune fille de quinze ans nue pourrait vous causer des ennuis, Monsieur Stern ?

— Nue ? On ne voit ni ses seins, ni ses parties génitales.

— Mais il est évident qu'elle est nue.

— Êtes-vous prêt à défendre votre point de vue

devant une cour, sergent ? Parce que vous perdriez, et vous le savez aussi bien que moi.

— J'aimerais seulement savoir pourquoi Luther Caleb a peint Nola Kellergan ?

— Je vous l'ai dit : il aimait peindre.

— Connaissiez-vous Nola Kellergan ?

— Un peu. Comme tout le monde à Aurora.

— Seulement un peu ?

— Seulement un peu.

— Vous mentez, Monsieur Stern. J'ai des témoins qui affirment que vous avez eu une relation avec elle. Que vous la faisiez venir chez vous.

Stern avait éclaté de rire :

— Vous avez des preuves de ce que vous avancez ? J'en doute, parce que c'est faux. Je n'ai jamais touché cette petite. Écoutez, sergent, vous me faites de la peine : votre enquête piétine visiblement et vous avez grand mal à formuler vos questions. Je vais donc vous aider : c'est Nola Kellergan qui est venue me trouver. Elle est venue un jour chez moi, elle m'a dit qu'elle avait besoin d'argent. Elle a accepté de poser pour un tableau.

— Vous l'avez payée pour qu'elle pose ?

— Oui. Luther avait un grand don pour la peinture. Un talent fou ! Il m'avait peint déjà des tableaux magnifiques, des vues du New Hampshire, des scènes de vie quotidienne de notre belle Amérique et j'étais très emballé. Pour moi, Luther pouvait devenir l'un des grands peintres de ce siècle, et je me suis dit qu'il pourrait faire quelque chose de grandiose en peignant cette jeune fille magnifique. La preuve, si je vends ce tableau maintenant, avec tout le foin qui entoure cette affaire, j'en tirerai sans aucun doute un ou deux millions de dollars. Vous connaissez beaucoup de peintres contemporains qui vendent à deux millions de dollars ?

Son explication faite, Stern avait décrété qu'il avait perdu assez de temps et que l'audition était terminée, et il était parti, suivi par son troupeau d'avocats, laissant Gahalowood muet et ajoutant un mystère de plus à l'enquête.

— Vous y comprenez quelque chose, l'écrivain ? me demanda Gahalowood après avoir terminé de me rapporter l'audition de Stern. Un jour, la gamine débarque chez Stern et propose de se faire peindre contre du pognon. Vous pouvez y croire ?

— C'est insensé. Pourquoi aurait-elle eu besoin d'argent ? Pour la fuite ?

— Peut-être. Pourtant elle n'a même pas emporté ses économies. Il y a, dans sa chambre, un pot à biscuits avec cent vingt dollars à l'intérieur.

— Et qu'avez-vous fait du tableau ? demandai-je.

— On le conserve pour le moment. Pièce à conviction.

— Conviction de quoi si Stern n'est pas inculpé ?

— Contre Caleb.

— Alors vous le suspectez vraiment ?

— J'en sais rien, l'écrivain. Stern faisait de la peinture, Pratt se faisait faire des fellations, mais quel mobile auraient-ils eu pour tuer Nola ?

— La peur qu'elle parle ? suggérai-je. Elle aurait menacé de tout raconter, et dans un moment de panique, l'un d'eux la frappe jusqu'à la tuer avant de l'enterrer dans les bois.

— Mais pourquoi laisser ce mot sur le manuscrit ? *Adieu, Nola chérie*, c'est quelqu'un qui aimait cette petite. Et le seul qui l'aimait, c'était Quebert. Tout nous relie à Quebert. Et si Quebert, ayant appris pour Pratt et Stern, avait pété un plomb et tué Nola ? Cette histoire pourrait très bien être un crime passionnel. C'était votre hypothèse d'ailleurs.

— Harry, commettre un crime passionnel ? Non, ça n'a aucun sens. Quand arriveront les résultats de cette foutue analyse graphologique ?

— Rapidement. Plus qu'une question de jours, j'imagine. Marcus, il faut que je vous dise : le bureau du procureur va proposer un accord à Quebert. On renonce à l'enlèvement et lui plaide coupable de crime passionnel. Vingt ans de prison. Il en fera quinze s'il se tient bien. Pas de peine de mort.

— Un accord ? Pourquoi un accord ? Harry n'est coupable de rien.

Je sentais que nous passions à côté de quelque chose, un détail qui pouvait tout expliquer. Je remontai le fil des derniers jours de Nola, mais aucun événement majeur n'avait été à signaler durant tout le mois d'août 1975 à Aurora, jusqu'à ce fameux soir du 30 août. À vrai dire, en parlant avec Jenny Dawn, Tamara Quinn et quelques habitants de la ville, il m'apparut que les trois dernières semaines de Nola Kellergan furent heureuses. Harry m'avait dépeint les scènes de noyade, Pratt avait raconté comment il l'avait forcée à des fellations, Nancy m'avait parlé des rendez-vous sordides avec Luther Caleb mais les déclarations de Jenny et Tamara furent tout autres : d'après leurs récits, rien ne laissait présager que Nola était battue ou malheureuse. Tamara Quinn m'indiqua même qu'elle lui avait demandé de reprendre son service au Clark's à partir de la rentrée scolaire, ce qu'elle avait accepté. Je fus tellement étonné de l'apprendre que je lui en demandai deux fois confirmation. Pourquoi donc Nola aurait-elle entrepris les démarches pour reprendre son emploi de serveuse si elle avait prévu de s'enfuir ? Robert Quinn, lui, me raconta qu'il la croisait parfois transportant une machine à écrire, mais qu'elle transbahutait avec légèreté, en chantonnant gaiement. On aurait dit qu'Aurora, en août 1975, était le paradis sur terre. J'en vins à me demander si Nola avait réellement eu l'intention de quitter la ville. Puis, un horrible doute m'envahit : quelles garanties avais-je que Harry me racontait la vérité ? Comment savoir si Nola lui avait vraiment demandé de partir avec lui ? Et si c'était un stratagème pour se disculper de son meurtre ? Et si Gahalowood avait raison depuis le début ?

Je revis Harry l'après-midi du 5 juillet, à la prison. Il avait une mine affreuse et le teint gris. Des lignes que je ne lui avais jamais connues étaient apparues sur son front.

— Le procureur veut vous proposer un marché, dis-je.

— Je sais. Roth m'en a déjà parlé. Crime passionnel. Je pourrais sortir au bout de quinze ans.

Au ton de sa voix, je compris qu'il était prêt à envisager cette option.

— Ne me dites pas que vous allez accepter cette offre ! m'emportai-je.

— Je n'en sais rien, Marcus. Mais c'est un moyen d'éviter la peine de mort.

— Éviter la peine de mort ? Qu'est-ce que ça veut dire ? Que vous êtes coupable ?

— Non ! Mais tout m'accable ! Et je n'ai aucune envie de me lancer dans une partie de poker avec des jurés qui m'ont déjà condamné. Quinze ans de prison, c'est toujours mieux que la perpétuité ou le couloir de la mort.

— Harry, je vais vous poser cette question une dernière fois : avez-vous tué Nola ?

— Mais bien sûr que non, nom de Dieu ! Combien de fois devrai-je vous le dire ?

— Alors nous le prouverons !

Je ressortis mon enregistreur et le posai sur la table.

— Pitié, Marcus. Pas encore cette machine !

— Il faut comprendre ce qui s'est passé.

— Je ne veux plus que vous m'enregistriez. S'il vous plaît.

— Très bien. Je vais prendre des notes.

Je sortis un carnet et un stylo.

— J'aimerais que nous reprenions notre discussion sur votre fuite du 30 août 1975. Si je comprends bien, au moment où vous avez décidé de partir, Nola et vous, votre livre était quasiment terminé...

— Je l'ai terminé quelques jours avant le départ. J'ai écrit vite, très vite. J'étais comme dans un état second. Tout était tellement spécial : Nola qui était là tout le temps, qui relisait, qui corrigeait, qui retapait. Je vais peut-être vous paraître mièvre, mais c'était magique. Le livre a été terminé dans la journée du 27 août. Je m'en souviens parce que ce jour est le dernier où j'ai vu Nola. Nous étions convenus qu'il faudrait que je quitte la ville deux ou trois jours avant elle, pour ne pas éveiller les soupçons. Le 27 août fut donc notre dernier jour ensemble. J'avais terminé le roman en un mois. C'était fou. J'étais tellement fier de moi. Je me souviens de ces deux manuscrits qui trônaient sur la table de la terrasse : l'un écrit à la main, et qui correspondait à tous les originaux, et l'autre qui correspondait au travail de titan qu'avait abattu Nola, à savoir leur retranscription à la machine. Nous avons passé un moment sur la plage, là où nous nous étions rencontrés trois mois plus tôt. Nous avons marché longtemps. Nola m'a pris la main et elle m'a dit: « Vous avoir rencontré a changé ma vie, Harry. Vous verrez, nous serons tellement heureux ensemble. » Nous avons marché encore. Notre plan était établi: je devais partir d'Aurora le lendemain matin, en passant par le Clark's pour me faire voir et faire savoir que je serais absent une semaine ou deux sous le prétexte d'affaires urgentes à Boston. Je devais ensuite séjourner deux jours à Boston, garder les factures d'hôtel, pour que tout concorde si la police m'interrogeait. Puis, le 30 août, je devais aller prendre une chambre au Sea Side Motel, sur la route 1. Chambre 8, m'avait dit Nola, parce qu'elle aimait le chiffre 8. Je lui ai demandé comment elle ferait pour rejoindre ce motel qui était tout de même à plusieurs miles d'Aurora, et elle m'a dit de ne pas m'en faire, qu'elle marchait vite et qu'elle connaissait un raccourci par la plage. Elle me retrouverait dans la chambre en début de soirée, à dix-neuf heures. Il nous faudrait partir aussitôt, rejoindre le Canada, nous trouver un endroit à l'abri, un petit appartement à louer. Je devais rentrer à Aurora quelques jours plus tard, comme si de rien n'était. La police chercherait sûrement Nola et je devais garder mon calme: si on m'interrogeait, répondre que j'étais à Boston et montrer les factures d'hôtel. Je devais ensuite rester une semaine à Aurora, pour ne pas éveiller les soupçons, elle serait restée dans notre appartement à m'attendre tranquillement. Après quoi, je devais rendre la maison de Goose Cove et quitter Aurora pour de bon, expliquant que mon roman était fini et que je devais désormais m'occuper de le faire publier. Je serais alors retourné auprès de Nola, j'aurais envoyé le manuscrit par la poste à des éditeurs new-yorkais, puis j'aurais fait la navette entre notre cachette du Canada et New York pour assurer la sortie du livre.

— Mais Nola, qu'aurait-elle fait ?

— Nous lui aurions trouvé des faux papiers, elle aurait repris le lycée, puis l'université. Et nous aurions attendu ses dix-huit ans et elle serait devenue Madame Harry Quebert.

— Des faux papiers ? Mais c'est complètement fou !

— Je sais. C'était complètement fou. Complètement fou !

— Et ensuite, que s'est-il passé ?

— Ce 27 août, sur la plage, nous avons répété le plan plusieurs fois, puis nous sommes rentrés à la maison. Nous nous sommes assis sur le vieux canapé du salon, qui n'était pas vieux mais qui l'est devenu parce que je n'ai jamais pu m'en séparer, et nous avons eu notre dernière conversation. Voilà, Marcus, voilà ses derniers mots, je ne les oublierai jamais. Elle m'a dit : « Nous serons tellement heureux, Harry. Je deviendrai votre femme. Vous serez un très grand écrivain. Et un professeur d'université. J'ai toujours rêvé d'épouser un professeur d'université. À vos côtés, je serai la plus heureuse des femmes. Et nous aurons un grand chien couleur du soleil, un labrador que nous appellerons Storm. Attendez-moi, je vous en prie, attendez-moi. » Et je lui ai répondu : « Je t'attendrai toute ma vie s'il le faut, Nola. » Ce sont ses derniers mots, Marcus. Après ça, je me suis assoupi, et lorsque je me suis réveillé, le soleil se couchait et Nola était partie. Il y avait cette lumière rose qui irradiait l'océan, et ces nuées de mouettes criardes. Ces saletés de mouettes qu'elle aimait tant. Sur la table de la terrasse, il ne restait plus qu'un manuscrit : celui qui m'est resté, l'original. Et à côté, ce mot, celui que vous avez trouvé dans la boîte et qui disait, je me souviens de ces phrases par cœur : *Ne vous en faites pas, Harry, ne vous en faites pas pour moi, je me débrouillerai pour vous retrouver là-bas. Attendez-moi dans la chambre 8, j'aime ce chiffre, c'est mon chiffre préféré. Attendez-moi dans cette chambre à 19 heures. Ensuite nous partirons pour toujours.* Je n'ai pas cherché le manuscrit : j'ai compris qu'elle l'avait pris, pour le relire encore une fois. Ou peut-être pour être certaine que je serais au rendez-vous au motel, le 30. Elle a emporté ce foutu manuscrit, Marcus, comme elle faisait parfois. Et moi, le lendemain, j'ai quitté la ville. Comme nous l'avions prévu. Je suis passé au Clark's boire un café, tout exprès pour me montrer et dire que je m'absentais. Il y avait Jenny, comme tous les matins, je lui ai dit que j'avais à faire à Boston, que mon livre était presque fini et que j'avais des rendez-vous importants. Et je suis parti. Je suis parti sans me douter une seconde que je ne reverrais plus jamais Nola.

Je posai mon stylo. Harry pleurait.

*

7 juillet 2008

À Boston, dans le salon du Park Plaza, Barnaski s'accorda une demi-heure pour parcourir la cinquantaine de pages que je lui avais apportées, avant de nous faire appeler.

— Alors ? lui demandai-je en pénétrant dans la pièce.

Il eut un regard lumineux :

— C'est tout simplement génial, Goldman ! Génial ! Je savais que vous étiez l'homme de la situation !

— Attention, ces pages ce sont surtout mes notes. Il y a des faits dedans qui ne devront pas être publiés.

— Bien sûr, Goldman. Bien sûr. De toute façon, vous approuverez les épreuves finales.

Il commanda du champagne, étala les contrats sur la table et en récapitula le contenu :

— Livraison du manuscrit pour fin août. Les jaquettes publicitaires seront déjà prêtes. Relecture et mise en forme en deux semaines, impression dans le courant du mois de septembre. Sortie prévue pour la dernière semaine de septembre. Au plus tard. Quel timing parfait ! Juste avant l'élection présidentielle et plus ou moins au moment de la tenue du procès de Quebert ! Coup de marketing phénoménal, mon cher Goldman ! Hip hip hip hourra !

— Et si l'enquête n'est pas bouclée ? demandai-je. Comment dois-je terminer le livre ?

Barnaski avait une réponse déjà toute prête et validée par son service juridique :

— Si l'enquête est terminée, c'est un récit authentique. Si elle ne l'est pas, on laisse le sujet ouvert ou alors vous suggérez la fin et c'est un roman. Juridiquement, c'est intouchable et pour les lecteurs, ça ne fait aucune différence. Et puis tant mieux si l'enquête n'est pas terminée : on pourra toujours faire un second tome. Quelle aubaine !

Il me regarda d'un air entendu ; un employé apporta le champagne et il insista pour l'ouvrir lui-même. Je signai son contrat, il fit sauter le bouchon, renversa du champagne partout, remplit deux coupes et en tendit l'une à Douglas et l'autre à moi. Je demandai :

— Vous n'en prenez pas ?

Il eut une moue dégoûtée et s'essuya les mains sur un coussin.

— Je n'aime pas ça. Le champagne, c'est juste pour le show. Le show, Goldman, c'est quatre-vingt-dix pour cent de l'intérêt que les gens portent au produit final !

Et il sortit téléphoner à la Warner Brothers pour parler des droits cinématographiques.

Dans le courant de ce même après-midi, sur la route du retour à Aurora, je reçus un appel de Roth : il était dans tous ses états.

— On a les résultats, Goldman !

— Quels résultats ?

— L'écriture ! Ce n'est pas celle de Harry ! Ce n'est pas lui qui a écrit ce mot sur le manuscrit !

Je poussai un cri de joie.

— Qu'est-ce que cela signifie concrètement ? demandai-je.

— Je n'en sais rien encore. Mais si ce n'est pas son écriture, cela confirme qu'il n'avait pas le manuscrit au moment où Nola a été tuée. Or le manuscrit est l'une des principales preuves à charge de l'accusation. Le juge vient de fixer une nouvelle audience de comparution ce jeudi 10 juillet à quatorze heures. Une convocation si rapide, c'est sûrement une bonne nouvelle pour Harry !

J'étais très excité : Harry serait bientôt libre. Il avait donc toujours dit la vérité, il était innocent. J'attendis avec impatience que jeudi arrive. Mais à la veille de cette nouvelle audience, le mercredi 9 juillet, une catastrophe se produisit. Ce jour-là, vers dix-sept heures, j'étais à Goose Cove, dans le bureau de Harry, en train de relire mes notes sur Nola. C'est alors que je reçus un appel de Barnaski sur mon téléphone portable. Sa voix tremblait.

— Marcus, j'ai une terrible nouvelle, me dit-il d'emblée.

— Que se passe-t-il ?

— Il y a eu un vol…

— Comment ça, *un vol* ?

— Vos feuillets… ceux que vous m'avez apportés à Boston.

— Quoi ? Comment est-ce possible ?

— Ils étaient dans un tiroir de mon bureau. Hier matin, je ne les ai pas retrouvés… J'ai d'abord pensé que Marisa avait fait de l'ordre et les avait mis au coffre, elle fait ça parfois. Mais lorsque je lui ai posé la question, elle m'a dit qu'elle ne les avait pas touchés. Je les ai cherchés toute la journée d'hier mais en vain.

Mon cœur battait fort. Je pressentais une tempête.

— Mais qu'est-ce qui vous fait penser qu'ils ont été volés ? demandai-je.

Il y eut un long silence puis il répondit :

— J'ai reçu des coups de fil, toute l'après-midi : le *Globe*, *USA Today*, le *New York Times*… Quelqu'un a transmis des copies de vos feuillets à toute la presse nationale, qui s'apprête à les diffuser. Marcus : il est probable que demain, tout le pays prendra connaissance du contenu de votre bouquin.

DEUXIÈME PARTIE

La guérison des écrivains

(Rédaction du livre)

14.

Un fameux 30 août 1975

"Vous voyez, Marcus, notre société a été conçue de telle façon qu'il faut sans cesse choisir entre raison et passion. La raison n'a jamais servi personne et la passion est souvent destructrice. J'aurais donc bien de la peine à vous aider.
– Pourquoi me dites-vous ça, Harry ?
– Comme ça. La vie est une arnaque.
– Vous allez finir vos frites ?
– Non. Servez-vous si le cœur vous en dit.
– Merci, Harry.
– Ça ne vous intéresse vraiment pas, ce que je vous raconte ?
– Si, beaucoup. Je vous écoute attentivement. Numéro 14 : la vie est une arnaque.
– Mon Dieu, Marcus, vous n'avez rien compris. J'ai parfois l'impression de converser avec un débile."

16 heures

La journée avait été magnifique. Un de ces samedis ensoleillés de la fin de l'été qui baignaient Aurora dans une atmosphère paisible. Dans le centre-ville, on avait vu flâner les gens, tranquilles, s'attardant devant les vitrines pour profiter des derniers jours de beau temps. Les rues des quartiers résidentiels, désertées par les voitures, s'étaient vues annexées par les enfants qui y organisaient des courses de vélos et de patins à roulettes tandis que leurs parents, à l'ombre des porches, sirotaient des limonades en épluchant les journaux.

Pour la troisième fois en moins d'une heure, Travis Dawn, à bord de sa voiture de patrouille, traversa le quartier de Terrace Avenue et passa devant la maison des Quinn. L'après-midi avait été d'un calme absolu; rien à signaler, pas le moindre appel de la centrale. Il avait bien fait quelques contrôles routiers pour s'occuper un peu, mais son esprit était ailleurs: il ne pouvait penser à rien d'autre qu'à Jenny. Elle était là, sous la marquise, avec son père. Ils y avaient passé toute l'après-midi à remplir des grilles de mots croisés, tandis que Tamara taillait les massifs en prévision de l'automne. À l'approche de la maison, Travis ralentit jusqu'à rouler au pas ; il espérait qu'elle le remarquerait, qu'elle tournerait la tête et qu'elle le verrait, qu'elle lui ferait alors un signe de la main, un geste amical qui l'encouragerait à s'arrêter un instant, à la saluer par la vitre ouverte. Peut-être même qu'elle lui offrirait un verre de thé glacé et qu'ils converseraient un peu. Mais elle ne tourna pas la tête, elle ne le vit pas. Elle riait avec son père, elle avait l'air heureuse. Il continua sa route et s'arrêta quelques dizaines de mètres plus loin, hors de vue. Il regarda le bouquet de fleurs sur le siège passager et attrapa la feuille de papier qui se trouvait juste à côté et sur laquelle il avait noté ce qu'il voulait lui dire :

Bonjour, Jenny. Quelle belle journée. Si tu es libre ce soir, je me disais que nous pourrions aller nous promener sur la plage. Peut-être même qu'on pourrait aller au cinéma ? Ils ont des nouveaux films à Montburry. (Lui donner les fleurs.)

Lui proposer une promenade et le cinéma. C'était facile. Mais il n'osa pas sortir de sa voiture. Il s'empressa de redémarrer et reprit sa patrouille, suivant le même chemin qui le ferait repasser devant chez les Quinn d'ici vingt minutes. Il rangea les fleurs sous le siège pour qu'on ne les remarque pas. C'étaient des roses sauvages, cueillies près de Montburry, aux abords d'un petit lac dont lui avait parlé Ernie Pinkas. Au premier abord, elles étaient moins jolies que les roses de culture mais leurs couleurs étaient beaucoup plus éclatantes. Il avait souvent voulu emmener Jenny là-bas ; il avait même échafaudé tout un plan. Il lui aurait bandé les yeux, l'aurait conduite jusqu'aux parterres de rosiers et n'aurait défait le foulard qu'une fois devant les massifs, pour que les mille couleurs explosent devant elle comme un feu d'artifice. Ensuite, ils auraient pique-niqué au bord du lac. Mais il n'avait jamais eu le courage de le lui proposer. Il roulait maintenant sur Terrace Avenue et passa devant la maison des Kellergan, sans y prêter plus attention. Il avait la tête ailleurs.

Malgré le beau temps, le révérend avait passé toute l'après-midi enfermé dans son garage, à bricoler une vieille Harley-Davidson qu'il espérait bien faire rouler un jour. D'après le rapport de la police d'Aurora, il ne quitta son atelier que pour aller se servir à boire à la cuisine et, chaque fois, il trouva Nola qui lisait tranquillement dans le salon.

*

17 heures 30

À mesure que la journée touchait à sa fin, les rues du centre-ville se vidaient peu à peu, tandis que dans les quartiers résidentiels, les enfants rentraient chez eux en prévision du dîner et que, sous les porches, il ne restait plus que des fauteuils vides et des journaux en désordre.

Le chef de la police Gareth Pratt, qui était en congé, et sa femme Amy, rentrèrent chez eux, après avoir passé une partie de la journée chez des amis, en dehors de la ville. Au même moment, la famille Hattaway – à savoir Nancy, ses deux frères et leurs parents – regagna sa maison de Terrace Avenue, après avoir passé l'après-midi sur la plage de Grand Beach. Il figure au rapport de police que Madame Hattaway, la mère de Nancy, nota qu'on jouait de la musique à un niveau très élevé chez les Kellergan.

À plusieurs miles de là, Harry arriva au Sea Side Motel. Il s'enregistra pour la chambre 8 sous un nom d'emprunt et paya comptant pour n'avoir pas à montrer une pièce d'identité. Sur la route, il avait acheté des fleurs. Il avait fait le plein de la voiture également. Tout était prêt. Plus qu'une heure et demie. À peine. Dès que Nola arriverait, ils fêteraient leurs retrouvailles et ils partiraient aussitôt. À vingt-deux heures, ils seraient au Canada. Ils seraient bien ensemble. Elle ne serait plus jamais malheureuse.

*

18 heures

Deborah Cooper, soixante et un ans, qui vivait seule depuis la mort de son mari dans une maison isolée à l'orée de la forêt de Side Creek, s'installa à la table de sa cuisine pour préparer une tarte aux pommes. Après avoir pelé et découpé les fruits, elle en jeta quelques morceaux par la fenêtre pour les ratons laveurs, et resta derrière la vitre pour guetter leur venue. C'est alors qu'il lui sembla distinguer une silhouette courant à travers les rangées d'arbres : en y prêtant plus attention, elle eut le temps de voir distinctement une jeune fille en robe rouge poursuivie par un homme, avant qu'ils ne disparaissent dans la végétation. Elle se précipita dans le salon où se trouvait le téléphone afin de contacter les urgences de la police. Le rapport de police indique que l'appel parvint à la centrale à dix-huit heures vingt et une. Il dura vingt-sept secondes. Sa retranscription en est la suivante :

> — *Centrale de la police, quelle est votre urgence ?*
> — *Allô ? Mon nom est Deborah Cooper, j'habite à Side Creek Lane. Je crois que je viens de voir une jeune fille poursuivie par un homme dans la forêt.*
> — *Que s'est-il passé exactement ?*
> — *Je ne sais pas ! J'étais à la fenêtre, je regardais en direction des bois et là, j'ai vu cette jeune fille qui courait entre les arbres... Il y avait un homme derrière elle... Je crois qu'elle essayait de lui échapper.*
> — *Où sont-ils à présent ?*
> — *Je... je ne les vois plus. Ils sont dans la forêt.*
> — *Je vous envoie immédiatement une patrouille, Madame.*
> — *Merci, faites vite !*

Après avoir raccroché, Deborah Cooper retourna immédiatement à la fenêtre de sa cuisine. Elle ne voyait plus rien. Elle songea que sa vue lui avait peut-être joué des tours, mais que dans le doute, il valait mieux que la police vienne inspecter les environs. Et elle sortit de chez elle pour accueillir la patrouille.

Il est indiqué dans le rapport que la centrale de police transmit l'information à la police d'Aurora, dont le seul officier en service ce jour-là était Travis Dawn. Il arriva à Side Creek Lane environ quatre minutes après l'appel.

Après s'être fait rapidement expliquer la situation, l'officier Dawn procéda à une première fouille de la forêt. Quelques dizaines de mètres après s'être enfoncé entre les rangées d'arbres, il trouva un lambeau de tissu rouge. Estimant que la situation était peut-être grave, il décida de prévenir immédiatement le Chef Pratt, bien que celui-ci soit en congé. Il lui téléphona chez lui, depuis la maison de Deborah Cooper. Il était dix-huit heures quarante-cinq.

*

19 heures

Le Chef Pratt avait estimé que l'affaire semblait suffisamment sérieuse pour venir en prendre personnellement la mesure : Travis Dawn ne l'aurait jamais dérangé chez lui si ce n'était pas pour une situation exceptionnelle.

À son arrivée à Side Creek Lane, il recommanda à Deborah Cooper de s'enfermer chez elle, pendant que lui et Travis partaient pour procéder à une fouille plus approfondie de la forêt. Ils s'engagèrent sur le chemin qui longeait le bord de l'océan, dans la direction que la jeune fille en robe rouge semblait avoir prise. D'après le rapport de police, après avoir marché un bon mile, les deux policiers découvrirent des traces de sang et des cheveux blonds dans une partie plutôt dégagée de la forêt, proche du bord de l'océan. Il était dix-neuf heures trente.

Il est probable que Deborah Cooper soit restée à la fenêtre de sa cuisine pour essayer de suivre les policiers. Ceux-ci avaient déjà disparu sur le sentier depuis un bon moment lorsqu'elle vit soudain surgir de la forêt une jeune femme, la robe déchirée et le visage en sang, qui appelait à l'aide et qui se précipita vers la maison. Deborah Cooper, prise de panique, déverrouilla la porte de la cuisine pour l'accueillir et se rua dans le salon pour appeler à nouveau la police.

Le rapport de police indique que le deuxième appel de Deborah Cooper parvint à dix-neuf heures trente-trois à la centrale. Il dura un peu plus de quarante secondes. Sa retranscription en est la suivante :

— Centrale de la police, quelle est votre urgence ?
— Allô ? (Voix paniquée.) Ici Deborah Cooper, je... j'ai appelé tout à l'heure pour... pour signaler une jeune fille poursuivie dans les bois, eh bien elle est là ! Elle est dans ma cuisine !
— Calmez-vous, Madame. Que s'est-il passé ?
— Je n'en sais rien ! Elle est arrivée de la forêt. Il y a d'ailleurs deux policiers qui sont dans la forêt en ce moment, mais je pense qu'ils ne l'ont pas vue ! Je l'ai recueillie dans ma cuisine. Je... je crois que c'est la fille du révérend... La petite qui travaille au Clark's... Je crois que c'est elle...
— Quelle est votre adresse ?
— Deborah Cooper, Side Creek Lane à

Aurora. Je vous ai appelés avant ! La fille est là, vous comprenez ? Elle a le visage en sang ! Venez vite !

— Ne bougez pas, Madame. J'envoie des renforts immédiatement.

Les deux policiers inspectaient les traces de sang lorsqu'ils entendirent la déflagration retentir depuis la maison. Sans perdre une seconde, ils rebroussèrent chemin en courant, l'arme à la main.

Au même moment, l'opérateur de la centrale de la police, ne parvenant à joindre ni l'agent Travis Dawn ni le Chef Pratt sur leur radio de bord et jugeant la situation préoccupante, décida de déclencher une alerte générale auprès du bureau du shérif et de la police d'État, et d'envoyer les unités disponibles à Side Creek Lane.

*

19 heures 45

L'officier Dawn et le Chef Pratt arrivèrent à la maison, hors d'haleine. Ils entrèrent par la porte de derrière qui donnait sur la cuisine, où ils trouvèrent Deborah Cooper morte, gisant sur le carrelage, baignant dans son sang, un impact de balle au niveau du cœur. Après une rapide fouille du rez-de-chaussée qui s'avéra infructueuse, le Chef Pratt se précipita à sa voiture pour prévenir la centrale et demander des renforts. La retranscription de sa discussion avec l'opérateur de la centrale est la suivante :

— *Ici le Chef Pratt, police d'Aurora. Demande urgente de renforts à Side Creek Lane, au croisement de la route 1. Nous avons une femme tuée par balle et vraisemblablement une gamine dans la nature.*

— *Chef Pratt, nous avons déjà reçu un appel de détresse d'une Madame Deborah Cooper, à Side Creek Lane, à dix-neuf heures trente-trois, nous informant qu'une jeune fille avait trouvé refuge chez elle. Les deux affaires sont-elles liées ?*

— *Quoi ? C'est Deborah Cooper qui est morte. Et il n'y a plus personne dans la maison. Envoyez toute la cavalerie disponible ! Il est en train de se passer un sacré merdier ici !*

— *Des unités sont en route, Chef. Je vous en envoie d'autres.*

Avant même la fin de la communication, Pratt entendit une sirène : les renforts arrivaient déjà. Il eut à peine le temps de prévenir Travis de la situation, lui demandant notamment de refouiller la maison, que la radio se mit à crépiter soudain : une poursuite venait de s'engager sur la route 1, à quelques centaines de mètres de là, entre une voiture du bureau du shérif et un véhicule suspect, repéré aux abords de la forêt. L'adjoint du shérif Paul Summond, premier parmi les renforts en route à arriver, venait de croiser par hasard une Chevrolet Monte Carlo noire aux plaques illisibles, qui sortait du sous-bois et s'enfuyait à toute allure malgré ses injonctions. Elle partait en direction du Nord.

Le Chef Pratt sauta dans sa voiture et partit prêter main forte à Summond. Il s'engagea sur un chemin forestier parallèle à la route 1 afin de couper plus haut la route au fuyard : il déboula sur la route principale trois miles après Side Creek Lane et manqua de peu d'intercepter la Chevrolet noire.

Les voitures étaient lancées à des vitesses folles. La Chevrolet poursuivait sa course sur la route 1, direction Nord. Le Chef Pratt lança un appel radio à toutes les unités disponibles pour dresser des barrages, et demander l'envoi d'un hélicoptère. Bientôt, la Chevrolet, après un virage spectaculaire, s'engagea sur une route secondaire, puis sur une autre. Elle roulait à tombeau ouvert, les véhicules de police avaient de la peine à la suivre. Sur sa radio de bord, Pratt hurlait qu'ils étaient en train de la perdre.

La poursuite continua sur des routes étroites : le conducteur semblait savoir exactement où il allait, parvenant à distancer peu à peu les policiers. Arrivée à une intersection, la Chevrolet manqua de percuter un véhicule venant en sens inverse, qui s'immobilisa au milieu de la chaussée. Pratt parvint à contourner l'obstacle en passant par la bande herbeuse, mais Summond, qui arrivait juste derrière lui, ne put éviter la collision, heureusement sans gravité. Pratt, désormais seul derrière la Chevrolet, guida les renforts du mieux qu'il put. Il perdit un instant le contact visuel avec la voiture mais la repéra ensuite sur la route de Montburry, avant de se faire distancer définitivement. C'est lorsqu'il croisa des patrouilles qui arrivaient en sens inverse, qu'il comprit que le véhicule suspect leur avait échappé. Il demanda immédiatement le bouclage de toutes les routes, la fouille générale de toute la région et l'envoi de la police d'État. À Side

Creek Lane, Travis Dawn était catégorique: il n'y avait pas la moindre trace de la jeune fille en robe rouge, ni dans la maison, ni dans les abords immédiats.

*

20 heures

Le révérend David Kellergan, paniqué, composa le numéro d'urgence de la police pour indiquer que sa fille, Nola, quinze ans, avait disparu. C'est un adjoint du shérif du comté venu en renfort qui arriva le premier au 245 Terrace Avenue, aussitôt suivi par Travis Dawn. À vingt heures quinze, le Chef Pratt arriva à son tour sur place. La conversation entre Deborah Cooper et l'opérateur de la centrale de police ne laissait aucun doute possible: c'était Nola Kellergan qui avait été vue à Side Creek Lane.

À vingt heures vingt-cinq, le Chef Pratt envoya un nouveau message d'alerte générale confirmant la disparition de Nola Kellergan, quinze ans, localisée pour la dernière fois une heure plus tôt à Side Creek Lane.

Des renforts de police affluaient de tout le comté. Pendant qu'une première phase de fouille de la forêt et de la plage débutait dans l'espoir de retrouver Nola Kellergan avant la nuit, des patrouilles sillonnaient la région à la recherche de la Chevrolet noire dont on avait, pour le moment, perdu la trace.

*

21 heures

À vingt et une heures, des unités de la police d'État arrivèrent à Side Creek Lane, sous le commandement du capitaine Neil Rodik. Des équipes de la brigade scientifique furent également dépêchées chez Deborah Cooper et dans la forêt, là où avaient été trouvées les traces de sang. Des puissants groupes halogènes furent installés pour éclairer la zone; on y releva des touffes de cheveux blonds arrachés, des éclats de dents et des lambeaux de tissu rouge.

Rodik et Pratt, observant la scène de loin, firent le point de la situation.

— On dirait que ça a été une véritable boucherie, dit Pratt.

Rodik acquiesça puis il demanda :

— Et vous pensez qu'elle est encore dans la forêt ?

— Soit elle a disparu dans cette voiture, soit elle est dans la forêt. La plage, elle, a déjà été passée au peigne fin. Rien à signaler.

Rodik resta pensif un instant.

— Qu'a-t-il bien pu se passer ? A-t-elle été emmenée loin d'ici ? Gît-elle quelque part dans les bois ?

— J'y comprends rien, soupira Pratt. Tout ce que je veux, c'est retrouver cette gamine vivante et très vite.

— Je sais, Chef. Mais avec tout le sang qu'elle a perdu, si elle est encore vivante quelque part dans cette forêt, elle doit être dans un sale état. À se demander comment elle a pu trouver la force de se rendre jusqu'à cette maison. La force du désespoir, sans doute.

— Sans doute.
— Pas de nouvelles de la voiture ? demanda encore Rodik.
— Aucune. Un vrai mystère. Pourtant, il y a des barrages absolument partout, dans toutes les directions possibles.

Lorsque des agents découvrirent des traces de sang menant de la maison de Deborah Cooper jusqu'à l'endroit où avait été repérée la Chevrolet noire, Rodik eut une moue résignée.

— J'aime pas jouer les oiseaux de mauvais augure, dit-il, mais soit elle s'est traînée quelque part pour mourir, soit elle a fini dans le coffre de cette voiture.

À vingt et une heures quarante-cinq, alors que le jour n'était plus qu'un halo flottant au-dessus de la ligne d'horizon, Rodik demanda à Pratt d'interrompre les recherches pour la nuit.

— Interrompre les recherches ? protesta Pratt. Vous n'y pensez pas. Imaginez qu'elle soit quelque part, juste là, encore vivante, à attendre des secours. On ne va quand même pas abandonner cette gamine dans la forêt ! Les gars y passeront la nuit s'il le faut, mais si elle est là, ils la retrouveront.

Rodik était un officier de terrain expérimenté. Il savait que les polices locales étaient parfois naïves et une partie de son métier consistait à convaincre leurs responsables de la réalité de la situation.

— Chef Pratt, vous devez lever les recherches. Cette forêt est immense, on ne voit plus rien. Une fouille de nuit est inutile. Au mieux, vous épuiserez vos ressources et vous devrez tout recommencer demain. Au pire, vous allez perdre des flics dans cette forêt gigantesque et il faudra ensuite se mettre à leur recherche également. Vous avez déjà assez de soucis comme ça sur les épaules.

— Mais il faut la retrouver !

— Chef, croyez-en mon expérience : passer la nuit dehors ne servira à rien. Si la petite est en vie, même blessée, nous la retrouverons demain.

Pendant ce temps, à Aurora, la population était dans tous ses états. Des centaines de badauds se pressaient autour de la maison des Kellergan, difficilement contenus par les bandes de police. Tout le monde voulait savoir ce qui s'était passé. Lorsque le Chef Pratt retourna sur place, il fut obligé de confirmer les différentes rumeurs : Deborah Cooper était morte, Nola avait disparu. Il y eut des cris d'effroi dans la foule ; les mères de famille ramenèrent leurs enfants à la maison et s'y barricadèrent, tandis que les pères ressortirent leurs vieux fusils et s'organisèrent en milices citoyennes pour surveiller les quartiers. La tâche du Chef Pratt se compliquait : il ne fallait pas que la ville cède à la panique. Des patrouilles de police sillonnèrent les rues sans relâche pour rassurer la population, tandis que des agents de la police d'État se chargeaient de faire du porte-à-porte pour recueillir les témoignages des voisins de Terrace Avenue.

*

23 heures

Dans la salle de réunion du poste de police d'Aurora, le Chef Pratt et le capitaine Rodik firent le point. Les premiers éléments de l'enquête indiquaient qu'il n'y avait aucune trace d'effraction ni de bagarre dans la chambre de Nola. Juste la fenêtre grande ouverte.

— La petite a-t-elle emporté des affaires ? demanda Rodik.

— Non. Ni affaires, ni argent. Sa tirelire est intacte, il y a cent vingt dollars à l'intérieur.

— Ça pue l'enlèvement.

— Et personne parmi les voisins n'a remarqué quoi que ce soit.

— Ça ne m'étonne pas. Quelqu'un aura convaincu la fillette de le suivre.

— Par la fenêtre ?

— Peut-être. Ou pas. On est au mois d'août, tout le monde garde la fenêtre ouverte. Peut-être qu'elle est sortie se promener et qu'elle a fait une mauvaise rencontre.

— Apparemment, un témoin, un certain Gregory Stark, a déclaré avoir entendu des cris chez les Kellergan en promenant son chien. C'était autour de dix-sept heures, mais il n'est pas sûr.

— Comment ça, *pas sûr* ? demanda Rodik.

— Il dit qu'il y avait de la musique chez les Kellergan. De la musique très forte.

Rodik pesta :

— On n'a rien : pas d'indice, pas de trace. C'est comme un fantôme. On a juste cette gamine aperçue quelques instants, en sang, paniquée, et appelant à l'aide.

— Selon vous, qu'est-ce qu'il convient de faire à présent ? demanda Pratt.

— Croyez-moi, vous avez fait ce que vous avez pu pour ce soir. Il est temps de vous concentrer sur la suite. Renvoyez tout le monde se reposer, mais maintenez les barrages sur les routes. Préparez un plan de fouille de la forêt, il faudra reprendre les recherches demain à l'aube. Vous êtes le seul à pouvoir mener les recherches, vous connaissez la forêt par cœur. Renvoyez aussi un communiqué à toutes les polices, essayez de donner des détails précis sur Nola. Un bijou qu'elle porterait, un détail physique qui la différencierait et qui permettrait à des témoins de l'identifier. Je transmettrai ces informations au FBI, aux polices des États voisins et à la police des frontières. Je vais demander un hélicoptère pour demain et des renforts en chiens. Dormez aussi un peu, si vous le pouvez. Et priez. J'aime mon métier, Chef, mais les enlèvements d'enfants, c'est plus que je ne peux supporter.

La ville resta agitée toute la nuit du ballet des voitures de police et des badauds autour de Terrace Avenue. Certains voulaient aller dans les bois. D'autres se présentaient au poste de police pour offrir de participer aux recherches. La panique gagnait les habitants.

*

Dimanche 31 août 1975

Une pluie glaciale s'abattait sur la région, envahie par une brume épaisse venue de l'océan. À cinq heures du matin, à proximité de la maison de Deborah Cooper, sous une immense bâche tendue à la hâte, le Chef Pratt et le capitaine Rodik donnaient les consignes aux premiers groupes de policiers et de volontaires. Sur une carte, la forêt avait été quadrillée en secteurs et chaque secteur attribué à une équipe. Des renforts de maîtres-chiens et de gardes forestiers étaient attendus dans la matinée pour permettre d'élargir les recherches et d'organiser des relèves entre les équipes. L'hélicoptère avait été annulé pour le moment, à cause de la mauvaise visibilité.

À sept heures, dans la chambre 8 du Sea Side Motel, Harry se réveilla en sursaut, il avait dormi tout habillé. La radio marchait toujours et diffusait un bulletin d'information: ... *Alerte générale dans la région d'Aurora après la disparition d'une adolescente de quinze ans, Nola Kellergan, hier soir, aux environs de dix-neuf heures. La police recherche toute personne susceptible de lui fournir des informations... Au moment de sa disparition, Nola Kellergan portait une robe rouge...*

Nola! Ils s'étaient endormis et ils avaient oublié de partir. Il bondit hors du lit et l'appela. Pendant une fraction de seconde, il crut qu'elle était dans la chambre avec lui. Puis il se rappela qu'elle n'était pas venue au rendez-vous. Pourquoi l'avait-elle abandonné? Pourquoi n'était-elle pas là? La radio mentionnait sa disparition, elle s'était donc enfuie de chez elle comme prévu. Mais pourquoi sans lui? Avait-elle eu un contretemps? Était-elle allée se réfugier à Goose Cove? Leur fuite tournait à la catastrophe.

Sans réaliser encore la gravité de la situation, il se débarrassa des fleurs et quitta la chambre précipitamment, sans même prendre le temps de se coiffer ni de renouer sa cravate. Il jeta ses valises dans la voiture et démarra en trombe pour retourner à Goose Cove. Après deux miles à peine, il tomba sur un imposant barrage de police. Le Chef Gareth Pratt était venu inspecter la bonne marche du dispositif, un fusil à pompe à la main. Tout le monde était à cran. Il reconnut la voiture de Harry dans la file des véhicules arrêtés et s'en approcha :

— Chef, je viens d'entendre à la radio pour Nola, dit Harry par la fenêtre baissée. Que se passe-t-il ?

— Saloperie, saloperie, dit-il.

— Mais que s'est-il passé ?

— Personne ne le sait : elle a disparu de chez elle. Elle a été aperçue près de Side Creek Lane hier soir et depuis, plus la moindre trace d'elle. Toute la région est bouclée, la forêt est fouillée.

Harry crut que son cœur allait cesser de battre. Side Creek Lane, c'était en direction du motel. S'était-elle blessée en route pour leur rendez-vous ? Avait-elle craint, une fois repérée à Side Creek Lane, que la police n'arrive au motel et ne les attrape ensemble ? Où s'était-elle cachée alors ?

Le Chef remarqua la mauvaise mine de Harry et son coffre rempli de bagages.

— Vous rentrez de voyage ? interrogea-t-il.

Harry décida qu'il fallait maintenir la couverture établie avec Nola.

— J'étais à Boston. Pour mon livre.

— Boston ? s'étonna Pratt. Mais vous arrivez du Nord...

— Je sais, balbutia Harry. J'ai fait un saut par Concord.

Le Chef eut un regard suspicieux. Harry conduisait une Chevrolet Monte Carlo noire. Il lui ordonna de couper le moteur de son véhicule.

— Un problème ? demanda Harry.

— On est à la recherche d'une voiture comme la vôtre qui pourrait être impliquée dans cette affaire.

— Une Monte Carlo ?

— Oui.

Deux officiers fouillèrent la voiture. Ils n'y trouvèrent rien de suspect et le Chef Pratt autorisa Harry à repartir. Il lui dit au passage : « Je vous demanderai de ne pas quitter la région. Simple précaution, bien entendu. » L'autoradio continuait d'égrener la description de Nola. *Jeune fille, blanche, 5,2 pieds de haut, cent livres, cheveux longs blonds, yeux verts, vêtue d'une robe rouge. Elle porte un collier en or avec le prénom NOLA inscrit dessus.*

Elle n'était pas à Goose Cove. Ni sur la plage, ni sur la terrasse, ni à l'intérieur. Nulle part. Il l'appela, et tant pis si on l'entendait. Il arpenta la plage, fou. Il chercha une lettre, un mot. Mais il n'y avait rien. La panique commença à l'envahir. Pourquoi s'était-elle enfuie si ce n'était pas pour le rejoindre ?

Ne sachant plus que faire, il se rendit au Clark's. C'est là qu'il apprit que Deborah Cooper avait vu Nola en sang avant d'être retrouvée assassinée. Il ne pouvait pas y croire. Que s'était-il passé ? Pourquoi avait-il accepté qu'elle vienne par ses propres moyens ? Ils auraient dû se retrouver à Aurora. Il marcha à travers la ville jusqu'à la maison des Kellergan, bordée de voitures de police, et s'immisça dans les conversations des badauds pour essayer de comprendre. En fin de matinée, de retour à Goose Cove, il s'installa sur la terrasse, avec une paire de jumelles et du pain pour les mouettes. Et il attendit. Elle s'était perdue, elle allait revenir. Elle allait revenir, c'était certain. Il scruta la plage avec les jumelles. Il attendit encore. Jusqu'à la tombée de la nuit.

13.

La tempête

"Le danger des livres, mon cher Marcus, c'est que parfois, vous pouvez en perdre le contrôle. Publier, cela signifie que ce que vous avez écrit si solitairement vous échappe soudain des mains et s'en va disparaître dans l'espace public. C'est un moment de grand danger: vous devez garder la maîtrise de la situation en tout temps. Perdre le contrôle de son propre livre, c'est une catastrophe."

EXTRAITS DES GRANDS QUOTIDIENS DE LA CÔTE EST
10 juillet 2008

Extrait du New York Times

MARCUS GOLDMAN S'APPRÊTE À LEVER LE VOILE SUR L'AFFAIRE HARRY QUEBERT

La rumeur selon laquelle l'écrivain Marcus Goldman préparerait un livre sur Harry Quebert courait depuis quelques jours dans le monde culturel. Elle vient d'être confirmée par la fuite de feuillets de l'ouvrage en question, parvenus hier aux rédactions de nombreux quotidiens nationaux. Ce livre raconte l'enquête minutieuse entreprise par Marcus Goldman pour faire toute la lumière sur les événements de l'été 1975 ayant mené à l'assassinat de Nola Kellergan, disparue le 30 août 1975 et retrouvée enterrée dans le jardin de Harry Quebert à Aurora le 12 juin 2008.

Les droits ont été acquis pour un million de dollars par la puissante firme éditoriale new-yorkaise Schmid & Hanson. Son PDG, Roy Barnaski, qui ne s'est livré à aucun commentaire, a néanmoins indiqué que la sortie du livre était prévue pour l'automne prochain sous le titre *L'Affaire Harry Quebert*. […]

Extrait du Concord Herald

LES RÉVÉLATIONS DE MARCUS GOLDMAN

[…] Goldman, très proche de Harry Quebert dont il a été l'élève à l'université, raconte les récents événements d'Aurora de l'intérieur. Son récit commence par la découverte de la relation entre Quebert et la jeune Nola Kellergan, alors âgée de quinze ans.

« *Au printemps 2008, environ une année après que je fus devenu la nouvelle vedette de la littérature américaine, il se passa un événement que je décidai d'enfouir profondément dans ma mémoire : je découvris que mon professeur d'université, Harry Quebert, l'un des écrivains les plus respectés du pays, avait entretenu une liaison avec une fille de quinze ans alors que lui-même en avait trente-quatre. Cela s'était passé durant l'été 1975.* »

Extrait du Washington Post

LA BOMBE DE MARCUS GOLDMAN

[…] À mesure qu'il enquête, Goldman semble aller de découverte en découverte. Il raconte notamment que Nola Kellergan était une fille perdue et battue. Son amitié et sa proximité avec Harry Quebert lui apportaient une stabilité qu'elle n'avait jamais connue jusqu'alors et qui lui permettait de rêver à une vie meilleure. […]

Extrait du Boston Globe

LA VIE SULFUREUSE
DE LA JEUNE NOLA KELLERGAN

Marcus Goldman soulève des éléments qui jusque-là étaient restés inconnus de la presse.

Elle était l'objet sexuel de E.S., un puissant homme d'affaires de Concord, qui envoyait son homme de main la chercher comme de la viande fraîche. Mi-femme mi-enfant, à la merci des fantasmes des hommes d'Aurora, elle devint également la proie du chef de la police locale, qui l'aurait forcée à des rapports buccaux. Ce même chef de la police qui sera chargé de mener les recherches à sa disparition […]

Et je perdis le contrôle d'un livre qui n'existait même pas.

Aux premières heures du matin du jeudi 10 juillet, je découvris les titres accrocheurs de la presse : tous les quotidiens nationaux étalaient, à leur une, des bribes de ce que j'avais écrit mais en découpant les phrases, en les arrachant à leur contexte. Mes hypothèses étaient devenues d'odieuses affirmations, mes suppositions des faits avérés et mes réflexions d'infâmes jugements de valeur. On avait démonté mon travail, saccagé mes idées, violé ma pensée. On avait tué Goldman, l'écrivain en rémission qui tentait péniblement de retrouver le chemin des livres.

À mesure qu'Aurora se réveillait, l'émoi gagnait la ville : les habitants, médusés, lisaient et relisaient les articles des journaux. Le téléphone de la maison se mit à sonner tous azimuts, certains mécontents vinrent sonner à ma porte pour obtenir des explications. J'avais le choix entre affronter ou me cacher : je décidai d'affronter. Sur le coup de dix heures, j'avalai deux doubles whiskys et je me rendis au Clark's.

En passant la porte vitrée de l'établissement, je sentis les regards des habitués s'abattre sur moi comme autant de poignards. Je m'installai à la table 17, le cœur battant, et Jenny, furieuse, se précipita vers moi pour me dire que j'étais la pire des ordures. Je crus qu'elle allait m'envoyer sa cafetière en pleine figure.

— Alors quoi, explosa-t-elle, t'es venu ici juste pour te faire du pognon sur notre dos ? Juste pour écrire des saloperies sur nous ?

Elle avait des larmes plein les yeux. J'essayai de calmer le jeu :

— Jenny, tu sais que ce n'est pas vrai. Ces extraits n'auraient jamais dû être publiés.

— Mais tu as vraiment écrit ces horreurs ?

— Ces phrases, hors de leur contexte, sont abominables...

— Mais ces mots, tu les as écrits ?

— Oui. Mais...

— Il n'y a pas de *mais*, Marcus !

— Je t'assure, je ne voulais pas porter préjudice à qui que ce soit...

— Pas porter de préjudice ? Tu veux que je cite ton chef-d'œuvre ? (Elle déplia un cahier de journal.) Regarde, c'est écrit là : *Jenny Quinn, la serveuse du Clark's, était amoureuse de Harry depuis le premier jour...* C'est comme ça que tu me définis ? Comme la serveuse, la souillon de service qui bave d'amour en pensant à Harry ?

— Tu sais que ce n'est pas vrai...

— Mais c'est écrit, nom de Dieu ! C'est écrit dans les journaux de tout ce foutu pays ! Tout le monde va lire ça ! Mes amis, ma famille, mon mari !

Jenny hurlait. Les clients observaient la scène en silence. Par souci d'apaisement, je préférai m'en aller et je me rendis à la bibliothèque, espérant trouver en Ernie Pinkas un allié à même de comprendre la catastrophe des mots mal employés. Mais lui non plus n'avait pas spécialement envie de me voir.

— Tiens, voilà le grand Goldman, dit-il en m'apercevant. Tu viens chercher d'autres horreurs à écrire sur cette ville ?

— Je suis horrifié par cette fuite, Ernie.

— Horrifié ? Arrête ton cinéma. Tout le monde parle de ton bouquin. Journaux, Internet, télévision : on ne parle plus que de toi ! Tu devrais être content. En tout cas, j'espère que tu as pu bien profiter de toutes les informations que je t'ai fournies. Marcus Goldman, le dieu tout-puissant d'Aurora, Marcus qui débarque ici et qui me dit : *J'ai besoin de savoir ci, j'ai besoin de savoir ça*. Jamais de merci, comme si tout était normal, comme si j'étais à la botte du très grand écrivain Marcus Goldman. Tu sais ce que j'ai fait ce week-end ? J'ai soixante-quinze ans et, un dimanche sur deux, je vais arrondir mes fins de mois en travaillant au supermarché de Montburry. Je ramasse les chariots sur le parking et je les rassemble à l'entrée du magasin. Je sais que ce n'est pas la gloire, que je ne suis pas une grande vedette comme toi, mais j'ai droit à un tout petit peu de respect, non ?

— Je suis désolé.

— Désolé ? Mais tu n'es pas désolé du tout ! Tu ne savais pas parce que tu ne t'es jamais intéressé, Marc... Tu ne t'es jamais intéressé à personne à Aurora. Tout ce qui compte pour toi, c'est la gloire. Mais la gloire a des conséquences !

— Je suis sincèrement désolé, Ernie. Allons déjeuner ensemble si tu veux.

— Je ne veux pas déjeuner ! Je veux que tu me laisses tranquille ! J'ai des livres à ranger. Les livres sont importants. Toi, tu n'es rien.

Je rentrai me terrer à Goose Cove, épouvanté. Marcus Goldman, le fils adoptif d'Aurora, avait, malgré lui, trahi sa propre famille. Je téléphonai à Douglas et lui demandai de publier un démenti.

— Un démenti de quoi? Les journaux n'ont fait que reprendre ce que tu as écrit. De toute façon, ce serait sorti dans deux mois.

— Les journaux ont tout déformé! Rien de ce qui transparaît ne correspond à mon livre!

— Allons, Marc, n'en fais pas tout un plat. Tu dois rester concentré sur ton texte, c'est ça qui compte. Tu as peu de temps devant toi. Tu te rappelles qu'il y a trois jours, on s'est vus à Boston et que tu as signé un contrat d'un million de dollars pour écrire un livre en sept semaines?

— Je sais! Je sais! Mais ça ne veut pas dire que ça doit être un torchon!

— Un livre écrit en quelques semaines, c'est un livre écrit en quelques semaines...

— C'est le temps qu'il a fallu à Harry pour écrire *Les Origines du mal*.

— Harry, c'est Harry, si tu vois ce que je veux dire.

— Non, je ne vois pas.

— C'est un très grand écrivain.

— Merci! Merci beaucoup! Et moi alors?

— Tu sais que ce n'est pas ce que je voulais dire... Toi tu es un écrivain, disons... moderne. Tu plais parce que tu es jeune et dynamique... Et branché. Tu es un écrivain branché. Voilà. Les gens n'attendent pas de toi que tu obtiennes le Prix Pulitzer, ils aiment tes livres parce que c'est dans la tendance, parce que ça les divertit, et c'est très bien aussi.

— Alors c'est vraiment ce que tu penses? Que je suis un écrivain *divertissant*?

— Ne déforme pas ce que je dis, Marc. Mais t'es conscient que ton public a eu un faible pour toi parce que t'es... beau garçon.

— Beau garçon ? Mais c'est de pire en pire !

— Enfin, Marc, tu vois où je veux en venir ! Tu véhicules une certaine image. Comme je te le dis, t'es dans la tendance. Tout le monde t'aime bien. T'es à la fois le bon copain, l'amant mystérieux, le gendre idéal... C'est pour ça que *L'Affaire Harry Quebert* connaîtra un immense succès. C'est fou, ton livre n'existe pas et il s'arrache déjà. De toute ma carrière, je n'ai jamais rien vu de pareil.

— *L'Affaire Harry Quebert* ?

— C'est le titre du livre.

— Comment ça, *le titre du livre* ?

— C'est toi qui as écrit ça sur tes feuillets.

— C'était un titre provisoire. Je l'ai précisé en en-tête : titre provisoire. *Pro-vi-soire*. Tu sais, c'est un adjectif qui signifie que quelque chose n'est pas définitif.

— Barnaski ne t'a pas prévenu ? Le département marketing a jugé que c'était le titre parfait. Ils ont décidé ça hier soir. Réunion d'urgence à cause des fuites. Ils ont jugé qu'il valait mieux utiliser la fuite comme outil marketing et ils ont lancé la campagne du livre ce matin. Je pensais que tu savais. Va voir sur Internet.

— Tu *pensais* que je savais ? Mais merde, Doug ! T'es mon agent ! Tu ne dois pas penser, tu dois agir ! Tu dois t'assurer que je suis au courant de tout ce qui se passe autour de mon bouquin, bon sang !

Je raccrochai, furieux, et je me ruai sur mon ordinateur. La première page du site de Schmid & Hanson était consacrée au livre. Il y avait une grande photo de moi en couleur et des images d'Aurora en noir et blanc, qui illustraient le texte suivant :

> *L'AFFAIRE HARRY QUEBERT*
> *Le récit de Marcus Goldman*
> *sur la disparition de Nola Kellergan*
> *À paraître cet automne*
> *Commandez-le dès à présent !*

À quatorze heures ce même jour, devait se tenir l'audience convoquée par le bureau du procureur suite aux résultats de l'expertise graphologique. Les journalistes avaient pris d'assaut les marches du palais de justice de Concord, tandis que sur les chaînes de télévision qui couvraient l'événement en direct, les commentateurs reprenaient à leur compte les révélations publiées par la presse. On parlait à présent d'un éventuel abandon des poursuites ; c'était un juteux scandale.

Une heure avant l'audience, je téléphonai à Roth pour lui dire que je ne viendrais pas au tribunal.

— Vous vous cachez, Marcus ? me tança-t-il. Allons, ne jouez pas les timorés : ce livre, c'est une bénédiction pour tout le monde. Il fera innocenter Harry, il assoira votre carrière et fera faire un grand bond à la mienne : je ne serai plus simplement le Roth de Concord, je serai le Roth dont on parle dans votre best-seller ! Ce livre tombe à point. Surtout pour vous, au fond. Ça fait quoi, deux ans que vous n'avez plus rien écrit ?

— Fermez-la, Roth ! Vous ne savez pas de quoi vous parlez !

— Et vous, Goldman, arrêtez votre cirque ! Votre bouquin va faire un malheur et vous le savez très bien. Vous allez révéler au pays tout entier pourquoi Harry est un pervers. Vous étiez en mal d'inspiration, vous ne saviez pas quoi écrire, et voilà que vous êtes en train d'écrire un livre au succès assuré.

— Ces pages n'auraient jamais dû parvenir à la presse.

— Mais ces pages, vous les avez écrites. Ne vous en faites pas, je compte bien sortir Harry de prison aujourd'hui. Grâce à vous sans doute. J'imagine que le juge lit le journal, je n'aurai donc pas de peine à le convaincre que Nola était une espèce de salope consentante.

Je m'écriai :

— Ne faites pas ça, Roth !

— Pourquoi pas ?

— Parce que ce n'est pas ce qu'elle était. Et il l'aimait ! Il l'aimait !

Mais il avait déjà raccroché. Je le vis peu après sur mon écran de télévision, triomphant, gravissant les marches du palais de justice avec un large sourire. Des journalistes tendaient les micros, lui demandant si ce qui se disait dans la presse était bien la vérité : Nola Kellergan avait-elle eu des aventures avec tous les hommes de la ville ? L'enquête repartait-elle de zéro ? Et lui répondait gaiement par l'affirmative à toutes les questions qu'on lui posait.

Cette audience fut celle de la libération pour Harry. Elle dura à peine vingt minutes, au cours desquelles, au fil des énumérations du juge, toute l'affaire se dégonfla comme un soufflé. La preuve à charge principale – le manuscrit – perdait toute crédibilité du moment que le message *Adieu, Nola chérie* n'avait pas été écrit de la main de Harry. Les autres éléments furent balayés comme des fétus de paille : les accusations de Tamara Quinn ne pouvaient être étayées par aucune preuve matérielle, la Chevrolet Monte Carlo noire n'avait même pas été considérée comme un élément à charge à l'époque des faits. L'enquête ressemblait à une énorme gabegie, et le juge décida qu'en raison des nouveaux éléments portés à sa connaissance, il autorisait la libération sous caution de Harry Quebert pour une somme d'un demi-million de dollars. C'était la porte ouverte à l'abandon complet des charges.

Ce rebondissement spectaculaire provoqua l'hystérie des journalistes. On se demandait désormais si le procureur n'avait pas voulu se faire un coup de publicité monumental en arrêtant Harry et en le livrant en pâture à l'opinion publique. Devant le palais de justice, on assista ensuite au défilé des parties : il y eut d'abord Roth, qui jubilait et indiqua que dès le lendemain – le temps de réunir la caution – Harry serait un homme libre, puis il y eut le procureur, qui tenta, sans convaincre, d'expliquer la logique de ses investigations.

Lorsque j'en eus assez du grand ballet de la justice sur petit écran, je partis courir. J'avais besoin d'aller loin, d'éprouver mon corps. J'avais besoin de me sentir vivant. Je courus jusqu'au petit lac de Montburry, infesté d'enfants et de familles. Sur le chemin du retour, alors que j'avais presque regagné Goose Cove, je me fis dépasser par un camion de pompiers, immédiatement suivi par un autre et par une voiture de police. C'est alors que je vis cette fumée âcre et épaisse qui jaillissait au-dessus des pins, et je compris aussitôt : la maison brûlait. L'incendiaire était venu mettre ses menaces à exécution.

Je courus comme je n'avais jamais couru, me précipitant pour sauver cette maison d'écrivain que j'avais tant aimée. Les pompiers s'affairaient déjà mais les flammes, immenses, dévoraient la façade. Tout était en train de brûler. À quelques dizaines de mètres de l'incendie, au bord du chemin, un policier observait de près la carrosserie de ma voiture, sur laquelle avait été inscrit à la peinture rouge *Brûle, Goldman. Brûle.*

*

À dix heures, le lendemain matin, l'incendie fumait encore. La maison avait été en grande partie détruite. Des experts de la police d'État s'activaient entre les ruines tandis qu'une équipe de pompiers s'assurait que le foyer ne reprendrait pas. D'après l'intensité des flammes, de l'essence ou un produit accélérant similaire avait été versé sous la marquise. L'incendie s'était immédiatement propagé. La terrasse et le salon avaient été dévastés, de même que la cuisine. Le premier étage avait été relativement épargné par les flammes mais la fumée et surtout l'eau utilisée par les pompiers avaient commis des dégâts irréversibles.

J'étais comme un fantôme, encore en vêtements de sport, assis dans l'herbe à contempler les ruines. J'avais passé la nuit là. À mes pieds, un sac intact que les pompiers avaient extrait de ma chambre : à l'intérieur étaient quelques vêtements et mon ordinateur.

J'entendis une voiture arriver et une rumeur bruisser parmi les badauds derrière moi. C'était Harry. Il venait d'être libéré. J'avais prévenu Roth et je savais qu'il l'avait informé du drame. Il fit quelques pas jusqu'à moi, en silence, puis il s'assit dans l'herbe et me dit simplement :

— Qu'est-ce qui vous a pris, Marcus ?

— Je ne sais pas quoi vous dire, Harry.

— Ne dites rien. Regardez ce que vous avez fait. Pas besoin de mots.

— Harry, je...

Il remarqua l'inscription sur le capot de ma Range Rover.

— Votre voiture n'a rien ?

— Non.

— Tant mieux. Parce que vous allez monter dedans et foutre le camp d'ici.

— Harry...

— Elle m'aimait, Marcus ! Elle m'aimait ! Et je l'aimais comme je n'ai plus jamais aimé ensuite. Pourquoi êtes-vous allé écrire ces horreurs, hein ? Vous savez quel est votre problème ? Vous n'avez jamais été aimé ! Jamais ! Vous voulez écrire des romans d'amour, mais l'amour vous n'y connaissez rien ! Je veux que vous partiez, maintenant. Au revoir.

— Je n'ai jamais décrit ni même imaginé Nola telle que la presse l'affirme. Ils ont volé le sens de mes mots, Harry !

— Mais qu'est-ce qui vous a pris de laisser Barnaski envoyer ce torchon à toute la presse nationale ?

— C'était un vol !

Il éclata d'un rire cynique.

— Un vol ? Ne me dites pas que vous êtes suffisamment naïf pour croire aux salades que Barnaski vous sert ! Je peux vous assurer qu'il a lui-même copié et envoyé vos foutues pages à travers tout le pays.

— Quoi ? Mais...

Il me coupa la parole.

— Marcus : je crois que j'aurais préféré ne jamais vous rencontrer. Partez maintenant. Vous êtes sur ma propriété et vous n'y êtes plus le bienvenu.

Il y eut un long silence. Les pompiers et les policiers nous regardaient. J'attrapai mon sac, je montai dans ma voiture et je partis. Je téléphonai immédiatement à Barnaski.

— Heureux de vous entendre, Goldman, me dit-il. Je viens d'apprendre pour la maison de Quebert. C'est sur toutes les chaînes info. Content de savoir que vous n'avez pas de mal. Je ne peux pas vous parler longtemps, j'ai un rendez-vous avec des dirigeants de la Warner Brothers: des scénaristes sont déjà sur les rangs pour écrire un film sur *L'Affaire* à partir de vos premières pages. Ils sont enchantés. Je pense qu'on pourra leur vendre les droits pour une petite fortune.

Je l'interrompis:

— Il n'y aura pas de bouquin, Roy.

— Qu'est-ce que vous me racontez?

— C'est vous, hein? C'est vous qui avez envoyé mes feuillets à la presse! Vous avez tout foutu en l'air!

— Vous faites la girouette, Goldman. Pire: vous faites la diva et ça ne me plaît pas du tout! Vous faites votre grand spectacle de détective et soudain, pris d'une lubie, vous arrêtez tout. Vous savez quoi, je vais mettre ça sur le compte de votre nuit éprouvante et oublier ce coup de téléphone. Pas de livre, non mais… Pour qui vous prenez-vous, Goldman?

— Pour un véritable écrivain. Écrire c'est être libre.

Il se força à rire.

— Qui vous a mis ces sornettes en tête? Vous êtes esclave de votre carrière, de vos idées, de vos succès. Vous êtes esclave de votre condition. Écrire, c'est être dépendant. De ceux qui vous lisent, ou ne vous lisent pas. La liberté, c'est de la foutue connerie! Personne n'est libre. J'ai une partie de votre liberté dans les mains, de même que les actionnaires de la compagnie ont une partie de la mienne dans les leurs. Ainsi est faite la vie, Goldman. Personne n'est libre. Si les gens étaient libres, ils seraient heureux. Connaissez-vous beaucoup de gens véritablement heureux? (Comme je ne répondis rien, il poursuivit.) Vous savez, la liberté est un concept intéressant. J'ai connu un type qui était trader à Wall Street, le genre de golden boy plein aux as et à qui tout sourit. Un jour, il a voulu devenir un homme libre. Il a vu un reportage à la télévision sur l'Alaska et ça lui a fait une espèce de choc. Il a décidé qu'il serait désormais un chasseur, libre et heureux, et qu'il vivrait du bon air. Il a tout plaqué et il est parti dans le sud de l'Alaska, vers le Wrangell. Eh bien, figurez-vous que ce type, qui avait toujours tout réussi dans la vie, a également réussi ce pari-là: c'est devenu véritablement un homme libre. Pas d'attache, pas de famille, pas de maison: juste quelques chiens et une tente. C'était le seul homme vraiment libre que j'aie connu.

— *C'était?*

— C'était. Le bougre a été très libre pendant quatre mois, de juin à octobre. Et puis il a fini par mourir de froid l'hiver venu, après avoir bouffé tous ses chiens par désespoir. Personne n'est libre, Goldman, pas même les chasseurs d'Alaska. Nous sommes prisonniers des autres et de nous-mêmes.

Tandis que Barnaski parlait, j'entendis soudain une sirène derrière moi: je venais d'être pris en chasse par un véhicule de police banalisé. Je raccrochai et me garai sur le bas-côté, pensant être arrêté pour utilisation d'un téléphone portable au volant. Mais de la voiture de police sortit le sergent Gahalowood. Il s'approcha de ma fenêtre et me dit:

— Ne me dites pas que vous rentrez à New York, l'écrivain.

— Qu'est-ce qui vous fait croire ça?

— Disons que vous en prenez la route.

— J'ai roulé sans réfléchir.

— Hum. Instinct de survie ?

— Vous ne croyez pas si bien dire. Comment m'avez-vous trouvé ?

— Au cas où vous ne l'auriez pas remarqué, il y a votre nom inscrit en rouge sur le capot de votre voiture. Ce n'est pas le moment de rentrer chez vous, l'écrivain.

— La maison de Harry a brûlé.

— Je sais. C'est pour ça que je suis là. Vous ne pouvez pas rentrer à New York.

— Pourquoi ?

— Parce que vous êtes un type courageux. Que, de toute ma carrière, j'ai rarement vu pareille ténacité.

— Ils ont saccagé mon livre.

— Mais vous ne l'avez pas encore écrit ce bouquin : votre destin est entre vos mains ! Vous pouvez encore tout faire ! Vous avez le don de créer ! Alors mettez-vous au boulot et écrivez un chef-d'œuvre ! Vous êtes un battant, l'écrivain. Vous êtes un battant et vous avez un livre à écrire. Vous avez des choses à dire ! Et puis, si je peux me permettre, vous m'avez aussi mis dans la merde jusqu'au cou. Le procureur est sur la sellette, et moi avec. C'est moi qui lui ai dit qu'il fallait arrêter Harry rapidement. Je pensais que trente-trois ans après les faits, une arrestation surprise aurait raison de son aplomb. Je me suis planté comme un débutant. Et puis vous avez débarqué, avec vos chaussures vernies qui valent un mois de mon salaire. Je ne vais pas vous faire une scène d'amour ici sur le bord de la route, mais… ne partez pas. Il faut qu'on boucle cette enquête.

— Je n'ai plus d'endroit où dormir. La maison a brûlé…

— Vous venez de vous mettre un million de dollars dans la poche. C'est écrit dans le journal. Allez vous prendre une suite dans un hôtel de Concord. Je mettrai mes déjeuners sur votre note. Je meurs de faim. En route, l'écrivain. Nous avons du pain sur la planche.

*

Durant toute la semaine qui suivit, je ne remis plus les pieds à Aurora. Je m'étais installé dans une suite du Regent's, au centre de Concord, dans laquelle je passai mes journées à me pencher à la fois sur l'enquête et sur mon livre. Je n'eus de nouvelles de Harry que par l'intermédiaire de Roth, qui m'apprit qu'il s'était installé dans la chambre 8 du Sea Side Motel. Roth me dit que Harry ne souhaitait plus me voir parce que j'avais sali le nom de Nola. Puis il ajouta :

— Au fond, pourquoi êtes-vous allé raconter à toute la presse que Nola était une espèce de petite traînée mal dans sa peau ?

Je tentai de me défendre :

— Je n'ai rien raconté du tout ! J'avais écrit quelques feuillets que j'ai donnés à cette enflure de Roy Barnaski, qui voulait s'assurer que mon travail progressait. Il s'est arrangé pour les diffuser aux journaux en faisant croire à un vol.

— Si vous le dites…

— Mais nom de Dieu, c'est la vérité !

— En tout cas, bravo l'artiste. J'aurais pas pu faire mieux.

— Que voulez-vous dire ?

— Faire de la victime un coupable, il n'y a rien de tel pour démonter une accusation.

— Harry a été libéré sur la base de l'expertise graphologique. Vous le savez mieux que moi.

— Bah, comme je vous l'ai dit, Marcus, les juges ne

sont que des êtres humains. La première chose qu'ils font le matin en buvant leur café, c'est lire le journal.

Roth, qui était un personnage très terre à terre mais pas antipathique, essaya tout de même de me réconforter en m'expliquant que Harry était certainement très bouleversé par la perte de Goose Cove, et qu'aussitôt que la police parviendrait à mettre la main sur le coupable, il se sentirait beaucoup mieux. Sur ce point, les enquêteurs disposaient d'une piste sérieuse : le lendemain de l'incendie, après une fouille minutieuse des alentours de la maison, ils avaient découvert, sur la plage, un bidon d'essence caché dans des fourrés, et sur lequel une empreinte digitale avait pu être relevée. Celle-ci, malheureusement, ne trouvait aucune correspondance dans les fichiers de la police, et Gahalowood considérait que sans davantage d'éléments, il serait difficile de confondre le coupable. Selon lui, il s'agissait probablement d'un citoyen tout ce qu'il y avait de plus honorable, sans précédent judiciaire, qui ne se ferait plus jamais remarquer. Néanmoins, il estimait qu'on pouvait réduire le cercle des suspects à quelqu'un de la région, quelqu'un d'Aurora qui, ayant commis son forfait en plein jour, s'était empressé de se débarrasser d'une preuve encombrante, de peur d'être reconnu par d'éventuels promeneurs.

J'avais six semaines pour inverser le cours des événements et faire de mon livre un bon livre. Il était temps de me battre et de faire de moi l'écrivain que je voulais être. Je me consacrais à mon livre le matin, et l'après-midi, je travaillais sur l'affaire avec Gahalowood, qui avait transformé ma suite en annexe de son bureau, utilisant les grooms de l'hôtel pour transbahuter des cartons remplis de témoignages, de rapports, d'extraits de journaux, de photos et d'archives.

Nous reprîmes toute l'enquête depuis le début : nous relûmes les rapports de police, nous étudiâmes les déclarations de tous les témoins de l'époque. Nous dessinâmes une carte d'Aurora et des environs, et nous calculâmes toutes les distances, de la maison des Kellergan à Goose Cove, puis de Goose Cove à Side Creek Lane. Gahalowood se rendit sur place pour vérifier tous les temps de trajet, à pied et en voiture, et il vérifia même les temps d'intervention de la police locale à l'époque des faits, qui s'avérèrent très rapides.

— On peut difficilement remettre en cause le travail du Chef Pratt, me dit-il. Les recherches ont été menées avec un grand professionnalisme.

— Quant à Harry, on sait que le message sur son manuscrit n'a pas été écrit de sa main, relevai-je. Mais alors pourquoi avoir enterré Nola à Goose Cove ?

— Pour être tranquille sans doute, suggéra Gahalowood. Vous m'avez dit que Harry avait raconté à qui voulait l'entendre qu'il s'absentait d'Aurora pour quelque temps.

— C'est exact. Alors, selon vous, le meurtrier savait que Harry n'était pas chez lui ?

— Possible. Mais reconnaissez qu'il est assez surprenant qu'à son retour, Harry n'ait pas remarqué qu'on avait creusé un trou à proximité de sa maison…

— Il n'était pas dans son état normal, dis-je. Il était inquiet, dévasté. Il passait son temps à attendre Nola. Largement de quoi ne pas remarquer un peu de terre retournée, surtout à Goose Cove : dès qu'il pleut un peu, le terrain devient complètement boueux.

— À la limite, je vous l'accorde. Le meurtrier sait donc que personne ne viendra le déranger ici. Et si jamais on retrouve le cadavre, qui sera accusé ?

— Harry.

— Bingo, l'écrivain !

— Mais alors pourquoi ce mot ? demandai-je. Pourquoi écrire *Adieu, Nola chérie* ?

— Ça, c'est la question à un million de dollars, l'écrivain. Enfin, surtout pour vous, si je peux me permettre.

Notre principal problème était que nos pistes partaient dans tous les sens. Plusieurs questions importantes restaient en suspens, et Gahalowood les inscrivit sur d'immenses feuilles de papier.

- *Elijah Stern*
  Pourquoi paie-t-il Nola pour la faire peindre ?
  Quel mobile de la tuer ?

- *Luther Caleb*
  Pourquoi peint-il Nola ?
  Pourquoi rôde-t-il à Aurora ?
  Quel mobile de tuer Nola ?

- *David et Louisa Kellergan*
  Ont-ils battu leur fille trop fort ?
  Pourquoi cachent-ils la tentative de suicide de Nola et sa fugue d'une semaine ?

- *Harry Quebert*
  Coupable ?

- *Chef Gareth Pratt*
  Pourquoi Nola a-t-elle une relation avec lui ?
  Mobile : a-t-elle menacé de parler ?

- *Tamara Quinn affirme que le feuillet volé à Harry a disparu ?*
  Qui s'en est emparé dans le coffre du Clark's ?

- *Qui a écrit les lettres anonymes à Harry ?*
  Qui sait depuis trente-trois ans et n'a jamais rien dit ?

- *Qui a mis le feu à Goose Cove ?*
  Qui n'a pas intérêt à ce que l'enquête soit bouclée ?

Le soir où Gahalowood punaisa ces panneaux contre un mur de ma suite, il poussa un long soupir plein de désespoir.

— Plus on avance et moins j'y vois clair, me dit-il. Je crois qu'il y a un élément central qui relie ces gens et ces événements entre eux. Voilà la clé de l'enquête ! Si nous trouvons le lien, nous tenons le coupable.

Il s'effondra dans un fauteuil. Il était dix-neuf heures et il n'avait plus l'énergie de réfléchir. Comme tous les jours précédents à la même heure, je me préparai à partir pour continuer ce que j'avais entrepris de faire : me remettre à la boxe. Je m'étais trouvé une salle à un quart d'heure de voiture et j'avais décidé de faire mon grand retour sur les rings. J'y étais déjà allé tous les soirs depuis mon arrivée au Regent's, après que le concierge de l'hôtel m'avait recommandé ce club où lui-même pratiquait.

— Où allez-vous comme ça ? me demanda Gahalowood.

— Boxer. Vous voulez venir ?

— Sûrement pas.

Je jetai mes affaires dans un sac et je le saluai.

— Restez tant que vous voulez, sergent. Claquez simplement la porte derrière vous.

— Oh, ne vous inquiétez pas, je me suis fait faire un passe de la chambre. Vous allez vraiment boxer ?

— Oui.

Il eut une hésitation, puis, lorsque je passai le seuil de la porte, je l'entendis m'appeler.

— Attendez-moi, l'écrivain, je vous accompagne finalement.

— Qu'est-ce qui vous a fait changer d'avis ?

— La tentation de vous tabasser. Pourquoi aimez-vous tant la boxe, l'écrivain ?

— C'est une longue histoire, sergent.

Le jeudi 17 juillet, nous rendîmes visite à Neil Rodik, le capitaine de police qui avait codirigé l'enquête avec le Chef Pratt en 1975. Il avait aujourd'hui quatre-vingt-cinq ans et vivait sur une chaise roulante, dans une maison pour vieillards du bord de l'océan. Il avait encore en mémoire les sinistres recherches de Nola. Il disait que c'était l'affaire de sa vie.

— Cette gamine qui disparaît, c'était complètement fou! s'exclama-t-il. Une femme l'avait vue sortir de la forêt, en sang. Le temps d'appeler la police, la gamine avait disparu pour toujours. Le plus étonnant à mes yeux, c'est cette histoire de musique que faisait jouer le père Kellergan. Ça m'a toujours tracassé. Et puis, je me suis toujours demandé comment on pouvait ne pas remarquer que sa fille avait été enlevée?

— Donc, pour vous, c'était un enlèvement? demanda Gahalowood.

— Difficile à dire. Manque de preuves. Est-ce que la petite aurait pu aller se promener dehors et se faire ramasser par un maniaque dans sa camionnette? Oui, bien sûr.

— Et est-ce que, par hasard, vous vous rappelez le temps qu'il faisait au moment des recherches ?

— Les conditions météo étaient déplorables, il y avait de la pluie, beaucoup de brume. Pourquoi me posez-vous cette question ?

— Pour savoir si Harry Quebert aurait pu ne pas remarquer qu'on avait creusé dans son jardin.

— Ce n'est pas impossible. La propriété est immense. Avez-vous un jardin, sergent ?

— Oui.

— Quelle taille ?

— Petit.

— Considérez-vous qu'il serait possible que quelqu'un y creuse un trou de taille modeste en votre absence et que vous ne vous en rendiez pas compte ensuite ?

— C'est possible, en effet.

Sur la route du retour vers Concord, Gahalowood me demanda ce que j'en pensais.

— Pour moi, le manuscrit prouve que Nola n'a pas été enlevée chez elle, dis-je. Elle est partie rejoindre Harry. Ils avaient rendez-vous dans ce motel, elle s'est enfuie discrètement de chez elle, avec la seule chose qui comptait : le livre de Harry, qu'elle avait gardé avec elle. C'est en chemin qu'elle a été enlevée.

Gahalowood esquissa un sourire.

— Je crois que je commence à aimer cette idée, dit-il. Elle s'enfuit de chez elle, ce qui explique que personne n'ait rien entendu. Elle marche sur la route 1, pour aller au Sea Side Motel. Et c'est à ce moment-là qu'elle est enlevée. Ou ramassée sur le bord de la route par quelqu'un en qui elle avait confiance. *Nola chérie*, a écrit le meurtrier. Il la connaissait. Il propose de la déposer. Et puis, il se met à la toucher. Peut-être qu'il se range sur le bas-côté et qu'il glisse sa main dans sa jupe. Elle se débat : il la frappe, il lui dit de se tenir tranquille. Mais il n'a pas verrouillé les portes de la voiture et elle parvient à s'enfuir. Elle veut se cacher dans la forêt, mais qui habite à côté de la route 1 et de la forêt de Side Creek ?

— Deborah Cooper.

— Exact ! L'agresseur poursuit Nola, laissant sa voiture sur le bord de la route. Deborah Cooper les voit et appelle la police. Pendant ce temps, l'agresseur rattrape Nola à l'endroit où l'on a retrouvé le sang et les cheveux ; elle se défend, il la bat sévèrement. Peut-être même abuse-t-il d'elle. Mais voilà que la police arrive : l'officier Dawn et le Chef Pratt se mettent à fouiller la forêt et se rapprochent peu à peu de lui. Il traîne alors Nola dans les profondeurs de la forêt, mais elle parvient à lui échapper et à rejoindre la maison de Deborah Cooper où elle se réfugie. Dawn et Pratt, eux, poursuivent leur fouille de la forêt. Ils sont déjà trop loin pour se rendre compte de quoi que ce soit. Deborah Cooper recueille Nola dans sa cuisine et s'empresse d'aller au salon pour téléphoner à la police. Lorsqu'elle en revient, l'agresseur est là ; il a pénétré dans sa maison pour récupérer Nola. Il abat Cooper d'une balle en plein cœur et emmène Nola avec lui. Il la traîne jusqu'à sa voiture, la jette dans son coffre. Elle est peut-être toujours vivante mais probablement inconsciente : elle a perdu énormément de sang. C'est à ce moment qu'il croise la voiture de l'adjoint du shérif. Une course-poursuite s'engage. Après avoir réussi à semer la police, il se terre à Goose Cove. Il sait que l'endroit est désert, que personne ne viendra le déranger ici. Les policiers le cherchent plus haut, sur la route de Montburry. Il laisse sa voiture à Goose Cove, avec Nola dedans ; peut-être même qu'il la cache dans le garage. Puis il descend sur la plage et il retourne à pied à Aurora. Oui, je suis certain que notre homme habite Aurora : il connaît les routes, il connaît la forêt, il sait que Harry est absent. Il sait tout. Il rentre chez lui sans que personne ne le remarque ; il se douche, se change, puis, lorsque la police arrive au domicile des Kellergan où le père vient d'annoncer la disparition de sa fille, il rejoint la foule des curieux sur Terrace Avenue et s'y mêle. Voilà pourquoi on n'a jamais retrouvé le meurtrier : parce que, quand tout le monde le cherchait autour d'Aurora, il était au milieu de toute l'agitation, au cœur d'Aurora.

— Bon sang, fis-je. Alors il était là ?

— Oui. Je crois que depuis tout ce temps, il était juste là. Au milieu de la nuit, il lui suffira de retourner à Goose Cove en passant par la plage. J'imagine qu'à ce stade, Nola est morte. Alors il l'enterre dans la propriété, à la lisière de la forêt, là où personne ne remarquera que la terre a été retournée. Puis il récupère sa voiture et la range bien sagement dans son garage à lui, d'où il ne la sortira plus pendant un bout de temps pour ne pas éveiller les soupçons. Le crime était parfait.

Je restai bluffé par cette démonstration.

— Qu'est-ce que cela implique pour notre suspect ?

— Un homme seul. Quelqu'un qui ait pu agir sans que personne ne pose de questions et ne lui demande pourquoi il ne veut plus sortir sa voiture du garage. Quelqu'un qui possède une Chevrolet Monte Carlo noire.

Je me laissai emporter par l'excitation :

— Il suffit de savoir qui possédait une Chevrolet noire à Aurora à cette époque et nous avons notre homme !

Gahalowood calma immédiatement mes ardeurs :

— Pratt y a déjà pensé à l'époque. Pratt a pensé à tout. Sur son rapport figure la liste des propriétaires de Chevrolet à Aurora et dans les environs. Il a rendu visite à chacun d'eux et tous avaient des alibis solides. Tous, sauf un : Harry Quebert.

Encore Harry. Nous retombions toujours sur Harry. Chaque critère supplémentaire que nous définissions pour démasquer l'assassin lui correspondait.

— Et Luther Caleb ? interrogeai-je avec une lueur d'espoir. Quelle voiture possédait-il ?

Gahalowood hocha la tête :

— Une Mustang bleue, dit-il.

Je soupirai.

— Selon vous, sergent, que devrions-nous faire à présent ?

— Il y a la sœur de Caleb, que nous n'avons toujours pas interrogée. Je crois qu'il est temps d'aller lui rendre visite. C'est la seule piste que nous n'ayons pas encore véritablement explorée.

Ce soir-là, après la boxe, je pris mon courage à deux mains et je me rendis au Sea Side Motel. Il était aux environs de vingt et une heures trente. Harry était assis sur une chaise en plastique, devant la chambre 8, à profiter de la douceur de la soirée en buvant une cannette de soda. Il ne dit rien en me voyant ; pour la première fois, je me sentais mal à l'aise en sa présence.

— J'avais besoin de vous voir, Harry. De vous dire combien je suis désolé à propos de toute cette histoire...

Il me fit signe de m'asseoir sur la chaise à côté de la sienne.

— Soda ? me proposa t-il.
— Volontiers.

— La machine est au bout du couloir.

Je souris et j'allai me chercher un Coca light. En revenant, je lui dis :

— C'est ce que vous m'avez dit la première fois que je suis venu à Goose Cove. J'étais en deuxième année d'université. Vous aviez fait de la limonade, vous m'avez demandé si j'en voulais, j'ai répondu *oui* et vous m'avez dit d'aller me servir dans le frigo.

— C'était une belle époque.

— Oui.

— Qu'est-ce qui a changé, Marcus ?

— Rien. Tout, mais rien. Nous avons tous changé, le monde a changé. Le World Trade Center s'est effondré, l'Amérique est partie en guerre... Mais vous, à mes yeux, vous n'avez pas changé. Vous restez mon maître. Vous restez Harry.

— Ce qui a changé, Marcus, c'est ce combat entre le maître et l'élève.

— Nous ne nous combattons pas.

— Et pourtant si. Je vous ai appris à écrire des livres, et regardez ce que me font vos livres : ils me nuisent.

— Je n'ai jamais voulu vous nuire, Harry. Nous retrouverons celui qui a brûlé Goose Cove, je vous le promets.

— Mais est-ce que cela me rendra les trente ans de souvenirs que je viens de perdre ? Toute ma vie partie en fumée ! Pourquoi avez-vous raconté ces horreurs sur Nola ?

Je ne répondis pas. Nous restâmes silencieux un moment. Malgré la faible lumière des appliques, il remarqua les plaies sur mes poings formées par la répétition des frappes sur les sacs de boxe.

— Vos mains, dit-il. Vous avez repris la boxe ?

— Oui.

— Vous placez mal vos frappes. Ça a toujours été votre défaut. Vous tapez bien, mais vous avez toujours la première phalange du majeur qui dépasse trop et qui frotte au moment de l'impact.

— Allons boxer, proposai-je.

— Si vous voulez.

Nous sommes allés sur le parking. Il n'y avait personne. Nous nous sommes mis torse nu. Il était très amaigri. Il m'a contemplé :

— Vous êtes très beau, Marcus. Allez vous marier, bon sang! Allez vivre!

— J'ai une enquête à terminer.

— Au diable, votre enquête!

Nous nous sommes placés face à face, et nous avons échangé des coups retenus; l'un frappait et l'autre devait maintenir sa garde serrée et se protéger. Harry cognait sec.

— Vous ne voulez pas savoir qui a tué Nola? demandai-je.

Il s'arrêta net.

— Vous le savez?

— Non. Mais les pistes s'affinent. Le sergent Gahalowood et moi allons voir la sœur de Luther Caleb, demain. À Portland. Et nous avons encore des gens à interroger à Aurora.

Il soupira :

— Aurora... Depuis ma sortie de prison, je n'ai revu personne. L'autre jour, je suis resté un moment devant la maison détruite. Un pompier m'a dit que je pouvais aller à l'intérieur, j'ai récupéré quelques affaires et je suis venu à pied ici. Je n'en ai plus bougé. Roth s'occupe des assurances et de tout ce qu'il faut. Je ne peux plus aller à Aurora. Je ne peux plus regarder ces gens en face et leur dire que j'aimais Nola et que je lui ai écrit un livre. Je ne peux même plus me regarder en face. Roth dit que votre bouquin va s'appeler *L'Affaire Harry Quebert*.

— C'est vrai. C'est un livre qui raconte que votre livre est un beau livre. J'aime *Les Origines du mal*! C'est ce livre qui m'a poussé à devenir écrivain!

— Ne dites pas ça, Marcus!

— C'est la vérité! C'est probablement le plus beau livre qu'il m'ait été donné de lire. Vous êtes mon écrivain préféré!

— Pour l'amour de Dieu, taisez-vous!

— Je veux écrire un livre pour défendre le vôtre, Harry. Quand j'ai appris que vous l'aviez écrit pour Nola, j'ai d'abord été choqué, c'est vrai. Et puis je l'ai relu. C'est un livre magnifique! Vous y dites tout! Surtout à la fin. Vous racontez le chagrin qui vous accablera toujours. Je ne peux pas laisser les gens salir ce livre, parce que ce livre m'a fait. Vous savez, cet épisode de la limonade, lors de ma première visite chez vous: lorsque j'ai ouvert ce frigo, ce frigo vide, j'ai compris votre solitude. Et ce jour-là, j'ai réalisé: *Les Origines du mal,* c'est un livre de solitude. Vous avez écrit la solitude d'une manière spectaculaire. Vous êtes un immense écrivain!

— Arrêtez, Marcus!

— La fin de votre livre est tellement belle! Vous renoncez à Nola: elle a disparu pour toujours, vous le savez, et pourtant vous l'avez attendue malgré tout... Ma seule question, à présent que j'ai véritablement compris votre livre, concerne le titre. Pourquoi avoir donné un titre aussi sombre à un livre aussi beau?

— C'est compliqué, Marcus.

— Mais je suis là pour comprendre...

— C'est trop compliqué...

Nous nous dévisageâmes, face à face, en position de garde, comme deux guerriers. Il finit par dire :

— Je ne sais pas si je pourrai vous pardonner, Marcus...

— Me pardonner ? Mais je reconstruirai Goose Cove ! Je paierai tout ! Avec l'argent du livre, nous vous reconstruirons une maison ! Vous ne pouvez pas saborder notre amitié comme ça !

Il se mit à pleurer.

— Vous ne comprenez pas, Marcus. Ce n'est pas à cause de vous ! Rien n'est de votre faute, et pourtant je ne peux pas vous pardonner.

— Mais me pardonner quoi ?

— Je ne peux pas vous dire. Vous ne comprendriez pas...

— Mais enfin, Harry ! Pourquoi toutes ces devinettes ? Que se passe-t-il, bon sang !

Du revers de la main, il essuya les larmes de son visage.

— Vous vous souvenez de mon conseil ? demanda-t-il. Lorsque vous étiez mon étudiant, je vous ai dit un jour : n'écrivez jamais un livre si vous n'en connaissez pas la fin.

— Oui, je m'en souviens bien. Je m'en souviendrai toujours.

— La fin de votre livre, comment est-elle ?

— C'est une belle fin.

— Mais elle meurt à la fin !

— Non, le livre ne se termine pas avec la mort de l'héroïne. Il se passe encore de belles choses après.

— Quoi donc ?

— L'homme qui l'a attendue pendant plus de trente ans se remet à vivre.

EXTRAITS DE : *LES ORIGINES DU MAL*
(dernière page)

Lorsqu'il comprit que rien ne serait jamais possible et que les espoirs n'étaient que des mensonges, il lui écrivit pour la dernière fois. Après les lettres d'amour était venu le temps d'une lettre de tristesse. Il fallait accepter. Désormais, il ne ferait plus que l'attendre. Toute sa vie, il l'attendrait. Mais il savait bien qu'elle ne reviendrait plus. Il savait qu'il ne la verrait plus, qu'il ne la retrouverait plus, qu'il ne l'entendrait plus.

Lorsqu'il comprit que rien ne serait plus jamais possible, il lui écrivit pour la dernière fois.

> *Ma chérie,*
>
> *Ceci est ma dernière lettre. Ce sont mes derniers mots.*
>
> *Je vous écris pour vous dire adieu.*
>
> *Dès aujourd'hui, il n'y aura plus de «nous».*
>
> *Les amoureux se séparent et ne se retrouvent plus, et ainsi se terminent les histoires d'amour.*
>
> *Ma chérie, vous me manquerez. Vous me manquerez tant.*
>
> *Mes yeux pleurent. Tout brûle en moi.*

Nous ne nous reverrons plus jamais ; vous me manquerez tant.

J'espère que vous serez heureuse.

Je me dis que vous et moi c'était un rêve et qu'il faut se réveiller à présent.

Vous me manquerez toute la vie.

Adieu. Je vous aime comme je n'aimerai jamais plus.

12.

Celui qui peignait des tableaux

"Apprenez à aimer vos échecs, Marcus, car ce sont eux qui vous bâtiront. Ce sont vos échecs qui donneront toute leur saveur à vos victoires."

Il faisait un temps radieux sur Portland, Maine, le jour où nous rendîmes visite à Sylla Caleb Mitchell, la sœur de Luther. C'était le vendredi 18 juillet 2008. La famille Mitchell habitait une maison coquette d'un quartier résidentiel proche du centre-ville. Sylla nous reçut dans sa cuisine; à notre arrivée, le café fumait déjà dans deux tasses identiques posées sur la table et des albums de famille avaient été empilés à côté.

Gahalowood était parvenu à la joindre la veille. Sur la route entre Concord et Portland, il me raconta que lorsqu'il l'avait eue au téléphone, il avait eu l'impression qu'elle s'attendait à son appel. « Je me suis présenté en tant que policier, je lui ai dit que j'enquêtais sur les assassinats de Deborah Cooper et Nola Kellergan, et que j'avais besoin de la rencontrer pour lui poser quelques questions. En principe, les gens s'inquiètent dès qu'ils entendent les mots *Police d'État*: ils posent des questions, ils demandent ce qui se passe et en quoi ça les concerne. Or Sylla Mitchell m'a simplement répondu: *Venez demain quand vous voulez, je serai chez moi. C'est important que l'on se parle.* »

Dans sa cuisine, elle s'assit face à nous. C'était une belle femme, la cinquantaine bien portante, d'allure sophistiquée et mère de deux enfants. Son mari, présent également, resta debout, en retrait, comme s'il avait peur d'être importun.

— Alors, demanda-t-elle, est-ce que tout ceci est la vérité ?

— Quoi donc ? fit Gahalowood.

— Ce que j'ai lu dans les journaux... Toutes ces choses épouvantables sur cette pauvre gamine à Aurora.

— Oui. La presse a un peu déformé mais les faits sont véridiques. Madame Mitchell, vous n'avez pas eu l'air surprise de mon appel, hier...

Elle eut un air triste.

— Comme je vous le racontais hier au téléphone, dit-elle, il n'y avait pas les noms dans le journal mais j'ai compris que E.S. était Elijah Stern. Et que son chauffeur était Luther. (Elle sortit une coupure de journal et la lut à haute voix comme pour comprendre ce qu'elle ne comprenait pas.) *E.S., un des hommes les plus riches du New Hampshire, envoyait son chauffeur chercher Nola au centre-ville pour la lui ramener chez lui, à Concord. Trente-trois ans plus tard, une amie de Nola, qui n'était qu'une enfant à l'époque, racontera qu'elle avait assisté un jour à un rendez-vous avec le chauffeur et que Nola était partie comme on partait à la mort. Ce jeune témoin décrira le chauffeur comme un homme effrayant, au corps puissant et au visage déformé.* Une telle description, ça ne peut être que mon frère.

Elle se tut et nous dévisagea. Elle attendait une réponse et Gahalowood joua cartes sur table :

— Nous avons trouvé un tableau de Nola Kellergan, plus ou moins nue, chez Elijah Stern, dit-il. Selon Stern, c'est votre frère qui l'a peint. Apparemment, Nola aurait accepté de se faire peindre contre de l'argent. Luther allait la chercher à Aurora, il l'emmenait à Concord auprès de Stern. On ne sait pas très bien ce qui se passait là-bas, mais en tout cas Luther a fait un tableau d'elle.

— Il peignait beaucoup! s'exclama Sylla. Il était très doué, il aurait pu faire une belle carrière. Est-ce que… est-ce que vous le soupçonnez d'avoir tué cette fille?

— Disons qu'il figure sur la liste des suspects, répondit Gahalowood.

Une larme roula sur la joue de Sylla.

— Vous savez, sergent, je me rappelle le jour où il est mort. C'était un vendredi de la fin septembre. Je venais d'avoir vingt et un ans. On a reçu un appel de la police, qui nous annonçait que Luther était décédé dans un accident de voiture. Je me souviens bien du téléphone qui sonne, de ma mère qui décroche. Autour, il y a mon père et moi. Maman répond et nous murmure aussitôt : *C'est la police.* Elle écoute attentivement et elle dit : *OK.* Je n'oublierai jamais ce moment. À l'autre bout du fil, un officier de police lui annonçait la mort de son fils. Il venait de lui dire quelque chose du genre *Madame, j'ai le pénible devoir de vous annoncer que votre fils est décédé dans un accident de voiture*, et elle répond : *OK*. Après ça, elle raccroche, elle nous regarde et elle nous dit : *Il est mort.*

— Que s'était-il passé? interrogea Gahalowood.

— Une chute de trente mètres, depuis les falaises côtières de Sagamore, Massachusetts. On dit qu'il était ivre.

— Quel âge avait-il?

— Trente ans… Il avait trente ans. Mon frère, c'était un homme bien, mais… Vous savez, je suis contente que vous soyez là. Je crois qu'il faut que je vous raconte quelque chose que nous aurions dû raconter il y a trente-trois ans.

Et la voix tremblante, Sylla nous relata une scène qui s'était déroulée environ trois semaines avant l'accident. C'était le samedi 30 août 1975.

*

30 août 1975, Portland, Maine

Ce soir-là, la famille Caleb avait prévu d'aller dîner au *Horse Shoe*, le restaurant préféré de Sylla, pour célébrer son vingt et unième anniversaire. Elle était née un 1er septembre. Jay Caleb, le père, lui avait fait la surprise de réserver la salle privée du premier étage ; il avait invité tous ses amis et quelques proches, une trentaine de personnes en tout, dont Luther.

Les Caleb – Sylla, son père Jay, et sa mère Nadia – se rendirent au restaurant à dix-huit heures. Tous les convives attendaient déjà Sylla dans la salle et la célébrèrent gaiement lorsqu'elle y pénétra. La fête débuta : il y eut de la musique et du champagne. Luther n'était pas encore arrivé. Le père pensa d'abord à un contretemps sur la route. Mais à dix-neuf heures trente, lorsque le dîner fut servi, son fils n'était toujours pas là. Il n'avait pourtant pas pour habitude d'être en retard et Jay commença à s'inquiéter de cette absence. Il essaya de joindre Luther sur la ligne de téléphone de la chambre qu'il occupait dans la dépendance de la propriété de Stern, mais personne ne décrocha.

Luther manqua le dîner, le gâteau, les danses. À une heure du matin, les Caleb rentrèrent chez eux, silencieux et inquiets. Pour rien au monde Luther n'aurait manqué l'anniversaire de sa sœur. À la maison, Jay alluma la radio du salon, machinalement. Les informations mentionnèrent une opération policière d'envergure à Aurora, suite à la disparition d'une fille de quinze ans. Aurora, c'était un nom familier. Luther disait qu'il y allait souvent pour s'occuper des rosiers d'une magnifique maison que possédait Elijah Stern au bord de l'océan. Jay Caleb pensa à une coïncidence. Il écouta attentivement le reste du bulletin, puis ceux de plusieurs autres stations pour savoir s'il s'était produit un accident de la route dans la région ; mais il ne fut fait aucune mention d'un tel événement. Inquiet, il veilla une partie de la nuit, ne sachant pas s'il devait prévenir la police, attendre à la maison ou parcourir la route jusqu'à Concord. Puis il finit par s'endormir sur le canapé du salon.

À la première heure du lendemain matin, toujours sans nouvelles, il téléphona à Elijah Stern pour savoir s'il avait vu son fils. « Luther ? répondit Stern. Il est absent. Il a pris un congé. Il ne vous a rien dit ? » Toute cette histoire était très étrange ; pourquoi Luther serait-il parti sans les prévenir ? Troublé et ne pouvant plus se contenter d'attendre, Jay Caleb décida alors de se lancer à la recherche de son fils.

*

Sylla Mitchell, se remémorant cet épisode, se mit à trembler. Elle se leva brusquement de sa chaise et refit du café.

— Ce jour-là, nous dit-elle, tandis que mon père se rendait à Concord et que ma mère restait à la maison au cas où Luther arriverait, je suis allée passer la journée avec des amies. Lorsque je suis rentrée à la maison, il était déjà tard. Mes parents étaient dans le salon, en train de parler, et j'ai entendu mon père dire à ma mère : *Je crois que Luther a fait une énorme connerie.* J'ai demandé ce qui se passait et il m'a ordonné de ne pas parler de la disparition de Luther à qui que ce soit, et surtout pas à la police. Il a dit qu'il allait se charger lui-même de le retrouver. Il l'a cherché en vain pendant plus de trois semaines. Jusqu'à l'accident.

Elle étouffa un sanglot.

— Que s'est-il passé, Madame Mitchell ? demanda Gahalowood d'une voix apaisante. Pourquoi votre père pensait-il que Luther avait fait une connerie ? Pourquoi ne voulait-il pas appeler la police ?

— C'est compliqué, sergent. Tout est si compliqué…

Elle ouvrit les albums de photos et nous parla de la famille Caleb : de Jay, leur doux père, de Nadia, leur mère, une ancienne Miss Maine qui avait inculqué le goût de l'esthétique à ses enfants. Luther était l'aîné, il avait neuf ans de plus qu'elle. Ils étaient tous les deux nés à Portland.

Elle nous montra des photographies de son enfance. La maison familiale, les vacances dans le Colorado, l'immense entrepôt de l'entreprise du père, dans lequel Luther et elle avaient passé des étés entiers. Une série de photos nous montra la famille à Yosemite, en 1963. Luther a dix-huit ans, c'est un beau jeune homme, mince, élégant. Puis nous tombons sur un cliché datant de l'automne 1974 : les vingt ans de Sylla. Les personnages ont vieilli. Jay, le fier père de famille, a désormais la soixantaine ventrue. La mère a sur le visage des rides contre lesquelles elle ne peut plus rien. Luther a presque trente ans : son visage est déformé.

Sylla contempla longuement cette dernière image.

— Avant, nous étions une belle famille, dit-elle. Avant, nous étions tellement heureux.

— Avant quoi ? demanda Gahalowood.

Elle le regarda comme si c'était une évidence.

— Avant l'agression.

— Une agression ? répéta Gahalowood. Je ne suis pas au courant.

Sylla posa côte à côte les deux photographies de son frère.

— Ça s'est passé durant l'automne qui a suivi nos vacances à Yosemite. Regardez cette photo... Regardez comme il était beau. Luther était un jeune homme très spécial, vous savez. Il aimait l'art, il avait un don pour la peinture. Il avait terminé le lycée et il venait d'être reçu à l'école des beaux-arts de Portland. Tout le monde disait qu'il pourrait devenir un grand peintre, qu'il avait un don. C'était un garçon heureux. Mais c'était aussi les prémices du Vietnam, et il devait aller servir. Il disait qu'à son retour, il ferait les beaux-arts et qu'il se marierait. Il était déjà fiancé. Eleanore Smith, elle s'appelait. Une fille de son lycée. Je vous le dis, c'était un garçon heureux. Avant ce soir de septembre 1964.

— Que s'est-il passé ce soir-là ?

— Avez-vous entendu parler de la bande des *field goals*, sergent ?

— La bande des *field goals* ? Non, jamais.

— C'est le surnom que la police a donné à un groupe de voyous qui sévissait dans la région à cette époque.

*

Septembre 1964

Il était aux environs de vingt-deux heures. Luther avait passé la soirée chez Eleanore et il rentrait à pied chez ses parents. Il devait partir le lendemain pour un centre de l'armée. Eleanore et lui venaient tout juste de décider qu'ils se marieraient dès son retour : ils s'étaient juré fidélité et ils avaient fait l'amour pour la première fois dans le petit lit d'enfant d'Eleanore, tandis que sa mère, à la cuisine, leur préparait des cookies.

Après que Luther était parti de chez les Smith, il s'était retourné plusieurs fois en direction de la maison. Sous le porche, à la lumière des lanternes, il avait vu Eleanore qui lui faisait des signes de la main. À présent, il longeait Lincoln Road : une route peu fréquentée à cette heure et mal éclairée mais qui était le chemin le plus court pour arriver chez lui. Il avait trois miles à marcher. Une première voiture le dépassa ; le faisceau des phares illumina la route loin devant. Peu après, un second véhicule arriva derrière lui à grande vitesse. Ses occupants, visiblement très excités, poussèrent des cris par la fenêtre pour l'effrayer. Luther ne réagit pas et la voiture s'immobilisa brusquement au milieu de la route, quelques dizaines de mètres devant lui. Il continua d'avancer : que pouvait-il faire d'autre ? Aurait-il dû passer de l'autre côté de la route ? Lorsqu'il dépassa la voiture, le conducteur lui demanda :

— Hé toi ! T'es d'ici ?
— Oui, répondit Luther.

Il reçut une giclée de bière en plein visage.

— Les types du Maine sont des péquenauds ! hurla le conducteur.

Les passagers poussèrent des hurlements. Ils étaient quatre en tout, mais dans l'obscurité, Luther ne pouvait pas voir les visages. Il devinait qu'ils étaient jeunes, entre vingt-cinq et trente ans, ivres, très agressifs. Il avait peur et il continua son chemin, le cœur battant. Il n'était pas bagarreur, il ne voulait pas d'histoires.

— Hé! l'invectiva encore le conducteur. Tu vas où comme ça, petit péquenaud?

Luther ne répondit pas et accéléra le pas.

— Reviens ici! Reviens ici, on va te montrer comment on les dresse les petits merdeux dans ton genre.

Luther entendit les portes de la voiture s'ouvrir et le conducteur s'écria: «Messieurs, la chasse au péquenaud est ouverte! 100 dollars à celui qui l'attrape.» Il se mit aussitôt à courir à toutes jambes: il espérait qu'une autre voiture arriverait. Mais il n'y eut personne pour le sauver. Un de ses poursuivants le rattrapa et le projeta au sol en hurlant aux autres: «Je l'ai! Je l'ai! Les 100 dollars sont pour moi!» Tous se ruèrent sur Luther et le passèrent à tabac. Alors qu'il gisait au sol, l'un des agresseurs s'écria: «Qui veut faire une partie de football? Je propose quelques *field goals*[1]!» Les autres poussèrent des cris enthousiastes et, tour à tour, lui décochèrent des coups de pied dans le visage d'une violence inouïe, comme s'ils dégageaient un ballon pour marquer une touche. Leur série terminée, ils le laissèrent pour mort sur le bord de la route. C'est un motard qui le retrouva, quarante minutes plus tard, et alerta les secours.

*

---

[1] *Field goal*: action de match, en football américain, qui consiste à essayer de marquer en effectuant un dégagement au pied du ballon pour le faire passer entre les deux barres verticales du but. (Note de l'auteur.)

— Après quelques jours de coma, Luther s'est réveillé avec le visage complètement brisé, nous expliqua Sylla. Il y eut plusieurs chirurgies reconstructives, mais aucune ne parvint à lui rendre son apparence. Il passa deux mois à l'hôpital. Il en ressortit condamné à vivre avec le visage tordu et de la difficulté à parler. Il n'y eut évidemment pas de Vietnam, mais il n'y eut surtout plus rien d'autre. Il restait prostré à longueur de journée à la maison, il ne peignait plus, il n'avait plus de projet. Au bout de six mois, Eleanore a rompu leurs fiançailles. Et elle est même partie de Portland. Qui pouvait lui en vouloir? Elle avait dix-huit ans, et aucune envie de sacrifier sa vie à s'occuper de Luther, qui était devenu une ombre et qui traînait son mal-être. Il n'était plus le même.

— Et ses agresseurs? demanda Gahalowood.

— Ils ne furent jamais retrouvés. Apparemment, cette même bande avait déjà sévi plusieurs fois dans la région. Et à chaque fois, ils s'en étaient donné à cœur joie avec leur séance de *field goals*. Mais Luther fut l'agression la plus grave qu'ils aient commise: ils ont failli le tuer. Toute la presse en a parlé, la police était sur les dents. Après ça, ils n'ont plus jamais fait reparler d'eux. Ils ont sans doute eu peur de se faire prendre.

— Que s'est-il passé pour votre frère après ça?

— Durant les deux années qui suivirent, Luther a hanté la maison familiale. Il était comme un fantôme. Il ne faisait plus rien. Mon père restait le plus tard possible dans son entrepôt, ma mère s'arrangeait pour passer ses journées à l'extérieur. Ce furent deux années difficilement supportables. Puis, un jour de 1966, quelqu'un sonna à la porte.

*

1966

Il hésita avant de déverrouiller la porte d'entrée : il ne supportait pas qu'on le voie. Mais il était seul à la maison et c'était peut-être important. Il ouvrit et trouva devant lui un homme d'une trentaine d'années, très élégant.

— Salut, dit l'homme. Désolé de venir sonner comme ça, mais je suis tombé en panne, à cinquante mètres d'ici. Tu t'y connaîtrais pas en mécanique par hasard ?

— Fa dépend, répondit Luther.

— Rien de sérieux, juste un pneu crevé. Mais je n'arrive pas à faire fonctionner mon cric.

Luther accepta de venir jeter un œil. La voiture était un coupé de grand luxe, garé sur le bas-côté de la route, à cent mètres de la maison. Un clou avait perforé le pneu avant droit. Le cric bloquait car il était mal graissé ; Luther parvint néanmoins à le manipuler et à changer la roue.

— Eh bien, plutôt impressionnant, dit l'homme. Une chance de t'avoir rencontré. Que fais-tu dans la vie ? T'es mécano ?

— Rien. Avant ve peignais. Mais v'ai eu un accfident.

— Et comment gagnes-tu ta vie ?

— Ve ne gagne pas ma vie.

L'homme le contempla et lui tendit la main.

— Je m'appelle Elijah Stern. Merci, je te dois une fière chandelle.

— Luther Caleb.

— Enchanté, Luther.

Ils se dévisagèrent un instant. Stern finit par poser

la question qui le taraudait depuis que Luther avait ouvert la porte de sa maison.

— Qu'est-il arrivé à ton visage ? demanda-t-il.

— Vous avez entendu parler de la bande des *field goals* ?

— Non.

— Des types qui ont commis des agreffions, pour le plaivir. Ils tapaient dans la tête de leurs victimes comme dans un ballon.

— Oh quelle horreur... Je suis désolé.

Luther haussa les épaules, fataliste.

— Te laisse pas faire ! s'écria Stern d'un ton amical. Si la vie te fait des coups bas, rebiffe-toi contre elle ! Est-ce que ça te dirait d'avoir un métier ? Je recherche quelqu'un pour s'occuper de mes voitures et me servir de chauffeur. Tu me plais bien. Si l'offre te tente, je t'engage.

Une semaine plus tard, Luther s'installait à Concord, dans la dépendance des employés sise dans l'immense propriété de la famille Stern.

*

Sylla estimait que la rencontre avec Stern avait été providentielle pour son frère.

— Grâce à Stern, Luther est redevenu quelqu'un, nous dit-elle. Il avait un travail, une paie. Sa vie reprenait un peu de sens. Surtout, il se remit à peindre. Stern et lui s'entendaient très bien : il était son chauffeur mais aussi son homme de confiance, presque même son ami, je dirais. Stern venait de reprendre les affaires de son père ; il vivait seul dans ce manoir trop grand pour lui. Je crois qu'il était heureux de la compagnie de Luther. Ils avaient une relation forte.

Luther est resté à son service pendant les neuf années qui ont suivi. Jusqu'à sa mort.

— Madame Mitchell, demanda Gahalowood, quels étaient vos rapports avec votre frère ?

Elle sourit :

— C'était quelqu'un de si spécial. Il était si doux ! Il aimait les fleurs, il aimait l'art. Il n'aurait jamais dû finir sa vie comme un vulgaire chauffeur de limousine. Je veux dire, je n'ai rien contre les chauffeurs, mais Luther, c'était quelqu'un ! Il venait souvent le dimanche déjeuner à la maison. Il arrivait dans la matinée, passait la journée avec nous et rentrait à Concord le soir. J'aimais ces dimanches, surtout lorsqu'il se mettait à peindre, dans son ancienne chambre transformée en atelier. Il avait un immense talent. Dès qu'il se mettait à dessiner, il se dégageait de lui une beauté folle. Je me mettais derrière lui, je m'asseyais sur une chaise, et je le regardais faire. Je regardais ces traits qui prenaient d'abord des formes chaotiques avant de former ensemble des scènes d'un réalisme fou. D'abord, on avait l'impression qu'il faisait n'importe quoi, et puis, soudain, une image apparaissait au milieu des traits, jusqu'à ce que chacun des traits esquissés prenne un sens. C'était un moment absolument extraordinaire. Et moi, je lui disais qu'il devait continuer à dessiner, qu'il devrait repenser aux beaux-arts, qu'il devrait exposer ses toiles. Mais il ne voulait plus, à cause de son visage, à cause de son élocution. À cause de tout. Avant l'agression, il disait qu'il peignait parce qu'il avait ça en lui. Lorsqu'il s'y est finalement remis, il disait qu'il peignait pour être moins seul.

— Pourrions-nous voir quelques-uns de ses tableaux ? demanda Gahalowood.

— Oui, évidemment. Mon père avait rassemblé

une espèce de collection, avec toutes les toiles laissées à Portland et celles récupérées dans la chambre de Luther chez Stern après sa mort. Il disait qu'un jour, on pourrait les donner à un musée, que ça aurait peut-être du succès. Mais il s'est contenté d'amasser les souvenirs dans des caisses que je stocke chez moi depuis le décès de mes parents.

Sylla nous conduisit au sous-sol, où l'une des pièces de la réserve était encombrée de grandes caisses en bois. Plusieurs grands tableaux dépassaient, tandis que des croquis et des dessins s'entassaient entre les cadres. Il y en avait une quantité impressionnante.

— Il y a beaucoup de désordre, s'excusa-t-elle. Ce sont des souvenirs en vrac. Je n'ai rien osé jeter.

En fouillant parmi les tableaux, Gahalowood dénicha une toile représentant une jeune femme blonde.

— C'est Eleanore, expliqua Sylla. Ces toiles datent d'avant l'agression. Il aimait la peindre. Il disait qu'il pourrait la peindre toute sa vie.

Eleanore était une jolie jeune femme blonde. Détail intrigant : elle ressemblait énormément à Nola. Il y avait de nombreux autres portraits de différentes femmes, toutes blondes, et les dates indiquaient toutes des années postérieures à l'agression.

— Qui sont ces femmes sur les tableaux ? interrogea Gahalowood.

— Je ne sais pas, répondit Sylla. Sans doute sont-elles sorties de l'imagination de Luther.

C'est à ce moment-là que nous tombâmes sur une série de croquis au fusain. Sur l'un d'eux, je crus reconnaître l'intérieur du Clark's, avec, au comptoir, une femme belle mais triste. La ressemblance avec Jenny était stupéfiante, mais je pensai à une coïncidence.

Jusqu'à ce que, retournant le dessin, je trouve l'inscription suivante : *Jenny Quinn, 1974.* Je demandai alors :

— Pourquoi votre frère avait-il cette obsession de peindre ces femmes blondes ?

— Je l'ignore, dit Sylla. Vraiment...

Gahalowood la dévisagea alors d'un air doux et grave à la fois et il lui dit :

— Madame Mitchell, il est temps de nous dire pourquoi le soir du 31 août 1975, votre père vous a dit qu'il pensait que Luther avait fait « *une connerie* ».

Elle acquiesça.

*

31 août 1975

À neuf heures du matin, lorsque Jay Caleb raccrocha le téléphone, il comprit que quelque chose clochait. Elijah Stern venait de lui indiquer que Luther avait pris un congé pour une durée indéterminée. « Vous cherchez Luther ? s'était étonné Stern. Mais il n'est pas ici. Je pensais que vous saviez. — Pas ici ? Mais où est-il ? Hier, nous l'attendions pour l'anniversaire de sa sœur et il n'est jamais venu. Je suis très inquiet. Que vous a-t-il dit exactement ? — Il m'a dit qu'il allait probablement devoir arrêter de travailler pour moi. C'était il y a deux jours. — Arrêter de travailler pour vous ? Mais pourquoi ? — Je l'ignore. Je pensais que vous, vous le saviez. »

Immédiatement après avoir reposé le combiné, Jay le reprit en main pour prévenir la police. Mais il ne termina pas son geste. Il avait un étrange pressentiment. Nadia, sa femme, fit irruption dans le bureau.

— Qu'a dit Stern ? demanda-t-elle.
— Que Luther a démissionné vendredi.
— Démissionné ? Comment ça, *démissionné* ?

Jay soupira ; il était éprouvé par sa courte nuit.

— Je n'en sais rien, dit-il. Je ne comprends rien à ce qui se passe. Rien du tout... Il faut que j'aille à sa recherche.

— Mais le chercher où ?

Il haussa les épaules. Il n'en avait pas la moindre idée.

— Reste ici, ordonna-t-il à Nadia. Au cas où il arriverait. Je t'appellerai toutes les heures pour faire le point.

Il attrapa les clés de son pick-up et se mit en route, sans même savoir par où commencer. Il décida finalement de descendre à Concord. Il connaissait peu la ville et la sillonna à l'aveugle ; il se sentait perdu. À plusieurs reprises, il passa devant un poste de police : il aurait voulu s'y arrêter et demander de l'aide aux agents, mais chaque fois qu'il songeait à le faire, quelque chose en lui l'en dissuadait. Il finit par se rendre chez Elijah Stern. Celui-ci s'était absenté, ce fut un employé de maison qui le conduisit à la chambre de son fils. Jay espérait que Luther avait laissé un message ; mais il n'y trouva rien. La chambre était en ordre, il n'y avait ni lettre, ni aucun indice qui explique son départ.

— Luther vous a-t-il dit quelque chose ? demanda Jay à l'employé qui l'accompagnait.

— Non. Je n'étais pas là ces deux derniers jours, mais on m'a dit que Luther ne viendrait plus travailler pour le moment.

— Qu'il ne viendrait plus pour le moment ? Mais a-t-il pris un congé ou a-t-il démissionné ?

— Je ne saurais pas vous dire, Monsieur.

Toute cette confusion autour de Luther était très étrange. Jay était désormais convaincu qu'il s'était passé un événement grave pour que son fils s'évapore ainsi dans la nature. Il quitta la propriété de Stern et retourna en ville. Il s'arrêta dans un restaurant pour téléphoner à sa femme et avaler un sandwich. Nadia l'informa qu'elle était toujours sans nouvelles. Tout en déjeunant, il parcourut le journal : on n'y parlait que de ce fait divers survenu à Aurora.

— Qu'est-ce que c'est que cette histoire de disparition ? demanda-t-il au patron de l'établissement.

— Une sale affaire... Ça s'est passé dans un bled à une heure d'ici : une pauvre femme y a été assassinée et une fille de quinze ans enlevée. Toutes les polices de l'État sont à sa recherche...

— Comment se rend-on à Aurora ?

— Vous prenez la 101, direction Est. Lorsque vous arrivez à l'océan, vous suivez la route 1, direction Sud, et vous y êtes.

Poussé par un pressentiment, Jay Caleb se rendit à Aurora. Sur la route 1, il fut arrêté à deux reprises par des barrages de police, puis, lorsqu'il longea l'épaisse forêt de Side Creek, il put constater l'ampleur du dispositif de recherche : des véhicules d'urgence par dizaines, des policiers partout, des chiens et beaucoup d'agitation. Il roula jusqu'au centre-ville, et peu après la marina s'arrêta devant un *diner* de la rue principale débordant de monde. Il y entra et s'installa au comptoir. Une ravissante jeune femme blonde lui servit du café. Pendant une fraction de seconde, il crut la connaître ; c'était pourtant la première fois de sa vie qu'il venait ici. Il la dévisagea, elle lui sourit, puis il vit son nom sur son badge : Jenny. Et soudain, il comprit :

la femme, sur cette esquisse au fusain réalisée par Luther et qu'il aimait particulièrement, c'était elle ! Il se souvenait bien de l'inscription au dos : *Jenny Quinn, 1974*.

— Je peux vous renseigner, Monsieur ? lui demanda Jenny. Vous avez l'air perdu.

— Je... C'est une horreur ce qui s'est passé ici...

— À qui le dites-vous... On ne sait toujours pas ce qui est arrivé à la fille. Elle est si jeune ! Elle n'a que quinze ans. Je la connais bien, elle travaille ici le samedi. Elle s'appelle Nola Kellergan.

— Co... comment avez-vous dit ? bégaya Jay, qui espéra avoir mal entendu.

— Nola. Nola Kellergan.

En entendant ce nom encore, il se sentit vaciller. Il eut envie de vomir. Il devait partir d'ici. Aller loin. Il laissa dix dollars sur le comptoir et il s'enfuit.

À l'instant où il rentra à la maison, Nadia vit immédiatement que son mari était bouleversé. Elle se précipita vers lui, et il s'écroula presque dans ses bras.

— Mon Dieu, Jay, que se passe-t-il ?

— Il y a trois semaines, Luther et moi sommes allés pêcher. Tu te rappelles ?

— Oui. Vous avez sorti ces black-bass dont la chair était immangeable. Mais pourquoi me parles-tu de cela ?

Jay raconta cette journée à sa femme. C'était le dimanche 10 août 1975. Luther était arrivé à Portland la veille au soir : ils avaient prévu d'aller pêcher tôt le matin au bord d'un petit lac. C'était une belle journée, les lignes mordaient bien, ils s'étaient choisi un coin très calme et il n'y avait personne pour les déranger. Tout en sirotant de la bière, ils avaient parlé de la vie.

— Il faut que ve te dive, Papa, avait dit Luther. V'ai rencontré une femme ecftraordinaire.
— C'est vrai ?
— Comme ve te dis. Elle est hors du commun. Elle fait battre mon cœur, et tu fais, elle m'aime. Elle me l'a dit. Un vour, ve te la présenterai. Ve fuis fûr qu'elle te plaira beaucoup.
Jay avait souri.
— Et cette jeune femme a-t-elle un nom ?
— Nola, Papa. Elle f'appelle Nola Kellergan.

Se remémorant cette journée, Jay Caleb expliqua à sa femme : « Nola Kellergan est le nom de cette fille qui a été enlevée à Aurora. Je crois que Luther a fait une énorme connerie. »

Sylla rentra à la maison au même instant. Elle entendit les mots de son père. « Qu'est-ce que ça veut dire ? s'écria-t-elle. Qu'est-ce que Luther a fait ? » Son père, après lui avoir expliqué la situation, lui ordonna de ne rien raconter de cette histoire à qui que ce soit. Personne ne devait faire le lien entre Luther et Nola. Il passa ensuite toute la semaine dehors, à rechercher son fils : il sillonna d'abord le Maine, puis toute la côte, du Canada jusqu'au Massachusetts. Il se rendit dans les coins reculés, lacs et cabanes, qu'affectionnait son fils. Il se disait qu'il était peut-être terré là, paniqué, traqué comme une bête par toutes les polices du pays. Il n'en trouva aucune trace. Il l'attendit tous les soirs, il guettait le moindre bruit. Quand la police téléphona pour annoncer sa mort, il sembla presque soulagé. Il exigea de Nadia et Sylla qu'elles ne parlent plus jamais de cette histoire, pour que la mémoire de son fils ne soit jamais salie.

Lorsque Sylla eut terminé son récit, Gahalowood lui demanda :

— Êtes-vous en train de nous dire que vous pensez que votre frère avait quelque chose à voir avec l'enlèvement de Nola ?

— Disons qu'il avait un comportement étrange avec les femmes... Il aimait les peindre. Surtout les femmes blondes. Je sais qu'il lui arrivait de les dessiner en cachette, dans les lieux publics. Je n'ai jamais su ce qui lui plaisait là-dedans... Alors oui, je pense qu'il a pu se passer quelque chose avec cette jeune fille. Mon père pensait que Luther avait pété les plombs, qu'elle s'était refusée à lui et qu'il l'avait tuée. Quand la police a téléphoné pour nous dire qu'il s'était tué, mon père a pleuré longuement. Et au travers de ses larmes, je l'ai entendu nous dire : « Tant mieux qu'il soit mort... Si je l'avais trouvé moi, je crois que je l'aurais tué. Pour qu'il ne finisse pas sur la chaise électrique. »

Gahalowood hocha la tête. Il jeta encore un rapide coup d'œil parmi les objets de Luther, et il y dénicha un carnet de notes.

— C'est l'écriture de votre frère ?

— Oui, ce sont des indications pour la taille des rosiers... Il s'occupait aussi des rosiers chez Stern. Je ne sais pas pourquoi je l'ai gardé.

— Pourrais-je l'emporter ? demanda Gahalowood.

— L'emporter ? Oui, bien sûr. Mais je crains que ce ne soit pas très intéressant pour votre enquête. Je l'ai parcouru : ce n'est qu'un guide de jardinage.

Gahalowood acquiesça.

— Vous comprenez, dit-il, il faudrait que je puisse faire expertiser l'écriture de votre frère.

11.

En attendant Nola

"Frappez ce sac, Marcus. Frappez-le comme si toute votre vie en dépendait. Vous devez boxer comme vous écrivez et écrire comme vous boxez : vous devez donner tout ce que vous avez en vous parce que chaque match, comme chaque livre, est peut-être le dernier."

L'été 2008 fut un été très calme en Amérique. La bataille pour les tickets présidentiels s'était terminée en juin, lorsque les démocrates, au cours des élections primaires du Montana, avaient désigné Barack Obama comme leur candidat, tandis que les républicains, eux, avaient plébiscité John McCain depuis mars déjà. L'heure était désormais au rassemblement des forces partisanes : les prochains rendez-vous d'importance n'auraient lieu qu'à partir de la fin août avec les conventions nationales des deux grands partis historiques du pays, qui y introniseraient officiellement leur candidat à la Maison-Blanche.

Ce calme relatif avant la tempête électorale qui mènerait jusqu'à l'*Election Day* du 4 novembre laissait à l'affaire Harry Quebert la première place dans les médias, engendrant une agitation sans précédent au sein de l'opinion publique. Il y avait les «pro-Quebert», les «anti-Quebert», les adeptes de la théorie du complot ou encore ceux qui pensaient que sa libération sous caution n'était due qu'à un accord financier avec le père Kellergan. Depuis la publication de mes feuillets par la presse, mon livre était en outre sur toutes les lèvres; tout le monde ne parlait plus

que du «nouveau Goldman qui sortira cet automne».
Elijah Stern, bien que son nom ne soit pas directement
mentionné dans les feuillets, avait déposé une plainte
pour diffamation afin d'en empêcher la publication.
Quant à David Kellergan, il avait également fait part
de son intention de saisir les tribunaux, se défendant
vigoureusement des allégations de maltraitance sur sa
fille. Et au milieu de ce battage, deux personnes se
réjouissaient tout particulièrement: Barnaski et Roth.

Roy Barnaski, qui avait déployé ses équipes d'avocats new-yorkais jusque dans le New Hampshire pour parer à tout imbroglio juridique susceptible de retarder la parution du livre, jubilait: les fuites, dont il ne faisait plus de doute qu'il les avait lui-même orchestrées, lui garantissaient des ventes exceptionnelles et lui permettaient d'occuper le terrain médiatique. Il considérait que sa stratégie n'était ni pire ni meilleure que celle des autres, que le monde des livres était passé du noble art de l'imprimerie à la folie capitaliste du XXIe siècle, que désormais un livre devait être écrit pour être vendu, que pour vendre un livre il fallait qu'on en parle, et que pour qu'on en parle il fallait s'approprier un espace qui, si on ne le prenait pas soi-même par la force, serait pris par les autres. Manger ou être mangé.

Du côté de la justice, il faisait peu de doute que le dossier pénal allait bientôt s'effondrer. Benjamin Roth était en passe de devenir l'avocat de l'année et d'accéder à la notoriété nationale. Il acceptait toutes les demandes d'interviews et passait le plus clair de son temps dans les studios des télévisions et des radios locales. Tout, pourvu qu'on parle de lui. «Imaginez-vous, je peux facturer 1 000 dollars de l'heure maintenant, me dit-il. Et à chaque fois que je passe dans le journal, je rajoute dix dollars à mes tarifs horaires pour mes prochains clients. Les journaux, peu importe ce que vous y dites, l'important est d'y être. Les gens se souviennent d'avoir vu votre photo dans le *New York Times*, ils ne se souviennent jamais de ce que vous y racontiez. » Roth avait attendu toute sa carrière que tombe l'affaire du siècle, et il l'avait trouvée. Désormais sous le feu des projecteurs, il servait à la presse tout ce qu'elle voulait entendre : il parlait du Chef Pratt, d'Elijah Stern, il répétait à l'envi que Nola était une fille troublante, sans doute une manipulatrice, et que Harry était finalement la véritable victime de l'affaire. Pour exciter l'audience, il se mit même à sous-entendre, détails imaginaires à l'appui, que la moitié de la ville d'Aurora avait eu intimement affaire à Nola, si bien que je dus l'appeler pour une mise au point.

— Il faut que vous arrêtiez avec vos racontars pornographiques, Benjamin. Vous êtes en train de salir tout le monde.

— Mais justement, Marcus, au fond, mon boulot n'est pas tant de laver l'honneur de Harry que de montrer combien l'honneur des autres était sale et dégueulasse. Et s'il doit y avoir un procès, je ferai témoigner Pratt, je convoquerai Stern, je ferai appeler tous les hommes d'Aurora à la barre pour qu'ils expient publiquement leurs péchés charnels avec la petite Kellergan. Et je prouverai que ce pauvre Harry n'a eu finalement que le tort de s'être laissé séduire par une femme perverse, comme tant d'autres avant lui.

— Mais qu'est-ce que vous racontez ? m'emportai-je. Il n'a jamais été question de cela !

— Allons, mon ami, appelons un chat un chat. Cette gamine, c'était une salope.

— Vous êtes affligeant, lui répondis-je.

— Affligeant ? Mais je ne fais que reprendre ce que vous dites dans votre bouquin, non ?

— Justement non, et vous le savez très bien ! Nola n'avait rien de tapageur, ni de provocateur. Son histoire avec Harry, c'est une histoire d'amour !

— L'amour, l'amour, toujours l'amour ! Mais l'amour, ça ne veut rien dire, Goldman ! L'amour, c'est une combine que les hommes ont inventée pour ne pas avoir à faire leur lessive !

Le bureau du procureur était mis sur la sellette par la presse et l'atmosphère s'en ressentait dans les locaux de la brigade criminelle de la police d'État : la rumeur voulait que le gouverneur en personne, au cours d'une réunion tripartite, ait sommé la police de régler l'affaire dans les plus brefs délais. Depuis les révélations de Sylla Mitchell, Gahalowood commençait à y voir plus clair dans l'enquête ; les éléments convergeaient de plus en plus vers Luther, et il comptait beaucoup sur les résultats de l'analyse graphologique du carnet pour confirmer son intuition. En attendant, il avait besoin d'en apprendre plus, notamment sur les errances de Luther à Aurora. C'est ainsi que le dimanche 20 juillet, nous retrouvâmes Travis Dawn pour qu'il nous raconte ce qu'il savait à ce propos.

Comme je ne me sentais pas encore prêt à retourner au centre-ville d'Aurora, Travis accepta de nous retrouver dans un restoroute proche de Montburry. Je m'attendais à être mal reçu, à cause de ce que j'avais écrit à propos de Jenny, mais il fit montre de beaucoup de gentillesse à mon égard.

— Je suis désolé pour ces fuites, lui dis-je. C'étaient des notes personnelles, rien de tout ceci n'aurait dû paraître.

— Je ne peux pas t'en vouloir, Marc...

— Tu pourrais...

— Tu ne fais que raconter la vérité. Je sais bien que Jenny en pinçait pour Quebert... Je voyais bien à l'époque comment elle le regardait... Au contraire, je crois que ton enquête tient la route, Marcus... Du moins en est-ce la preuve. À propos de l'enquête : quoi de neuf, justement ?

C'est Gahalowood qui répondit :

— Le neuf, c'est que nous avons de très sérieux soupçons sur Luther Caleb.

— Luther Caleb... ce cinglé ? Alors c'est vrai, cette histoire de peinture ?

— Oui. Apparemment, la gamine allait régulièrement chez Stern. Étiez-vous au courant pour le Chef Pratt et Nola ?

— Ces ignobles histoires ? Non ! Quand je l'ai appris, je suis tombé des nues. Vous savez, peut-être qu'il a dérapé, mais ça a toujours été un bon flic. Je doute qu'on puisse remettre en cause son enquête et ses recherches, comme j'ai pu le lire dans la presse.

— Que pensez-vous des soupçons sur Stern et Quebert ?

— Que vous vous êtes monté la tête. Tamara Quinn dit qu'elle nous avait prévenus pour Quebert, à l'époque. Je crois qu'il faut recadrer un peu la situation : elle prétendait qu'elle savait tout, mais elle ne savait rien. Elle n'avait aucune preuve de ce qu'elle avançait. Tout ce qu'elle pouvait vous dire, c'est qu'elle avait eu une preuve concrète, mais qu'elle l'avait mystérieusement égarée. Rien de crédible. Vous-même, sergent, vous savez avec quelle précaution il faut traiter les accusations gratuites. Le seul élément que nous avions contre Quebert était la

Chevrolet Monte Carlo noire. Et ce n'était, de loin, pas suffisant.

— Une amie de Nola nous assure avoir averti Pratt de ce qui se tramait chez Stern.

— Pratt ne m'en a jamais parlé.

— Alors, comment ne pas penser qu'il n'ait pas bâclé l'enquête ? releva Gahalowood.

— Ne me faites pas dire ce que je n'ai pas dit, sergent.

— Et Luther Caleb ? Que pouvez-vous nous en dire ?

— Luther, c'était un drôle de type. Il importunait les femmes. J'ai même poussé Jenny à porter plainte contre lui après qu'il se fut montré agressif à son égard.

— Vous ne l'avez jamais suspecté ?

— Pas vraiment. Nous avons évoqué son nom et nous avons vérifié quel véhicule il possédait : une Mustang bleue, je me rappelle. Et de toute façon, il semblait peu probable qu'il soit notre homme.

— Pourquoi ?

— Peu avant la disparition de Nola, je m'étais assuré qu'il ne viendrait plus jamais à Aurora.

— C'est-à-dire ?

Travis eut soudain l'air mal à l'aise.

— Disons que... je l'ai vu au Clark's, c'était la mi-août, juste après avoir convaincu Jenny de déposer plainte contre lui... Il l'avait molestée et elle en avait gardé un horrible hématome sur le bras. Je veux dire, c'était quand même quelque chose de sérieux. Quand il m'a vu arriver, il s'est enfui. Je l'ai pris en chasse, je l'ai rattrapé sur la route 1. Et là... je... Vous savez, Aurora c'est une ville paisible, je ne voulais pas qu'il vienne rôder...

— Qu'avez-vous fait ?

— Je lui ai flanqué une dérouillée. Je n'en suis pas fier. Et...

— *Et* quoi, Chef Dawn ?

— Je lui ai collé mon flingue dans les parties. Je lui ai filé une raclée, et alors qu'il était plié en deux, au sol, je l'ai tenu bien en place, j'ai sorti mon colt, j'ai engagé une balle, et je lui ai enfoncé le canon dans les testicules. Je lui ai dit que je ne voulais plus jamais le voir de ma vie. Il gémissait. Il gémissait qu'il ne reviendrait plus, il m'a supplié de le laisser partir. Je sais que c'est pas des manières correctes, mais je voulais m'assurer qu'on ne le verrait plus à Aurora.

— Et vous pensez qu'il vous a obéi ?

— Pour sûr.

— Vous seriez donc le dernier à l'avoir vu à Aurora ?

— Oui. J'ai transmis la consigne à mes collègues, avec le signalement de sa voiture. Il ne s'est plus jamais montré. On a appris qu'il s'était tué dans le Massachusetts un mois plus tard.

— Quel genre d'accident ?

— Il a raté un virage, je crois. Je n'en sais pas beaucoup plus. À vrai dire, je ne m'y suis pas plus intéressé que ça. À ce moment-là, on avait plus important à faire.

Lorsque nous sortîmes du restoroute, Gahalowood me dit :

— Je crois que cette bagnole est la clé de l'énigme. Il faut savoir qui aurait pu conduire une Chevrolet Monte Carlo noire. Ou plutôt se poser la question suivante : Luther Caleb aurait-il pu être au volant d'une Chevrolet Monte Carlo noire le 30 août 1975 ?

Le lendemain, je retournai à Goose Cove pour la première fois depuis l'incendie. Malgré les banderoles de police tendues au niveau de la marquise pour interdire l'accès à la maison, je pénétrai à l'intérieur. Tout était dévasté. Dans la cuisine, je retrouvai la boîte SOUVENIR DE ROCKLAND, MAINE intacte. Je la vidai de son pain sec et la remplis de quelques objets indemnes glanés au gré des pièces visitées. Dans le salon, je découvris un petit album de photos qui n'avait miraculeusement pas été abîmé. Je l'emportai dehors et je m'assis sous un grand bouleau, face à la maison, pour en regarder les photos. C'est à cet instant qu'Ernie Pinkas arriva. Il me dit simplement :

— J'ai vu ta voiture à l'entrée du chemin.

Il vint s'asseoir à côté de moi.

— Ce sont des photos de Harry ? demanda-t-il en désignant l'album.

— Oui. Je l'ai trouvé dans la maison.

Il y eut un long silence. Je tournais les pages. Les clichés dataient probablement du début des années 1980. Sur plusieurs d'entre eux, apparaissait un labrador jaune.

— À qui est ce chien ? demandai-je.

— À Harry.

— Je ne savais pas qu'il en avait eu un.

— Storm, il s'appelait. Il a bien dû vivre douze ou treize ans.

Storm. Ce nom ne m'était pas inconnu, mais je ne me rappelais plus pour quelle raison.

— Marcus, reprit Pinkas, je n'ai pas voulu être méchant l'autre jour. Je regrette si je t'ai blessé.

— Ça n'a pas d'importance.

— Si, ça en a. Je ne savais pas que tu avais reçu des menaces. C'est à cause de ton livre ?

— Probablement.

— Mais qui a fait ça ? s'indigna-t-il en désignant la maison brûlée.

— On n'en sait rien. La police dit qu'un produit accélérant a été utilisé, comme de l'essence. Un bidon vide a été découvert sur la plage, mais les empreintes relevées dessus sont inconnues.

— Alors t'as reçu des menaces et tu es resté ?

— Oui.

— Pourquoi ?

— Quelle raison aurais-je eu de partir ? La peur ? La peur, il faut la mépriser.

Pinkas me dit que j'étais quelqu'un, et que lui aussi aurait bien voulu devenir quelqu'un dans la vie. Sa femme avait toujours cru en lui. Elle était morte quelques années auparavant, emportée par une tumeur. Sur son lit de mort, elle lui avait dit, comme s'il était un jeune homme plein d'avenir : « Ernie, tu feras quelque chose de grand dans la vie. Je crois en toi. — Je suis trop vieux... Ma vie est derrière moi. — Il n'est jamais trop tard, Ernie. Tant qu'on n'est pas mort, la vie est devant soi. » Mais ce qu'avait réussi à faire Ernie depuis le décès de sa femme, c'était décrocher un boulot au supermarché de Montburry pour rembourser la chimiothérapie et faire entretenir le marbre de sa tombe.

— Je range les chariots, Marcus. Je parcours le parking, je traque les chariots esseulés et abandonnés, je les prends avec moi, je les réconforte, et je les range avec tous leurs copains dans la gare à chariots, pour les clients suivants. Les chariots ne sont jamais seuls. Ou alors pas très longtemps. Parce que, dans tous les supermarchés du monde, il y a un Ernie qui vient les chercher et les ramène à leur famille. Mais qui est-ce qui vient chez Ernie ensuite pour le ramener à sa famille, hein ? Pourquoi fait-on pour les chariots de supermarché ce qu'on ne fait pas pour les hommes ?

— Tu as raison. Qu'est-ce que je peux faire pour toi ?

— Je voudrais être dans les remerciements de ton bouquin. Je voudrais qu'il y ait mon nom dans les remerciements, à la dernière page, comme les écrivains font souvent. Je voudrais avoir mon nom en tout premier. En grosses lettres. Parce que je t'ai un peu aidé à trouver des renseignements. Tu penses que ce serait possible ? Ma femme sera fière de moi. Son petit mari aura contribué à l'immense succès de Marcus Goldman, la nouvelle grande vedette de la littérature.

— Compte sur moi, lui dis-je.

— J'irai lui lire ton livre, Marc. Chaque jour, je viendrai m'asseoir à côté d'elle et je lui lirai ton livre.

— Notre livre, Ernie. Notre livre.

Nous entendîmes soudain des pas derrière nous : c'était Jenny.

— J'ai vu ta voiture à l'entrée du chemin, Marcus, me dit-elle.

À ces mots, Ernie et moi sourîmes. Je me levai et Jenny m'enlaça comme une mère. Puis elle regarda la maison et elle se mit à pleurer.

En repartant pour Concord ce jour-là, je passai voir Harry au Sea Side Motel. Il traînait devant la porte de sa chambre, torse nu. Il répétait des mouvements de boxe. Il n'était plus le même. Lorsqu'il me vit, il me dit :

— Allons boxer, Marcus.
— Je viens pour parler.
— Nous parlerons en boxant.

Je lui tendis la boîte *Souvenir de Rockland, Maine* retrouvée dans les ruines de la maison.

— Je vous ai rapporté ceci, dis-je. Je suis passé par Goose Cove. Votre maison est encore pleine de vos affaires... Pourquoi n'allez-vous pas les récupérer ?

— Que voulez-vous que j'aille récupérer ?

— Des souvenirs ?

Il eut une moue.

— Les souvenirs ne servent qu'à rendre triste, Marcus. Rien qu'en voyant cette boîte, j'ai envie de pleurer !

Il prit la boîte entre les mains puis la serra contre lui.

— Lorsqu'elle a disparu, me raconta-t-il, je n'ai pas pris part aux recherches... Vous savez ce que je faisais ?

— Non...

— Je l'attendais, Marcus. Je l'attendais. La rechercher, ça aurait voulu dire qu'elle n'était plus là. Alors je l'attendais, persuadé qu'elle allait me revenir. J'étais certain qu'elle reviendrait un jour. Et ce jour-là, je voulais qu'elle soit fière de moi. Je me suis préparé à son retour pendant trente-trois ans. Trente-trois ans ! Chaque jour, j'achetais du chocolat et des fleurs, pour elle. Je savais que c'était la seule personne que j'aimerais jamais, et l'amour, Marcus, ça n'arrive qu'une fois par vie ! Et si vous ne me croyez pas, cela signifie que vous n'avez encore jamais aimé. Le soir, je restais sur mon canapé à la guetter, me disant qu'elle allait surgir comme elle avait toujours surgi. Lorsque je partais donner des conférences à travers le pays, je laissais un mot sur ma porte : *En conférence à Seattle. De retour mardi prochain.* Pour si elle revenait dans l'intervalle. Et je laissais toujours ma porte ouverte. Toujours ! Je n'ai jamais fermé à clé en trente-trois ans. Les gens disaient que j'étais fou, que j'allais rentrer un jour et trouver ma maison vidée par des cambrioleurs, mais personne ne cambriole personne à Aurora, New Hampshire. Vous savez pourquoi j'ai passé des années sur la route, à accepter toutes les conférences qu'on me proposait ? Parce que je me suis dit que je la retrouverais peut-être. Dans les mégapoles comme dans les plus petits bleds, j'ai sillonné ce pays de long en large, m'assurant que tous les quotidiens locaux annonçaient ma venue, parfois en achetant des espaces publicitaires de ma propre poche, tout ça pour quoi ? Pour elle, pour que nous puissions nous retrouver. Et pendant chacune de mes conférences, je scrutais mon auditoire, je cherchais les jeunes femmes blondes de son âge, je cherchais des ressemblances. Chaque fois, je me disais : peut-être qu'elle sera là. Et après la conférence, je répondais à chaque sollicitation, en pensant qu'elle viendrait peut-être vers moi. Je l'ai guettée dans le public pendant des années, ciblant les filles de quinze ans d'abord, puis de seize, et de vingt, et de vingt-cinq ! Si je suis resté à Aurora, Marcus, c'est parce que j'ai attendu Nola. Et puis, voilà un mois, on l'a retrouvée morte. Enterrée dans mon jardin ! Je l'attendais depuis tout ce temps et elle était là, juste à côté ! Là où j'avais toujours voulu, pour elle, planter des hortensias ! Depuis ce jour où on l'a retrouvée, j'ai le cœur qui va exploser, Marcus ! Parce que j'ai perdu l'amour de ma vie, parce que si je ne lui avais pas donné rendez-vous dans ce maudit motel, elle serait peut-être toujours en vie ! Alors ne venez pas ici avec vos souvenirs qui me déchirent le cœur. Arrêtez, je vous en supplie, arrêtez.

Il se dirigea vers les escaliers.

— Où allez-vous, Harry ?

— Boxer. Je n'ai plus que ça, la boxe.

Il descendit sur le parking, et se mit à exécuter des chorégraphies guerrières sous les regards inquiets des clients du restaurant voisin. Je le rejoignis et il se mit face à moi en position de garde. Il s'essaya à des enchaînements de directs, mais même lorsqu'il boxait, ce n'était plus la même chose.

— Au fond, pourquoi êtes-vous venu ici ? me demanda-t-il entre deux attaques du droit.

— Pourquoi ? Mais pour vous voir…

— Et pourquoi vouliez-vous tant me voir ?

— Mais parce que nous sommes amis !

— Mais justement, Marcus, c'est ça que vous ne comprenez pas : nous ne pouvons plus être amis.

— Qu'est-ce que vous me racontez, Harry ?

— La vérité. Je vous aime comme un fils. Et je vous aimerai toujours. Mais nous ne pourrons plus être amis à l'avenir.

— Pourquoi ? À cause de la maison ? Je paierai, je vous ai dit ! Je paierai !

— Vous ne comprenez toujours pas, Marcus. Ce n'est pas à cause de la maison.

Je baissai ma garde un instant et il m'infligea une succession de coups directement dans le haut de l'épaule droite.

— Tenez votre garde, Marcus ! Si ç'avait été votre tête, je vous assommais !

— Mais je m'en fous de ma garde ! Je veux savoir ! Je veux comprendre ce que signifie votre petit jeu de devinettes !

— Ce n'est pas un jeu. Le jour où vous comprendrez, vous aurez résolu toute cette affaire.

Je m'arrêtai net.

— Bon Dieu, de quoi êtes-vous en train de me parler ? Vous me cachez des choses, c'est ça ? Vous ne m'avez pas dit toute la vérité ?

— Je vous ai tout dit, Marcus. La vérité est entre vos mains.

— Je ne comprends pas.

— Je sais. Mais lorsque vous aurez compris, tout sera différent. Vous vivez une étape cruciale de votre vie.

Je m'assis à même le béton, dépité. Il se mit à crier que ce n'était pas le moment de m'asseoir.

— Relevez-vous, relevez-vous ! hurla-t-il. Nous pratiquons le noble art de la boxe !

Mais je n'en avais plus rien à faire de son noble art de la boxe.

— La boxe n'a de sens pour moi qu'à travers vous, Harry ! Vous vous souvenez du championnat de boxe en 2002 ?

— Bien sûr que je m'en souviens... Comment pourrais-je oublier ?

— Mais alors pourquoi ne serions-nous plus amis ?

— À cause des livres. Les livres nous ont unis et, maintenant, ils nous séparent. C'était écrit.

— C'était écrit ? Comment ça ?

— Tout est dans les livres... Marcus, je savais que ce moment viendrait dès le jour où je vous ai vu.

— Mais quel moment ?

— C'est à cause du livre que vous êtes en train d'écrire.

— Ce livre ? Mais si vous voulez, je renonce au livre ! Vous voulez qu'on annule tout ? Eh bien voilà, c'est annulé ! Plus de livre ! Plus rien !

— Ça ne servirait malheureusement à rien. Si ce n'est pas celui-là, ce sera un autre.

— Harry, qu'êtes-vous en train de me raconter ? Je ne comprends rien.

— Vous allez faire ce livre et ce sera un livre magnifique, Marcus. J'en suis très heureux, surtout ne vous méprenez pas. Mais nous arrivons au moment de la séparation. Un écrivain s'en va, et un autre naît. Vous allez prendre la relève, Marcus. Vous allez devenir un immense écrivain. Vous avez vendu les droits de votre manuscrit pour un million de dollars ! Un million de dollars ! Vous allez devenir quelqu'un de très grand, Marcus. Je l'ai toujours su.

— Mais au nom du Ciel, qu'est-ce que vous essayez de me dire ?

— Marcus, la clé est dans les livres. Elle est sous vos yeux. Regardez, regardez bien ! Voyez-vous où nous sommes ?

— Nous sommes sur le parking d'un motel !

— Non ! Non, Marcus ! Nous sommes aux origines du mal ! Et voici plus de trente ans que je redoute ce moment.

*

Salle de boxe du campus de l'université de Burrows, février 2002

— Vous placez mal vos frappes, Marcus. Vous tapez bien, mais vous avez toujours la première phalange du majeur qui dépasse trop et qui frotte au moment de l'impact.

— Quand j'ai les gants, je ne le sens plus.

— Vous devez savoir boxer poings nus. Les gants ne servent qu'à ne pas tuer votre adversaire. Vous le sauriez si vous cogniez autre chose que ce sac.

— Harry... selon vous, pourquoi est-ce que je boxe toujours tout seul ?

— Demandez-le à vous-même.

— Parce que j'ai peur, je crois. J'ai peur de l'échec.

— Mais quand vous êtes allé dans cette salle de Lowell, sur mon conseil, et que vous vous êtes fait massacrer par ce grand Noir, qu'avez-vous ressenti ?

— De la fierté. Après coup, j'ai ressenti de la fierté. Le lendemain, quand j'ai regardé les bleus sur mon corps, je les ai aimés : je m'étais dépassé, j'avais osé ! J'avais osé me battre !

— Donc vous considérez avoir gagné...

— Au fond, oui. Même si, techniquement, j'ai perdu le combat, j'ai l'impression d'avoir gagné ce jour-là.

— La réponse est là : peu importe de gagner ou de perdre, Marcus. Ce qui compte, c'est le chemin que vous parcourez entre le gong du premier round et le gong final. Le résultat du match, au fond, n'est qu'une information pour le public. Qui a le droit de dire que vous avez perdu, si vous, vous pensez avoir gagné ? La vie c'est comme une course à pied, Marcus : il y aura toujours des gens qui seront plus rapides ou plus lents que vous. Tout ce qui compte au final, c'est la vigueur que vous avez mise à parcourir votre chemin.

— Harry, j'ai trouvé cette affiche dans un hall...

— C'est le championnat de boxe universitaire ?

— Oui... Il y aura toutes les grandes universités... Harvard, Yale... Je... je voudrais y participer.

— Alors je vais vous y aider.

— Vraiment ?

— Bien sûr. Vous pourrez toujours compter sur moi, Marcus. Ne l'oubliez jamais. Vous et moi nous sommes une équipe. Pour toute la vie.

10.

À la recherche d'une fille de quinze ans

(Aurora, New Hampshire, 1-18 septembre 1975)

"Harry, comment transmettre des émotions que l'on n'a pas vécues ?
– C'est justement votre travail d'écrivain. Écrire, cela signifie que vous êtes capable de ressentir plus fort que les autres et de transmettre ensuite. Écrire, c'est permettre à vos lecteurs de voir ce que parfois ils ne peuvent voir. Si seuls les orphelins racontaient des histoires d'orphelins, on aurait de la peine à s'en sortir. Cela signifierait que vous ne pourriez pas parler de mère, de père, de chien ou de pilote d'avion, ni de la Révolution russe, parce que vous n'êtes ni une mère, ni un père, ni un chien, ni un pilote d'avion et que vous n'avez pas connu la Révolution russe. Vous n'êtes que Marcus Goldman. Et si chaque écrivain ne devait se limiter qu'à

lui-même, la littérature serait d'une tristesse épouvantable et perdrait tout son sens. On a le droit de parler de tout, Marcus, de tout ce qui nous touche. Et il n'y a personne qui puisse nous juger pour cela. Nous sommes écrivains parce que nous faisons différemment une chose que tout le monde autour de nous sait faire : écrire. C'est là que réside toute la subtilité."

À un moment ou un autre, tout le monde crut voir Nola quelque part. Dans le magasin général d'une ville avoisinante, à un arrêt de bus, au comptoir d'un restaurant. Une semaine après la disparition, alors que les recherches se poursuivaient, la police dut faire face à une multitude de témoignages erronés. Dans le comté de Cheshire, une projection de cinéma fut interrompue après qu'un spectateur crut reconnaître Nola Kellergan au troisième rang. Aux environs de Manchester, un père de famille qui accompagnait sa fille – blonde et âgée de quinze ans – à une fête foraine fut emmené au commissariat pour vérification.

Les recherches, malgré leur intensité, demeuraient vaines : la mobilisation des habitants de la région avait permis leur extension à toutes les villes voisines d'Aurora, mais sans permettre de trouver le moindre début de piste. Des spécialistes du FBI étaient venus optimiser le travail de la police en pointant les lieux à fouiller en priorité, sur la base de l'expérience et des statistiques : les cours d'eau et orées des bois proches d'un parking, et les décharges. L'affaire leur paraissait si complexe qu'ils avaient même sollicité l'aide d'un médium, qui avait fait ses preuves lors de deux affaires de meurtre en Oregon, mais sans succès cette fois-ci.

La ville d'Aurora bouillonnait, envahie par les badauds et les journalistes. Dans la rue principale, le poste de police fourmillait d'une intense activité : on y coordonnait les recherches, on y centralisait et triait les informations. Les lignes téléphoniques étaient encombrées, le téléphone n'arrêtait pas de sonner, souvent pour rien, et chaque appel nécessitait de longues vérifications. Des pistes avaient été ouvertes dans le Maine et le Massachusetts où on avait envoyé des équipes cynophiles. Sans résultat. Le point presse donné deux fois par jour par le Chef Pratt et le capitaine Rodik devant l'entrée du poste ressemblait de plus en plus à un aveu d'impuissance.

Sans que personne ne s'en rende compte, Aurora faisait l'objet d'une étroite surveillance : dissimulés parmi les journalistes venus de tout l'État pour couvrir l'événement, des agents fédéraux observaient les alentours de la maison des Kellergan et avaient mis leur téléphone sur écoute. Si c'était un enlèvement, le ravisseur ne tarderait pas à se manifester. Il appellerait, ou peut-être, par perversité, se mêlerait aux curieux qui défilaient devant le 245 Terrace Avenue pour déposer des messages de soutien. Et si ce n'était pas une question de rançon mais bien un maniaque qui avait sévi, comme certains le craignaient, il fallait le neutraliser au plus vite, avant qu'il ne recommence.

La population se serrait les coudes : les hommes ne comptaient pas les heures passées à ratisser des parcelles entières de prés et de forêts, ou à inspecter les berges des cours d'eau. Robert Quinn prit deux jours de congé pour participer aux recherches. Ernie Pinkas, sur autorisation de son contremaître, quittait l'usine une heure plus tôt pour pouvoir rejoindre les équipes de la fin de l'après-midi jusqu'à la tombée du soir. Dans la cuisine du Clark's, Tamara Quinn, Amy Pratt et d'autres bénévoles préparaient des collations pour les volontaires. Elles ne parlaient que de l'enquête :

— J'ai des informations, répétait Tamara Quinn. J'ai des informations capitales !

— Quoi ? Quoi ? Raconte ! s'époumonait son auditoire en beurrant du pain de mie pour faire des sandwichs.

— Je ne peux rien vous dire... C'est bien trop grave.

Et chacun y allait de sa petite histoire : on soupçonnait depuis longtemps qu'il se passait des choses pas nettes au 245 Terrace Avenue et ça n'était pas un hasard si ça se finissait mal. La mère Phillips, dont le fils avait été en classe avec Nola, raconta qu'apparemment, lors d'une récréation, un élève avait soulevé par surprise le polo de Nola pour lui faire une plaisanterie, et que tout le monde avait vu que la petite avait des marques sur le corps. La mère Hattaway raconta que sa fille Nancy était très amie de Nola et qu'au cours de l'été, il s'était passé une succession de faits très étranges, et notamment celui-ci : durant une semaine entière, Nola avait comme disparu et la porte de la maison des Kellergan était restée close pour tous les visiteurs. « Et cette musique ! ajouta Madame Hattaway. Tous les jours j'entendais cette musique qu'on jouait beaucoup trop fort dans le garage, et je me demandais pourquoi diable ce besoin d'assourdir tout le quartier. J'aurais dû me plaindre du bruit, mais je n'ai jamais osé. Je me disais que, tout de même, c'était le révérend... »

*

Lundi 8 septembre 1975

Il était aux environs de midi.

À Goose Cove, Harry attendait. Les mêmes questions se bousculaient sans cesse dans sa tête : que s'était-il passé ? Que lui était-il arrivé ? Où pouvait être Nola ? Comment se faisait-il que la police ne trouve plus trace d'elle ? Il y avait une semaine qu'il restait cloîtré dans sa maison, à attendre. Il dormait sur le canapé du salon, guettant les moindres bruits. Il ne mangeait plus. Il avait l'impression de devenir fou. Plus il y pensait, plus la même idée revenait : et si Nola avait voulu brouiller les pistes ? Et si elle avait mis en scène l'agression ? Du coulis rouge sur le visage et des hurlements pour faire croire à un enlèvement : pendant que la police la cherchait autour d'Aurora, elle avait tout le loisir de disparaître loin, d'aller jusqu'au fin fond du Canada. Peut-être même qu'on la croirait bientôt morte et que personne ne la chercherait plus. Nola avait-elle préparé toute cette mise en scène pour qu'ils soient tranquilles à jamais ? Si c'était le cas, pourquoi n'était-elle pas allée au rendez-vous du motel ? La police était arrivée trop vite ? Avait-elle dû se cacher dans les bois ? Et que s'était-il passé chez Deborah Cooper ? Y avait-il un lien entre les deux affaires ou est-ce que tout ceci n'était que pure coïncidence ? Si Nola n'avait pas été enlevée, pourquoi ne lui donnait-elle pas signe de vie ? Pourquoi n'était-elle pas venue se réfugier, ici, à Goose Cove ? Il s'efforça de réfléchir : où pouvait-elle bien être ? Dans un lieu qu'eux seuls connaissaient. Martha's Vineyard ?

C'était trop loin. La boîte en fer-blanc dans la cuisine lui rappela leur escapade dans le Maine, au tout début de leur relation. Était-elle cachée à Rockland ? Aussitôt qu'il y pensa, il attrapa ses clés de voiture et se précipita dehors. En poussant la porte, il tomba nez à nez avec Jenny qui s'apprêtait à sonner. Elle venait voir si tout allait bien : il y avait des jours qu'elle ne l'avait pas vu, elle s'inquiétait. Elle lui trouva une mine affreuse, il était amaigri. Il portait le même costume que lorsqu'elle l'avait vu au Clark's une semaine plus tôt.

— Harry, que t'arrive-t-il ? demanda-t-elle.
— J'attends.
— Qu'attends-tu ?
— Nola.

Elle ne comprit pas. Elle dit :

— Oh oui, quelle histoire affreuse ! Tout le monde en ville est atterré. Cela fait déjà une semaine et pas le moindre indice. Pas la moindre trace. Harry... tu as mauvaise mine, je me fais du souci. Est-ce que tu as mangé dernièrement ? Je vais te faire couler un bain et je te préparerai un petit quelque chose.

Il n'avait pas le temps de s'encombrer avec Jenny. Il devait retrouver l'endroit où se cachait Nola. Il l'écarta un peu brusquement, descendit les quelques marches en bois qui menaient au parking en gravier et monta dans sa voiture.

— Je ne veux rien, dit-il simplement depuis la fenêtre ouverte. Je suis très occupé, je ne dois pas être dérangé.

— Mais occupé à quoi ? insista tristement Jenny.
— À attendre.

Il démarra et disparut derrière une rangée de pins. Elle s'assit sur les marches de la marquise et se mit à pleurer. Plus elle l'aimait, plus elle se sentait malheureuse.

Au même moment, Travis Dawn entra dans le Clark's, ses roses à la main. Il y avait des jours qu'il ne l'avait pas vue ; depuis la disparition. Il avait passé la matinée dans la forêt, avec les équipes de recherche, puis, en remontant dans sa voiture de patrouille, il avait vu les fleurs sur le plancher. Elles avaient en partie séché et se tordaient drôlement, mais il avait eu soudain envie de les apporter à Jenny, immédiatement. Comme si la vie était trop courte. Il s'était absenté, le temps d'aller la trouver au Clark's, mais elle n'était pas là.

Il s'installa au comptoir et Tamara Quinn vint aussitôt vers lui, comme elle faisait désormais à chaque fois qu'elle voyait un uniforme.

— Comment se passent les recherches ? demanda-t-elle avec un air de mère inquiète.

— On trouve rien, M'dame Quinn. Rien du tout.

Elle soupira et contempla les traits fatigués du jeune policier.

— T'as déjeuné, fiston ?

— Heu... Non, M'dame Quinn. En fait, je voulais voir Jenny.

— Elle s'est absentée un moment.

Elle lui servit un verre de thé glacé et disposa devant lui un set de table en papier et des couverts. Elle remarqua les fleurs et demanda :

— C'est pour elle ?

— Oui, M'dame Quinn. Je voulais m'assurer qu'elle allait bien. Avec toutes les histoires de ces derniers jours...

— Elle ne devrait pas tarder. Je lui ai demandé

d'être de retour avant le service de midi, mais évidemment elle est en retard. Ce type lui fera perdre la tête...

— Qui ça? demanda Travis qui sentit soudain son cœur se serrer.

— Harry Quebert.

— Harry Quebert?

— Je suis certaine qu'elle est allée chez lui. Je ne comprends pas pourquoi elle s'entête à essayer de plaire à ce petit salopard... Enfin bref, je ne devrais pas te parler de ça. Le plat du jour, c'est de la morue et des pommes de terre sautées...

— C'est parfait, M'dame Quinn. Merci.

Elle posa une main amicale sur son épaule.

— Tu es un bon garçon, Travis. Ça me ferait plaisir que ma Jenny soit avec quelqu'un comme toi.

Elle s'en alla en cuisine et Travis avala quelques gorgées de son thé glacé. Il était triste.

Jenny arriva quelques minutes plus tard; elle s'était remaquillée à la hâte pour qu'on ne voie pas qu'elle avait pleuré. Elle passa derrière le comptoir, noua son tablier et remarqua alors Travis. Il sourit et lui tendit son bouquet de fleurs fanées.

— Elles n'ont pas bonne mine, s'excusa-t-il, mais il y a plusieurs jours que je voulais te les offrir. Je me suis dit que c'était le geste qui comptait.

— Merci, Travis.

— Ce sont des roses sauvages. Je connais un endroit près de Montburry où il en pousse des centaines. Je t'y emmènerai si tu veux. Ça va, Jenny? T'as pas l'air bien...

— Ça va...

— C'est cette horrible histoire qui te chagrine, hein? Tu as peur? Ne t'inquiète pas, la police est partout désormais. Et puis je suis sûr qu'on va retrouver Nola.

— Je n'ai pas peur. C'est autre chose.

— C'est quoi ?

— Rien d'important.

— C'est à cause de Harry Quebert ? Ta mère dit qu'il te plaît bien.

— Peut-être. Laisse tomber, Travis, ça n'a pas d'importance. Faut… faut que j'aille en cuisine. Je suis en retard et Maman va encore me faire une scène.

Jenny disparut derrière la porte à battants et tomba sur sa mère qui préparait des assiettes.

— T'es encore en retard, Jenny ! Je suis seule en salle avec tout ce monde.

— Pardon, Ma'.

Tamara lui tendit une assiette de morue et de pommes de terre sautées.

— Va apporter ça à Travis, veux-tu.

— Oui, Ma'.

— C'est un gentil garçon, tu sais.

— Je sais…

— Tu vas l'inviter à déjeuner à la maison, dimanche.

— Déjeuner à la maison ? Non, Maman. Je ne veux pas. Il ne me plaît pas du tout. Et puis, il se ferait des illusions, ce ne serait pas gentil de ma part.

— Ne discute pas ! T'as pas fait tant d'histoires quand tu t'es retrouvée seule pour le bal et qu'il est venu t'inviter. Tu lui plais beaucoup, ça se voit, et il pourrait faire un gentil mari. Oublie Quebert, bon sang ! Il n'y aura jamais de Quebert ! Mets-toi ça dans le crâne une bonne fois pour toutes ! Quebert n'est pas un homme bien ! Il est temps que tu te trouves un homme, et estime-toi heureuse qu'un beau garçon te fasse la cour alors que tu es en tablier toute la journée !

— Maman !

Tamara prit une voix aiguë et sotte pour imiter les gémissements d'un enfant :

— *Maman ! Maman !* Arrête de pleurnicher, veux-tu ? Tu as bientôt vingt-cinq ans ! Tu veux finir vieille fille ? Toutes tes copines de classe sont mariées ! Et toi ? Hein ? Tu étais la reine du lycée, que s'est-il passé, au nom du Christ ? Ha, comme je suis déçue, ma fille. Ma' est très déçue de toi. Nous déjeunerons avec Travis, dimanche, un point c'est tout. Tu vas lui apporter son plat et tu vas l'inviter. Et après ça, tu iras passer un coup de chiffon sur les tables du fond qui sont dégoûtantes. Ça t'apprendra à toujours être en retard.

*

Mercredi 10 septembre 1975

— Vous comprenez, docteur, il y a ce policier charmant, qui lui fait du gringue. Je lui ai dit de l'inviter à déjeuner dimanche. Elle ne voulait pas mais je l'ai forcée.

— Pourquoi l'avez-vous forcée, Madame Quinn ?

Tamara haussa les épaules et laissa sa tête retomber de tout son poids sur l'accoudoir du divan. Elle s'accorda un instant de réflexion.

— Parce que... parce que je ne veux pas qu'elle finisse seule.

— Alors vous avez peur que votre fille se retrouve seule jusqu'à la fin de sa vie.

— Oui ! Exactement ! Jusqu'à la fin de sa vie !

— Vous-même, avez-vous peur de la solitude ?

— Oui.
— Qu'est-ce que ça vous inspire ?
— La solitude, c'est la mort.
— Avez-vous peur de mourir ?
— La mort, docteur, ça me terrifie.

*

Dimanche 14 septembre 1975

À la table des Quinn, Travis fut bombardé de questions. Tamara voulait tout savoir sur cette enquête qui n'avançait pas. Robert, lui, avait bien quelques curiosités à partager, mais les rares fois où il avait voulu parler, sa femme l'avait rabroué en lui disant : « Tais-toi, Bobbo. C'est pas bon pour ton cancer. » Jenny avait l'air malheureuse et toucha à peine au repas. Seule sa mère tenait le crachoir. Au moment de servir la tarte aux pommes, elle finit par oser demander :

— Alors, Travis, vous avez une liste de suspects ?
— Pas vraiment. Je dois dire qu'on patauge un peu pour le moment. C'est quand même fou, il n'y a pas le moindre indice.
— Est-ce que Harry Quebert est suspect ? interrogea Tamara.
— Maman ! s'indigna Jenny.
— Alors quoi ? On peut plus poser de questions dans cette maison ? Si je donne son nom, c'est parce que j'ai de bonnes raisons : c'est un pervers, Travis. Un pervers ! Il serait impliqué dans la disparition de la petite que je serais pas étonnée.
— C'est grave ce que vous avancez, M'dame

Quinn, lui répondit Travis. On ne peut pas dire ce genre de choses sans preuve.

— Mais j'en avais ! beugla-t-elle, folle de rage. J'en avais ! Figure-toi que j'avais un texte écrit de sa main et très compromettant, rangé dans mon coffre, au restaurant ! Je suis la seule à avoir la clé ! Et tu sais où je garde la clé ? Autour de mon cou ! Je ne l'enlève jamais ! Jamais ! Eh bien, l'autre jour, j'ai voulu reprendre ce fichu morceau de papier pour le donner au Chef Pratt, et voilà qu'il avait disparu ! Il n'était plus dans mon coffre ! Comment c'est possible ? Je n'en sais rien. C'est de la sorcellerie !

— Peut-être que tu l'as simplement rangé ailleurs, suggéra Jenny.

— La ferme, ma fille. Je ne suis tout même pas folle, non ? Bobbo, suis-je folle ?

Robert hocha la tête dans un geste qui ne disait ni oui ni non, ce qui eut pour effet d'irriter encore plus sa femme.

— Alors, Bobbo, pourquoi tu ne réponds pas quand je te pose une question ?

— À cause de mon cancer, finit-il par dire.

— Eh bien, t'auras pas de tarte. C'est le docteur qui l'a dit : les desserts pourraient te tuer sur-le-champ.

— Mais je n'ai pas entendu le docteur dire ça ! protesta Robert.

— Tu vois, le cancer te rend déjà sourd. Dans deux mois, tu rejoindras les anges, mon pauvre Bobbo.

Travis essaya de calmer la tension en reprenant le fil de la discussion :

— En tout cas, si vous n'avez pas de preuve, ça ne tient pas la route, conclut-il. Les enquêtes de police sont des choses précises et scientifiques. Et j'en sais quelque chose : j'ai été major de ma promotion à l'académie de police.

La seule idée de ne plus savoir où était passé le morceau de papier qui pouvait faire perdre Harry mettait Tamara dans tous ses états. Pour se calmer, elle s'empara de la pelle à tarte et coupa plusieurs tranches d'un geste guerrier, tandis que Bobbo sanglotait parce qu'il n'avait pas du tout envie de mourir.

*

Mercredi 17 septembre 1975

La recherche du feuillet obsédait Tamara Quinn. Elle avait passé deux jours à fouiller sa maison, sa voiture, et même le garage où elle n'allait jamais. En vain. Ce matin-là, après le lancement du premier service du petit-déjeuner au Clark's, elle s'enferma dans son bureau et vida le contenu de son coffre sur le sol : personne n'avait accès au coffre, c'était impossible que le feuillet ait disparu. Il devait être là. Elle en revérifia le contenu, en vain ; dépitée elle remit ses affaires en ordre. À cet instant, Jenny frappa et passa la tête par l'entrebâillement de la porte. Elle trouva sa mère plongée dans l'énorme gueule d'acier.

— Ma' ? Qu'est-ce que tu fais ?
— Je suis occupée.
— Oh, Ma' ! Ne me dis pas que tu es encore en train de chercher ce satané morceau de papier ?
— Occupe-toi de tes salades, ma fille, veux-tu ? Quelle heure est-il ?

Jenny consulta sa montre.

— Presque huit heures trente, dit-elle.

— Archizut ! Je suis en retard.
— En retard où ?
— J'ai un rendez-vous.
— Un rendez-vous ? Mais nous devons réceptionner les boissons ce matin. Déjà mercredi dernier tu...
— Tu es une grande fille, non ? l'interrompit sèchement sa mère. Tu as deux bras, tu sais où est la réserve. Pas besoin d'être allée à Harvard pour empiler des caisses de bouteilles de Coca les unes sur les autres : je suis sûre que tu t'en tireras très bien. Et ne va pas faire les yeux doux au livreur pour qu'il le fasse pour toi ! Il est temps de retrousser tes manches !

Sans adresser un regard à sa fille, Tamara attrapa ses clés de voiture et s'en alla. Une demi-heure après son départ, un imposant camion se gara derrière le Clark's : le livreur déposa une lourde palette chargée de caisses de Coca devant l'entrée de service.

— Z'avez besoin d'aide ? demanda-t-il à Jenny après qu'elle eut signé le reçu.
— Non, M'sieur. Ma mère veut que je me débrouille toute seule.
— Comme vous voudrez. Bonne journée alors.

Le camion repartit et Jenny entreprit de soulever une à une les lourdes caisses pour les porter dans la réserve. Elle avait envie de pleurer. À cet instant, Travis, qui passait par là à bord de son véhicule de patrouille, l'aperçut. Il se gara aussitôt et descendit de voiture.

— Besoin d'un coup de main ? proposa-t-il.

Elle haussa les épaules.

— Ça va. Tu dois certainement avoir à faire, répondit-elle sans interrompre son effort.

Il empoigna une caisse et essaya de faire la conversation.

— Ils disent que la recette du Coca est secrète et qu'elle est conservée dans un coffre à Atlanta.

— Je savais pas.

Il suivit Jenny jusqu'à la réserve et ils empilèrent l'une sur l'autre les deux caisses qu'ils venaient de porter. Comme elle ne parlait pas, il reprit son explication :

— Il paraît aussi que ça donne bon moral aux GI's, et que depuis la Deuxième Guerre mondiale ils en envoient des caisses aux troupes stationnées à l'étranger. Je l'ai lu dans un livre sur le Coca. Enfin, je l'ai lu comme ça, je lis aussi des livres plus sérieux.

Ils ressortirent sur le parking. Elle le regarda dans le fond des yeux.

— Travis...

— Oui, Jenny ?

— Serre-moi fort. Prends-moi dans tes bras et serre-moi fort ! Je me sens si seule ! Je me sens si malheureuse ! J'ai l'impression d'avoir froid jusqu'au fond de mon cœur.

Il la prit dans ses bras et l'étreignit du plus fort qu'il put.

— Voilà que ma fille me pose des questions, docteur. Tout à l'heure, elle m'a demandé où je me rendais tous les mercredis.

— Que lui avez-vous répondu ?

— Qu'elle aille se faire voir ! Et qu'elle réceptionne les palettes de Coca ! Ça ne la regarde pas, où je vais !

— Je sens à votre voix que vous êtes en colère.

— Oui ! Oui ! Bien sûr que je suis en colère, docteur Ashcroft !

— En colère contre qui ?

— Mais contre... contre... contre moi !

— Pourquoi ?

— Parce que je lui ai encore crié dessus. Vous savez, docteur, on fait des enfants et on veut qu'ils soient les plus heureux du monde. Et puis la vie vient se mettre en travers de nous !

— Que voulez-vous dire ?

— Elle est toujours à me demander conseil pour tout ! Elle est toujours dans mes jupons, à me demander : *Ma', comment on fait ça ? Ma', où est-ce qu'on range ça ? Ma' par-ci et Ma' par-là ! Ma' ! Ma' ! Ma' !* Mais je ne serai pas toujours là pour elle ! Un jour je ne pourrai plus veiller sur elle, vous comprenez ! Et quand j'y pense, ça me prend là, dans le ventre ! Comme si tout mon estomac se nouait ! C'est physiquement douloureux et ça me coupe l'appétit !

— Vous voulez dire que vous avez des angoisses, Madame Quinn ?

— Oui ! Oui ! Des angoisses ! Des angoisses terribles ! On essaie de faire tout bien, on essaie de donner ce qu'il y a de meilleur à nos enfants ! Mais que feront nos enfants lorsque nous ne serons plus là ? Que feront-ils, hein ? Et comment être sûrs qu'ils seront heureux et qu'il ne leur arrivera jamais rien ? C'est comme cette gamine, docteur Ashcroft ! Cette pauvre Nola, que lui est-il arrivé ? Et où peut-elle bien être ?

*

Où pouvait-elle bien être ? Elle n'était pas à Rockland. Ni sur les plages, ni dans les restaurants, ni dans la boutique. Nulle part. Il téléphona à l'hôtel de Martha's Vineyard pour savoir si le personnel n'avait pas vu une jeune fille blonde, mais le réceptionniste à qui il parla le prit pour un fou. Alors il attendit, tous les jours et toutes les nuits.

Il attendit tout le lundi.

Il attendit tout le mardi.

Il attendit tout le mercredi.

Il attendit tout le jeudi.

Il attendit tout le vendredi.

Il attendit tout le samedi.

Il attendit tout le dimanche.

Il attendait avec ferveur et espoir : elle reviendrait. Et ils partiraient ensemble. Ils seraient heureux. Elle était la seule personne qui ait jamais donné du sens à la vie. Qu'on brûle les livres, les maisons, la musique et les hommes : rien n'importait pourvu qu'elle soit avec lui. Il l'aimait : aimer voulait dire que ni la mort, ni l'adversité ne lui faisaient peur tant qu'elle serait à ses côtés. Alors il l'attendait. Et lorsque la nuit tombait, il jurait aux étoiles qu'il attendrait toujours.

Pendant que Harry se refusait à perdre espoir, le capitaine Rodik ne pouvait que constater l'échec des opérations de police malgré l'ampleur des moyens déployés. Il y avait à présent plus de deux semaines qu'on remuait ciel et terre, sans succès. Au cours d'une réunion avec le FBI et le Chef Pratt, Rodik eut ce constat amer :

— Les chiens ne trouvent rien, les hommes ne trouvent rien. Je crois que nous ne la retrouverons pas.

— Je suis assez d'accord avec vous, acquiesça le responsable du FBI. En principe, dans ce genre de cas, soit on retrouve la victime tout de suite, morte ou vivante, soit il y a une demande de rançon. Et si ce n'est rien de tout ça, alors le cas s'en va rejoindre les affaires de disparitions non résolues qui s'entassent sur nos bureaux année après année. Pour la seule semaine dernière, le FBI a reçu cinq avis de disparition de gamins sur l'ensemble du pays. On n'a pas le temps de tout traiter.

— Mais qu'aurait-il pu arriver à cette gamine alors ? demanda Pratt qui ne pouvait pas se résigner à baisser les bras. Une fugue ?

— Une fugue ? Non. Pourquoi l'aurait-on vue en sang et effrayée ?

Rodik haussa les épaules, et le type du FBI proposa d'aller boire une bière.

Le lendemain, au soir du 18 septembre, lors d'un dernier point presse commun, le Chef Pratt et le capitaine Rodik annoncèrent que les recherches pour retrouver Nola Kellergan allaient cesser. Le dossier restait ouvert auprès de la brigade criminelle de la police d'État. Il n'y avait pas le moindre élément, pas la moindre piste : en trois semaines, il n'avait été trouvé aucune trace de la petite Nola Kellergan.

Des bénévoles, conduits par le Chef Pratt, poursuivirent leurs recherches pendant plusieurs semaines, jusqu'aux frontières de l'État. Mais en vain. Nola Kellergan s'était comme envolée.

9.

Une Monte Carlo noire

"Les mots c'est bien, Marcus. Mais n'écrivez pas pour qu'on vous lise : écrivez pour être entendu."

Mon livre avançait. Les heures passées à écrire se matérialisaient peu à peu, et je sentais revenir en moi ce sentiment indescriptible que je croyais perdu à jamais. C'était comme si je recouvrais enfin un sens vital qui, pour m'avoir fait défaut, m'avait fait dysfonctionner; comme si quelqu'un avait appuyé sur un bouton dans mon cerveau et l'avait soudain rallumé. Comme si j'étais de nouveau en vie. C'était la sensation des écrivains.

Mes journées débutaient avant l'aube: je partais courir, traversant Concord de part en part, avec, dans mes oreilles, mon lecteur de minidisques. Puis, de retour dans ma chambre d'hôtel, je commandais un bon litre de café et je me mettais au travail. Je pouvais à nouveau compter sur l'aide de Denise, que j'avais récupérée chez Schmid & Hanson et qui avait accepté de reprendre du service dans mon bureau de la Cinquième Avenue. Je lui envoyais mes pages par courriel au fur et à mesure que je les écrivais, et elle se chargeait de procéder aux corrections d'usage. Lorsqu'un chapitre était complet, je l'envoyais à Douglas, pour avoir son avis. C'était amusant de voir combien il s'investissait dans ce livre; je sais qu'il restait collé à son ordinateur à attendre mes chapitres. Il ne manquait pas non plus de me rappeler l'imminence des délais, me répétant: «Si on ne finit pas à temps, on est cuit!» Il disait «*on*» alors que lui, théoriquement, ne risquait rien dans l'opération, mais il se sentait autant concerné que moi.

Je crois que Douglas subissait beaucoup de pression de la part de Barnaski et qu'il essayait de m'en protéger: Barnaski craignait que je ne parvienne pas à tenir les délais sans aide extérieure. Il m'avait déjà téléphoné à plusieurs reprises pour me le dire de vive voix.

— Il faut que vous preniez des écrivains fantômes pour rédiger ce bouquin, m'avait-il dit, vous n'y arriverez jamais sinon. J'ai des équipes qui sont là pour ça, vous donnez les grandes lignes et ils écrivent à votre place.

— Jamais de la vie, avais-je répondu. C'est ma responsabilité d'écrire ce livre. Personne ne le fera à ma place.

— Oh, Goldman, vous êtes insupportable avec votre morale et vos bons sentiments. Tout le monde fait écrire ses livres par quelqu'un d'autre aujourd'hui. *Untel*, par exemple, il ne refuse jamais mes équipes.

— *Untel* n'écrit pas lui-même ses livres?

Il avait eu ce stupide ricanement caractéristique.

— Mais bien sûr que non! Comment diable voulez-vous qu'il puisse tenir le rythme? Les lecteurs ne veulent pas savoir comment *Untel* écrit ses livres, ou même qui les écrit. Tout ce qu'ils veulent, c'est avoir, chaque année, au début de l'été, un nouveau livre d'*Untel* pour leurs vacances. Et nous le leur donnons. Ça s'appelle avoir le sens du commerce.

— Ça s'appelle tromper le public, dis-je.

— Tromper le public... Tsss, Goldman, vous êtes décidément un grand tragédien.

Je lui avais fait comprendre qu'il était hors de question que quelqu'un d'autre que moi écrive ce livre : il avait perdu patience et il était devenu grossier.

— Goldman, il me semble que je vous ai versé un million de dollars pour ce foutu bouquin : j'aimerais donc que vous vous montriez un peu plus coopératif. Si je pense que vous avez besoin de mes écrivains, alors on va les utiliser, bordel de merde !

— Du calme, Roy, vous aurez le livre dans les délais. À condition que vous cessiez de m'interrompre dans mon travail en me téléphonant sans cesse.

Barnaski était alors devenu épouvantablement grossier :

— Goldman, sacré nom de Dieu, j'espère que vous êtes conscient qu'avec ce livre, j'ai mes couilles sur la table. Mes couilles ! Sur la table ! J'ai investi énormément de pognon et je joue la crédibilité d'une des plus grosses maisons d'édition du pays. Alors si ça se passe mal, s'il n'y a pas de bouquin à cause de vos caprices ou de je ne sais quelle autre merde et que je devais couler à pic, sachez que je vous entraînerais avec moi ! Et bien profond !

— J'en prends note, Roy. J'en prends bonne note.

Barnaski, en dehors de ses travers humains, avait un talent inné pour le marketing : mon livre était d'ores et déjà le livre de l'année alors que sa promotion, à coups de publicités géantes sur les murs de New York, ne faisait que débuter. Peu après l'incendie de la maison de Goose Cove, il avait fait une déclaration retentissante. Il avait dit : « Il y a, quelque part, caché en Amérique, un écrivain qui s'efforce de rétablir la vérité à propos de ce qui s'est passé en 1975 à Aurora.

Et parce que la vérité dérange, il y a quelqu'un qui est prêt à tout pour le faire taire. » Le lendemain, un article du *New York Times* titrait : *Qui veut la peau de Marcus Goldman ?* Ma mère l'avait évidemment lu et m'avait aussitôt téléphoné :

— Pour l'amour du Ciel, Markie, où te trouves-tu ?
— À Concord, au Regent's. Suite 208.
— Mais tais-toi ! s'était-elle écriée. Je ne veux pas le savoir !
— Enfin, Maman. C'est toi qui...
— Si tu me le dis, je ne pourrai pas m'empêcher de le dire au boucher, qui le dira à son commis, qui le répétera à sa mère, qui n'est autre que la cousine du concierge du lycée de Felton et qui ne pourra pas s'empêcher de le lui dire, et ce diable ira le raconter au proviseur qui en parlera dans la salle des maîtres, et bientôt tout Montclair saura que mon fils est dans la suite 208, au Regent's de Concord, et celui-qui-veut-ta-peau viendra t'égorger dans ton sommeil. Pourquoi une suite d'ailleurs ? As-tu une petite amie ? Vas-tu te marier ?

Elle avait alors appelé mon père, je l'avais entendue crier : « Nathan, viens écouter le téléphone ! Markie va se marier ! »

— Maman, je ne vais pas me marier. Je suis tout seul dans ma suite.

Gahalowood, qui était dans ma chambre où il venait de se faire servir un copieux petit-déjeuner, n'avait rien trouvé de mieux à faire que de s'écrier : « Hé ! Moi je suis là ! »

— Qui est-ce ? avait aussitôt demandé ma mère.
— Personne.
— Ne dis pas personne ! J'ai entendu une voix d'homme. Marcus, je vais te poser une question

médicale extrêmement importante, et il faudra que tu sois honnête avec celle qui t'a porté dans son ventre pendant neuf mois : y a-t-il un homme homosexuel secrètement caché dans ta chambre ?

— Non, Maman. Il y a le sergent Gahalowood, qui est policier. Il enquête avec moi et il se charge également de faire exploser ma note de service d'étage.

— Est-il nu ?

— Quoi ? Mais bien sûr que non ! C'est un policier, Maman ! Nous travaillons ensemble.

— Un policier... Tu sais, je ne suis pas née de la dernière pluie : il y a cette chose musicale, des hommes qui chantent ensemble, il y a un motard tout en cuir, un plombier, un Indien et un policier...

— Maman, lui, c'est un véritable officier de police.

— Markie, au nom de nos ancêtres qui ont fui les pogroms et si tu aimes ta gentille Mama, chasse cet homme nu de ta chambre.

— Je ne vais chasser personne, Maman.

— Oh, Markie, pourquoi me téléphones-tu si c'est pour me faire de la peine ?

— C'est toi qui m'appelles, Maman.

— C'est parce que ton père et moi nous avons peur de ce criminel fou qui te poursuit.

— Personne ne me poursuit. La presse exagère.

— Je regarde tous les matins et tous les soirs dans la boîte aux lettres.

— Pourquoi ?

— *Pourquoi* ? *Pourquoi* ? Il me demande pourquoi ? Mais à cause d'une bombe !

— Je ne pense pas que quelqu'un va mettre une bombe chez vous, Maman.

— Nous mourrons d'une bombe ! Et sans jamais avoir connu la joie d'être grands-parents. Voilà, es-tu content de toi ? Figure-toi que l'autre jour, ton père a été suivi par une grosse voiture noire jusque devant la maison. Papa s'est précipité à l'intérieur et la voiture est allée se garer dans la rue, juste à côté.

— Avez-vous appelé la police ?

— Évidemment. Deux voitures sont arrivées, sirènes hurlantes.

— Et ?

— C'était les voisins. Ces diables ont acheté une nouvelle voiture ! Sans même nous prévenir. Une nouvelle voiture, tsss ! Alors que tout le monde dit qu'il va y avoir une immense crise économique, eux, ils achètent une nouvelle voiture ! C'est pas suspect, ça ? Je pense que le mari trempe dans le trafic de drogue ou quelque chose comme ça.

— Maman, qu'est-ce que tu racontes comme idioties ?

— Je sais ce que je dis ! Et ne parle pas comme ça à ta pauvre mère qui risque de mourir d'une minute à l'autre d'un attentat à la bombe ! Où en est ton livre ?

— Ça avance bien.

— Et comment finit-il ? C'est peut-être celui qui a tué la petite qui veut te tuer.

— C'est mon seul problème : je ne sais toujours pas comment le livre se termine.

L'après-midi du lundi 21 juillet, Gahalowood débarqua dans ma suite alors que j'étais en train d'écrire le chapitre où Nola et Harry décident de partir ensemble pour le Canada. Il était dans un état d'excitation avancé, et commença par se servir une bière dans le minibar.

— J'étais chez Elijah Stern, me dit-il.

— Stern ? Sans moi ?

— Je vous rappelle que Stern a déposé plainte contre votre bouquin. Bref, je viens justement vous raconter...

Gahalowood m'expliqua qu'il avait débarqué à l'improviste chez Stern, pour ne pas rendre sa venue officielle, et que c'était l'avocat de Stern, Bo Sylford, un ténor du barreau de Boston, qui l'avait accueilli en sueur et en tenue de sport, en lui disant : « Donnez-moi cinq minutes, sergent. Je prends une douche rapide et je suis à vous. »

— Une douche ? demandai-je.

— Comme je vous dis, l'écrivain : ce Sylford déambulait à moitié nu dans le hall. J'ai patienté dans un petit salon, puis il est revenu, en costume, accompagné de Stern qui m'a dit : « Alors, sergent, vous avez fait la connaissance de mon compagnon. »

— De son compagnon ? répétai-je. Vous êtes en train de me dire que Stern est...

— Homosexuel. Ce qui voudrait dire qu'il n'a vraisemblablement jamais ressenti la moindre attirance pour Nola Kellergan.

— Mais qu'est-ce que tout ça veut dire ? demandai-je.

— C'est la question que je lui ai posée. Il était assez ouvert à la discussion.

Stern s'était dit très agacé par mon livre ; il considérait que je ne savais pas de quoi je parlais. Gahalowood avait alors saisi la balle au bond et lui avait proposé d'apporter quelques éclaircissements à l'enquête :

— Monsieur Stern, avait-il dit, à la lumière de ce que je viens d'apprendre à propos de votre... préférence sexuelle, pouvez-vous dire quel genre de relation il y a eu entre Nola et vous ?

— Je vous l'ai dit depuis le début, avait répondu Stern sans sourciller. Une relation de travail.
— Une relation de travail ?
— C'est lorsque quelqu'un fait quelque chose pour vous et que vous le payez en retour, sergent. En l'occurrence, elle posait.
— Alors Nola Kellergan venait vraiment ici poser pour vous ?
— Oui. Mais pas pour moi.
— Pas pour vous ? Mais pour qui alors ?
— Pour Luther Caleb.
— Pour Luther ? Mais pourquoi ?
— Pour qu'il puisse prendre son pied.

La scène qu'avait alors racontée Stern s'était déroulée un soir de juillet 1975. Stern ne se rappelait plus la date exacte, mais c'était vers la fin du mois. Mes recoupements permirent d'établir que cela avait dû se passer juste avant le départ pour Martha's Vineyard.

*

Concord. Fin juillet 1975

Il était déjà tard. Stern et Luther étaient seuls dans la maison, occupés à jouer aux échecs sur la terrasse. La sonnerie de la porte d'entrée retentit soudain, et ils se demandèrent qui pouvait bien venir à une heure pareille. C'est Luther qui alla ouvrir. Il revint sur la terrasse accompagné d'une ravissante jeune fille blonde aux yeux rougis par les larmes. Nola.

— Bonsoir, Monsieur Stern, dit-elle timidement. Je vous prie de bien vouloir excuser ma venue aussi impromptue. Mon nom est Nola Kellergan et je suis la fille du pasteur d'Aurora.

— Aurora ? Tu as fait le trajet depuis Aurora ? demanda-t-il. Comment es-tu venue jusqu'ici ?

— J'ai fait du stop, Monsieur Stern. Il fallait absolument que je vous parle.

— Est-ce qu'on se connaît ?

— Non, Monsieur. Mais j'ai une requête de première importance.

Stern contempla cette petite jeune femme aux yeux pétillants mais tristes, qui venait le trouver au milieu de la soirée pour une *requête de première importance*. Il la fit asseoir dans un fauteuil confortable, et Caleb lui apporta un verre de limonade et des biscuits.

— Je t'écoute, lui dit-il, presque amusé de la scène, lorsqu'elle eut bu sa limonade d'une traite. Qu'as-tu de si important à me demander ?

— Encore une fois, Monsieur Stern, je vous prie de m'excuser de vous déranger à une heure pareille. Mais c'est un cas de force majeure. Je viens vous voir en toute confidentialité pour… vous demander de m'engager.

— De t'engager ? Mais de t'engager en tant que quoi ?

— En tant que ce que vous voudrez, Monsieur. Je ferai n'importe quoi pour vous.

— T'engager ? répéta Stern qui ne comprenait pas bien. Mais pourquoi donc ? As-tu besoin d'argent, ma petite ?

— En échange, je voudrais que vous permettiez à Harry Quebert de rester à Goose Cove.

— Harry Quebert quitte Goose Cove ?

— Il n'a pas les moyens de rester. Il a déjà contacté l'agence de location de la maison. Il ne peut pas payer le mois d'août. Mais il faut qu'il reste ! Parce qu'il y a ce livre, qu'il commence à peine à écrire et dont je sens qu'il va être un livre magnifique ! S'il s'en va, il ne le finira jamais ! Sa carrière serait brisée ! Quel gâchis, Monsieur, quel gâchis ! Et puis, il y a nous ! Je l'aime, Monsieur Stern. Je l'aime comme je n'aimerai qu'une fois dans ma vie ! Je sais que cela va vous paraître ridicule, que vous pensez que je n'ai que quinze ans et que je ne connais rien à la vie. Je ne connais peut-être rien à la vie, Monsieur Stern, mais je connais mon cœur ! Sans Harry, je ne suis plus rien.

Elle joignit les mains comme pour implorer et Stern demanda :

— Qu'est-ce que tu attends de moi ?

— Je n'ai pas d'argent. Sans quoi je vous aurais payé la location de la maison pour que Harry puisse y rester. Mais vous pourriez m'engager ! Je serai votre employée, et je travaillerai pour vous aussi longtemps qu'il le faudra pour que ça corresponde à la location de la maison pour quelques mois supplémentaires.

— J'ai suffisamment d'employés de maison.

— Je peux faire ce que vous voulez. Tout ! Ou alors laissez-moi vous payer la location petit à petit : j'ai déjà cent vingt dollars ! (Elle sortit des billets de sa poche.) Ce sont toutes mes économies ! Les samedis, je travaille au Clark's, je travaillerai jusqu'à vous avoir remboursé !

— Combien gagnes-tu ?

Elle répondit fièrement :

— Deux dollars de l'heure ! Plus les pourboires !

Stern sourit, touché par cette requête. Il considéra Nola avec tendresse : au fond, il n'avait pas besoin du revenu de la location de Goose Cove, il pouvait parfaitement laisser Quebert en disposer quelques mois de plus. Mais c'est alors que Luther demanda à lui parler en privé. Ils s'isolèrent dans la pièce voisine.

— Eli, dit Caleb, ve voudrais la peindre. F'il te plaît... F'il te plaît.

— Non, Luther. Pas ça... Pas encore...

— Ve t'en fupplie... Laiffe-moi la peindre... Fela fait fi longtemps...

— Mais pourquoi ? Pourquoi elle ?

— Parfe qu'elle me rappelle Eleanore.

— Encore Eleanore ? Ça suffit ! Tu dois cesser maintenant !

Stern commença par refuser. Mais Caleb insista longuement et Stern finit par céder. Il retourna auprès de Nola, qui picorait dans l'assiette de biscuits.

— Nola, j'ai réfléchi, dit-il. Je suis prêt à laisser Harry Quebert disposer de la maison autant de temps qu'il le voudra.

Elle lui sauta spontanément au cou.

— Oh, merci ! Merci, Monsieur Stern !

— Attends, il y a une condition...

— Bien sûr ! Tout ce que vous voudrez ! Vous êtes si bon, Monsieur Stern.

— Tu seras modèle. Pour une peinture. C'est Luther qui peindra. Tu te mettras nue et il te peindra.

Elle s'étrangla :

— Nue ? Vous voulez que je me mette toute nue ?

— Oui. Mais uniquement pour servir de modèle. Personne ne te touchera.

— Mais Monsieur, c'est très gênant d'être nue... Je veux dire... (Elle se mit à sangloter.) Je pensais que je pourrais vous rendre des petits services : des travaux de jardin ou faire du classement dans votre bibliothèque. Je ne pensais pas que je devrais... Je ne pensais pas à ça.

Elle essuya ses joues. Stern dévisagea ce bout de femme plein de douceur qu'il forçait à poser nue. Il aurait voulu la prendre dans ses bras pour la réconforter, mais il ne devait pas laisser ses sentiments prendre le pas.

— C'est mon prix, dit-il sèchement. Tu poses nue, et Quebert garde la maison.

Elle acquiesça.

— Je le ferai, Monsieur Stern. Je ferai tout ce que vous voulez. Désormais, je suis à vous.

*

Trente-trois ans après cette scène, hanté par le remords et comme s'il demandait l'expiation, Stern avait emmené Gahalowood sur la terrasse de sa maison, là même où il avait exigé de Nola qu'elle se mette nue à la demande de son chauffeur, si elle voulait que l'amour de sa vie puisse rester à Aurora.

— Voilà, avait-il dit, voilà comment Nola est entrée dans ma vie. Le lendemain de sa venue, j'ai essayé de contacter Quebert pour lui dire qu'il pouvait rester à Goose Cove, mais impossible de le joindre. Pendant une semaine, il a été introuvable. J'ai même envoyé Luther faire le pied de grue devant chez lui. Il a finalement réussi à le rattraper alors qu'il s'apprêtait à quitter Aurora.

Gahalowood avait ensuite demandé :

— Mais cette requête de Nola ne vous a pas semblé étrange ? Ni le fait que cette gamine de quinze ans vive une relation avec un homme de plus de trente ans et vienne vous demander une faveur pour lui ?

— Vous savez, sergent, elle parlait si bien de l'amour... Si bien que moi-même je ne pourrais jamais utiliser ses mots. Et puis, moi, j'aimais les hommes. Vous savez comment on percevait l'homosexualité à l'époque? Encore maintenant d'ailleurs... La preuve, je m'en cache toujours. Au point que lorsque ce Goldman raconte que je suis un vieux sadique et sous-entend que j'ai abusé de Nola, je n'ose rien dire. J'envoie mes avocats au front, j'intente des procès, j'essaie de faire interdire le livre. Il suffirait que je dise à l'Amérique que je suis de l'autre bord. Mais nos concitoyens sont encore très prudes et j'ai une réputation à protéger.

Gahalowood avait recentré la conversation.

— Votre arrangement avec Nola, comment cela se passait?

— Luther s'occupait d'aller la chercher à Aurora. Je disais que je ne voulais rien savoir de tout ça. J'exigeais qu'il prenne sa voiture personnelle, une Mustang bleue, et non pas la Lincoln noire de service. Aussitôt que je le voyais partir pour Aurora, je renvoyais tous les employés de maison. Je voulais que personne ne soit là. J'avais trop honte. De même que je ne voulais pas que cela se passe dans la véranda qui servait d'atelier à Luther habituellement: j'avais trop peur que quelqu'un le surprenne. Alors il installait Nola dans un petit salon jouxtant mon bureau. Je venais la saluer à son arrivée et lorsqu'elle repartait. C'était ma condition pour Luther: je voulais m'assurer que tout se passait bien. Ou disons pas trop mal. Je me souviens que la première fois, elle était sur un canapé recouvert d'un drap blanc. Elle était déjà nue, tremblante, mal à l'aise, effrayée. Je lui avais serré la main et elle était glacée. Je ne restais jamais dans la pièce, mais j'étais toujours à proximité, pour m'assurer qu'il ne lui faisait aucun mal. J'ai même, par la suite, caché un interphone dans la pièce. Je le mettais en marche, et je pouvais ainsi écouter ce qui se passait.

— Et ?

— Rien. Luther ne prononçait pas un mot. C'était un taiseux de nature, à cause de ses mâchoires brisées. Il la peignait. C'est tout.

— Il ne l'a pas touchée, alors ?

— Jamais ! Je vous le dis, je ne l'aurais pas toléré.

— Combien de fois Nola est-elle venue ?

— Je ne sais pas. Une dizaine peut-être.

— Et combien de tableaux a-t-il peint ?

— Un seul.

— Celui que nous avons saisi ?

— Oui.

C'était donc uniquement grâce à Nola que Harry avait pu rester à Aurora. Mais pourquoi Luther Caleb avait-il ressenti le besoin de la peindre ? Et pourquoi Stern, qui, d'après ce qu'il disait, était prêt à laisser Harry disposer de la maison sans contrepartie, avait-il soudain accédé à la requête de Caleb et contraint Nola à poser nue ? C'étaient des questions auxquelles Gahalowood n'avait pas de réponse.

— Je lui ai demandé, m'expliqua-t-il. Je lui ai dit : « Monsieur Stern, il y a un détail que je ne saisis toujours pas : pourquoi Luther voulait-il peindre Nola ? Vous disiez tout à l'heure que cela lui permettait de prendre son pied : vous voulez dire que cela lui procurait du plaisir sexuel ? Vous avez fait mention d'une Eleanore également, s'agit-il de son ancienne petite amie ? » Mais il a clos le sujet. Il a dit que c'était une histoire compliquée et que je savais ce que j'avais besoin de savoir, que le reste appartenait au passé. Et il a levé l'entretien. J'étais là officieusement, je ne pouvais pas l'obliger à répondre.

— Jenny nous a raconté que Luther voulait la peindre, elle aussi, rappelai-je à Gahalowood.

— Alors ce serait quoi ? Une espèce de maniaque au pinceau ?

— Je n'en sais rien, sergent. Vous pensez que Stern a accédé à la requête de Caleb parce qu'il était attiré par lui ?

— L'hypothèse m'a traversé l'esprit et j'ai posé la question à Stern. Je lui ai demandé si entre lui et Caleb il y avait quelque chose. Il a répondu très calmement que pas du tout. « Je suis le très fidèle compagnon de Monsieur Sylford depuis le début des années 1970, m'a-t-il dit. Je n'ai jamais rien ressenti pour Luther Caleb si ce n'est de la pitié, raison pour laquelle je l'ai engagé. C'était un pauvre zonard de Portland, il avait été gravement défiguré et handicapé après un violent passage à tabac. Une vie foutue sans raison. Il s'y connaissait en mécanique et j'avais justement besoin de quelqu'un pour s'occuper de mon parc de voitures et me servir de chauffeur. Rapidement, nous avons tissé des liens amicaux. C'était un chouette type, vous savez. Je peux dire que nous avons été amis. » Vous voyez, l'écrivain, ce qui me taraude, c'est justement ces liens dont il parle et qu'il décrit comme amicaux. Mais j'ai l'impression qu'il y a plus que ça. Et ce n'est pas sexuel non plus : je suis certain que Stern ne nous ment pas lorsqu'il dit qu'il n'avait pas d'attirance pour Caleb. Non, ce serait des liens plus... malsains. C'est l'impression que j'ai eue lorsque Stern m'a décrit la scène où il accède à la requête de Caleb et demande à Nola de poser nue. Ça lui donnait envie de vomir, et pourtant il le fait quand même, comme si Caleb avait une espèce de pouvoir sur lui. D'ailleurs, ça n'a pas échappé à Sylford non plus. Il n'avait pas pipé mot jusque-là, il s'était contenté d'écouter, mais lorsque Stern a raconté l'épisode de la petite, terrifiée et toute nue, qu'il venait saluer avant les séances de peinture, il a fini par dire: «Mais Eli, comment? Comment? Qu'est-ce que c'est que cette histoire? Pourquoi tu ne m'as jamais rien dit?»

— Et à propos de la disparition de Luther? demandai-je. En avez-vous parlé à Stern?

— Du calme, l'écrivain, j'ai gardé le meilleur pour la fin. Sylford, sans le vouloir, lui a mis la pression. Il était chamboulé et il en a perdu ses réflexes d'avocat. Il s'est mis à beugler: «Mais Eli, enfin, explique-toi! Pourquoi ne m'as-tu jamais rien dit? Pourquoi as-tu gardé le silence pendant toutes ces années?» Le Eli en question n'en menait pas large, comme vous pouvez vous en douter, et il a rétorqué: «J'ai gardé le silence, j'ai gardé le silence mais je n'ai pas oublié! J'ai conservé ce tableau pendant trente-trois ans! Tous les jours, j'allais dans l'atelier, je m'asseyais sur le canapé et je la regardais. Je devais soutenir son regard, sa présence. Elle me fixait, avec ce regard de fantôme! C'était ma punition!»

Gahalowood avait alors évidemment demandé à Stern de quelle punition il parlait.

— Ma punition pour l'avoir un peu tuée! s'était écrié Stern. Je crois qu'en laissant Luther la peindre nue, j'ai réveillé en lui des démons terrifiants... Je... j'avais dit à cette petite qu'elle devait poser nue pour Luther, et j'avais créé une espèce de connexion entre eux deux. Je crois que je suis peut-être indirectement responsable de la mort de cette gentille petite gamine!

— Que s'est-il passé, Monsieur Stern?

Stern était d'abord resté silencieux; il avait

tourné en rond, visiblement incapable de savoir s'il devait raconter ce qu'il savait. Puis il s'était décidé à parler :

— J'ai vite réalisé que Luther était fou amoureux de Nola et qu'il voulait comprendre pourquoi Nola était, elle, folle amoureuse de Harry. Ça le rendait malade. Et il est devenu complètement obsédé par Quebert, au point qu'il s'est mis à se cacher dans les bois autour de la maison de Goose Cove pour l'espionner. Je le voyais multiplier les allées et venues vers Aurora, je savais qu'il passait parfois des journées entières là-bas. J'avais l'impression de perdre le contrôle de la situation, alors, un jour, je l'ai suivi. J'ai trouvé sa voiture garée dans les bois, près de Goose Cove. J'ai laissé la mienne plus loin, à l'abri des regards, et j'ai inspecté les bois : c'est alors que je l'ai vu, sans que lui me voie. Il était dissimulé derrière des fourrés, il épiait la maison. Je ne me suis pas montré, mais je voulais lui donner une bonne leçon, qu'il sente passer le vent du boulet. J'ai décidé de me pointer à Goose Cove, comme si je faisais une visite impromptue à Harry. J'ai donc rejoint la route 1 et je suis arrivé par le chemin de Goose Cove, l'air de rien. Je me suis directement dirigé vers la terrasse, j'ai fait du bruit. J'ai hurlé : « Bonjour ! Bonjour, Harry ! » pour être sûr que Luther m'entende. Harry a dû me prendre pour un fou, d'ailleurs je me souviens qu'il a hurlé comme un beau diable lui aussi. Je lui ai fait croire que j'avais laissé ma voiture à Aurora et j'ai proposé qu'il me ramène en ville et que nous déjeunions ensemble. Il a heureusement accepté et nous sommes partis. Je me suis dit que ça laisserait le temps à Luther de déguerpir et qu'il en serait quitte pour une bonne frayeur. Nous sommes allés déjeuner au

Clark's. Là, Harry Quebert m'a raconté que l'avant-veille, à l'aube, Luther l'avait ramené d'Aurora à Goose Cove après une mauvaise crampe pendant son jogging. Harry m'a demandé ce que faisait Luther à une heure pareille à Aurora. J'ai changé de sujet de conversation, mais j'étais très préoccupé : il fallait que cela cesse. Ce soir-là, j'ai ordonné à Luther de ne plus aller à Aurora, qu'il aurait des ennuis s'il continuait. Mais il a continué malgré tout. Alors, environ une ou deux semaines plus tard, je lui ai dit que je ne voulais plus qu'il peigne Nola. Nous avons eu une dispute terrible. C'était le vendredi 29 août 1975. Il m'a dit qu'il ne pouvait plus travailler pour moi, il est parti en claquant la porte. Je pensais qu'il avait agi sur le coup de la mauvaise humeur et qu'il reviendrait. Le lendemain, ce fameux 30 août 1975, je suis parti très tôt pour des rendez-vous privés, mais à mon retour, en fin de journée, en constatant que Luther n'était toujours pas rentré, j'ai eu un drôle de pressentiment. Je suis parti à sa recherche. J'ai pris la route d'Aurora, il devait être vers vingt heures. En chemin, je me suis fait dépasser par une colonne de voitures de police. Arrivé en ville, je découvris qu'il y régnait une agitation terrible : les gens disaient que Nola avait disparu. Je me suis fait indiquer l'adresse des Kellergan, alors qu'il m'aurait suffi de suivre le flot des curieux et des véhicules d'urgence qui y confluaient. Je suis resté un moment devant leur maison, au milieu des badauds, incrédule, à contempler l'endroit où vivait cette gentille fille, cette petite bâtisse tranquille, en planches blanches, avec cette balançoire accrochée à un épais cerisier. Je suis rentré à Concord lorsque la nuit fut tombée, et je suis allé dans la chambre de Luther pour voir s'il était là, mais personne évidemment. Il n'y avait que le tableau de Nola qui me dévisageait. Il était terminé, le tableau était terminé. Je l'ai pris avec moi, je l'ai accroché dans l'atelier. Il n'en a plus jamais bougé. J'ai attendu Luther toute la nuit, en vain. Le lendemain, son père m'a téléphoné : il le cherchait aussi. Je lui ai dit que son fils était parti l'avant-veille, sans donner plus de précision. À personne d'ailleurs. Je me suis tu. Parce que désigner Luther comme coupable de l'enlèvement de Nola Kellergan, c'était comme être coupable un peu moi-même. J'ai guetté Luther pendant un mois ; tous les jours, je partais à sa recherche. Jusqu'à ce que son père me prévienne qu'il s'était tué dans un accident de la route.

— Êtes-vous en train de me dire que vous pensez que c'est Luther Caleb qui a tué Nola ? avait demandé Gahalowood.

Stern avait hoché la tête.

— Oui, sergent. Ça fait trente-trois ans que je le pense.

Les propos de Stern que me rapporta Gahalowood me laissèrent d'abord sans voix. J'allai nous chercher deux autres bières dans le minibar et je branchai mon enregistreur.

— Il faut que vous me répétiez tout ça, sergent, ai-je dit. Je dois vous enregistrer, pour mon livre.

Il accepta de bonne grâce.

— Si vous voulez, l'écrivain.

J'enclenchai l'appareil. C'est à ce moment-là que le téléphone de Gahalowood sonna. Il répondit, et l'enregistrement témoigne de ses propos : « Vous êtes sûr ? dit-il. Vous avez tout vérifié ? Quoi ? Quoi ? Bon Dieu, c'est complètement fou ! » Il me demanda un morceau de papier et un stylo, il prit note de ce dont on l'informait et il raccrocha. Puis il me regarda avec un drôle d'air et me dit :

— C'était un stagiaire de la brigade... Je lui avais demandé de me retrouver le rapport d'accident de Luther Caleb.

— Et ?

— D'après le rapport de l'époque, Luther Caleb a été retrouvé dans une Chevrolet Monte Carlo noire immatriculée au nom de la compagnie de Stern.

*

Vendredi 26 septembre 1975

C'était un jour brumeux. Le soleil était levé depuis quelques heures déjà mais la lumière était mauvaise. Des traînées opaques s'accrochaient au paysage. Il était huit heures du matin lorsque George Tent, un pêcheur de homards, quitta le port de Plymouth, Massachusetts, à bord de son bateau, accompagné de son fils. Sa zone de pêche était essentiellement concentrée le long de la côte, mais il faisait partie des rares dans ce métier à poser également des pièges dans certains bras de mer délaissés des autres pêcheurs, car souvent considérés comme difficiles d'accès et trop dépendants des caprices des marées pour être rentables. C'est précisément dans l'un de ces bras que George Tent se rendit ce jour-là, pour relever deux pièges. Alors qu'il manœuvrait son bateau à proximité d'Ellisville Harbor, son fils fut soudain ébloui par un éclat de lumière. Un rayon de soleil avait filtré d'entre les nuages et s'était reflété contre quelque chose. Cela n'avait duré qu'une fraction de seconde mais ç'avait été assez puissant pour intriguer le jeune homme qui s'empara d'une paire de jumelles, et scruta la paroi rocheuse.

— Qu'est-ce qui se passe ? lui demanda son père.

— Il y a quelque chose là-bas, sur le bord. Je ne sais pas ce que c'était, mais j'ai vu un objet étinceler fortement.

Jaugeant le niveau de l'océan par rapport aux rochers, Tent considéra que l'eau était suffisamment profonde pour s'approcher de la paroi, qu'il longea lentement.

— Saurais-tu dire ce que c'était ? demanda encore George Tent, intrigué.

— Un reflet, pour sûr. Mais sur quelque chose d'inhabituel, comme du métal, ou du verre.

Ils avancèrent encore, et, au détour d'une barrière rocheuse, ils découvrirent soudain ce qui avait attiré leur attention. « Sacré nom d'un chien ! » jura le père Tent, les yeux écarquillés. Il se précipita sur sa radio de bord pour appeler les garde-côtes.

À huit heures quarante-sept, ce même jour, la police de Sagamore fut avertie par les garde-côtes d'un accident mortel : une voiture avait dévissé de la route qui longeait les hauteurs d'Ellisville Harbor, et s'était écrasée dans les rochers en contrebas. C'est l'officier Darren Wanslow qui se rendit sur place. Il connaissait bien cet endroit : une petite route posée au bord d'une paroi vertigineuse, offrant une vue spectaculaire. Un parking avait même été aménagé sur le point culminant pour permettre aux touristes de venir admirer le panorama. L'endroit était magnifique, mais l'officier Wanslow l'avait toujours jugé dangereux parce qu'il n'y avait aucune barrière pour protéger les véhicules. Il en avait pourtant fait plusieurs fois la demande auprès de la municipalité, mais sans succès, malgré la très forte affluence les soirs d'été. Seul un panneau de mise en garde avait été apposé.

En arrivant à hauteur du parking, Wanslow remarqua un pick-up des gardes forestiers qui signalait certainement l'endroit où avait dû se produire l'accident. Il coupa la sirène de son véhicule et se gara aussitôt. Deux gardes forestiers observaient la scène qui se jouait en contrebas : une vedette des garde-côtes s'affairait à proximité de la paroi rocheuse, déployant un bras articulé.

— Ils disent qu'il y a une voiture là en bas, déclara l'un des gardes forestiers à Wanslow, mais on n'y voit goutte.

Le policier s'approcha du bord : la pente était abrupte, couverte de ronces, d'herbes hautes et de replis rocheux. Il était effectivement impossible de voir quoi que ce soit.

— Vous dites que la voiture est juste en dessous ? demanda-t-il.

— C'est ce qu'on a entendu sur le canal d'urgence. D'après la position du bateau des garde-côtes, j'imagine que la voiture était sur le parking, et que pour une raison ou une autre, elle a dévalé la pente. Je prie pour que ce ne soit pas des ados venus se bécoter en pleine nuit et qui n'ont pas mis le frein à main.

— Seigneur, murmura Wanslow, j'espère aussi que ce ne sont pas des gamins qui sont là en bas.

Il inspecta la partie supérieure du parking. Il y avait une longue bande herbeuse entre la fin du bitume et le début de la pente. Il chercha des traces du passage de la voiture, des herbes sauvages et des ronces qui auraient été arrachées par la voiture au moment où elle avait dévalé la paroi.

— Selon vous, la voiture est passée tout droit ? demanda-t-il au garde forestier.

— Sans doute. Depuis le temps qu'on dit qu'il faut mettre des barrières. Des gosses, je vous dis. Ce sont des gosses. Ils ont bu un coup de trop et ils sont passés tout droit. Parce qu'à part s'être mis quelques verres dans le nez, il faut avoir une sacrément bonne raison de ne pas s'arrêter après le parking.

La vedette effectua une manœuvre et s'éloigna des rochers. Les trois hommes aperçurent alors une voiture qui se balançait au bout du bras articulé. Wanslow retourna à sa voiture et établit le contact avec les garde-côtes au moyen de sa radio de bord.

— Qu'est-ce que c'est comme voiture ? demanda-t-il.

— C'est une Chevrolet Monte Carlo, se fit-il répondre. Noire.

— Une Monte Carlo noire ? Confirmez, c'est une Monte Carlo noire ?

— Affirmatif. Immatriculée dans le New Hampshire. Il y a un macchabée à l'intérieur. Ça n'a pas l'air très beau à voir.

*

Il y avait deux heures que nous roulions à bord de la poussive Chrysler de fonction de Gahalowood. C'était le mardi 22 juillet 2008.

— Vous voulez que je conduise, sergent ?

— Surtout pas.

— Vous conduisez trop lentement.

— Je conduis prudemment.

— Cette voiture est une poubelle, sergent.

— C'est un véhicule de la police d'État. Un peu de respect, je vous prie.

— Alors c'est une poubelle d'État. Si on mettait un peu de musique ?

— Même pas dans vos rêves, l'écrivain. Nous sommes sur une enquête, pas en train de faire une virée entre copines.

— Vous savez, je le dirai dans mon livre, que vous conduisez comme un petit vieux.

— Mettez la musique, l'écrivain. Et mettez-la très fort. Je ne veux plus vous entendre jusqu'à ce que nous soyons arrivés.

Je ris.

— Bon, rappelez-moi qui est ce type, demandai-je. Darren…

— …Wanslow. Il était officier de police à Sagamore. C'est lui qui a été appelé lorsque des pêcheurs ont trouvé la carcasse de la voiture de Luther.

— Une Chevrolet Monte Carlo noire.

— Exactement.

— C'est insensé ! Pourquoi est-ce que personne n'a fait le lien ?

— J'en sais rien, l'écrivain. C'est justement ce qu'il faut tirer au clair.

— Qu'est devenu ce Wanslow ?

— Il est à la retraite depuis quelques années. Aujourd'hui, il tient un garage avec son cousin. Vous enregistrez, là ?

— Oui. Que vous a dit Wanslow au téléphone, hier ?

— Pas grand-chose. Il semblait étonné par mon appel. Il a dit qu'on le trouverait dans la journée dans son garage.

— Et pourquoi ne pas l'avoir interrogé par téléphone ?

— Rien ne vaut un bon face à face, l'écrivain.

Le téléphone, c'est beaucoup trop impersonnel. Le téléphone, c'est pour les mauviettes dans votre genre.

Le garage se situait à l'entrée de Sagamore. Nous trouvâmes Wanslow, la tête dans le moteur d'une vieille Buick. Il chassa son cousin du bureau, nous y installa, déplaça des piles de classeurs de comptabilité posés sur des chaises pour que nous puissions nous asseoir, se lava longuement les mains au-dessus d'un lavabo d'appoint, puis nous offrit du café.

— Alors ? demanda-t-il en remplissant des tasses. Que se passe-t-il pour que la police d'État du New Hampshire vienne me trouver ici ?

— Comme je vous le disais hier, répondit Gahalowood, nous enquêtons sur la mort de Nola Kellergan. Et plus particulièrement sur un accident de la route qui a eu lieu sur votre district le 26 septembre 1975.

— La Monte Carlo noire, hein ?

— C'est exact. Comment savez-vous que c'est ce qui nous intéresse ?

— Vous enquêtez sur l'affaire Kellergan. Et à l'époque j'ai moi-même pensé qu'il y avait un lien.

— Vraiment ?

— Oui. C'est d'ailleurs la raison pour laquelle je m'en souviens. Je veux dire, à la longue, il y a les interventions qu'on oublie et celles qui restent bien imprimées dans notre mémoire. Cet accident était de ceux dont on se souvient.

— Pourquoi ?

— Vous savez, quand on est un flic de petite ville, les accidents de la route font partie des interventions les plus importantes que l'on doive gérer. Je veux dire, moi, de toute ma carrière, les seuls morts que j'ai vus, c'étaient dans des accidents de la route. Mais là, c'était différent : durant les semaines qui avaient précédé, on avait tous été alertés de l'enlèvement qui avait eu lieu dans le New Hampshire. Une Chevrolet Monte Carlo noire était activement recherchée et on nous avait demandé d'ouvrir l'œil. Je me souviens que, pendant ces semaines-là, j'avais passé mes patrouilles à repérer les Chevrolet semblables à ce modèle et de toutes les couleurs, et à les contrôler. Je m'étais dit qu'une voiture noire, ça se repeint facilement. Bref, je m'étais impliqué dans cette affaire, comme tous les flics de la région d'ailleurs : on voulait retrouver cette gamine à tout prix. Et puis, finalement, un matin, alors que je suis au poste, les garde-côtes nous préviennent de la découverte d'une voiture en bas des rochers d'Ellisville Harbor. Et devinez quel modèle de voiture...

— Une Monte Carlo noire.

— Dans le mille. Immatriculée dans le New Hampshire. Et avec un mort dedans. Je me rappelle encore le moment où j'ai inspecté cette bagnole : elle était complètement écrasée par la chute et il y avait un type à l'intérieur, c'était comme de la bouillie. On a retrouvé ses papiers sur lui : Luther Caleb. Je me rappelle bien. La voiture était enregistrée sous le nom d'une grosse compagnie de Concord, Stern Limited. On a passé l'intérieur au peigne fin : il n'y avait pas grand-chose. Il faut dire que la flotte avait fait pas mal de dégâts. On a quand même retrouvé des restes de bouteilles d'alcool brisées en mille morceaux. Dans le coffre, rien d'autre qu'un sac contenant quelques vêtements.

— Un bagage ?

— Oui, c'est cela. Disons un petit bagage.

— Qu'avez-vous fait ensuite ? demanda Gahalowood.

— Mon boulot : j'ai passé les heures qui ont suivi à enquêter. Je me suis demandé qui était ce type, ce qu'il faisait là et depuis quand il était tombé là en bas. J'ai fait des recherches sur ce Caleb et devinez ce que j'ai trouvé.

— Qu'une plainte avait été déposée pour harcèlement auprès de la police d'Aurora, déclara Gahalowood, presque blasé.

— Exact ! Mince alors, comment le savez-vous ?

— Je le sais.

— À ce moment-là, j'ai songé que ça ne pouvait plus être une coïncidence. Je me suis d'abord renseigné pour savoir si quelqu'un avait déclaré sa disparition. Je veux dire, de mon expérience des accidents de la route, je sais qu'il y a toujours des proches qui s'inquiètent et c'est d'ailleurs souvent ce qui nous permet d'identifier des morts. Mais là encore, il n'y avait aucun signalement. Étrange, non ? Du coup, j'ai appelé la compagnie Stern Limited, pour en savoir plus. Je leur ai dit que je venais de retrouver un de leurs véhicules et là, on m'a soudain demandé de patienter : courte musique d'attente et voilà que je me suis retrouvé à parler avec Monsieur Elijah Stern. L'héritier de la famille Stern. En personne. Je lui ai expliqué la situation, je lui ai demandé si un de ses véhicules avait disparu et il m'a affirmé que non. Je lui ai parlé de la Chevrolet noire et il m'a expliqué que c'était le véhicule habituellement utilisé par son chauffeur lorsqu'il n'était pas en fonction. Je lui ai alors demandé depuis combien de temps il n'avait pas vu son chauffeur, et il m'a dit que celui-ci était parti en vacances. « En vacances depuis combien de temps exactement ? » je lui ai demandé. Il a répondu : « Quelques semaines. » « Et en vacances où ? » Il m'a dit que ça, il n'en savait rien du tout. Moi j'ai trouvé tout ça terriblement étrange.

— Alors qu'avez-vous fait ? interrogea Gahalowood.

— Pour moi, on venait de mettre la main sur le suspect numéro un de l'enlèvement de la petite Kellergan. Et j'ai immédiatement appelé le chef de la police d'Aurora.

— Vous avez appelé le Chef Pratt ?

— Le Chef Pratt. Voilà, c'est son nom. Oui, je l'ai informé de ma découverte. C'était lui qui dirigeait l'enquête sur l'enlèvement.

— Et ?

— Il est venu le jour même. Il m'a remercié, il a étudié le dossier avec attention. Il était très sympathique. Il a inspecté la voiture et il a dit que, malheureusement, la voiture ne correspondait pas en fait au modèle qu'il avait vu pendant la poursuite, et que du coup il se demandait même si c'était bien une Chevrolet Monte Carlo qu'il avait vue, ou plutôt une Nova, qui est un modèle très similaire, et qu'il vérifierait ça avec le bureau du shérif. Il a ajouté qu'il s'était déjà penché sur ce Caleb mais qu'il avait suffisamment d'éléments à décharge pour ne pas suivre cette piste. Il m'a dit de lui envoyer mon rapport malgré tout, ce que j'ai fait.

— Donc vous avez prévenu le Chef Pratt et il n'a pas suivi votre piste ?

— Exact. Comme je vous dis, il m'a assuré que je me trompais. Il était convaincu, et puis c'était lui qui dirigeait l'enquête. Il savait ce qu'il faisait. Il a conclu à un banal accident de la route, et c'est ce que j'ai mis dans mon rapport.

— Et ça ne vous a pas paru étrange ?

— Sur le moment, non. Je me suis dit que je m'étais

emballé trop vite. Mais attention, j'ai pas bâclé mon travail pour autant : j'ai envoyé le macchabée chez le légiste, notamment pour essayer de comprendre ce qui avait pu se passer, et savoir si l'accident pouvait être dû à une consommation d'alcool, à cause des bouteilles retrouvées. Malheureusement, avec ce qu'il restait du corps, entre la violence de la chute et les dégâts de l'eau de mer, on n'a rien pu confirmer. Je vous dis, le type était écrabouillé. Tout ce que le légiste a pu dire, c'est que le corps était probablement là depuis quelques semaines déjà. Et Dieu sait combien de temps encore il aurait pu y rester, si ce pêcheur n'avait pas remarqué la voiture. Après ça, le corps a été rendu à la famille, et ça a été la fin de l'histoire. Je vous le dis, tout portait à croire que c'était un banal accident de la route. Évidemment, aujourd'hui, avec tout ce que j'ai appris, surtout à propos de Pratt et de la gamine, je ne suis plus sûr de rien.

La scène telle que racontée par Darren Wanslow était effectivement très intrigante. Après notre entretien avec lui, Gahalowood et moi allâmes jusqu'à la marina de Sagamore pour manger un morceau. Il y avait ce port minuscule, auquel était accolé un magasin général et un vendeur de cartes postales. Il faisait beau, les couleurs étaient puissantes, l'océan semblait immense. Tout autour, on devinait quelques jolies maisons colorées, touchant parfois le bord de l'eau, et bordées de jardinets bien entretenus. Nous déjeunâmes de steaks et de bières dans un petit restaurant, dont la terrasse sur pilotis avançait dans l'océan. Gahalowood mâchonnait d'un air pensif.

— Qu'est-ce qui vous trotte dans la tête ? lui demandai-je.

— Le fait que tout semble indiquer que Luther

soit le coupable. Il avait un bagage avec lui... Il avait prévu de s'enfuir, en emmenant Nola peut-être. Mais ses plans ont été contrariés : Nola lui a échappé, il a dû tuer la mère Cooper et il a ensuite donné trop de coups à Nola.

— Vous pensez que c'est lui ?

— Oui, je le crois. Mais tout n'est pas clair... Je ne comprends pas pourquoi Stern ne nous a pas parlé de la Chevrolet noire. C'est un détail important tout de même. Luther disparaît avec un véhicule au nom de sa société et il ne s'en inquiète pas ? Et pourquoi diable Pratt n'a-t-il pas enquêté davantage à son sujet ?

— Vous pensez que le Chef Pratt est impliqué dans la disparition de Nola ?

— Disons que je serais assez intéressé d'aller lui demander pour quelle raison il a abandonné la piste Caleb malgré le rapport de Wanslow. Je veux dire, on lui offre un suspect en or, dans une Chevrolet Monte Carlo noire, et il décrète qu'il n'y a pas de lien. Très étrange, vous ne trouvez pas ? Et s'il avait vraiment eu un doute sur le modèle de la voiture, si c'était une Nova plutôt qu'une Monte Carlo, il aurait dû le faire savoir. Or dans le rapport, il ne parle que d'une Monte Carlo...

Nous nous rendîmes à Montburry l'après-midi même, dans le petit motel où logeait le Chef Pratt. C'était un bâtiment sur un seul niveau, avec une dizaine de chambres alignées les unes à côté des autres et des places de parking accolées au-devant des portes de chacune d'entre elles. L'endroit semblait désert, il n'y avait que deux véhicules, dont un devant la chambre de Pratt, le sien probablement. Gahalowood tambourina à la porte. Aucune réponse. Il frappa encore. En vain. Une femme de chambre passa et Gahalowood lui demanda d'ouvrir avec son passe.

— Impossible, nous répondit-elle.

— Comment ça, *impossible*? s'agaça Gahalowood en lui montrant son insigne.

— Je suis déjà passée plusieurs fois pour faire la chambre aujourd'hui, expliqua-t-elle. Je pensais que le client était peut-être sorti sans que je le voie, mais il a laissé la clé sur la serrure. Impossible d'ouvrir. Ça veut dire qu'il est là. Sauf s'il est sorti en claquant la porte avec la clé sur la serrure à l'intérieur. Ça arrive aux clients pressés. Mais sa voiture est là.

Gahalowood eut un air contrarié. Il frappa de plus belle et somma Pratt d'ouvrir. Il essaya de regarder par la fenêtre, mais le rideau tiré empêchait de voir quoi que ce soit. Il décida alors d'enfoncer la porte. La serrure céda au troisième coup de pied.

Le Chef Pratt était étendu sur la moquette. Il baignait dans son sang.

8.

Le corbeau

"Qui ose, gagne, Marcus. Pensez à cette devise à chaque fois que vous êtes face à un choix difficile. Qui ose, gagne."

Extrait de *L'Affaire Harry Quebert*

Le mardi 22 juillet 2008, ce fut au tour de la petite ville de Montburry de connaître l'agitation qu'avait connue Aurora quelques semaines plus tôt, après la découverte du corps de Nola. Des patrouilles de police y affluèrent de toute la région, convergeant vers un motel proche de la zone industrielle. Il se disait parmi les badauds qu'un homme avait été assassiné et qu'il s'agissait de l'ancien chef de la police d'Aurora.

Le sergent Gahalowood se tenait debout face à la porte de la chambre, imperturbable. Plusieurs policiers de la brigade scientifique s'affairaient autour de la scène de crime, lui se contentait d'observer. Je me demandais ce qui se passait dans sa tête à ce moment précis. Il finit par se retourner et remarqua que je l'observais, assis sur le capot d'une voiture de police. Il me jeta son regard de bison tueur et vint vers moi.

— Qu'est-ce que vous fabriquez avec votre enregistreur, l'écrivain ?

— Je dicte la scène pour mon livre.
— Vous savez que vous êtes assis sur le capot d'un véhicule de police ?

*

— Qu'est-ce que vous fabriquez avec votre enregistreur, l'écrivain ?
— Je dicte la scène pour mon livre.
— Vous savez que vous êtes assis sur le capot d'un véhicule de police ?
— Oh, pardon, sergent. Qu'est-ce qu'on a ?
— Coupez votre enregistreur, voulez-vous.
Je m'exécutai.
— D'après les premiers éléments de l'enquête, m'expliqua Gahalowood, le Chef a reçu des coups sur l'arrière du crâne. Un ou plusieurs. Avec un objet lourd.
— Comme Nola ?
— Même genre, oui. La mort remonte à plus de douze heures. Ça nous ramène à cette nuit. Je pense qu'il connaissait son meurtrier. Surtout s'il avait laissé la clé sur la porte. Il lui a probablement ouvert, peut-être l'attendait-il. Les coups ont été portés à l'arrière du crâne, cela veut dire qu'il s'est probablement retourné : sans doute ne se méfiait-il de rien et son visiteur en aura profité pour lui asséner le coup fatal. Nous n'avons pas retrouvé l'objet avec lequel il a été frappé. Son meurtrier l'aura certainement emporté avec lui. Peut-être une barre de fer, ou quelque chose comme ça. Ça voudrait dire qu'il ne s'agit probablement pas d'une dispute qui a dégénéré mais bien d'un acte prémédité. Quelqu'un est venu ici pour tuer Pratt.
— Des témoins ?

— Aucun. Le motel est quasi désert. Personne n'a rien vu, ni rien entendu. La réception ferme à 19 heures. Il y a un veilleur de 22 heures à 7 heures, mais il était planté devant la télévision. Il n'a rien su nous dire. Évidemment, il n'y a pas de caméras.

— Qui aurait pu faire ça, selon vous? demandai-je. Le même qui a mis le feu à Goose Cove?

— Peut-être. En tout cas, probablement quelqu'un qui a été couvert par Pratt et qui a eu peur qu'il ne parle. Peut-être que Pratt connaissait l'identité du meurtrier de Nola depuis tout ce temps. Il aura été éliminé pour qu'il ne parle jamais.

— Vous avez déjà une hypothèse, hein, sergent?

— Eh bien, quel élément relie tous ces personnages entre eux: Goose Cove, la Chevrolet noire, et qui ne soit pas Harry Quebert?...

— Elijah Stern?

— Elijah Stern. J'y réfléchis depuis un moment et j'y ai repensé encore en regardant le cadavre de Pratt. Je ne sais pas si Elijah Stern a assassiné Nola, mais je me demande en tout cas si ça ne fait pas trente-trois ans qu'il couvre Caleb. Entre ce mystérieux départ en congé et cette voiture qui disparaît, qu'il ne signale à personne...

— À quoi pensez-vous, sergent?

— Que Caleb est coupable et que Stern est mêlé à cette histoire. Je pense que lorsque Caleb est repéré à Side Creek Lane, à bord de la Chevrolet noire, et qu'il parvient à échapper à Pratt lors de la poursuite, il va se réfugier à Goose Cove. La région entière est bouclée, il sait qu'il n'a aucune chance de fuir, mais qu'en revanche personne ne viendra le chercher là. Personne sauf... Stern. Il est probable que le 30 août 1975, Stern ait effectivement passé sa journée à honorer des rendez-vous privés, comme il me l'a affirmé. Mais en fin de journée, lorsqu'il revient chez lui et qu'il constate que Luther n'est pas encore rentré, pire, qu'il est parti avec l'une des voitures de service, plus discrète que sa Mustang bleue, comment imaginer qu'il soit resté les bras croisés ? La logique aurait voulu qu'il soit parti à la recherche de Luther pour l'empêcher de faire une connerie. Et je pense que c'est ce qu'il a fait. Mais en arrivant à Aurora, il est déjà trop tard : il y a des policiers partout, le drame qu'il redoutait s'est produit. Il doit retrouver Caleb à tout prix, et quel est l'endroit dans lequel il se rend en premier, l'écrivain ?

— Goose Cove.

— Exactement. C'est chez lui et il sait que Luther s'y sent en sécurité. Si ça se trouve, Luther a même un double des clés. Bref, Stern va voir ce qui se passe à Goose Cove et il y retrouve Luther.

*

30 août 1975 selon l'hypothèse de Gahalowood

Stern trouva la Chevrolet devant le garage : Luther était penché dans le coffre.

— Luther ! hurla Stern en sortant de voiture. Qu'as-tu fait ?

Luther était complètement paniqué.

— Nous... nous avons eu une difpute... Ve ne voulais pas lui faire de mal.

Stern s'approcha de la voiture et découvrit Nola gisant dans le coffre, avec un sac en cuir en bandoulière ; elle avait le corps tordu, elle ne bougeait plus.

— Mais… mais tu l'as tuée…
Stern vomit.
— Elle aurait prévenu la polife finon…
— Luther ! Qu'as-tu fait ? Qu'as-tu fait ?
— Aide-moi, pitié. Eli, aide-moi.
— Il faut que tu fuies, Luther. Si la police te prend, tu finiras sur la chaise électrique.
— Non ! Pitié ! Pas fa ! Pas fa ! hurla Luther, pris de panique.

Stern remarqua alors la crosse d'une arme à sa ceinture.
— Luther ! Que… qu'est-ce que c'est que ça ?
— La vieille… La vieille a tout vu.
— Quelle vieille ?
— Dans la maivon, là-bas…
— Nom de Dieu, quelqu'un t'a vu ?
— Eli, avec Nola nous nous fommes difputés… Elle ne voulait pas fe laiffer faire. V'ai été oblivé de lui faire du mal. Mais elle a réuffi à f'enfuir, elle a couru, elle est entrée dans fette maivon… Ve fuis rentré auffi, ve penfais que la maivon était déverte. Mais ve fuis tombé fur fette vieille… V'ai dû la tuer…
— Quoi ? Quoi ? Mais qu'est-ce que tu racontes ?
— Eli, ve t'en supplie, aide-moi !

Il fallait se débarrasser du corps. Sans perdre une seconde, Stern attrapa une pelle dans le garage et s'empressa d'aller creuser un trou. Il choisit l'orée de la forêt, où le sol était meuble et où personne, surtout pas Quebert, ne remarquerait que la terre avait été retournée. Il creusa rapidement un trou peu profond : il appela alors Caleb pour qu'il apporte le corps, mais il ne le vit pas. Il le trouva agenouillé devant la voiture, plongé dans un paquet de feuilles.

— Luther ? Mais qu'est-ce que tu fabriques, nom de Dieu ?

Il pleurait.

— F'est le livre de Quebert... Nola m'en avait parlé. Il a écrit un livre pour elle... F'est tellement beau.

— Apporte-la là-bas, j'ai creusé un trou.

— Attends !

— Quoi ?

— Ve veux lui dire que ve l'aime.

— Hein ?

— Laiffe-moi lui écrire un mot. Vuste un mot. Prête-moi ton ftylo. Après, nous l'enterrons, après ve difparaîtrai pour touvours.

Stern pesta ; il sortit néanmoins son stylo de la poche de son veston et le tendit à Caleb, qui inscrivit sur la couverture du manuscrit : *Adieu, Nola chérie*. Puis, il rangea religieusement le livre dans le sac, toujours autour du cou de Nola, et il la transporta jusqu'au trou. Il l'y jeta et les deux hommes remblayèrent ensuite la terre, prenant garde d'ajouter dessus des aiguilles de pins, quelques branchages et de la mousse pour que l'illusion soit parfaite.

*

— Et après ça ? demandai-je.

— Après ça, me dit Gahalowood, Stern veut trouver un moyen de protéger Luther. Et ce moyen, c'est Pratt.

— Pratt ?

— Oui, je pense que Stern savait ce que Pratt avait fait à Nola. On sait que Caleb rôdait à Goose Cove, qu'il espionnait Harry et Nola : il aurait pu voir Pratt ramasser Nola sur le bord de la route et la forcer à lui faire une fellation... Et il l'aura dit à Stern. Alors ce soir-là, Stern laisse Luther à Goose Cove et va trouver Pratt au poste de police : il attend qu'il soit tard, peut-être après onze heures, lorsque les recherches sont levées. Il veut être seul avec Pratt, et il le fait chanter : il lui demande de laisser partir Luther et de s'arranger pour qu'il passe entre les barrages, en échange de son silence à propos de Nola. Et Pratt accepte : quelle probabilité, sinon, que Caleb ait pu circuler librement jusque dans le Massachusetts ? Mais Caleb se sent acculé. Il n'a nulle part où aller, il est perdu. Il achète de l'alcool, il boit. Il veut en finir. Il fait le grand saut depuis le parking d'Ellisville Harbor. Quelques semaines plus tard, lorsqu'on retrouve la voiture, Pratt vient à Sagamore pour étouffer l'affaire. Il s'arrange pour que Caleb ne devienne pas suspect.

— Mais pourquoi avoir détourné les soupçons de Caleb, puisqu'il est mort ?

— Il y avait Stern. Et Stern savait. En disculpant Caleb, Pratt se protégeait.

— Pratt et Stern savaient donc la vérité depuis toujours ?

— Oui. Ils ont enterré cette histoire au fond de leur mémoire. Ils ne se sont plus jamais revus. Stern s'est débarrassé de la maison de Goose Cove en la bradant à Harry, et il n'a plus jamais mis les pieds à Aurora. Et pendant trente-trois ans tout le monde a cru que cette affaire ne serait jamais résolue.

— Jusqu'à ce qu'on retrouve les restes de Nola.

— Et qu'un écrivain entêté vienne remuer le fond de cette affaire. Un écrivain contre lequel on a tout tenté pour qu'il renonce à découvrir la vérité.

— Ainsi Pratt et Stern auraient voulu étouffer l'affaire, fis-je. Mais qui a tué Pratt, alors ? Stern, en voyant que Pratt est sur le point de craquer et qu'il va révéler la vérité ?

— Ça, il faut encore le découvrir. Mais pas un mot sur tout ça, l'écrivain, m'ordonna Gahalowood. N'écrivez rien à ce sujet pour le moment, je ne veux pas d'une nouvelle fuite dans les journaux. Je vais fouiller la vie de Stern. Ce sera une hypothèse difficile à vérifier. En tous les cas, il y a un dénominateur commun à tous ces scénarios : Luther Caleb. Et si c'est bien lui qui a assassiné Nola Kellergan, nous en aurons la confirmation...

— Avec l'analyse de l'écriture... dis-je.

— Exactement.

— Une dernière question, sergent : pourquoi Stern voudrait-il protéger Caleb à tout prix ?

— Ça, je voudrais bien le savoir, l'écrivain.

L'enquête sur la mort de Pratt s'annonçait complexe : la police ne disposait d'aucun élément solide et n'avait pas la moindre piste. Une semaine après son assassinat, eut lieu l'enterrement de la dépouille de Nola, dont les restes avaient finalement été rendus à son père. C'était le mercredi 30 juillet 2008. La cérémonie, à laquelle je n'assistai pas, se tint au cimetière d'Aurora au début de l'après-midi, sous un crachin inattendu et devant une assemblée clairsemée. David Kellergan arriva sur sa moto jusque devant la tombe, sans que personne parmi les présents n'ose rien dire. Il avait sa musique dans les oreilles et ses seules paroles – selon ce que l'on rapporta – furent : « Mais pourquoi l'a-t-on sortie de la terre si c'est pour l'y remettre ? » Il ne pleura pas.

Si je n'étais pas à l'enterrement, c'est parce qu'à l'heure exacte où il débuta, je fis ce qu'il me semblait important de faire : j'allai trouver Harry pour lui tenir compagnie. Il était assis sur le parking, torse nu sous la pluie tiède.

— Venez vous mettre à l'abri, Harry, lui dis-je.
— Ils l'enterrent, hein ?
— Oui.
— Ils l'enterrent et je ne suis même pas là.
— C'est mieux ainsi... C'est mieux que vous n'y soyez pas... À cause de toute cette histoire.
— Au diable le *qu'en-dira-t-on* ! Ils enterrent Nola et je ne suis même pas là pour lui dire adieu, pour la revoir une dernière fois. Pour être avec elle. Il y a trente-trois ans que j'attends de la retrouver, ne serait-ce qu'une dernière fois. Savez-vous où j'aimerais être ?
— À l'enterrement ?
— Non. Au paradis des écrivains.

Il s'étendit sur le béton et il ne bougea plus. Je m'allongeai à côté de lui. La pluie nous tombait dessus.

— Marcus, j'aimerais être mort.
— Je le sais.
— Comment le savez-vous ?
— Les amis sentent ce genre de choses.

Il y eut un long silence. Je finis par ajouter :

— L'autre jour, vous avez dit que nous ne pourrions plus être amis.

— C'est vrai. Nous sommes en train de nous dire adieu peu à peu, Marcus. C'est comme si vous saviez que j'allais mourir bientôt et que vous aviez quelques semaines pour vous y faire. C'est le cancer de l'amitié.

Il ferma les yeux et étendit ses bras comme s'il était sur une croix. Je l'imitai. Et nous restâmes ainsi étendus sur le béton pendant longtemps.

Plus tard, ce même jour, en repartant du motel, je me rendis au Clark's pour essayer de parler avec quelqu'un qui avait assisté à l'inhumation de Nola. L'endroit était désert : il n'y avait qu'un employé qui astiquait mollement le comptoir et qui trouva en lui un semblant de force pour actionner le levier de la machine à pression et me servir une bière. C'est alors que je remarquai que Robert Quinn se terrait au fond de la salle, picorant des cacahuètes et remplissant les grilles de mots croisés de vieux journaux qui traînaient sur les tables. Il se cachait de sa femme. J'allai le trouver. Je lui proposai une pinte, il accepta et se décala sur son banc pour m'inviter à m'asseoir. C'était un geste touchant : j'aurais pu m'asseoir face à lui, sur l'une des cinquante chaises vides de l'établissement. Mais il s'était décalé pour que je m'assoie à côté de lui, sur la même banquette.

— Étiez-vous à l'enterrement de Nola ? demandai-je.
— Oui.
— Comment c'était ?
— Sordide. Comme toute cette histoire. Il y avait plus de journalistes que de proches.

Nous restâmes un moment silencieux puis il demanda, pour faire la conversation :
— Comment va votre livre ?
— Ça avance. Mais je le relisais hier, et je me rends compte que j'ai quelques zones d'ombre à éclaircir. Notamment à propos de votre femme. Elle m'assure qu'elle avait en sa possession un feuillet compromettant écrit de la main de Harry Quebert et qui aurait

mystérieusement disparu. Vous ne sauriez pas où est passé ce feuillet, par hasard ?

Il avala une longue gorgée de bière et prit même le temps d'avaler quelques cacahuètes avant de me répondre.

— Brûlé, me dit-il. Ce feuillet de malheur a brûlé.

— Hein? Comment le savez-vous? demandai-je, stupéfait.

— Parce que c'est moi qui l'ai brûlé.

— Quoi? Mais pourquoi? Et surtout pourquoi ne l'avez-vous jamais dit ?

Il haussa les épaules, très pragmatique.

— Parce qu'on ne me l'a jamais demandé. Ça fait trente-trois ans que ma femme me parle de ce feuillet. Elle s'égosille, elle hurle, elle dit «Mais il était là! Dans le coffre! Là! Là!» Elle n'a jamais dit : «Robert, mon chéri, aurais-tu vu ce feuillet par hasard?» Elle ne m'a jamais demandé, donc je ne lui ai jamais répondu.

J'essayai de masquer mon étonnement pour qu'il continue à parler :

— Mais, alors? Que s'est-il passé ?

— Tout a commencé un dimanche après-midi : ma femme a organisé une garden-party ridicule en l'honneur de Quebert, mais Quebert n'est pas venu. Folle de rage, elle a décidé d'aller le trouver chez lui. Je me souviens bien de ce jour, c'était le dimanche 13 juillet 1975. Le même jour où la petite Nola avait essayé de se suicider.

*

Dimanche 13 juillet 1975

— Robert! Rooooobert!

Tamara entra comme une furie dans la maison, battant l'air avec une feuille de papier. Elle traversa les pièces du rez-de-chaussée jusqu'à trouver son mari qui lisait le journal dans le salon.

— Robert, sacré nom d'un chien! Pourquoi ne me réponds-tu pas lorsque je t'appelle? Es-tu devenu sourd? Regarde! Regarde ces horreurs! Lis comme c'est dégueulasse!

Elle lui tendit le feuillet qu'elle venait de voler chez Harry, et il lut.

> *Ma Nola, Nola chérie, Nola d'amour. Qu'as-tu fait? Pourquoi vouloir mourir? Est-ce à cause de moi? Je t'aime, je t'aime plus que tout. Ne me quitte pas. Si tu meurs, je meurs. Tout ce qui importe dans ma vie, Nola, c'est toi. Quatre lettres: N-O-L-A.*

— Où as-tu trouvé ça? demanda Robert.

— Chez ce petit fils de pute de Harry Quebert! Ha!

— Tu es allée voler ça chez lui?

— Je n'ai rien volé: je me suis servie! Je le savais! C'est une espèce de pervers dégueulasse qui fantasme sur une môme de quinze ans. Ça me donne la nausée! J'ai envie de vomir! J'ai envie de vomir, Bobbo, m'entends-tu? Harry Quebert est amoureux d'une fillette! C'est illégal! C'est un porc! Un porc! Et dire qu'il passe son temps au Clark's. C'est pour la reluquer, oui! Il vient dans mon restaurant pour reluquer les miches d'une gosse!

Robert relut le texte plusieurs fois. Il n'y avait guère de doute possible : c'étaient bien des mots d'amour que Harry avait écrits. Des mots d'amour pour une fille de quinze ans.

— Que vas-tu faire de ça ? demanda-t-il à sa femme.
— J'en sais rien.
— Vas-tu alerter la police ?
— La police ? Non, mon Bobbo. Pas pour le moment. Je ne veux pas que tout le monde sache que ce criminel de Quebert préfère une fillette à notre merveilleuse Jenny. Où est-elle d'ailleurs ? Dans sa chambre ?
— Figure-toi que ce jeune officier de police, Travis Dawn, est venu ici peu après ton départ, pour l'inviter au bal de l'été. Ils sont partis dîner à Montburry. Jenny s'est déjà trouvé un autre cavalier pour le bal, si ce n'est pas beau, ça…
— Pas beau, pas beau, mais c'est toi qui n'es pas beau, mon pauvre Bobbo ! Allez, fiche-moi le camp maintenant ! Je dois cacher cette feuille quelque part, et personne ne doit savoir où.

Bobbo s'exécuta et s'en alla finir son journal sous le porche. Mais il ne parvint pas à lire, l'esprit trop occupé par ce que sa femme avait découvert. Harry, le grand écrivain, écrivait donc des mots d'amour pour une fillette de la moitié de son âge. La gentille petite Nola. C'était très dérangeant. Devait-il prévenir Nola ? Lui dire que ce Harry était tout empli de drôles de pulsions et qu'il pouvait peut-être même être dangereux ? Ne fallait-il pas prévenir la police, afin qu'un médecin l'examine et le soigne ?

Une semaine après cet épisode eut lieu le bal de l'été. Robert et Tamara Quinn se tenaient dans un coin de la salle, à siroter un cocktail sans alcool, lorsqu'ils aperçurent Harry Quebert parmi les convives. « Regarde, Bobbo, siffla Tamara, voici le pervers ! » Ils l'observèrent longuement, tandis que Tamara poursuivait son flot d'injures que seul Robert pouvait entendre.

— Que vas-tu faire avec cette feuille ? finit par demander Robert.

— Je n'en sais rien. Mais ce qui est sûr, c'est que je vais commencer par lui faire payer ce qu'il me doit. Il en a pour 500 dollars d'ardoise au restaurant !

Harry semblait mal à l'aise ; il se fit servir à boire au bar pour se donner un peu de contenance, puis se dirigea vers les toilettes.

— Le voilà qui va aux waters, dit Tamara. Regarde, regarde, Bobbo ! Sais-tu ce qu'il va faire ?

— La grosse commission ?

— Mais non, il va s'astiquer le manche en pensant à cette fillette !

— Quoi ?

— Tais-toi, Bobbo. Tu jacasses trop, je ne veux plus t'entendre. Et reste ici, veux-tu.

— Où vas-tu ?

— Ne bouge pas. Et admire le travail.

Tamara posa son verre sur une table haute et se dirigea subrepticement vers les toilettes où venait de pénétrer Harry Quebert pour s'y engouffrer à son tour. Elle en ressortit après quelques instants et se dépêcha de rejoindre son mari.

— Qu'as-tu fait ? demanda Robert.

— Tais-toi, je t'ai dit ! l'invectiva sa femme en reprenant son verre. Tais-toi, tu vas nous faire prendre !

Amy Pratt annonça à ses invités qu'ils pouvaient passer à table, et la foule convergea lentement vers les tables. À cet instant, Harry sortit des toilettes. Il était en sueur, paniqué, et se mêla aux convives.

— Regarde-le détaler comme un lapin, murmura Tamara. Il panique.

— Mais enfin, qu'as-tu fait ? insista Robert.

Tamara sourit. Discrètement, elle faisait jouer dans sa main le bâton de rouge à lèvres qu'elle venait d'utiliser sur le miroir des toilettes. Elle répondit simplement :

— Disons que je lui ai laissé un petit message dont il se souviendra.

*

Assis au fond du Clark's, j'écoutais, stupéfait, le récit de Robert Quinn.

— Alors le message sur le miroir, c'était votre femme ? dis-je.

— Oui. Harry Quebert est devenu son obsession. Elle ne me parlait plus que de ce feuillet, elle disait qu'elle allait faire tomber Harry pour de bon. Elle disait que bientôt les titres des journaux annonceraient : *Le grand écrivain est un grand pervers.* Elle a fini par en parler au Chef Pratt. Quinze jours après le bal, environ. Elle lui a tout raconté.

— Comment le savez-vous ? demandai-je.

Il hésita un instant avant de répondre :

— Je le sais parce que... c'est Nola qui me l'a dit.

*

Mardi 5 août 1975

Il était dix-huit heures lorsque Robert rentra de la ganterie. Comme toujours, il gara sa vieille Chrysler dans l'allée, puis, lorsqu'il eut coupé le moteur, il ajusta son chapeau dans le rétroviseur et fit le regard que l'acteur Robert Stack faisait lorsque son personnage d'Eliot Ness à la télévision s'apprêtait à flanquer une raclée monumentale à des membres de la pègre. Il traînait souvent de la sorte dans sa voiture : il y avait longtemps qu'il n'avait plus beaucoup d'entrain à rentrer chez lui. Parfois, il faisait un détour pour retarder un peu ce moment ; parfois il s'arrêtait chez le marchand de glaces. Lorsqu'il finit par s'extirper de l'habitacle, il lui sembla percevoir une voix qui l'appelait de derrière les taillis. Il se retourna, chercha un instant autour de lui, puis remarqua Nola, dissimulée entre des rhododendrons.

— Nola ? interrogea Robert. Bonjour, mon petit, comment vas-tu ?

Elle chuchota :

— Il faut que je vous parle, Monsieur Quinn. C'est très important.

Il continua à parler à haute et intelligible voix :

— Entre donc, je vais te préparer une limonade bien fraîche.

Elle lui fit signe de parler moins fort.

— Non, dit-elle, il nous faut un endroit tranquille. Pourrions-nous monter dans votre voiture et rouler un peu ? Il y a ce vendeur de hot-dogs sur la route de Montburry, nous y serons tranquilles.

Bien que très surpris par cette requête, Robert

ne la refusa pas. Il fit monter Nola dans sa voiture et ils prirent la direction de Montburry. Ils s'arrêtèrent quelques miles plus loin, devant cette baraque en planches où l'on vendait des snacks à emporter. Robert acheta des frites et un soda pour Nola, un hot-dog et une bière sans alcool pour lui. Ils s'installèrent à l'une des tables disposées sur l'herbe.

— Alors, mon petit ? demanda Robert en engloutissant son hot-dog. Que se passe-t-il de si grave pour que tu ne puisses même pas venir boire une bonne limonade à la maison ?

— J'ai besoin de votre aide, Monsieur Quinn. Je sais que cela va vous paraître étrange mais... il s'est passé quelque chose aujourd'hui au Clark's, et vous êtes la seule personne qui soit en mesure de m'aider.

Nola raconta alors la scène à laquelle elle avait assisté fortuitement environ deux heures plus tôt. Elle était allée voir Madame Quinn au Clark's pour la paie des samedis de service qu'elle avait effectués avant sa tentative de suicide. C'est Madame Quinn elle-même qui lui avait dit de passer à sa convenance. Elle s'y était rendue sur le coup des seize heures. Elle n'y trouva que quelques clients silencieux ainsi que Jenny, occupée à ranger de la vaisselle et qui lui indiqua que sa mère était dans son bureau, sans juger bon de préciser qu'elle n'était pas seule. Le *bureau* était l'endroit où Tamara Quinn tenait sa comptabilité, conservait les recettes de la journée dans le coffre, s'empoignait au téléphone avec des fournisseurs en retard ou s'enfermait tout simplement sous de mauvais prétextes lorsqu'elle voulait avoir la paix. C'était une pièce étriquée, dont la porte, toujours fermée, était frappée de l'inscription *PRIVÉ*. On y accédait par le couloir de service situé après l'arrière-salle et qui menait également aux toilettes des employés.

En arrivant devant la porte, et alors qu'elle s'apprêtait à frapper, Nola perçut des voix. Il y avait quelqu'un dans la pièce avec Tamara. C'était une voix d'homme. Elle tendit l'oreille et intercepta une bribe de discussion.

— C'est un criminel, vous comprenez ? dit Tamara. Peut-être un prédateur sexuel ! Vous devez faire quelque chose.

— Et vous êtes certaine que c'est Harry Quebert qui a écrit ce mot ?

Nola reconnut la voix du Chef Pratt.

— Sûre et certaine, répondit Tamara. Écrit de sa main. Harry Quebert a des vues sur la petite Kellergan, et il écrit des immondices pornographiques à son sujet. Vous devez faire quelque chose.

— Bon. Vous avez bien fait de m'en parler. Mais vous êtes entrée illégalement chez lui, vous avez volé ce morceau de papier. Je ne peux rien en faire pour l'instant.

— Rien en faire ? Alors quoi ? Il va falloir attendre que ce cinglé fasse du mal à la petite pour que vous agissiez ?

— Je n'ai rien dit de tel, nuança le Chef. Je vais garder Quebert à l'œil. En attendant, gardez ce papier bien à l'abri. Moi, je ne peux pas le conserver, je pourrais avoir des ennuis.

— Je le garde dans ce coffre, dit Tamara. Personne n'y a accès, il sera en sécurité. Je vous en prie, Chef, faites quelque chose, ce Quebert est une ordure criminelle ! Un criminel ! Un criminel !

— Ne vous faites pas de bile, Madame Quinn, vous allez voir ce qu'on leur fait, ici, à ce genre de types.

Nola avait entendu des pas approcher de la porte et elle s'était enfuie du restaurant sans demander son reste.

Robert fut bouleversé par le récit. Il songea : pauvre petite, apprendre que Harry écrit de drôles de cochonneries sur elle, ça avait dû lui faire un choc. Elle avait besoin de se confier et elle était venue le trouver ; il devait se montrer à la hauteur et lui expliquer la situation, lui dire que les hommes étaient de drôles de coucous, Harry Quebert en particulier, qu'elle devait surtout rester loin de lui et qu'elle prévienne la police si elle avait peur qu'il lui fasse du mal. Lui en avait-il fait, d'ailleurs ? Avait-elle besoin de confier qu'il avait abusé d'elle ? Saurait-il faire face à de telles révélations, lui qui, selon sa femme, n'était même pas capable de dresser la table correctement pour le dîner ? Avalant une bouchée de son hot-dog, il songea à quelques mots réconfortants qu'il pourrait prononcer, mais il n'eut pas le temps de dire quoi que ce soit parce qu'au moment où il s'apprêtait à parler, elle lui déclara :

— Monsieur Quinn, il faut que vous m'aidiez à récupérer ce morceau de papier.

Et il manqua de s'étouffer avec sa saucisse.

*

— Pas besoin de vous faire un dessin, Monsieur Goldman, me dit Robert Quinn dans l'arrière-salle du Clark's. J'avais tout imaginé sauf ça : elle voulait que je mette la main sur ce satané feuillet. Vous reprendrez une bière ?

— Volontiers. La même. Dites-moi, Monsieur Quinn, cela vous dérange-t-il si je vous enregistre.

— M'enregistrer ? Je vous en prie. Pour une fois que quelqu'un s'intéresse un tant soit peu à ce que je raconte.

Il héla l'employé et lui commanda deux autres pressions ; je sortis mon enregistreur et le mis en marche.

— Donc, devant cette cabane à hot-dogs, elle vous demande de l'aide, dis-je pour relancer la conversation.

— Oui. Apparemment, ma femme était prête à tout pour anéantir Harry Quebert. Et Nola était prête à tout pour le protéger d'elle. Moi, je n'en revenais pas de la conversation que j'étais en train d'avoir. C'est là que j'ai appris qu'il se passait véritablement une histoire entre Nola et Harry. Je me rappelle qu'elle me regardait avec ses yeux pétillants et pleins d'aplomb, et moi je lui ai dit : « Quoi ? Comment ça, *récupérer ce morceau de papier* ? » Elle m'a répondu : « Je l'aime. Je ne lui veux pas d'ennuis. S'il a écrit ce mot, c'est à cause de ma tentative de suicide. Tout est ma faute, je n'aurais pas dû essayer de me tuer. Je l'aime, il est tout ce que j'ai, tout ce dont je pourrai jamais rêver. » Et nous avons cette conversation à propos de l'amour. « Alors, tu veux dire que toi et Harry Quebert, vous… — Nous nous aimons ! — Aimer ? Que me racontes-tu, enfin ! Tu ne peux pas l'aimer ! — Et pourquoi pas ? — Parce qu'il est trop vieux pour toi. — L'âge ne compte pas ! — Bien sûr qu'il compte ! — Eh bien, il ne devrait pas ! — C'est comme ça, les jeunes filles de ton âge n'ont rien à faire avec un type de son âge. — Je l'aime ! — Ne dis pas d'horreurs et mange tes frites, veux-tu ? — Mais, Monsieur Quinn, si je le perds, je perds tout ! » Je n'en croyais pas mes yeux, Monsieur Goldman : cette gamine était folle amoureuse de Harry. Et les sentiments qu'elle éprouvait étaient des sentiments que moi-même je ne connaissais pas, ou que je ne me souvenais pas avoir éprouvés pour ma propre femme. Et j'ai réalisé à cet instant, à cause de cette fille de quinze ans, que je n'avais probablement jamais connu l'amour. Que beaucoup de gens n'avaient certainement jamais connu l'amour. Qu'ils se contentaient au fond de bons sentiments, qu'ils se terraient dans le confort d'une vie minable et qu'ils passaient à côté de sensations merveilleuses, qui sont probablement les seules à justifier l'existence. Un de mes neveux, qui vit à Boston, travaille dans la finance : il gagne une montagne de dollars par mois, est marié, a trois enfants, une femme adorable et une jolie bagnole. La vie idéale, quoi. Un jour, il rentre chez lui et il dit à sa femme qu'il s'en va, qu'il a trouvé l'amour avec une universitaire de Harvard en âge d'être sa fille, rencontrée lors d'une conférence. Tout le monde a dit qu'il avait pété un plomb, qu'il recherchait dans cette fille une seconde jeunesse, mais moi, je crois qu'il avait simplement rencontré l'amour. Des gens croient qu'ils s'aiment, alors ils se marient. Et puis, un jour, ils découvrent l'amour, sans même le vouloir, sans s'en rendre compte. Et ils se le prennent en pleine gueule. À ce moment-là, c'est comme de l'hydrogène qui entrerait au contact de l'air : ça fait une explosion phénoménale, ça ravage tout. Trente années de mariage frustré qui pètent d'un seul coup, comme si une gigantesque fosse septique portée à ébullition explosait, éclaboussant tout le monde aux alentours. La crise de la quarantaine, le démon de midi, ce sont juste des types qui comprennent la portée de l'amour trop tard, et qui en voient leur vie bouleversée.

— Alors, qu'avez-vous fait ? demandai-je.
— Pour Nola ? J'ai refusé. Je lui ai dit que je ne voulais pas me mêler de cette histoire et que, de toute façon, je ne pouvais rien faire. Que la lettre était dans le coffre, et que la seule clé qui l'ouvrait pendait, jour et nuit, autour du cou de ma femme. C'était cuit. Elle m'a suppliée, elle m'a dit que si la police mettait la main sur cette feuille, Harry aurait de graves ennuis, que sa carrière serait brisée, qu'il irait peut-être en prison alors qu'il n'avait rien fait de mal. Je me souviens de son regard brûlant, son attitude, ses gestes... il y avait en elle une fureur magnifique. Je me souviens qu'elle a dit : « Ils vont tout gâcher, Monsieur Quinn ! Les gens de cette ville sont complètement fous ! Ça me rappelle cette pièce d'Arthur Miller, *Les Sorcières de Salem*. Avez-vous lu Miller ? » Ses yeux se mouillèrent de petites perles de larmes, toutes prêtes à déborder et à dévaler ses joues. J'avais lu Miller. Je me rappelais le foin qu'avait fait la pièce à sa sortie à Broadway. C'était peu avant l'exécution des époux Rosenberg. Ça m'avait fichu des frissons pendant des jours parce que les Rosenberg avaient des enfants à peine plus âgés que Jenny à cette époque et que je m'étais demandé ce qui lui arriverait si j'étais exécuté moi aussi. Je m'étais senti tellement soulagé de ne pas être communiste.
— Pourquoi Nola est-elle venue vous trouver, vous ?
— Sans doute parce qu'elle s'imaginait que j'avais accès au coffre. Mais ce n'était pas le cas. Comme je vous dis, personne d'autre que ma femme n'avait la clé. Elle la gardait jalousement accrochée à une chaîne et toujours rangée dans ses seins. Et moi, ses seins, il y avait bien longtemps que je n'y avais plus accès.
— Que s'est-il passé alors ?

— Nola m'a flatté. Elle m'a dit : « Vous êtes ingénieux et vif, vous saurez comment faire ! » Alors j'ai fini par accepter. Je lui ai dit que j'essaierais.

— Pourquoi ? demandai-je.

— Pourquoi ? Mais à cause de l'amour ! Comme je vous l'ai dit avant, elle avait quinze ans, mais elle me parlait de choses que je ne connaissais pas et que je ne connaîtrais probablement jamais. Même si, à vrai dire, cette histoire avec Harry me donnait plutôt la nausée. Je l'ai fait pour elle, pas pour lui. Et je lui ai demandé ce qu'elle comptait faire pour le Chef Pratt. Preuve ou pas preuve, le Chef Pratt était au courant de tout désormais. Elle m'a regardé droit dans les yeux et elle m'a dit : « Je vais l'empêcher de nuire. Je vais faire de lui un criminel. » Sur le moment, je n'ai pas bien compris. Et puis, il y a quelques semaines, lorsque Pratt a été arrêté, j'ai réalisé qu'il avait dû se passer de drôles de choses.

*

Mercredi 6 août 1975

Sans s'accorder, ils avaient tous deux agi le lendemain de leur conversation. Vers dix-sept heures, dans une pharmacie de Concord, Robert Quinn acheta des somnifères. Au même moment, dans le secret du poste de police d'Aurora, Nola, agenouillée sous le bureau du Chef Pratt, s'efforçait de protéger Harry en damnant Pratt, et faisant de lui un criminel, l'entraînant dans ce qui allait devenir une longue spirale de trente-trois ans.

Cette nuit-là, Tamara dormit de tout son saoul.

Après le repas, elle se sentit tellement fatiguée qu'elle se coucha sans même prendre le temps de se démaquiller. Elle s'effondra comme une masse sur son lit, et tomba dans un profond sommeil. Ce fut si rapide que Robert craignit durant une fraction de seconde d'avoir dissous une trop forte dose dans son verre d'eau et de l'avoir tuée, mais les ronflements magistraux à la cadence militaire que poussa bientôt sa femme le rassurèrent aussitôt. Il attendit qu'il soit une heure du matin pour agir : il devait être sûr que Jenny dormait, et qu'en ville, personne ne le verrait. Lorsque ce fut le moment d'entrer en action, il commença par secouer sa femme sans ménagement, pour s'assurer qu'elle était définitivement neutralisée : il eut la joie de constater qu'elle restait inerte. Pour la première fois, il se sentit puissant : le dragon, affalé sur son matelas, n'impressionnait plus personne. Il décrocha le collier qu'elle portait autour du cou et s'empara de la clé, victorieux. Au passage, il lui attrapa les seins à pleines mains et il constata avec regret que cela ne lui faisait plus aucun effet.

Sans un bruit, il quitta la maison. Pour rester silencieux et n'éveiller aucun soupçon, il emprunta le vélo de sa fille. Pédalant dans la nuit, les clés du Clark's et du coffre dans la poche, il sentait monter en lui l'excitation de l'interdit. Il ne savait plus s'il faisait ça pour Nola ou surtout pour nuire à sa femme. Et sur sa bicyclette lancée à toute allure à travers la ville, il se sentit soudain tellement libre qu'il décida de divorcer. Jenny était une adulte désormais, il n'avait plus aucune raison de rester avec sa femme. Il en avait assez de cette furie, il avait droit à une nouvelle vie. Volontairement, il fit quelques détours, pour faire durer encore cette sensation grisante. Arrivé dans la rue principale, il poussa son vélo pour avoir le temps d'inspecter les environs : la ville dormait paisiblement. Il n'y avait ni lumière, ni bruit. Il laissa son vélo contre un mur, ouvrit le Clark's et se faufila à l'intérieur, ne se guidant qu'à la lumière des éclairages publics qui filtraient par les baies vitrées. Il arriva jusqu'au bureau. Ce bureau où il n'avait jamais le droit d'entrer sans l'autorisation expresse de sa femme, il en était désormais le maître ; il le foulait aux pieds, il le violait, c'était un territoire conquis. Il alluma la lampe torche qu'il avait emportée et commença par explorer les étagères et les classeurs. Il y avait des années qu'il rêvait de fouiller cet endroit : que pouvait y cacher sa femme ? Il s'empara des différents dossiers et les parcourut rapidement : il se surprit à chercher des lettres d'amants. Il se demandait si sa femme le trompait. Il imaginait que oui : comment pouvait-elle se contenter de lui ? Mais il n'y trouva que des bons de commande et des documents de comptabilité. Alors il passa au coffre : un coffre en acier, imposant, qui devait bien mesurer un mètre de haut, et qui reposait sur une palette en bois. Il introduisit la clé de sécurité dans la serrure, la fit tourner et il frémit en entendant le mécanisme d'ouverture fonctionner. Il tira la lourde porte et braqua sa lampe sur l'intérieur, composé de quatre niveaux. C'était la première fois qu'il voyait ce coffre ouvert ; il frémit d'excitation.

Sur le premier rayonnage, il trouva des documents de banque, le dernier relevé de comptabilité, des reçus de commandes et les fiches de salaire des employés.

Sur le second rayonnage, il trouva une boîte en fer-blanc contenant les fonds de caisse du Clark's, et une autre contenant des liquidités modestes pour payer les fournisseurs.

Sur le troisième rayonnage, il trouva un morceau de bois qui ressemblait à un ours. Il sourit : c'était le premier objet qu'il avait offert à Tamara, lors de leur première vraie sortie ensemble. Ce moment, il l'avait préparé avec minutie, pendant plusieurs semaines, multipliant les heures supplémentaires à la station-service où il travaillait en plus de ses études pour pouvoir emmener sa Tammy dans l'un des meilleurs établissements de la région, *Chez Jean-Claude*, un restaurant français où l'on servait des plats d'écrevisses apparemment extraordinaires. Il avait étudié tout le menu, il avait compté combien lui coûterait le repas si elle prenait les plats les plus chers ; il avait économisé jusqu'à réunir assez d'argent, puis il l'avait invitée. Ce fameux soir, lorsqu'il était venu la chercher chez ses parents et qu'elle avait appris leur destination, elle l'avait supplié de ne pas se ruiner pour elle. « Oh, Robert, tu es un amour. Mais c'est trop, c'est vraiment trop », avait-elle dit. Elle avait dit *amour*. Et pour le convaincre de renoncer, elle avait proposé d'aller manger des pâtes dans un petit italien de Concord qui la tentait depuis longtemps. Ils avaient mangé des spaghettis, bu du chianti et de la grappa maison et, un peu ivres, ils étaient allés à une fête foraine proche. Sur le retour, ils s'étaient arrêtés au bord de l'océan et ils avaient attendu le lever du soleil. Sur la plage, il avait trouvé un morceau de bois qui ressemblait à un ours et il le lui avait donné lorsqu'elle s'était blottie contre lui, aux premiers éclats de l'aube. Elle avait dit qu'elle le garderait toujours et elle l'avait embrassé pour la première fois.

Poursuivant son exploration du coffre, Robert, ému, trouva, à côté du morceau de bois, une quantité de photos de lui-même au fil des années. Au dos de chacune, Tamara avait griffonné quelques annotations, même pour les plus récentes. La dernière datait du mois d'avril, lorsqu'ils étaient allés assister à une course automobile. On y voyait Robert, jumelles vissées sur les yeux, qui commentait les tours. Et au dos Tamara avait inscrit : *Mon Robert, toujours aussi passionné par la vie. Je l'aimerai jusqu'à mon dernier souffle.*

Après les photos, il y avait des souvenirs de leur vie commune : leur faire-part de mariage, celui de la naissance de Jenny, des photos de vacances, de menues bricoles dont il pensait qu'elles avaient été jetées depuis longtemps. Des petits cadeaux, une broche en toc, un stylo-souvenir, ou encore ce presse-papiers en serpentine acheté lors de vacances au Canada, et qui lui avaient tous valu des réprimandes acerbes, des *Mais, Bobbo ! Que veux-tu que je fasse de pareilles cochonneries ?* Et voilà qu'elle avait religieusement tout conservé dans ce coffre. Robert songea alors que ce que sa femme cachait dans ce coffre, c'était son cœur. Et il se demanda pourquoi.

Sur le quatrième rayonnage, il trouva un épais cahier relié en cuir, qu'il ouvrit : le journal de Tamara. Sa femme tenait un journal. Il n'en avait jamais rien su. Il l'ouvrit au hasard et lut à la lumière de sa lampe :

1er janvier 1975

Avons fêté la Saint-Sylvestre chez les Richardson.

Note de la soirée : 5/10. Nourriture pas terrible et les Richardson sont des gens ennuyeux. Je ne l'avais jamais remarqué. Je crois que la Saint-Sylvestre est un bon moyen de savoir lesquels de vos amis sont ennuyeux ou non. Bobbo a rapidement vu que je m'ennuyais, il a voulu me divertir. Il a fait le pitre, il a voulu raconter des blagues et il a fait semblant de faire parler son tourteau. Les Richardson ont bien ri. Paul Richardson s'est même levé pour noter l'une des blagues. Il a dit qu'il voulait être certain de s'en souvenir. Moi, tout ce que j'ai réussi à faire, c'est le disputer. Dans la voiture, au retour, je lui ai dit des horreurs. J'ai dit: « Tu ne fais rire personne avec tes blagues de mauvais goût. Tu es lamentable. Qui t'a demandé de faire le clown, hein ? Tu es ingénieur dans une grande usine, non ? Parle de ton métier, montre que tu es sérieux et quelqu'un d'important. Tu n'es pas au cirque, bon sang ! » Il m'a répondu que Paul avait ri à ses blagues et je lui ai dit de se taire, que je ne voulais plus l'entendre.

Je ne sais pas pourquoi je suis méchante. Je l'aime tellement. Il est tellement doux, et attentionné. Je ne sais pas pourquoi je me comporte mal avec lui. Ensuite je m'en veux, et je me déteste, et du coup, je suis encore plus ignoble.

En ce jour de nouvelle année, je prends la résolution de changer. Enfin, je prends cette résolution chaque année et je ne m'y tiens jamais. Depuis quelques mois, j'ai commencé à aller voir le docteur Ashcroft à Concord. C'est lui qui m'a conseillé de tenir un journal. Nous avons une séance par semaine. Personne n'est au courant. J'aurais bien trop honte que l'on sache que je vais voir un psychiatre. Les gens diraient que je suis folle. Je ne suis pas folle. Je souffre. Je souffre, mais je ne sais pas de quoi. Le docteur Ashcroft dit que j'ai tendance à détruire tout ce qui me fait du bien. On appelle ça l'autodestruction. Il dit que j'ai des angoisses de mort et que c'est peut-être lié. Je n'en sais rien. Mais je sais que je souffre. Et que j'aime mon Robert. Je n'aime que lui. Sans lui, que serais-je devenue ?

Robert referma le livre. Il pleurait. Ce que sa femme n'avait jamais pu lui dire, elle l'avait écrit. Elle l'aimait. Elle l'aimait vraiment. Elle n'aimait que lui. Il trouva que c'étaient les plus beaux mots qu'il avait jamais lus. Il s'essuya les yeux pour ne pas tacher les pages et lut encore ; pauvre Tamara, Tammy chérie, qui souffrait en silence. Pourquoi ne lui avait-elle rien dit pour le docteur Ashcroft ? Si elle souffrait, il voulait souffrir avec elle, c'était pour cela qu'il l'avait épousée. Balayant le dernier rayonnage du coffre d'un coup de lampe, il tomba sur le mot de Harry et fut brusquement ramené à la réalité. Il se rappela sa mission ; il se rappela que sa femme était affalée sur son lit, droguée, et qu'il devait se débarrasser de ce morceau de papier. Il s'en voulut soudain de ce qu'il était en train de commettre ; il était sur le point de renoncer lorsqu'il songea que s'il se débarrassait de cette lettre, sa femme se préoccuperait moins de Harry Quebert et plus de lui. C'était lui qui comptait, elle l'aimait. C'était écrit. C'est ce qui le poussa finalement à s'emparer du feuillet et à s'enfuir du Clark's dans le silence de la nuit, après s'être assuré de n'avoir laissé aucune trace de son passage. Il traversa la ville sur sa bicyclette et, dans une ruelle tranquille, il mit le feu aux mots de Harry Quebert à l'aide de son briquet. Il regarda le morceau de papier brûler, brunir, se tordre en une flamme d'abord dorée, puis bleue, et disparaître lentement. Il n'en resta bientôt rien. Il rentra chez lui, remit la clé entre les seins de sa femme, se coucha à ses côtés, et l'étreignit longuement.

Il fallut deux jours à Tamara pour réaliser que le feuillet n'était plus à sa place. Elle se crut folle : elle était certaine de l'avoir mis dans le coffre et pourtant il n'y était pas. Personne n'avait pu y avoir accès, elle gardait la clé avec elle et il n'y avait pas eu d'effraction. L'aurait-elle égaré dans le bureau ? L'avait-elle rangé ailleurs, machinalement ? Elle passa des heures à fouiller la pièce, à vider les classeurs et les remplir à nouveau, à trier les papiers et les ranger encore, en vain : ce minuscule morceau de papier avait mystérieusement disparu.

*

Robert Quinn m'expliqua que, lorsque, quelques semaines plus tard, Nola disparut, sa femme en fit une maladie.

— Elle répétait que, si elle avait encore ce feuillet, la police pourrait enquêter sur Harry. Et le Chef Pratt qui lui disait que, sans ce morceau de papier, il ne pouvait rien faire. Elle était hystérique. Elle me disait cent fois par jour : « C'est Quebert, c'est Quebert ! Je le sais, tu le sais, nous le savons tous ! Tu as vu ce mot comme moi, non ? »

— Pourquoi n'avez-vous rien dit à la police à propos de ce que vous saviez ? demandai-je. Pourquoi n'avoir pas dit que Nola était venue vous trouver, qu'elle vous avait parlé de Harry ? Ç'aurait pu être une piste, non ?

— Je voulais le faire. J'étais très partagé. Pourriez-vous éteindre votre enregistreur, Monsieur Goldman ?

— Bien sûr.

J'éteignis la machine et je la rangeai dans mon sac. Il reprit :

— Lorsque Nola a disparu, je m'en suis voulu. J'ai regretté d'avoir brûlé ce morceau de papier qui la reliait à Harry. Je me suis dit que, grâce à cette preuve, la police aurait pu interroger Harry, se pencher sur lui, enquêter plus loin. Et que s'il n'avait rien eu à se reprocher, il n'aurait rien eu à craindre. Les gens innocents n'ont pas de souci à se faire après tout, non ? Enfin bref, je m'en voulais. Alors je me suis mis à lui écrire des lettres anonymes, que je suis allé accrocher à sa porte lorsque je le savais absent.

— Quoi ? Les lettres anonymes, c'était vous ?

— C'était moi. J'en avais préparé un petit stock en utilisant la machine à écrire de ma secrétaire, à la ganterie de Concord. *Je sais ce que vous avez fait à cette gamine de 15 ans. Et bientôt toute la ville saura.* Je gardais les lettres dans la boîte à gants de ma voiture. Et chaque fois que je croisais Harry en ville, je me précipitais à Goose Cove pour y déposer une lettre.

— Mais pourquoi ?

— Pour soulager ma conscience. Ma femme n'arrêtait pas de répéter que c'était lui le coupable, je me disais que c'était plausible. Et que si je le harcelais et que je lui faisais peur, il finirait par se dénocer. Ça a duré quelques mois. Et puis j'ai arrêté.

— Qu'est-ce qui vous a poussé à arrêter ?

— Sa tristesse. Après la disparition, il était si

triste… Ce n'était plus le même homme. Je me suis dit que ça ne pouvait pas être lui. Alors j'ai finalement cessé.

Je restai stupéfait de ce que je venais d'apprendre. Je demandai encore à tout hasard :

— Dites-moi, Monsieur Quinn : n'auriez-vous pas par hasard mis le feu à la maison de Goose Cove ?

Il sourit, presque amusé par ma question.

— Non. Vous êtes un chic type, Monsieur Goldman, je ne vous ferais pas ça. J'ignore quel est l'esprit malade qui en est le responsable.

Nous terminâmes notre bière.

— Au fait, relevai-je, vous n'avez pas divorcé finalement. Ça s'est arrangé avec votre femme ? Je veux dire, après la découverte de tous ces souvenirs dans le coffre et de son journal intime ?

— C'est allé de pire en pire, Monsieur Goldman. Elle a continué de me houspiller sans cesse, et elle ne m'a jamais dit qu'elle m'aimait. Jamais. Durant les mois puis les années qui ont suivi, il m'est arrivé régulièrement de la droguer à coups de somnifères pour aller lire et relire ses journaux, pour aller pleurer nos souvenirs en espérant qu'un jour cela aille mieux. Espérer qu'un jour cela aille mieux : peut-être est-ce cela l'amour.

Je hochai la tête pour acquiescer :

— Peut-être, dis-je.

Depuis ma suite du Regent's, je poursuivis l'écriture de mon livre de plus belle. Je racontai comment Nola Kellergan, quinze ans, avait tout fait pour protéger Harry. Comment elle s'était donnée, compromise, pour qu'il puisse garder la maison, écrire, pour qu'il ne soit pas inquiété. Comment elle était devenue peu à peu à la fois la muse et la gardienne de son chef-d'œuvre. Comment elle était parvenue à créer une bulle autour de lui pour le laisser se concentrer sur son écriture et lui permettre d'accoucher de l'œuvre de sa vie. Et à mesure que j'écrivais, je me surpris même à penser que Nola Kellergan avait été cette femme exceptionnelle dont tous les écrivains du monde rêvaient certainement. Depuis New York, où elle reprenait avec un dévouement et une efficacité rares mes feuillets, Denise me téléphona une après-midi et me dit :

— Marcus, je crois que je pleure.
— Pourquoi cela ? demandai-je.
— C'est à cause de cette petite, cette Nola. Je crois que je l'aime moi aussi.

Je souris et je lui répondis :
— Je crois que tout le monde l'a aimée, Denise. Tout le monde.

Puis, deux jours plus tard, soit le 3 août, il y eut cet appel de Gahalowood, surexcité.

— L'écrivain ! beugla-t-il. J'ai les résultats du labo ! Sacré nom de Dieu, vous n'allez pas en croire vos oreilles ! L'écriture sur le manuscrit, c'est celle de Luther Caleb ! Aucun doute possible. On a notre homme, Marcus. On a notre homme !

7.

Après Nola

"Chérissez l'amour, Marcus. Faites-en votre plus belle conquête, votre seule ambition. Après les hommes, il y aura d'autres hommes. Après les livres, il y a d'autres livres. Après la gloire, il y a d'autres gloires. Après l'argent, il y a encore de l'argent. Mais après l'amour, Marcus, après l'amour, il n'y a plus que le sel des larmes."

La vie après Nola, ce n'était plus la vie. Tout le monde dit qu'à Aurora, durant les mois qui suivirent sa disparition, la ville sombra lentement dans la dépression et la hantise d'un nouvel enlèvement.

Ce fut l'automne et ses arbres colorés. Mais les enfants n'eurent plus l'occasion d'aller se jeter dans les immenses tas de feuilles mortes amassées en bordure des allées : les parents, inquiets, les surveillaient sans cesse. Désormais, ils attendaient le bus scolaire avec eux, et se postaient dans la rue à l'heure du retour. À partir de quinze heures trente, il y avait, sur les trottoirs, des alignements de mères, une devant chaque maison, formant une haie humaine dans les avenues désertes, sentinelles impassibles guettant l'arrivée de leur progéniture.

Les enfants n'avaient plus le droit de se déplacer seuls. Le temps béni où les rues étaient remplies de gamins joyeux et hurlants était révolu : il n'y eut plus de matchs de hockey sur patins à roulettes devant les garages, il n'y eut plus de concours de corde à sauter ni de marelles géantes dessinées à la craie sur le bitume, sur la rue principale, il n'y eut plus de vélos jonchant le trottoir devant le magasin général de la famille Hendorf où l'on pouvait acheter une poignée de bonbons avec un quarter. Il plana bientôt dans les rues le silence inquiétant des villes fantômes.

Les maisons étaient fermées à clé, et à la nuit tombée, les pères et les maris, organisés en patrouilles citoyennes, battaient le pavé pour protéger leur quartier et leurs familles. La plupart s'armaient d'un gourdin, certains emportaient leur fusil de chasse. Ils disaient que, s'il le fallait, ils n'hésiteraient pas à tirer.

La confiance était brisée. Les gens de passage, commis voyageurs et routiers, étaient mal accueillis et sans cesse surveillés. Le pire était la méfiance qu'éprouvaient les habitants entre eux. Des voisins, amis depuis vingt-cinq ans, s'épiaient à présent mutuellement. Et tout le monde de se demander ce que faisait l'autre le 30 août 1975 en fin d'après-midi.

Les véhicules de la police et du bureau du shérif tournaient sans cesse à travers la ville ; pas de police inquiétait, trop de police effrayait. Et lorsqu'une très reconnaissable Ford noire banalisée de la police d'État stationnait devant le 245 Terrace Avenue, tout le monde se demandait si c'était le capitaine Rodik qui venait apporter des nouvelles. La maison des Kellergan garda les rideaux tirés durant des jours, des semaines, puis des mois. David Kellergan n'officiant plus, un pasteur remplaçant fut dépêché depuis Manchester pour assurer les services à St James.

Puis ce furent les brumes de la fin octobre. La région fut envahie par des nuées grises, opaques et humides, et il tomba bientôt une pluie discontinue et glaciale. À Goose Cove, Harry dépérissait, seul. Il y avait deux mois qu'on ne le voyait plus nulle part. Il passait ses journées enfermé dans son bureau, à travailler sur sa machine à écrire, accaparé par la pile de pages manuscrites qu'il relisait et retapait minutieusement. Il se levait de bonne heure, il se préparait soigneusement : il se rasait de près et s'habillait coquettement alors qu'il savait qu'il ne sortirait pas de chez lui ni ne verrait personne. Il s'installait face à sa table et se mettait au travail. Les rares interruptions ne servaient qu'à aller remplir sa cafetière ; le reste du temps, il le passait à retranscrire, à relire, à corriger, à déchirer, et à recommencer.

Il n'était dérangé dans sa solitude que par Jenny. Tous les jours, elle venait le trouver, après son service, inquiète de le voir s'éteindre lentement. Elle arrivait en général aux alentours de dix-huit heures ; le temps de franchir les quelques pas qui la menaient de sa voiture au porche, elle était déjà trempée de pluie. Elle portait avec elle un panier débordant de provisions glanées au Clark's : sandwichs au poulet, œufs à la mayonnaise, pâtes au fromage et à la crème qu'elle gardait, chaudes et fumantes, dans un plat en métal, pâtisseries fourrées qu'elle avait cachées des clients pour être certaine qu'il en reste pour lui. Elle sonnait à la porte.

Il bondissait de sa chaise. Nola ! Nola chérie ! Il accourait à la porte. Elle était là, devant lui, rayonnante, magnifique. Ils s'élançaient l'un contre l'autre, il la prenait dans ses bras, il la faisait tourner autour de lui, autour du monde, ils s'embrassaient. Nola ! Nola ! Nola ! Ils s'embrassaient encore et ils dansaient. C'était le bel été, le ciel avait ces lumières éclatantes d'avant la nuit, il y avait au-dessus d'eux des nuées de mouettes qui chantaient comme des rossignols, elle souriait, elle riait, son visage était un soleil. Elle était là, il pouvait la serrer contre lui, toucher sa peau, caresser son visage, sentir son parfum, jouer avec ses cheveux. Elle était là, elle était vivante. Ils étaient vivants. « Mais où étais-tu passée ? demandait-il en posant ses mains sur les siennes. Je t'ai attendue ! J'ai eu tellement peur ! Tout le monde a dit qu'il t'était arrivé quelque chose de grave ! Ils disent que la mère Cooper t'a vue en sang près de Side Creek ! Il y avait la police partout ! Ils ont fouillé la forêt ! J'ai cru qu'il t'était arrivé un malheur et je devenais fou de ne pas savoir quoi. » Elle l'étreignait fort, elle s'agrippait à lui et le rassurait : « Ne vous en faites pas, Harry chéri ! Il ne m'est rien arrivé, je suis là. Je suis là ! Nous sommes ensemble, pour toujours ! Avez-vous mangé ? Vous devez avoir faim ! Avez-vous mangé ? »

— As-tu mangé ? Harry ? Harry ? Ça va ? demandait Jenny au fantôme livide et émacié qui lui avait ouvert la porte.

La voix de la jeune femme le ramenait à la réalité. Il faisait sombre et froid, une pluie diluvienne tombait bruyamment. C'était presque l'hiver. Les mouettes étaient parties depuis longtemps.

— Jenny ? disait-il, hagard. C'est toi ?

— Oui, c'est moi. Je t'ai apporté à manger, Harry. Tu dois t'alimenter, tu ne vas pas bien. Pas bien du tout.

Il la regardait, mouillée et grelottante. Il la faisait entrer. Elle ne restait que brièvement. Le temps de déposer le panier dans la cuisine, de récupérer les plats de la veille. Lorsqu'elle constatait qu'ils n'avaient été qu'à peine entamés, elle le réprimandait gentiment.

— Harry, il faut manger !

— Parfois j'oublie, répondait-il.

— Mais enfin, comment peut-on oublier de se nourrir ?

— C'est à cause de ce livre que j'écris... Je suis plongé dedans et j'oublie le reste.

— Ce doit être un très beau livre, disait-elle.
— Un très beau livre.

Elle ne comprenait pas comment on pouvait se mettre dans un tel état pour un livre. Chaque fois, elle espérait qu'il lui demanderait de rester dîner avec lui. Elle préparait toujours des plats pour deux personnes, et il ne le remarquait jamais. Elle restait quelques minutes, debout, entre la cuisine et la salle à manger, à ne pas savoir quoi dire. Il hésitait toujours à lui proposer de rester un moment, mais il renonçait parce qu'il ne voulait pas lui donner de faux espoirs. Il savait qu'il n'aimerait jamais plus. Quand le silence devenait gênant, il lui disait « merci » et il allait ouvrir la porte d'entrée pour l'inviter à s'en aller.

Elle rentrait chez elle, déçue, inquiète. Son père lui préparait un chocolat chaud dans lequel il faisait fondre un marshmallow et il allumait un feu dans la cheminée du salon. Ils s'asseyaient dans le canapé, face à l'âtre, et elle racontait à son père combien Harry se morfondait.

— Pourquoi est-il si triste ? demandait-elle. On dirait qu'il va mourir.
— Je n'en sais rien, répondait Robert Quinn.

Il avait peur de sortir. Les rares fois où il quittait Goose Cove, il trouvait à son retour ces horribles lettres. Quelqu'un l'épiait. Quelqu'un lui voulait du mal. Quelqu'un guettait ses absences et accrochait une petite enveloppe de correspondance dans l'encadrement de la porte. À l'intérieur, toujours ce même mot :

Je sais ce que vous avez fait à cette gamine de 15 ans.
Et bientôt toute la ville saura.

Qui ? Qui pouvait lui en vouloir ? Qui savait pour lui et Nola et voulait à présent lui nuire ? Il en était malade ; à chaque lettre trouvée, il sentait venir des poussées de fièvre. Il avait des maux de tête, il avait des angoisses. Il lui arrivait d'avoir des crises de nausée et des insomnies. Il craignait d'être accusé d'avoir fait du mal à Nola. Comment pourrait-il prouver son innocence ? Il se mettait alors à imaginer les pires scénarios : l'horreur d'un quartier de haute sécurité d'un pénitencier fédéral jusqu'à la fin de sa vie, ou peut-être même la peine capitale. Il en développa peu à peu une peur de la police : la vue d'un uniforme ou d'une voiture de police le mettait dans un état de nervosité extrême. Un jour qu'il sortait du supermarché, il remarqua une patrouille de la police d'État arrêtée sur le parking, avec un agent à l'intérieur qui le suivait du regard. Il s'efforça de rester calme et accéléra le pas jusqu'à sa voiture, ses commissions dans les bras. Mais soudain, il entendit qu'on l'appelait. C'était le policier. Il feignit de ne rien entendre. Il y eut un bruit de portière derrière lui : le policier sortait de sa voiture. Il perçut son pas, le tintement de sa ceinture chargée des menottes, de son arme, de sa matraque. Arrivé à sa voiture, il jeta les commissions dans le coffre pour fuir plus vite. Il tremblait, il était en sueur, sa vision était réduite : il était complètement paniqué. Surtout rester calme, se dit-il, monter en voiture et disparaître. Ne pas rentrer à Goose Cove. Mais il n'eut le temps de rien faire : il sentit une main puissante se poser sur son épaule.

Il ne s'était jamais battu, il ne savait pas comment se battre. Que devait-il faire ? Devait-il le repousser en arrière, le temps de se précipiter à bord de sa voiture et de prendre la fuite ? Lui donner des coups ? Se saisir de son arme et l'abattre ? Il fit volte-face, prêt à tout. Le policier lui tendit alors un billet de vingt dollars :

— C'est tombé de votre poche, Monsieur. Je vous ai appelé mais vous n'avez pas entendu. Ça va, Monsieur ? Vous êtes tout blanc...

— Ça va, répondit Harry, ça va... Je... j'étais... j'étais dans mes réflexions et... Enfin, merci. Je... je... dois y aller.

Le policier lui adressa un geste sympathique de la main et retourna à sa voiture ; Harry tremblait.

À la suite de cet épisode il s'inscrivit à un cours de boxe ; il s'y mit assidûment. Puis il finit par décider d'aller voir quelqu'un. Renseignements pris, il contacta le docteur Roger Ashcroft, à Concord, qui était apparemment l'un des meilleurs psychiatres de la région. Ils convinrent d'une séance hebdomadaire, les mercredis matin, de 10 heures 40 à 11 heures 30. Au docteur Ashcroft, il ne parla pas des lettres, mais il parla de Nola. Sans la mentionner. Mais pour la première fois, il put raconter Nola à quelqu'un. Cela lui fit un bien considérable. Ashcroft, dans son fauteuil rembourré, l'écoutait attentivement, faisant jouer ses doigts sur un sous-main chaque fois qu'il se lançait dans une interprétation.

— Je crois que je vois des morts, expliqua Harry.

— Donc votre amie est morte ? conclut Ashcroft.

— Je n'en sais rien... C'est ça qui me rend fou.

— Je ne crois pas que vous soyez fou, Monsieur Quebert.

— Parfois, je vais sur la plage et je crie son nom. Et lorsque je n'ai plus la force de crier, je m'assois sur le sable et je pleure.

— Je crois que vous êtes dans un processus de deuil. Il y a votre part rationnelle, lucide, consciente, qui se bat avec une autre part de vous qui, elle, refuse d'accepter ce qui, à ses yeux, est inacceptable.

Lorsque la réalité est trop insupportable, on essaie de la détourner. Peut-être que je pourrais vous prescrire des relaxants pour vous aider à vous détendre.

— Non, surtout pas. Je dois pouvoir être concentré sur mon livre.

— Parlez-moi de ce livre, Monsieur Quebert.

— C'est une histoire d'amour merveilleuse.

— Et de quoi parle cette histoire ?

— D'un amour entre deux êtres qui ne pourra jamais avoir lieu.

— C'est l'histoire de vous et de votre amie ?

— Oui. Je hais les livres.

— Pourquoi ?

— Ils me font du mal.

— C'est l'heure. Nous reprendrons la semaine prochaine.

— Très bien. Merci, docteur.

Un jour, dans la salle d'attente, il croisa Tamara Quinn qui sortait du cabinet.

*

Le manuscrit fut achevé à la mi-novembre, au cours d'une après-midi tellement sombre qu'on ne savait si c'était le jour ou la nuit. Il tassa l'épais paquet de pages et relut attentivement le titre qui s'inscrivait en majuscules sur la couverture :

LES ORIGINES DU MAL
par Harry L. Quebert

Il éprouva soudain le besoin d'en parler à quelqu'un, et il se rendit aussitôt au Clark's pour trouver Jenny.

— J'ai fini mon livre, lui dit-il dans un élan

d'euphorie. Je suis venu à Aurora pour écrire un livre, et le voilà. Il est terminé. Terminé. Terminé !

— C'est formidable, répondit Jenny. Je suis certaine que c'est un très grand livre. Que vas-tu faire à présent ?

— Je vais aller à New York quelque temps. Pour le proposer à des éditeurs.

Il soumit des copies du manuscrit à cinq des grandes maisons d'édition de New York. Moins d'un mois plus tard, les cinq maisons le recontactèrent, certaines d'avoir là un chef-d'œuvre, et surenchérissant pour l'achat des droits. Une nouvelle vie débutait. Il engagea un avocat et un agent. À quelques jours de Noël, il signa finalement un contrat phénoménal de 100 000 dollars avec l'une d'entre elles. Il était en route pour la gloire.

Il rentra à Goose Cove le 23 décembre, au volant d'une Chrysler Cordoba flambant neuve. Il avait tenu à passer Noël à Aurora. Coincée dans la porte, une lettre anonyme, déposée depuis plusieurs jours. La dernière qu'il recevrait jamais.

La journée du lendemain fut consacrée à la préparation du repas du soir : il fit rôtir une gigantesque dinde, fit dorer des haricots au beurre et sauter des pommes de terre dans l'huile, confectionna un gâteau au chocolat et à la crème fraîche. Le tourne-disque jouait *Madama Butterfly*. Il dressa une table pour deux, à côté du sapin. Il ne remarqua pas, derrière la vitre embuée, Robert Quinn qui l'observait et qui se jura, ce jour-là, de cesser ses lettres.

Après avoir dîné, Harry s'excusa auprès de l'assiette vide qui lui faisait face, et s'éclipsa un instant dans son bureau. Il en revint avec un grand carton.

— C'est pour moi ? s'écria Nola.

— Ça n'a pas été facile de le trouver, mais tout arrive, répondit Harry en déposant le carton par terre.

Nola s'agenouilla près de la boîte. « Mais qu'est-ce que c'est ? Qu'est-ce que c'est ? » répéta-t-elle en soulevant les battants du carton qui n'étaient pas scellés. Un museau apparut et bientôt une petite tête jaune. « Un chiot ! C'est un chiot ! Un chien couleur du soleil ! Oh Harry, Harry chéri ! Merci ! Merci ! » Elle sortit le petit chien de la boîte et le prit dans ses bras. C'était un labrador d'à peine deux mois et demi. « Tu t'appelleras Storm ! expliqua-t-elle au chien. Storm ! Storm ! Tu es le chien dont j'ai toujours rêvé ! »

Elle déposa le chiot sur le sol. Il se mit à explorer son nouvel environnement en jappant, et elle s'accrocha au cou de Harry.

— Merci, Harry, je suis si heureuse avec vous. Mais j'ai tellement honte, je n'ai pas de cadeau pour vous.

— Mon cadeau, c'est ton bonheur, Nola.

Il la serra dans ses bras mais il lui sembla qu'elle glissait, bientôt il ne la sentit plus, il ne la vit plus. Il l'appela mais elle ne répondit plus. Il se retrouva seul, debout au milieu de la salle à manger, à serrer ses propres bras. À ses pieds, le chiot était sorti de sa boîte et jouait avec les lacets de ses chaussures.

*

Les Origines du mal parurent en juin 1976. Dès sa sortie, le livre rencontra un immense succès. Encensé par la critique, le prodigieux Harry Quebert, trente-cinq ans, était désormais considéré comme le plus grand écrivain de sa génération.

Deux semaines avant la sortie du livre, conscient

de l'impact qu'il allait susciter, l'éditeur de Harry fit en personne le trajet jusqu'à Aurora pour venir le chercher :

— Allons, Quebert, on me dit que vous ne voulez pas venir à New York ? interrogea l'éditeur.

— Je ne peux pas partir, dit Harry. J'attends quelqu'un.

— Vous attendez quelqu'un ? Qu'est-ce que vous me racontez là ? Toute l'Amérique vous veut. Vous allez devenir une immense vedette.

— Je ne peux pas partir, j'ai un chien.

— Eh bien, nous le prenons avec nous. Vous verrez, nous le chouchouterons : il aura une nounou, un cuisinier, un promeneur, un toiletteur. Allons, faites votre valise et en route pour la gloire, mon ami.

Et Harry quitta Aurora pour une tournée de plusieurs mois à travers le pays. On ne parla bientôt plus que de lui et de son stupéfiant roman. Depuis la cuisine du Clark's ou dans sa chambre à coucher, Jenny le suivait, par le biais de la radio, de la télévision. Elle achetait tous les journaux à son sujet, elle conservait religieusement tous les articles. Chaque fois qu'elle voyait son livre dans un magasin, elle l'achetait. Elle en avait plus de dix exemplaires. Elle les avait tous lus. Souvent, elle se demandait s'il reviendrait la chercher. Lorsque le facteur passait, elle se surprenait à attendre une lettre. Lorsque le téléphone sonnait, elle espérait que c'était lui.

Elle attendit tout l'été. Lorsqu'elle croisait une voiture semblable à la sienne, son cœur battait plus fort.

Elle attendit durant l'automne qui suivit. Lorsque la porte du Clark's s'ouvrait, elle imaginait que c'était lui qui revenait la chercher. Il était l'amour de sa vie. Et en attendant, pour s'occuper l'esprit, elle repensait aux jours bénis où il venait travailler à la table 17 du Clark's. Là, tout près d'elle, il avait écrit ce chef-d'œuvre dont elle relisait quelques pages tous les soirs. S'il voulait rester vivre à Aurora, il pourrait continuer à venir ici tous les jours: elle resterait faire le service, pour le plaisir d'être à ses côtés. Peu lui importerait de servir des hamburgers jusqu'à la fin de son existence si elle existait à ses côtés. Elle garderait cette table pour lui, pour toujours. Et malgré les récriminations de sa mère, elle commanda, à ses frais, une plaque en métal qu'elle fit visser sur la table 17 et sur laquelle était gravé:

> *C'est à cette table que durant l'été 1975 l'écrivain Harry Quebert a rédigé son célèbre roman* Les Origines du mal.

Le 13 octobre 1976, elle fêta ses vingt-six ans. Harry était à Philadelphie, elle l'avait lu dans le journal. Depuis son départ, il ne lui avait pas donné signe de vie. Ce soir-là, dans le salon de la maison familiale et devant ses parents, Travis Dawn, qui était venu déjeuner chez les Quinn tous les dimanches depuis un an, demanda sa main à Jenny. Et comme elle n'avait plus d'espoir, elle accepta.

*

Juillet 1985

Dix ans après les événements, le spectre de Nola et de son enlèvement avait été balayé par le temps. Dans les rues d'Aurora, il y avait longtemps que la vie avait repris ses droits: les enfants, sur leurs patins à roulettes, y jouaient de nouveau bruyamment au hockey, les concours de corde à sauter avaient recommencé et des marelles géantes étaient réapparues sur les trottoirs. Dans la rue principale, les vélos encombraient de nouveau la devanture de l'épicerie de la famille Hendorf.

À Goose Cove, à la fin d'une matinée de la deuxième semaine de juillet, Harry, installé sur la terrasse, profitait de la chaleur des beaux jours en corrigeant des feuillets de son nouveau roman; couché près de lui, le chien Storm dormait. Une nuée de mouettes passa au-dessus de lui. Il les suivit du regard, elles se posèrent sur la plage. Il se leva aussitôt pour aller chercher à la cuisine du pain sec qu'il gardait dans une boîte en fer-blanc marquée de l'inscription *Souvenir de Rockland, Maine,* puis descendit sur la plage pour le distribuer aux oiseaux, suivi à la trace par le vieux Storm dont la marche était rendue difficile par l'arthrose. Il s'assit sur les galets pour contempler les oiseaux, et le chien s'assit à côté de lui. Il le caressa longuement. «Mon pauvre vieux Storm, lui disait-il, t'as de la peine à marcher, hein? C'est que t'es plus tout jeune... Je me souviens du jour où je t'ai acheté, c'était juste avant Noël 1975... T'étais une foutue minuscule boule de poils, pas plus grosse que mes deux poings.»

Soudain, il entendit une voix qui l'appelait.

— Harry?

Sur la terrasse, un visiteur le hélait. Harry plissa les yeux et reconnut Eric Rendall, le recteur de l'université de Burrows, dans le Massachusetts. Les deux hommes avaient sympathisé au cours d'une conférence, une année auparavant, et ils avaient gardé des contacts réguliers depuis.

— Eric ? C'est vous ? répondit Harry.
— C'est bien moi.
— Ne bougez pas, je remonte.

Une poignée de secondes plus tard, Harry, péniblement suivi par le vieux labrador, rejoignit Rendall sur sa terrasse.

— J'ai essayé de vous joindre, expliqua le recteur pour justifier sa visite impromptue.

— Je ne réponds pas souvent au téléphone, sourit Harry.

— C'est votre nouveau roman ? demanda Rendall en avisant les feuillets éparpillés sur la table.

— Oui, il doit sortir cet automne. Deux ans que j'y travaille... Je dois encore relire les épreuves, mais vous savez, je crois que rien de ce que je pourrai écrire ne sera jamais comme *Les Origines du mal*.

Rendall dévisagea Harry avec sympathie.

— Au fond, dit-il, les écrivains n'écrivent qu'un seul livre par vie.

Harry acquiesça d'un signe de tête et offrit du café à son visiteur. Puis ils s'installèrent autour de la table et Rendall expliqua :

— Harry, je me suis permis de venir vous trouver parce que je me rappelle que vous m'aviez dit avoir envie d'enseigner à l'université. Or, il y a une place de professeur qui se libère au département de littérature de Burrows. Je sais que ce n'est pas Harvard, mais nous sommes une université de qualité. Si le poste vous intéresse, il est à vous.

Harry se tourna vers le chien couleur du soleil et lui flatta l'encolure.

— T'entends ça, Storm, lui murmura-t-il à l'oreille. Je vais devenir professeur à l'université.

6.

Le Principe Barnaski

"Vous voyez, Marcus, les mots c'est bien, mais parfois ils sont vains et ne suffisent plus. Il arrive un moment où certaines personnes ne veulent pas vous entendre.

– Que convient-il de faire alors ?

– Attrapez-les par le col et appuyez votre coude contre leur gorge. Très fort.

– Pourquoi ?

– Pour les étrangler. Quand les mots ne peuvent plus rien, allez distribuer quelques coups de poing."

Au début du mois d'août 2008, au vu des nouveaux éléments révélés par l'enquête, le bureau du procureur de l'État du New Hampshire présenta au juge en charge de l'affaire un nouveau rapport concluant que Luther Caleb était l'assassin de Deborah Cooper et de Nola Kellergan, qu'il avait enlevée, battue à mort et enterrée à Goose Cove. À la suite de ce rapport, le juge convoqua Harry pour une audience urgente, au cours de laquelle il abandonna définitivement les accusations pesant sur lui. Ce dernier rebondissement donnait à l'affaire les couleurs du grand feuilleton de l'été : Harry Quebert, la vedette rattrapée par son passé et tombée en disgrâce, était finalement blanchi après avoir risqué la peine de mort et avoir vu sa carrière ruinée.

Luther Caleb accéda à une sordide notoriété posthume, qui lui valut de voir sa vie étalée dans les journaux et son nom inscrit au Panthéon des grands criminels de l'histoire de l'Amérique. L'attention générale ne se focalisa bientôt plus que sur lui. Sa vie fut fouillée, les hebdomadaires illustrés revinrent sur son histoire personnelle en multipliant les photos d'archives achetées à des proches : ses années insouciantes à Portland, son talent pour la peinture, son passage à tabac, sa descente aux enfers. Son besoin de peindre des femmes nues passionna le public et des psychiatres furent interrogés pour des compléments d'explication : était-ce une pathologie connue ? Cela pouvait-il laisser présumer de la suite tragique des événements ? Une fuite au sein de la police permit la diffusion d'images du tableau retrouvé chez Elijah Stern, laissant la voie ouverte aux spéculations les plus folles : tout le monde se demandait pourquoi Stern, homme puissant et respecté, avait cautionné les séances de peinture d'une fille de quinze ans dénudée ?

Des regards désapprobateurs se tournaient en direction du procureur de l'État, que d'aucuns jugeaient responsable d'avoir agi sans réfléchir et d'avoir précipité le fiasco Quebert. Certains considéraient même qu'en signant le fameux rapport d'août, le procureur avait signé la fin de sa carrière. Ce dernier fut en partie sauvé par Gahalowood, qui, en sa qualité de responsable de l'enquête pour la police, assuma pleinement ses responsabilités, convoquant une conférence de presse pour expliquer qu'il était celui qui avait arrêté Harry Quebert, mais qu'il était également celui qui l'avait fait libérer, et que ceci n'était pas un paradoxe ni une défaillance mais bien la preuve d'un fonctionnement correct de la justice. « Nous n'avons emprisonné personne à tort, déclara-t-il aux journalistes venus en nombre. Nous avons eu des soupçons et nous les avons dissipés. Nous avons agi en cohérence dans les deux cas. C'est le travail de la police. » Et pour expliquer pourquoi il avait fallu toutes ces années pour identifier le coupable, il mentionna sa théorie des circonvolutions : Nola était l'élément central autour duquel beaucoup d'autres éléments gravitaient. Il avait fallu isoler jusqu'au dernier pour trouver son meurtrier. Mais ce travail n'avait pu se faire que grâce à la découverte du corps. « Vous dites qu'il nous a fallu trente-trois ans pour résoudre ce meurtre, rappela-t-il à son auditoire, mais en fait, il nous a fallu deux mois seulement. Pendant le reste du temps, il n'y avait pas de corps, pas de meurtre. Juste une gamine disparue. »

Celui qui comprenait le moins la situation était Benjamin Roth. Une après-midi que je le croisai par hasard au rayon cosmétique de l'un des grands centres commerciaux de Concord, il me dit :

— C'est fou, je suis allé voir Harry à son motel hier : on aurait dit que l'abandon des charges ne le réjouissait pas plus que ça.

— Il est triste, expliquai-je.

— Triste ? On a gagné et il est triste ?

— Il est triste parce que Nola est morte.

— Mais ça fait trente-trois ans qu'elle est morte.

— Là, elle est vraiment morte.

— Je ne comprends pas ce que vous voulez dire, Goldman.

— Ça ne m'étonne pas.

— Enfin bref, je suis passé le voir pour lui dire de prendre ses dispositions pour sa maison : j'ai eu les types de l'assurance, ils vont tout prendre en charge, mais il faut qu'il contacte un architecte et qu'il décide de ce qu'il veut faire. Il avait l'air de s'en ficher complètement. Tout ce qu'il a réussi à me dire, c'est : « Emmenez-moi là-bas. » Nous y sommes allés. Il y a encore des tas de saloperies dans cette maison, le saviez-vous ? Il y a tout laissé, des meubles et des objets encore intacts. Il dit qu'il n'a plus besoin de rien. Nous sommes restés plus d'une heure là-dedans. Une heure à foutre en l'air mes pompes à 600 dollars. Moi je lui montrais ce qu'il pouvait reprendre, surtout parmi ses meubles anciens. Je lui ai proposé de faire tomber un des murs pour agrandir le salon et je lui ai aussi rappelé qu'on pouvait poursuivre l'État pour le tort moral causé par toute cette affaire et qu'on pouvait prétendre à un joli pactole. Mais il n'a même pas réagi. Je lui ai proposé de contacter une entreprise de déménagement pour emporter ce qui était intact et stocker tout ça dans un garde-meubles, je lui ai dit qu'il avait de la chance jusque-là parce qu'il n'y avait eu ni pluie, ni voleur, mais il m'a répondu que ce n'était pas la peine. Il a même ajouté que cela n'avait pas d'importance si on venait le voler, qu'au moins les meubles seraient utiles à quelqu'un. Vous y comprenez quelque chose, vous, Goldman ?

— Oui. La maison ne lui sert plus à rien.
— Plus à rien ? Pourquoi ça ?
— Parce qu'il n'a plus personne à y attendre.
— À attendre ? Mais attendre qui ?
— Nola.
— Mais Nola est morte !
— Justement.

Roth haussa les épaules.

— Au fond, me dit-il, j'avais raison depuis le début. Cette petite Kellergan, c'était une salope. Elle s'est fait passer dessus par toute la ville, et Harry a simplement été le dindon de la farce, le doux romantique un peu bécasson qui s'est tiré dans le pied en lui écrivant des mots d'amour, voire un bouquin tout entier.

Il eut un rire gras.

C'était trop. D'un geste vif et d'une seule main, je l'attrapai par le col de sa chemise et le plaquai contre un mur, faisant tomber des bouteilles de parfum qui se brisèrent sur le sol, puis j'enfonçai mon avant-bras libre dans sa gorge.

— Nola a changé la vie de Harry! m'écriai-je. Elle s'est sacrifiée pour lui! Je vous interdis de répéter à tout le monde que c'était une salope.

Il essaya de se dégager, mais il ne pouvait rien faire; j'entendais sa petite voix étranglée qui suffoquait. Des gens s'attroupèrent autour de nous, des agents de sécurité accoururent et je finis par le lâcher. Il avait la tête rouge comme une tomate, la chemise débraillée. Il balbutia:

— Vous... vous... vous êtes fou, Goldman! Vous êtes fou! Fou comme Quebert! Je pourrais porter plainte, vous savez!

— Faites ce que vous voulez, Roth!

Il partit, furieux, et lorsqu'il fut éloigné, il cria:

— C'est vous qui avez dit que c'était une salope, Goldman! C'était dans vos feuillets, non? Tout ça, c'est de votre faute!

Je voulais justement que mon livre répare la catastrophe causée par la diffusion des feuillets. Il restait un mois et demi avant sa sortie officielle, et Roy Barnaski était survolté: il me téléphonait plusieurs fois par jour pour me faire part de son excitation.

— Tout est parfait! s'exclama-t-il lors de l'une de nos conversations. Timing parfait! Le rapport du procureur qui sort maintenant, tout ce remue-ménage, c'est une espèce de coup de chance incroyable, parce que dans trois mois, il y a l'élection présidentielle, et plus personne n'aurait porté alors le moindre intérêt à votre livre, ni à cette histoire. Vous savez, l'information est un flux illimité dans un espace limité. La masse d'informations est exponentielle, mais le temps que chacun lui accorde est restreint et inextensible. Le commun des mortels y consacre quoi, une heure par jour? Vingt minutes de journal gratuit dans le métro le matin, une demi-heure sur Internet au bureau et un quart d'heure de CNN le soir avant de se coucher. Et pour remplir cet espace temporel, il y a de la matière infinie! Il se passe des tas de choses dégueulasses dans le monde, mais on n'en parle pas parce qu'on n'a pas le temps. On ne peut pas parler de Nola Kellergan et du Soudan, on n'a pas le temps, vous comprenez. Durée de l'attention: quinze minutes de CNN le soir. Après, les gens veulent voir leur série télé. La vie est une question de priorités.

— Vous êtes cynique, Roy, lui répondis-je.

— Non, bon Dieu, non! Arrêtez de m'accuser de tous les maux! Je suis simplement dans la réalité. Vous, vous êtes un doux chasseur de papillons, un rêveur qui parcourt la steppe à la recherche d'inspiration. Mais vous pourriez m'écrire un chef-d'œuvre sur le Soudan, que je ne le publierais pas. Parce que les gens s'en foutent! Ils-s'en-foutent! Alors oui, vous pouvez considérer que je suis un salaud, mais je ne fais que répondre à la demande. Le Soudan, tout le monde s'en lave les mains et c'est comme ça. Aujourd'hui, on parle de Harry Quebert et de Nola Kellergan partout, et il faut en profiter: dans deux mois, on parlera du nouveau Président, et votre livre n'existera plus. Mais on en aura vendu tellement que vous serez en train de vous la couler douce dans votre nouvelle maison des Bahamas.

Il n'y avait pas à dire: Barnaski avait un don pour

occuper l'espace médiatique. Tout le monde parlait déjà du livre, et plus on en parlait, plus il en faisait parler encore en multipliant les campagnes publicitaires. *L'Affaire Harry Quebert*, le livre à un million de dollars, comme le présentait la presse. Car je réalisai que la somme astronomique qu'il m'avait proposée, et à propos de laquelle il s'était largement répandu dans les médias, était en fait un investissement publicitaire : au lieu de dépenser cet argent en promotion ou en affiches, il l'avait utilisé pour attiser l'intérêt général. Il ne s'en cacha d'ailleurs pas lorsque je lui posai la question, et il m'expliqua sa théorie à ce sujet : selon lui, les règles commerciales avaient été bouleversées par l'avènement d'Internet et des réseaux sociaux.

— Imaginez, Marcus, combien coûte un seul emplacement publicitaire dans le métro de New York. Une fortune. On paie beaucoup d'argent pour une affiche dont la durée de vie est limitée et dont le nombre de gens qui la verront est limité aussi : il faut que ces gens soient à New York et prennent cette ligne de métro à cet arrêt dans un espace de temps donné. Alors que désormais, il suffit de susciter l'intérêt d'une façon ou d'une autre, de créer le *buzz* comme on dit, de faire parler de vous, et de compter sur les gens pour parler de vous sur les réseaux sociaux : vous accédez à un espace publicitaire gratuit et illimité. Des gens à travers le monde entier se chargent, sans même s'en rendre compte, d'assurer votre publicité à une échelle planétaire. N'est-ce pas incroyable ? Les utilisateurs de Facebook ne sont que des hommes-sandwichs qui travaillent gratuitement. Ce serait stupide de ne pas les utiliser.

— C'est ce que vous avez fait, hein ?

— En vous refilant un million de dollars ? Oui. Payez un type avec un salaire de NBA ou de NHL pour écrire un bouquin, et vous pouvez être sûr que tout le monde va parler de lui.

À New York, au siège de Schmid & Hanson, la tension était à son comble. Des équipes entières étaient mobilisées pour assurer la production et le suivi du livre. Je reçus par FedEx une machine à conférence téléphonique qui me permettait de participer depuis ma suite du Regent's à toutes sortes de réunions qui se tenaient à Manhattan. Réunions avec l'équipe marketing, chargée de la promotion du livre, réunions avec l'équipe graphique, chargée de la création de la couverture du livre, réunions avec l'équipe juridique, chargée d'étudier tous les aspects légaux liés au livre, et enfin réunions avec une équipe d'écrivains fantômes, que Barnaski utilisait pour certains de ses auteurs célèbres et qu'il voulait absolument me refourguer.

<u>*Réunion téléphonique n° 2. Avec les écrivains fantômes*</u>

— Le livre doit être bouclé dans trois semaines, Marcus, me répéta pour la dixième fois Barnaski. Après, nous aurons dix jours pour corriger, puis une semaine pour l'impression. Ce qui veut dire qu'avant la fin septembre, on arrose le pays. Vous y arriverez ?
— Oui, Roy.
— S'il faut, nous venons de suite, hurla en arrière-fond le chef des écrivains fantômes qui se nommait Frank Lancaster. On prend le premier avion pour Concord, on est là demain pour vous aider.

J'entendais tous les autres beugler que oui, ils seraient là demain et que ce serait formidable.

— Ce qui serait formidable, ce serait de me laisser travailler, répondis-je. Je ferai ce livre tout seul.

— Mais ils sont très bons, insista Barnaski, vous-même vous ne verrez pas la différence !

— Oui, vous-même vous ne verrez pas la différence, répéta Frank. Pourquoi vouloir travailler quand vous pouvez ne pas le faire ?

— Ne vous en faites pas, je tiendrai les délais.

Réunion téléphonique n° 4. Avec l'équipe marketing

— Monsieur Goldman, me dit Sandra du marketing, il nous faudrait des photos de vous pendant l'écriture de votre livre, des photos d'archives avec Harry, des photos d'Aurora. Et aussi vos notes pour la rédaction du livre.

— Oui, toutes vos notes ! renchérit Barnaski.

— Oui... Bon... Pourquoi ? demandai-je.

— Nous voudrions publier un livre à propos de votre livre, m'expliqua Sandra. Comme un journal de bord, richement illustré. Ça va avoir un succès fou, tous ceux qui auront acheté votre livre voudront le journal du livre, et inversement. Vous verrez.

Je soupirai :

— Vous ne pensez pas que j'ai autre chose à faire pour le moment que de préparer un livre sur le livre que je n'ai pas encore terminé.

— Pas encore terminé ? hurla Barnaski, hystérique. Je vous envoie immédiatement les écrivains fantômes !

— N'envoyez personne ! Au nom du Ciel, laissez-moi finir mon bouquin tranquillement !

Réunion téléphonique n° 6. Avec les écrivains fantômes

— Nous avons écrit que lorsqu'il enterre la petite, Caleb pleure, me déclara Frank Lancaster.
— Comment ça, *nous avons écrit* ?
— Oui, il enterre la gamine et il pleure. Les larmes coulent dans la tombe. Ça fait de la boue. C'est une jolie scène, vous verrez.
— Mais nom de Dieu ! Est-ce que je vous ai demandé d'écrire une jolie scène sur Caleb enterrant Nola ?
— Enfin... Non... Mais Monsieur Barnaski m'a dit...
— Barnaski ? Allô, Roy, vous êtes là ? Allô ? Allô ?
— Heu... Oui, Marcus, je suis là...
— Qu'est-ce que c'est que ces histoires ?
— Ne vous énervez pas, Marcus. Je ne peux pas prendre le risque que le livre ne soit pas terminé à temps. Alors je leur ai demandé d'aller de l'avant, au cas où. Simple précaution. Si vous n'aimez pas, nous n'utiliserons pas leurs textes. Mais imaginez que vous n'ayez pas le temps de finir ! Ce sera notre bouée de sauvetage !

Réunion téléphonique n° 10. Avec l'équipe juridique

— Bonjour, Monsieur Goldman, ici Richardson, du juridique. Alors on a tout étudié ici, et nous sommes affirmatifs : vous pouvez mentionner des noms propres dans votre livre. Stern, Pratt, Caleb. Tout ce dont vous parlez est repris dans le rapport du procureur, qui est repris par les médias. On est blindés, on ne risque rien. Il n'y a ni invention, ni diffamation, il n'y a que des faits.

— Ils disent que vous pouvez aussi rajouter des scènes de sexe et d'orgies sous forme de fantasme ou de rêve, ajouta Barnaski. N'est-ce pas, Richardson ?

— Absolument. Je vous l'avais déjà dit d'ailleurs. Votre personnage peut rêver qu'il a des rapports sexuels, ce qui vous permet de mettre du sexe dans votre livre, sans risquer un procès.

— Oui, un peu plus de sexe, Marcus, reprit Barnaski. Frank me disait l'autre jour que votre livre est très bon mais que c'est dommage parce qu'il manque un peu de piment. Elle a quinze ans, Quebert en a trente et quelques à cette époque ! Faites monter la sauce ! *Caliente*, comme on dit au Mexique.

— Mais vous êtes complètement fou, Roy ! m'écriai-je.

— Vous gâchez tout, Goldman, soupira Barnaski. Les histoires de saintes nitouches, ça emmerde tout le monde.

<u>*Réunion téléphonique n° 12. Avec Roy Barnaski*</u>

— Allô, Roy ?
— Comment ça, *Roy* ?
— Maman ?
— Markie ?
— Maman ?
— Markie ? C'est toi ? Qui est Roy ?
— Merde, je me suis trompé de numéro.
— Trompé de numéro ? Il appelle sa mère, il dit *merde* et il dit qu'il se trompe de numéro ?
— Ce n'était pas ce que je voulais dire, Maman. C'est simplement que je devais appeler Roy Barnaski et que j'ai machinalement composé votre numéro. J'ai la tête ailleurs en ce moment.

— Il appelle sa mère parce qu'il a la tête ailleurs... C'est de mieux en mieux. Vous donnez la vie et qu'est-ce que vous recevez en retour ? Rien.

— Désolé, M'an. Embrasse Papa. Je te rappellerai.

— Attends !

— Quoi ?

— Tu n'as donc pas une minute pour ta pauvre mère ? Ta mère, qui t'a fait si beau et grand écrivain, ne mérite pas quelques secondes de ton temps ? Te souviens-tu du petit Jeremy Johnson ?

— Jeremy ? Oui, on était ensemble à l'école. Pourquoi me parles-tu de lui ?

— Sa mère était morte. Te rappelles-tu ? Eh bien, ne crois-tu pas qu'il aimerait pouvoir prendre le téléphone et parler à sa petite maman chérie qui est au Ciel avec les anges ? Il n'y a pas de ligne téléphonique pour le Ciel, Markie, mais il y en a vers Montclair ! Essaie de t'en souvenir de temps en temps.

— Jeremy Johnson ? Mais sa mère n'est pas morte ! C'est ce qu'il essayait de faire croire parce qu'elle avait du duvet sombre sur les joues qui ressemblait méchamment à de la barbe et que tous les autres enfants se moquaient de lui. Du coup, il disait que sa mère était morte et que cette femme était sa nounou.

— Quoi ? La nounou barbue des Johnson était la mère ?

— Oui, Maman.

J'entendis ma mère s'agiter et appeler mon père. « Nathan, viens vite, veux-tu. Il y a un *plotke* que tu dois absolument connaître : la femme à barbe chez les Johnson, c'était la mère ! Comment ça, *tu savais* ? Et pourquoi ne m'as-tu jamais rien dit ? »

— Maman, je dois raccrocher maintenant. J'ai un rendez-vous téléphonique.

— Qu'est-ce que ça veut dire un rendez-vous téléphonique ?

— C'est un rendez-vous pour se parler par téléphone.

— Pourquoi ne faisons-nous pas des rendez-vous téléphoniques ensemble ?

— Les rendez-vous téléphoniques, c'est pour le travail, Maman.

— Qui est ce Roy, mon chéri ? Est-ce l'homme nu qui se cache dans ta chambre ? Tu peux tout me dire, je suis prête à tout entendre. Pourquoi veux-tu faire des rendez-vous phoniques avec cet homme sale ?

— Roy est mon éditeur, Maman. Tu le connais, tu l'as rencontré à New York.

— Tu sais, Markie, j'ai parlé de tes problèmes sexuels avec le rabbin. Il dit que...

— Maman, ça suffit. Je vais raccrocher maintenant. Embrasse Papa.

Réunion téléphonique n° 13. Avec l'équipe graphique

Il y eut un brainstorming pour choisir la couverture du livre.

— Ce pourrait être une photo de vous, suggéra Steven, chef des graphistes.

— Ou une photo de Nola, proposa un autre.

— Une photo de Caleb, ça ferait bien, non ? lança un troisième à la cantonade.

— Et si on mettait une photo de la forêt ? surenchérit un assistant graphiste.

— Oui, quelque chose de sombre et d'angoissant, ça pourrait être pas mal, dit Barnaski.

— Ou quelque chose de sobre ? finis-je par suggérer. Une vue d'Aurora, et, au premier plan, en ombres chinoises, deux silhouettes non identifiables mais dont on pourrait penser qu'il s'agit de Harry et Nola, marchant côte à côte sur la route 1.

— Attention au sobre, dit Steven. Le sobre ennuie. Et ce qui ennuie ne se vend pas.

Réunion téléphonique n° 21. Avec les équipes juridique, graphique et marketing

J'entendis la voix de Richardson, du juridique :
— Voulez-vous des donuts ?
Je répondis :
— Hein ? Moi ? Non.
— Ce n'est pas à vous qu'il parle, me dit Steven du graphisme. C'est à Sandra du marketing.
Barnaski s'agita :
— Est-ce que l'on pourrait arrêter de bouffer et d'interférer dans la discussion en se proposant des petites tasses de café bien chaud et des beignets ? On joue à la dînette ou on fabrique des best-sellers ici ?

*

Alors que mon livre avançait à toute allure, l'enquête sur l'assassinat du Chef Pratt piétinait. Gahalowood avait réquisitionné plusieurs enquêteurs de la brigade criminelle, mais ils ne progressaient pas. Aucun indice, aucune trace exploitable. Nous eûmes une longue discussion à ce sujet dans un bar pour routiers de la sortie de la ville, où Gahalowood venait parfois se réfugier et jouer au billard.

— C'est ma tanière, me dit-il en me tendant une queue pour entamer une partie. J'y suis venu souvent ces derniers temps.

— Ça n'a pas été facile, hein ?
— Maintenant ça va. On est au moins parvenu à régler cette affaire Kellergan, c'est l'important. Même si ça a déclenché un merdier plus important que ce que je pensais. C'est surtout le procureur qui a le mauvais rôle, comme toujours. Parce que le procureur est élu.
— Et vous ?
— Le gouverneur est content, le chef de la police est content, donc tout le monde est content. D'ailleurs, les grandes huiles songent à ouvrir une unité de dossiers jamais élucidés, et ils voudraient que j'en sois.
— Les dossiers jamais élucidés ? Mais est-ce que ce n'est pas frustrant de n'avoir ni le criminel ni la victime ? Au fond, ce n'est qu'une histoire de morts.
— C'est une histoire de vivants. Dans le cas de Nola Kellergan, le père a le droit de savoir ce qui est arrivé à sa fille, et Quebert a failli subir, à tort, l'épreuve du tribunal. La justice doit pouvoir finir son travail, même des années après les faits.
— Et Caleb ? demandai-je.
— Je crois que c'est un type qui a perdu les pédales. Vous savez, dans ce genre de cas, soit on a affaire à un criminel en série, mais il n'y a eu aucun cas similaire à celui de Nola dans la région durant les deux ans qui ont précédé et suivi son enlèvement, soit il s'agit d'un coup de folie.

J'acquiesçai.

— Le seul point qui me chiffonne, me dit Gahalowood, c'est Pratt. Qui l'a tué ? Et pourquoi ? Il y a encore une inconnue dans cette équation, et j'ai bien peur que nous ne parvenions jamais à la résoudre.
— Vous pensez toujours à Stern ?
— Je n'ai que des soupçons. Je vous ai fait part de

ma théorie, selon laquelle il y a des zones d'ombre sur sa relation avec Luther. Quel est ce lien entre eux ? Et pourquoi Stern n'a-t-il pas mentionné la disparition de sa voiture ? Il y a vraiment quelque chose d'étrange. Pourrait-il y être mêlé de loin ? C'est possible.

— Vous ne lui avez pas posé la question ? demandai-je.

— Si. Il m'a reçu deux fois, très gentiment. Il dit qu'il se sent mieux depuis qu'il m'a raconté cet épisode du tableau. Il m'a indiqué qu'il autorisait Luther à utiliser parfois cette Chevrolet Monte Carlo noire à titre privé, parce que sa Mustang bleue tournait mal. J'ignore si c'est la vérité mais, en tout cas, cette explication tient la route. Tout tient parfaitement la route. J'ai eu beau fouiller intégralement la vie de Stern, je n'ai rien trouvé. J'ai parlé à Sylla Mitchell également, je lui ai demandé ce qu'il était advenu de la Mustang de son frère, elle dit qu'elle n'en a aucune idée. Cette bagnole a disparu. Je n'ai rien contre Stern, rien qui puisse faire penser qu'il soit impliqué dans l'affaire.

— Pourquoi un homme comme Stern se laissait-il complètement dominer par son chauffeur ? Cédant à ses caprices, lui mettant à disposition une voiture... Il y a quelque chose qui m'échappe.

— À moi aussi, l'écrivain. À moi aussi.

Je plaçai mes boules sur le tapis.

— Mon livre devrait être fini d'ici deux semaines, dis-je.

— Déjà ? Vous avez écrit vite.

— Pas si vite que cela. Vous entendrez peut-être dire que c'est un livre écrit en deux mois, mais en fait il m'a fallu deux ans.

Il sourit.

*

À la fin du mois d'août 2008, j'achevai d'écrire *L'Affaire Harry Quebert*, livre qui allait rencontrer deux mois plus tard un succès absolument phénoménal.

Il fut alors temps pour moi de retourner à New York, où Barnaski s'apprêtait à lancer la promotion du livre à grands coups de séances photos et de rencontres avec les journalistes. Par un hasard du calendrier, je quittai Concord l'avant-dernier jour d'août. Sur la route, je fis un détour par Aurora pour aller trouver Harry à son motel. Il était, comme toujours, assis devant la porte de sa chambre.

— Je rentre à New York, lui dis-je.

— Alors c'est un adieu…

— C'est un au revoir. Je reviendrai vite. Je vais réhabiliter votre nom, Harry. Donnez-moi quelques mois et vous redeviendrez à nouveau l'écrivain le plus respecté du pays.

— Pourquoi faites-vous cela, Marcus ?

— Parce que vous avez fait de moi ce que je suis.

— Alors quoi ? Vous estimez avoir une espèce de dette envers moi ? J'ai fait de vous un écrivain, mais comme il semble qu'aux yeux de l'opinion publique je n'en sois plus un moi-même, vous essayez de me rendre ce que je vous ai donné ?

— Non, je vous défends parce que j'ai toujours cru en vous. Toujours.

Je lui tendis une lourde enveloppe.

— Qu'est-ce que c'est ? demanda-t-il.

— Mon livre.

— Je ne le lirai pas.

— Je veux votre accord avant de le publier. Ce livre, c'est le vôtre.

— Non, Marcus. C'est le vôtre. Et c'est bien là le problème.

— Quel est le problème ?
— Je pense que c'est un livre magnifique.
— Et en quoi est-ce un problème ?
— C'est compliqué, Marcus. Un jour vous comprendrez.
— Mais comprendre quoi, au nom du Ciel ? Parlez, enfin ! Parlez !
— Un jour vous comprendrez, Marcus.
Il y eut un long silence.
— Qu'allez-vous faire à présent ? finis-je par demander.
— Je ne vais pas rester ici.
— C'est où ici ? Dans ce motel, dans le New Hampshire, en Amérique ?
— Je voudrais aller au paradis des écrivains.
— Le paradis des écrivains ? Qu'est-ce que c'est ?
— Le paradis des écrivains, c'est l'endroit où vous décidez de réécrire la vie comme vous auriez voulu la vivre. Car la force des écrivains, Marcus, c'est qu'ils décident de la fin du livre. Ils ont le pouvoir de faire vivre ou de faire mourir, ils ont le pouvoir de tout changer. Les écrivains ont au bout de leurs doigts une force que, souvent, ils ne soupçonnent pas. Il leur suffit de fermer les yeux pour inverser le cours d'une vie. Marcus, que se serait-il passé ce 30 août 1975 si… ?
— On ne change pas le passé, Harry. N'y pensez pas.
— Mais comment pourrais-je ne pas y penser ?
Je posai le manuscrit sur la chaise à côté de lui et je fis mine de m'en aller.
— De quoi parle votre livre ? m'interrogea-t-il alors.
— C'est l'histoire d'un homme qui a aimé une

jeune femme. Elle avait des rêves pour deux. Elle voulait qu'ils vivent ensemble, qu'il devienne un grand écrivain, un professeur d'université et qu'ils aient un chien couleur du soleil. Mais un jour, cette jeune femme a disparu. On ne l'a jamais retrouvée. L'homme, lui, est resté dans la maison, à attendre. Il est devenu un grand écrivain, il est devenu professeur à l'université, il a eu un chien couleur du soleil. Il a fait exactement tout ce qu'elle lui avait demandé, et il l'a attendue. Il n'a jamais aimé personne d'autre. Il a attendu, fidèlement, qu'elle revienne. Mais elle n'est jamais revenue.

— Parce qu'elle est morte !

— Oui. Mais maintenant cet homme peut en faire le deuil.

— Non, il est trop tard ! Il a soixante-sept ans désormais !

— Il n'est jamais trop tard pour aimer de nouveau.

Je lui fis un signe amical de la main.

— Au revoir, Harry. Je vous appellerai à mon arrivée à New York.

— N'appelez pas. C'est mieux.

Je descendis les escaliers extérieurs qui menaient au parking. Alors que je m'apprêtais à remonter en voiture, je l'entendis crier à mon intention, depuis la balustrade du premier étage :

— Marcus, quelle est la date d'aujourd'hui ?

— Le 30 août, Harry.

— Et quelle heure est-il ?

— Il est presque onze heures du matin.

— Plus que huit heures, Marcus !

— Huit heures avant quoi ?

— Avant qu'il soit dix-neuf heures.

Je ne saisis pas tout de suite et je demandai :

— Que se passe-t-il à dix-neuf heures ?
— Nous avons rendez-vous, elle et moi, vous le savez bien. Elle viendra. Regardez, Marcus ! Regardez où nous sommes ! Nous sommes au paradis des écrivains. Il suffit de l'écrire et tout pourra changer.

*

30 août 1975 au paradis des écrivains

Elle décida de ne pas passer par la route 1 mais de longer l'océan. C'était plus prudent. Serrant le manuscrit dans ses bras, elle courut sur les galets et sur le sable. Elle était presque à la hauteur de Goose Cove. Encore deux ou trois miles à marcher et elle arriverait au motel. Elle regarda sa montre : il était un peu plus de dix-huit heures. D'ici quarante-cinq minutes, elle serait au rendez-vous. À dix-neuf heures, comme convenu. Elle continua encore et arriva aux abords de Side Creek Lane où elle jugea qu'il était temps de traverser la bordure de forêt jusqu'à la route 1. Elle remonta de la plage à la forêt en grimpant sur une succession de rochers, puis elle traversa prudemment les rangées d'arbres, en prenant garde de ne pas se griffer ni déchirer sa jolie robe rouge dans les fourrés. À travers la végétation elle aperçut une maison au loin : dans la cuisine, une femme préparait une tarte aux pommes.

Elle rejoignit la route 1. Juste avant qu'elle ne sorte de la forêt, une voiture passa à bonne allure. C'était Luther Caleb qui s'en retournait à Concord. Elle longea la route sur deux miles encore et elle arriva bientôt au motel. Il était dix-neuf heures précises. Elle se faufila à travers le parking et emprunta l'escalier extérieur. La chambre 8 était au premier étage. Elle gravit les marches quatre à quatre et tambourina à la porte.

On venait de frapper à la porte. Il se leva précipitamment du lit sur lequel il était assis pour aller ouvrir.

— Harry! Harry chéri! s'écria-t-elle en le voyant apparaître dans l'encadrement de la porte.

Elle sauta à son cou et le couvrit de baisers. Il la souleva.

— Nola... tu es là. Tu es venue! Tu es venue!

Elle le regarda drôlement.

— Évidemment que je suis venue, quelle question enfin!

— J'ai dû m'assoupir, et j'ai fait ce cauchemar... J'étais dans cette chambre et je t'attendais. Je t'attendais et tu ne venais pas. Et j'attendais, encore et encore. Et tu ne venais jamais.

Elle se serra contre lui.

— Quel horrible cauchemar, Harry! Je suis là maintenant! Je suis là et pour toujours!

Ils s'enlacèrent longuement. Il lui offrit les fleurs qui trempaient dans le lavabo.

— Tu n'as rien emporté? demanda Harry lorsqu'il constata qu'elle n'avait pas de bagages.

— Rien. Pour être plus discrète. Nous achèterons le nécessaire en route. Mais j'ai pris le manuscrit.

— Je l'ai cherché partout!

— Je l'avais pris avec moi. Je l'ai lu... J'ai tellement aimé, Harry. C'est un chef-d'œuvre!

Ils s'enlacèrent encore, puis elle dit:

— Partons! Partons vite! Partons tout de suite.

— Tout de suite?

— Oui, je veux être loin d'ici. Pitié, Harry, je ne veux pas risquer qu'on nous retrouve. Partons tout de suite.

Le soir tombait. C'était le 30 août 1975. Deux silhouettes s'échappèrent du motel et descendirent rapidement l'escalier qui menait au parking avant de s'engouffrer dans une Chevrolet Monte Carlo noire. On put apercevoir la voiture s'engager sur la route 1 en direction du Nord. Elle avançait à bonne allure, disparaissant vers l'horizon. On ne distingua bientôt plus sa forme : elle devint un point noir, puis une tache minuscule. On devina encore un instant le minuscule point de lumière que dessinaient les phares, puis elle disparut complètement.

Ils partaient vers la vie.

TROISIÈME PARTIE

Le paradis des écrivains

(Sortie du livre)

5.

La fillette qui avait ému l'Amérique

"Un nouveau livre, Marcus, c'est une nouvelle vie qui commence. C'est aussi un moment de grand altruisme : vous offrez, à qui veut bien la découvrir, une partie de vous. Certains adoreront, d'autres détesteront. Certains feront de vous une vedette, d'autres vous mépriseront. Certains seront jaloux, d'autres intéressés. Ce n'est pas pour eux que vous écrivez, Marcus. Mais pour tous ceux qui, dans leur quotidien, auront passé un bon moment grâce à Marcus Goldman. Vous me direz que ce n'est pas grand-chose, et pourtant, c'est déjà pas mal. Certains écrivains veulent changer la face du monde. Mais qui peut vraiment changer la face du monde ?"

Tout le monde parlait du livre. Je ne pouvais plus déambuler en paix dans Manhattan, je ne pouvais plus faire mon jogging sans que des promeneurs me reconnaissent et s'exclament: «Hé, c'est Goldman! C'est l'écrivain!» Il arrivait même que certains entament quelques pas de course pour me suivre et me poser les questions qui les taraudaient: «Ce que vous y dites, dans votre bouquin, c'est la vérité? Harry Quebert a vraiment fait ça?» Dans le café de West Village où j'avais mes habitudes, certains clients n'hésitaient plus à s'asseoir à ma table pour me parler: «Je suis en train de lire votre livre, Monsieur Goldman: je ne peux pas m'arrêter! Le premier était déjà bon mais alors celui-là! On vous a vraiment filé un million de dollars pour l'écrire? Vous avez quel âge? Trente ans à peine? Même pas trente ans? Et vous avez déjà amassé tellement de pognon!» Le portier de mon immeuble, que je voyais avancer dans sa lecture entre deux ouvertures de portes, avait fini par me coincer longuement devant l'ascenseur, une fois le livre terminé, pour me confier ce qu'il avait sur le cœur: «Alors voilà ce qui est arrivé à Nola Kellergan? Quelle horreur! Mais comment en arrive-t-on là ? Hein, Monsieur Goldman, comment est-ce possible ? »

Depuis le jour de sa sortie, *L'Affaire Harry Quebert* était numéro un des ventes à travers tout le pays ; il promettait d'être la meilleure vente de l'année sur le continent américain. On en parlait partout : à la télévision, à la radio, dans les journaux. Les critiques, qui m'avaient attendu au tournant, ne tarissaient pas d'éloges à mon sujet. On disait que mon nouveau roman était un grand roman.

Immédiatement après la sortie du livre, j'étais parti pour une tournée promotionnelle marathon qui me conduisit aux quatre coins du pays en l'espace de deux semaines seulement, changement de Président oblige. Barnaski considérait que c'était la limite de la fenêtre temporelle qui nous était dévolue avant que les regards se tournent en direction de Washington pour l'élection du 4 novembre. De retour à New York, j'avais encore sillonné les plateaux de télévision à un rythme effréné pour répondre à l'engouement général, lequel s'était étendu jusqu'à la maison de mes parents, où curieux et journalistes venaient sonner sans cesse à la porte. Pour leur assurer un peu de quiétude, je leur avais offert un camping-car à bord duquel ils s'étaient mis en tête de réaliser l'un de leurs vieux rêves : rallier Chicago puis descendre la route 66 jusqu'en Californie.

Nola, à la suite d'un article du *New York Times*, se voyait désormais surnommée *la fillette qui avait ému l'Amérique*. Et les lettres de lecteurs que je recevais faisaient toutes état de ce sentiment : tous avaient été touchés par l'histoire de cette fillette malheureuse et maltraitée qui avait retrouvé le sourire en rencontrant Harry Quebert et qui, du haut de ses quinze ans, s'était battue pour lui, et lui avait permis d'écrire *Les Origines du mal*. Certains spécialistes de la littérature affirmaient d'ailleurs que son livre ne pouvait se lire correctement que grâce au mien; ils en proposaient désormais une nouvelle approche dans laquelle Nola ne représentait plus un amour impossible mais la toute-puissance sentimentale. C'est ainsi que *Les Origines du mal* qui, quatre mois plus tôt, avaient été retirées de quasiment toutes les librairies du pays, voyaient à présent les ventes redécoller. En prévision de Noël, l'équipe marketing de Barnaski était en train de préparer un coffret à tirage limité contenant *Les Origines du mal*, *L'Affaire Harry Quebert* et une analyse de texte proposée par un certain Frank Lancaster.

Quant à Harry, je n'avais plus eu aucune nouvelle depuis que je l'avais quitté au Sea Side Motel. J'avais pourtant essayé de le joindre à d'innombrables reprises: son portable était coupé, et lorsque j'appelais le motel et demandais la chambre 8, le téléphone sonnait dans le vide. De façon générale, je n'avais eu aucun contact avec Aurora, ce qui valait peut-être mieux; je n'avais guère envie de savoir comment était reçu le livre là-bas. Je savais simplement, par l'intermédiaire du service juridique de Schmid & Hanson, qu'Elijah Stern s'acharnait à essayer de les assigner en justice, qualifiant de diffamatoires les passages le concernant, et notamment ceux où je m'interrogeais sur les raisons pour lesquelles il avait non seulement accédé à la demande de Luther en demandant à Nola de poser nue, mais n'avait également jamais signalé à la police la disparition de sa Monte Carlo noire. Je l'avais pourtant appelé avant la sortie du livre pour obtenir sa version des faits, mais il n'avait pas daigné me répondre.

À partir de la troisième semaine d'octobre, exactement comme l'avait prévu Barnaski, l'élection présidentielle occupa l'intégralité de l'espace médiatique. Les sollicitations à mon adresse diminuèrent considérablement, et j'en éprouvai un certain soulagement. Je venais de vivre deux années éprouvantes, mon premier succès, la maladie des écrivains, puis ce second livre enfin. J'avais l'esprit apaisé, et je ressentais un réel besoin de partir quelque temps en vacances. Comme je n'avais pas envie de partir seul et que je voulais remercier Douglas pour son soutien, j'achetai deux billets pour les Bahamas, histoire de passer des vacances entre copains, ce qui ne m'était plus arrivé depuis le lycée. Je voulus lui en faire la surprise, un soir où il vint regarder le sport chez moi. Mais à mon grand désarroi, il déclina mon invitation.

— Ça aurait été chouette, me dit-il, mais j'ai prévu d'emmener Kelly aux Caraïbes aux mêmes dates.

— Kelly ? T'es toujours avec elle ?

— Oui, bien sûr. Tu ne le savais pas ? On prévoit de se fiancer. Je vais justement lui demander sa main là-bas.

— Oh, génial ! Je suis vraiment content pour vous deux. Toutes mes félicitations.

Je dus avoir un air un peu triste, parce qu'il me dit :

— Marc, tu as tout ce que n'importe qui voudrait avoir dans la vie. Il est temps de ne plus être seul, désormais.

J'acquiesçai.

— C'est que... il y a des lustres que j'ai pas eu de rencart, me justifiai-je.

Il sourit.

— T'inquiète pas pour ça.

C'est cette conversation qui nous amena à la soirée du surlendemain, le jeudi 23 octobre 2008, qui fut le soir où tout bascula.

Douglas m'avait arrangé un rendez-vous avec Lydia Gloor, dont il avait appris par son agent qu'elle en pinçait toujours pour moi. Il m'avait convaincu de lui téléphoner et nous étions convenus de nous retrouver dans un bar de SoHo. Sur le coup de dix-neuf heures, Douglas passa chez moi pour me soutenir moralement.

— T'es pas encore prêt ? constata-t-il en me découvrant torse nu lorsque je lui ouvris la porte.

— J'arrive pas à me décider sur la chemise, répondis-je en agitant deux cintres devant moi.

— Mets la bleue, ce sera très bien.

— T'es sûr que c'est pas une erreur de sortir avec Lydia, Doug ?

— Tu vas pas te marier, Marc. Tu vas juste boire un verre avec une jolie fille qui te plaît et à qui tu plais. Vous verrez bien si le courant passe toujours.

— Et après le verre on fait quoi ?

— Je t'ai réservé une table dans un italien branché, pas loin du bar. Je vais t'envoyer un message avec l'adresse.

Je souris.

— Qu'est-ce que je ferais sans toi, Doug ?

— C'est à ça que servent les amis, non ?

À cet instant, je reçus un appel sur mon portable. Je n'aurais probablement pas répondu si je n'avais pas vu sur l'écran digital du téléphone qu'il s'agissait de Gahalowood.

— Allô, sergent ? Quel plaisir de vous entendre.

Il avait une mauvaise voix.

— Bonsoir, l'écrivain, désolé de vous importuner...
— Vous ne me dérangez pas du tout.

Il avait l'air très contrarié. Il me dit :

— L'écrivain, je crois qu'on a un gigantesque problème.

— Que se passe-t-il ?

— C'est à propos de la mère de Nola Kellergan. Celle dont vous racontez dans votre livre qu'elle battait sa fille.

— Louisa Kellergan, oui. Qu'y a-t-il ?

— Avez-vous accès à Internet ? Il faut que je vous envoie un e-mail.

J'allai au salon et y allumai mon ordinateur. Je me connectai à ma boîte e-mail tout en restant au téléphone avec Gahalowood. Il venait de m'envoyer une photo.

— Qu'est-ce que c'est ? demandai-je. Vous commencez à m'inquiéter.

— Ouvrez l'image. Vous vous souvenez, vous m'aviez parlé de l'Alabama ?

— Oui, bien sûr que je m'en souviens. C'est de là que venaient les Kellergan.

— Nous avons merdé, Marcus. Nous avons complètement oublié de nous pencher sur l'Alabama. Vous me l'aviez dit en plus !

Je cliquai sur l'image. C'était une photo d'une pierre tombale, dans un cimetière, sur laquelle figurait l'inscription suivante :

LOUISA KELLERGAN

1930-1969

Notre épouse et mère bien-aimée

Je restai effaré.

— Nom de Dieu ! soufflai-je. Qu'est-ce que ça veut dire ?

— Que la mère de Nola est morte en 1969, soit six ans avant la disparition de sa fille !

— Qui vous a transmis cette photo ?

— Un journaliste de Concord. Ça va faire la une de la presse demain, l'écrivain, et vous savez comment ça se passe : il ne faudra pas trois heures pour que tout le pays décrète que ni votre livre, ni l'enquête ne tiennent la route.

Ce soir-là, il n'y eut pas de dîner avec Lydia Gloor. Douglas sortit Barnaski d'un rendez-vous d'affaires, Barnaski sortit Richardson-du-département-juridique de chez lui, et nous eûmes une séance de crise particulièrement houleuse dans une salle de réunion de Schmid & Hanson. Le cliché était en fait une reprise, par le *Concord Herald*, de la découverte d'un journal local de la région de Jackson, Alabama. Barnaski venait de passer deux heures à essayer de convaincre le rédacteur en chef du *Concord Herald* de renoncer à faire de cette image la une de son numéro du lendemain, mais en vain.

— Vous imaginez ce que les gens vont dire quand ils apprendront que votre bouquin est un ramassis de mensonges ! hurla-t-il à mon intention. Mais nom de Dieu, Goldman, vous n'avez pas vérifié vos sources ?

— Je ne sais plus, c'est insensé ! Harry me parlait de la mère ! Il m'en a parlé souvent. Je ne comprends rien. La mère battait Nola ! Il me l'a dit ! Il m'a parlé des coups et de ces simulations de noyade.

— Et que dit Quebert à présent ?

— Il est injoignable. J'ai essayé de l'appeler au

moins dix fois ce soir. De toute façon, ça va faire deux mois que je n'ai plus eu de ses nouvelles.

— Essayez encore ! Démerdez-vous ! Parlez à quelqu'un qui puisse vous répondre ! Trouvez-moi une explication que je puisse donner aux journalistes demain matin lorsqu'ils me tomberont dessus.

Sur le coup de vingt-deux heures, je téléphonai finalement à Ernie Pinkas.

— Mais enfin, d'où as-tu sorti que la mère était vivante ? me demanda-t-il.

Je restai abasourdi. Je finis par répondre bêtement :

— Personne ne m'a dit qu'elle était morte !

— Mais personne ne t'a dit qu'elle était vivante !

— Si ! Harry me l'a dit.

— Alors il s'est foutu de toi. Le père Kellergan a débarqué seul à Aurora avec sa fille. Il n'y a jamais eu de mère.

— Je n'y comprends plus rien ! J'ai l'impression d'être fou. Pour qui est-ce que je vais passer maintenant ?

— Pour un écrivain de merde, Marcus. Je peux te dire qu'ici on a du mal à avaler la pilule. Un mois qu'on te voyait te pavaner dans les journaux et à la télévision. On s'est tous dit que tu racontais n'importe quoi.

— Pourquoi personne ne m'a prévenu ?

— Te prévenir ? Pour te dire quoi ? Te demander si, par hasard, tu t'étais pas planté en parlant d'une mère qui était morte au moment des faits.

— De quoi est-elle morte ? demandai-je.

— J'en sais rien.

— Mais, et la musique ? Et les coups ? J'ai des témoins qui m'ont confirmé tout ça.

— Des témoins de quoi ? Que le révérend enclenchait son transistor à plein volume pour foutre tranquillement des dérouillées à sa fille ? Oui, ça on s'en doutait tous. Mais dans ton bouquin, tu racontes que le père Kellergan se cachait dans son garage pendant que la mère savatait la môme. Or, le problème est que la mère n'a jamais mis les pieds à Aurora puisqu'elle était morte avant qu'ils déménagent. Alors comment peut-on croire ce que tu racontes dans le reste du livre ? Et tu m'avais dit que tu mettrais mon nom dans les remerciements...

— Je l'ai fait !

— Tu as écrit, parmi d'autres noms : *E. Pinkas, Aurora*. Je voulais mon nom en gros. Je voulais qu'on parle de moi.

— Quoi ? Mais...

Il me raccrocha au nez. Barnaski me regardait avec un œil mauvais. Il pointa un doigt menaçant dans ma direction.

— Goldman, vous prenez le premier avion pour Concord demain et vous allez me régler ce merdier.

— Roy, si je vais à Aurora, ils vont me lyncher.

Il se força à rire et il dit :

— Estimez-vous heureux s'ils se contentent de vous lyncher.

*

La fillette qui avait ému l'Amérique était-elle née de l'imagination du cerveau malade d'un écrivain en panne d'inspiration ? Comment un tel détail avait-il pu être négligé aussi grossièrement ? L'information du *Concord Herald*, reprise par tous les médias, était en train de semer le doute sur la vérité à propos de l'Affaire Harry Quebert.

Le matin du vendredi 24 octobre, je pris un vol pour Manchester, où j'arrivai en début d'après-midi. Je louai une voiture à l'aéroport et me rendis directement à Concord, au quartier général de la police d'État, où m'attendait Gahalowood. Il me fit le point sur ce qu'il avait pu apprendre à propos du passé de la famille Kellergan en Alabama.

— David et Louisa Kellergan se marient en 1955, m'expliqua-t-il. Il est déjà le pasteur d'une paroisse florissante, et sa femme aide à la développer davantage. Nola naît en 1960. Rien à signaler durant les années qui suivent. Mais une nuit de l'été de l'année 1969, un incendie ravage la maison. La fillette est sauvée des flammes in extremis, mais la mère meurt. Quelques semaines plus tard, le révérend quitte Jackson.

— Quelques semaines ? m'étonnai-je.

— Oui. Et ils vont à Aurora.

— Mais alors pourquoi Harry m'a-t-il dit que Nola était battue par sa mère ?

— Il faut croire que c'était son père.

— Non, non ! m'écriai-je. Harry m'a parlé de la mère ! C'était la mère ! J'ai même les enregistrements !

— Alors écoutons-les, ces enregistrements, suggéra Gahalowood.

J'avais emporté avec moi mes minidisques. Je les étalai sur le bureau de Gahalowood et m'efforçai de me repérer parmi les étiquettes des pochettes. J'avais effectué un classement assez précis, par personne et par date, mais je ne parvins pourtant pas à mettre la main sur l'enregistrement en question. C'est alors qu'en vidant intégralement mon sac, je retrouvai un dernier disque, sans date, qui m'avait échappé. Je l'introduisis aussitôt dans le lecteur.

— C'est étrange, dis-je. Pourquoi n'ai-je pas daté ce disque ?

J'enclenchai la machine. J'entendis ma voix qui annonçait que nous étions le mardi 1ᵉʳ juillet 2008. J'enregistrais Harry dans la salle de visite de la prison.

> — *Est-ce la raison pour laquelle vous avez voulu partir ? Ce départ que vous aviez prévu ensemble, le soir du 30 août, pourquoi ?*
> — *Ça, Marcus, c'était à cause d'une terrible histoire. Vous enregistrez, là ?*
> — *Oui.*
> — *Je vais vous raconter un épisode très grave. Pour que vous compreniez. Mais je ne veux pas que cela s'ébruite.*
> — *Comptez sur moi.*
> — *Vous savez, pendant notre semaine à Martha's Vineyard, en fait de prétendre être avec une amie, Nola avait tout simplement fugué. Elle était partie sans rien dire à personne. Lorsque je l'ai revue, le lendemain de notre retour, elle avait une mine affreusement triste. Elle m'a dit que sa mère l'avait battue. Elle avait le corps marqué. Elle pleurait. Ce jour-là elle m'a dit que sa mère la punissait pour un rien. Qu'elle la frappait à coups de règle en fer, et qu'elle lui faisait aussi une drôle de saloperie : elle remplissait une bassine d'eau, prenait sa fille par les cheveux et lui plongeait la tête dans l'eau. Elle disait que c'était pour la délivrer.*
> — *La délivrer ?*
> — *La délivrer du mal. Une espèce de*

baptême, j'imagine. Jésus dans le Jourdain ou quelque chose comme ça. Au début, je ne pouvais pas y croire, mais les preuves étaient là. Je lui ai alors demandé: «Mais qui te fait ça? — Maman. — Et pourquoi ton père ne réagit pas? — Papa s'enferme dans le garage et il écoute de la musique, très fort. Il fait ça quand Maman me punit. Il ne veut pas entendre.» Nola n'en pouvait plus, Marcus. Elle n'en pouvait plus. J'ai voulu régler cette histoire, aller voir les Kellergan. Il fallait que cela cesse. Mais Nola m'a supplié de ne rien faire, elle m'a dit qu'elle aurait des ennuis terribles, que ses parents l'éloigneraient certainement de la ville, et que nous ne nous verrions jamais plus. Néanmoins cette situation ne pouvait plus durer. Alors vers la fin août, autour du 20, nous avons décidé qu'il fallait partir. Vite. Et en secret, bien sûr. Et nous avons fixé le départ au 30 août. Nous voulions rouler jusqu'au Canada, passer la frontière du Vermont. Aller en Colombie-Britannique peut-être, nous installer dans une cabane en bois. La belle vie au bord d'un lac. Personne n'aurait jamais rien su.

— *Alors voilà pourquoi vous aviez prévu de vous enfuir tous les deux?*

— *Oui.*

— *Mais pourquoi ne voulez-vous pas que je parle de cela?*

— *Ça, ce n'est que le début de l'histoire, Marcus. Car j'ai fait ensuite une découverte terrible à propos de la mère de Nola...*

> *(Bruit de sonnerie). La voix d'un gardien annonce la fin de la visite.*
> — *Nous reprendrons cette conversation la prochaine fois, Marcus. En attendant, surtout, gardez ça pour vous.*

— Et qu'avait-il découvert à propos de la mère de Nola ? demanda Gahalowood, impatient.

— Je ne me rappelle pas la suite, répondis-je, troublé, en fouillant parmi les autres disques.

Soudain, je m'arrêtai, blême et je m'écriai :

— C'est pas vrai !

— Quoi, l'écrivain ?

— C'était le dernier enregistrement de Harry ! Voilà pourquoi il n'y a pas de date sur le disque ! Je l'avais complètement oublié. Nous n'avons jamais fini cette conversation ! Car après ça, il y a eu les révélations sur Pratt, puis Harry ne voulait plus que j'enregistre et j'ai continué mes interviews en prenant des notes sur un calepin. Ensuite il y eut la fuite des feuillets et Harry s'est fâché contre moi. Comment ai-je pu être un imbécile à ce point ?

— Il faut impérativement parler à Harry, déclara Gahalowood en attrapant son manteau. Nous devons savoir ce qu'il avait découvert sur Louisa Kellergan.

Et nous partîmes pour le Sea Side Motel.

À notre grande surprise, ce ne fut pas Harry mais une grande blonde qui ouvrit la porte de la chambre 8. Nous allâmes trouver le réceptionniste, qui nous expliqua tout simplement :

— Il n'y a pas eu de Harry Quebert ici dernièrement.

— C'est impossible, dis-je. Il était là pendant des semaines.

À la demande de Gahalowood, le réceptionniste consulta son registre sur les six derniers mois. Mais il demeura catégorique et répéta:

— Pas de Harry Quebert.

— C'est impossible, m'énervai-je. Je l'ai vu, ici! Un grand type avec des cheveux blancs en bataille.

— Ah, lui! Oui, il y avait cet homme, qui traînait souvent sur le parking. Mais il n'a jamais pris de chambre ici.

— Il avait la chambre 8! m'emportai-je. Je le sais, je l'ai souvent vu assis devant la porte.

— Oui, il était assis devant. Je lui ai bien demandé de s'en aller, mais à chaque fois, il me refilait un billet de cent dollars! À ce prix-là, il pouvait rester assis aussi longtemps qu'il voulait. Il disait qu'être ici lui rappelait de bons souvenirs.

— Et depuis quand ne l'avez-vous plus vu? demanda Gahalowood.

— Alors ça... ça fait bien plusieurs semaines. Je me rappelle juste que le jour où il est parti, il m'a filé un autre billet de cent pour que si quelqu'un appelle ici pour parler à la chambre 8, je fasse semblant de transférer l'appel et que je laisse sonner dans le vide. Il avait l'air assez pressé. C'était juste après la dispute...

— La dispute? tonna Gahalowood. Quelle dispute? Qu'est-ce que c'est que cette histoire de dispute à présent?

— Ben, votre copain, il s'est disputé avec un type. Un petit vieillard arrivé en voiture et venu spécialement lui faire une scène. C'était animé. Il y a eu des cris et tout ça. Je m'apprêtais à intervenir, mais le vieillard est finalement remonté en voiture et il est parti. C'est à ce moment que votre copain a décidé de partir lui aussi. De toute façon, je l'aurais mis à la porte parce que j'aime pas quand il y a du foin. Les clients se plaignent et après j'en prends pour mon grade.

— Mais cette dispute, c'était à propos de quoi ?

— Une histoire de lettre. Je crois. « C'était vous ! » a hurlé le vieillard à votre copain.

— Une lettre ? Quelle lettre ?

— Mais qu'est-ce que vous voulez que j'en sache ?

— Et après ça ?

— Le vieillard est reparti et votre copain s'est tiré dare-dare.

— Et vous pourriez le reconnaître ?

— Le vieillard ? Non, je pense pas. Mais demandez à vos collègues. Parce qu'il est revenu, ce drôle de coucou. Moi, je dirais qu'il voulait lui faire la peau à votre copain. Je connais les enquêtes, je regarde plein de séries à la télé. Votre copain s'était déjà fait la malle, mais j'ai senti qu'il y avait quelque chose de louche. Alors j'ai même appelé les flics. Deux patrouilles de l'autoroute sont arrivées très rapidement et l'ont contrôlé. Puis ils l'ont laissé partir. Ils ont dit que c'était rien.

Gahalowood téléphona aussitôt à la centrale pour demander qu'on lui retrouve l'identité de la personne récemment contrôlée au Sea Side Motel par la police de l'autoroute.

— Ils vont me rappeler dès qu'ils ont l'info, me dit-il en raccrochant.

Je n'y comprenais rien. Je me passai la main dans les cheveux et je dis :

— C'est insensé ! Insensé !

Le réceptionniste me regarda soudain d'un drôle d'air et il me demanda :

— Êtes-vous Monsieur Marcus ?

— Oui, pourquoi ?

— Parce que votre copain, il a laissé une enveloppe pour vous. Il a dit qu'un jeune type viendrait le chercher, et qu'il dirait sûrement « C'est insensé ! C'est insensé ! » Il a dit que si ce type venait, je devrais lui donner ça.

Il me tendit une petite enveloppe en kraft, à l'intérieur de laquelle était une clé.

— Une clé ? fit Gahalowood. Y a rien d'autre ?

— Rien.

— Mais c'est la clé de quoi ?

Je regardai sa forme avec attention. Et soudain je la reconnus :

— Le casier du fitness de Montburry !

Vingt minutes plus tard, nous étions dans les vestiaires du fitness. À l'intérieur du casier 201, il y avait un paquet de feuilles reliées, accompagné d'une lettre écrite à la main.

Cher Marcus,

Si vous lisez ces lignes, c'est qu'il y a certainement un sacré bordel qui est en train de se créer autour de votre bouquin et que vous avez besoin de réponses.

Ceci pourra vous intéresser. Ce livre, c'est la vérité.

Harry

Le paquet de feuilles était un manuscrit tapé à la machine à écrire, pas très épais, et dont le titre était :

LES MOUETTES D'AURORA
par Harry L. Quebert

— Qu'est-ce que ça veut dire? me demanda Gahalowood.

— J'en sais rien. On dirait un texte inédit de Harry.

— Le papier date, constata Gahalowood en examinant les pages avec attention.

Je feuilletai le texte rapidement.

— Nola parlait de mouettes, dis-je. Harry me disait qu'elle aimait les mouettes. Il doit y avoir un lien.

— Mais pourquoi parle-t-il de vérité? Est-ce un texte sur ce qui s'est passé en 1975?

— Je ne sais pas.

Nous décidâmes de remettre l'étude du texte à plus tard et de nous rendre à Aurora. Mon arrivée fut remarquée. Les passants me faisaient part de leur mépris et me prirent à partie. Devant le Clark's, Jenny, furieuse de la description que je faisais de sa mère et se refusant de croire que son père avait été l'auteur de lettres anonymes à Harry, m'invectiva publiquement.

La seule personne qui daigna nous parler fut Nancy Hattaway, que nous allâmes trouver dans son magasin.

— Je ne comprends pas, me dit Nancy. Je ne vous ai jamais parlé de la mère de Nola.

— Vous m'avez pourtant parlé des traces de coups que vous aviez remarquées. Et cet épisode, lorsque Nola avait fugué de chez elle pendant toute une semaine, et qu'on avait essayé de vous faire croire qu'elle était malade.

— Mais il n'y avait que le père. C'est lui qui m'a refusé l'accès à la maison lorsque Nola s'est évaporée dans la nature pendant cette fameuse semaine de juillet. Je ne vous ai jamais parlé de la mère.

— Vous m'aviez parlé des coups de règle en fer sur les seins. Vous vous souvenez?

— Les coups, oui. Mais je n'ai pas dit que c'était sa mère qui la battait.

— Je vous ai enregistrée ! C'était le 26 juin dernier. J'ai la bande avec moi, regardez, la date est dessus.

Je mis l'enregistreur en marche :

> — *C'est étrange ce que vous me dites à propos du révérend Kellergan, Madame Hattaway. Je l'ai rencontré il y a quelques jours et il m'a donné l'impression d'un homme plutôt doux.*
> — *Il peut donner cette impression. Du moins en public. Il avait été appelé à la rescousse pour remonter la paroisse St James qui tombait à l'abandon, après avoir, paraît-il, fait des miracles en Alabama. Effectivement, rapidement après sa reprise, le temple de St James était plein tous les dimanches. Mais en dehors de ça, difficile de dire ce qui se passait vraiment chez les Kellergan…*
> — *Que voulez-vous dire ?*
> — *Nola était battue.*
> — *Quoi ?*
> — *Oui, elle était sévèrement battue. Et je me souviens d'un épisode terrible, Monsieur Goldman. Au début de l'été. C'était la première fois que je voyais de telles marques sur le corps de Nola. Nous étions allées nous baigner à Grand Beach. Nola avait l'air triste, je pensais que c'était à cause d'un garçon. Il y avait ce Cody, un type de seconde qui lui tournait autour. Et puis elle m'a avoué qu'on la brimait à la maison, qu'on lui disait qu'elle*

> *était une méchante fille. Je lui en ai demandé la raison et elle a mentionné des événements en Alabama, refusant de m'en dire plus. Plus tard, sur la plage, lorsqu'elle s'est déshabillée, j'ai vu qu'elle avait des horribles marques de coups sur les seins. Je lui ai aussitôt demandé ce que c'étaient que ces horreurs et figurez-vous qu'elle me répond : « C'est Maman, elle m'a frappée samedi avec une règle en fer. » Alors moi évidemment, complètement stupéfaite, je crois avoir mal compris. Mais la voilà qui persiste : « C'est la vérité. C'est elle qui me dit que je suis une méchante fille. » Nola avait l'air désespérée et je n'ai pas insisté. Après Grand Beach, nous sommes allées à la maison et je lui ai mis du baume sur les seins. Je lui ai dit qu'elle devrait parler de sa mère avec quelqu'un, par exemple à l'infirmière du lycée, Madame Sanders. Mais Nola m'a répondu qu'elle ne voulait plus aborder le sujet.*

— Là ! m'écriai-je en interrompant la lecture de l'enregistrement. Vous voyez, vous parlez de la mère.

— Non, se défendit Nancy. Je vous fais part de mon étonnement lorsque Nola mentionne sa mère. C'était pour vous expliquer que quelque chose ne tournait pas rond chez les Kellergan. J'étais tellement certaine que vous saviez qu'elle était morte.

— Mais je n'en savais rien ! Je veux dire, je savais que la mère était morte, mais je pensais qu'elle était morte après la disparition de sa fille. Je me rappelle que David Kellergan m'a même montré une photo de sa femme, la première fois que je suis allé le trouver.

Je me rappelle avoir été même plutôt surpris de son bon accueil. Et je me souviens de lui avoir dit quelque chose du genre: «Et votre femme?» Et lui m'a répondu: «Morte depuis longtemps.»

— Alors à présent que j'entends la bande, je comprends que vous ayez pu être induit en erreur. C'est un quiproquo terrible, Monsieur Goldman. Et j'en suis désolée.

Je poursuivis la lecture de l'enregistrement:

> — *... à l'infirmière du lycée, Madame Sanders. Mais Nola m'a répondu qu'elle ne voulait plus aborder le sujet.*
> — *Que s'était-il passé en Alabama?*
> — *Je n'en sais rien. Je ne l'ai jamais su. Nola ne me l'a jamais dit.*
> — *Est-ce lié à leur départ?*
> — *Je ne sais pas. J'aimerais pouvoir vous aider, mais je ne sais pas.*

— Tout est de ma faute, Madame Hattaway, dis-je. Après ça je me suis focalisé sur l'Alabama...

— Donc si elle était battue, c'était par le père? interrogea Gahalowood, perplexe.

Nancy prit un instant de réflexion, elle semblait un peu perdue. Elle finit par répondre:

— Oui. Ou non. Je sais plus. Il y avait ces marques sur son corps. Lorsque je lui demandais ce qui s'était passé, elle me disait qu'on la punissait chez elle.

— Punir de quoi?

— Elle n'en disait rien de plus. Mais elle ne disait pas que c'était son père qui la battait. Au fond, on n'en sait rien. Ma mère avait vu les traces de coups, un jour, à la plage. Et puis il y avait cette musique assourdissante qu'il enclenchait à intervalles réguliers. Les gens se doutaient que le père Kellergan cognait sa fille, mais personne n'osait rien dire. C'était notre pasteur, tout de même.

En ressortant de notre discussion avec Nancy Hattaway, Gahalowood et moi restâmes un long moment sur un banc, devant le magasin, silencieux. J'étais désespéré.

— Un foutu quiproquo! m'écriai-je finalement. Tout ceci à cause d'un foutu quiproquo! Comment ai-je pu être aussi stupide?

Gahalowood essaya de me réconforter.

— Du calme, l'écrivain, ne soyez pas aussi dur avec vous-même. On s'est tous laissé avoir. On était tellement pris par le fil de notre enquête qu'on n'a pas vu ce qui était le plus évident. Les inhibitions, ça arrive à tout le monde.

À cet instant, son téléphone sonna. Il répondit. C'était le quartier général de la police d'État qui le rappelait.

— Ils ont retrouvé le nom du type du motel, me souffla-t-il tout en écoutant ce que l'opérateur lui annonçait.

Il eut alors un drôle d'air. Puis il écarta le combiné de son oreille et il me dit :

— C'était David Kellergan.

L'éternelle musique retentissait de la maison du 245 Terrace Avenue : le père Kellergan était chez lui.

— Il faut impérativement savoir ce qu'il voulait à Harry, me dit Gahalowood en sortant de voiture. Mais de grâce, l'écrivain, laissez-moi mener la discussion !

Lors de son contrôle au Sea Side Motel, la police de l'autoroute avait trouvé un fusil de chasse dans la voiture de David Kellergan. Il n'avait cependant pas été inquiété davantage car il détenait l'arme légalement. Il avait expliqué être en route pour son club de tir et avoir voulu s'arrêter pour acheter un café au restaurant du motel. Les agents n'ayant rien à lui reprocher l'avaient laissé repartir.

— Tirez-lui les vers du nez, sergent, dis-je alors que nous marchions sur l'allée pavée qui menait à la maison. Je suis curieux de savoir ce que c'est que cette histoire de lettre... Kellergan m'avait pourtant affirmé connaître à peine Harry. Vous pensez qu'il m'a menti?

— C'est ce qu'on va découvrir, l'écrivain.

J'imagine que le père Kellergan nous vit arriver, parce qu'avant même que nous ne sonnions, il ouvrit la porte, armé de son fusil. Il était hors de lui, et il avait l'air d'avoir très envie de me tuer. «Vous avez salopé la mémoire de ma femme et de ma fille! se mit-il à hurler. Vous êtes un fumier! Le dernier des fils de putes!» Gahalowood essaya de le calmer, il lui demanda de poser son fusil en expliquant que nous étions justement là pour comprendre ce qui était arrivé à Nola. Des badauds, alertés par les cris et le bruit, accoururent pour voir ce qui se passait. Bientôt, une ronde curieuse s'amassa devant la maison, tandis que le père Kellergan vociférait toujours et que Gahalowood me faisait signe de nous éloigner lentement. Deux patrouilles de la police d'Aurora arrivèrent, toutes sirènes hurlantes. Travis Dawn sortit de l'un des véhicules, visiblement assez peu content de me voir. Il me dit: «Tu penses que t'as pas déjà foutu assez le bordel dans cette ville?» puis il demanda à Gahalowood s'il y avait une bonne raison pour que la police d'État soit à Aurora sans qu'il en ait été informé au préalable. Comme je savais que notre temps était compté, je criai à l'attention de David Kellergan:

— Répondez-moi, révérend: vous mettiez la musique à fond et vous vous en donniez à cœur joie, hein?

Il agita de nouveau son fusil.

— Je n'ai jamais levé la main sur elle! Elle n'a jamais été battue! Vous êtes une merde, Goldman! Je vais prendre un avocat, je vais vous traîner en justice!

— Ah oui? Et pourquoi ne l'avez-vous pas encore fait? Hein? Pourquoi est-ce que vous n'êtes pas déjà au tribunal? Peut-être que vous n'avez pas envie qu'on se penche sur votre passé? Que s'est-il passé en Alabama?

Il cracha dans ma direction.

— Les types dans votre genre ne peuvent pas comprendre, Goldman!

— Que s'est-il passé avec Harry Quebert au Sea Side Motel? Que nous cachez-vous?

À cet instant, Travis se mit à beugler à son tour, menaçant Gahalowood de prévenir sa hiérarchie, et nous dûmes partir.

Nous roulâmes en silence en direction de Concord. Puis Gahalowood finit par dire:

— Qu'est-ce que nous avons manqué, l'écrivain? Qu'est-ce qui nous est passé sous les yeux mais que nous n'avons pas vu?

— On sait à présent que Harry était au courant de quelque chose à propos de la mère de Nola dont il ne m'a pas parlé.

— Et on peut supposer que le père Kellergan sait que Harry sait. Mais sait quoi, bon sang!

— Sergent, est-ce que vous pensez que le père Kellergan pourrait être impliqué dans cette affaire ?

*

La presse se délectait.

> *Nouveau rebondissement dans l'Affaire Harry Quebert : des incohérences découvertes dans le récit de Marcus Goldman mettent en cause la crédibilité de son livre, encensé par la critique et présenté par le magnat de l'édition nord-américaine Roy Barnaski comme le récit exact des événements qui ont conduit à l'assassinat de la jeune Nola Kellergan en 1975.*

Je ne pouvais pas retourner à New York tant que je n'avais pas éclairci cette affaire, et j'allai trouver asile dans ma suite du Regent's de Concord. La seule personne à qui je communiquai les coordonnées du lieu de mon séjour fut Denise, afin qu'elle puisse me tenir informé de la tournure que prenaient les événements à New York et des derniers développements à propos du fantôme de la mère Kellergan.

Ce soir-là, Gahalowood m'invita à dîner chez lui. Ses filles se mobilisaient pour la campagne d'Obama et se chargèrent d'animer le repas. Elles me donnèrent des autocollants pour ma voiture. Plus tard, dans la cuisine, Helen, que j'aidais à faire la vaisselle, me dit que j'avais mauvaise mine.

— Je ne comprends pas ce que j'ai fait, lui expliquai-je. Comment est-ce que j'ai pu me planter à ce point ?

— Il doit y avoir une bonne raison, Marcus. Vous savez, Perry croit beaucoup en vous. Il dit que vous êtes quelqu'un d'exceptionnel. Ça fait trente ans que je le connais et il n'a jamais utilisé ce terme pour personne. Je suis certaine que vous n'avez pas fait n'importe quoi et qu'il y a une explication rationnelle à toute cette affaire.

Cette nuit-là, Gahalowood et moi restâmes enfermés pendant de longues heures dans son bureau à étudier le manuscrit que Harry m'avait laissé. C'est ainsi que je découvris ce roman inédit, *Les Mouettes d'Aurora*, un roman magnifique au travers duquel Harry racontait son histoire avec Nola. Il n'y avait aucune date mais j'estimais qu'il avait dû être écrit postérieurement aux *Origines du mal*. Car si au travers de ce dernier, il racontait l'amour impossible qui ne se concrétisait jamais, dans *Les Mouettes d'Aurora*, il racontait comment Nola l'avait inspiré, comment elle n'avait jamais cessé de croire en lui et l'avait encouragé, faisant de lui le grand écrivain qu'il était devenu. Mais à la fin de ce roman, Nola ne meurt pas: quelques mois après son succès, le personnage central, prénommé Harry, fortune faite, disparaît et s'en va au Canada où, dans une jolie maison au bord d'un lac, Nola l'attend.

Sur le coup des deux heures du matin, Gahalowood nous fit du café et me demanda:

— Mais au fond, qu'est-ce qu'il essaie de nous dire avec son bouquin?

— Il imagine sa vie si Nola n'était pas morte, dis-je. Ce livre, c'est le paradis des écrivains.

— Le paradis des écrivains? Qu'est-ce que c'est?

— C'est lorsque le pouvoir d'écrire se retourne contre vous. Vous ne savez plus si vos personnages n'existent que dans votre tête ou s'ils vivent réellement.

— Et en quoi ça nous aide ?

— Je n'en sais rien. Rien du tout. C'est un très bon livre, et il ne l'a jamais publié. Pourquoi l'avoir gardé au fond d'un tiroir ?

Gahalowood haussa les épaules.

— Peut-être qu'il n'a pas osé le faire publier parce qu'il y parlait d'une fille disparue, dit-il.

— Peut-être. Mais dans *Les Origines du mal,* il parlait aussi de Nola et ça ne l'a pas empêché de le proposer à des éditeurs. Et pourquoi m'écrit-il : *Ce livre, c'est la vérité* ? La vérité à propos de quoi ? De Nola ? Que veut-il dire ? Que Nola ne serait jamais morte et qu'elle vit aujourd'hui dans une cabane en bois ?

— Ça n'aurait aucun sens, jugea Gahalowood. Les analyses étaient formelles : c'est bien son squelette qu'on a retrouvé.

— Alors quoi ?

— Alors on n'est pas beaucoup plus avancés, l'écrivain.

Dans la matinée du lendemain, Denise me téléphona pour m'informer qu'une femme avait appelé chez Schmid & Hanson et qu'on l'avait dirigée vers elle.

— Elle voulait vous parler, m'expliqua Denise, elle a dit que c'était important.

— Important ? C'était à propos de quoi ?

— Elle dit qu'elle était à l'école avec Nola Kellergan, à Aurora. Et que Nola lui parlait de sa mère.

*

Cambridge, Massachusetts, samedi 25 octobre 2008

Elle figurait dans le *yearbook* de l'année 1975 du lycée d'Aurora, sous le nom de Stephanie Hendorf ; on la trouvait deux photographies avant celle de Nola. Elle faisait partie de ceux dont Ernie Pinkas n'avait pas retrouvé la trace. Pour avoir épousé un Polonais d'origine, elle s'appelait désormais Stephanie Larjinjiak et vivait dans une maison cossue de Cambridge, la banlieue chic de Boston. C'est là que Gahalowood et moi la rencontrâmes. Elle avait quarante-huit ans, l'âge qu'aurait dû avoir Nola. C'était une belle femme, mariée deux fois, mère de trois enfants, qui avait enseigné l'histoire de l'art à Harvard et qui s'occupait désormais de sa propre galerie de peinture. Elle avait grandi à Aurora, elle avait été en classe avec Nola, Nancy Hattaway et quelques autres que j'avais rencontrées au cours de mon enquête. En l'entendant revenir sur sa vie passée, je me dis qu'elle était une survivante. Qu'il y avait Nola, assassinée à l'âge de quinze ans, et qu'il y avait Stephanie, qui avait eu le droit de vivre, d'ouvrir une galerie de peinture et même de se marier deux fois.

Sur la table basse de son salon, elle avait étalé quelques photos retrouvées de sa jeunesse.

— Je suis l'affaire depuis le début, nous expliqua-t-elle. Je me rappelle le jour où Nola a disparu, je me souviens de tout, comme toutes les filles de mon âge qui vivaient à Aurora à cette époque, j'imagine. Alors, quand ils ont retrouvé son corps et que Harry Quebert a été arrêté, je me suis évidemment sentie très concernée. Quelle affaire... J'ai beaucoup aimé votre livre, Monsieur Goldman. Vous y racontez tellement bien Nola. Grâce à vous, je l'ai un peu retrouvée. C'est vrai qu'ils vont faire un film ?

— La Warner Brothers veut acheter les droits, répondis-je.

Elle nous montra les photos : une fête d'anniversaire à laquelle Nola participait également. C'était l'année 1973. Elle reprit :

— Nola et moi, nous étions très proches. C'était une fille adorable. Tout le monde l'aimait à Aurora. Sans doute parce que les gens étaient touchés par l'image qu'elle et son père renvoyaient : le gentil pasteur veuf et sa fille dévouée, toujours souriants, jamais à se plaindre. Je me rappelle que lorsque je faisais des caprices, il arrivait à ma mère de me dire : « Prends exemple sur la petite Nola ! La pauvre, le Bon Dieu lui a repris sa mère, et pourtant elle est toujours aimable et reconnaissante. »

— Bon sang, dis-je, comment n'ai-je pas compris que sa mère était morte ? Et vous dites que vous avez aimé le livre ? Vous avez surtout dû vous demander quel genre d'écrivain de pacotille j'étais !

— Mais pas du tout. Au contraire justement ! J'ai même pensé que c'était voulu de votre part. Parce que j'ai vécu ça avec Nola.

— Comment ça, *vous avez vécu ça* ?

— Un jour, il s'est passé quelque chose de très étrange. Un événement qui m'a conduite à m'éloigner de Nola.

*

Mars 1973

Les parents Hendorf tenaient le magasin général de la rue principale. Parfois, après l'école, Stephanie y emmenait Nola et, en cachette, elles allaient se gaver de bonbons dans la réserve. C'est ce qu'elles firent cet après-midi-là : cachées derrière des sacs de farine, elles avalèrent des fruits en gomme jusqu'à en avoir mal au ventre et elles riaient, la main sur la bouche pour qu'on ne les entende pas. Mais soudain, Stephanie remarqua que quelque chose n'allait pas chez Nola. Son regard avait changé, elle n'écoutait plus.

— Nol', ça va ? demanda Stephanie.

Aucune réponse. Stephanie répéta sa question et finalement, Nola lui dit :

— Je... je... dois rentrer.
— Déjà ? Mais pourquoi ?
— Maman veut que je rentre.

Stephanie crut mal comprendre.

— Hein ? Ta mère ?

Nola se leva, paniquée. Elle répéta :

— Je dois partir !
— Mais... Nola ! Ta mère est morte !

Nola se dirigea précipitamment vers la porte de la réserve, et comme Stephanie essayait de la retenir par le bras, elle fit volte-face et l'agrippa par sa robe.

— Ma mère ! hurla-t-elle, terrifiée. Tu ne sais pas ce qu'elle va me faire ! Quand je suis méchante, je suis punie !

Et elle s'enfuit en courant.

Stephanie resta interdite de longues minutes. Le soir, chez elle, elle rapporta la scène à sa mère, mais Madame Hendorf n'en crut pas un mot. Elle lui caressa la tête avec tendresse.

— Je ne sais pas où tu vas chercher toutes ces histoires, ma chérie. Allons, cesse de dire des bêtises et va te laver les mains. Ton père vient de rentrer et il a faim : nous allons passer à table.

Le lendemain, à l'école, Nola avait semblé paisible et avait fait mine de rien. Stephanie n'osa pas mentionner l'épisode de la veille. Tracassée, elle avait fini par en parler directement au révérend Kellergan, une dizaine de jours plus tard. Elle alla le trouver dans son bureau de la paroisse où il l'accueillit très gentiment, comme toujours. Il lui offrit un sirop, puis l'écouta attentivement, pensant qu'elle venait le trouver en sa qualité de pasteur. Mais lorsqu'elle lui raconta ce à quoi elle avait assisté, il ne la crut pas non plus.

— Tu as dû mal entendre, lui dit-il.

— Je sais que ça paraît fou, révérend. Mais c'est pourtant la vérité.

— Enfin, ça n'a pas de sens. Pourquoi Nola te raconterait-elle ce genre de sornettes ? Ne sais-tu pas que sa mère est morte ? Tu veux nous faire de la peine à tous, c'est ça ?

— Non, mais...

David Kellergan voulut clore la conversation, mais Stephanie insista. Le visage du révérend changea soudain, elle ne l'avait jamais vu ainsi : pour la première fois, le chaleureux pasteur avait un visage sombre et presque effrayant.

— Je ne veux plus t'entendre parler de cette histoire ! lui intima-t-il. Ni à moi, ni à personne, tu m'entends ? Sinon j'irai dire à tes parents que tu es une petite menteuse. Et je dirai que je t'ai surprise en train de voler au temple. Je dirai que tu m'as volé cinquante dollars. Tu ne veux pas avoir de sérieux ennuis, non ? Alors sois une gentille fille.

*

Stephanie interrompit son récit. Elle joua un instant avec les photos avant de se tourner vers moi.

— Alors je n'en ai plus jamais parlé, dit-elle. Mais je n'ai jamais oublié cet épisode. Au fil des années, j'en suis venue à me persuader que j'avais dû mal entendre, mal comprendre, et qu'il ne s'était rien passé de tel. Et voilà que sort votre livre et que j'y retrouve cette mère abusive et bien vivante. Je ne peux pas vous dire ce que ça m'a fait ; vous avez un talent fou, Monsieur Goldman. Il y a quelques jours, lorsque les journaux ont commencé à dire que vous racontiez n'importe quoi, je me suis dit qu'il fallait que je vous contacte. Parce que je sais que vous dites la vérité.

— Mais quelle vérité ? m'écriai-je. La mère est morte depuis toujours.

— Je le sais bien. Mais je sais aussi que vous avez raison.

— Est-ce que vous pensez que Nola était battue par son père ?

— C'est ce qui se disait en tout cas. À l'école, on remarquait toutes les traces sur son corps. Mais qui allait s'élever contre notre révérend ? À Aurora, en 1975, on ne se mêlait pas des affaires des autres. Et puis c'était une autre époque. Tout le monde recevait une claque de temps en temps.

— Auriez-vous d'autres éléments qui vous viennent à l'esprit ? demandai-je encore. Par rapport à Nola, ou au livre ?

Elle prit un instant de réflexion.

— Non, répondit-elle. Si ce n'est que c'est

presque... amusant de découvrir après toutes ces années que c'était de Harry Quebert que Nola était amoureuse.

— Que voulez-vous dire ?

— Vous savez, j'étais une enfant si naïve... Après l'épisode de la réserve, j'ai moins fréquenté Nola. Mais l'été de sa disparition, je l'ai recroisée régulièrement. Durant cet été 1975, j'ai pas mal travaillé dans le magasin de mes parents, situé face au bureau de poste de l'époque. Et figurez-vous que je n'ai pas arrêté de croiser Nola. Elle allait poster des lettres. Je l'ai su, parce qu'à force de la voir passer devant le magasin, je l'ai questionnée. Un jour, elle a fini par lâcher le morceau. Elle m'a dit qu'elle était folle amoureuse de quelqu'un et qu'ils correspondaient. Elle n'a jamais voulu me dire de qui il s'agissait. Je pensais que c'était Cody, un type de seconde, membre de l'équipe de basket. Je n'ai jamais réussi à voir le nom du destinataire, mais une fois j'ai aperçu que c'était à Aurora. Je m'étais demandé quel était l'intérêt d'écrire à quelqu'un habitant Aurora depuis Aurora.

Lorsque nous sortîmes de chez Stephanie Larjinjiak, Gahalowood me regarda avec de grands yeux circonspects. Il dit :

— Mais qu'est-ce qui est en train de se passer, l'écrivain ?

— J'allais vous poser la question, sergent. Selon vous, que devons-nous faire à présent ?

— Ce que nous aurions dû faire il y a longtemps : aller à Jackson, Alabama. Vous aviez posé la bonne question depuis toujours, l'écrivain : que s'est-il passé en Alabama ?

4.

Sweet home Alabama

"Lorsque vous arrivez en fin de livre, Marcus, offrez à votre lecteur un rebondissement de dernière minute.
– Pourquoi ?
– Pourquoi ? Mais parce qu'il faut garder le lecteur en haleine jusqu'au bout. C'est comme quand vous jouez aux cartes : vous devez garder quelques atouts pour la fin."

Jackson, Alabama, 28 octobre 2008

Et nous débarquâmes en Alabama.

À notre arrivée à l'aéroport de Mobile, nous fûmes accueillis par un jeune officier de la police d'État, Philip Thomas, que Gahalowood avait contacté quelques jours plus tôt. Il se tenait dans le secteur des arrivées, en uniforme, droit comme un «i», chapeau sur les yeux. Il salua Gahalowood avec déférence, puis, me regardant, il releva légèrement son chapeau.

— Est-ce que je ne vous aurais pas déjà vu quelque part ? me demanda-t-il. À la télévision ?

— Peut-être, répondis-je.

— Je vais vous aider, intervint Gahalowood. C'est de son livre que tout le monde parle. Méfiez-vous de lui, il est capable de générer un bordel dont vous n'avez pas idée.

— Alors la famille Kellergan est celle que vous décrivez dans votre livre ? me demanda l'officier Thomas en essayant de masquer son étonnement.

— Exact, répondit encore Gahalowood à ma place. Restez loin de ce type, officier. Moi-même, je menais une existence paisible jusqu'à ce que je le rencontre.

L'officier Thomas avait pris son rôle très au sérieux. À la demande de Gahalowood, il nous avait préparé un petit dossier sur les Kellergan, que nous parcourûmes dans un restaurant proche de l'aéroport.

— David J. Kellergan est né à Montgomery en 1923, nous expliqua Thomas. Il y a fait ses études de théologie avant de devenir pasteur et de venir à Jackson pour officier au sein de la paroisse Mt Pleasant. Il s'est marié avec Louisa Bonneville en 1955. Ils habitaient une maison d'un quartier tranquille du nord de la ville. En 1960, Louisa Kellergan a donné naissance à une fille, Nola. Il n'y a rien de plus à signaler. Une famille tranquille et croyante de l'Alabama. Jusqu'à ce drame, en 1969.

— Un drame ? répéta Gahalowood.

— Il y a eu un incendie. Une nuit, la maison a brûlé. Louisa Kellergan est morte dans l'incendie.

Thomas avait joint au dossier des copies d'articles de journaux de l'époque.

INCENDIE MORTEL À LOWER STREET

Une femme est morte hier soir dans l'incendie de sa maison, sur Lower Street. D'après les pompiers, une bougie restée allumée pourrait être à l'origine du drame. La maison a été entièrement détruite. La victime est la femme d'un pasteur de la région.

Un extrait du rapport de police indiquait que la nuit du 30 août 1969, vers une heure du matin, alors que le révérend David Kellergan s'était rendu au chevet d'un paroissien mourant, Louisa et Nola furent surprises par un incendie durant leur sommeil. C'est en arrivant devant sa maison que le révérend remarqua un intense dégagement de fumée. Il se précipita à l'intérieur : l'étage était déjà en feu. Il parvint cependant à gagner la chambre de sa fille ; il la trouva dans son lit, à moitié inconsciente. Il la porta jusque dans le jardin puis voulut retourner chercher sa femme, mais l'incendie s'était désormais propagé aux escaliers. Des voisins, alertés par les cris, accoururent mais ils ne purent que constater leur impuissance. Lorsque les pompiers arrivèrent, l'étage entier s'était embrasé : des flammes jaillissaient par les fenêtres et dévoraient le toit. Louisa Kellergan fut retrouvée morte, asphyxiée. Le rapport de police conclut qu'une bougie restée allumée avait vraisemblablement mis le feu aux rideaux avant que l'incendie se propage rapidement au reste de la maison, bâtie en planches. Le révérend Kellergan précisa d'ailleurs dans sa déclaration que sa femme allumait souvent une bougie parfumée sur sa commode avant de s'endormir.

— La date ! m'écriai-je en lisant le rapport. Regardez la date de l'incendie, sergent !

— Nom de Dieu : le 30 août 1969 !

— L'officier qui a mené l'enquête a longtemps eu des doutes sur le père, expliqua Thomas.

— Comment le savez-vous ?

— Je lui ai parlé. Il s'appelle Edward Emerson. Il est à la retraite maintenant. Il passe ses journées à retaper son bateau, devant sa maison.

— Est-il possible d'aller le voir ? demanda Gahalowood.

— J'ai déjà pris rendez-vous. Il nous attend à trois heures.

L'inspecteur à la retraite Emerson se tenait devant sa maison, impassible, ponçant avec application la coque d'un canot en bois. Comme le temps était menaçant, il avait ouvert la porte de son garage pour s'en servir comme d'un abri. Il nous invita à piocher dans le pack de bières éventré qui traînait par terre et nous parla sans interrompre son travail, mais en nous faisant comprendre que nous avions toute son attention. Il revint sur l'incendie de la maison des Kellergan et nous répéta ce dont nous avions déjà pris connaissance en lisant le rapport de police, sans beaucoup plus de détails.

— Au fond, cet incendie, c'était une drôle d'histoire, conclut-il.

— Comment ça ? demandai-je.

— On a longtemps pensé que David Kellergan avait mis le feu à la maison et tué sa femme. Il n'y a aucune preuve de sa version des faits : comme par miracle, il arrive à temps pour sauver sa fille, mais juste trop tard pour sauver sa femme. Il était tentant de croire qu'il avait lui-même mis le feu à la maison. Surtout que quelques semaines plus tard, il a foutu le camp de la ville. La maison brûle, sa femme meurt et lui, il se tire. Il y avait quelque chose de pas net, mais on n'a jamais eu le moindre élément qui puisse le désigner coupable.

— C'est le même scénario que la disparition de sa fille, constata Gahalowood. En 1975, Nola disparaît de la circulation : elle est probablement assassinée, mais aucun élément ne permet de l'affirmer vraiment.

— À quoi pensez-vous, sergent ? demandai-je. Que le révérend aurait tué sa femme, puis sa fille ? Vous pensez qu'on s'est trompé de coupable ?

— Si c'est le cas, c'est une catastrophe, s'étrangla

Gahalowood. Qui pourrait-on interroger, Monsieur Emerson ?

— Difficile à dire. Vous pouvez aller voir au temple de Mt Pleasant. Ils ont peut-être un registre de paroissiens, certains ont connu le révérend Kellergan. Mais trente-neuf ans après les faits… vous allez perdre un temps fou.

— On n'a plus de temps, pesta Gahalowood.

— Je sais que David Kellergan était assez proche d'une espèce de secte pentecôtiste de la région, reprit Emerson. Des fous de Dieu qui vivent en communauté dans une propriété fermière, à une heure de route d'ici. C'est là-bas que le révérend a vécu après l'incendie. Je le sais parce que j'allais l'y trouver quand je devais lui parler pendant mon enquête. Il y est resté jusqu'à son départ. Demandez à parler au pasteur Lewis, s'il est toujours là-bas. C'est leur espèce de gourou.

Le pasteur Lewis dont parlait Emerson dirigeait la Communauté de la Nouvelle Église du Sauveur. Nous nous y rendîmes le lendemain matin. L'officier Thomas vint nous chercher dans le Holiday Inn du bord de l'autoroute dans lequel nous avions pris deux chambres – l'une payée par l'État du New Hampshire, l'autre par moi-même – et nous conduisit dans une gigantesque propriété, dont une grande partie consistait en des champs cultivés. Après nous être perdus sur une route bordée de plants de maïs, nous croisâmes un type en tracteur qui nous guida jusqu'à un groupe de maisons et nous désigna celle du pasteur.

Nous y fûmes aimablement reçus par une gentille et grosse femme, qui nous installa dans un bureau où nous rejoignit, quelques minutes plus tard, le Lewis en question. Je savais qu'il devait avoir dans les quatre-vingt-dix ans mais il en faisait vingt de moins. Il avait l'air plutôt sympathique, rien à voir avec la description que nous en avait fait Emerson.

— La police ? dit-il en nous saluant un par un.

— Polices d'État du New Hampshire et de l'Alabama, indiqua Gahalowood. Nous enquêtons sur la mort de Nola Kellergan.

— J'ai l'impression qu'on ne parle que de ça dernièrement.

Tout en me serrant la main, il me dévisagea un instant et me demanda :

— Vous n'êtes pas… ?

— Si, c'est lui, répondit Gahalowood, agacé.

— Alors… que puis-je pour vous, Messieurs ?

Gahalowood commença l'interrogatoire.

— Pasteur Lewis, si je ne me trompe pas, vous avez connu Nola Kellergan.

— Oui. À vrai dire, j'ai surtout bien connu ses parents. Des gens charmants. Très proches de notre communauté.

— Qu'est-ce que « votre communauté » ?

— Nous sommes un courant pentecôtiste, sergent. Rien de plus. Nous avons des idéaux chrétiens et nous les partageons. Oui, je sais, certains disent que nous sommes une secte. Nous recevons la visite des services sociaux deux fois par an pour voir si les enfants sont scolarisés, correctement nourris ou maltraités. Ils viennent voir aussi si nous avons des armes ou si nous sommes des suprématistes blancs. Ça en devient ridicule. Nos enfants vont tous au lycée municipal, je n'ai jamais tenu une carabine de ma vie et je participe activement à la campagne électorale de Barack Obama dans notre comté. Que voulez-vous savoir, au juste ?

— Ce qui s'est passé en 1969, dit Gahalowood.

— Apollo 11 se pose sur la lune, répondit Lewis. Victoire majeure de l'Amérique sur l'ennemi soviétique.

— Vous savez très bien de quoi je parle. L'incendie chez les Kellergan. Que s'est-il réellement passé ? Qu'est-il arrivé à Louisa Kellergan ?

Alors que je n'avais pas prononcé le moindre mot, Lewis me dévisagea longuement et s'adressa à moi.

— Je vous ai beaucoup vu à la télévision ces derniers temps, Monsieur Goldman. Je pense que vous êtes un bon écrivain, mais comment ne vous êtes-vous pas renseigné au sujet de Louisa ? Car j'imagine que c'est la raison pour laquelle vous êtes ici, hein ? Votre livre ne tient pas la route et, pour utiliser des termes très terre à terre, j'imagine que c'est la panique à bord. Est-ce correct ? Que venez-vous chercher ici ? La justification de vos mensonges ?

— La vérité, dis-je.

Il sourit tristement.

— La vérité ? Mais laquelle, Monsieur Goldman ? Celle de Dieu ou celle des hommes ?

— La vôtre. Quelle est votre vérité sur la mort de Louisa Kellergan ? David Kellergan a-t-il tué sa femme ?

Le pasteur Lewis se leva du fauteuil dans lequel il était assis et alla fermer la porte de son bureau, qui était restée entrouverte. Il se posta ensuite devant la fenêtre et scruta l'extérieur. Cette scène me rappela immédiatement notre visite au Chef Pratt. Gahalowood me fit un signe pour me dire qu'il prenait le relais.

— David était un homme si bon, finit par souffler Lewis.

— Était ? releva Gahalowood.

— Il y a trente-neuf ans que je ne l'ai pas vu.
— Battait-il sa fille ?
— Non ! Non. C'était un homme au cœur pur. Un homme de foi. Quand il a débarqué à Mt Pleasant, les travées étaient désertes. Six mois plus tard, il faisait salle comble le dimanche matin. Il n'aurait jamais pu faire le moindre mal à sa femme, ni à sa fille.

— Alors qui étaient-ils ? demanda doucement Gahalowood. Qui étaient les Kellergan ?

Le pasteur Lewis appela sa femme. Il demanda du thé au miel pour tout le monde. Il retourna s'asseoir dans son fauteuil et nous regarda tour à tour. Il avait le regard tendre et la voix chaude. Il nous dit :

— Fermez les yeux, Messieurs. Fermez les yeux. À présent, nous sommes à Jackson, Alabama, année 1953.

*

Jackson, Alabama, janvier 1953

C'était une histoire comme l'Amérique les aime. Un jour du début de l'année 1953, un jeune pasteur venu de Montgomery entra dans le bâtiment délabré du temple de Mt Pleasant, au centre de Jackson. C'était un jour de tempête : des rideaux d'eau tombaient du ciel, les rues étaient balayées par des bourrasques d'une rare violence. Les arbres se balançaient, des journaux arrachés au crieur réfugié sous le store d'une devanture volaient dans les airs, tandis que les passants couraient d'abri en abri pour progresser à travers l'intempérie.

Le pasteur poussa la porte du temple, qui claqua

sous l'effet du vent : l'intérieur était sombre, il faisait glacial. Il avança lentement le long des travées. La pluie s'infiltrait par le toit percé, formant des flaques éparses au sol. L'endroit était désert, il n'y avait pas le moindre fidèle et peu de signes d'occupation. À la place des cierges, il ne restait que quelques cadavres de cire. Il avança vers l'autel, puis avisant la chaire, il posa le pied sur la première marche de l'escalier en bois pour y monter.

— Ne faites pas ça !

La voix qui venait de jaillir du néant le fit sursauter. Il se retourna et vit alors un petit homme rond sortir de l'obscurité.

— Ne faites pas ça, répéta-t-il. Les escaliers sont vermoulus, vous risqueriez de vous rompre le cou. Vous êtes le révérend Kellergan ?

— Oui, répondit David, mal à l'aise.

— Bienvenue dans votre nouvelle paroisse, révérend. Je suis le pasteur Jeremy Lewis, je dirige la Communauté de la Nouvelle Église du Sauveur. Au départ de votre prédécesseur, on m'a demandé de veiller sur cette congrégation. Maintenant, elle est vôtre.

Les deux hommes échangèrent une poignée de main chaleureuse. David Kellergan grelottait.

— Vous tremblez ? constata Lewis. Mais vous êtes mort de froid ! Venez, il y a un café à l'angle de la rue. Allons prendre un bon grog et nous parlerons.

C'est ainsi que Jeremy Lewis et David Kellergan firent connaissance. Installés dans le café proche, ils laissèrent passer la tempête.

— On m'avait dit que Mt Pleasant n'allait pas bien, sourit David Kellergan, un peu décontenancé, mais je dois dire que je ne m'attendais pas à ça.

— Oui. Je ne vous cache pas que vous vous apprêtez à prendre les commandes d'une paroisse en piteux état. Les paroissiens ne viennent plus, ils ne font plus de dons. Le bâtiment est en ruine. Il y a du boulot. J'espère que ça ne vous effraie pas.

— Vous verrez, révérend Lewis, il en faut plus pour m'effrayer.

Lewis avait souri. Il était déjà séduit par la forte personnalité et le charisme de son jeune interlocuteur.

— Êtes-vous marié ? lui demanda-t-il.

— Non, révérend Lewis. Encore célibataire.

Le nouveau pasteur Kellergan passa six mois à faire le tour de chaque maisonnée de la paroisse pour se présenter aux fidèles et les convaincre de retourner sur les bancs de Mt Pleasant le dimanche. Puis il leva des fonds pour refaire le toit du temple et, comme il n'avait pas servi en Corée, il participa à l'effort de guerre en mettant sur pied un programme de réinsertion pour les vétérans. Certains se portèrent volontaires ensuite pour participer à la réfection de la salle paroissiale attenante. Peu à peu, la vie communautaire reprit, le temple de Mt Pleasant retrouva de sa splendeur et, rapidement, David Kellergan fut considéré comme l'étoile montante de Jackson. Des notables, membres de la paroisse, le voyaient en politique. On disait qu'il pourrait décrocher la municipalité. Peut-être viser ensuite un mandat fédéral. Sénateur, qui sait. Il en avait le potentiel.

Un soir de la fin de l'année 1953, David Kellergan alla dîner dans un petit restaurant proche du temple. Il s'installa au comptoir, comme il le faisait souvent. À côté de lui, une jeune femme qu'il n'avait pas remarquée se retourna soudain et, le reconnaissant, lui sourit.

— Bonjour, révérend, dit-elle.

Il sourit en retour, un peu emprunté.

— Excusez-moi, Mademoiselle, mais est-ce qu'on se connaît ?

Elle éclata de rire et fit jouer ses boucles blondes.

— Je suis membre de votre paroisse. Je m'appelle Louisa. Louisa Bonneville.

Confus de ne pas la reconnaître, il rougit, et elle en rit de plus belle. Il alluma une cigarette pour se donner un peu de contenance.

— Je peux en avoir une ? demanda-t-elle.

Il lui tendit son paquet.

— Vous ne direz pas que je fume, hein, révérend ? dit Louisa.

Il sourit.

— C'est promis.

Louisa était la fille d'un notable de la paroisse. David et elle commencèrent à se fréquenter. Ils tombèrent bientôt amoureux. Tout le monde disait qu'ils formaient un couple superbe et épanoui. Ils se marièrent au cours de l'été 1955. Ils respiraient le bonheur. Ils voulaient beaucoup d'enfants, ils en voulaient au moins six, trois garçons et trois filles, des enfants gais et rieurs qui feraient vivre la maison de Lower Street dans laquelle le jeune couple Kellergan venait d'emménager. Mais Louisa ne parvenait pas à tomber enceinte. Elle consulta plusieurs spécialistes, d'abord sans succès. Finalement, l'été 1959, son médecin lui annonça la bonne nouvelle : elle était enceinte.

Le 12 avril 1960, à l'hôpital général de Jackson, Louisa Kellergan donna naissance à son premier et unique enfant.

— C'est une fille, annonça le médecin à David Kellergan, qui faisait les cent pas dans le couloir.
— Une fille! s'exclama le révérend Kellergan, irradiant de bonheur.

Il s'empressa de rejoindre sa femme qui tenait le nouveau-né contre elle. Il l'enlaça et regarda le bébé aux yeux encore clos. On lui devinait déjà des cheveux blonds, comme sa mère.

— Si nous l'appelions Nola? proposa Louisa.

Le révérend trouva que c'était un très joli prénom et il acquiesça.

— Bienvenue, Nola, dit-il à sa fille.

Durant les années qui suivirent, la famille Kellergan fut citée en exemple en toutes occasions. La bonté du père, la douceur de la mère et leur fille merveilleuse. David Kellergan ne s'économisait pas: il fourmillait d'idées et de projets, toujours soutenu par sa femme. Les dimanches d'été, ils allaient régulièrement pique-niquer à la Communauté de la Nouvelle Église du Sauveur, par amitié pour le pasteur Jeremy Lewis, avec qui David Kellergan avait gardé des liens étroits depuis leur rencontre. Les gens qui les fréquentèrent à cette période considéraient tous avec admiration le bonheur de la famille Kellergan.

*

— Je n'ai jamais connu de gens qui avaient l'air plus heureux qu'eux, nous dit le pasteur Lewis. David et Louisa éprouvaient l'un pour l'autre un amour spectaculaire. C'était fou. Comme s'ils avaient été conçus par le Seigneur pour s'aimer. Et ils étaient des parents formidables. Nola était une petite fille extraordinaire, vive, délicieuse. C'était une famille qui vous donnait envie d'en avoir une et vous donnait un espoir éternel en le genre humain. C'était beau de voir ça.

— Mais tout a basculé, dit Gahalowood.

— Oui.

— Comment?

Il y eut un long silence. Le visage du pasteur Lewis se décomposa. Il se leva encore, incapable de tenir en place, et il fit quelques pas dans la pièce.

— Pourquoi devoir parler de tout cela? demanda-t-il. C'était il y a si longtemps…

— Révérend Lewis: que s'est-il passé en 1969?

Le pasteur se tourna vers une grande croix accrochée au mur. Et il nous dit:

— Nous l'avons exorcisée. Mais ça ne s'est pas bien passé.

— Quoi? fit Gahalowood. Mais de quoi parlez-vous?

— La petite… la petite Nola. Nous l'avons exorcisée. Mais ça a été une catastrophe. Je pense qu'il y avait trop de malin en elle.

— Qu'est-ce que vous essayez de nous dire?

— L'incendie… La nuit de l'incendie. Cette nuit-là, ça ne s'est pas passé exactement comme David Kellergan l'a raconté à la police. Il était effectivement auprès d'une paroissienne mourante. Et lorsqu'il est rentré chez lui vers une heure du matin, il a trouvé la maison en flammes. Mais… comment vous dire… Ça ne s'est pas passé comme David Kellergan l'a raconté à la police.

*

30 août 1969

Plongé dans un sommeil profond, Jeremy Lewis n'entendit pas la sonnette de la porte. C'est sa femme, Matilda, qui alla ouvrir et vint aussitôt le réveiller. Il était quatre heures du matin. « Jeremy, réveille-toi ! dit-elle les larmes aux yeux. Il y a eu un drame... Le révérend Kellergan est là... Il y a eu un incendie. Louisa est... elle est morte ! »

Lewis bondit hors de son lit. Il trouva le révérend dans le salon, hagard, effondré, en pleurs. Sa fille était à côté de lui. Matilda emmena Nola pour la coucher dans la chambre d'amis.

— Seigneur ! David, que s'est-il passé ? demanda Lewis.

— Il y a eu un incendie... La maison a brûlé. Louisa est morte. Elle est morte !

David Kellergan ne parvenait plus à se contenir ; prostré dans un fauteuil, il laissa les larmes couler sur son visage. Son corps tout entier tremblait. Jeremy Lewis lui servit un grand verre de whisky.

— Et Nola ? Ça va ? demanda-t-il.

— Oui, grâce à Dieu. Les médecins l'ont examinée. Elle n'a rien.

Les yeux de Jeremy Lewis s'embuèrent.

— Seigneur... David, quelle tragédie ! Quelle tragédie !

Il posa ses mains sur les épaules de son ami pour le réconforter.

— Je ne comprends pas ce qui s'est passé, Jeremy. J'étais auprès d'une paroissienne mourante. À mon retour, la maison brûlait. Les flammes étaient déjà immenses.

— C'est vous qui avez sorti Nola ?
— Jeremy... je dois vous parler de quelque chose.
— Quoi donc ? Dites-moi tout, je suis vôtre !
— Jeremy... lorsque je suis arrivé devant la maison, il y avait ces flammes... Tout l'étage avait pris feu ! J'ai voulu monter chercher ma femme, mais les escaliers étaient déjà embrasés ! Je n'ai rien pu faire ! Rien !
— Ciel... Et Nola alors ?

David Kellergan eut un mouvement de nausée.

— J'ai dit à la police que je suis monté à l'étage, que j'ai sorti Nola de la maison, mais que je n'ai pas pu retourner chercher ma femme...
— Ce n'est pas la vérité ?
— Non, Jeremy. Lorsque je suis arrivé, la maison brûlait. Et Nola... Nola chantait sous le porche.

Le lendemain matin, David Kellergan s'isola avec sa fille dans la chambre d'amis. Il voulut d'abord lui expliquer que sa mère était morte.

— Chérie, lui dit-il, tu te souviens d'hier soir ? Il y a eu le feu, tu te rappelles ?
— Oui.
— Il s'est passé quelque chose de très grave. De très grave et de très triste qui va te faire beaucoup de chagrin. Maman était dans sa chambre quand il y a eu le feu, et elle n'a pas pu s'enfuir.
— Oui, je sais. Maman est morte, expliqua Nola. Elle était méchante. Alors j'ai mis le feu à sa chambre.
— Hein ? Mais qu'est-ce que tu racontes ?
— Je suis venue dans sa chambre, elle dormait. J'ai trouvé qu'elle avait l'air méchante. Méchante Maman ! Méchante ! Je voulais qu'elle meure. Alors j'ai pris les allumettes sur sa commode et j'ai mis le feu aux rideaux.

Nola sourit à son père qui lui demanda de répéter. Et Nola répéta. À cet instant, David Kellergan entendit le plancher craquer et se retourna. Le pasteur Lewis, venu prendre des nouvelles de la petite, venait d'entendre leur conversation.

Ils s'enfermèrent dans le bureau.

— C'est Nola qui a mis le feu à votre maison ? Nola a tué sa mère ? s'exclama Lewis, abasourdi.

— Chut ! Pas si fort, Jeremy ! Elle… elle… dit qu'elle a mis le feu à la maison, mais, Seigneur, ça ne peut pas être vrai !

— Est-ce que Nola a des démons ? demanda Lewis.

— Des démons ? Non, non ! Il a pu arriver que sa mère et moi remarquions chez elle un comportement parfois étrange, mais rien de bien méchant.

— Nola a tué sa mère, David. Vous rendez-vous compte de la gravité de la situation ?

David Kellergan tremblait. Il pleurait, sa tête tournait, les idées se bousculaient dans sa tête. Il eut besoin de vomir. Jeremy Lewis lui tendit une corbeille à papier pour qu'il puisse se soulager.

— Ne dites rien à la police, Jeremy, je vous en supplie !

— Mais c'est très grave, David !

— Ne dites rien ! Au nom du Ciel, ne dites rien. Si la police le savait, Nola finirait dans une maison de correction, ou Dieu sait où. Elle n'a que neuf ans…

— Alors il faut la soigner, dit Lewis. Nola est habitée par le Malin, il faut la guérir.

— Non, Jeremy ! Pas ça !

— Il faut l'exorciser, David. C'est la seule solution pour la délivrer du Mal.

*

— Je l'ai exorcisée, nous expliqua le pasteur Lewis. Pendant plusieurs jours, nous avons essayé de faire sortir le démon de son corps.

— Qu'est-ce que c'est que ce délire ? murmurai-je.

— Enfin ! s'éleva Lewis, pourquoi êtes-vous à ce point sceptique ? Nola n'était pas Nola : le Diable avait pris possession de son corps !

— Que lui avez-vous fait ? tonna Gahalowood.

— En principe des prières suffisent, sergent !

— Laissez-moi deviner : là, ça n'a pas suffi !

— Le Diable était fort ! Alors nous lui avons plongé la tête dans un baquet d'eau bénite, pour en venir à bout.

— Les simulations de noyade, dis-je.

— Mais ça non plus, ça n'a pas suffi. Alors, pour terrasser le Démon et lui faire abandonner le corps de Nola, nous l'avons frappé.

— Vous avez battu la petite ? explosa Gahalowood.

— Non, pas la petite : le Malin !

— Vous êtes fou, Lewis !

— Nous devions la délivrer ! Et nous pensions que nous y étions parvenus. Mais Nola s'est mise à avoir des sortes de crises. Elle et son père sont restés chez nous quelque temps et la petite est devenue incontrôlable. Elle s'est mise à voir sa mère.

— Vous voulez dire que Nola avait des hallucinations ? demanda Gahalowood.

— Pire : elle a commencé à développer une espèce de dédoublement de personnalité. Il lui arrivait de devenir sa propre mère, et elle se punissait pour ce qu'elle avait fait. Un jour, je l'ai trouvée en train de hurler dans la salle de bains. Elle avait rempli la baignoire et se tenait d'une main fermement par les cheveux et se forçait à plonger la tête dans l'eau glacée. Ça ne pouvait plus continuer ainsi. Alors David a décidé de s'enfuir loin. Très loin. Il a dit qu'il devait quitter Jackson, quitter l'Alabama, que l'éloignement et le temps aideraient certainement Nola à aller mieux. À ce moment, j'avais entendu dire que la paroisse d'Aurora se cherchait un nouveau pasteur, et il n'a pas hésité une seconde. C'est ainsi qu'il est parti se terrer à l'autre bout du pays, dans le New Hampshire.

3.

Election Day

"Votre vie sera ponctuée de grands événements. Mentionnez-les dans vos livres, Marcus. Car s'ils devaient s'avérer très mauvais, ils auront au moins le mérite de consigner quelques pages d'Histoire."

Extrait de l'édition du Concord Herald
du 5 novembre 2008

BARACK OBAMA ÉLU 44ᵉ PRÉSIDENT DES ÉTATS-UNIS

Le candidat démocrate Barack Obama remporte l'élection présidentielle face au républicain John McCain et devient le 44ᵉ Président des États-Unis. Le New Hampshire, qui avait donné la victoire à John Kerry en 2004 […]

5 novembre 2008

Au lendemain de l'élection, New York était en liesse. Dans les rues, les gens avaient célébré la victoire démocrate jusque tard dans la nuit, comme pour chasser les démons du dernier double mandat. Pour ma part, je n'avais participé à la ferveur populaire qu'à travers le poste de télévision de mon bureau, dans lequel j'étais enfermé depuis trois jours.

Ce matin-là, Denise arriva à huit heures avec un pull Obama, une tasse Obama, un badge Obama et un paquet d'autocollants Obama. «Oh, vous êtes déjà là, Marcus, me dit-elle en passant la porte d'entrée et en voyant que tout était allumé. Vous étiez dehors hier soir? Quelle victoire! Je vous ai apporté des autocollants pour votre voiture.» Tout en parlant, elle déposa ses affaires sur sa table, alluma la machine à café et débrancha le répondeur, puis elle pénétra dans mon bureau. En voyant l'état de la pièce, elle ouvrit de grands yeux et s'écria:

— Marcus, au nom du Ciel, que s'est-il passé ici?

J'étais assis sur mon fauteuil et je contemplais l'un des murs que j'avais passé une partie de la nuit à tapisser avec mes notes et les schémas de l'enquête. Je m'étais repassé en boucle les enregistrements de Harry, de Nancy Hattaway, de Robert Quinn.

— Il y a quelque chose dans cette affaire que je ne comprends pas, dis-je. C'est en train de me rendre fou.

— Vous avez passé la nuit ici ?

— Oui.

— Oh, Marcus, et moi qui pensais que vous étiez dehors, à vous amuser un peu. Ça fait si longtemps que vous ne vous êtes pas amusé. C'est votre roman qui vous tracasse ?

— C'est ce que j'ai découvert la semaine dernière qui me tracasse.

— Qu'avez-vous découvert ?

— Justement, je n'en suis pas sûr. Que doit-on faire lorsqu'on réalise qu'une personne que vous avez toujours admirée et prise en exemple vous a trahi et vous a menti ?

Elle eut un instant de réflexion puis elle me dit :

— Ça m'est arrivé. Avec mon premier mari. Je l'ai retrouvé dans un lit avec ma meilleure amie.

— Et qu'avez-vous fait ?

— Rien. Je n'ai rien dit. Je n'ai rien fait. C'était dans les Hamptons, on était partis pour le week-end avec ma meilleure amie et son mari, dans un hôtel du bord de l'océan. Le samedi, en fin de journée, je suis allée me promener le long de l'océan. Toute seule, parce que mon mari m'avait dit qu'il était fatigué. Je suis revenue beaucoup plus tôt que prévu. Se promener toute seule n'était pas si amusant finalement. Je suis retournée à ma chambre, j'ai ouvert la porte avec la clé magnétique et là, je les ai vus, dans le lit. Lui étalé sur elle, sur ma meilleure amie. C'est fou, avec ces clés magnétiques, vous pouvez entrer dans les chambres sans faire le moindre bruit. Ils ne m'ont ni vue, ni entendue. Je les ai regardés quelques instants, j'ai regardé mon mari se secouer dans tous les sens pour la faire gémir comme un petit chien, puis je suis ressortie de la pièce sans faire de bruit, je suis allée vomir dans les toilettes de la réception et je suis repartie me promener. Je suis rentrée une heure plus tard : mon mari était au bar de l'hôtel en train de boire un gin et de rire avec le mari de ma meilleure amie. Je n'ai rien dit. On a tous dîné ensemble. J'ai fait comme si de rien n'était. Le soir, il s'est endormi comme une masse, il m'a dit que ne rien faire, ça l'épuisait. Je n'ai rien dit. Je n'ai rien dit pendant six mois.

— Et finalement, vous avez demandé le divorce...
— Non. Il m'a quittée pour elle.
— Vous regrettez de ne pas avoir agi ?
— Tous les jours.
— Donc je devrais agir. C'est ce que vous essayez de me dire ?
— Oui. Agissez, Marcus. Ne soyez pas une pauvre gourde trompée de mon espèce.

Je souris.

— Vous êtes tout, sauf une gourde, Denise.
— Marcus, que s'est-il passé la semaine dernière ? Qu'avez-vous découvert ?

*

5 jours plus tôt

Le 31 octobre, le professeur Gideon Alkanor, l'un des grands spécialistes en pédopsychiatrie de la côte Est et que Gahalowood connaissait bien, confirma ce qui était désormais une évidence : Nola souffrait de troubles psychiatriques importants.

Le lendemain de notre retour de Jackson, Gahalowood et moi descendîmes en voiture jusqu'à Boston, où Alkanor nous reçut dans son bureau du Children's Hospital. Sur la base des éléments qui lui avaient préalablement été transmis, il considéra que l'on pouvait établir un diagnostic de psychose infantile.

— En gros, qu'est-ce que ça veut dire ? trépigna Gahalowood.

Alkanor retira ses lunettes et en nettoya les verres lentement, comme pour réfléchir à ce qu'il allait dire. Il finit par se tourner vers moi :

— Ça veut dire que je crois que vous avez raison, Monsieur Goldman. J'ai lu votre livre, il y a quelques semaines. À la lumière de ce que vous décrivez et des éléments que m'a rapportés Perry, je dirais que Nola perdait parfois pied avec la réalité. C'est probablement dans un de ces moments de crise qu'elle a mis le feu à la chambre de sa mère. Cette nuit du 30 août 1969, Nola voit son rapport à la réalité faussé : elle veut tuer sa mère mais à ce moment précis, pour elle tuer ne signifie rien. Elle accomplit un geste dont elle n'a pas conscience de la portée. À ce premier épisode traumatique, s'ajoute ensuite celui de l'exorcisme dont le souvenir pouvait parfaitement être le déclencheur de crises de dédoublement de personnalité où Nola devient la mère qu'elle a elle-même tuée. Et c'est là que tout se complique : lorsque Nola perdait pied avec la réalité, le souvenir de la mère et de son acte venait la hanter.

Je restai stupéfait un instant.

— Alors vous voulez dire que...

Alkanor acquiesça de la tête avant que je n'aie pu finir ma phrase et dit :

— Nola se battait elle-même lors de moments de décompensation.

— Mais qu'est-ce qui peut produire ces crises? demanda Gahalowood.

— Probablement des variations émotionnelles importantes : un épisode de stress, une grande tristesse. Ce que vous décrivez dans votre livre, Monsieur Goldman : la rencontre avec Harry Quebert, dont elle tombe éperdument amoureuse, puis le rejet par celui-ci, qui la pousse même à essayer de se suicider. On est dans un schéma presque «classique», je dirais. Lorsque les émotions s'emballent, elle décompense. Et lorsqu'elle décompense, elle voit arriver sa mère, qui vient la punir de ce qu'elle lui a fait.

Pendant toutes ces années, Nola et sa mère n'avaient fait qu'un. Il nous en fallait la confirmation par le père Kellergan et le samedi 1er novembre, nous nous rendîmes en délégation au 245 Terrace Avenue : il y avait Gahalowood, moi, et Travis Dawn, que nous avions informé de ce que nous avions appris en Alabama et dont Gahalowood avait demandé la présence pour rassurer David Kellergan.

Lorsque ce dernier nous trouva devant sa porte, il déclara d'emblée :

— Je n'ai rien à vous dire. Ni à vous, ni à personne.

— C'est moi qui ai des choses à vous dire, expliqua calmement Gahalowood. Je sais ce qui s'est passé en Alabama en août 1969. Je sais pour l'incendie, je sais tout.

— Vous ne savez rien.

— Tu devrais les écouter, dit Travis. Laisse-nous donc entrer, David. Nous serions mieux à l'intérieur pour discuter.

David Kellergan finit par céder; il nous fit entrer et nous guida vers la cuisine. Il se servit une tasse de café, ne nous en proposa pas et s'assit à la table. Gahalowood et Travis s'installèrent face à lui et je restai debout, en retrait.

— Alors quoi? demanda Kellergan.

— Je suis allé à Jackson, répondit Gahalowood. J'ai parlé au pasteur Jeremy Lewis. Je sais ce qu'a fait Nola.

— Taisez-vous!

— Elle souffrait de psychose infantile. Elle était sujette à des crises de schizophrénie. Le 30 août 1969, elle a mis le feu à la chambre de sa mère.

— Non! hurla David Kellergan. Vous mentez!

— Ce soir-là, vous avez trouvé Nola qui chantait sous le porche. Vous avez fini par comprendre ce qui s'était passé. Et vous l'avez exorcisée. En pensant lui faire du bien. Mais ça a été une catastrophe. Elle s'est mise à être sujette à des épisodes de dédoublement de personnalité pendant lesquels elle essayait de se punir elle-même. Alors vous avez fui loin de l'Alabama, vous avez traversé le pays en espérant laisser les fantômes derrière vous, mais le fantôme de votre femme vous a poursuivi parce qu'elle existait toujours dans la tête de Nola.

Une larme roula sur sa joue.

— Elle avait parfois des crises, s'étrangla-t-il. Je ne pouvais rien faire. Elle se battait elle-même. Elle était la fille et la mère. Elle se donnait des coups, puis elle se suppliait elle-même d'arrêter.

— Alors vous mettiez la musique et vous vous enfermiez dans le garage, parce que c'était insupportable.

— Oui! Oui! Insupportable! Mais je ne savais

que faire. Ma fille, ma fille chérie, elle était tellement malade.

Il se mit à sangloter. Travis le regardait, épouvanté par ce qu'il était en train de découvrir.

— Pourquoi ne pas l'avoir fait soigner ? demanda Gahalowood.

— J'avais peur qu'on me l'enlève. Qu'on l'enferme ! Et puis avec le temps, les crises s'espaçaient. Il me sembla même, durant quelques années, que le souvenir de l'incendie s'estompait et j'ai même été jusqu'à penser que ces épisodes disparaîtraient complètement. C'est allé de mieux en mieux. Jusqu'à l'été 1975. Soudain, sans que je comprenne pourquoi, elle a été de nouveau sujette à des séries de crises violentes.

— À cause de Harry, dit Gahalowood. La rencontre avec Harry a été un trop-plein d'émotions pour elle.

— Ce fut un été épouvantable, dit le père Kellergan. Je sentais venir les crises. Je pouvais presque les prédire. C'était atroce. Elle s'infligeait des coups de règle sur les doigts et sur les seins. Elle remplissait un bac d'eau et plongeait la tête dedans, en suppliant sa mère d'arrêter. Et sa mère, par sa propre voix, la traitait de tous les noms.

— Ces noyades, c'est ce que vous lui aviez vous-même fait subir ?

— Jeremy Lewis jurait qu'il n'y avait que ça à faire ! On m'avait dit que Lewis se prétendait exorciste, mais nous n'en avions jamais parlé ensemble. Et puis soudain, le voilà qui décrète que le Malin avait pris possession du corps de Nola et qu'il fallait l'en délivrer. J'ai accepté uniquement pour qu'il ne dénonce pas Nola à la police. Jeremy était complètement fou, mais qu'aurais-je pu faire d'autre ? Je n'avais pas le choix... Ils mettent les enfants en prison dans ce pays !

— Et les fugues ? demanda Gahalowood.
— Il lui est arrivé de fuguer. Une fois, pendant toute une semaine. Je me rappelle, c'était à la toute fin juillet 1975. Que devais-je faire ? Appeler la police ? Pour leur dire quoi ? Que ma fille sombrait dans la folie ? Je m'étais dit que j'attendrais la fin de la semaine avant de donner l'alerte. J'ai passé une semaine à la chercher partout, nuit et jour. Et puis elle est revenue.
— Et le 30 août, que s'est-il passé ?
— Elle a eu une crise très violente. Je ne l'avais jamais vue dans un tel état. J'ai essayé de la calmer, mais rien n'y faisait. Alors je suis allé me terrer dans le garage pour réparer cette maudite moto. J'ai mis la musique le plus fort possible. Je suis resté caché une bonne partie de l'après-midi. La suite, vous la connaissez : lorsque je suis allé la voir, elle n'était plus là… Je suis d'abord sorti faire le tour du quartier, et j'ai entendu dire qu'une fille avait été vue en sang à proximité de Side Creek. J'ai compris que la situation était grave.
— À quoi avez-vous pensé ?
— Pour être honnête, j'ai d'abord pensé que Nola s'était enfuie de la maison et qu'elle portait les stigmates de ce qu'elle venait de se faire subir à elle-même. Je pensais que Deborah Cooper avait peut-être vu Nola en pleine crise. Après tout, c'était le 30 août, la date de l'incendie de notre maison de Jackson.
— Avait-elle déjà eu des épisodes violents à cette même date ?
— Non.
— Alors, qu'est-ce qui aurait pu déclencher une pareille crise ?
David Kellergan hésita un instant avant de répondre. Travis Dawn comprit qu'il fallait l'inciter à parler.

— Si tu sais quelque chose, David, tu dois nous le dire. C'est très important. Fais-le pour Nola.

— Lorsque je suis entré dans sa chambre, ce jour-là, et qu'elle n'y était pas, j'ai trouvé une enveloppe décachetée sur son lit. Une enveloppe à son nom. Elle contenait une lettre. Je pense que c'est cette lettre qui a provoqué la crise. C'était une lettre de rupture.

— Une lettre? Mais tu ne nous as jamais parlé de cette lettre! s'exclama Travis.

— Parce que c'était une lettre écrite par un homme dont l'écriture indiquait qu'il n'était visiblement pas en âge de vivre une histoire d'amour avec ma fille. Que voulais-tu? Que toute la ville pense que Nola était une traînée? À ce moment-là, j'étais certain que la police la retrouverait et la ramènerait à la maison. Alors je l'aurais fait soigner pour de bon! Pour de bon!

— Et qui était l'auteur de cette lettre de rupture? demanda Gahalowood.

— C'était Harry Quebert.

Nous restâmes tous interdits. Le père Kellergan se leva et disparut un instant avant de revenir avec une boîte en carton pleine de lettres.

— Je les ai retrouvées après sa disparition, cachées dans sa chambre, derrière une latte bancale. Nola entretenait une correspondance avec Harry Quebert.

Gahalowood prit une lettre au hasard et la parcourut rapidement.

— Comment savez-vous que c'était avec Harry Quebert? interrogea-t-il. Elles ne sont pas signées...

— Parce que... parce que ce sont les textes qui figurent dans son livre.

Je fouillai dans le carton: il contenait effectivement la correspondance des *Origines du mal*, du moins les lettres reçues par Nola. Il y avait tout : les lettres à propos d'eux, les lettres de la clinique de Charlotte's Hill. Je retrouvais cette écriture limpide et parfaite du manuscrit, j'en étais presque terrifié : tout ceci était bien réel.

— Voici la fameuse dernière lettre, dit le père Kellergan en tendant une enveloppe à Gahalowood.

Il la lut puis me la donna.

> *Ma chérie,*
>
> *Ceci est ma dernière lettre. Ce sont mes derniers mots.*
>
> *Je vous écris pour vous dire adieu.*
>
> *Dès aujourd'hui, il n'y aura plus de « nous ».*
>
> *Les amoureux se séparent et ne se retrouvent plus, et ainsi se terminent les histoires d'amour.*
>
> *Ma chérie, vous me manquerez. Vous me manquerez tant.*
>
> *Mes yeux pleurent. Tout brûle en moi.*
>
> *Nous ne nous reverrons plus jamais ; vous me manquerez tant.*
>
> *J'espère que vous serez heureuse.*
>
> *Je me dis que vous et moi c'était un rêve et qu'il faut se réveiller à présent.*
>
> *Vous me manquerez toute la vie.*
>
> *Adieu. Je vous aime comme je n'aimerai jamais plus.*

— Elle correspond à la dernière page des *Origines du mal*, nous expliqua alors Kellergan.

J'acquiesçai. Je reconnaissais le texte. J'en restai abasourdi.

— Depuis quand savez-vous que Harry et Nola correspondaient ? interrogea Gahalowood.

— Je l'ai réalisé il y a quelques semaines seulement. Au supermarché, je suis tombé sur *Les Origines du mal*. Ils venaient de le remettre en vente. Je ne sais pas pourquoi, je l'ai acheté. J'avais besoin de lire ce livre, pour essayer de comprendre. Rapidement, j'ai eu l'impression d'avoir déjà vu certaines phrases quelque part. C'est fou la force de la mémoire. Et puis à force d'y penser, tout s'est éclairé : c'était les lettres que j'avais trouvées dans la chambre de Nola. Je ne les avais plus touchées depuis trente ans mais je les avais imprimées quelque part dans mon esprit. Je suis allé les relire et c'est là que j'ai compris... Cette saleté de lettre, sergent, a rendu ma fille folle de chagrin. Luther Caleb a peut-être tué Nola, mais à mes yeux Quebert est autant coupable que lui : sans cette crise, elle ne se serait peut-être pas enfuie de la maison et elle n'aurait pas croisé Caleb.

— C'est la raison pour laquelle vous êtes allé trouver Harry à son motel... déduisit Gahalowood.

— Oui ! Pendant trente-trois ans, je me suis demandé qui avait écrit ces foutues lettres. Et la réponse, depuis toujours, était dans les bibliothèques de l'Amérique tout entière. Je suis allé au Sea Side Motel et nous avons eu une dispute. J'étais tellement en colère que je suis revenu ici prendre mon fusil, mais à mon retour au motel il avait disparu. Je l'aurais tué, je pense. Il savait qu'elle était fragile et il l'a poussée à bout !

Je tombai des nues.

— Qu'est-ce que vous entendez par «*il savait*»? demandai-je.

— Il savait tout à propos de Nola! Tout! s'écria David Kellergan.

— Vous voulez dire que Harry était au courant pour les épisodes psychotiques de Nola?

— Oui! J'étais au courant que Nola allait parfois chez lui avec la machine à écrire. J'ignorais tout du reste évidemment. Je trouvais même plutôt bien pour elle qu'elle connaisse un écrivain. C'était les vacances, ça l'occupait. Jusqu'à ce que cet écrivain de malheur vienne me chercher des noises parce qu'il pensait que ma femme la battait.

— Harry est venu vous trouver cet été-là?

— Oui. À la mi-août. Quelques jours avant la disparition.

*

15 août 1975

C'était le milieu de l'après-midi. De la fenêtre de son bureau, le révérend Kellergan remarqua une Chevrolet noire se garer sur le parking de la paroisse. Il vit Harry Quebert en sortir et se diriger d'un pas rapide vers l'entrée principale du bâtiment. Il se demanda quel pouvait bien être le motif de sa visite: depuis son arrivée à Aurora, Harry n'était jamais venu au temple. Il entendit le bruit des battants de la porte d'entrée, puis des pas dans le couloir, et quelques instants après, il le vit apparaître dans l'encadrement de la porte de son bureau, restée ouverte.

— Bonjour, Harry, dit-il. Quelle bonne surprise.
— Bonjour, révérend. Je vous dérange ?
— Pas le moins du monde. Entrez, je vous en prie.

Harry pénétra dans la pièce et ferma la porte derrière lui.

— Tout va bien ? demanda le révérend Kellergan. Vous faites une drôle de tête.
— Je viens vous parler de Nola...
— Oh, ça tombe bien : je voulais vous remercier. Je sais qu'elle va parfois chez vous, et elle en revient toujours très enjouée. J'espère que cela ne vous importune pas... Grâce à vous, elle a des vacances bien remplies.

Harry avait le visage fermé.

— Elle est venue ce matin, dit-il. Elle était en pleurs. Elle m'a tout raconté à propos de votre femme...

Le révérend blêmit.

— De... de ma femme ? Que vous a-t-elle dit ?
— Qu'elle la bat ! Qu'elle lui plonge la tête dans une bassine d'eau glaciale !
— Harry, je...
— C'est terminé, révérend. Je sais tout.
— Harry, c'est plus compliqué que ça... Je...
— Plus compliqué ? Parce que vous allez essayer de me convaincre qu'il y a une bonne raison qui justifie vos sévices ? Hein ? Je vais aller trouver les flics, révérend. Je vais tout balancer.
— Non, Harry... Surtout pas...
— Oh oui, je vais y aller. Qu'est-ce que vous croyez ? Que je ne vais pas oser vous dénoncer parce que vous êtes un homme d'Église ? Mais vous n'êtes rien ! Quel genre de type laisse sa femme rosser sa fille ?

— Harry... écoutez-moi, je vous en prie. Je crois qu'il y a un terrible malentendu et que nous devrions parler calmement.

*

— J'ignore ce que Nola avait raconté à Harry, nous expliqua le révérend. Ce n'était pas le premier à se douter que quelque chose ne tournait pas rond, mais jusqu'alors je n'avais eu affaire qu'à des amis de Nola, des enfants dont je pouvais facilement éluder les questions. Là c'était différent. Alors j'ai dû lui avouer que la mère de Nola n'existait que dans sa tête. Je l'ai supplié de n'en parler à personne, mais le voilà qui s'est mis à se mêler de ce qui ne le regardait pas, à me dire quoi faire avec ma propre fille. Il voulait que je la fasse soigner! Je lui ai dit d'aller se faire voir... Et puis, deux semaines plus tard, elle a disparu.

— Et vous avez ensuite évité de croiser Harry pendant trente-trois ans, dis-je. Parce que vous étiez les deux seuls à connaître le secret de Nola.

— Elle était mon seul enfant, vous comprenez! Je voulais que tout le monde garde un bon souvenir d'elle. Pas qu'on pense qu'elle était folle. Elle n'était pas folle, d'ailleurs! Juste fragile! Et puis, si la police avait su la vérité sur ses crises, ils n'auraient pas entrepris toutes ces recherches pour la retrouver. Ils auraient dit qu'elle était une folle et une fugueuse!

Gahalowood se tourna vers moi.

— Qu'est-ce que tout ceci signifie, l'écrivain?

— Que Harry nous a menti: il ne l'a pas attendue au motel. Il voulait rompre. Il savait depuis toujours qu'il allait rompre avec Nola. Il n'a jamais prévu de s'enfuir avec elle. Le 30 août 1975, elle a reçu une dernière lettre de Harry qui lui disait qu'il était parti sans elle.

Après les révélations du père Kellergan, Gahalowood et moi retournâmes immédiatement au quartier général de la police d'État, à Concord, pour comparer la lettre avec la dernière page du manuscrit retrouvé avec Nola : elles étaient identiques.

— Il avait tout prévu ! m'écriai-je. Il savait qu'il la quitterait. Il savait depuis toujours.

Gahalowood acquiesça :

— Quand elle lui propose de s'enfuir, lui sait qu'il ne partira pas avec elle. Il se voit mal s'encombrer d'une fille de quinze ans.

— Pourtant elle a lu le manuscrit, relevai-je.

— Bien sûr, mais elle croit à un roman. Elle ignore que c'est leur histoire exacte qu'a écrite Harry et que la fin est déjà scellée : Harry ne veut pas d'elle. Stephanie Larjinjiak nous disait qu'ils correspondaient et que Nola guettait la venue du facteur. Le samedi matin, jour de la fuite, jour où elle s'imagine qu'elle va partir vers le bonheur avec l'homme de sa vie, elle va faire un dernier contrôle de la boîte aux lettres. Elle veut s'assurer qu'il n'y a pas une lettre oubliée qui pourrait compromettre leur fuite en révélant des informations de premier ordre. Mais elle trouve ce mot de lui, qui lui dit que tout est fini.

Gahalowood étudia l'enveloppe contenant la dernière lettre.

— Il y a bien une adresse sur l'enveloppe, mais elle n'est ni timbrée, ni cachetée, dit-il. Elle a été directement déposée dans sa boîte aux lettres.

— Vous voulez dire par Harry ?

— Oui. Sans doute l'a-t-il déposée pendant la nuit, avant de s'enfuir, loin. Il le fait probablement à la dernière minute, dans la nuit du vendredi au samedi. Pour qu'elle ne vienne pas au motel. Pour qu'elle comprenne qu'il n'y aura jamais de rendez-vous. Le samedi, lorsqu'elle découvre son mot, elle entre dans une rage folle, elle décompense, elle fait une terrible crise, elle se martyrise elle-même. Le père Kellergan, paniqué, s'enferme une fois de plus dans son garage. Lorsqu'elle retrouve ses esprits, Nola fait le lien avec le manuscrit. Elle veut des explications. Elle prend le manuscrit, et se met en route pour le motel. Elle espère que ce n'est pas vrai, que Harry sera là. Mais en route, elle rencontre Luther. Et ça tourne mal.

— Mais alors, pourquoi Harry revient-il à Aurora le lendemain de la disparition ?

— Il apprend que Nola a disparu. Il lui a laissé cette lettre : il panique. Il s'inquiète certainement pour elle, probablement se sent-il coupable, mais surtout, j'imagine qu'il a peur que quelqu'un mette la main sur cette lettre, ou sur le manuscrit, et qu'il ait des ennuis. Il préfère être à Aurora pour suivre l'évolution de la situation, peut-être même pour récupérer des preuves qu'il juge compromettantes.

Il fallait retrouver Harry. Je devais impérativement lui parler. Pourquoi m'avoir fait croire qu'il avait attendu Nola alors qu'il lui avait écrit une lettre d'adieu ? Gahalowood lança une recherche générale, sur la base de ses relevés de cartes de crédit et d'appels téléphoniques. Mais sa carte de crédit était muette et son téléphone n'émettait plus. En interrogeant la base de données des douanes, nous découvrîmes qu'il avait franchi le poste de Derby Line, dans le Vermont et qu'il était entré au Canada.

— Alors il a passé la frontière avec le Canada, dit Gahalowood. Pourquoi le Canada ?

— Il pense que c'est le paradis des écrivains, répondis-je. Dans le manuscrit qu'il m'a laissé, *Les Mouettes d'Aurora*, il finit là-bas avec Nola.

— Oui, mais je vous rappelle que son livre ne raconte pas la vérité. Non seulement Nola est morte, mais il semble qu'il n'ait jamais prévu de s'enfuir avec elle. Pourtant il vous laisse ce manuscrit, dans lequel Nola et lui se retrouvent au Canada. Alors, où est la vérité ?

— Je n'y comprends rien ! pestai-je. Pourquoi diable s'est-il enfui ?

— Parce qu'il a quelque chose à cacher. Mais nous ne savons pas exactement quoi.

Nous l'ignorions encore à cet instant, mais nous n'étions pas au bout de nos surprises. Deux événements majeurs allaient bientôt apporter des réponses à nos questions.

Le soir même, j'indiquai à Gahalowood que je prenais un vol pour New York le lendemain.

— Comment ça, *vous rentrez à New York* ? Mais vous êtes complètement fou, l'écrivain, on touche au but ! Donnez-moi votre carte d'identité, que je vous la confisque.

Je souris.

— Je ne vous abandonne pas, sergent. Mais il est temps.

— Le temps de quoi ?

— D'aller voter. L'Amérique a rendez-vous avec l'Histoire.

*

Ce 5 novembre 2008, à midi, alors que New York fêtait toujours l'avènement d'Obama, j'avais rendez-vous avec Barnaski pour déjeuner chez *Pierre*. La victoire démocrate l'avait mis de bonne humeur : « J'aime les Blacks ! me dit-il. J'aime les beaux Blacks ! Si vous vous faites inviter à la Maison-Blanche, emmenez-moi avec vous ! Bon, alors, qu'avez-vous de si important à me dire ? »

Je lui racontai ce que j'avais découvert à propos de Nola et de son diagnostic de psychose infantile, son visage s'illumina :

— Donc les scènes où vous décrivez les maltraitances de la mère, c'est en fait Nola qui se les inflige ?

— Oui.

— C'est formidable ! hurla-t-il à travers le restaurant. Votre bouquin est d'un genre précurseur ! Le lecteur est lui-même dans un moment de démence puisque le personnage de la mère existe sans exister vraiment. Vous êtes un génie, Goldman ! Un génie !

— Non, je me suis simplement planté. Je me suis laissé berner par Harry.

— Harry était au courant ?

— Oui. Et après il a disparu de la surface de la terre.

— Comment ça ?

— Il est introuvable. Apparemment, il a passé la frontière avec le Canada. Il m'a laissé pour seul indice un message sibyllin et un manuscrit inédit sur Nola.

— Vous avez les droits ?

— Je vous demande pardon ?

— Pour le manuscrit inédit, vous avez les droits ? Je vous les rachète !

— Mais bon sang, Roy ! Ce n'est pas la question !

— Oh, pardon. Je ne faisais que demander.

— Il y a un détail qui manque. Il y a quelque chose que je n'ai pas compris. Cette histoire de psychose infantile, Harry qui disparaît. Il manque un élément au puzzle, je le sais, mais je suis perdu.

— Vous êtes un grand angoissé, Marcus, et croyez-moi, les angoisses ça ne sert à rien. Allez chez le docteur Freud et faites-vous prescrire des pilules qui détendent. De mon côté, je vais contacter la presse, on va préparer un communiqué à propos de la maladie de la gamine, on va faire croire à tout le monde qu'on le savait depuis le début mais que c'était la surprise du chef : une façon de montrer que la vérité est parfois ailleurs et qu'il ne faut pas se limiter aux premières impressions. Ceux qui vous ont dégommé se couvriront de ridicule et il se dira que vous êtes un grand précurseur. Du coup, on reparlera de votre bouquin, et on en revendra un joli petit paquet. Parce qu'avec un coup pareil, même ceux qui n'avaient aucune intention de l'acheter ne pourront pas résister à la curiosité de savoir comment vous avez représenté la mère. Goldman, vous êtes un génie ; le déjeuner, c'est pour moi.

J'eus une moue et je lui dis :

— Je ne suis pas convaincu, Roy. J'aimerais avoir le temps de creuser encore.

— Mais vous n'êtes jamais convaincu, mon pauvre vieux ! Nous n'avons pas le temps de « creuser » comme vous dites. Vous êtes un poète, vous pensez que le temps qui passe a un sens, mais le temps qui passe, c'est soit de l'argent qu'on gagne, soit de l'argent qu'on perd. Et je suis un fervent partisan de la première solution. Néanmoins, vous êtes peut-être au courant, mais nous avons depuis hier un nouveau Président, beau, noir et très populaire. D'après mes calculs, on va entendre parler de lui à toutes les sauces pendant une bonne semaine. Une semaine où il n'y aura de la place que pour lui. Inutile donc que nous communiquions avec les médias durant cette période, nous n'aurions droit, au mieux, qu'à un entrefilet dans la rubrique des chiens écrasés. Je ne contacterai donc la presse que dans une semaine, ce qui vous laisse un peu de temps. À moins évidemment qu'une équipe de Sudistes à chapeaux pointus ne zigouille notre nouveau Président, ce qui nous empêcherait d'avoir la une pour un bon mois. Ça oui, un bon mois. Imaginez le désastre : dans un mois c'est la période de Noël, et là, plus personne ne prêterait attention à nos histoires. Dans une semaine donc, on diffuse l'histoire de psychose infantile. Suppléments dans les journaux, et tout le tralala. Si j'avais plus de marge, je ferais éditer en urgence un petit livre pour les parents. Du genre : *Dépister la psychose infantile ou comment éviter que votre enfant soit la nouvelle Nola Kellergan et ne vous brûle vif durant votre sommeil*. Ça pourrait marcher du tonnerre. Mais bref, on n'a pas le temps.

Je n'avais qu'une semaine avant que Barnaski ne déballe tout. Une semaine pour comprendre ce qui m'échappait encore. Il s'écoula alors quatre jours ; quatre jours stériles. Je téléphonais sans cesse à Gahalowood, qui ne pouvait que s'avouer vaincu. L'enquête était dans une impasse, et il n'avançait pas. Puis, dans la nuit du cinquième jour, un événement allait changer le cours de l'enquête. C'était le 10 novembre, peu après minuit. Au hasard d'une patrouille, l'agent de la police de l'autoroute Dean Forsyth prit en chasse une voiture sur la route Montburry-Aurora, après avoir constaté qu'elle avait brûlé un stop et qu'elle roulait au-dessus de la vitesse autorisée. Ç'aurait pu être une banale contravention si le comportement du conducteur du véhicule, qui semblait agité et transpirait abondamment, n'avait pas intrigué le policier.

— D'où venez-vous, Monsieur ? avait demandé l'officier Forsyth.

— Montburry.

— Que faisiez-vous là-bas ?

— J'étais... j'étais chez des amis.

— Leurs noms ?

L'hésitation et la lueur de panique qu'il décela dans le regard du conducteur intriguèrent plus encore l'officier Forsyth. Il braqua sa lampe de poche sur le visage de l'homme et remarqua une griffure sur sa joue.

— Que vous est-il arrivé au visage ?

— La branche basse d'un arbre que je n'avais pas vue.

L'officier n'était pas convaincu.

— Pourquoi rouliez-vous si vite ?

— Je... je le regrette. J'étais pressé. Vous avez raison, je n'aurais pas dû...

— Avez-vous bu, Monsieur ?

— Non.

Le contrôle éthylométrique indiqua que l'homme n'avait effectivement pas consommé d'alcool. Le véhicule était en règle et, en balayant l'intérieur du faisceau de sa lampe de poche, l'agent ne vit aucune boîte de médicaments vide ou autres emballages qui jonchaient en général les banquettes arrière des voitures de toxicomanes. Pourtant, il avait une intuition : quelque chose lui faisait penser que cet homme était beaucoup trop agité et calme à la fois pour ne pas enquêter davantage. Il remarqua soudain ce qui lui avait échappé : ses mains étaient sales, ses chaussures couvertes de boue et ses pantalons trempés.

— Sortez de votre véhicule, Monsieur, intima Forsyth.
— Pourquoi ? Hein ? Hein ? balbutia le conducteur.
— Obéissez et sortez de votre véhicule.

L'homme tergiversa, et l'officier Forsyth, agacé, décida de le sortir de force et de procéder à son arrestation pour refus d'obtempérer. Il le conduisit à la station centrale de police du comté, où il se chargea lui-même de la prise des photos réglementaires, puis du relevé électronique des empreintes digitales. L'information qui s'afficha alors sur l'écran de son ordinateur le laissa perplexe un instant. Puis, bien qu'il soit une heure trente du matin, il décrocha son téléphone, considérant que la découverte qu'il venait de faire était suffisamment importante pour qu'il sorte de son lit le sergent Perry Gahalowood, de la brigade criminelle de la police d'État.

Trois heures plus tard, aux environs de quatre heures trente du matin, je fus réveillé à mon tour par un coup de téléphone.

— L'écrivain ? C'est Gahalowood à l'appareil. Où êtes-vous ?
— Sergent ? répondis-je à moitié comateux. Je suis dans mon lit, à New York, où voulez-vous que je sois ? Que se passe-t-il ?
— Nous avons notre oiseau, dit-il.
— Je vous demande pardon ?
— L'incendiaire de la maison de Harry... Nous l'avons arrêté cette nuit.
— Quoi ?
— Vous êtes assis ?
— Je suis même couché.
— Tant mieux. Parce que ça va vous faire un choc.

2.

Fin de partie

"Parfois le découragement vous gagnera, Marcus. C'est normal. Je vous disais qu'écrire c'est comme boxer, mais c'est aussi comme courir. C'est pour ça que je vous envoie tout le temps battre le pavé : si vous avez la force morale d'accomplir les longues courses, sous la pluie, dans le froid, si vous avez la force de continuer jusqu'au bout, d'y mettre toutes vos forces, tout votre cœur, et d'arriver à votre but, alors vous serez capable d'écrire. Ne laissez jamais la fatigue ni la peur vous en empêcher. Au contraire, utilisez-les pour avancer."

Je pris un vol pour Manchester le matin même, complètement sonné par ce que je venais d'apprendre. J'atterris à treize heures, et quarante-cinq minutes plus tard, j'arrivai au quartier général de la police à Concord. Gahalowood vint me chercher à la réception.

— Robert Quinn ! m'exclamai-je en le voyant, comme si je n'y croyais toujours pas. Alors c'est Robert Quinn qui a mis le feu à la maison ? C'est donc lui qui m'aurait envoyé ces messages ?

— Oui, l'écrivain. C'étaient ses empreintes sur le bidon d'essence.

— Mais pourquoi ?

— Si je le savais. Il n'a pas ouvert la bouche. Il refuse de parler.

Gahalowood me conduisit dans son bureau et m'offrit du café. Il m'expliqua que la brigade criminelle avait perquisitionné la maison des Quinn aux premières heures du matin.

— Qu'avez-vous trouvé ? demandai-je.

— Rien, me répondit Gahalowood. Rien du tout.

— Et sa femme ? Qu'en a-t-elle dit ?

— Ça c'est étrange : nous avons débarqué à sept heures trente. Impossible de la réveiller. Elle dormait de tout son soûl, elle n'avait même pas remarqué l'absence de son mari.

— Il la drogue, expliquai-je.

— Comment ça, *il la drogue*?

— Robert Quinn refile des somnifères à sa femme pour la faire dormir lorsqu'il veut avoir la paix. C'est très probablement ce qu'il a fait cette nuit pour qu'elle ne se doute de rien. Mais se douter de quoi? Qu'est-il allé faire en pleine nuit? Et pourquoi était-il couvert de boue? Il aurait enterré quelque chose?

— C'est bien ça le mystère... Et sans aveux de sa part, je ne pourrai pas lui coller grand-chose sur le dos.

— Il y a toujours le bidon d'essence.

— Son avocat est déjà en train de dire que Robert l'a trouvé sur la plage. Qu'il s'y est promené récemment, qu'il a vu ce bidon qui traînait par terre et qu'il l'a ramassé pour le jeter dans les buissons, hors de la vue des autres promeneurs. Nous avons besoin de plus de preuves, sans quoi son avocat n'aura aucune peine à nous dégommer.

— Qui est son avocat?

— Vous ne me croirez pas.

— Dites toujours.

— Benjamin Roth.

Je soupirai.

— Alors vous pensez que c'est Robert Quinn qui a tué Nola Kellergan?

— Disons que tout est possible.

— Laissez-moi lui parler.

— Hors de question.

À cet instant, un homme entra dans le bureau sans frapper et Gahalowood se mit aussitôt au garde-à-vous. C'était Lansdane, le chef de la police d'État. Il avait l'air contrarié.

— J'ai passé la matinée au téléphone avec le gouverneur, des journalistes et cet avocat de malheur, Roth.

— Des journalistes ? À propos de quoi ?

— Ce type que vous avez arrêté cette nuit.

— Oui, Monsieur. Je crois que nous avons une piste sérieuse.

Le Chef posa une main amicale sur l'épaule de Gahalowood.

— Perry... on ne peut plus continuer.

— Comment ça ?

— Cette histoire n'en finit plus. Soyons sérieux, Perry : vous changez de coupable comme de chemise. Roth dit qu'il va faire un scandale. Le gouverneur veut que cela cesse. Il est temps de fermer le dossier.

— Mais Chef, nous avons des éléments nouveaux ! La mort de la mère de Nola, Robert Quinn qu'on arrête. On est sur le point de trouver quelque chose !

— D'abord c'était Quebert, après Caleb, maintenant le père, ou ce Quinn, ou Stern, ou le Bon Dieu. Le père, qu'a-t-on contre lui ? Rien. Stern ? Rien. Ce Robert Quinn ? Rien.

— Il y a ce foutu bidon d'essence...

— Roth dit qu'il n'aura pas de peine à convaincre un juge de l'innocence de Quinn. Comptez-vous l'inculper formellement ?

— Bien entendu.

— Alors vous perdrez, Perry. Une fois de plus, vous perdrez. Vous êtes un bon flic, Perry. Le meilleur sans doute. Mais il faut savoir renoncer parfois.

— Mais Chef...

— N'allez pas foutre votre fin de carrière en l'air, Perry... Je ne vais pas vous faire l'affront de vous retirer l'affaire sur-le-champ. Par amitié, je vous laisse vingt-quatre heures. À dix-sept heures demain, vous viendrez me trouver dans mon bureau et vous m'annoncerez officiellement que vous bouclez l'affaire Kellergan. Ça vous laisse vingt-quatre heures pour dire à vos collègues que vous préférez renoncer et sauver les apparences. Prenez votre fin de semaine ensuite, emmenez votre famille en week-end, vous le méritez bien.

— Chef, je…
— Il faut savoir renoncer, Perry. À demain.

Lansdane sortit du bureau et Gahalowood se laissa tomber dans son fauteuil. Comme si cela ne suffisait pas, je reçus un appel sur mon portable de Roy Barnaski.

— Salut, Goldman, me dit-il, guilleret. Ça fera une semaine demain, comme vous le savez sûrement.
— Une semaine que quoi, Roy ?
— Une semaine. Le délai que je vous ai laissé avant de présenter à la presse les derniers développements à propos de Nola Kellergan. Vous n'aviez pas oublié ? J'imagine que vous n'avez rien trouvé d'autre.
— Écoutez, on est sur une piste, Roy. Il serait peut-être bon de déplacer votre conférence de presse.
— Oh là là… Des pistes, des pistes, toujours des pistes, Goldman… Mais c'est la piste du cirque, oui ! Allons, allons, il est temps de cesser avec ces histoires. J'ai convoqué la presse pour demain à dix-sept heures. Je compte sur votre présence.
— Impossible. Je suis dans le New Hampshire.
— Quoi ? Goldman, vous êtes l'attraction ! J'ai besoin de vous !
— Désolé, Roy.

Je raccrochai.

— C'était qui ? demanda Gahalowood.

— Barnaski, mon éditeur. Il veut convoquer la presse demain en fin de journée pour le grand déballage : parler de la maladie de Nola et dire que mon livre est un livre génial parce qu'on y vit la double personnalité d'une gamine de quinze ans.

— Eh bien, on dirait que demain en fin de journée, nous aurons officiellement tout foiré.

Gahalowood disposait de vingt-quatre dernières heures ; il ne voulait pas rester à ne rien faire. Il proposa d'aller à Aurora interroger Tamara et Jenny pour essayer d'en apprendre plus sur Robert.

Sur la route, il téléphona à Travis pour le prévenir de notre venue. Nous le retrouvâmes devant la maison des Quinn. Il était complètement abasourdi.

— Alors ce sont vraiment les empreintes de Robert sur le bidon ? demanda-t-il.

— Oui, répondit Gahalowood.

— Bon sang, je ne peux pas y croire ! Mais pourquoi aurait-il fait ça ?

— Je l'ignore...

— Vous... vous pensez qu'il est impliqué dans le meurtre de Nola ?

— À ce stade, on ne peut plus rien exclure. Comment vont Jenny et Tamara ?

— Mal. Très mal ! Elles sont sous le choc. Et moi aussi. C'est un cauchemar ! Un cauchemar !

Il s'assit sur le capot de sa voiture, dépité.

— Qu'y a-t-il ? interrogea Gahalowood qui comprit que quelque chose n'allait pas.

— Sergent, depuis ce matin je n'arrête pas d'y penser... Cette histoire m'a fait remonter énormément de souvenirs.

— Quel genre de souvenirs ?

— Robert Quinn s'intéressait de près à l'enquête.

À cette époque, je voyais souvent Jenny, j'allais déjeuner chez les Quinn le dimanche. Il n'arrêtait pas de me parler de l'enquête.

— Je croyais que c'était sa femme qui ne parlait que de ça ?

— À table, oui. Mais dès que j'arrivais, le père me servait une bière sur la terrasse et il me faisait parler. Avait-on un suspect ? Avait-on une piste ? Après le repas, il me raccompagnait à ma voiture et nous parlions encore. J'avais presque du mal à m'en débarrasser.

— Êtes-vous en train de me dire…

— Je ne vous dis rien. Mais…

— Mais quoi ?

Il fouilla dans la poche de sa veste et en ressortit une photographie.

— J'ai trouvé ça ce matin dans un album de famille que Jenny garde chez nous.

La photo représentait Robert Quinn à côté d'une Chevrolet Monte Carlo noire, devant le Clark's. Au dos, on pouvait lire : *Aurora, août 1975*.

— Qu'est-ce que ça veut dire ? interrogea Gahalowood.

— J'ai posé la question à Jenny. Elle m'a révélé que cet été-là, son père voulait s'acheter une nouvelle voiture, mais qu'il n'était pas certain du modèle. Il avait fait des démarches auprès des concessionnaires de la région pour des essais et durant plusieurs week-ends, il avait pu essayer différents modèles.

— Dont une Monte Carlo noire ? interrogea Gahalowood.

— Dont une Monte Carlo noire, confirma Travis.

— Vous voulez dire que le jour de la disparition de Nola, il était possible que Robert Quinn conduisait cette voiture ?

— Oui.

Gahalowood passa la main sur son crâne. Il demanda à garder la photographie.

— Travis, dis-je ensuite, il faudrait que nous parlions avec Tamara et Jenny. Elles sont à l'intérieur ?

— Oui, bien sûr. Venez. Elles sont dans le salon.

Tamara et Jenny étaient prostrées sur un canapé. Nous passâmes plus d'une heure à essayer de les faire parler, mais elles étaient tellement choquées qu'elles étaient incapables de rassembler leurs esprits. Finalement, entre deux sanglots, Tamara réussit à détailler sa soirée de la veille. Elle et Robert avaient dîné de bonne heure, puis ils avaient regardé la télévision.

— Avez-vous remarqué quelque chose d'étrange dans le comportement de votre mari ? demanda Gahalowood.

— Non... Enfin oui, il voulait absolument me faire boire une tasse de thé. Moi, je n'en voulais pas, mais il me répétait : « Bois, Bibichette, bois. C'est une tisane diurétique, ça te fera du bien. » Finalement je l'ai bue, sa foutue tisane. Et je me suis endormie sur ce canapé.

— Quelle heure était-il ?

— Je dirais qu'il était autour de vingt-trois heures.

— Et après ?

— Et après, le trou noir. J'ai dormi comme un mort. Lorsque je me suis réveillée, il était sept heures trente du matin. J'étais toujours sur ce canapé et des policiers frappaient contre ma porte.

— Madame Quinn, est-il exact que votre mari envisageait d'acheter une Chevrolet Monte Carlo ?

— Je... je ne sais plus... Oui... Peut-être... mais... vous pensez qu'il aurait fait du mal à la petite ? Que c'était lui ?

À ces mots, elle se précipita aux toilettes pour aller vomir.

Cette discussion ne menait nulle part. Nous repartîmes sans avoir rien appris de plus; le temps jouait contre nous. Dans la voiture, je suggérai à Gahalowood de confronter Robert à la photo de la Monte Carlo noire, qui constituait une preuve accablante.

— Ça ne servirait à rien, me répondit-il. Roth sait que Lansdane est en train de craquer et aura probablement conseillé à Quinn de jouer la montre. Quinn ne parlera pas. Et nous l'aurons dans l'os. Demain à dix-sept heures, l'enquête sera bouclée, votre copain Barnaski fera son numéro devant les télévisions de tout le pays. Robert Quinn sera libre et nous serons la risée de l'Amérique.

— À moins que…

— À moins d'un miracle, l'écrivain. À moins qu'on comprenne ce que fabriquait Quinn hier soir pour être si pressé. Sa femme dit qu'elle s'est endormie à onze heures. Il a été arrêté vers minuit. Il s'est donc écoulé une heure. Au moins, on sait qu'il était dans la région. Mais où ?

Gahalowood ne voyait qu'une chose à faire: nous rendre à l'endroit où Robert Quinn avait été arrêté et essayer de remonter le fil de son parcours. Il s'octroya même le luxe de sortir l'officier Forsyth de son jour de congé pour le faire venir sur place. Nous le retrouvâmes une heure plus tard, à la sortie d'Aurora. Il nous guida alors jusqu'à une portion de la route de Montburry.

— C'était là, nous dit-il.

La route était rectiligne, coincée entre des taillis. Ça ne nous avançait guère plus.

— Que s'est-il passé exactement ? demanda Gahalowood.

— J'arrivais de Montburry. Patrouille de routine. Lorsque soudain cette voiture a déboulé devant moi.

— Comment ça, *déboulé*?

— L'intersection, cinq ou six cents mètres plus haut.

— Quelle intersection?

— Je saurais pas vous dire quelle route ça croise, mais c'est une intersection pour sûr, avec un stop. Je le sais que c'est un «stop», parce que c'est le seul sur ce tronçon.

— Le stop qui est là-bas, hein? demanda encore Gahalowood en regardant au loin.

— Le stop qui est là-bas, confirma Forsyth.

Soudain, tout se bouscula dans ma tête. Je m'écriai:

— C'est la route du lac!

— Quoi, le lac? fit Gahalowood.

— C'est le croisement avec la route qui mène au lac de Montburry.

Nous remontâmes jusqu'à l'intersection et nous engageâmes sur la route du lac. Après cent mètres, nous arrivâmes au parking. Les abords du lac étaient dans un état lamentable; les récentes pluies torrentielles d'automne avaient labouré les berges. Tout n'était que boue.

*

Mercredi 12 novembre 2008, 8 heures

Une colonne de véhicules de police arriva sur le parking du lac. Gahalowood et moi attendions depuis un moment dans sa voiture. En voyant les camionnettes des équipes de plongeurs de la police, je lui demandai :

— Vous êtes sûr de votre coup, sergent ?
— Non. Mais on n'a pas le choix.

C'était notre dernière carte ; la fin de partie. Robert Quinn était certainement venu ici. Il avait crapahuté dans la boue pour atteindre le bord de l'eau, il était venu jeter quelque chose dans le lac. C'était du moins notre hypothèse.

Nous sortîmes de voiture pour rejoindre les plongeurs qui se préparaient. Le chef d'équipe donna quelques consignes à ses hommes, puis il s'entretint avec Gahalowood.

— Qu'est-ce qu'on cherche, sergent ? demanda-t-il.
— Tout. Et n'importe quoi. Des documents, une arme. Je n'en sais rien. Quelque chose qui nous relierait à l'affaire Kellergan.
— Vous savez que ce lac est un dépotoir ? Si vous pouviez être plus précis…
— Je pense que ce que nous cherchons est suffisamment évident pour que vos gars le repèrent s'ils mettent la main dessus. Mais je ne sais pas encore ce que c'est.
— Et à quel niveau du lac, selon vous ?
— Les abords directs. Disons la distance d'un lancer depuis la rive. Je privilégierais la zone opposée du lac. Notre suspect était couvert de boue et il avait une griffure sur le visage, probablement due à une branche basse. Il a certainement voulu cacher son objet là où personne n'aurait envie d'aller le chercher. Je pense donc qu'il est allé sur la berge en face, qui est entourée de taillis et de ronces.

Les fouilles débutèrent. Nous nous postâmes au bord de l'eau, à proximité du parking et observâmes les plongeurs qui disparaissaient dans l'eau. Il faisait glacial. Une première heure s'écoula, sans qu'il ne se passe quoi que ce soit. Nous nous tenions juste à côté du chef des plongeurs, à écouter les rares communications radio.

À neuf heures trente, Lansdane téléphona à Gahalowood pour lui passer un savon. Il cria tellement fort que je pus entendre la conversation à travers l'appareil.

— Dites-moi que ce n'est pas vrai, Perry !
— Pas vrai quoi, Chef ?
— Vous avez mobilisé des plongeurs ?
— Oui, Monsieur.
— Vous êtes complètement fou. Vous êtes en train de vous griller. Je pourrais vous suspendre pour ce genre d'initiative ! J'organise une conférence de presse à dix-sept heures. Vous y serez. Ce sera vous qui annoncerez que l'enquête s'arrête ici. Vous vous démerderez avec les journalistes. Je ne couvre plus vos fesses, Perry ! J'en ai plus qu'assez !
— Bien, Monsieur.

Il raccrocha. Nous restâmes silencieux.

Une heure de plus s'écoula ; les recherches demeuraient infructueuses. Gahalowood et moi, malgré le froid, n'avions pas quitté notre poste d'observation. Je finis par dire :

— Sergent, et si…
— Taisez-vous, l'écrivain. S'il vous plaît. Ne parlez pas. Je ne veux rien entendre de vos questionnements et de vos doutes.

Nous attendîmes encore. Soudain, la radio du chef des plongeurs grésilla de façon inhabituelle. Il se passait quelque chose. Des plongeurs remontèrent à la surface ; il y eut beaucoup d'excitation et tout le monde se précipita au bord de l'eau.

— Que se passe-t-il ? demanda Gahalowood au chef des plongeurs.

— Ils ont trouvé ! Ils ont trouvé !

— Mais trouvé quoi ?

À une dizaine de mètres de la berge, les plongeurs venaient de découvrir dans la vase un colt .38 et un collier en or avec le prénom NOLA inscrit dessus.

À midi ce même jour, installé derrière la glace sans tain d'une salle d'audition du quartier général de la police d'État, j'assistai aux aveux de Robert Quinn, après que Gahalowood eut déposé devant lui l'arme et le collier retrouvés dans le lac.

— C'est ça que vous faisiez la nuit passée ? demanda-t-il d'une voix presque douce. Vous vous débarrassiez des preuves compromettantes ?

— Co... comment avez-vous fait ?

— Fin de partie, Monsieur Quinn. Fin de partie pour vous. La Monte Carlo noire, c'était vous, hein ? Un véhicule de concessionnaire, répertorié nulle part. Personne ne serait remonté jusqu'à vous si vous n'aviez pas eu l'idée stupide de vous faire photographier avec.

— Je... je...

— Pourquoi, hein ? Pourquoi avoir tué cette gamine ? Et cette pauvre femme ?

— Je ne sais pas. Je crois que je n'étais plus moi. C'était un accident au fond.

— Que s'est-il passé ?

— Nola marchait au bord de la route, je lui ai proposé de l'avancer un peu. Elle a accepté, elle est montée... et puis... Je me sentais seul, au fond. J'avais envie de caresser un peu ses cheveux... Elle s'est enfuie dans la forêt. Je devais la rattraper, pour lui demander de ne rien dire à personne. Et puis, elle s'est enfuie chez Deborah Cooper. J'étais obligé. Elles auraient parlé sinon. C'était… c'était un moment d'égarement!

Il s'effondra.

Lorsqu'il sortit de la salle d'audition, Gahalowood téléphona à Travis pour le prévenir que Robert Quinn avait signé des aveux complets.

— Il y aura une conférence de presse à dix-sept heures, lui dit-il. Je ne voulais pas que vous l'appreniez par la télévision.

— Merci, sergent. Je… Que dois-je dire à ma femme?

— Je n'en sais rien. Mais prévenez-la vite. La nouvelle va faire l'effet d'une bombe.

— Je vais le faire.

— Chef Dawn, pourriez-vous éventuellement venir à Concord pour quelques clarifications sur Robert Quinn? Je veux éviter d'infliger ça à votre femme ou votre belle-mère.

— Bien sûr. Je suis de service en ce moment, et je suis attendu sur un accident de la route. Et il faut que je parle à Jenny. Le mieux est que je vienne ce soir ou demain.

— Venez tranquillement demain. Plus rien ne presse désormais.

Gahalowood raccrocha. Il avait un air serein.

— Et maintenant? demandai-je.

— Maintenant, je vous invite à manger un morceau. Je pense qu'on l'a bien mérité.

Nous déjeunâmes à la cafétéria du quartier général. Gahalowood avait l'air songeur: il ne toucha pas à

795

son assiette. Il avait gardé le dossier avec lui, posé sur la table, et, un quart d'heure durant, il contempla la photo de Robert et de la Monte Carlo noire. Je le questionnai :

— Qu'est-ce qui vous taraude, sergent ?

— Rien. Je me demande juste pourquoi Quinn avait une arme avec lui... Il nous a dit qu'il avait croisé la gamine au hasard d'une virée en voiture. Mais soit il avait tout prémédité, la voiture et le flingue, soit il rencontre Nola par hasard, et alors je me demande pourquoi il avait un flingue sur lui et où il se l'était procuré ?

— Vous pensez qu'il avait tout prémédité, mais qu'il a voulu minimiser ses aveux ?

— C'est possible.

Il contempla encore la photo. Il l'approcha de son visage pour en scruter les détails. Soudain, il remarqua quelque chose. Son regard changea aussitôt. Je demandai :

— Que se passe-t-il, sergent ?

— La manchette...

Je passai de son côté de la table pour regarder la photo. Il pointa du doigt une caissette à journaux en arrière-plan de l'image, à côté du Clark's. En observant attentivement, on parvenait à lire le texte de la une :

NIXON DÉMISSIONNE

— Richard Nixon a démissionné en août 1974 ! s'écria Gahalowood. Cette photo n'a pas pu être prise en août 1975 !

— Mais alors, qui a inscrit cette date erronée au dos de la photo ?

— J'en sais rien. Mais ça veut dire que Robert Quinn nous ment. Il n'a tué personne !

Gahalowood bondit hors de la cafétéria et se précipita dans les escaliers principaux, dont il gravit les marches quatre à quatre. Je le suivis au travers des couloirs jusqu'au quartier cellulaire. Il demanda à voir immédiatement Robert Quinn.

— Vous protégez qui ? cria Gahalowood dès qu'il l'aperçut derrière les barreaux de sa cellule. Vous n'avez pas essayé de Monte Carlo noire en août 1975 ! Vous protégez quelqu'un et je veux savoir qui ! Votre femme ? Votre fille ?

Robert avait un air désespéré. Sans bouger de la petite banquette matelassée sur laquelle il était assis, il murmura :

— Jenny. Je protège Jenny.

— Jenny ? répéta Gahalowood abasourdi. C'est votre fille qui...

Il sortit son téléphone et composa un numéro.

— Qui appelez-vous ? lui demandai-je.

— Travis Dawn. Pour qu'il ne prévienne pas sa femme. Si elle sait que son père a tout avoué, elle va paniquer et se tirer.

Travis ne répondit pas sur son portable. Gahalowood téléphona alors au poste de police d'Aurora pour qu'on les mette en liaison radio.

— Ici le sergent Gahalowood, police d'État du New Hampshire, dit-il à l'officier de piquet. Je dois immédiatement parler au Chef Dawn.

— Le Chef Dawn ? Appelez-le sur son portable. Il n'est pas de service aujourd'hui.

— Comment ça ? Je l'ai appelé avant et il m'a dit qu'il était occupé sur un accident de la route.

— Impossible, sergent. Je vous répète qu'il n'est pas de service aujourd'hui.

Gahalowood raccrocha, blême, et lança aussitôt une alerte générale.

*

Travis et Jenny Dawn furent arrêtés quelques heures plus tard à l'aéroport de Boston-Logan, où ils s'apprêtaient à embarquer sur un vol à destination de Caracas.

Il était tard dans la nuit lorsque Gahalowood et moi quittâmes le quartier général de la police de Concord. Une meute de journalistes attendait à proximité de la sortie du bâtiment et nous prit d'assaut. Nous fendîmes la foule sans faire le moindre commentaire et nous nous engouffrâmes dans la voiture de Gahalowood. Il roula en silence. Je demandai :

— Où allons-nous, sergent ?
— Je ne sais pas.
— Que font les flics dans ce genre de moments ?
— Ils vont boire. Et les écrivains ?
— Ils vont boire.

Il nous conduisit jusqu'à son bar de la sortie de Concord. Nous nous assîmes au comptoir et nous commandâmes des doubles whiskys. Derrière nous, le bandeau défilant d'un écran de télévision annonçait la nouvelle :

UN OFFICIER DE LA POLICE D'AURORA
AVOUE LE MEURTRE DE NOLA KELLERGAN

1.

La Vérité sur l'Affaire Harry Quebert

"Le dernier chapitre d'un livre, Marcus, doit toujours être le plus beau."

New York City, jeudi 18 décembre 2008
un mois après la découverte de la vérité

Ce fut la dernière fois que je le vis.

Il était vingt et une heures. J'étais chez moi, à écouter mes minidisques, lorsqu'il sonna à la porte. J'ouvris et nous nous dévisageâmes longuement, en silence. Il finit par dire :

— Bonsoir, Marcus.

Après une seconde d'hésitation, je répondis :

— Je pensais que vous étiez mort.

Il hocha la tête en signe d'acquiescement.

— Je ne suis plus qu'un fantôme.

— Vous voulez un café ?

— Je veux bien. Vous êtes seul ?

— Oui.

— Il ne faut plus être seul.

— Entrez, Harry.

J'allai à la cuisine pour mettre du café à chauffer. Il attendit dans le salon, nerveux, jouant avec les cadres photographiques posés sur les rayonnages de ma bibliothèque. Lorsque je revins avec la cafetière et les tasses, il en regardait une de lui et moi, le jour de la remise de mon diplôme à Burrows.

— C'est la première fois que je viens chez vous, dit-il.

— La chambre d'amis est prête pour vous. Ça fait plusieurs semaines.

— Vous saviez que je viendrais, hein ?

— Oui.

— Vous me connaissez bien, Marcus.

— Les amis savent ça.

Il eut un sourire triste.

— Merci de votre hospitalité, Marcus, mais je ne resterai pas.

— Pourquoi être venu alors ?

— Pour vous dire adieu.

Je m'efforçai de masquer mon désarroi et remplis les tasses de café.

— Si vous me laissez, alors je n'aurai plus d'amis, dis-je.

— Ne dites pas ça. Plus qu'un ami, je vous ai aimé comme un fils, Marcus.

— Je vous ai aimé comme un père, Harry.

— Malgré la vérité ?

— La vérité ne change rien à ce que l'on peut éprouver pour autrui. C'est le grand drame des sentiments.

— Vous avez raison, Marcus. Alors vous savez tout, hein ?

— Oui.

— Comment avez-vous su ?

— J'ai fini par comprendre.

— Vous étiez le seul à pouvoir me démasquer.

— C'était donc cela dont vous me parliez, sur le parking du motel. La raison pour laquelle vous me

disiez que plus rien ne serait pareil entre nous. Vous saviez que j'allais tout découvrir.
— Oui.
— Comment avez-vous pu en arriver là, Harry ?
— Je l'ignore...
— J'ai les enregistrements vidéo des interrogatoires de Travis et Jenny Dawn. Voulez-vous les voir ?
— Oui. S'il vous plaît.

Il s'assit sur le canapé. J'insérai un DVD dans le lecteur et je le mis en marche. Jenny apparut sur l'écran. Elle était filmée de face dans une salle du quartier général de la police d'État du New Hampshire. Elle pleurait.

*

Extrait de l'interrogatoire de Jenny Q. Dawn

Sergent P. Gahalowood: Madame Dawn, depuis combien de temps saviez-vous ?
Jenny Q. Dawn (en sanglots): Je... je ne me suis jamais doutée de rien. Jamais ! Jusqu'à ce jour où on a retrouvé le corps de Nola à Goose Cove. Il y a eu toute cette agitation en ville. Le Clark's débordait de monde : des clients, des journalistes qui venaient poser des questions. Un enfer. J'ai fini par me sentir mal et je suis rentrée chez moi plus tôt que d'ordinaire pour me reposer. Il y avait une voiture que je ne connaissais pas devant chez nous. Je suis rentrée, j'ai entendu des éclats de voix. J'ai reconnu celle du Chef Pratt. Il se disputait avec Travis. Ils ne m'ont pas entendue.

12 juin 2008

— *Reste calme, Travis ! tonna Pratt. Personne ne comprendra rien, tu verras.*
— *Mais comment peux-tu en être si sûr ?*
— *C'est Quebert qui va tout prendre ! Le corps était à côté de sa maison ! Tout l'accuse !*
— *Bon sang, et s'il est disculpé ?*
— *Il ne le sera pas. Il ne faut plus jamais parler de cette histoire, compris ?*

Jenny perçut du mouvement et se cacha dans le salon. Elle vit le Chef Pratt sortir de la maison. Dès qu'elle entendit sa voiture démarrer, elle se précipita à la cuisine où elle trouva son mari, atterré.

— *Que se passe-t-il, Travis ? J'ai tout entendu de votre conversation ! Que me caches-tu ? Que me caches-tu à propos de Nola Kellergan ?*

Jenny Q. Dawn: C'est là que Travis m'a tout raconté. Il m'a montré le collier, il a dit qu'il l'avait gardé pour ne jamais oublier ce qu'il avait fait. J'ai pris ce collier, j'ai dit que j'allais m'occuper de tout. Je voulais protéger mon mari, je voulais protéger mon couple. J'ai toujours été seule, sergent. Je n'ai pas d'enfants. La seule personne que j'aie, c'est Travis. Je ne voulais pas risquer de le perdre… J'ai eu bon espoir que l'enquête soit rapidement bouclée et que ce soit Harry qui soit accusé… Mais voilà que Marcus Goldman s'est mis à fouiller le passé, certain que Harry était innocent. Il avait raison, mais je ne pouvais pas le laisser faire. Je ne pouvais pas le laisser découvrir la vérité. Alors j'ai décidé de lui envoyer des messages... J'ai mis le feu à cette maudite Corvette. Mais il n'avait que faire de mes avertissements ! J'ai donc décidé d'aller mettre le feu à sa maison.

Extrait de l'interrogatoire de Robert Quinn

Sergent P. Gahalowood : Pourquoi avez-vous fait ça ?
Robert Quinn : Pour ma fille. Elle semblait très inquiète de l'agitation qui régnait en ville depuis la découverte du corps de Nola. Je la trouvais préoccupée, elle se comportait bizarrement. Elle quittait le Clark's sans raison. Le jour où les journaux ont publié les feuillets de Goldman, elle était dans un état de rage terrible. C'en était presque effrayant. En sortant des toilettes des employés, je l'ai vue partir en douce par la porte de service. J'ai décidé de la suivre.

Jeudi 10 juillet 2008

Elle se gara sur le chemin forestier et sortit précipitamment de voiture, s'emparant du bidon d'essence et de la bombe de peinture. Elle avait pris soin de mettre des gants de jardinage pour ne laisser aucune empreinte. Il la suivait de loin et avec peine. Lorsqu'il franchit la lisière des arbres, elle avait déjà souillé la Range Rover et il la vit déverser l'essence sous la marquise.

— Jenny ! Arrête ! lui hurla son père.

Elle s'empressa de craquer une allumette qu'elle jeta par terre. L'entrée de la maison s'embrasa immédiatement. Elle fut surprise par l'intensité des flammes et dut reculer de plusieurs mètres en se protégeant le visage. Son père l'attrapa par les épaules.

— Jenny! Tu es folle!

— Tu ne peux pas comprendre, Papa! Qu'est-ce que tu fais ici? Va-t'en! Va-t'en!

Il lui arracha le bidon des mains.

— File! ordonna-t-il. File avant qu'on te prenne!

Elle disparut dans la forêt et regagna sa voiture. Il devait se débarrasser du bidon, mais la panique l'empêchait de réfléchir. Finalement, il se précipita jusqu'à la plage et le dissimula dans les fourrés.

<u>Extrait de l'interrogatoire de Jenny Q. Dawn</u>

Sergent P. Gahalowood : Et après ça ?

Jenny Q. Dawn : J'ai supplié mon père de rester en dehors de cette affaire. Je ne voulais pas qu'il y soit mêlé.

Sergent P. Gahalowood : Pourtant, il l'était déjà. Qu'avez-vous fait alors ?

Jenny Q. Dawn : La pression s'accentuait sur le Chef Pratt depuis qu'il avait avoué avoir forcé Nola à lui faire des fellations. Lui qui était d'abord si confiant, était sur le point de craquer. Il allait tout dire. Il fallait s'en débarrasser. Et récupérer l'arme.

Sergent P. Gahalowood : Il avait gardé l'arme...

Jenny Q. Dawn : Oui. C'était son arme de service. Depuis toujours...

Extrait de l'interrogatoire de Travis Dawn

Travis Dawn : Ce que j'ai fait, sergent, je ne me le pardonnerai jamais. Ça fait trente-trois ans que j'y pense. Trente-trois ans que ça me hante.

Sergent P. Gahalowood : Ce qui m'échappe, c'est que vous êtes flic et que vous avez conservé ce collier qui est une preuve accablante.

Travis Dawn : Je ne pouvais pas m'en débarrasser. Ce collier a été ma punition. Le rappel du passé. Depuis le 30 août 1975, il n'y a pas un jour qui passe sans que je m'enferme quelque part pour contempler ce collier. Et puis, quel risque que quelqu'un le trouve ?

Sergent P. Gahalowood : Et Pratt, alors ?

Travis Dawn : Il allait parler. Depuis que vous aviez découvert pour lui et Nola, il était terrorisé. Un jour, il m'a téléphoné : il voulait me voir. Nous nous sommes retrouvés sur une plage. Il m'a dit qu'il voulait tout déballer, qu'il voulait passer un accord avec le procureur et que je devrais en faire autant parce que, de toute façon, la vérité allait finir par éclater au grand jour. Le soir même, je suis allé le trouver à son motel. J'ai essayé de le raisonner. Mais il a refusé. Il m'a montré son vieux colt .38 qu'il gardait dans le tiroir de la table de nuit, il a dit qu'il viendrait vous l'apporter dès le lendemain. Il allait parler, sergent. Alors, j'ai attendu qu'il me tourne le dos et je l'ai tué d'un coup de matraque. J'ai récupéré le colt et je me suis enfui.

Sergent P. Gahalowood : Un coup de matraque ? Comme à Nola !

Travis Dawn : Oui.

Sergent P. Gahalowood : Même arme ?

Travis Dawn : Oui.

Sergent P. Gahalowood : Où est-elle ?

Travis Dawn : C'est ma matraque de service. C'est ce que nous avions décidé à l'époque avec Pratt : il avait dit que le meilleur moyen de cacher les armes des crimes, c'était de les laisser au vu et au su de tous. Le colt et la matraque que nous portions à la ceinture en recherchant Nola étaient les armes du crime.

Sergent P. Gahalowood : Alors pourquoi vous en être débarrassé finalement ? Et comment Robert Quinn s'est-il retrouvé en possession du colt et du collier ?

Travis Dawn : Jenny m'a mis la pression. Et j'ai cédé. Depuis la mort de Pratt, elle ne dormait plus. Elle était à bout. Elle a dit qu'on ne devait pas les garder chez nous, que si l'enquête sur le meurtre de Pratt remontait à nous, on était cuit. Elle a fini par me convaincre. Je voulais aller les jeter en pleine mer, là où personne ne les retrouverait jamais. Mais Jenny a paniqué et elle a pris les devants sans me consulter. Elle a demandé à son père de s'en charger.

Sergent P. Gahalowood : Pourquoi son père ?

Travis Dawn : Je crois qu'elle n'avait pas confiance en moi. Je n'avais pas réussi à me séparer du collier depuis trente-trois ans, elle craignait que je n'en sois toujours pas capable. Elle a toujours eu une foi inébranlable en son père, elle considérait qu'il était le seul à pouvoir l'aider. Et puis, il était tellement insoupçonnable… le gentil Robert Quinn.

10 novembre 2008

> *Jenny entra en trombe dans la maison de ses parents. Elle savait que son père y était seul. Elle le trouva dans le salon.*

— *Papa! s'écria-t-elle. Papa, j'ai besoin de ton aide!*
— *Jenny? Que se passe-t-il?*
— *Ne pose pas de questions. J'ai besoin que tu te débarrasses de ça.*
Elle lui tendit un sac en plastique.
— *Qu'est-ce que c'est?*
— *Ne demande pas. Ne l'ouvre pas. C'est très grave. Tu es le seul qui puisse m'aider. J'ai besoin que tu jettes ça quelque part où personne n'ira jamais le chercher.*
— *Tu as des ennuis?*
— *Oui. Je crois.*
— *Alors je le ferai, ma chérie. Sois tranquille. Je ferai tout ce que je pourrai pour te protéger.*
— *Surtout, n'ouvre pas ce sac, Papa. Contente-toi de t'en débarrasser pour toujours.*
Mais dès que sa fille fut repartie, Robert ouvrit le sac. Paniqué par ce qu'il découvrit à l'intérieur, craignant que sa fille soit une meurtrière, il avait décidé qu'il irait dès la nuit tombée jeter son contenu dans le lac de Montburry.

Extrait de l'interrogatoire de Travis Dawn

Travis Dawn: Quand j'ai appris que le père Quinn avait été arrêté, j'ai su que c'était cuit. Qu'il fallait agir. Je me suis dit qu'il fallait le faire passer pour coupable. Du moins provisoirement. Je savais qu'il voudrait protéger sa fille et qu'il tiendrait un jour ou deux. Le temps pour Jenny et moi d'être dans un pays qui n'extrade pas. Je me suis mis en quête d'une preuve contre Robert. J'ai fouillé dans les albums de famille que garde Jenny, espérant y trouver une photo de Robert et Nola et écrire au dos quelque chose de compromettant. Mais voilà que je suis tombé sur cette photo de lui et d'une Monte Carlo noire. Quelle coïncidence exceptionnelle ! J'ai inscrit la date d'août 1975 au stylo, et je vous l'ai apportée.

Sergent P. Gahalowood : Chef Dawn, il est temps de nous dire ce qui s'est vraiment passé le 30 août 1975...

*

— Éteignez, Marcus ! hurla Harry. Je vous en supplie, éteignez ! Je ne supporte pas d'entendre ça.

Je coupai immédiatement la télévision. Harry pleurait. Il se leva du canapé et se colla à la fenêtre. Dehors, il neigeait à gros flocons. La ville, illuminée, était magnifique.

— Je suis désolé, Harry.

— New York est un endroit extraordinaire, murmura-t-il. Je me demande souvent ce qu'aurait été ma vie si j'étais resté ici au lieu de partir pour Aurora au début de l'été 1975.

— Vous n'auriez jamais connu l'amour, dis-je.

Il fixa la nuit.

— Comment avez-vous compris, Marcus ?

— Compris quoi ? Que vous n'aviez pas écrit *Les Origines du mal* ? Peu après l'arrestation de Travis Dawn. La presse a commencé à se répandre sur l'affaire et quelques jours plus tard, j'ai reçu un appel d'Elijah Stern. Il voulait absolument me voir.

*

Vendredi 14 novembre 2008
Propriété d'Elijah Stern, près de Concord, NH

— Merci d'être venu, Monsieur Goldman.

Elijah Stern me reçut dans son bureau.

— J'ai été surpris de votre appel, Monsieur Stern. Je pensais que vous ne m'aimiez pas beaucoup.

— Vous êtes un jeune homme doué. Ce que l'on dit dans les journaux, à propos de Travis Dawn, c'est la vérité ?

— Oui, Monsieur.

— C'est d'un sordide...

J'acquiesçai, puis je lui dis :

— Je me suis planté sur toute la ligne à propos de Caleb. Je le regrette.

— Vous ne vous êtes pas planté. Si j'ai bien compris, c'est votre ténacité qui, au final, a permis à la police de boucler l'enquête. Il y a ce policier qui ne jure que par vous... Perry Gahalowood, c'est son nom, je crois.

— J'ai demandé à mon éditeur de retirer de la vente *L'Affaire Harry Quebert*.

— Je suis heureux de l'apprendre. Allez-vous en écrire une version corrigée ?

— C'est probable. J'en ignore encore la forme, mais justice sera faite. Je me suis battu pour le nom de Quebert. Je me battrai pour celui de Caleb.

Il eut un sourire.

— Justement, Monsieur Goldman. C'est à ce propos que je souhaitais vous voir. Je dois vous dire la vérité. Et vous comprendrez pourquoi je ne vous blâme pas d'avoir cru Luther coupable durant quelques mois : j'ai moi-même vécu trente-trois ans avec l'intime conviction que Luther avait tué Nola Kellergan.

— Vraiment ?

— J'en avais la certitude absolue. Ab-so-lue.

— Pourquoi n'en avoir jamais parlé à la police ?

— Je ne voulais pas tuer Luther une deuxième fois.

— Je ne comprends pas ce que vous essayez de me dire, Monsieur Stern.

— Luther avait une obsession pour Nola. Il passait son temps à Aurora, à l'observer…

— Je le sais. Je sais que vous l'aviez surpris à Goose Cove. Vous en avez parlé avec le sergent Gahalowood.

— Alors je pense que vous sous-estimez l'ampleur de l'obsession de Luther. En ce mois d'août 1975, il passait ses journées à Goose Cove, caché dans la forêt, à épier Harry et Nola, sur la terrasse, sur la plage, partout. Partout ! Il devenait complètement fou, il savait tout d'eux ! Tout ! Il m'en parlait tout le temps. Jour après jour, il me racontait ce qu'ils avaient fait, ce qu'ils s'étaient dit. Il me racontait toute leur histoire : qu'ils s'étaient rencontrés sur la plage, qu'ils travaillaient à un livre, qu'ils étaient partis toute une semaine ensemble. Il savait tout ! Tout ! Peu à peu, je compris qu'il vivait une histoire d'amour à travers eux. L'amour qu'il ne pourrait pas vivre à cause de son apparence physique repoussante, il le vivait par procuration. Au point que je ne le voyais pas de la journée ! J'en étais réduit à conduire moi-même pour aller à mes rendez-vous !

— Pardonnez-moi de vous interrompre, Monsieur Stern, mais il y a quelque chose qui m'échappe :

pourquoi ne pas avoir renvoyé Luther ? Je veux dire, c'est insensé : on a l'impression que c'est vous qui obéissiez à votre employé, lorsqu'il réclamait de pouvoir peindre Nola ou lorsqu'il vous délaissait tout simplement pour passer ses journées à Aurora. Veuillez excuser ma question, mais qu'est-ce qu'il y avait entre vous ? Étiez-vous...

— Amoureux ? Non.

— Mais alors pourquoi cette étrange relation entre vous ? Vous êtes un homme de pouvoir, pas du genre à vous laisser marcher dessus. Et là pourtant...

— Parce que j'avais une dette envers lui. Je... je... Vous allez vite comprendre. Luther était donc obsédé par Harry et Nola, et peu à peu les choses ont dégénéré. Un jour, il est rentré salement amoché. Il m'a dit qu'un flic d'Aurora l'avait tabassé parce qu'il l'avait surpris à rôder, et qu'une serveuse du Clark's avait même porté plainte contre lui. Cette histoire était en train de tourner à la catastrophe. Je lui ai dit que je ne voulais plus qu'il aille à Aurora, je lui ai dit que je voulais qu'il prenne des vacances, qu'il s'en aille quelque temps, chez sa famille dans le Maine ou n'importe où ailleurs. Que je paierais tous ses frais...

— Mais il a refusé, dis-je.

— Non seulement il a refusé, mais il m'a demandé de lui prêter une voiture, parce que, selon lui, sa Mustang bleue était trop repérable désormais. J'ai refusé, évidemment, j'ai dit que ça suffisait. Et là, il s'est écrié : « Tu ne comprends pas, Eli ! Ils vont partir ! Dans dix jours, ils vont partir ensemble et pour toujours ! Pour toujours ! Ils l'ont décidé sur la plage ! Ils ont décidé de partir le 30 ! Le 30, ils disparaîtront pour toujours. Je voudrais juste pouvoir dire adieu à Nola, ce sont mes derniers jours avec elle. Tu ne peux pas me priver d'elle alors que je sais déjà que je vais la perdre. » J'ai tenu bon. Je l'ai gardé à l'œil. Et puis il y a eu ce foutu 29 août. Ce jour-là, j'ai cherché Luther partout. Il était introuvable. Sa Mustang était pourtant garée à sa place habituelle. Finalement, un de mes employés a craché le morceau et m'a dit que Luther était parti avec une de mes voitures, une Monte Carlo noire. Luther avait dit que j'avais donné mon autorisation, et comme tout le monde savait que je lui passais tout, personne n'a plus posé de questions. Ça m'a rendu fou. Je suis allé immédiatement fouiller sa chambre. Je suis tombé sur ce tableau de Nola qui m'a donné envie de vomir, et puis, caché dans une boîte sous son lit, j'ai trouvé toutes ces lettres... Des lettres qu'il avait volées... Des échanges entre Harry et Nola qu'il était visiblement allé piocher dans les boîtes aux lettres. Alors je l'ai attendu, et quand il est rentré, en fin de journée, nous avons eu une terrible altercation...

Stern se tut et regarda dans le vague.

— Que s'est-il passé ? demandai-je.

— Je... je voulais qu'il arrête d'aller là-bas, vous comprenez ! Je voulais que cette obsession à propos de Nola cesse ! Lui ne voulait rien entendre ! Rien ! Il disait que Nola et lui, c'était plus fort que jamais ! Que personne ne pourrait les empêcher d'être ensemble. J'ai perdu les pédales. Nous nous sommes empoignés et je l'ai frappé. Je l'ai attrapé par le col, j'ai crié et je l'ai frappé. Je l'ai traité de péquenaud. Il s'est retrouvé au sol, il a touché son nez en sang. J'étais pétrifié. Et il m'a dit... il m'a dit...

Stern n'arrivait plus à parler. Il eut un mouvement de dégoût.

— Monsieur Stern, que vous a-t-il dit ? demandai-je pour qu'il ne perde pas le fil de son histoire.

— Il m'a dit : « C'était toi ! » Il a hurlé : « C'était toi ! C'était toi ! » Je suis resté tétanisé. Il s'est enfui, il est allé chercher quelques affaires dans sa chambre et il est parti à bord de la Chevrolet avant que je puisse réagir. Il avait… il avait reconnu ma voix.

Stern pleurait à présent. Il serrait les poings de rage.

— Il avait reconnu votre voix ? répétai-je. Que voulez-vous dire ?

— Il… il y a une époque où je retrouvais des vieux copains de Harvard. Une espèce de fraternité débile. On montait dans le Maine pour passer les week-ends : deux jours dans des grands hôtels, à boire, à manger du homard. On aimait se bagarrer, on aimait flanquer des dérouillées à des pauvres types. On disait que les types du Maine étaient des péquenauds et que notre mission sur terre était de les rosser. Nous n'avions pas trente ans, nous étions des fils de riches, prétentieux. Nous étions un peu racistes, nous étions malheureux, nous étions violents. Nous avions inventé un jeu : le *field goal*, qui consistait à taper dans la tête de nos victimes comme si nous dégagions un ballon de football. Un jour de l'année 1964, près de Portland, nous étions très excités et très alcoolisés. Nous avons croisé la route d'un jeune type. C'est moi qui conduisais la voiture… Je me suis arrêté et j'ai proposé que nous nous amusions un peu…

— Vous êtes l'agresseur de Caleb ?

Il explosa :

— Oui ! Oui ! Je ne me le suis jamais pardonné ! On s'est réveillés le lendemain dans notre suite d'un hôtel de luxe avec une gueule de bois d'enfer. Les journaux relataient tous l'agression : le garçon était dans le coma. La police nous recherchait activement ; nous avions été rebaptisés *la bande des field goals*. Nous avons décidé de ne plus jamais en parler, d'enfouir cette histoire dans nos mémoires. Mais je me suis laissé hanter : les jours, les mois qui ont suivi, je n'ai plus pensé qu'à ça. J'en étais complètement malade. Je me suis mis à me rendre à Portland, pour savoir ce qu'il advenait de ce gamin qu'on avait martyrisé. Deux années se sont ainsi écoulées, et un jour, n'en pouvant plus, j'ai décidé de lui donner un travail et une chance de s'en sortir. J'ai feint d'avoir une roue à changer, je lui ai demandé de l'aide et je l'ai engagé comme chauffeur. Je lui ai donné tout ce qu'il voulait... Je lui ai aménagé un atelier de peinture dans la véranda de ma maison, je lui ai donné de l'argent, je lui ai offert une voiture, mais rien de tout cela n'a suffi à apaiser ma culpabilité. Je voulais toujours en faire davantage pour lui ! J'avais brisé sa carrière de peintre, alors j'ai financé toutes les expositions possibles, je le laissais souvent passer des journées entières à peindre. Et puis, il a commencé à dire qu'il se sentait seul, que personne ne voulait de lui. Il disait que la seule chose qu'il pouvait faire avec une femme, c'était la peindre. Il voulait peindre des femmes blondes, il disait que ça lui rappelait sa fiancée de l'époque, avant l'agression. Alors j'ai engagé des cargaisons de prostituées blondes pour poser pour lui. Mais un jour, à Aurora, il a rencontré Nola. Et il est tombé amoureux d'elle. Il disait que c'était la première fois qu'il aimait de nouveau depuis sa fiancée d'avant. Et puis est arrivé Harry, l'écrivain génial et beau garçon. Celui que Luther aurait voulu être. Et Nola est tombée amoureuse de Harry. Alors Luther a décidé qu'il voulait lui aussi être Harry... Moi, que vouliez-vous que je fasse ? Je lui avais volé sa vie, je lui avais tout pris. Pouvais-je l'empêcher d'aimer ?

— Alors tout ça, c'était pour vous déculpabiliser ?
— Appelez ça comme vous voudrez.
— Le 29 août... que s'est-il passé ensuite...
— Lorsque Luther a compris que c'était moi qui... il a fait son sac et il s'est enfui avec la Chevrolet noire. Je me suis aussitôt lancé à sa poursuite. Je voulais lui expliquer. Je voulais qu'il me pardonne. Mais impossible de le retrouver. Je l'ai cherché toute la journée et une partie de la nuit. En vain. Je m'en voulais tellement. J'ai espéré qu'il reviendrait de lui-même. Mais le lendemain, en fin de journée, la radio a annoncé la disparition de Nola Kellergan. Le suspect roulait dans une Chevrolet noire... Pas besoin de vous faire un dessin. J'ai décidé de ne jamais en parler à qui que ce soit, pour que Luther ne soit jamais soupçonné. Ou peut-être parce qu'au fond j'étais aussi coupable que Luther. C'est la raison pour laquelle je n'ai pas supporté que vous veniez faire revivre les fantômes. Mais voilà que finalement, grâce à vous, j'apprends que Luther n'a pas tué Nola. C'était comme si moi non plus, je ne l'avais pas tuée. Vous avez soulagé ma conscience, Monsieur Goldman.
— Et la Mustang ?
— Elle est dans mon garage, sous une bâche. Ça fait trente-trois ans que je la cache dans mon garage.
— Et les lettres.
— Je les ai gardées aussi.
— J'aimerais les voir, s'il vous plaît.

Stern décrocha un tableau du mur et dévoila la porte d'un petit coffre-fort qu'il ouvrit. Il en sortit un carton à chaussures rempli de lettres. C'est ainsi que je découvris toute la correspondance entre Harry et Nola, celle qui avait permis l'écriture des *Origines du mal*. Je reconnus aussitôt la première : c'était justement celle qui ouvrait le livre. Cette lettre du 5 juillet 1975, cette lettre pleine de tristesse que Nola avait écrite lorsque Harry l'avait rejetée et qu'elle avait appris qu'il avait passé la soirée du 4 juillet avec Jenny Dawn. Ce jour-là, elle avait accroché dans la porte une enveloppe contenant la lettre et deux photos prises à Rockland. L'une représentait la nuée de mouettes du bord de mer. La seconde était un cliché d'eux, ensemble pendant leur pique-nique.

— Comment diable Luther a-t-il récupéré tout ceci ? demandai-je.

— Je l'ignore, me dit Stern. Mais cela ne m'étonnerait pas qu'il se soit introduit chez Harry.

Je réfléchis : il avait parfaitement pu subtiliser ces lettres pendant les quelques jours où Harry s'était absenté d'Aurora. Mais pourquoi Harry ne m'avait-il jamais dit que ces lettres avaient disparu ? Je demandai à emporter le carton et Stern m'y autorisa. J'étais envahi par un immense doute.

*

Face à New York, Harry pleurait en silence, en écoutant mon récit.

— Lorsque j'ai vu ces lettres, lui expliquai-je, tout s'est bousculé dans ma tête. J'ai repensé à votre livre, celui que vous avez laissé dans le casier du fitness : *Les Mouettes d'Aurora*. Et j'ai réalisé ce que je n'avais pas vu depuis tout ce temps : il n'y a pas de mouettes dans *Les Origines du mal*. Comment cela a-t-il pu m'échapper pendant tout ce temps : pas la moindre mouette ! Vous aviez pourtant juré de mettre des mouettes ! C'est à ce moment-là que j'ai compris que vous n'aviez pas écrit *Les Origines du mal*. Le livre que vous avez écrit durant l'été 1975 est *Les Mouettes d'Aurora*. C'est ce livre que vous avez écrit et que Nola a retapé à la machine. J'en ai eu la confirmation lorsque j'ai demandé à Gahalowood de faire une comparaison entre l'écriture des lettres reçues par Nola et celle du message inscrit sur le manuscrit retrouvé avec elle. Quand il m'a dit que les résultats correspondaient, j'ai compris que vous m'aviez utilisé de toutes pièces en me demandant de brûler votre fameux manuscrit écrit à la main. Ce n'était pas votre écriture... Vous n'avez pas écrit le livre qui a fait de vous un écrivain célèbre! Vous l'avez volé à Luther!

— Taisez-vous, Marcus!

— Ai-je tort? Vous avez volé un livre! Quel plus grand crime peut commettre un écrivain? *Les Origines du mal*: voilà pourquoi vous avez intitulé ce livre ainsi! Et moi qui ne comprenais pas pourquoi un titre aussi sombre pour une histoire aussi belle! Mais ce titre n'est pas en rapport avec le livre, il est en rapport avec vous. Vous me l'aviez toujours dit en plus: le livre n'est pas un rapport aux mots, il est un rapport aux gens. Ce livre est l'origine du mal qui vous a rongé depuis, le mal des remords et de l'imposture!

— Arrêtez, Marcus! Taisez-vous maintenant!

Il pleurait. Je poursuivis:

— Un jour, Nola a déposé une enveloppe contre la porte de votre maison. C'était le 5 juillet 1975. Une enveloppe contenant des photos de mouettes et une lettre écrite sur son papier préféré, où elle vous parlait de Rockland et où elle disait qu'elle ne vous oublierait jamais. C'était la période où vous vous efforciez de ne pas la voir. Mais cette lettre ne vous est jamais parvenue parce que Luther, qui espionnait votre maison, s'en est emparé aussitôt que Nola s'est enfuie. Voilà comment, à partir de ce jour, il s'est mis à correspondre avec Nola. Il a répondu à cette lettre, en se faisant passer pour vous. Elle répondait, elle pensait vous écrire, mais il interceptait ses courriers dans votre boîte aux lettres. Et il lui écrivait en retour, toujours en se faisant passer pour vous. Voilà pourquoi il rôdait autour de votre maison. Nola a cru correspondre avec vous, et cette correspondance avec Luther Caleb est devenue *Les Origines du mal*. Mais Harry, enfin ! Comment avez-vous pu…

— Je paniquais, Marcus ! Cet été-là, j'avais tellement de mal à écrire. Je pensais que je n'y arriverais jamais. J'écrivais ce livre, *Les Mouettes d'Aurora,* mais je trouvais que c'était très mauvais. Nola disait qu'elle l'adorait, mais rien ne pouvait me calmer. J'entrais dans des crises de rage folle. Elle me tapait mes pages manuscrites à la machine, moi je relisais, et je déchirais tout. Elle me suppliait de cesser, elle me disait : « Ne faites pas ça, vous êtes si brillant. De grâce, finissez-le. Harry chéri, je ne pourrais pas supporter que vous ne le finissiez pas ! » Mais je n'y croyais pas. Je pensais que je ne deviendrais jamais écrivain. Et puis un jour, Luther Caleb est venu sonner à ma porte. Il m'a dit qu'il ne savait pas à qui s'adresser, alors il était venu me trouver moi : il avait écrit un livre et il se demandait si cela valait la peine de le montrer à des éditeurs. Vous comprenez, Marcus, il pensait que j'étais un grand écrivain new-yorkais et que je pourrais l'aider.

*

20 août 1975

— Luther ?

En ouvrant la porte d'entrée de la maison, Harry ne masqua pas son étonnement.

— Bon... bonvour, Harry.

Il y eut un silence gênant.

— Puis-je faire quelque chose pour vous, Luther ?

— Ve viens vous voir à titre perfonnel. Pour un confeil.

— Un conseil ? Je vous écoute. Voulez-vous entrer ?

— Merfi.

Les deux hommes s'installèrent dans le salon. Luther était nerveux. Il avait apporté avec lui une épaisse enveloppe qu'il gardait serrée contre lui.

— Alors, Luther ? Qu'y a-t-il ?

— Ve... v'ai écrit un livre. Un livre d'amour.

— Vraiment ?

— Oui. Et ve ne fais pas fi f'est bon. Ve veux dire, comment fait-on qu'un livre vaut la peine d'être publié ?

— Je ne sais pas. Si vous pensez que vous avez fait de votre mieux... Avez-vous ce texte avec vous ?

— Oui mais f'est un ecfemplaire manufcrit, s'excusa Luther. Ve viens de m'en rendre compte. V'en ai une verfion dactylographiée, mais ve me fuis trompé d'enveloppe en partant de fez moi. Voulez-vous que v'aille la ferfer et que ve repaffe plus tard ?

— Non, montrez-moi toujours.

— F'est que...

— Allons, ne soyez pas timide. Je suis certain que vous écrivez lisiblement.

Il lui tendit l'enveloppe. Harry en sortit les pages et

en parcourut quelques-unes, sidéré par la perfection de l'écriture.

— C'est votre écriture ?
— Oui.
— Nom d'un chien, on dirait que... C'est... c'est une écriture incroyable. Comment faites-vous ?
— Ve l'ignore. F'est mon écriture.
— Si vous êtes d'accord, laissez-le-moi. Le temps de le lire. Je vous dirai honnêtement ce que j'en pense.
— Vraiment ?
— Bien sûr.

Luther accepta volontiers et il repartit. Mais au lieu de quitter Goose Cove, il se cacha dans les taillis et il attendit Nola, comme il faisait toujours. Elle arriva peu après, heureuse de savoir leur départ proche. Elle ne remarqua pas la silhouette tapie dans les fourrés qui l'observait. Elle entra dans la maison par la porte principale, sans sonner, comme elle faisait désormais tous les jours.

— Harry chéri ! appela-t-elle pour s'annoncer.

Il n'y eut aucune réponse. La maison semblait déserte. Elle appela encore. Silence. Elle traversa la salle à manger et le salon, sans le trouver. Il n'était pas dans son bureau. Ni sur la terrasse. Elle descendit alors les escaliers jusqu'à la plage et cria son nom. Peut-être était-il allé se baigner ? Il faisait ça lorsqu'il avait trop travaillé. Mais il n'y avait personne non plus sur la plage. Elle sentit la panique l'envahir : où pouvait-il bien être ? Elle retourna dans la maison, appela encore. Personne. Elle passa en revue toutes les pièces du rez-de-chaussée puis monta à l'étage. Ouvrant la porte de la chambre, elle le trouva assis sur son lit, en train de lire un paquet de feuilles.

— Harry ? Vous étiez là ? Ça va faire dix minutes que je vous cherche partout...

Il sursauta en l'entendant.

— Pardon, Nola, je lisais... Je ne t'ai pas entendue.

Il se leva, rempila les pages qu'il tenait dans ses mains et les glissa dans un tiroir de sa commode.

Elle eut un sourire :

— Et que lisiez-vous de si passionnant que vous ne m'ayez même pas entendue hurler votre nom à travers la maison ?

— Rien d'important.

— C'est la suite de votre roman ? Montrez-moi !

— Rien d'important, je te montrerai à l'occasion.

Elle le regarda d'un air mutin :

— Vous êtes sûr que ça va, Harry ?

Il rit.

— Tout va bien, Nola.

Ils sortirent sur la plage. Elle voulait voir les mouettes. Elle ouvrit grands les bras, comme si elle avait des ailes, et courut en décrivant de grands cercles.

— J'aimerais pouvoir voler, Harry ! Plus que dix jours ! Dans dix jours nous nous envolerons ! Nous partirons de cette ville de malheur pour toujours !

Ils se croyaient seuls sur la plage. Ni Harry, ni Nola ne se doutaient que Luther Caleb les observait, depuis la forêt, au-dessus des rochers. Il attendit qu'ils retournent dans la maison pour sortir de sa cachette : il longea le chemin de Goose Cove en courant et regagna sa Mustang, sur le chemin forestier parallèle. Il se rendit à Aurora et gara sa voiture devant le Clark's. Il se précipita à l'intérieur : il devait absolument parler à Jenny. Il fallait que quelqu'un sache. Il avait un mauvais pressentiment. Mais Jenny n'avait aucune envie de le voir.

— Luther ? Tu ne devrais pas être ici, lui dit-elle lorsqu'il se présenta devant le comptoir.

— Venny... ve fuis dévolé pour l'autre matin. Ve n'aurais pas dû t'attraper le bras comme ve l'ai fait.

— J'ai eu un bleu après ça...

— Ve fuis dévolé.

— Il faut que tu partes maintenant.

— Non, attends...

— J'ai porté plainte contre toi, Luther. Travis dit que si tu reviens en ville, je dois l'appeler et que tu auras affaire à lui. Tu ferais bien de partir avant qu'il ne te voie ici.

Le géant eut un air dépité.

— Tu as porté plainte contre moi ?

— Oui. Tu m'as fait si peur l'autre matin...

— Mais ve dois te parler de quelque fove d'important.

— Rien n'est important, Luther. Va-t'en...

— F'est à propos de Harry Quebert...

— Harry ?

— Oui, dis-moi fe que tu penfes de Harry Quebert...

— Pourquoi me parles-tu de lui ?

— As-tu confianfe en lui ?

— Confiance ? Oui, bien sûr. Pourquoi me poses-tu cette question ?

— Il faut que ve te dive quelque fove...

— Me dire quelque chose ? Quoi donc ?

Au moment où Luther s'apprêtait à répondre, une voiture de police apparut sur la place qui faisait face au Clark's.

— C'est Travis ! s'écria Jenny. File, Luther, file ! Je ne veux pas que tu aies des ennuis.

*

— C'est bien simple, me dit Harry, c'était le plus beau livre que j'avais jamais lu. Et je ne savais même pas que c'était pour Nola ! Son nom n'apparaissait pas. C'était une histoire d'amour extraordinaire. Je n'ai plus jamais revu Caleb ensuite. Je n'ai plus eu l'occasion de lui rendre son texte. Car survinrent les événements que vous savez. Un mois après, j'apprenais que Luther Caleb s'était tué sur la route. Et je détenais le manuscrit original de ce que je savais être un chef-d'œuvre. Alors j'ai décidé de le reprendre à mon compte. Voilà comment j'ai basé ma carrière et ma vie sur un mensonge. Comment pouvais-je imaginer le succès qu'allait connaître ce livre ? Ce succès m'a rongé toute ma vie ! Toute ma vie ! Et voilà que trente-trois ans plus tard, la police retrouve Nola et ce manuscrit dans mon jardin. Dans mon jardin ! Et à ce moment-là, j'ai eu tellement peur de tout perdre, que j'ai dit que j'avais écrit ce livre pour elle.

— Par peur de tout perdre ? Vous avez préféré être accusé de meurtre plutôt que de révéler la vérité sur ce manuscrit ?

— Oui ! Oui ! Parce que toute ma vie est un mensonge, Marcus !

— Donc Nola ne vous a jamais volé cette copie. Vous avez dit ça pour vous assurer que personne ne mettrait en doute que vous en étiez l'auteur.

— Oui. Mais je me suis toujours demandé d'où sortait l'exemplaire qu'elle avait avec elle ?

— Luther le lui avait déposé dans sa boîte aux lettres, dis-je.

— Dans sa boîte aux lettres ?

— Luther savait que vous alliez vous enfuir avec

Nola, il vous avait entendus en parler sur la plage. Il savait que Nola allait partir sans lui, et c'est ainsi qu'il a terminé son histoire : avec le départ de l'héroïne. Il lui écrit une dernière lettre, une lettre où il lui souhaite une belle vie. Et cette lettre est dans le manuscrit original qu'il va vous apporter ensuite. Luther savait tout. Mais voilà que le jour du départ, probablement dans la nuit du 29 au 30 août, il éprouve le besoin de boucler la boucle : il veut achever son histoire avec Nola comme s'achève son manuscrit. Alors il dépose une dernière lettre dans la boîte aux lettres des Kellergan. Ou plutôt un dernier paquet. La lettre d'adieu et le manuscrit dactylographié de son livre, pour qu'elle sache combien il l'aime. Et comme il sait qu'il ne la verra plus jamais, il écrit sur la couverture : *Adieu, Nola chérie*. Il a certainement guetté jusqu'au matin, pour être sûr que ce soit bien Nola qui relève le courrier. Comme il faisait toujours. Mais en trouvant la lettre et le manuscrit, Nola a pensé que c'était vous qui lui aviez écrit. Elle a cru que vous ne viendriez pas. Elle a décompensé. Elle est devenue comme folle.

Harry s'effondra, il se tenait le cœur des deux mains.

— Racontez-moi, Marcus ! Racontez-moi, vous. Je veux que ce soient vos mots ! Vos mots sont toujours si bien choisis ! Racontez-moi ce qui s'est passé ce 30 août 1975.

*

30 août 1975

Un jour de la fin août, une fille de quinze ans a été assassinée à Aurora. Elle s'appelait Nola Kellergan. Toutes les descriptions que vous entendrez à son propos la représenteront débordante de vie et de rêves.

Il serait difficile de limiter les causes de sa mort aux événements du 30 août 1975. Peut-être qu'au fond tout commence des années plus tôt. Dans le courant des années 1960, lorsque des parents ne voient pas la maladie qui s'installe dans leur enfant. Une nuit de 1964, peut-être, lorsqu'un jeune homme se fait défigurer par une bande de voyous éméchés, et que l'un d'eux, pétri de remords, s'efforce de se racheter une conscience en se rapprochant secrètement de sa victime. Cette nuit de l'année 1969, lorsqu'un père décide de taire le secret de sa fille. Ou peut-être que tout commence une après-midi de juin 1975, lorsque Harry Quebert rencontre Nola et qu'ils tombent amoureux.

C'est l'histoire de parents qui ne veulent pas voir la vérité à propos de leur enfant.

C'est l'histoire d'un riche héritier qui, dans ses années de jeunesse, un peu voyou, a détruit les rêves d'un jeune homme, et vit depuis hanté par son geste.

C'est l'histoire d'un homme qui rêve de devenir un grand écrivain, et qui se laisse lentement consumer par son ambition.

À l'aube du 30 août 1975, une voiture se gara devant le 245 Terrace Avenue. Luther Caleb venait dire adieu à Nola. Il était chamboulé. Il ne savait plus s'ils s'étaient aimés ou s'il avait rêvé ; il ne savait plus s'ils s'étaient vraiment écrit toutes ces lettres. Mais il savait que Nola et Harry avaient prévu de s'enfuir aujourd'hui. Lui aussi voulait quitter le New Hampshire et fuir loin, loin de Stern. Ses pensées se mélangeaient : l'homme qui lui avait redonné goût à l'existence était aussi celui qui la lui avait volée. C'était un cauchemar. La seule chose qui importait à présent, c'était de finir son histoire d'amour. Il devait donner à Nola la dernière lettre. Il l'avait écrite depuis dix jours, depuis le jour où il avait entendu Harry et Nola dire qu'ils s'enfuiraient le 30 août. Il s'était empressé de terminer son livre, il en avait même soumis l'original à Harry Quebert : il voulait savoir si cela valait la peine de le faire éditer. Mais plus rien ne valait la peine à présent. Il avait même renoncé à récupérer son texte. Il en avait conservé une copie dactylographiée, il l'avait fait joliment relier, pour Nola. Ce samedi 30 août était le jour où il déposa dans la boîte aux lettres des Kellergan la dernière lettre qui devait clore leur histoire, ainsi que le manuscrit, pour que Nola se souvienne de lui. Quel titre devait-il donner à ce livre ? Il n'en savait rien. Il n'y aurait jamais de livre, pourquoi lui donner un titre ? Il s'était contenté d'en dédicacer la couverture, pour lui souhaiter bon voyage : *Adieu, Nola chérie*.

Garé dans la rue, il attendait que le jour se lève. Il attendait qu'elle sorte. Il voulait juste s'assurer que ce serait bien elle qui trouverait le livre. Depuis qu'ils s'écrivaient, c'était toujours elle qui venait chercher le courrier. Il attendit ; il se dissimula du mieux qu'il put : personne ne devait le voir, surtout pas cette brute de Travis Dawn, sinon il lui ferait sa fête. Il avait reçu assez de coups pour toute sa vie.

À onze heures, elle sortit enfin de chez elle. Elle regarda aux alentours, comme à chaque fois. Elle était rayonnante. Elle portait une robe rouge, ravissante. Elle se précipita vers la boîte aux lettres, sourit en voyant l'enveloppe et le paquet. Elle se dépêcha de lire la lettre et, soudain, vacilla. Elle s'enfuit alors dans la maison, en pleurs. Ils ne partiraient pas ensemble, Harry ne l'attendrait pas au motel. Sa dernière lettre était une lettre d'adieu.

Elle se réfugia dans sa chambre et s'effondra sur son lit, emportée par le chagrin. Pourquoi ? Pourquoi la rejetait-il ? Pourquoi lui avoir fait croire qu'ils s'aimeraient pour toujours ? Elle feuilleta le manuscrit : qu'était-ce donc que ce livre dont il ne lui avait jamais parlé ? Ses larmes coulaient sur le papier et le tachaient. C'étaient leurs lettres, toutes leurs lettres étaient là, et la dernière qui venait clore le livre : il lui avait menti depuis toujours. Il n'avait jamais prévu de fuir avec elle. Elle avait mal à la tête, elle pleurait tellement. Elle voulait mourir tant elle avait mal.

La porte de sa chambre s'ouvrit doucement. Son père l'avait entendue pleurer.

— Que se passe-t-il, ma chérie ?

— Rien, Papa.

— Ne dis pas *rien*, je vois bien qu'il se passe quelque chose...

— Oh, Papa ! Je suis si triste ! Si triste !

Elle se jeta au cou du révérend.

— Lâche-la ! hurla soudain Louisa Kellergan. Elle ne mérite pas d'amour ! Lâche-la, David, veux-tu !

— Arrête, Nola... Ne recommence pas !

— Tais-toi, David ! Tu es un minable ! Tu as été incapable d'agir ! Maintenant je suis obligée de terminer le travail moi-même.

— Nola ! Au nom du ciel ! Calme-toi ! Calme-toi ! Je ne te laisserai plus te faire du mal.

— Laisse-nous, David ! explosa Louisa en repoussant son mari d'un geste vif.

Il recula jusque dans le couloir, impuissant.

— Viens ici, Nola ! hurlait la mère. Viens ici ! Tu vas voir ce que tu vas voir !

La porte se referma. Le révérend Kellergan était tétanisé. Il ne pouvait qu'entendre ce qui se passait à travers la cloison.

— Maman, pitié ! Arrête ! Arrête !

— Tiens, prends ça ! Voilà ce qu'on fait aux filles qui ont tué leur mère.

Et le révérend se précipita dans le garage et alluma son pick-up, montant le volume au maximum.

Toute la journée, la musique résonna dans la maison et aux alentours. Les passants jetaient un regard désapprobateur en direction des fenêtres. Certains se regardaient entre eux d'un air entendu : on savait ce qui se passait chez les Kellergan lorsqu'il y avait la musique.

Luther n'avait pas bougé. Toujours au volant de sa Chevrolet, dissimulé parmi les rangées de voitures garées le long des trottoirs, il ne quittait pas la maison des yeux. Pourquoi avait-elle pleuré ? N'avait-elle pas aimé sa lettre ? Et son livre ? Ne l'avait-elle pas aimé non plus ? Pourquoi des pleurs ? Il s'était donné tant de peine. Il lui avait écrit un livre d'amour, l'amour ne devait pas faire pleurer.

Il attendit ainsi jusqu'à dix-huit heures. Il ne savait plus s'il devait attendre qu'elle réapparaisse ou s'il devait aller sonner à la porte. Il voulait la voir, lui dire qu'il ne fallait pas pleurer. C'est alors qu'il la vit apparaître dans le jardin : elle était sortie par la fenêtre. Elle observa la rue pour s'assurer que personne ne la voyait, et elle s'engagea discrètement sur le trottoir. Elle portait un sac en cuir en bandoulière. Bientôt, elle se mit à courir. Luther démarra.

La Chevrolet noire s'arrêta à sa hauteur.
— Luther ? dit Nola.
— Ne pleure pas... Ve fuis vuste venu te dire de ne pas pleurer.
— Oh, Luther, il m'arrive quelque chose de si triste... Emmène-moi ! Emmène-moi !
— Où vas-tu ?
— Loin du monde.
Sans même attendre la réponse de Luther, elle s'engouffra sur le siège passager.
— Roule, mon brave Luther ! Je dois aller au Sea Side Motel. C'est impossible qu'il ne m'aime pas ! Nous nous aimons comme personne ne peut aimer !
Luther obéit. Ni lui ni Nola n'avaient remarqué la voiture de patrouille qui arrivait au carrefour. Travis Dawn venait de passer une énième fois devant chez les Quinn, attendant que Jenny soit seule pour lui offrir les roses sauvages qu'il lui avait cueillies. Incrédule, il regarda Nola monter dans cette voiture qu'il ne connaissait pas. Il avait reconnu Luther au volant. Il regarda la Chevrolet s'éloigner et attendit encore un peu avant de la suivre : il ne fallait pas la perdre de vue, mais surtout ne pas trop la coller. Il avait bien l'intention de comprendre ce qui poussait Luther à passer tant de temps à Aurora. Venait-il épier Jenny ? Pourquoi emmenait-il Nola ? Avait-il l'intention de commettre un crime ? Tout en roulant, il se saisit

du micro de sa radio de bord : il voulait appeler du renfort, pour être certain de coincer Luther si l'arrestation tournait mal. Mais il se ravisa aussitôt : il ne voulait pas s'embarrasser d'un collègue. Il voulait régler les choses à sa façon : Aurora était une ville tranquille, et il comptait bien faire en sorte qu'elle le reste. Il allait donner une leçon à Luther, une leçon dont il se souviendrait toujours. Ce serait la dernière fois qu'il mettrait les pieds ici. Et il se demanda encore comment Jenny avait pu tomber amoureuse de ce monstre.

— C'est toi qui as écrit ces lettres ? s'insurgea Nola dans la voiture lorsqu'elle eut entendu les explications de Caleb.
— Oui...
Elle essuya ses larmes du revers de la main.
— Luther, tu es fou ! On ne vole pas le courrier des gens ! C'est mal ce que tu as fait !
Il baissa la tête, honteux.
— Ve fuis dévolé... Ve me fentais fi feul...
Elle posa une main amicale sur sa puissante épaule.
— Allons, ce n'est pas grave, Luther ! Parce que cela signifie que Harry m'attend ! Il m'attend ! Nous allons partir ensemble !
À cette seule pensée, elle s'illumina.
— Tu as de la fanfe, Nola. Vous vous aimez... Fa veut dire que vous ne ferez vamais feuls.
Ils roulaient sur la route 1 à présent. Ils passèrent devant le croisement avec le chemin de Goose Cove.
— Adieu, Goose Cove ! s'écria Nola, heureuse. Cette maison est le seul endroit ici dont je garde des souvenirs heureux.
Elle éclata de rire. Sans raison. Et Luther rit à son

tour. Lui et Nola se quittaient mais ils se quittaient bien. Soudain, ils entendirent une sirène de police derrière eux. Ils arrivaient à proximité de la forêt, et c'était là que Travis avait décidé d'intercepter Caleb et de le corriger. Personne ne les verrait dans les bois.

— F'est Travif! hurla Luther. F'il nous attrape, nous fommes finis.

La panique gagna immédiatement Nola.

— Pas la police! Oh, Luther, je t'en supplie, fais quelque chose!

La Chevrolet accéléra. C'était un modèle puissant. Travis pesta et somma par le haut-parleur Luther de s'arrêter et de se ranger sur le bas-côté.

— Ne t'arrête pas! le supplia Nola. Fonce! Fonce!

Luther accéléra davantage. La Chevrolet distança un peu plus la voiture de Travis. Après Goose Cove, la route 1 suivait quelques courbes: Luther les prit très serrées et en profita pour gagner encore un peu d'avance. Il entendit la sirène s'éloigner.

— Il va appeler du renfort, dit Luther.

— S'il nous attrape, je ne partirai jamais avec Harry!

— Alors nous allons nous enfuir dans la forêt. La forêt est immenfe, perfonne ne nous y retrouvera. Tu pourras atteindre le Fea Fide Motel. Fi on me prend, Nola, ve ne dirai rien. Ve ne dirai pas que tu étais avec moi. Ainfi, tu pourras t'enfuir avec Harry.

— Oh, Luther…

— Promets-moi de garder mon livre! Promets de le garder en fouvenir de moi!

— Je promets!

À ces mots, Luther braqua subitement le volant et la voiture s'enfonça à travers les fourrés de la lisière de la forêt, avant de s'immobiliser derrière des épais buissons de ronces. Ils en descendirent précipitamment.

— Cours ! ordonna Luther à Nola. Cours !

Ils fendirent les taillis épineux. Sa robe se déchira et son visage se griffa.

Travis pesta. Il ne voyait plus la Chevrolet noire. Il accéléra encore, et ne remarqua pas la carrosserie noire dissimulée par les fourrés. Il continua tout droit sur la route 1.

Ils couraient à travers la forêt. Nola devant et Luther derrière, ayant plus de difficulté à se faufiler à travers les branches basses à cause de sa corpulence.

— Cours, Nola ! Ne t'arrête pas ! s'écria-t-il.

Sans s'en rendre compte, ils s'étaient rapprochés de la lisière de la forêt. Ils étaient aux abords de Side Creek Lane.

À la fenêtre de sa cuisine, Deborah Cooper observait les bois. Soudain, il lui sembla y apercevoir du mouvement. Elle regarda plus attentivement, et vit une fille qui courait à toute allure, poursuivie par un homme. Elle se précipita sur le téléphone et composa le numéro de la police.

Travis venait de s'arrêter sur le bas-côté de la route lorsqu'il reçut l'appel de la centrale : une jeune fille avait été aperçue près de Side Creek Lane, apparemment poursuivie par un homme. L'officier confirma réception de la réquisition et fit aussitôt demi-tour en direction de Side Creek Lane, gyrophares enclenchés et sirène hurlante. Après un demi-mile, son regard fut attiré par un reflet lumineux : un pare-brise ! C'était la Chevrolet noire, dissimulée dans les fourrés !

Il s'arrêta et s'approcha du véhicule, l'arme à la main : il était vide. Il retourna immédiatement à sa voiture et fonça jusque chez Deborah Cooper.

Ils s'arrêtèrent près de la plage pour reprendre leur souffle.
— Tu crois que c'est bon ? demanda Nola à Luther.
Il tendit l'oreille : il n'y avait plus aucun bruit.
— On devrait attendre un peu ifi, dit-il. On est à l'abri dans la forêt.
Nola avait le cœur qui battait fort. Elle pensait à Harry. Elle pensait à sa mère. Sa mère lui manquait.

— Une fille en robe rouge, expliqua Deborah à l'officier Dawn. Elle courait en direction de la plage. Il y avait à ses trousses un homme. Je n'ai pas bien vu. Mais il était plutôt costaud.
— Ce sont eux, dit-il. Puis-je utiliser votre téléphone ?
— Bien entendu.
Travis appela le Chef Pratt chez lui.
— Chef, je suis désolé de vous déranger en congé, mais j'ai une drôle d'affaire. J'ai surpris Luther Caleb à Aurora...
— Encore ?
— Oui. Sauf que cette fois, il a fait monter Nola Kellergan dans sa voiture. J'ai essayé de l'intercepter mais il m'a semé. Il s'est enfui dans les bois, avec la petite Nola. Je crois qu'il s'en est pris à elle, Chef. La forêt est dense, et seul, je ne peux rien.
— Nom de Dieu. T'as bien fait d'appeler ! J'arrive tout de suite.

— Nous irons au Canada. J'aime le Canada. Nous habiterons une jolie maison, au bord d'un lac. Nous serons si heureux.

Luther sourit. Assis sur un tronc mort, il écoutait les rêves de Nola.

— F'est un beau provet, dit-il.
— Oui. Quelle heure as-tu ?
— Il est prevque dicf-huit heures quarante-cinq.
— Alors il faut que je me mette en route. J'ai rendez-vous à dix-neuf heures, chambre 8. De toute façon, nous ne risquons plus rien maintenant.

Mais à cet instant, ils entendirent des bruits. Puis des éclats de voix.

— La police ! paniqua Nola.

Le Chef Pratt et Travis fouillaient la forêt ; ils en longeaient l'orée, près de la plage. Ils avançaient dans les bois, la matraque à la main.

— Va-t'en, Nola, dit Luther. Va-t'en, moi ve resterai ifi.
— Non ! Je ne peux pas te laisser !
— Va-t'en, bon fang ! Va-t'en ! Tu auras le temps d'aller au motel. Harry fera là ! Fuyez vite ! Fuyez le plus vite poffible. Fuyez et foyez heureux.
— Luther, je…
— Adieu, Nola. Fois heureuve. Aime mon livre comme v'aurais voulu que tu m'aimes.

Elle pleurait. Elle lui fit un signe de la main et disparut entre les arbres.

Les deux policiers avançaient d'un bon pas. Au bout de quelques centaines de mètres, ils aperçurent une silhouette.

— C'est Luther ! beugla Travis. C'est lui !

Il était assis sur la souche. Il n'avait pas bougé. Travis se précipita sur lui, et le saisit au collet.

— Où est la gamine ? hurla-t-il en le secouant.

— Quelle gamine ? demanda Luther.

Il essaya de compter dans sa tête le temps qu'il faudrait à Nola pour arriver au motel.

— Où est Nola ? Que lui as-tu fait ? répéta Travis.

Comme Luther ne répondait pas, le Chef Pratt, venant par-derrière, lui attrapa une jambe et, décochant un très violent coup de matraque, lui brisa le genou.

Nola entendit un hurlement. Elle stoppa net sa course et tressaillit. Ils avaient trouvé Luther, ils le battaient. Elle hésita une fraction de seconde : elle devait rebrousser chemin, elle devait aller se montrer aux agents. Ce serait trop injuste que Luther ait des ennuis à cause d'elle. Elle voulut retourner vers la souche, mais soudain elle sentit une main qui lui attrapa l'épaule. Elle se retourna et sursauta :

— Maman ? dit-elle.

Les deux genoux cassés, Luther gisait au sol, gémissant. Tour à tour, Travis et Pratt lui donnaient des coups de pied et de matraque.

— Qu'as-tu fait à Nola ? criait Travis. Tu lui as fait du mal ? Hein ? T'es un putain de détraqué, c'est ça ? T'as pas pu t'empêcher de lui faire du mal !

Luther hurlait sous les coups, suppliant les policiers d'arrêter.

— Maman ?

Louisa Kellergan sourit tendrement à sa fille.

— Qu'est-ce que tu fais ici, ma chérie ? demanda-t-elle.
— Je me suis enfuie.
— Pourquoi ?
— Parce que je veux rejoindre Harry. Je l'aime tellement.
— Tu ne dois pas laisser ton père tout seul. Ton père serait trop malheureux sans toi. Tu ne peux pas partir comme ça...
— Maman... Maman, je suis désolée pour ce que je t'ai fait.
— Je te pardonne, ma chérie. Mais tu dois arrêter de te faire du mal, maintenant.
— D'accord.
— Tu me le promets ?
— Je te le promets, Maman. Que dois-je faire, maintenant ?
— Rentre auprès de ton père. Ton père a besoin de toi.
— Mais, et Harry ? Je ne veux pas le perdre.
— Tu ne le perdras pas. Il t'attendra.
— C'est vrai ?
— Oui. Il t'attendra jusqu'à la fin de sa vie.

Nola entendit encore des cris. Luther ! Elle courut à toutes jambes jusqu'à la souche. Elle cria, elle cria de toutes ses forces pour que les coups cessent. Elle surgit d'entre les fourrés. Luther était étendu, mort. Debout devant lui, le Chef Pratt et l'officier Travis regardaient le corps, hagards. Il y avait du sang partout.

— Qu'avez-vous fait ? hurla Nola.
— Nola ? dit Pratt. Mais...
— Vous avez tué Luther !

Elle se jeta sur le Chef Pratt, qui la repoussa

d'une gifle. Elle saigna immédiatement du nez. Elle tremblait de peur.

— Pardon, Nola, je ne voulais pas te faire de mal, balbutia Pratt.

Elle recula.

— Vous... vous avez tué Luther!

— Attends, Nola!

Elle s'enfuit à toutes jambes. Travis essaya de la rattraper par les cheveux; il lui arracha une poignée de mèches blondes.

— Rattrape-la, bon Dieu! hurla Pratt à Travis. Rattrape-la!

Elle fila entre les taillis, écorchant ses joues, et traversa la dernière rangée d'arbres. Une maison. Une maison! Elle se précipita vers la porte de la cuisine. Son nez saignait toujours. Elle avait du sang sur le visage. Deborah Cooper lui ouvrit, paniquée, et la fit entrer.

— À l'aide, gémit Nola. Appelez des secours.

Deborah se précipita de nouveau sur le téléphone pour prévenir la police.

Nola sentit une main lui obstruer la bouche. D'un geste puissant, Travis la souleva. Elle se débattit, mais il la serrait trop fort. Il n'eut pas le temps de ressortir de la maison: Deborah Cooper revenait déjà du salon. Elle poussa un cri d'effroi.

— Ne vous inquiétez pas, balbutia Travis. Je suis de la police. Tout va bien.

— Au secours! hurla Nola en essayant de se dégager. Ils ont tué un homme! Ces policiers ont assassiné un homme! Il y a un homme mort dans la forêt!

Il s'écoula un moment dont il n'est pas possible de

dire combien de temps il dura. Deborah Cooper et Travis se dévisagèrent en silence : elle n'osa pas se précipiter sur le téléphone, il n'osa pas s'enfuir. Puis un coup de feu retentit et Deborah s'écroula par terre. Le Chef Pratt venait de l'abattre avec son arme de service.

— Vous êtes fou ! hurla Travis. Complètement fou ! Pourquoi avez-vous fait ça ?

— On n'a pas le choix, Travis. Tu sais ce qui nous serait arrivé si la vieille avait cafté...

Travis tremblait.

— Qu'est-ce qu'on fait maintenant ? demanda le jeune officier.

— J'en sais rien.

Nola, terrorisée, rassemblant l'énergie du désespoir, profita de ce moment de flottement pour se défaire de la prise de Travis. Avant que le Chef Pratt n'ait eu le temps de réagir, elle se jeta hors de la maison par la porte de la cuisine. Elle perdit l'équilibre sur les marches et tomba. Elle se releva aussitôt, mais la main puissante du Chef la retint par les cheveux. Elle poussa un hurlement et lui mordit le bras qu'il tenait près de son visage. Le Chef la relâcha, mais elle n'eut pas le temps de s'enfuir : Travis lui asséna un coup de matraque qui vint frapper l'arrière de son crâne. Elle s'écroula par terre. Il recula, épouvanté. Il y avait du sang partout. Elle était morte.

Travis resta penché un instant sur le corps. Il eut envie de vomir. Pratt tremblait. De la forêt, on entendit les oiseaux chanter.

— Qu'est-ce qu'on a fait, Chef ? murmura Travis, hagard.

— Du calme. Du calme. Ce n'est pas le moment de paniquer.

— Oui, Chef.
— On doit se débarrasser de Caleb et Nola. Ça, c'est la chaise électrique, tu comprends.
— Oui, Chef. Et Cooper?
— On fera croire à un assassinat. Un brigandage qui a mal tourné. Tu vas faire exactement ce que je te dis.

Travis pleurait à présent.

— Oui, Chef. Je ferai tout ce qu'il faut.
— Tu m'as dit que tu avais vu la voiture de Caleb près de la route 1.
— Oui. Il y a les clés sur le contact.
— C'est très bien. On va mettre les corps dans la voiture. Et tu vas t'en débarrasser, d'accord?
— Oui.
— Dès que tu seras parti, je demanderai des renforts, pour que personne ne nous soupçonne. Il faut faire vite, d'accord? Quand la cavalerie arrivera, tu seras déjà loin. Dans la cohue, personne ne remarquera que tu n'es pas là.
— Oui, Chef... Mais je crois que la mère Cooper a de nouveau appelé les urgences.
— Merde! Il faut se grouiller alors!

Ils traînèrent les corps de Luther et de Nola jusque dans la Chevrolet. Puis Pratt s'enfuit en courant à travers la forêt, en direction de la maison de Deborah Cooper et des voitures de police. Il saisit sa radio de bord pour avertir la centrale qu'il venait de trouver Deborah Cooper assassinée par balle.

Travis s'installa au volant de la Chevrolet et démarra. Au moment où il sortait des fourrés, il croisa une patrouille du bureau du shérif qui avait été appelée en renfort par la centrale suite au deuxième appel de Deborah Cooper.

Pratt était en train de contacter la centrale lorsqu'il entendit une sirène de police, proche. À la radio, on annonça une poursuite sur la route 1 entre une voiture du bureau du shérif et une Chevrolet Monte Carlo noire repérée aux abords de Side Creek Lane. Le Chef Pratt annonça qu'il arrivait en renfort immédiatement. Il démarra, enclencha sa sirène, passa par la route forestière parallèle. Lorsqu'il déboucha sur la route 1, il manqua de peu de percuter Travis. Ils se regardèrent un instant : ils étaient terrifiés.

Au cours de la poursuite, Travis parvint à faire partir la voiture de l'adjoint du shérif en embardée. Il rejoignit la route 1, direction sud, et bifurqua à Goose Cove. Pratt le talonnait, faisant semblant de le poursuivre. À la radio, il donnait des positions erronées, prétendant être sur la route de Montburry. Il coupa sa sirène, s'engouffra dans le chemin de Goose Cove et le rejoignit devant la maison. Les deux hommes sortirent de voiture, paniqués, aux abois.

— T'es pas fou de t'arrêter ici ? dit Pratt.

— Quebert n'est pas là, répondit Travis. Je sais qu'il est absent de la ville quelque temps, il l'a dit à Jenny Quinn qui me l'a dit.

— J'ai demandé des barrages sur toutes les routes. J'étais obligé.

— Merde ! Merde ! gémit Travis. Je suis coincé ! Qu'est-ce qu'on fait alors ?

Pratt regarda autour de lui. Il remarqua le garage vide.

— Laisse la voiture là-dedans, verrouille la porte et dépêche-toi de retourner à Side Creek Lane par la plage. Va faire semblant de fouiller la maison de Cooper. Je reprends la poursuite. Nous nous débarrasserons des corps cette nuit. Tu as une veste dans ta voiture ?

— Oui.

— Enfile-la. T'es couvert de sang.

Un quart d'heure plus tard, alors que Pratt croisait près de Montburry les patrouilles venues en renfort, Travis, en veste, entouré de collègues affluant de tout l'État, bouclait le périmètre de Side Creek Lane où venait d'être retrouvé le corps de Deborah Cooper.

Au cœur de la nuit, Travis et Pratt revinrent à Goose Cove. Ils enterrèrent Nola à vingt mètres de la maison. Pratt avait déjà établi le périmètre de fouilles avec le capitaine Rodik, de la police d'État : il savait que Goose Cove n'en faisait pas partie, personne ne viendrait la chercher ici. Elle avait gardé son sac en bandoulière et ils l'ensevelirent avec, sans même regarder ce qu'il contenait.

Lorsque le trou fut rebouché, Travis reprit la Chevrolet noire et disparut sur la route 1, le cadavre de Luther dans le coffre. Il pénétra dans le Massachusetts. Sur le trajet, il dut franchir deux barrages de police.

— Papiers du véhicule, dirent à chaque fois les flics, nerveux, en voyant la voiture.

Et chaque fois, Travis brandit sa plaque.

— Police d'Aurora, les gars. Je suis justement sur la piste de notre homme.

Les policiers saluèrent leur collègue avec déférence, lui souhaitant bon courage.

Il roula jusqu'à une petite ville côtière qu'il connaissait bien. Sagamore. Il prit la route du bord de l'océan, sur les hauteurs d'Ellisville Harbor. Il y avait un parking désert. La journée, la vue était magnifique ;

il avait souvent voulu y emmener Jenny pour une virée romantique. Il arrêta la voiture, installa Luther à la place du conducteur, versa dans sa bouche du mauvais alcool. Puis il mit la voiture au point mort et la poussa : elle roula d'abord doucement sur la petite pente herbeuse, avant de dévaler la paroi rocheuse et de disparaître dans le vide dans un fracas métallique.

Il redescendit ensuite la route sur quelques centaines de mètres. Une voiture attendait sur le bas-côté. Il monta à la place du passager. Il était en sueur et couvert de sang.

— C'est fait, dit-il à Pratt, installé au volant.

Le Chef démarra.

— Nous ne devrons plus jamais parler de ce qui s'est passé, Travis. Et lorsqu'ils retrouveront la voiture, il faudra étouffer l'affaire. Ne pas avoir de coupable, c'est la seule manière de ne jamais risquer d'être inquiété. Compris ?

Travis hocha la tête. Il mit la main dans sa poche et serra le collier qu'il avait secrètement arraché du cou de Nola au moment de l'enterrer. Un joli collier en or avec le prénom NOLA inscrit dessus.

*

Harry s'était rassis sur le canapé.

— Alors ils ont tué Nola, Luther et Deborah Cooper.

— Oui. Et ils se sont arrangés pour que l'enquête n'aboutisse jamais. Harry, vous saviez que Nola avait des épisodes psychotiques, hein ? Et vous en avez parlé au révérend Kellergan à l'époque...

— J'ignorais l'histoire de l'incendie. Mais j'ai découvert que Nola avait des fragilités lorsque je suis allé chez les Kellergan pour en découdre avec eux à propos des mauvais traitements qu'ils lui infligeaient. J'avais promis à Nola que je n'irais pas voir ses parents, mais je ne pouvais pas ne rien faire, vous comprenez ? C'est là que j'ai compris que les parents Kellergan se résumaient au révérend tout seul, veuf depuis six ans et complètement dépassé par la situation. Il... il refusait de voir la vérité en face. Je devais emmener Nola loin d'Aurora, pour la faire soigner.

— Alors la fuite, c'était pour la faire soigner...

— Pour moi, c'en était devenu la raison. Nous aurions vu de bons médecins, elle aurait guéri ! C'était une fille extraordinaire, Marcus ! Elle aurait fait de moi un grand écrivain, et moi j'aurais chassé ses mauvaises pensées ! Elle m'a inspiré, elle m'a guidé ! Elle m'a guidé toute ma vie ! Vous le savez, hein ? Vous le savez mieux que personne !

— Oui, Harry. Mais pourquoi ne m'avoir rien dit ?

— Je voulais le faire ! Je l'aurais fait s'il n'y avait pas eu ces fuites à propos de votre livre. J'ai pensé que vous aviez trahi ma confiance. J'étais en colère contre vous. Je crois que je voulais que votre livre soit un échec : je savais que plus personne ne vous prendrait au sérieux après l'histoire de la mère. Oui, c'est ça : je voulais que votre deuxième livre soit un échec. Comme le mien, au fond.

Nous restâmes silencieux un moment.

— Je regrette, Marcus. Je regrette tout. Vous devez être tellement déçu de moi...

— Non.

— Je sais que vous l'êtes. Vous aviez fondé tellement d'espoir en moi. J'ai construit ma vie sur un mensonge !

— Je vous ai toujours admiré pour ce que vous

étiez, Harry. Et peu m'importe que vous ayez écrit ce livre ou non. C'est l'homme que vous êtes qui m'a tant appris de la vie. Et cela, personne ne peut le renier.

— Non, Marcus. Vous ne me regarderez plus jamais comme avant! Et vous le savez. Je ne suis qu'une grande supercherie! Un imposteur! Voilà pourquoi je vous disais que nous ne pourrions plus être amis: tout est fini. Tout est fini, Marcus. Vous êtes en train de devenir un écrivain formidable, et moi je ne suis plus rien. Vous êtes un véritable écrivain, moi, je ne l'ai jamais été. Vous vous êtes battu pour votre livre, vous vous êtes battu pour retrouver l'inspiration, vous avez surmonté l'obstacle! Alors que moi, lorsque j'ai été dans la même situation que vous, j'ai trahi.

— Harry, je…

— Ainsi est la vie, Marcus. Et vous savez que j'ai raison. Vous ne pourrez plus me regarder en face désormais. Et moi je ne pourrai plus vous regarder sans éprouver une jalousie débordante et destructrice, parce que vous avez réussi là où j'ai échoué.

Il me serra contre lui.

— Harry, murmurai-je, je ne veux pas vous perdre.

— Vous saurez très bien vous débrouiller, Marcus. Vous êtes devenu un sacré bonhomme. Un sacré écrivain. Vous allez vous en tirer très bien! Je le sais. À présent, nos chemins bifurquent pour toujours. On appelle ça le destin. Je n'ai jamais eu pour destin de devenir un grand écrivain. J'ai pourtant essayé de le changer: j'ai volé un livre, j'ai menti pendant trente-trois ans. Mais le destin est indomptable: il finit toujours par triompher.

— Harry…

— Votre destin à vous, Marcus, a toujours été d'être écrivain. Je l'ai toujours su. Et j'ai toujours su que le moment que nous vivons maintenant allait arriver.

— Vous resterez toujours mon ami, Harry.

— Marcus, achevez votre livre. Ce livre sur moi, achevez-le ! Maintenant que vous savez tout, racontez la vérité au monde entier. La vérité nous délivrera tous. Écrivez la vérité sur l'Affaire Harry Quebert. Délivrez-moi du mal qui me ronge depuis trente-trois ans. C'est la dernière chose que je vous demande.

— Mais comment ? Je ne peux pas effacer le passé.

— Non, mais vous pouvez changer le présent. C'est le pouvoir des écrivains. Le paradis des écrivains, vous vous souvenez ? Je sais que vous saurez comment faire.

— Harry, vous êtes celui qui m'a fait grandir ! Vous avez fait de moi celui que je suis devenu !

— Ce n'est qu'une illusion, je n'ai rien fait, Marcus. Vous avez su grandir tout seul.

— Non ! C'est faux ! J'ai suivi vos conseils ! J'ai suivi vos trente et un conseils ! C'est comme ça que j'ai écrit mon premier livre ! Et le suivant ! Vos trente et un conseils, Harry ? Vous vous rappelez ?

Il eut un sourire triste.

— Bien sûr que je me rappelle, Marcus.

*

Burrows, Noël 1999

— Joyeux Noël, Marcus !

— Un cadeau ? Merci, Harry. Qu'est-ce que c'est ?

— Ouvrez-le. C'est un enregistreur sur minidisque.

Il paraît que c'est à la pointe de la technologie. Vous passez votre vie à prendre des notes de tout ce que je vous raconte, mais après, vous perdez vos notes et je dois tout répéter. Je me suis dit que, comme ça, vous pourriez tout enregistrer.

— Très bien. Allez-y.

— Quoi ?

— Donnez-moi un premier conseil. Je vais enregistrer précieusement tous vos conseils.

— Bon. Quel genre de conseils ?

— Je ne sais pas... des conseils pour les écrivains. Et pour les boxeurs. Et pour les hommes.

— Tout ça ? Bien. Combien en voulez-vous ?

— Au moins cent !

— Cent ? Il faut bien que j'en garde pour moi pour avoir encore des choses à vous enseigner ensuite.

— Vous aurez toujours des choses à m'enseigner. Vous êtes le grand Harry Quebert.

— Je vais vous donner trente et un conseils. Je vous les donnerai au fil de ces prochaines années. Pas tous en même temps.

— Pourquoi trente et un ?

— Parce que trente et un ans, c'est un âge important. La dizaine vous façonne en tant qu'enfant. La vingtaine en tant qu'adulte. La trentaine fera de vous un homme, ou non. Et trente et un ans signifie que vous aurez passé ce cap. Comment vous imaginez-vous quand vous aurez trente et un ans ?

— Comme vous.

— Allons, ne dites pas de bêtises. Enregistrez, plutôt. Je vais aller dans l'ordre décroissant. Conseil numéro trente et un : ce sera un conseil à propos des livres. Alors voilà, 31 : le premier chapitre, Marcus, est essentiel. Si les lecteurs ne l'aiment pas, ils ne liront pas le reste de votre livre. Par quoi comptez-vous commencer le vôtre ?

— Je ne sais pas, Harry. Vous pensez qu'un jour j'y arriverai ?

— À quoi ?

— À écrire un livre.

— J'en suis certain.

*

Il me regarda fixement et sourit.

— Voilà, Marcus : qu'importe votre âge, vous y êtes arrivé. Vous êtes devenu un homme formidable. Devenir *le Formidable*, ce n'était rien, mais devenir un homme formidable a été le couronnement d'un long et magnifique combat contre vous-même. Je suis très fier de vous.

Il remit sa veste et noua son écharpe.

— Où allez-vous, Harry ?

— Je dois partir maintenant.

— Ne partez pas ! Restez !

— Je ne peux pas...

— Restez, Harry ! Restez encore un peu !

— Je ne peux pas.

— Je ne veux pas vous perdre !

— Au revoir, Marcus. De toute ma vie, vous avez été la plus belle des rencontres.

— Où allez-vous ?

— Je dois aller attendre Nola quelque part.

Il me serra encore contre lui.

— Trouvez l'amour, Marcus. L'amour donne du sens à la vie. Quand on aime, on est plus fort ! On est plus grand ! On va plus loin !

— Harry ! Ne me laissez pas !

— Au revoir, Marcus.

Il repartit. Il laissa la porte ouverte derrière lui et je la laissai ainsi très longtemps. Car ce fut la dernière fois que je revis mon maître et ami Harry Quebert.

*

Mai 2002, finale du championnat universitaire de boxe

— Marcus, vous êtes prêt ? On monte sur le ring dans trois minutes.

— J'ai la trouille, Harry.

— J'en suis certain. Et tant mieux : quand on n'a pas la trouille, on ne peut pas gagner. N'oubliez pas, boxez comme on construit un livre... Vous vous rappelez ? Chapitre 1, chapitre 2...

— Oui. Un, on percute. Deux, on assomme...

— C'est très bien, champion. Allez, prêt ? Ha, on est en finale du championnat, Marcus ! En finale ! Dire qu'il y a peu, vous ne vous battiez encore que contre des sacs, et vous voilà en finale du championnat ! Vous entendez le speaker : « Marcus Goldman et son coach Harry Quebert de l'université de Burrows. » C'est nous ! En avant !

— Attendez, Harry...

— Quoi ?

— J'ai un cadeau pour vous.

— Un cadeau ? Vous êtes certain que c'est bien le moment ?

— Absolument. Je veux que vous l'ayez avant le match. Il est dans mon sac, prenez-le. Je ne peux pas vous le donner, moi, à cause de mes gants.

— C'est un disque ?

— Oui, c'est une compilation ! Vos trente et une phrases les plus importantes. Sur la boxe, sur la vie, sur les livres.

— Merci, Marcus. Je suis très touché. Prêt à vous battre ?

— Plus que jamais...

— Allons-y, alors.

— Attendez, il y a encore une question que je me pose...

— Marcus ! Il est l'heure !

— Mais c'est important ! J'ai réécouté toutes nos bandes et vous n'y avez jamais répondu.

— Bon, allez-y. Je vous écoute.

— Harry, comment sait-on qu'un livre est terminé ?

— Les livres sont comme la vie, Marcus. Ils ne se terminent jamais vraiment.

ÉPILOGUE

Octobre 2009

(Une année après la sortie du livre)

"Un bon livre, Marcus, ne se mesure pas à ses derniers mots uniquement, mais à l'effet collectif de tous les mots qui les ont précédés. Environ une demi-seconde après avoir terminé votre livre, après en avoir lu le dernier mot, le lecteur doit se sentir envahi d'un sentiment puissant ; pendant un instant, il ne doit plus penser qu'à tout ce qu'il vient de lire, regarder la couverture et sourire avec une pointe de tristesse parce que tous les personnages vont lui manquer. Un bon livre, Marcus, est un livre que l'on regrette d'avoir terminé."

Plage de Goose Cove, 17 octobre 2009

— Une rumeur court selon laquelle vous avez un nouveau manuscrit prêt, l'écrivain.

— C'est vrai.

J'étais avec Gahalowood; assis face à l'océan, nous buvions une bière.

— Le nouveau grand succès du prodigieux Marcus Goldman! s'exclama Gahalowood. De quoi parle-t-il?

— Vous le lirez sans doute. Vous êtes dedans d'ailleurs.

— Vraiment? Je peux jeter un œil?

— Même pas en rêve, sergent.

— En tout cas, s'il est mauvais, vous me le rembourserez.

— Goldman ne rembourse plus, sergent.

Il rit.

— Dites-moi, l'écrivain, qui vous a donné l'idée de reconstruire cette maison et d'en faire une retraite pour les jeunes écrivains?

— Une idée comme ça.

— *La maison Harry Quebert pour les écrivains*. Ça en jette, moi je trouve. Au fond, vous les écrivains, vous êtes un peuple qui se la coule douce. Venir ici pour regarder l'océan et écrire des livres, moi aussi ça m'aurait plu comme métier... Vous avez vu l'article dans le *New York Times* d'aujourd'hui?

— Non.

Il sortit une page de journal de sa poche et la déplia. Il lut:

— *Page spéciale:* Les Mouettes d'Aurora, *le nouveau roman qu'il faut absolument découvrir. Luther Caleb, accusé à tort du meurtre de Nola Kellergan, était surtout un écrivain de génie dont on ignorait tout du talent. Les éditions Schmid & Hanson lui rendent justice en publiant, à titre posthume, le roman flamboyant qu'il a écrit sur la relation entre Nola Kellergan et Harry Quebert. Ce roman magnifique raconte comment Harry Quebert s'est inspiré de sa relation avec Nola Kellergan pour écrire* Les Origines du mal.

Il s'interrompit et éclata de rire.

— Qu'est-ce qu'il y a, sergent? demandai-je.

— Rien. Vous êtes juste absolument génial, Goldman! Génial!

— Il n'y a pas que la police qui peut rendre justice, sergent.

Nous terminâmes nos bières.

— Je rentre à New York demain, dis-je.

Il hocha la tête.

— Repassez de temps en temps par ici. Pour dire bonjour. Enfin, ça fera surtout plaisir à ma femme.

— Volontiers.

— Au fait, vous ne m'avez pas dit: quel est le titre de votre nouveau bouquin?

— «La Vérité sur l'Affaire Harry Quebert».

Il eut un air songeur. Nous retournâmes à nos

voitures. Un vol de mouettes fendit le ciel; nous les suivîmes un instant du regard. Puis Gahalowood me demanda encore :

— Et maintenant, qu'allez-vous faire, l'écrivain ?

— Un jour Harry m'a dit : « Donnez du sens à votre vie. Deux choses donnent du sens à la vie : les livres et l'amour. » J'ai trouvé les livres. Grâce à Harry, j'ai trouvé les livres. À présent, je pars à la quête de l'amour.

UNIVERSITÉ DE BURROWS

reconnaissante envers

Marcus P. GOLDMAN

Vainqueur du championnat universitaire de boxe
2002

Et son entraîneur

Harry L. Quebert

REMERCIEMENTS

Je remercie de tout cœur Ernie Pinkas, à Aurora, New Hampshire, pour son aide précieuse.

Au sein des polices d'État du New Hampshire et d'Alabama, je remercie le sergent Perry Gahalowood (brigade criminelle de la police d'État du New Hampshire) et l'officier Philip Thomas (brigade de l'autoroute de la police d'État d'Alabama).

Enfin, des remerciements particuliers vont à mon assistante Denise, sans qui je n'aurais pas pu terminer ce livre.

POSTFACE

Jean-Jacques Annaud : CINÉMA OU TÉLÉVISION ? .. 865

Joël Dicker : ET ILS ADAPTÈRENT MON ROMAN
              EN SÉRIE TÉLÉVISÉE 871

CRÉDITS PHOTOGRAPHIQUES

*Sauf mention particulière, les photos illustrant le cahier sont
© 2018 MGM TELEVISION ENTERTAINMENT INC.
AND EAGLE PICTURES SPA. Tous droits réservés.*

Jean-Jacques Annaud dirigeant ses acteurs.

Harry Quebert (Patrick Dempsey) en train d'écrire *Les Origines du Mal* sur la terrasse de sa maison de Goose Cove.

Jean-Jacques Annaud avec Kristine Froseth qui joue le rôle de Nola.

Le duo Marcus Goldman (Ben Schnetzer) et Perry Gahalowood (Damon Wayans Jr) avec Jean-Jacques Annaud.

Clin d'œil à sa longue amitié avec Jean-Jacques Annaud qui l'a dirigé dans *La Guerre du feu* et *Le Nom de la rose*, l'acteur Ron Perlman (à gauche) a rejoint *Harry Quebert* où il interprète l'éditeur Roy Barnaski.

La fameuse chambre 8 du Sea Side Motel où Nola avait demandé à Harry de l'attendre le soir du 30 août 1975.

Jean-Jacques Annaud se repasse sur l'écran de contrôle une scène qui vient d'être tournée. Tout à droite, Jean-Marie Dreujou, le directeur de la photographie.

Jean-Jacques Annaud et Patrick Dempsey au moment de tourner une scène se déroulant en 1975.

Marcus et Harry. Ben Schnetzer et Patrick Dempsey répètent une scène au Sea Side Motel.

J'avais demandé à Jean-Jacques de pouvoir faire une apparition dans la série. Vœu exaucé, ici dans la peau d'un policier. *(DR)*

Discussion entre deux prises avec Jean-Jacques Annaud et Patrick Dempsey. *(DR)*

Jean-Jacques Annaud et Kristine Froseth sur la terrasse de la maison de Harry Quebert.

Avec Patrick Dempsey, ici vieilli pour les besoins de son rôle.

CINÉMA OU TÉLÉVISION?

par Jean-Jacques Annaud

C'est au cours de vacances à Cuba que j'ai lu La Vérité sur l'affaire Harry Quebert *avec l'idée d'en faire une adaptation cinématographique. À la page 100, ma religion est faite :* « La Vérité sur l'Affaire Harry Quebert *n'est pas adaptable en deux heures d'images. Il en faut cinq fois plus.* »

Les six cents pages qui suivent m'en apportent la confirmation. Le livre de Joël Dicker fait partie de ces rares romans qu'on ne peut pas lâcher. Il est impossible de rendre justice à un texte aussi captivant et foisonnant sans développer les méandres du suspense, sans prendre le temps de s'attacher à la multitude de personnages, de fouiller en eux les secrets qui en font de possibles suspects.

Depuis des années, je suis impatient de me frotter à une aventure de télévision. La salle de cinéma n'est plus, loin s'en faut, le lieu exclusif où se racontent des histoires en images animées. La mondialisation du divertissement, l'instantanéité de la circulation des opinions, les ravages du piratage ont profondément bouleversé l'industrie de l'audiovisuel.

Hollywood s'est paresseusement installé sur le monopole des superhéros, des monstres interstellaires, des effets spéciaux obèses. Une forme de retour, certes, aux sources foraines du cinéma, puisant son inspiration au cirque, chez les clowns, les magiciens, les hommes-fusée et haltérophiles briseurs de chaînes. Une facilité qui laisse sur leur faim ceux qui privilégient le sens à la sensation.

Le 7ᵉ Art, « le cinéma subventionné » comme certains le désignent, bataille pour sa survie. Il est contraint de s'appuyer sur le circuit d'austères festivals pour se frayer une place dans celui des multiplexes: les salles dédiées aux œuvres sérieuses se raréfient partout dans le monde à mesure que se raréfie sa clientèle aux crânes de plus en plus blancs ou chauves.

Les comédies rassemblent encore massivement. Elles assurent fort heureusement une grande partie de la recette des salles obscures et tiennent le système hors de l'eau. Avec un bémol: le rire passe difficilement les frontières. Les productions à niche linguistique limitée doivent réduire la voilure du spectacle.

Pendant ce temps, les écrans de télévision se sont élargis, le son multipiste et l'image haute définition sont devenus la norme. Une tablette posée sur le bureau ou un smartphone tenu dans la main couvre le même champ visuel que celle d'un écran de cinéma regardé depuis un milieu de salle. Le casque n'égale peut-être pas une installation en Dolby Athmos, mais il protège des popcorns croustillants et du babillage des voisins de siège. Le visionnage dans le confort du lieu de son choix, à l'heure de son choix, ajouté à la diversité et à la qualité croissante de l'offre, contribue à un bouleversement de la consommation des fictions audiovisuelles.

Le public avide de contenu migre vers la télé. Les créateurs aussi.

La Vérité sur l'Affaire Harry Quebert *est construit comme un puzzle éclaté. Chaque pièce d'information est distribuée peu à peu, dans un savant désordre, sautant d'une décennie à l'autre, accompagnant deux cent trente-huit personnages dans deux cent cinquante et un décors. Au-delà des considérations sur les évolutions de la diffusion des œuvres, le format de la minisérie s'imposait donc pour se risquer sur les sentiers de ce jeu de piste truffé de chausse-trappes, dans ce labyrinthe de bourgades sereines aux maisons colorées, sur ces plages désertes de la côte atlantique nord-américaine bordées de sombres forêts.*

Je suis très reconnaissant à Joël Dicker et à son éditeur Bernard de Fallois d'avoir été sensibles à mon argumentaire. Tous les trois, nous avons grandi avec le cinéma.

Tous les deux ont accepté de m'offrir la joie de faire un film beaucoup plus long que d'ordinaire.

J'ai tourné La Vérité sur l'Affaire Harry Quebert *comme un film de cinéma de 10 heures. Un film qui sera diffusé en priorité sur un support adapté aux changements du temps.*

Paris, 14 août 2018

*ET ILS ADAPTÈRENT MON ROMAN
EN SÉRIE TÉLÉVISÉE*

par Joël Dicker

Longtemps je crus qu'une adaptation cinématographique de *La Vérité sur l'Affaire Harry Quebert* ne verrait jamais le jour. La publication de mon roman, en septembre 2012, avait été déjà une belle aventure. La transposition filmée en fut une autre, plus miraculeuse encore peut-être.

De l'automne 2012 jusqu'à la fin de l'année 2015, le succès du roman en France et à l'étranger suscita une vague d'intérêt chez les producteurs venus de tous les horizons. Grands studios américains, petits producteurs indépendants, ce sont près de cent offres qui atterrirent en l'espace de trois ans sur le bureau de Bernard de Fallois, mon éditeur, à qui j'avais confié la gestion des droits cinématographiques. Mais Bernard les refusa toutes.

Il y eut une première vague de projets européens. Bernard écarta d'emblée ceux qui prévoyaient, pour des raisons de budget, de transplanter l'histoire ailleurs qu'aux États-Unis. «Impossible d'imaginer *Harry Quebert* sur la côte italienne ou espagnole», me fit à juste titre remarquer Bernard lors de l'un de nos innombrables et passionnants rendez-vous dans son bureau de la rue La Boétie, à Paris. Et il avait raison… L'identité américaine du roman était l'un de ses piliers fondateurs, y renoncer aurait été un non-sens. Mais lorsque arrivèrent les propositions hollywoodiennes, celles-ci ne trouvèrent pas meilleure grâce aux yeux de Bernard. Il les écarta les unes après les autres.

D'abord, je ne compris pas pourquoi mon éditeur se montrait si difficile à convaincre. Moi, jeune auteur à peine âgé de trente ans, et dont les yeux s'écarquillaient à entendre les noms des grands studios et des réalisateurs vedettes. Je n'oublierai jamais sa réaction à mon émoi, lorsqu'il m'annonça être sur le point de refuser une offre mirobolante d'un studio américain : « Voyons, Joël, ne vous laissez pas éblouir par les paillettes. Tous les derniers films de ce studio sont mauvais ! Il faut vous montrer exigeant. Il faut que *Harry Quebert* soit un beau film, quelque chose dont nous puissions être fiers. »

Pour expliquer son impitoyable sélection, Bernard, qui avait été un des plus brillants critiques de cinéma, s'appuyait sur son impressionnante culture cinématographique. Il avait vu tous les films possibles et imaginables, des classiques de la première heure aux dernières productions. Il fourmillait d'anecdotes sur le sujet. Par exemple lorsque Leonardo DiCaprio obtint l'Oscar du meilleur acteur en 2016 pour *The Revenant*, Bernard me raconta l'avoir rencontré des années plus tôt alors que, encore acteur à ses débuts, il tournait à Paris *Rimbaud Verlaine*. « Très gentil garçon, m'assura-t-il doctement, un grand acteur. Mais très mauvais dans son dernier film. »

Bernard ne parlant pas un mot d'anglais, il s'assurait

les services d'un interprète lors de ses discussions avec ses interlocuteurs américains. Un jour, après une conversation téléphonique d'une heure avec un très influent réalisateur hollywoodien, l'interprète, dans le bureau de Bernard, raccroche le combiné et lui dit : « Vous vous rendez compte, monsieur de Fallois, vous venez de passer une heure avec Untel, le grand réalisateur américain. » Bernard, dévisageant son interlocuteur d'un air étonné, lui répond alors :

« Non, je ne me rends pas bien compte. Et je serais donc curieux de comprendre. Vous m'auriez dit "Le grand Alfred Hitchcock va vous téléphoner", j'aurais été stupéfait. Je vous aurais dit : "Le grand Hitchcock veut me parler à moi ?" Ou imaginez si ç'avait été Charlie Chaplin, je vous aurais dit : "Le grand Charlot veut me parler à moi ?" Mais alors, pour être franc avec vous, passer une heure en ligne avec cet Untel, ça ne me fait ni chaud ni froid. »

Tel était Bernard de Fallois. Il ne se laissait pas éblouir par les châteaux en Espagne que lui faisaient miroiter les producteurs, dont tous étaient prêts à lui faire signer des options qui le coinçaient, lui, mais ne les contraignaient pas eux, faisant courir le risque qu'un film ne voie jamais le jour et que les droits restent aliénés à un producteur qui se serait depuis totalement désinvesti. C'est le grand risque du cinéma : des options qui se renouvellent à l'infini et un projet qui finit dans l'oubli. Bernard, pour avoir vécu cette mésaventure avec Pagnol, ne le savait que trop. Ainsi, je compris que la fermeté de mon éditeur n'était ni un caprice, ni une lubie : je lui avais confié les droits cinématographiques de mon roman, et il était bien décidé à remplir sa mission avec la plus grande diligence.

« Je veux trouver un réalisateur qui fasse le film avec la même passion que moi lorsque j'ai édité le roman », finit-il par m'expliquer. Pour ce faire, son exigence était simple : qu'on lui demande de s'engager par contrat sur des projets déjà avancés, portés par l'enthousiasme, et non à peine au stade embryonnaire.

En décembre 2015, Bernard refusa, avec raison, la 90e proposition. Je me rappelle ce qu'il me dit, alors que nous remontions à pied la rue du Faubourg-Saint-Honoré : « Il vaut mieux pas de film qu'un mauvais film. » Il avait raison et ce jour-là je songeai qu'il n'y aurait jamais de film et que ce n'était pas si grave. Il vaut mieux pas de film qu'un mauvais film.

*

En janvier 2016, coup de théâtre : une 91e proposition arriva rue La Boétie. Un producteur français, Fabio Conversi, ayant écouté attentivement les prescriptions de Bernard, le recontacta. Passionné par le roman, il montait un projet depuis deux ans. Derrière la caméra, Jean-Jacques Annaud, qui avait pu mettre à profit ses récentes vacances à Cuba pour lire le roman. Et il avait déjà son film en tête.

Tout s'accélère. Dans les jours qui suivent, Bernard et moi déjeunons avec Fabio Conversi et Jean-Jacques Annaud. Fabio a déjà prévu tous les aspects logistiques. Jean-Jacques nous explique pendant deux heures sa vision de l'adaptation : je prends conscience que non seulement elle sera d'une fidélité absolue au livre, mais surtout je découvre qu'il est la deuxième personne, après Bernard, à avoir tout compris de mon roman. Soudain, c'est une évidence. Ce projet-là est celui que nous attendions depuis le début.

Seul point sur lequel Annaud devra convaincre Bernard : il veut adapter le roman en série télévisée plutôt qu'en long métrage. « Pour pouvoir raconter tout le roman, deux heures ne suffiront pas, explique Annaud. La série nous donnera l'espace dont nous avons besoin. »

D'abord un peu réticent, considérant que « le cinéma, c'est le septième art », Bernard finira par se rallier l'avis de Jean-Jacques Annaud. Les contrats sont signés rapidement. L'aventure peut commencer.

Mon éditeur, Bernard de Fallois, à droite, signant le contrat d'adaptation avec Fabio Conversi. (DR)

En à peine une année, Jean-Jacques Annaud prépare la série. Du casting aux lieux de tournage. D'ailleurs ce qu'on appelle « série télé » pourrait s'appeler ici « méga-métrage ». Car Jean-Jacques l'envisage comme un film. Il ne va pas tourner épisode par épisode, comme les séries, mais lieu par lieu et tout sera monté ensuite.

En août 2017, nous commençons le tournage. J'y assisterai pour une très grande partie. Bernard malheureusement n'aura pas l'occasion de venir m'y rejoindre. Mais lors d'un passage à Paris, j'aurai la possibilité de lui faire voir quelques premières images. Et Bernard de s'écrier: «Joël, ce n'est pas une série, c'est un film!» La réaction de Bernard en dit long sur la façon de travailler de Jean-Jacques, et notamment sur l'extraordinaire qualité de la photographie. Chaque prise de vues est une toile de maître.

Genève, juillet 2018

Au moment de terminer cette postface, j'ai une pensée émue pour mon éditeur Bernard de Fallois, qui nous a quittés en janvier 2018 et n'aura pas pu assister à la sortie de cette série.

Je tiens à remercier Fabio Conversi à l'origine de cette série télé, et Jean-Jacques Annaud qui a su si bien rendre à l'écran ce que j'avais mis en mots.

Je voudrais remercier également tous les acteurs et toutes les équipes de tournage qui ont participé à la réalisation de cette série.

J.D.

TABLE

Le jour de la disparition (samedi 30 août 1975). 9

PROLOGUE
Octobre 2008 (33 ans après la disparition). 11

PREMIÈRE PARTIE
LA MALADIE DES ÉCRIVAINS
(8 mois avant la sortie du livre)

31. Dans les abîmes de la mémoire 17
30. *Le Formidable* 49
29. Peut-on tomber amoureux
    d'une fille de quinze ans ? 77
28. L'importance de savoir tomber
    (Université de Burrows, Massachusetts, 1998-2002) . 103
27. Là où l'on avait planté des hortensias 131
26. N-O-L-A (Aurora, New Hampshire,
    samedi 14 juin 1975) 165
25. À propos de Nola. 181

24. Souvenirs de fête nationale.............. 209
23. Ceux qui l'avaient bien connue 227
22. Enquête de police 259
21. De la difficulté de l'amour 283
20. Le jour de la garden-party 307
19. L'Affaire Harry Quebert................ 329
18. Martha's Vineyard (Massachusetts, fin juillet 1975) 361
17. Tentative de fuite 385
16. *Les Origines du mal* (Aurora, New Hampshire, 11-20 août 1975) 417
15. Avant la tempête 445

DEUXIÈME PARTIE
LA GUÉRISON DES ÉCRIVAINS
(Rédaction du livre)

14. Un fameux 30 août 1975 473
13. La tempête 495
12. Celui qui peignait des tableaux 531
11. En attendant Nola 553
10. À la recherche d'une fille de quinze ans (Aurora, New Hampshire, 1-18 septembre 1975).... 571
9. Une Monte Carlo noire................ 591
8. Le corbeau 625
7. Après Nola 661
6. Le Principe Barnaski................. 677

TROISIÈME PARTIE
LE PARADIS DES ÉCRIVAINS

5. La fillette qui avait ému l'Amérique....... 703
4. Sweet home Alabama 737
3. Election Day........................... 757
2. Fin de partie 781
1. La Vérité sur l'Affaire Harry Quebert 799

ÉPILOGUE Octobre 2009
(Une année après la sortie du livre) 853

Remerciements 863

POSTFACE

Cinéma ou télévision ?,
    par Jean-Jacques Annaud................ 865
Et ils adaptèrent mon roman en série télévisée,
    par Joël Dicker........................ 871

Joël Dicker
La Vérité sur l'Affaire Harry Quebert

– ROMAN –

Éditions de Fallois / L'Âge d'Homme

Joël Dicker
La Disparition de Stephanie Mailer

— ROMAN —

Éditions de Fallois / Paris

Joël Dicker

Les derniers jours de nos pères

De Fallois
Poche

Joël Dicker
Le Livre des Baltimore

De Fallois
Poche

Imprimé en France par
CPI, le 26-06-2019
3034845 - N° d'Édition 867, dépôt légal : octobre 2018